应用统计学丛书

WILEY

□ 应用统计学丛书 25

Statistical Analysis with Missing Data

缺失数据统计分析

（第三版）

Roderick J. A. Little
Donald B. Rubin 著
周晓华 邓宇昊 译

中国教育出版传媒集团
高等教育出版社·北京

图字：01-2020-2885 号

Statistical Analysis with Missing Data, 3rd Edition/by Roderick J. A. Little, Donald B. Rubin/ISBN 9780470526798

图书在版编目（CIP）数据

缺失数据统计分析：第三版 /（美）罗德里克·利特尔，（美）唐纳德·鲁宾著；周晓华，邓宇昊译 . -- 北京：高等教育出版社，2022. 10
（应用统计学丛书）
书名原文：Statistical Analysis with Missing Data (3 edition)
ISBN 978-7-04-058820-0

Ⅰ．①缺… Ⅱ．①罗… ②唐… ③周… ④邓… Ⅲ．①统计数据 – 统计分析 Ⅳ．① O212.1

中国版本图书馆 CIP 数据核字（2022）第 123263 号

缺失数据统计分析
QUESHI SHUJU TONGJI FENXI

策划编辑　李华英	责任编辑　李华英　李 鹏	封面设计　李树龙	版式设计　童 丹
责任校对　张 薇	责任印制　刘思涵		

出版发行	高等教育出版社	网　　址	http://www.hep.edu.cn
社　　址	北京市西城区德外大街 4 号		http://www.hep.com.cn
邮政编码	100120	网上订购	http://www.hepmall.com.cn
印　　刷	中农印务有限公司		http://www.hepmall.com
开　　本	787mm×1092mm　1/16		http://www.hepmall.cn
印　　张	26.75		
字　　数	480 千字	版　　次	2022 年10月第 1 版
购书热线	010-58581118	印　　次	2022 年10月第 1 次印刷
咨询电话	400-810-0598	定　　价	89.00 元

本书如有缺页、倒页、脱页等质量问题，请到所购图书销售部门联系调换
版权所有　侵权必究
物 料 号　58820-00

第三版序

自 2002 年《缺失数据统计分析》第二版问世以来, 关于处理缺失数据的统计方法和相关软件数量有了巨大的增长. 如果要完整地涵盖这些文献的内容, 那么本书的篇幅将大大提升, 而且本书的原有特点也会改变. 因此, 本书新的版本中增加的内容主要集中在和我们相关的工作上, 这样我们在介绍这些内容时也会具备某种权威性. 与第二版相比, 新版本的主要变化在于:

1. 在理论方面, 我们改动了 "obs" 和 "mis" 这两个用于表示观测数据和缺失数据的记号. 这两个记号虽然看起来直观, 但容易引发误解, 因为给数据加上 "obs" 下标并非意味着控制了数据缺失的模式. 我们现在用下标 (0) 表示观测值, 用下标 (1) 表示缺失值, 其实这种表达方式和 Rubin 的原始文献 (1976a) 中采用的记号相似. 另外, 关于基于似然方法/贝叶斯分析、渐近频率学派分析中可忽略缺失数据机制的假设, 我们将叙述得更加具体, 渐近频率学派分析将涉及在重复分析中改变缺失数据模式, 这些改动反映了 Mealli 和 Rubin (2015) 的工作. 基于 Little 等 (2016a) 的工作, 我们增加了 "部分随机缺失" 的定义以及参数子集的可忽略性.

2. 以前被称作 "not missing at random" 的数据, 现在我们把它叫作 "missing not at random" (非随机缺失), 我们认为新的表述更加准确.

3. 应用中更加注意强调多重填补方法, 而不是直接计算参数后验分布的方法. 新的重点反映了灵活的多重填补方法软件的扩展, 在这一发展背景下多重填补方法对应用统计学家更具吸引力.

4. 我们增加了大量额外的测量误差、披露限制、稳健性推断以及临床试验数据方面的缺失数据应用.

5. 重写了介绍非随机缺失数据的第 15 章, 包括大量关于子样本回归和敏感性分析的新应用.

6. 先前版本中大量细节错误被改正, 尽管可能仍然存在一些未被发现的错误, 或者产生了新的错误 (其实所有书籍都存在这样的问题), 对此我们表示抱歉.

我们本希望让行文中出现的记号在全书中都表示相同的含义, 避免让一个记号表示多个不同的概念, 但由于本书涉及的内容太多, 这一想法实在是难以实现. 不过, 我们竭力让每个记号在它所在的章节内保持含义一致. 一旦我们要给常用字母赋予新的含义, 我们会在其出现时立即定义. 我们希望不同章节间同一记号的不同含义不至于让人过于困惑, 也欢迎读者批评指正.

Roderick J. A. Little

Donald B. Rubin

目录

第一部分　回顾与基本方法

第 1 章　概论 ……………………………………………………………… 3

1.1　缺失数据的问题 ……………………………………………………… 3

1.2　缺失模式和缺失机制 ………………………………………………… 8

1.3　导致缺失数据的机制 ………………………………………………… 13

1.4　缺失数据方法的分类 ………………………………………………… 22

问题 ………………………………………………………………………… 25

第 2 章　试验中的缺失数据 ……………………………………………… 27

2.1　引言 …………………………………………………………………… 27

2.2　完全数据的精确最小二乘解 ………………………………………… 28

2.3　带缺失数据的正确最小二乘分析 …………………………………… 30

2.4　填充最小二乘估计 …………………………………………………… 31

2.5　Bartlett 协方差分析方法 …………………………………………… 33

2.6　仅使用完全数据方法由协方差分析获得缺失值的
最小二乘估计 ………………………………………………………… 35

2.7　标准误差和单自由度平方和正确最小二乘估计 …………………… 37

2.8　多自由度的正确最小二乘平方和 …………………………………… 39

问题 ………………………………………………………………………… 41

第 3 章　　完全案例和可用案例分析, 包括加权方法…………… **43**

3.1　引言 ……………………………………………………… 43

3.2　完全案例分析 ………………………………………… 43

3.3　加权完全案例分析 …………………………………… 46

3.4　可用案例分析 ………………………………………… 56

　　问题 ………………………………………………………… 58

第 4 章　　单一填补方法 ………………………………… **61**

4.1　引言 ……………………………………………………… 61

4.2　从预测分布中填补均值 ……………………………… 63

4.3　从预测分布中抽取填补值 …………………………… 66

4.4　结论 ……………………………………………………… 73

　　问题 ………………………………………………………… 74

第 5 章　　考虑缺失数据的不确定性 …………………… **76**

5.1　引言 ……………………………………………………… 76

5.2　由单一数据集提供有效标准误差估计的填补方法 ……… 77

5.3　用重抽样的填补数据的标准误差 …………………… 80

5.4　多重填补简介 ………………………………………… 85

5.5　重抽样方法和多重填补的比较 …………………… 90

　　问题 ………………………………………………………… 91

第二部分　　用于缺失数据分析的基于似然的方法

第 6 章　　基于似然函数的推断理论 …………………… **97**

6.1　完全数据基于似然的估计回顾 ……………………… 97

6.2　不完全数据基于似然的推断 ………………………… 118

6.3　极大似然以外一种通常有缺陷的做法:
　　　对参数和缺失数据最大化 ………………………… 127

6.4　粗化数据的似然理论 ………………………………… 130

　　问题 ………………………………………………………… 132

第 7 章　当缺失机制可忽略时因子化似然的方法……………… **135**

　7.1　引言 ………………………………………………………… 135

　7.2　一个变量有缺失的二元正态数据: 极大似然估计 ……… 137

　7.3　二元正态单调数据: 小样本推断 ………………………… 142

　7.4　超过两变量的单调缺失 …………………………………… 145

　7.5　对特殊的非单调模式的因子化似然 ……………………… 158

　　　问题 ……………………………………………………… 164

第 8 章　缺失数据一般模式的极大似然:

　　　　　可忽略不响应的介绍和理论 ……………………… **167**

　8.1　另一种可选的计算策略 …………………………………… 167

　8.2　期望最大化算法的介绍 …………………………………… 169

　8.3　期望最大化的 E 步和 M 步 ……………………………… 170

　8.4　期望最大化算法的理论 …………………………………… 175

　8.5　期望最大化的扩展 ………………………………………… 182

　8.6　混合最大化方法 …………………………………………… 189

　　　问题 ……………………………………………………… 190

第 9 章　基于极大似然估计的大样本推断 …………………… **193**

　9.1　基于信息矩阵的标准误差 ………………………………… 193

　9.2　通过其他方法得到标准误差 ……………………………… 194

　　　问题 ……………………………………………………… 201

第 10 章　贝叶斯和多重填补 ………………………………… **203**

　10.1　贝叶斯迭代模拟方法 ……………………………………… 203

　10.2　多重填补 …………………………………………………… 211

　　　问题 ……………………………………………………… 222

第三部分　不完全数据分析基于似然的方法: 一些例子

第 11 章　多元正态例子, 忽略缺失机制 …………………… **227**

　11.1　引言 ………………………………………………………… 227

　11.2　正态下有缺失数据时均值向量和协方差矩阵的推断 ……… 227

11.3 带约束协方差矩阵的正态模型 ················· 236

11.4 多重线性回归 ····························· 242

11.5 带有缺失数据的一般重复测量模型 ··············· 246

11.6 时间序列模型 ··························· 250

11.7 测量误差表示为缺失数据 ··················· 255

问题 ································· 258

第 12 章　稳健估计模型 ························· **260**

12.1 引言 ································· 260

12.2 通过用长尾分布替换正态分布减少离群值的影响 ········· 261

12.3 倾向性预测的惩罚样条 ····················· 272

问题 ································· 274

第 13 章　未完全分类的列联表模型, 忽略缺失机制 ········· **275**

13.1 引言 ································· 275

13.2 单调多项数据的因子化似然 ··················· 276

13.3 一般缺失模式下多项样本的极大似然和贝叶斯估计 ······· 286

13.4 未完全分类列联表的对数线性模型 ··············· 290

问题 ································· 299

第 14 章　有缺失值的正态和非正态混合数据, 忽略缺失机制 ··· **301**

14.1 引言 ································· 301

14.2 一般位置模型 ··························· 301

14.3 带参数约束的一般位置模型 ··················· 311

14.4 涉及连续变量和分类变量混合的回归问题 ··········· 316

14.5 一般位置模型的进一步推广 ··················· 318

问题 ································· 319

第 15 章　非随机缺失模型 ························· **321**

15.1 引言 ································· 321

15.2 已知非随机缺失机制的模型: 分组和归并的数据 ········· 325

15.3 非随机缺失数据的正态模型 ··················· 331

15.4 非随机缺失数据的其他模型和方法 ··············· 350

问题 ·· 369

参考文献 ···································· **371**

人名索引 ···································· **397**

名词索引 ···································· **405**

译后记 ······································ **411**

第一部分　回顾与基本方法

第 1 章 概论

1.1 缺失数据的问题

为分析完全的矩阵型数据集, 研究者们已经发展了许多标准的统计方法. 在传统意义上, 数据矩阵的每一行表示单元、案例、观测、个体等, 视具体内容而名称有所不同, 每一列则表示对每一单元测量的特征或变量. 在数据矩阵中, 矩阵的几乎每一个元素都有实际数值, 它们表示的大都是连续变量的值 (如年龄、收入等), 或者表示响应的分类值, 可能是有序值 (如教育水平), 也可能是非有序值 (如种族、性别). 本书涉及的分析是针对数据矩阵的某些位置上没有观测的情形. 例如, 在一项住户调查中, 被调查者可能拒绝报告收入; 在一项工业试验中, 某些结果可能由于与试验过程无关的机械故障而缺失; 在一项民意调查中, 某些受访者可能搞不清某位候选人是否优于另一候选人.

在前两个例子中, 把没有观测到的值处理为缺失是自然的. 在一定意义上, 如果调查技术好一点, 或者工业设备维护得好一点, 我们就能够观测到确切的真实值. 然而, 在第三个例子中, 不太清楚的是, 我们无法确定受访者对候选人的明确偏好是否被无应答所掩盖, 因此把未观测到的值处理为缺失就没那么自然了. 事实上, 在这个例子中, 无应答其实是所测量的样本空间外的一点, 它定义出总体的一个 "无法择优" 或 "不知道" 层.

关于带缺失数据的统计分析的较早综述性文章包括 Afifi 和 Elashoff (1996)、Hartley 和 Hocking (1971)、Orchard 和 Woodbury (1972)、Dempster 等 (1977)、Little 和 Rubin (1983a)、Little 和 Schenker (1994)、Little (1997). 更近些的文献包括该领域的著作, 如 Schafer (1997)、Van Buuren (2012)、Carpenter 和

Kenward (2014)、Raghunathan (2015).

本书的第一部分将介绍一些基本方法, 包括完全数据分析以及相关的加权方法、填补缺失值的方法, 第二部分将介绍基于统计模型和似然函数的更具原则性的方法, 第三部分提供这些方法的实际应用例子. 一般来说, 我们对于推断的哲学立场倾向于称作 "校准贝叶斯" 主义, 使用能够导出良好频率学派性质的模型, 而推断方法是贝叶斯的 (Rubin 1984, 2019; Little 2006). 例如, 95% 的贝叶斯可信区间应当在对人群的重复采样试验中具有趋近于 95% 的置信覆盖率. 多重填补方法就有这样的贝叶斯合理性, 但它可以和标准的频率学派方法结合使用, 进行完全数据的推断.

大多数统计软件包都允许无应答者的存在, 它们为数据矩阵中没有观测到的元素创造一个或多个特殊代码. 之所以可能会使用多个代码, 是为了区分不同类型的无应答, 比如 "不知道" "拒绝回答" 或 "不符合规范". 一些统计软件在执行分析时直接剔除掉带有缺失代码的单元, 这种策略经常被叫作 "完全案例分析". 但是, 这种策略一般是不合理的, 因为调查者通常是对整个目标人群的推断感兴趣, 而不是只对那些为所有变量都提供回答的部分人群感兴趣. 在本书中我们的目标是, 当数据集中的缺失条目掩盖了数据真实值时, 能够提供一些比完全案例分析更加合理的分析工具.

定义 1.1   缺失数据是指未观测到、但如果能观测到则将对分析有帮助的值. 换句话说, 缺失值掩盖了一个有意义的值.

当定义 1.1 适用时, 考虑能够有效预测或填补未观测到的值的分析方法就是合理的了. 另一方面, 如果定义 1.1 不适用, 填补未观测到的值的分析方法就不合理了, 根据观测数据模式来建立人群分层的分析方法将会更合适. 例 1.1 描述了一个关于肥胖的纵向数据, 定义 1.1 适用; 例 1.2 描述了随机化试验, 定义 1.1 对其中一个结局变量 (存活状态) 适用, 对另一个结局变量 (生活质量) 不适用; 例 1.3 描述了一项民意调查, 定义 1.1 适用与否取决于具体的情境.

例 1.1   在三个时间点测量的二值结局不响应.

Woolson 和 Clarke (1984) 分析了 Muscatine 冠状动脉风险因素研究的数据, 该研究是一个学龄儿童冠状动脉风险因素的纵向研究. 表 1.1 列出了数据矩阵中缺失数据的模式. 该研究记录了 4856 个个体的五个变量 (性别、年龄、三轮调查时是否患有肥胖症), 其中, 性别和年龄被完全记录, 但三个肥胖变量有一些缺失, 因而产生了六种缺失模式. 由于年龄是以五个类别的形式记录的, 肥胖变量是二值的, 因此数据可以在列联表中展示. 表 1.2 展示了这种形式的数据, 肥胖症的缺失被当作第三种取值, 其中 O 表示肥胖、N 表示不肥胖、M

表 1.1 例 1.1: 按照缺失数据模式划分的儿童调查数据矩阵, 1 表示观测到, 0 表示缺失

模式	变量					数量
	年龄	性别	体重 1	体重 2	体重 3	
A	0	0	0	0	0	1770
B	0	0	0	0	1	631
C	0	0	0	1	0	184
D	0	0	1	0	0	645
E	0	0	0	1	1	756
F	0	0	1	0	1	370
G	0	0	1	1	0	500

表 1.2 例 1.1: 按人群和三轮调查中体重类型分类的儿童数量

响应	男性					女性				
	年龄组					年龄组				
类型	5−7	7−9	9−11	11−13	13−15	5−7	7−9	9−11	11−13	13−15
NNN[1]	90	150	152	119	101	75	154	148	129	91
NNO	9	15	11	7	4	8	14	6	8	9
NON	3	8	8	8	2	2	13	10	7	5
NOO	7	8	10	3	7	4	19	8	9	3
ONN	0	8	7	13	8	2	2	12	6	6
ONO	1	9	7	4	0	2	6	0	2	0
OON	1	7	9	11	6	1	6	8	7	6
OOO	8	20	25	16	15	8	21	27	14	15
NNM	16	38	48	42	82	20	25	36	36	83
NOM	5	3	6	4	9	0	3	0	9	15
ONM	0	1	2	4	8	0	1	7	4	6

续表

响应	男性					女性				
	年龄组					年龄组				
类型	5-7	7-9	9-11	11-13	13-15	5-7	7-9	9-11	11-13	13-15
OOM	0	11	14	13	12	4	11	17	13	23
NMN	9	16	13	14	6	7	16	8	31	5
NMO	3	6	5	2	1	2	3	1	4	0
OMN	0	1	0	1	0	0	0	1	2	0
OMO	0	3	3	4	1	1	4	4	6	1
MNN	129	42	36	18	13	109	47	39	19	11
MNO	18	2	5	3	1	22	4	6	1	1
MON	6	3	4	3	2	7	1	7	2	2
MOO	13	13	3	1	2	24	8	13	2	3
NMM	32	45	59	82	95	23	47	53	58	89
OMM	5	7	17	24	23	5	7	16	37	32
MNM	33	33	31	23	34	27	23	25	21	43
MOM	11	4	9	6	12	5	5	9	1	15
MMN	70	55	40	37	15	65	39	23	23	14
MMO	24	14	9	14	3	19	13	8	10	5

[1]NNN 表示 1977、1979、1981 年都不肥胖; 每一年的 O 表示肥胖, N 表示不肥胖, M 表示缺失.
来源: Woolson 和 Clarke (1984), 使用获 John Wiley and Sons 授权.

表示缺失. 于是, MON 模式表示在第一轮调查时缺失, 在第二轮调查时肥胖, 在第三轮调查时不肥胖. 其他五种模式也可以类似地定义.

对表 1.2 的每一列, Woolson 和 Clarke 通过拟合 $3^3 - 1 = 26$ 种响应类别的多项分布分析了这些数据. 也就是说, 缺失模式被当作定义人群分层的工具. 我们认为, 对于这些数据, 肥胖变量的不响应背后其实是存在真实值的. 因此, 我们建议把不响应类别当作缺失指标, 从部分缺失数据中估计出三个随机响应变量的联合分布. 在第 12 章我们将看到, 处理这种带缺失值的分类型数据的恰当方法将会有效填补未被观测到的肥胖变量. 这些方法涵盖了对现有分类型数据分析算法的直接改进, 在常见的统计软件包中可以找到. 对于这些数据, Ekholm 和 Skinner (1998) 给出了一个平均各种缺失数据模式的分析.

例 1.2 以存活和生活质量为结局的治疗的因果作用.

考虑一个对受试者有两种药物治疗方案 ($T = 0$ 或 1) 的随机化试验, 假设这一研究的主要结局是随机化治疗一年后受试者存活 ($D = 0$) 或死亡 ($D = 1$). 借助 "潜在结果" 的记号, 用 $D_i(1)$ 表示个体 i 如果被分配到治疗 1 的话其一年期存活状态, 用 $D_i(0)$ 表示个体 i 如果被分配到治疗 0 的话其一年期存活状态. 对于个体 i, 治疗 1 相比于治疗 0 的因果作用定义为 $D_i(1) - D_i(0)$. 这一因果作用的估计可以被看成缺失数据问题, 因为对每个受试者来说只能分配一种治疗方案, 因此, 对于分配到治疗 1 的个体, $D_i(0)$ 是未被观测到 (即缺失) 的; 对于分配到治疗 0 的个体, $D_i(1)$ 是未被观测到 (即缺失) 的. 个体的因果作用是观测不到的, 但是, 从缺失数据的观点, 随机化允许对平均因果作用进行无偏估计 (Rubin 1974). 把未接受的那种治疗方案下的潜在生存结局当成缺失数据是合理的, 这样做符合定义 1.1 的要求, 因为尽管我们永远也无法观测到另一种治疗方案下的结局, 但我们依然可以假想在另一种治疗方案下受试者将会发生什么. 这种用于因果推断的 "潜在结果" 术语的其他应用包括 Rubin (1978a)、Angrist 等 (1996)、Barnard 等 (1998)、Hirano 等 (2000)、Frangakis 和 Rubin (1999, 2001, 2002)、Little 等 (2009).

Rubin (2000) 讨论了一种更复杂的情形, 假设我们还观测到了随机化治疗一年期后存活个体的生活质量指标 Y ($Y > 0$) 这一次要结局. 对于那些一年期内死亡的个体, 生活质量 Y 是没有定义的. 有时我们会用死亡 "删失" 这一术语刻画这种现象, 但按照定义 1.1, 我们认为把未被定义的结局当成缺失是不合理的, 因为对于已经死亡的人讨论生活质量是没有任何意义的. 更具体地说, 和前面类似, 用 $D_i(T)$ 表示个体 i 在接受治疗方案 T 一年后的潜在生存状态 (1 表示死亡, 0 表示存活), 存活状态 D 的潜在结果可以用来把人群分为四层:

1. 无论在何种治疗方案下都会存活的个体, $LL = \{i \mid D_i(1) = D_i(0) = 0\}$;
2. 无论在何种治疗方案下都会死亡的个体, $DD = \{i \mid D_i(1) = D_i(0) = 1\}$;
3. 若治疗则会存活、若对照则会死亡的个体, $LD = \{i \mid D_i(1) = 0, D_i(0) = 1\}$;
4. 若治疗则会死亡、若对照则会存活的个体, $DL = \{i \mid D_i(1) = 1, D_i(0) = 0\}$.

对于 LL 个体, 在个体水平上, 接受治疗和对照的潜在结果 Y 存在一个二元分布, 其中一个元能被观测到, 另一个元缺失了. 对于 DD 个体, 没有任何关于 Y 的信息, 把这些值当成缺失是很荒谬的. 对于 LD 个体, 在接受治疗的

条件下 Y 有一个分布, 但如果接受对照就没有分布. 最后, 对于 DL 个体, 在接受对照的条件下 Y 有分布, 如果接受治疗就没有分布. 在这个框架下, 关于生活质量 Y 的因果推断可以被概念化为如下步骤: 首先填补个体在未接受的那种治疗方案下的存活状态, 然后找出 LL 层个体, 在 LL 层内填补个体在未接受的那种治疗方案下的生活质量.

例 1.3 民意调查中的无应答.

考虑一种情景, 一些个体被问及在未来的全民投票中他/她会投票给谁, 可供选择的响应有 "是" "否" 和 "缺失". 不回答问题的个体可能是拒绝透露真实想法, 也可能是对投票没有兴趣. 定义 1.1 不适用于不会投票的个体, 如果我们要考察的目标群体是那些要投票的人, 那么这些不会投票的人界定了一个与全民投票结果无关的人群子层. 定义 1.1 适用于没有回答民意调查但准备去投票的人, 对于这些人, 当分析民意调查数据时, 我们可以采用一种能够有效地给他们填补上 "是" 或 "否" 的方法. Rubin 等 (1996) 考虑了一种情形, 即有一份完整的合格选民名单, 没有投票的人在公投中被记作 "无". 这时, 定义 1.1 就适用于最初民意调查中所有未观测的值了. 接下来, 在一些模型假设下, Rubin 等 (1996) 考察了能够有效填补缺失响应值的方法, 具体内容将在例 15.19 中讨论.

1.2 缺失模式和缺失机制

我们发现, 区分缺失模式 (pattern) 和缺失机制 (mechanism) 对后续分析是有帮助的. 缺失模式描述了数据矩阵中什么数据缺失了、什么数据被观测到了, 而缺失机制涉及缺失与数据矩阵中变量值之间的关系. 本书第 7 章描述的一些分析方法, 是为特定的缺失数据模式所设计的, 并且仅使用了标准的完全案例分析. 第 8–10 章介绍的其他方法, 可应用到更一般的缺失数据模式上, 但通常比为特定模式设计的方法需要更多的计算. 因此, 按照缺失模式把数据的行和列分类, 以便观察能否显现出有规则的模式是很有意义的. 在这一节中, 我们讨论几个重要的模式, 下一节我们将形式化缺失机制的概念.

用 $Y = (y_{ij})$ 表示一个无缺失值的 $n \times K$ 矩形数据集, 即完全数据集. 其第 i 行 $y_i = (y_{i1}, \cdots, y_{iK})$ 对应个体 i, y_{ij} 是第 i 个个体变量 Y_j 的值. 当存在缺失数据时, 定义一个缺失指标矩阵 $M = (m_{ij})$, 如果 y_{ij} 缺失则 $m_{ij} = 1$, 如果 y_{ij} 被观测到则 $m_{ij} = 0$. 于是, 矩阵 M 定义了缺失数据的模式 (另一种常见的描述缺失模式的记号是响应指标矩阵 R, 如果 y_{ij} 被观测到则 $r_{ij} = 1$,

如果 y_{ij} 缺失则 $r_{ij} = 0$; 为了避免混淆, 在本书中我们恒采用缺失指标矩阵 M 来表示缺失模式). 有时, 用其他的编码来表示不同的缺失数据种类也是可行且有用的, 比如用 $m_{ij} = 1$ 表示未联系到受访者导致的个体不响应, $m_{ij} = 2$ 表示受访者拒绝参与导致的个体不响应, $m_{ij} = 3$ 表示受访者拒绝回答某个特定问题. 或者在一个临床试验中, $m_{ij} = 1$ 表示试验中止导致的数据缺失, $m_{ij} = 2$ 表示个体 i 因不良反应退出试验导致的数据缺失, $m_{ij} = 3$ 表示无法再联系到个体 i 而引起的数据缺失. 这些编码所隐含的信息可以用于统计分析. 我们一般关注更简单的情形, 即 m_{ij} 是二值的情形.

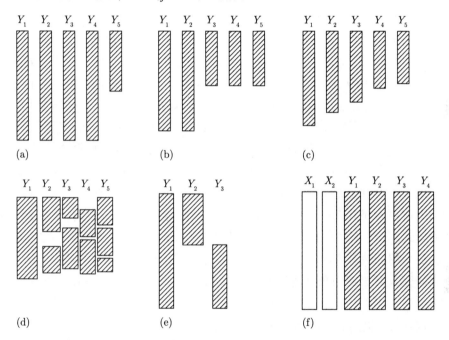

图 1.1 缺失数据模式的例子; 行对应个体, 列对应变量. (a) 一元不响应, (b) 存在两种模式的多元缺失数据, (c) 单调缺失, (d) 一般缺失, (e) 文件匹配, (f) 有 2 个因子和 4 个观测变量的因子分析

图 1.1 展示了若干种缺失模式的例子. 事实上, 一些处理缺失数据的方法适用于任何缺失模式, 而另一些方法只限于特殊的模式.

例 1.4 一元缺失数据.

图 1.1(a) 描述了一元缺失数据, 缺失仅限于单个变量. 在统计文献中首先引起系统性注意的不完全数据问题就有图 1.1(a) 的模式, 也就是试验设计中的缺失问题. 在农业试验中, 个体单元是试验区块, 这一问题常被称为缺失区块问题. 这里感兴趣的问题是发掘因变量 Y_K (如作物产量) 与一组因子

$Y_1, \cdots, Y_{K-1}$ (如品种、肥料、温度) 之间的关系, 按照试验设计, 这些因子是被完全观测的 (图中 $K = 5$). 经常选择一个平衡设计使得因子正交, 当 Y_K 不存在缺失时能够进行简单的分析. 然而, 有时某些试验单元的结局缺失了 (例如一些种子没有发芽, 或者一些数据记录不正确), 其结果是 Y_K 不完整, 而 $Y_1, \cdots, Y_{K-1}$ 是完全观测的. 为了保持原始设计的平衡, 可以采用缺失数据技术填补 Y_K 的缺失值. 第 2 章将回顾历史上的一些重要方法, 这些方法都考虑到计算的简单性, 在计算速度大大提升的现代, 这些方法可能显得不是那么重要了, 但在高维问题中它们仍然是有价值的.

例 1.5 调查中单元和项目无应答.

当图 1.1(a) 中的单个变量 Y_K 替换为图 1.1(b) 中的一组变量 $Y_{J+1}, \cdots, Y_K$ 时, 这组变量要么全都被观测要么全都缺失, 就得到了另一种常见的缺失数据模式 (图 1.1(b) 中 $J = 2$, $K = 5$). 这种模式的一个例子是抽样调查中的单元无应答 (unit nonresponse). 在抽样调查中进行问卷调查, 一部分受访者由于联系不上、拒绝或其他原因没有完成问卷调查. 在这种情况下, 调查项目是不完全变量, 而完全观测变量包括对所有受访者和非受访者测量的调查设计变量, 例如户口所在地, 或者是其他某些在调查前就已经测量好的特征. 第 3 章将讨论处理调查中单元无应答的常用技术. 调查工作者一般把调查中针对特定项目的缺失值称为项目无应答 (item nonresponse). 这些缺失值通常有一个杂乱无章的模式, 如图 1.1(d) 所示. 对调查研究中项目无应答的典型处理方法是第 4 章将要介绍的填补方法, 尽管本书第二部分也讨论了一些相关的适用方法. 在调查研究方面对缺失数据的讨论可参看 Madow 和 Olkin (1983)、Madow 等 (1983a,b)、Rubin (1987a) 以及 Groves 等 (2002).

例 1.6 纵向研究中的退出.

纵向研究收集一组单元 (个体) 在不同时间重复观测的信息. 一个常见的缺失数据问题是个体退出, 也就是在研究结束前就中途退出并且不再返回. 例如, 在面板研究中, 受访者可能因搬到了研究者无法到达的地方而退出; 在临床试验中, 个体可能因药物副作用、痊愈或其他不明原因退出. 退出模式是单调 (monotone) 缺失的一个例子. 经过适当的变量排序, 对任一 $j = 1, \cdots, K - 1$, 只要 Y_j 缺失, $Y_{j+1}, \cdots, Y_K$ 就都缺失, 如图 1.1(c) 所示 (图中 $K = 5$). 处理单调缺失的方法比处理一般缺失模式的方法更容易, 这在第 7 章和其他地方将会看到.

在实践中, 缺失数据模式很难完全单调, 但常常和单调很接近. 考虑表 1.3 中数据模式的例子, 这是美国伊利诺伊州十所学校学生的面板研究数据, 由 Marini 等 (1980) 分析. 第 1 组变量在研究开始时对所有个体进行了记录, 因此是完全观测到的. 第 2 组变量由 15 年后的随访研究中对所有个体测量的变量组成. 对随访做出回应的个体占原始调查受访者的 79%, 也就是说第 2 组变量中有 79% 的观测. 因此, 第 1 组变量比第 2 组变量观测到得更多.

表 1.3   例 1.6: 四组变量的缺失模式 (0 表示观测到, 1 表示缺失)

模式	青少年变量 第 1 组	对全部后续 响应观测的 变量 第 2 组	仅对最初的 后续响应观 测的变量 第 3 组	家长变量 第 4 组	个体数	百分数
A	0	0	0	0	1594	36.6
B	0	0^a	0^a	1	648	14.9
C	0	0	1	0^b	722	16.6
D	0	0^a	1	1	469	10.8
E	0	1	1	0^b	499	11.5
F	0	1	1	1	420	9.6
总计					4352	100.0

[a] 单调模式 2 (第 1 组变量观测多于第 4 组变量观测、第 4 组变量观测多于第 2 组变量观测、第 2 组变量观测多于第 3 组变量观测) 以外的个体.

[b] 单调模式 1 (第 1 组变量观测多于第 2 组变量观测、第 2 组变量观测多于第 3 组变量观测、第 3 组变量观测多于第 4 组变量观测) 以外的个体.

来源: Marini 等 (1980), 使用获 Sage Publication 许可.

长达 15 年随访研究数据用多种形式收集, 出于经济原因的考虑, 在第 2 组变量有响应的受访者子集中又测量了一部分, 构成第 3 组变量. 因此, 第 2 组变量比第 3 组变量观测到得更多. 第 1–3 组变量组成了缺失数据的单调模式. 第 4 组变量包含了少量通过问卷调查得到的数据, 问卷被邮寄给原始样本中所有学生的家长, 有 65% 的家长做出了回应. 这 4 组变量没有形成单调模式, 但牺牲相对较少的数据就能得到单调模式. 作者们分析了两个单调数据集. 第一个数据集忽略了模式 C 和模式 E 的第 4 组变量 (用字母 b 标记), 留下了一个单调数据集: 第 1 组变量观测多于第 2 组变量观测、第 2 组变量观测多于第 3 组变量观测、第 3 组变量观测多于第 4 组变量观测. 第二个数据集忽略了模式 B 和模式 D 的第 2 组变量以及模式 B 的第 3 组变量 (用字母 a 标记), 留下了另一个单调数据集: 第 1 组变量观测多于第 4 组变量观测、第 4 组变量观测多于第 2 组变量观测、第 2 组变量观测多于第 3 组变量观测. 在其他的例子中 (例如例 1.1 讨论的表 1.2), 构建单调模式可能会损失相当一部分数据.

例 1.7　文件匹配问题, 两个变量集不可联合观测.

当存在大量缺失数据时, 某些变量从未一起被观测的现象是可能发生的. 当发生这种情况时必须意识到这一问题, 因为这意味着衡量这些变量之间关联的一些参数不能仅从数据中估计出来, 试图估计这些参数可能会产生计算问题或错误结果. 图 1.1(e) 展示了这个问题的一个极端版本, 它是在合并两个来源的数据时出现的. 在这一模式中, Y_1 代表一个共同的变量集合, 在两个数据源中都有完整的观测, Y_2 是第一个数据源中有观测而第二个数据源中没有观测的变量集, Y_3 是第二个数据源中有观测而第一个数据源中没有观测的变量集. 显然, 给定 Y_1, 我们无法获知 Y_2 和 Y_3 之间偏相关性的信息. 在实践中, 分析这种模式的数据通常需要很强的假设, 认为它们的偏相关系数是零. 这种模式将在第 7.5 节更深入地讨论.

例 1.8　具有未被观测的隐变量模式.

把某些具有未被观测的隐变量的问题当成缺失数据问题可能是有帮助的, 这时隐变量完全缺失, 可以运用缺失数据理论的思路来估计感兴趣的参数. 例如, 考虑图 1.1(f) 的例子, $X = (X_1, X_2)$ 表示两个完全缺失的隐变量, $Y = (Y_1, Y_2, Y_3, Y_4)$ 是一组完全观测到的变量集. 对于这种模式, 因子分析可以看作 Y 关于 X 的多元回归分析 —— 竟然没有任何一个回归变量被观测到! 显然我们需要一些假设. 因子分析的标准形式假设给定 X 时 Y 的各部分条件独立, 参数估计是通过把因子 X 当作完全缺失数据实现的. 如果 Y 的值也按照某些混乱的模式缺失, 那么可以开发出把 X 和 Y 的未观测值都视为缺失的估计方法. 这个例子将在第 11.3 节详细讨论.

例 1.9　临床试验中的缺失数据.

临床试验旨在对参与者进行不同治疗的比较, 往往涉及对随时间变化的结局 (响应) 的重复测量, 因此可能发生数据缺失的问题. 一个常见的缺失来源是, 参与者因治疗无效、不良反应或其他原因而不再接受指定的治疗. Meinert (1980) 把这种形式的治疗中断与分析中断区分开来, 后者是因未记录受试者结局产生的. 治疗中断与分析中断不同, 因为在受试者中止治疗后, 研究者可能仍会继续记录受试者的结局测量值. 另一方面, 当受试者仍在接受治疗时, 分析中断也有可能发生, 例如患者错过了一次门诊. 本书中关于缺失数据的定义指的是分析中断, 而不是治疗中断, 但其实治疗中断同样可以利用本书中的方法, 借助例 1.2 中介绍的潜在结果框架来处理.

1.3　导致缺失数据的机制

在前一节中我们考察了缺失数据的各种模式. 除了缺失数据的模式, 另一个话题是导致缺失数据的机制, 特别是变量缺失是否与该数据集中变量的真实值有关. 缺失机制之所以至关重要, 是因为缺失数据方法非常强烈地依赖于这些机制中的相依性特征. 在带有缺失值的数据分析中, 机制的重要性曾被大大忽视, 直到 Rubin (1976a) 的理论正式提出了机制的概念. 他使用缺失数据指示变量的简单工具来表征数据的缺失情况, 缺失数据指示变量是一个随机变量, 并具有指定分布. 现在我们对这一理论进行直观的概述, 第 6 章将对这一理论进行更精确的处理, 这里介绍的概念将在第 6 章得到更正式的定义.

和前一节的记号一样, 定义完全数据矩阵 $Y = (y_{ij})$, 缺失指标矩阵 $M = (m_{ij})$. 为简单起见, 假设它们的行 (y_i, m_i) 关于 i 是独立同分布的. 缺失机制由给定 y_i 的条件下 m_i 的条件分布所刻画, 记为 $f_{M|Y}(m_i \mid y_i, \phi)$, 其中 ϕ 表示未知的参数. 如果缺失不依赖于数据的值, 无论数据是否被观测到, 也就是如果对任意的 i 以及样本空间中任意不同的 y_i 和 y_i^*, 都有

$$f_{M|Y}(m_i \mid y_i, \phi) = f_{M|Y}(m_i \mid y_i^*, \phi), \tag{1.1}$$

那么数据称为完全随机缺失 (missing completely at random, MCAR). 用 $y_{(0)i}$ 表示 y_i 中观测到的部分, 用 $y_{(1)i}$ 表示 y_i 中缺失的部分. 一个比完全随机缺失更松的假设是, 缺失只依赖于 y_i 中观测到的部分 $y_{(0)i}$, 也就是如果对任意的 i 以及缺失成分样本空间中任意不同的 $y_{(1)i}$ 和 $y_{(1)i}^*$, 都有

$$f_{M|Y}(m_i \mid y_{(0)i}, y_{(1)i}, \phi) = f_{M|Y}(m_i \mid y_{(0)i}, y_{(1)i}^*, \phi), \tag{1.2}$$

那么这种缺失机制叫作随机缺失 (missing at random, MAR). 如果 m_i 依赖于数据 y_i 的缺失部分, 也就是等式 (1.2) 对某些 i 和某些缺失成分 $(y_{(1)i}, y_{(1)i}^*)$ 不成立, 那么称机制是非随机缺失 (missing not at random, MNAR) 的.[①]

第 6 章将会指出, 如果不对缺失机制建模, 那么随机缺失是纯似然方法和贝叶斯推断适用的充分条件. 对于频率学派推断, 相应的充分条件是等式 (1.2)

[①] 在先前的版本中, 我们使用了 NMAR 的记号. 但是 MNAR 看起来更清晰.

不仅对观测到的缺失模式 m_i 成立, 而且也对重复采样中其他可能出现的模式成立. 同理, 完全随机缺失在观测样本和重复采样中都成立的条件记为总是完全随机缺失 (missing always completely at random, MACAR).

在本书中考虑的模型中, m_i 和 y_i 通常被指定一个联合分布, 即 M 和 Y 被当作随机变量. 在这种情形下, 后面我们会发现, 给定每个个体的观测值, 它的缺失值的预测分布与模式无关. 于是, 这个预测分布就成为填补方法的基础, 正如第 4 章和第 10 章将要讨论的那样, 并且随机缺失假设 (1.2) 允许该预测分布从观测数据中估计出来.

最简单的带有缺失的数据结构是一元随机样本, 这里 y_i 和 m_i 都是标量. 于是我们有

$$p(Y = y, M = m \mid \theta, \phi) = \prod_{i=1}^{n} f_Y(y_i \mid \theta) \prod_{i=1}^{n} f_{M|Y}(m_i \mid y_i, \phi), \qquad (1.3)$$

其中 $f_Y(y_i \mid \theta)$ 表示 Y 的密度, 由未知参数 θ 所指征, $f_{M|Y}(m_i \mid y_i, \phi)$ 是二值缺失指标 m_i 的伯努利分布密度, y_i 缺失的概率是 $\Pr(m_i = 1 \mid y_i, \phi)$. 如果缺失独立于 Y, 也就是 $\Pr(m_i = 1 \mid y_i, \phi) = \phi$ 是一个与 y_i 无关的常数, 那么缺失机制就是完全随机缺失的 (在这种情形下等价于随机缺失). 如果缺失机制依赖于 y_i, 那么它是非随机缺失的, 因为部分 y_i 的值是缺失的.

在这个简单的情形中, 用 r 表示 $m_i = 0$ 即响应单元的个数, 所以缺失使得样本量从 n 缩减到 r. 像对待样本量为 n 的样本一样, 我们可以对缩减的样本实施同样的分析. 例如我们假定数据值粗略服从正态分布, 于是可以用响应单元的样本均值估计总体均值, 标准误差为 $s/\sqrt{r}$, 其中 s 是响应单元的样本标准差. 如果缺失机制是完全随机缺失, 上述策略是可行的, 因为这时观测单元是全部样本单元的随机子样本. 然而, 如果数据是非随机缺失的, 要估计 Y 的分布参数 (包括均值), 那么基于响应子样本的分析一般是有偏的.

例 1.10 一元正态样本中的人造缺失数据.

图 1.2 的数据提供了这一状态的具体说明. 图 1.2(a) 给出了一个 $n = 100$ 的标准正态样本的茎叶图 (即保留所有单元样本值的直方图). 在正态条件下, 这一样本的总体均值 (0) 用样本均值 (-0.03) 来估计. 图 1.2(b) 给出的是原始样本经完全随机缺失机制删去部分观测单元得到子样本数据, 每个单元被观测到或缺失是独立的, 概率都为 0.5:

$$\Pr(m_i = 1 \mid y_i, \phi) = 0.5 \quad \text{对一切 } y_i, \qquad (1.4)$$

进而得到样本量为 $r = 52$ 的原始数据随机子样本. 样本均值是 -0.11, 估计 Y

的总体均值是无偏的.

	(a)	(b)	(c)	(d)
-3.5	7		7	7
-3				
-2.5	8		8	8
-2				
-1.5	57889	578	57889	57889
-1	001111222233	1112233	001111222233	001111222233
-0.5	5556666778989999999	566788899999	5556666778888899999	5556666778888899999
-0	0112222223344	011234	0112222223344	0112222234
+0	0011222222233344444	0122222234	0112222223344	012224
+0.5	56777778899	677789		
+1	0011113444	11144		
+1.5	56778	6		
+2	023	02		
+2.5				
+3	3			

(a) 样本均值=−0.03　Pr$(m_i=1|y_i)=0$, $n=100$

(b) 样本均值=−0.11　Pr$(m_i=1|y_i)=0.5$, $r=52$

(c) 样本均值=−0.89　Pr$(m_i=1|y_i)=\begin{cases}1, & \text{若 } y_i>0, \\ 0, & \text{若 } y_i\leqslant 0,\end{cases}$ $r=51$

(d) 样本均值=−0.81　Pr$(m_i=1|y_i)=\Phi(2.05y_i)$, $r=53$

图 1.2　例 1.10: 茎叶图展示了标准正态样本的分布, (a) 无缺失数据, (b) 完全随机缺失, (c) 纯删失, (d) 随机删失

图 1.2(c),(d) 展示了非随机缺失机制. 在图 1.2(c) 中, 原始样本的负值被保留, 正值被删除, 即

$$\Pr(m_i = 1 \mid y_i, \phi) = \begin{cases} 1, & \text{若 } y_i > 0; \\ 0, & \text{若 } y_i \leqslant 0. \end{cases} \tag{1.5}$$

这一机制显然是非随机缺失, 直接忽视缺失机制的标准完全数据分析是有偏的, 样本均值 −0.89 显然低估了 Y 的总体均值. 式 (1.5) 的机制是一种删失 (censoring), 具体来说, 观测值是在 0 处上删失或右删失的.

图 1.2(d) 中展示的响应者是原始样本按如下缺失机制生成的:

$$\Pr(m_i = 1 \mid y_i, \phi) = \Phi(2.05y_i), \tag{1.6}$$

其中 $\Phi(\cdot)$ 是标准正态分布的累积分布函数. 随着 y_i 值的增大, 缺失的概率增加, 因而观测值大多是负的. 和前一情形类似, 此时缺失机制也是非随机缺失的, 样本均值 −0.81 系统性地低估了总体均值. 式 (1.6) 的机制是一种 "随机" 删失 (stochastic censoring, 与随机缺失不同).

现在, 假设我们遇到了图 1.2(c) 这样的不完全样本, 并且希望估计总体均值. 如果缺失机制是已知的, 那么存在诸多修正样本均值偏倚的可行方法, 如

第 15.2 节所述. 如果缺失机制是未知的, 那么问题变得更加困难. 假设原始数据服从对称的正态分布, 而观测数据分布不是对称的, 即观测数据分布与假设分布矛盾, 这将帮助我们认定缺失机制不是随机缺失的. 如果我们相信总体分布是对称的, 这一信息有助于修正估计偏倚. 然而, 如果我们对总体分布的形式并不了解, 我们就不能判定观测数据是一个对称分布的删失样本还是一个非对称分布的随机子样本: 对于前一种情形, 样本均值对总体均值是有偏的, 对于后一种情形, 样本均值对总体均值是无偏的.

例 1.11　右删失生存数据.

一个常见的删失实例是事件发生时间数据, 其中删失节点已知. 假设数据具有图 1.1(a) 的模式, 即 $Y_1, \cdots, Y_{K-1}$ 完全观测到, Y_K 记录了某事件的发生时间 (如实验动物死亡、婴儿出生、灯泡烧坏). 对于样本中的某些个体, 事件发生时间是右删失的, 也就是当数据收集阶段结束时事件还未发生. 如果删失时间是已知的, 那么我们可以获知关于 Y_K 的部分信息: Y_K 超过了这个删失时间. 为了避免有偏的结论, 分析数据时需要考虑到这一信息. 事实上, 删失是粗化 (coarsening) 数据的一个特例. 和缺失数据的随机缺失机制类似, 粗化数据也存在随机粗化机制, 随机粗化的概念将在第 6.4 节讨论.

例 1.12　历史上的身高资料.

Wachter 和 Trussell (1982) 对删失节点未知的随机删失给出了一个有趣的实例, 涉及历史上的身高估计. 生物学和社会科学对历史人口的身高分布有很大的兴趣, 因为这些资料提供了有关食物营养的信息, 因而间接反映了生活标准的变化. 所记录的资料大多涉及军队新兵的身高. 样本是有删失的, 因为征兵条件里通常有最低身高限制, 但受兵源供求关系影响, 执行起来严格程度不一. 因此, 典型的身高观测分布差不多是图 1.3 非阴影部分的直方图. 图中的阴影部分代表被排除在新兵行列之外的人的身高, 这部分图像是在假设身高在原始无删失总体中呈正态分布的情况下画出的. 在这个重要的正态假定下, Wachter 和 Trussell 讨论了估计无删失分布均值和方差的方法. 在本例中, 存在大量外部证据表明无限制的总体身高近似服从正态分布, 所以依据正态假定对随机删失数据进行推断有一定合理性. 在许多其他的涉及缺失数据的例子中, 这类信息可能是无法获得或很弱的. 在第 15 章中我们将会讨论, 对于具有未知删失机制的数据分析, 从不完全样本中推出的结论对重要假设的敏感性是一个基本问题, 例如调查数据中的无应答就常会出现这一问题.

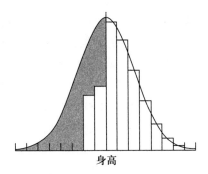

身高

图 1.3 例 1.12: 历史身高的观测分布和总体分布. 总体分布是正态的, 观测分布用直方图表示, 阴影区域为缺失数据

例 1.13 一元缺失数据的随机缺失.

假设 Y 是有缺失值的变量, M 是 Y 的缺失指示变量, 此外, 设 X 是一组完全观测到的变量. 数据包含 n 个单元, 其中 r 个单元 (不妨设为 $i = 1, \cdots, r$) 的 X 和 Y 都有观测, 即 $m_i = 0$, 剩下的 $n-r$ 个单元 $(i = r+1, \cdots, n)$ 有 X 的观测而 Y 缺失, 即 $m_i = 1$. 假设一旦给定 $x_i, (y_i, m_i)$ 在 i 之间 $(i = 1, \cdots, n)$ 就是独立的. 对于这组数据, 随机缺失假设 (1.2) 的数据结构是

$$f_{M|Y}(m_i \mid x_i, y_i, \phi) = f_{M|Y}(m_i \mid x_i, \phi),$$

因为单元 $i = r+1, \cdots, n$ 的 Y 缺失了, 所以 Y 是否缺失不能依赖于 Y. 这意味着, 给定 X, 则 M 和 Y 是条件独立的. 给定 X 和 M, Y 的条件分布不依赖于 M, 即

$$f_{Y|M}(y_i \mid x_i, m_i = 1, \theta, \phi) = f_{Y|M}(y_i \mid x_i, m_i = 0, \theta, \phi).$$

这条假设表明, 给定 X 的条件下 Y 的条件分布可以通过观测到的 Y 来估计 $(M = 0)$, 然后用于预测缺失的那些 Y 的值 $(M = 1)$. 这一方法, 以及在更一般缺失模式上的拓展, 是本书前 14 章中众多方法的基础. 第 15 章将会放宽缺失机制的随机缺失假设.

例 1.14 设计的缺失数据: 双重矩阵抽样.

假设数据包含一组变量 $(Y_1, \cdots, Y_K)$, 其中前 $J < K$ 个变量在样本量为 n 的数据集上测量, 其余变量 $Y_{J+1}, \cdots, Y_K$ 在样本量为 $r < n$ 的子样本上测量. 当 $J = 2$, $K = 5$ 时, 得到的数据具有图 1.1(b) 的模式. 一个特例是 $K = J+1$ 的情况, Y_{J+1} 是感兴趣的变量, 但测量成本较高, 而 $Y_1, \cdots, Y_J$ 包含了 Y_{J+1} 的低测量成本代理变量和其他的一些变量. 如此设计得到了图 1.1(a) 所示的

数据模式, 其中 $Y_1, \cdots, Y_J$ 对样本量为 n 的整个样本都有记录, Y_{J+1} 只记录了样本量为 r 的子样本. 一个可能的分析途径是用 r 个完全样本的 Y_{J+1} 对 $Y_1, \cdots, Y_J$ 进行回归, 从而填补 Y 的缺失值, 这一方法将在第 7 章详细讨论.

　　当子样本是原始样本的概率抽样时, 这一设计被称作双重抽样, 其数据结构可以被当作缺失数据问题, 不在子样本中的单元的 $Y_{J+1}, \cdots, Y_K$ 被看成缺失的. 如果子样本是随机选取的, 则缺失数据是完全随机缺失, 并且有 $\Pr(m_i = 1 \mid y_{i1}, \cdots, y_{iK}) = r/n$. 在某些情况下, 按照一个依赖于 $Y_1, \cdots, Y_J$ 的比率 ϕ 抽取子样本是更好的, 比如希望 "更感兴趣的" 单元能够被以更高的概率选进子样本, 这时数据是随机缺失的, 并且有

$$\Pr(m_i = 1 \mid y_{i1}, \cdots, y_{iK}, \phi) = \Pr(m_i = 1 \mid y_{i1}, \cdots, y_{iJ}, \phi),$$

其中缺失依赖于完全观测到的变量 $Y_1, \cdots, Y_J$ 而不依赖于不完全变量 $Y_{J+1}, \cdots, Y_K$. 更一般地, 矩阵采样设计 (Mislevy 等 1992; Raghunathan 和 Grizzle 1995) 把抽样单元划分成多个子样本, 然后在不同的子样本上收集不同的调查变量. 这是减轻受访者负担的一个重要方法, 由此产生的数据结构可以有效地看作一个缺失数据问题. 一个重要的实例是美国国家教育进步评估的设计 (NAEP 2016).

例 1.15　测量误差作为缺失数据问题.

　　流行病学和其他领域的很多研究都会遇到测量误差的问题, 测量误差可能会扭曲推断结论. 具体而言, 在回归分析中, 受测量误差影响的预测变量 (自变量) 对应的系数通常会缩减; 当受测量误差影响的变量被作为协变量进行推论时, 治疗效果的估计可能会出现偏倚 (Fuller 1987; Carroll 等 2006). 然而, 在流行病学研究中, 很少采用调整技术来纠正这些偏倚 (Jurek 等 2006). 一个有用的处理测量误差的方法把受测量误差影响的变量的真实值作为缺失数据来处理 (Cole 等 2006; Guo 和 Little 2011; Guo 等 2011).

　　关于测量误差的信息通常是在校准实验 (如生物测定) 中获得的, 在这类实验中, 用测量仪器分析某种已知变量真值 (记为 X) 的样本, 得到有测量误差的值 W. 通过估计测量值 W 对真值 X 的回归方程, 得到校准曲线 (Higgins 等 1998). 进而, 利用这条校准曲线估计待测量样本的变量真值, 并在主分析中作为真值处理. 仿真模拟表明, 当测量误差很大时, 这种方法会产生具有大幅偏倚的回归系数估计 (Freedman 等 2008; Guo 等 2011). 更好的统计方法是将其视为数据缺失问题来处理.

　　图 1.4 展示了一个主样本和校准样本中四个变量 X、W、Y 和 Z 的缺

失数据模式, 考虑两种设计: (a) 内部校准, (b) 外部校准 (Guo 和 Little 2011; Guo 等 2011). 在这两种设计中, X 是不受测量误差影响的真值, W 是 X 的受测量误差影响的代理变量, Y 和 Z 是其他的无测量误差变量. 主分析考察的是 Y 对 X 和 Z 的回归, 并且在两种设计中, 主样本数据都是 Y、W 和 Z 的随机样本, 其中 W 是 X 的代理.

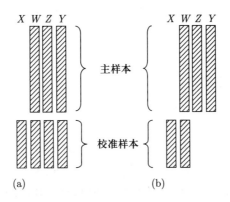

图 1.4　例 1.15: 与主样本数据对应的缺失模式, 其中一个变量的测量有误差, 而校准样本则记录了变量的真实值和测量值. X: 真实的协变量, W: 测量的协变量, Z: 其他协变量, Y: 结局. (a) 内部校准设计, (b) 外部校准设计

关于 X 和 W 之间关系的信息可由校准样本得到. 在图 1.4(a) 的内部校准设计中, 校准样本的所有这四个变量 X、W、Y 和 Z 都被测量, 得到的数据模式与例 1.14 的双重抽样相似. 如果校准样本是主研究样本的随机抽样, 那么缺失机制就是完全随机缺失.

在外部校准设计中, 只有校准样本的 X 和 W 被测量, 得到图 1.4(b) 所示的更稀疏的数据模式. 当校准实验独立于主研究, 比如校准实验由其他检测制造商进行, 这一设计往往会发生. 由于校准样本不是主研究的随机子样本, 在这种情况下, 缺失机制通常不是完全随机缺失, 也可能不是随机缺失. 还需要注意的是, 在外部校准的情况下, 没有关于给定 W 时 X 和 (Z, Y) 之间关联的参数信息, 因此需要引入假设来估计这些参数.

在这些图中, 把测量误差当作一个缺失数据问题来处理, 会引出有效的分析策略来纠正测量误差, 这在第 11.7 节将会讨论.

例 1.16　**设计的缺失数据: 披露限制.**

另一个因设计产生的缺失数据来源于披露限制. 调查的一个重要特点是受访者的身份通常是保密的, 信息只用于统计目的. 数据收集者可能不希望公布公众微观数据文件中的所有信息, 因为一些变量的数值也许能够通过外部数据库获得, 并可能允许数据入侵者发现一些受访者的身份. 例如, 收入很高的个体如果提供收入信息, 他们就很容易暴露个人身份, 因此超过某一特定值的收入往往被数据提供者删掉. 处理披露限制的一种方法是删除某些受访者的某些变量值, 然后用人工填补的值来代替它们 (Rubin 1993; Little 1993a; Raghunathan 等 2003; Little 等 2004; Drechsler 2011). 这里与例 1.15 一样, 创建缺失值的机制由数据提供者控制, 因此通常是完全随机缺失或随机缺失. 因为数据提供者知道变量的原始值, 所以数据提供者可以研究用人工填补值代替真实值的效果.

例 1.17　收入无应答.

在其他的一些情形中, 缺失值不是因设计产生的, 而是因受访者拒绝回答某些问题产生的. 例如, 假设 $K = 2$, Y_1 是年龄, 被完全观测到, Y_2 是收入, 带有缺失值, 得到图 1.1(a) 所示的数据模式. 和例 1.14 不同, 这里缺失机制是未知的, 于是完全随机缺失或随机缺失成了假设, 而不是已知成立的. 如果所有个体收入缺失的概率都相等, 无论个体年龄和收入如何, 则数据是完全随机缺失的; 如果收入缺失情况与受访者年龄有关, 但对同一年龄的受访者缺失概率不随收入变化, 则数据是随机缺失的; 如果对同一年龄的受访者, 收入缺失情况以某种未知的方式随收入变化, 则数据是非随机缺失的. 最后一种情况在分析上是最难处理的, 不幸的是, 这种情况在实际中恰恰又是最可能发生的.

当数据收集者无法掌控缺失数据时, 通过收集所有应答者和无应答者的 $Y_1, \cdots, Y_{K-1}$, 使得这些变量不仅对 Y_K 有预测作用, 而且对缺失概率有预测作用, 这时随机缺失假设看起来更具合理性. 在分析中纳入这些数据, 通常会把 M 和 Y_K 之间的相关性替换为给定 $Y_1, \cdots, Y_{K-1}$ 条件下 M 和 Y_K 之间的相关性, 从而有助于使随机缺失假设作为现实情况的近似更加合理.

这些对缺失机制做出的假设的重要性在一定程度上取决于分析的目标. 例如, 如果感兴趣的是 $Y_1, \cdots, Y_{K-1}$ 的边缘分布, 则 Y_K 的数据以及导致 Y_K 缺失的机制通常是无关紧要的 (这里说 "通常" 是因为我们可以构造出反例, 但这些例子一般只是理论性的, 在实践中很少出现). 如果感兴趣的是给定 $Y_1, \cdots, Y_{K-1}$ 时 Y_K 的条件分布, 例如要研究收入分布如何随年龄变化, 且年龄没有缺失, 则当收入数据是随机缺失时, 基于完全案例的分析是合理的. 但另一方面, 如果感兴趣的是 Y_K 的边缘分布 (例如 Y_K 均值等综合量), 那么除非数据是完全随机缺失的, 否则基于完全案例的分析一般是有偏的. 对于 $Y_1, \cdots, Y_{K-1}$ 和 Y_K 的完全记录数据, $Y_1, \cdots, Y_{K-1}$ 的数据对估计 Y_K 均值一般是没有帮助的; 但当 Y_K 的一些值缺失时, $Y_1, \cdots, Y_{K-1}$ 的这些数据对于估

计 Y_K 均值是有帮助的, 既可以提升估计效率, 也可以减少数据不是完全随机缺失时的偏倚影响. 这些观点将在以后的章节中进行更详细的研究.

例 1.18 纵向数据中的退出机制 (例 1.6 续).

对于纵向数据中的单调退出模式 (图 1.1(c), $K = 5$), 通过定义一个单一的缺失指标 M, 记号可以简化: 如果 $Y_1, \cdots, Y_{j-1}$ 被观测到, 而 $Y_j, \cdots, Y_K$ 缺失, 则 M 取 j, 也就是退出发生在时间 $j-1$ 和 j 之间. 对于完全观测个体, 令 j 取 $K + 1$. 如果

$$\Pr(m_i = j \mid y_{i1}, \cdots, y_{iK}, \phi) = \phi \quad \text{对一切 } y_{i1}, \cdots, y_{iK},$$

则缺失数据 (退出、脱落) 机制是完全随机缺失. 这是一个很强的假设, 基本上会跟缺失数据模式中各观测变量的分布差异矛盾. 如果缺失依赖于退出前的值而不依赖于退出后的值, 即

$$\Pr(m_i = j \mid y_{i1}, \cdots, y_{iK}, \phi) = \Pr(m_i = j | y_{i1}, \cdots, y_{i,j-1}, \phi)$$
$$\text{对一切 } y_{i1}, \cdots, y_{i,K},$$

则数据是随机缺失.

Murray 和 Findlay (1988) 提供了一个纵向数据随机缺失结构的指导性例子, 该例子来自高血压药物研究, 结局变量是舒张压. 根据协议, 当一个个体被观测到的舒张压过高时, 他/她就不会再继续被治疗 (退出研究). 由于后续测量没有记录, 这些个体也就是例 1.6 中定义的分析退出者. 这个机制不是完全随机缺失的, 因为它依赖于血压值. 但由于个体离开时其血压值被观测到了, 所以缺失机制是随机缺失: 是否退出只依赖于 Y 的观测部分. 这是随机缺失机制的一种特别极端的形式, 因为在任何特定时间的血压分布, 对于当时退出的个体与留在研究中的个体来说是有明显区别的, 因此, 利用研究中个体的信息来预测退出者的数值就涉及外推.

例 1.19 一般二元模式的随机缺失.

两变量的最一般的缺失模式有四种: 完全观测单元、仅 Y_1 有观测的单元、仅 Y_2 有观测的单元、两变量都缺失的单元. 如果我们假设给定 (y_{i1}, y_{i2}) 时 m_i 在单元之间是独立的, 因而单元 i 的模式只依赖于其 y_{i1} 和 y_{i2} 的值, 于是可以写出

$$\Pr(m_{i1} = r, m_{i2} = s \mid y_{i1}, y_{i2}, \phi) = g_{rs}(y_{i1}, y_{i2}, \phi), \quad r, s \in \{0, 1\},$$

其中 $g_{00}(y_{i1}, y_{i2}, \phi) + g_{10}(y_{i1}, y_{i2}, \phi) + g_{01}(y_{i1}, y_{i2}, \phi) + g_{11}(y_{i1}, y_{i2}, \phi) = 1$. 这时, 随机缺失假设隐含着 $g_{10}(y_{i1}, y_{i2}, \phi) = g_{10}(y_{i2}, \phi)$, 因为对于这种模式, y_{i2}

被观测到而 y_{i1} 缺失. 类似地, 对其他模式应用这一逻辑, 随机缺失假设隐含着

$$g_{11}(y_{i1}, y_{i2}, \phi) = g_{11}(\phi),$$
$$g_{10}(y_{i1}, y_{i2}, \phi) = g_{10}(y_{i2}, \phi),$$
$$g_{01}(y_{i1}, y_{i2}, \phi) = g_{01}(y_{i1}, \phi),$$
$$g_{00}(y_{i1}, y_{i2}, \phi) = 1 - g_{10}(y_{i2}, \phi) - g_{01}(y_{i1}, \phi) - g_{11}(\phi),$$

上面最后一式是因为四种模式概率相加等于 1. 这组假设看起来不太实际, 因为它要求 Y_1 是否缺失依赖于 Y_2, 而 Y_2 是否缺失又依赖于 Y_1. 一个更自然的机制是假设 Y_j 是否缺失只依赖于 Y_j, 并且给定数据后 Y_1 和 Y_2 是否缺失相互独立. 这就得到

$$g_{11}(y_{i1}, y_{i2}, \phi) = g_{1+}(y_{i1}, \phi)g_{+1}(y_{i2}, \phi),$$
$$g_{10}(y_{i1}, y_{i2}, \phi) = g_{1+}(y_{i1}, \phi)(1 - g_{+1}(y_{i2}, \phi)),$$
$$g_{01}(y_{i1}, y_{i2}, \phi) = (1 - g_{1+}(y_{i1}, \phi))g_{+1}(y_{i2}, \phi),$$
$$g_{00}(y_{i1}, y_{i2}, \phi) = (1 - g_{1+}(y_{i1}, \phi))(1 - g_{+1}(y_{i2}, \phi)).$$

这一机制是非随机缺失. 尽管随机缺失假设不太实际, 但总比完全随机缺失假设能更好地近似现实, 后者假设了四种模式的概率都与结局无关. 此外, 在一些经验设定下, 随机缺失假设能比上述 "更自然" 的非随机缺失假设产生更精确的对缺失值的预测, 可参考例 15.18 和 Rubin 等 (1996), 一个隐变量解释可参考 Mealli 和 Rubin (2015).

1.4   缺失数据方法的分类

文献中提出的缺失数据方法可有效地分为以下几类, 这些方法并不相互排斥.

1. **基于完全案例单元的方法**: 当一些单元没有记录某些变量时, 第 1.1 节中提到的一个简单的权宜之计就是放弃记录不完全的单元, 只分析数据完整的单元 (如 Nie 等 1975). 这种策略, 我们称之为完全案例分析, 将在第 3 章讨论. 它很容易实施, 对于少量的缺失数据可能是令人满意的. 然而, 它可能导致严重的偏倚, 而且通常不是很有效, 特别是在对子群进行推断时更是如此.

2. **加权方法**: 从没有无应答的抽样调查数据中进行随机化推论, 通常以其设计权重对被抽样单元进行加权, 设计权重与其已知的选择概率成反比.

例如, 用 y_i 表示总体中个体 i 的变量 Y 的值, 总体均值常用 Horvitz-Thompson (1952) 估计量 $\bar{y}_{\mathrm{HT}} = \sum_{i=1}^{n} \pi_i^{-1} y_i / N$ 或 Hajek (1971) 估计量

$$\bar{y}_{\mathrm{HK}} = \frac{\sum_{i=1}^{n} \pi_i^{-1} y_i}{\sum_{i=1}^{n} \pi_i^{-1}} \tag{1.7}$$

估计, 其中求和是对所有 n 个采样单元进行, N 是总体数量, π_i 是已知的单元 i 被纳入样本的概率. 对不响应者的加权方法修改了权重, 试图把不响应作为样本设计的一部分进行调整, 用

$$\frac{\sum_{i=1}^{n} (\pi_i \widehat{p}_i)^{-1} y_i}{\sum_{i=1}^{n} (\pi_i \widehat{p}_i)^{-1}}$$

代替估计量 (1.7), 这里求和是对所有响应单元进行的, $\widehat{p}_i$ 是单元 i 响应概率的一个估计, 通常是样本中单元 i 所在子类的响应比例. 加权方法将在第 3 章深入讨论.

3. **填补方法**: 缺失值被填充, 然后使用标准的方法分析填充好的完全数据. 常用的填补方法包括热卡 (hot-deck) 填补, 即用无缺失值单元代替缺失值; 均值填补, 即用有记录数值单元的均值代替缺失值; 回归填补, 即通过回归预测用该单元的已知变量值来估计该单元的缺失变量. 填补准则在第 4 章中讨论. 为了得出有效的结论, 需要对标准分析进行修正, 以考虑到真实值和填补值不同的状况. 第 5 章将讨论度量和纳入填补不确定性的方法, 包括将在本书第二和第三部分基于模型的方法中再次出现的多重填补.

4. **基于模型的方法**: 通过定义一个完全数据的模型, 根据该模型下的似然或后验分布进行推断, 并通过极大似然等程序估计参数, 从而产生一类广泛的方法. 这类方法的优点包括: 灵活; 避免采用临时性的针对特殊个案的方法, 在模型假定基础上, 产生的方法可以进行推演和评估; 能够得出数据不完整情况下的抽样方差估计. 基于模型的方法是本书的重点, 并将在第 6–15 章中展开, 组成第二和第三部分.

例 1.20 **单调缺失模式下估计均值和协方差矩阵**.

许多多元统计分析, 如最小二乘回归、因子分析、判别分析, 都对数据进行了初始简化, 得到变量的均值向量和协方差矩阵. 一个重要的实际问题是如何从不完全数据中估计这些量. 早期的文献 (在第 3 章中有选择地讨论) 提出了临时性的个案解决方案, 第 6 章介绍了一种更系统的基于似然的方法, 并在后面各章节中应用于各种情况, 这构成了第二部分的重点.

假设数据能够排列成单调模式. 估计均值和协方差矩阵的一个简单方法是把目光限于所有变量都有观测的单元, 然而这一方法可能会丢弃大量数据. 并且在很多例子中 (如表 1.3 的数据), 完全观测的单元不是原始样本的随机抽样, 即数据不是完全随机缺失的, 因此所产生的估计量是有偏的. 一个通常更成功的策略是假定数据服从多元正态分布, 通过极大似然来估计均值向量和协方差矩阵. 在第 6 章中我们将说明, 对于单调的缺失数据, 这个任务并不像想象的那样困难, 因为通过对变量的联合分布进行因子分解可以简化估计.

特别地, 对于二元单调缺失数据, Y_1 被完全观测, Y_2 有缺失值, 这时 Y_1 和 Y_2 的联合分布可以分解为 Y_1 的边缘分布乘上给定 Y_1 时 Y_2 的条件分布. 在简单假设下, 可基于全部观测推断 Y_1 的边缘分布, 基于 Y_1 和 Y_2 都有观测的数据推断给定 Y_1 时 Y_2 的条件分布. 这些分析结果综合起来, 就能估计 Y_1 和 Y_2 的联合分布以及关于这一分布的其他参数. 对给定 Y_1 时 Y_2 条件分布的估计具有回归分析的形式, 对分布进行因子分解的策略与将 Y_2 对 Y_1 进行回归然后根据回归方程预测并填补出 Y_2 缺失值的思想有关.

例 1.21   一般缺失模式下估计均值和协方差矩阵.

许多有缺失值的数据集没有展现出单调模式, 或者不能像表 1.3 那样便捷地近似成单调模式. 研究者发展了估计一组变量的均值和协方差矩阵的方法, 可以应用于任何缺失模式. 像例 1.20 那样, 这些方法通常基于极大似然估计, 假设变量服从多元正态分布, 并且涉及迭代算法.

第 8 章讨论的期望最大化算法 (Dempster 等 1977) 是从不完全数据中寻找极大似然估计的重要普遍技术, 在第 11 章中它被用于多元正态数据. 期望最大化算法产生特殊的迭代结构, 与通过回归来填补缺失值的估计值的迭代版本紧密相关. 因此, 即使在这个复杂的问题上, 也能在基于模型的高效方法和基于用合理估计值代替缺失值的传统个案方法之间建立起联系. 第 11 章还介绍了期望最大化算法在处理方差成分模型、因子分析和时间序列等问题上更深奥的用法, 这些问题可以看作具有特殊参数结构的多元正态数据的缺失数据问题. 第 11 章还介绍了针对有缺失值的多元正态数据的贝叶斯方法. 第 14 章阐述了针对比正态分布更重尾的连续数据的稳健方法.

例 1.22   有一些分类变量时的估计.

当一些变量是分类变量时, 把数据简化成均值向量和协方差矩阵的做法是不合适的. 若所有的变量都是分类变量, 并且其中部分变量带有缺失值, 数据可以被排列成例 1.1 那样具有未完全分类边缘的列联表. 分析这种数据的方法在第 12 章讨论. 更一般地, 第 13 章考虑部分变量是连续型、部分变量是分类型的多元数据, 那一章还会从缺失数据的角度考虑有限混合分布的估计.

例 1.23 数据不是随机缺失时的估计.

关于多元不完全数据的诸多文献都假定了数据是随机缺失或完全随机缺失的. 第 15 章明确论述了数据是非随机缺失的情况, 以及这种缺失机制需要的模型. 由于几乎不能以任何置信度估计缺失机制, 这些方法的主要目的是进行敏感性分析, 以评估关于缺失机制的其他假设的影响.

5. **混合方法**: 研究者提出了基于估计方程的方法, 能够结合建模和加权这两个方面. 具体来说, 增广逆概率加权广义估计方程 (Robins 等 1995; Rotnitzky 等 1998; Seaman 和 White 2011) 方法将模型的预测和残差的加权结合起来, 旨在防止模型的错误设定. 我们的总体观点是, 仔细建模以避免严重的模型错误设定, 能让这种混合方法不再必要.

问题

1.1 从表 1.1 的数据中寻找单调模式, 使得删除的观测数据最少. 你能想出比这个更好的删除观测值的统计准则吗?

1.2 基于你的实际经验或相关文献, 列出统计应用领域内你感兴趣的处理缺失值的模型.

1.3 问题 1.2 中的统计分析隐含了何种缺失机制的假设? 这些假设符合实际吗?

1.4 问题 1.2 中缺失值的出现对下列方面的分析有什么影响? (a) 估计; (b) 检验和区间估计. 例如, 估计量是否相合于总体参数? 检验是否有先前设定的显著性水平?

1.5 用 $Y = (y_{ij})$ 表示数据矩阵, 用 $M = (m_{ij})$ 表示对应的缺失指标矩阵, 其中 $m_{ij} = 1$ 表示缺失, $m_{ij} = 0$ 表示观测到.

 (a) 提供一个情景, m_{ij} 仅有两个值是不够的. (提示: 参考 Heitjan 和 Rubin 1990.)

 (b) 我们几乎总是假定 M 有完全观测. 描述一种现实情形, M 本身有一部分缺失也是有意义的. (提示: 你能设想 "空白" 的含义不清晰的情景吗?)

 (c) 考虑一个简单的情形, $m_{ij} = 1$ 或 $m_{ij} = 0$. 设 y_i 和 m_i 分别为 Y 和 M 的第 i 行. 当关注于完全响应的单元时, 可以估计给定 $m_i = (0, 0, \cdots, 0)$ 时 y_i 的条件分布. 提供一种情景, 给定其他缺失模式时 y_i 的条件分布也是有意义的; 另外, 提供这些其他分布没有意义的情景.

 (d) 用给定各种缺失模式时 y_i 的条件分布以及缺失模式的概率表示 y_i 的边缘分布.

1.6 从独立标准正态分布生成 100 个三元数组 $\{(z_{i1}, z_{i2}, z_{i3}), i = 1, \cdots, 100\}$, 再从这 100 个三元数组生成 100 组 $\{Y_1, Y_2, U\}$ 的正态观测 $\{(y_{i1}, y_{i2}, u_i), i = 1, \cdots, 100\}$:

$$y_{i1} = 1 + z_{i1},$$
$$y_{i2} = 5 + 2z_{i1} + z_{i2},$$

$$u_i = a(y_{i1} - 1) + b(y_{i2} - 5) + z_{i3},$$

其中 $a = b = 0$ (后面我们再选取 a 和 b 的其他值). 这样, 单元 $\{(y_{i1}, y_{i2}), i = 1, \cdots, 100\}$ 服从二元正态分布, 均值为 $(1, 5)$, 方差为 $(1, 5)$, 相关系数 $2/\sqrt{5} = 0.89$. 假设 U 是未观测到的隐变量, Y_1 被完全观测, Y_2 有缺失值. 对 $i = 1, \cdots, 100$, 基于 u_i 的值创建 y_{i2} 的缺失指标 m_{i2} 如下:

$$\Pr(m_{i2} = 1 \mid y_{i1}, y_{i2}, u_i, \phi) = \begin{cases} 1, & \text{若 } u_i < 0; \\ 0, & \text{若 } u_i \geqslant 0. \end{cases}$$

换句话说, 如果 U 小于 0, 则 Y_2 缺失. 因为 U 的均值是 0, 所以这一缺失机制产生大约 50% 的带缺失值单元.

A. 对完全单元和不完全单元, 画出 Y_1 和 Y_2 的边缘分布 (注意在现实中 Y_2 的缺失值是无法获得的). 这一机制是完全随机缺失、随机缺失还是非随机缺失?

B. 做一个 t 检验, 比较完全单元和不完全单元 Y_1 的均值. 此检验是否提供了数据不是 (a) 完全随机缺失、(b) 随机缺失、(c) 非随机缺失的证据?

C. 取 (1) $a = 2, b = 0$, (2) $a = 0, b = 2$, 重复 (A) 和 (B).

第 2 章　试验中的缺失数据

2.1　引言

　　历史上一个重要问题是发生在对照试验中结局数据缺失的问题. 这可以说是第一个以规范方式被系统性处理的缺失数据问题, 其处理方法引出了现代缺失数据方法, 特别是第 8 章中讨论的期望最大化算法 (Dempster 等 1977).

　　对照试验通常被精心设计, 以便通过简单的计算进行统计分析. 具体来说, 与一个标准的经典试验设计相对应的是一个标准的最小二乘分析, 从而得到对比参数的估计值、标准误差, 或者方差分析 (ANOVA) 表. 因为大多数试验是平衡设计的, 所以与之对应的参数估计、标准误差、方差分析表很容易计算. 例如, 在研究两因素作用时, 如果给每个因子水平分配相同数量的单元, 那么分析就特别简单. 试验设计的教科书中列举了许多专门分析的例子 (Box 等 1985; Cochran 和 Cox 1957; Davies 1960; Kempthorne 1952; Winer 1962; Wu 和 Hamada 2009).

　　由于试验中设计因子的水平是由试验者确定的, 如果发生数据缺失, 则结局变量 Y 出现缺失的可能性远大于设计因子 X 出现缺失的可能性. 因此, 我们把目光局限于 Y 有缺失的情形, 数据有图 1.1(a) 的模式, 该图中 $(Y_1, \cdots, Y_4)$ 代表完全观测的因子 X, 而 Y_5 代表不完全结局. 在这一模式下, 设 X 是固定的, 并假设随机缺失机制, 则 Y 的缺失值不会提供任何有关 Y 对 X 回归的信息, 所以基于完全案例的分析是足够有效的. 然而, 由于缺失数据的存在, 原始设计中的平衡性被破坏了, 其结果是常规的最小二乘分析计算起来更加复杂了. 一个直观的想法是把缺失值填充上, 以恢复平衡, 然后再使用标准分析手段. 填充缺失值保持了标准分析手段的优势, 这一手段在本书中还将会频繁出现.

与直接分析实际观测到的数据相比, 在试验中填充缺失值有如下优点: (1) 更容易使用试验设计的术语 (例如作为平衡不完全区组) 来指定数据结构, (2) 更容易计算出必要的汇总统计量, (3) 更容易解释分析结果, 因为可以使用标准的数据输出形式和汇总统计量. 理想的情况是, 我们希望能够设计出简单的规则来填补缺失的数值, 使得在填补结果上进行完整数据分析的结果正确. 事实上, 朝着这个目标可以得到很多办法, 特别是在经典试验的背景下更是如此.

假设缺失情况与结局变量的值无关 (即随机缺失机制), 存在各种填充缺失值的方法, 它们能导出所有可估效应参数的正确最小二乘估计量. 另外, 还容易得到正确的残差均方误差、标准误差以及有 1 个自由度的平方和. 不幸的是, 如果自由度超过 1, 提供正确的平方和计算起来相对复杂. 但计算仍然可行, 下面我们将会介绍.

在每个缺失值处填充一个值的方法, 严格来说只适用于带一个误差项的固定效应线性模型. 涉及拟合一个以上固定效应线性模型的例子包括: 分层模型, 即通过拟合一系列嵌套固定效应模型, 将平方和按特定顺序归结于各效应; 裂区和重复测量设计, 即对不同效应使用不同的误差项; 以及随机和混合效应模型, 即把一些参数作为随机变量处理. 为了分析含有一个以上固定效应的模型, 一般需要对每个固定效应模型填充不同的缺失值集合. 早期的关于一般最小二乘估计的讨论可参看 Anderson (1946) 和 Jarrett (1978).

2.2   完全数据的精确最小二乘解

设 X 是一个 $n \times p$ 矩阵, 其第 i 行 $x_i = (x_{i1}, \cdots, x_{ip})$ 表示第 i 个单元的固定因子的值. 例如, 在一个每小格有两个观测的 2×2 设计中, 因子水平标记为 0 和 1, 于是

$$X = \begin{pmatrix} 1 & 0 & 0 \\ 1 & 0 & 0 \\ 1 & 0 & 1 \\ 1 & 0 & 1 \\ 1 & 1 & 0 \\ 1 & 1 & 0 \\ 1 & 1 & 1 \\ 1 & 1 & 1 \end{pmatrix},$$

其中第一列表示截距, 第二列表示第一因子, 第三列表示第二因子. 假设结局变量 $Y = (y_1, \cdots, y_n)^{\mathrm{T}}$ 满足线性模型

$$Y = X\beta + e, \tag{2.1}$$

其中 $e = (e_1, \cdots, e_n)^{\mathrm{T}}$, e_i 是均值为 0、方差为 σ^2 的独立同分布随机变量, β 是 $p \times 1$ 的待估参数向量. 当 $X^{\mathrm{T}}X$ 满秩时, β 的最小二乘估计是

$$\widehat{\beta} = (X^{\mathrm{T}}X)^{-1}(X^{\mathrm{T}}Y), \tag{2.2}$$

当 $X^{\mathrm{T}}X$ 不满秩时, $\widehat{\beta}$ 无定义. 当 $X^{\mathrm{T}}X$ 满秩时, $\widehat{\beta}$ 是 β 的最小方差无偏估计. 如果 e_i 服从正态分布, $\widehat{\beta}$ 还是 β 的极大似然估计 (参看第 6 章), 并且具有正态分布, 均值为 β, 方差为 $(X^{\mathrm{T}}X)^{-1}\sigma^2$.

σ^2 的最佳 (最小方差) 无偏估计是

$$s^2 = \sum_{i=1}^{n} \frac{(y_i - \widehat{y_i})^2}{n-p}, \tag{2.3}$$

其中 $\widehat{y_i} = x_i\widehat{\beta}$. 如果 e_i 服从正态分布, 则 $(n-p)s^2/\sigma^2$ 服从 $n-p$ 个自由度的 χ^2 分布. $\widehat{\beta} - \beta$ 的协方差矩阵的最佳无偏估计是

$$V = (X^{\mathrm{T}}X)^{-1}\widehat{\sigma}^2. \tag{2.4}$$

如果 e_i 服从正态分布, 则 $(\widehat{\beta}_j - \beta_j)/\sqrt{v_{jj}}$ 服从 $n-p$ 个自由度的 t 分布, 其中 v_{jj} 是 V 的第 j 个对角元; $\widehat{\beta} - \beta$ 服从尺度为 $V^{1/2}$ 的多元 t 分布.

　　关于 β 的部分线性组合为零的假设检验可以通过计算归因于这组线性组合的平方和来实现. 具体来说, 假设 C 是一个 $p \times w$ 矩阵, 它指明了 w 个待检验的 β 的线性组合, 于是归因于这 w 个线性组合的平方和为

$$\mathrm{SS} = (C^{\mathrm{T}}\widehat{\beta})^{\mathrm{T}}[C^{\mathrm{T}}(X^{\mathrm{T}}X)^{-1}C]^{-1}(C^{\mathrm{T}}\widehat{\beta}). \tag{2.5}$$

为检验 $C^{\mathrm{T}}\beta = 0$, 可以比较 SS/w 和 $\widehat{\sigma}^2$:

$$F = \frac{\mathrm{SS}/w}{\widehat{\sigma}^2}. \tag{2.6}$$

如果 e_i 服从正态分布, 则 (2.6) 中的 F 正比于 $C^{\mathrm{T}}\beta = 0$ 的似然比统计量. 另外, 如果 $C^{\mathrm{T}}\beta = 0$, 则 F 具有 w 和 $n-p$ 个自由度的 F 分布, 因为 SS/σ^2 和 $(n-p)s^2/\sigma^2$ 相互独立, 分别具有 w 和 $n-p$ 个自由度的 χ^2 分布. 这些结论的证明可以在标准的回归分析书中找到, 比如 Draper 和 Smith (1981)、

Weisberg (1980). 另外, 正如这些参考文献所指出的, 在非正交设计中, 可能需要对这些检验进行仔细的解释: 例如, 在一个有 A 效应、B 效应和交互效应的模型中, 对 A 效应部分集合的检验解决的是调整了 B 效应和 AB 交互效应的条件下对 A 效应的检验.

选择标准的试验设计是为了使估计和检验在计算上简单且精确. 特别地, 通常使矩阵 $X^{\mathrm{T}}X$ 容易求逆, 接着产生容易计算的 $\hat{\beta}$、$\hat{\sigma}^2$、V 以及归因于 β 的部分线性组合 (例如处理效应、区组效应) 的平方和. 实际上, 这些数据汇总统计量通常用观测值 y_i 的和及其平方和来计算. 在有多个因素和多个待估参数的试验中, 这种计算简单性是很重要的, 因为此时 $X^{\mathrm{T}}X$ 可能有很高的维数. 在现代计算设备出现之前, 大型矩阵的求逆计算特别困难. 即使是现在, 当 p 很大时, 在一些计算环境中仍然很麻烦.

2.3　带缺失数据的正确最小二乘分析

设 X 表示一个试验设计中的因子, 如果所有的 Y 都有观测, 那么数据分析可以通过现有的标准公式和计算程序实现. 一个有意思的问题是, 当 Y 的一部分有缺失, 如何使用这些基于完全数据的公式和计算程序呢?

假设导致 Y 产生缺失数据的原因不依赖于任何 Y 的值 (即随机缺失机制), 并且关于数据缺失过程的参数与方差分析的参数不同, 也就是这两组参数处于不相交的参数空间, 则不完全单元不携带方差分析模型的信息. 这时, 正确的做法就是简单地忽略那些对应着 y_i 有缺失值的 X 的行, 然后对 x_i 和 y_i 有观测的完全数据执行前一节介绍的最小二乘分析. 然而, 这一过程存在两个潜在问题, 一个是统计上的, 另一个是计算上的.

统计上的问题是, 仅包含观测单元的设计矩阵可能不是正定的, 从而导致最小二乘解不能被唯一确定. Dodge (1985) 对这一问题提供了详细的讨论, 包括检测该问题的步骤以及确定哪些处理效应仍然是可估的. 在下文中, 我们假设基于完全单元的设计矩阵是正定的. 这样, 当面临缺失数据问题, 前一节给出的方程可应用到 y_i 有观测的 r 个单元上, 并且得到正确的最小二乘估计、标准误差、平方和以及 F 检验. 用 $\hat{\beta}_*$、$\hat{\sigma}_*^2$、V_* 和 S_* 记从完全单元计算出的等式 (2.2) – (2.5) 的量.

计算上的问题是, 针对完全 Y 的专用公式和计算途径不能再使用了, 因为原来的平衡设计已不复存在. 本章的剩余部分会介绍如何获得上述汇总统计量, 并且基本上只使用针对完整数据所需的程序, 这些程序能利用 X 中的特殊结构来简化计算.

2.4 填充最小二乘估计

2.4.1 Yates 方法

在方差分析中, 针对缺失数据的经典标准方法基本上是由 Yates (1933) 提出的. Yates 注意到, 如果用最小二乘估计 $\widehat{y}_i = x_i\widehat{\beta}_*$ 代替缺失值, 其中 $\widehat{\beta}_*$ 是用有观测的 r 行 (Y, X) 根据式 (2.2) 产生的, 那么对填充后的数据进行最小二乘能得到正确的最小二乘估计 $\widehat{\beta}_*$. 这一填充最小二乘估计的方法乍看起来有些循环论证, 对实际帮助不大, 因为在计算 $\widehat{\beta}_*$ 之前, 用 $x_i\widehat{\beta}_*$ 估计缺失的 y_i 反而需要事先知道关于 $\widehat{\beta}_*$ 的知识. 但令人惊奇的是, 在算出 $\widehat{\beta}_*$ 之前, 有相对容易的方法计算 $\widehat{y}_i = x_i\widehat{\beta}_*$, 至少当仅有少量缺失时是这样.

Yates 方法的合理之处在于, (1) 它能产生 β 的正确的最小二乘估计 $\widehat{\beta}_*$, (2) 它产生的残差平方和等于 $(r - p)s_*^2$, 所以残差平方和除以 $r - p$ (而不是 $n - p$) 能产生 σ^2 的正确的最小二乘估计 s_*^2. 这两个事实很容易证明. 在这一章中, 为了方便, 以 $i = 1, \cdots, m$ 指示 m 个缺失值, 以 $i = m + 1, \cdots, n$ 指示剩下的 $r = n - m$ 个观测值. 用 $\widehat{y}_i = x_i\widehat{\beta}_*$ $(i = 1, \cdots, m)$ 表示 m 个缺失值的最小二乘估计. 对填充后的数据应用完全数据方法, 对 β 最小化

$$\text{SS}(\beta) = \sum_{i=1}^{m} (\widehat{y}_i - x_i\beta)^2 + \sum_{i=m+1}^{n} (y_i - x_i\beta)^2.$$

根据定义, $\beta = \widehat{\beta}_*$ 最小化了 $\text{SS}(\beta)$ 中的第二项求和. 并且当 $\beta = \widehat{\beta}_*$ 时第一项求和等于 0. 这样, 对于缺失值被填充后的最小二乘估计, $\text{SS}(\beta)$ 在 $\beta = \widehat{\beta}_*$ 处取得极小值, 并且 $\text{SS}(\widehat{\beta}_*)$ 等于 y_i 的 r 个观测值的最小残差平方和. 因此, β 的正确的最小二乘估计 $\widehat{\beta}_*$ 等于其完全数据方差分析程序中的最小二乘估计, σ^2 的正确的最小二乘估计 s_*^2 也可以从完全数据方差分析中估计出来的 s^2 得到, 即

$$s_*^2 = s^2 \frac{n - p}{r - p}.$$

令 y_i 的缺失值等于 $\widehat{y}_i$ 的这种填充方式并不是完美的: 它产生的 $\widehat{\beta}$ 的协方差矩阵过小, 归因于 β 的线性组合的平方和过大, 尽管缺失数据比例较小的时候这些偏差一般不大. 下面我们考虑计算 $\widehat{y}_i$ 值的方法.

2.4.2 使用公式计算缺失值

一种方法是用公式填充缺失值, 然后继续进行分析. 作为这一思想的最初践行者, Allan 和 Wishart (1930) 在随机区组设计或拉丁方设计中有一个缺失

值时, 给出了最小二乘估计的计算公式. 例如, 在一个有 T 种处理方案、B 个区组的随机区组设计中, 处理 t、区组 b 的一个缺失值的最小二乘估计是

$$\frac{Ty_+^{(t)} + By_+^{(b)} - y_+}{(T-1)(B-1)},$$

其中 $y_+^{(t)}$ 和 $y_+^{(b)}$ 分别是处理 t 和区组 b 对应的 Y 的观测值之和. Wilkinson (1958a) 发展了这一工作, 对多种设计和多种缺失模式提供了公式.

2.4.3　通过迭代寻找缺失值

Hartley (1956) 对单个缺失值提出了一个一般的估计方法, 对于多个缺失值, 他建议使用迭代. 处理单个缺失值的方法是用三个不同的试验值代入缺失值, 计算每个试验值对应的残差平方和. 由于残差平方和是缺失值的二次型, 所以可以找到这一缺失值的极小化值. 这一方法虽然看起来巧妙, 但和其他方法相比并没有多大吸引力.

Healy 和 Westmacott (1956) 描述了一个通用的迭代技术, 这一技术有时被归功于 Yates, 甚至有时被归功于 Fisher. 这一方法的步骤是: (1) 将所有缺失值代之以试验值, (2) 执行完全数据分析, (3) 获得缺失值的预测值, (4) 用这些预测值替换缺失值, (5) 执行新的完全数据分析, 如此往复, 直到缺失值不再有显著变化, 或者等价地说, 直到残差平方和基本停止减少.

在后面的例 11.4 中我们将说明, Healy 和 Westmacott 估计 β 的方法本质上是第 8 章介绍的期望最大化算法的一个例子, 每次迭代使残差平方和下降, 或者说提升了正态线性模型对应的似然. 在某些情形中, 收敛可能会很慢, 建议使用特殊的加速技巧 (Pearce 1965, 第 111 页; Preece 1971). 尽管在某些例子中这些技巧能加快收敛速度, 但在另一些例子中它们有可能破坏残差平方和的单调下降性 (Jarrett 1978).

2.4.4　缺失协变量的协方差分析

Bartlett (1937) 给出了一个一般的非迭代方法, 先用猜测值填充缺失值, 然后对每个缺失值用一个缺失值协变量进行协方差分析 (ANCOVA). 第 i 个缺失值协变量被定义为第 i 个缺失值的指示函数, 也就是在第 i 个缺失值处取 1, 否则取 0. 当用第 i 个缺失值减去第 i 个缺失值协变量的系数时, 会产生第 i 个缺失值的最小二乘估计. 进一步, 经缺失值协变量调整的残差平方和以及所有对比效应平方和都是正确的. 我们在下一节证明这些结论.

尽管这一方法在某些方面颇具吸引力, 但它往往并不能直接实现, 因为专

门的方差分析手段可能不具备处理多元变量的能力. 事实证明, 只需使用现有
的完全数据方差分析手段, 加上一个 $m \times m$ 对称矩阵求逆的手段, 就能应用
Bartlett 方法. 下一节证明 Bartlett 方法可以得出正确的最小二乘分析, 再后
面一节考虑的是如何只使用完全数据方差分析程序来获得这种分析.

2.5 Bartlett 协方差分析方法

2.5.1 Bartlett 方法的优点

Bartlett 协方差分析方法具有如下的优点. 首先, 它不需要迭代, 因此避免
了收敛性问题. 其次, 如果缺失值的模式是奇异的 (即某些参数不可估, 比如一
个处理下的所有值都缺失), 这一方法能提醒用户, 而迭代方法却会直接输出一
个答案——很可能是完全不恰当的值. 另一个优点是, 正如前面提到的, 这一
方法不仅能产生正确的估计量和残差平方和, 而且能产生正确的标准误差、其
他平方和以及 F 检验.

2.5.2 记号

设用一些初始猜测值填充每一个缺失的 y_i, 以产生 Y 的完全值向量. 记初
始猜测值为 $\widetilde{y}_i, i = 1, \cdots, m$. 同时令 Z 表示 $n \times m$ 的缺失值协变量矩阵: Z 的
第一行等于 $(1, 0, \cdots, 0)$, 第 m 行等于 $(0, \cdots, 0, 1)$, 后 r 行等于 $(0, 0, \cdots, 0)$,
因为后 r 行对应着这些单元观测到了 y_i. 协方差分析用 X 和 Z 预测 Y.

与式 (2.1) 类似, Y 的模型现在是

$$Y = X\beta + Z\gamma + e, \tag{2.7}$$

其中 γ 是 m 个缺失值协变量回归系数的列向量. 对 (β, γ) 最小化残差平方和

$$\mathrm{SS}(\beta, \gamma) = \sum_{i=1}^{m} (\widetilde{y}_i - x_i\beta - z_i\gamma)^2 + \sum_{i=m+1}^{n} (y_i - x_i\beta - z_i\gamma)^2.$$

因为当 y_i 有观测时 $z_i\gamma = 0$, 当 y_i 缺失时 $z_i\gamma = \gamma_i$, 所以

$$\mathrm{SS}(\beta, \gamma) = \sum_{i=1}^{m} (\widetilde{y}_i - x_i\beta - \gamma_i)^2 + \sum_{i=m+1}^{n} (y_i - x_i\beta)^2. \tag{2.8}$$

2.5.3 参数和缺失的 Y 值的协方差分析估计

跟前面一样, 令 $\widehat{\beta}_*$ 等于从观测值即 (Y, X) 的后 r 行通过式 (2.2) 计算的
β 的正确最小二乘估计, 它最小化了式 (2.8) 的第二项求和. 当 $\beta = \widehat{\beta}_*$ 时, 令

γ 等于 $(\widehat{\gamma}_1, \cdots, \widehat{\gamma}_m)^{\mathrm{T}}$, 它最小化了式 (2.8) 的第一项求和, 这里

$$\widehat{\gamma}_i = \widetilde{y}_i - x_i \widehat{\beta}_*, \quad i = 1, \cdots, m. \tag{2.9}$$

式 (2.8) 的第一项为 0, 于是

$$\mathrm{SS}(\widehat{\beta}_*, \widehat{\gamma}) = \sum_{i=m+1}^{n} (y_i - x_i \widehat{\beta}_*)^2. \tag{2.10}$$

因此, $(\widehat{\beta}_*, \widehat{\gamma})$ 最小化了 $\mathrm{SS}(\beta, \gamma)$, 给出了由协方差分析模型 (2.7) 获得的 (β, γ) 的最小二乘估计. 式 (2.9) 也意味着缺失值 y_i 的正确最小二乘估计 $\widehat{y}_i = x_i \widehat{\beta}_*$ 由 $\widetilde{y}_i - \widehat{\gamma}_i$ 给出, 换句话说,

    第 i 个缺失值的正确最小二乘预测值

= 第 i 个缺失值的初始猜测值 − 第 i 个缺失值的缺失值协变量系数. (2.11)

    在 Bartlett 对这一方法的最初描述中, 他令所有的 $\widetilde{y}_i$ 都等于 0, 但令所有 $\widetilde{y}_i$ 等于全体观测单元平均值的做法在计算上更具吸引力, 并且能够产生正确的关于总体均值的总平方和.

2.5.4　残差平方和和 $\widehat{\beta}$ 协方差矩阵的协方差分析估计

    式 (2.10) 指出, 由协方差分析得到的残差平方和是正确的, 这个残差平方和的协方差分析自由度是 $n - m - p = r - p$, 也是正确的. 因此, 残差均方也是正确的, 等于 s_*^2. 如果由协方差分析得到的 $\widehat{\beta}_*$ 的协方差矩阵等于对 r 个 y_i 观测单元应用式 (2.4) 得到的 V_*, 那么所有的均方误差、平方和以及显著性检验也都是正确的. 从协方差分析估计的 $\widehat{\beta}_*$ 的协方差矩阵是均方估计 s_*^2 乘以 $((X, Z)^{\mathrm{T}}(X, Z))^{-1}$ 的左上 $p \times p$ 子矩阵, 记这个子矩阵为 U. 因为估计的残差均方是正确的, 所以我们只需说明 U^{-1} 是 y_i 有观测单元对应的 X 的内积的和. 根据矩阵分析的标准结果,

$$U = [X^{\mathrm{T}}X - (X^{\mathrm{T}}Z)(Z^{\mathrm{T}}Z)^{-1}(Z^{\mathrm{T}}X)]^{-1}. \tag{2.12}$$

由 z_i 的定义, 有

$$X^{\mathrm{T}}Z = \sum_{i=1}^{m} x_i^{\mathrm{T}} z_i \tag{2.13}$$

和

$$Z^{\mathrm{T}}Z = \sum_{i=1}^{m} z_i^{\mathrm{T}} z_i = I_m, \tag{2.14}$$

即 $m \times m$ 单位矩阵. 由式 (2.13) 和 (2.14),

$$(X^{\mathrm{T}}Z)(Z^{\mathrm{T}}Z)^{-1}(Z^{\mathrm{T}}X) = \left(\sum_{i=1}^{m} x_i^{\mathrm{T}} z_i\right)\left(\sum_{j=1}^{m} z_j^{\mathrm{T}} x_j\right). \tag{2.15}$$

但

$$z_i z_j^{\mathrm{T}} = \begin{cases} 1, & \text{若 } i = j; \\ 0, & \text{否则}, \end{cases}$$

于是式 (2.15) 等于

$$\sum_{i=1}^{m} x_i^{\mathrm{T}} x_i,$$

再从式 (2.12) 得

$$U = \left(\sum_{i=m+1}^{n} x_i^{\mathrm{T}} x_i\right)^{-1},$$

所以 $s_*^2 U = V_*$, 即忽略缺失单元所得到的 $\widehat{\beta}_*$ 的协方差矩阵, 这样就完成了 Bartlett 协方差分析产生全部汇总统计量的证明.

2.6　仅使用完全数据方法由协方差分析获得缺失值的最小二乘估计

如果协方差分析需要特别的软件工具, 那么前面关于不完全数据方差分析和完全数据协方差分析的理论就仅存学术意义了. 现在我们介绍如何只用完全数据方差分析程序和 $m \times m$ 对称矩阵求逆程序 (第 7.5 节的扫描运算可用于这一目的) 实现缺失值协变量方法, 以计算 m 个缺失值的最小二乘估计. 在下一节中, 还将扩展这些分析, 产生正确的标准误差以及用于单个自由度假设检验的平方和. 这里列出关于协方差分析结果的讨论, 一个直接的代数证明可参看 Rubin (1972).

根据协方差分析理论, 向量 $\widehat{\gamma}$ 可以写作

$$\widehat{\gamma} = B^{-1}\rho, \tag{2.16}$$

其中 B 是依矩阵 X 进行调整后 m 个缺失值协变量残差的 $m \times m$ 内积矩阵, ρ 是 Y 与上述缺失值协变量残差的 $m \times 1$ 内积向量. 如果 B 是奇异的, 那么这种缺失数据模式就是在企图估计一些不可估的参数, 例如当暴露于某一治疗的所有单元都缺失时该治疗的效果. 方法要求: (1) 使用完全数据方差分析程序计算 B 和 ρ, (2) 求 B 的逆并由式 (2.16) 获得 $\widehat{\gamma}$, (3) 由式 (2.11) 计算缺失值.

为了求出 B 和 ρ, 从执行关于第一个缺失值协变量的完全数据方差分析开始, 也就是使用 Z 的第一列 (第一个元素为 1, 其余为 0) 而不是 Y 作为因变量, 这一分析对 m 个缺失值的残差构成了 B 的第一行. 对第 j 个 $(j = 2, \cdots, m)$ 缺失值协变量 (第 J 个缺失值处为 1, 其余为 0) 重复完全数据方差分析, 令 B 的第 j 行等于这一分析对 m 个缺失值的残差. 在真实数据 Y 中给 y_i $(i = 1, \cdots, m)$ 填充初始猜测值 $\widetilde{y}_i$, 执行完全数据方差分析, m 个缺失值处的残差构成了向量 ρ.

这样做的理由如下. B 的 jk 元是

$$b_{jk} = \sum_{i=1}^{n} (z_{ij} - \widehat{z}_{ij})(z_{ik} - \widehat{z}_{ik}),$$

其中 z_{ij} 和 $\widehat{z}_{ij}$ (z_{ik} 和 $\widehat{z}_{ik}$) 分别是第 j 个 (第 k 个) 缺失值协变量对 X 做方差分析时在第 i 个单元上的观测值和拟合值. 这样, 根据最小二乘的性质, 对设计矩阵 X 中的所有 X 变量, 都有 $\sum_{i=1}^{n} x_{il}(z_{ik} - \widehat{z}_{ik}) = 0$. 又因为 $\widehat{z}_{ij}$ 是 X 变量 $\{x_{il} : l = 1, \cdots, p\}$ $(i = 1, \cdots, n)$ 的线性组合, 所以 $\sum_{i=1}^{n} \widehat{z}_{ij}(z_{ik} - \widehat{z}_{ik}) = 0$. 进而

$$b_{jk} = \sum_{i=1}^{n} z_{ij}(z_{ik} - \widehat{z}_{ik}) = z_{jk} - \widehat{z}_{jk},$$

注意到当 $i = j$ 时 $z_{ij} = 1$, 否则 $z_{ij} = 0$, 所以 b_{jk} 就等于第 j 个缺失值协变量在第 k 个缺失值处的残差. 同理, ρ 的第 k 个分量是 Y (其中填充了初始值) 的残差乘以第 j 个缺失值协变量的残差对所有 n 个单元求和. 和前述的讨论完全类似, 其结果也就是第 j 个缺失值的残差.

例 2.1　在随机区组试验中估计缺失值.

下面的随机区组试验例子是 Cochran 和 Cox (1957, 第 111 页) 和 Rubin (1972, 1976b) 曾采用的. 假设有两个单元 u_1 和 u_2 缺失了, 如表 2.1 所示. 我们用一个 7 维参数 β 构造式 (2.1) 的模型, 其中 β 包含 5 个均值参数和 2 个区组效应参数. 若没有数据缺失, 则由处理与区组的交互作用构成的残差平方和具有 $(5 - 1) \times (3 - 1) = 8$ 个自由度.

对两个缺失值填入整体平均值 $\bar{y} = 7.7292$, 我们得到对应小格 u_1 的残差是 -0.0798, 小格 u_2 的残差是 -0.1105, 于是 $\rho = -(0.0798, 0.1105)^{\mathrm{T}}$. 另外, 我们得到正确的总平方和 $\mathrm{TSS}_* = 1.1679$.

在 u_1 处填入 1, 其他处填入 0, 我们得到小格 u_1 的残差是 0.5333, 小格 u_2 的残差是 0.0667. 类似地, 在 u_2 处填入 1, 其他处填入 0, 可得到小格 u_1 的

表 2.1   例 2.1: 一个随机区组试验中棉花强度指标

处理 (每英亩 氧化钾磅数)	区组			
	1	2	3	总计
36	u_1	8.00	7.93	15.93
54	8.14	8.15	7.87	24.16
72	7.76	u_2	7.74	15.50
108	7.17	7.57	7.80	22.54
144	7.46	7.68	7.21	22.35
总计	30.53	31.40	38.55	100.48

残差是 0.0667, 小格 u_2 的残差是 0.5333. 因此,

$$B = \begin{bmatrix} 0.5333 & 0.0667 \\ 0.0667 & 0.5333 \end{bmatrix}, \quad B^{-1} = \begin{bmatrix} 1.9408 & -0.2381 \\ -0.2381 & 1.9408 \end{bmatrix}.$$

缺失值的最小二乘估计为

$$(\bar{y}, \bar{y}) - B^{-1}\rho = (7.8549, 7.9206)^{\mathrm{T}},$$

即小格 u_1 的最小二乘估计是 7.8549, 小格 u_2 的最小二乘估计是 7.9206. Cochran 和 Cox 使用迭代方法得到的缺失小格最小二乘估计, 与这里的结果一致.

基于填充数据的分析能得出正确的参数最小二乘估计. 例如, 正确的平均处理效应估计就是观测数据和填充数据 (7.9283, 8.0533, 7.8069, 7.5133, 7.4500) 上的简单平均. 另外, 如果从总自由度 $n - p$ 中剔除掉缺失值数量 m, 就能得到正确的残差平方和以及正确的残差均方 s_*^2. 然而, 其他平方和可能会过大, 标准误差可能会过小.

2.7   标准误差和单自由度平方和正确最小二乘估计

前一节技术的一个简单推广就能产生标准误差的正确估计以及单自由度的平方和. 令 $\lambda = C^{\mathrm{T}}\beta$ 表示 β 的一个线性组合, 其中 C 是 p 维常数向量, 其估计 $\widehat{\lambda} = C^{\mathrm{T}}\widehat{\beta}$ 可通过填充数据的方差分析最小二乘得到. 因为填入了缺失值

的最小二乘估计, 所以有 $\widehat{\beta} = \widehat{\beta}_*$, 并且 $\widehat{\lambda} = \widehat{\lambda}_*$, 即产生了 λ 的正确最小二乘估计. 从完全数据方差分析得到的 $\widehat{\lambda}$ 的标准误差为

$$\mathrm{SE} = s\sqrt{C^{\mathrm{T}}(X^{\mathrm{T}}X)^{-1}C}, \tag{2.17}$$

归因于 λ 的平方和为

$$\mathrm{SS} = \widehat{\lambda}^2 / C^{\mathrm{T}}(X^{\mathrm{T}}X)^{-1}C. \tag{2.18}$$

根据第 2.5.4 节, $\widehat{\lambda} = \widehat{\lambda}_*$ 的正确标准误差为

$$\mathrm{SE}_* = s_*\sqrt{C^{\mathrm{T}}UC}, \tag{2.19}$$

归因于 λ 的正确平方和为

$$\mathrm{SS}_* = \widehat{\lambda}_*^2 / C^{\mathrm{T}}UC. \tag{2.20}$$

现在令 H 是一个 $m \times 1$ 向量, 它是用 m 个缺失值协变量代替 Y 作为因变量得到的 λ 的完全数据方差分析估计量, 用矩阵形式表示就是

$$H^{\mathrm{T}} = C^{\mathrm{T}}(X^{\mathrm{T}}X)^{-1}X^{\mathrm{T}}Z. \tag{2.21}$$

事实上, 在计算 B 的同时可以方便地计算出 H: H 的第 i 个分量和 B 的第 i 行都通过第 i 个缺失值协变量的完全数据方差分析得到. 利用第 2.5.4 节中的结果, 标准的协方差分析理论或者矩阵代数表明

$$C^{\mathrm{T}}UC = C^{\mathrm{T}}(X^{\mathrm{T}}X)^{-1}C + H^{\mathrm{T}}B^{-1}H. \tag{2.22}$$

式 (2.17)、(2.19)、(2.21)、(2.22) 以及等式

$$s_*^2 = s^2(n-p)/(r-p)$$

表明 SE_* 可以用完全数据方差分析的输出结果简单地表出:

$$\mathrm{SE}_* = \sqrt{\frac{n-p}{r-p}\left(\mathrm{SE}^2 + s^2 H^{\mathrm{T}}B^{-1}H\right)}. \tag{2.23}$$

类似地, 式 (2.18)、令 $\lambda = \lambda_*$ 的 (2.20)、(2.21) 以及 (2.22) 表明, SS_* 也可以用完全数据方差分析的输出结果简单地表出:

$$\mathrm{SS}_* = \mathrm{SS}/(1 + (\mathrm{SS}/\widehat{\lambda}^2)H^{\mathrm{T}}B^{-1}H). \tag{2.24}$$

例 2.2 修正填充缺失值的标准误差 (例 2.1 续).

为了应用刚才描述的方法, 需要进行 $m+2$ 次完全数据方差分析: 初始填充的 Y 数据需要 1 次, m 个缺失值协变量共需要 m 次, 最终用最小二乘填充好的 Y 数据又需要 1 次. 沿着 Rubin (1976b) 的思路, 我们考虑表 2.1 中的数据, 以及处理 1 和处理 2 的相对处理效应所对应的参数线性组合. 按照例 2.1 中的参数化, 这里 $C^T = (1, -1, 0, 0, 0, 0, 0)$, $X^T X$ 是一个 7×7 分块对角矩阵, 其左上 5×5 子矩阵是对角的, 且对角元都等于 3. 因此, $\widehat{\lambda}$ 就是处理 1 的三个单元观测平均值减去处理 2 的三个单元观测平均值, 完全数据标准误差为 $s\sqrt{2/3}$, 平方和为 $3\widehat{\lambda}^2/2$.

在例 2.1 中, 对于初始的方差分析, 用整体平均值估计两个缺失值, 得到残差 $\rho = (-0.0798, -0.1105)$, 正确的平方和 $\mathrm{TSS}_* = 1.1679$. 对 $i = 1, \cdots, m$, 在第 i 个缺失值处取 1, 其他处取 0, 对这样的缺失值协变量执行完全数据方差分析程序: γ_i 是对应着 m 个缺失值的残差向量, h_i 是待检验参数线性组合的估计. 我们例子中的 B 在例 2.1 中给定, H^T 是 $(0.3333, 0.0000)$, 从而 $H^T B^{-1} H$ 是 0.2116.

在例 2.1 中我们计算出了最小二乘估计 $(7.8549, 7.9206)$, 现在用它填补缺失值, 然后基于填补的数据执行方差分析, 得到 λ 的估计为 $\widehat{\lambda} = -0.1250$, 并且 $s^2 = 0.0368$, $\mathrm{SE} = 0.1567$, $\mathrm{SS} = 0.0235$. 由式 (2.23), $\widehat{\lambda}$ 的正确标准误差为

$$\mathrm{SE}_* = \sqrt{(8/6)(0.0246 + 0.0368 \times 0.2116)} = 0.2077,$$

由式 (2.24), 归因于 λ 的正确平方和为

$$\mathrm{SS}_* = 0.0235/(1 + 1.5 \times 0.2116) = 0.0178.$$

2.8 多自由度的正确最小二乘平方和

对前一节所述技术的推广将产生多于一个自由度的正确最小二乘平方和. 这里展示的技术来自 Rubin (1976b), 较早的有关工作例如 Tocher (1952) 和 Wilkinson (1958b), 较晚的有关工作例如 Jarrett (1978).

令 $\lambda = C^T \beta$, 其中 C 是 $p \times w$ 常数矩阵, w 是 β 的线性组合——我们想要得到这一线性组合上的平方和. 用 $\widehat{\lambda}_* = C^T \widehat{\beta}_*$ 表示 λ 的正确最小二乘估计. 当填入缺失值的最小二乘估计时, 有 $\widehat{\beta} = \widehat{\beta}_*$, 于是 $\widehat{\lambda} = \widehat{\lambda}_*$. 为简单起见, 假设对于完全数据这 w 个线性组合是正交的, 即

$$C^T (X^T X)^{-1} C = I_w. \tag{2.25}$$

也就是说, 在完全数据下, $\widehat{\lambda}$ 的协方差矩阵是 $\sigma^2 I_w$. 因此, 完全数据方差分析中归因于 λ 的平方和是

$$SS = \widehat{\lambda}^{\mathrm{T}}\widehat{\lambda}. \tag{2.26}$$

归因于 λ 的正确平方和为

$$SS_* = \widehat{\lambda}_*^{\mathrm{T}}(C^{\mathrm{T}}UC)^{-1}\widehat{\lambda}_*. \tag{2.27}$$

现在设 H 是一个 $m \times w$ 矩阵, 它表示 m 个缺失值协变量的完全数据方差分析中 λ 的估计. 利用第 2.5.4 节中的结果, 标准的协方差分析理论或矩阵代数表明式 (2.22) 总能保持成立. 因为 $\widehat{\lambda}$ 的分量是正交的, 并且用最小二乘估计缺失值时有 $\widehat{\lambda} = \widehat{\lambda}_*$, 所以

$$SS_* = \widehat{\lambda}^{\mathrm{T}}(I + H^{\mathrm{T}}B^{-1}H)^{-1}\widehat{\lambda}, \tag{2.28}$$

或者利用 Woodbury 恒等式 (Rao 1965, 第 29 页) 以及式 (2.26), 有

$$SS_* = SS - (H\widehat{\lambda})^{\mathrm{T}}(HH^{\mathrm{T}} + B)^{-1}(H\widehat{\lambda}). \tag{2.29}$$

式 (2.28) 包含一个 $w \times w$ 对称矩阵求逆, 而式 (2.29) 包含一个 $m \times m$ 对称矩阵求逆. 因此, 当 $w < m$ 时式 (2.28) 计算起来更可取.

例 2.3 修正填充缺失值的平方和 (例 2.2 续).

处理的平方和有 4 个自由度, 我们可以用 5 个处理均值张成的下列正交对比来构造此平方和:

$$\sqrt{\frac{3}{20}}(4, -1, -1, -1, -1, 0, 0),$$

$$\sqrt{\frac{1}{4}}(0, 3, -1, -1, -1, 0, 0),$$

$$\sqrt{\frac{1}{2}}(0, 0, 2, -1, -1, 0, 0),$$

$$\sqrt{\frac{3}{2}}(0, 0, 0, 1, -1, 0, 0).$$

注意在完全数据下, 这些线性组合有协方差矩阵 $\sigma^2 I$.

从第 1 个缺失值协变量的完全数据方差分析得到这 4 个对比的值, 构成了 H 的第 1 行; 从第 2 个缺失值协变量的完全数据方差分析得到这 4 个对比的值, 构成了 H 的第 2 行:

$$H = \begin{bmatrix} 0.5164 & 0.0000 & 0.0000 & 0.0000 \\ -0.1291 & -0.1667 & 0.4714 & 0.0000 \end{bmatrix}.$$

因此, 在计算 B 的同时 H 也计算出来了.

从填充好最小二乘数据的最终完全数据方差分析得到 SS = 0.8191, $\widehat{\lambda}^T$ = (0.3446, 0.6949, 0.4600, 0.0775), 从式 (2.29) 得到 $SS_* = 0.7755$.

表 2.2 总结了本例中最终的方差分析结果, 其中区组平方和 (未按处理修正) 是用例 2.1 求出的正确的总平方和 (1.1679) 减去正确的处理平方和 (0.7755) 及残差平方和 (0.2947) 得到的.

表 2.2 例 2.3: 对填充数据的正确方差分析

方差来源	自由度	平方和	均方	F
区组, 未修正	2	0.0977		
处理, 按区组修正	4	0.7755	0.1939	3.9486
误差	6	0.2947	0.0491	
总和	12	1.1679		

处理平均值: (7.9283, 8.0533, 7.8069, 7.5133, 7.4500).
对比 (contrast): 处理 1 − 处理 2 = −0.1250, SE = 0.2077.

问题

2.1 回顾从 Allan 和 Wishart (1930) 到 Dodge (1985) 的关于缺失值方差分析的文献.

2.2 证明式 (2.2) 中的 $\widehat{\beta}$ 是 β 的 (a) 最小二乘估计, (b) 最小方差无偏估计, (c) 正态下的极大似然估计. s^2 具有上述哪些性质, 为什么?

2.3 简要说明式 (2.6) 为什么服从 F 分布.

2.4 简要说明 Bartlett 协方差分析方法能产生缺失值的正确最小二乘估计.

2.5 从 U^{-1} 的定义证明式 (2.12).

2.6 给出推出式 (2.13)、(2.14) 和 (2.15) 的中间步骤.

2.7 使用第 2.5.4 节中的记号和结果, 验证式 (2.16) 以及由此得到的计算 B 和 ρ 的方法.

2.8 完成推出例 2.1 结果的计算.

2.9 验证式 (2.17) − (2.20).

2.10 证明式 (2.22)、(2.23) 和 (2.24).

2.11 完成推出例 2.2 结果的计算.

2.12 完成推出例 2.3 结果的计算.

2.13 完成表 2.3 中数据的标准方差分析, 这批数据从 5×5 拉丁方设计中删除了 3 个值 (Snedecor 和 Cochran 1967, 第 313 页).

表 **2.3**　按一个拉丁方排列的小米地块的产量 (单位: 克) [a]

行	列				
	1	2	3	4	5
1	B: —	E: 230	A: 279	C: 287	D: 202
2	D: 245	A: 283	E: 245	B: 280	C: 260
3	E: 182	B: —	C: 280	D: 246	A: 250
4	A: —	C: 204	D: 227	E: 193	B: 259
5	C: 231	D: 271	B: 266	A: 334	E: 338

[a] 间距 (单位: 英寸): A, 2; B, 4; C, 6; D, 8; E, 10.

第 3 章　完全案例和可用案例分析，包括加权方法

3.1　引言

在第 2 章中, 我们讨论了带缺失值的数据分析, 其缺失限于单个结局变量, 这一结局变量与完全观测到的预测变量用一个线性模型联系起来. 现在我们讨论更一般的问题——有超过一个变量的值有缺失的问题. 本章我们讨论完全案例 (complete-case, CC) 分析, 分析限于没有缺失值的单元集合, 此外我们也讨论这一分析的修正和扩展. 在接下来的两章中, 我们讨论填补方法. Afifi 和 Elashoff (1966) 回顾了关于缺失数据的早期文献, 包括这里我们要讨论的方法. 虽然这些方法亦出现在统计计算软件中, 且有广泛应用, 但一般我们不推荐它们, 除非不完全单元中额外的缺失信息有限. 本书第二部分的一些做法在多数一般环境中能提供更好的解决方案.

3.2　完全案例分析

完全案例分析把关注点限于那些全部变量都有观测的案例 (单元). 这一方法的优点是: (1) 简单, 因为可以不加修正地应用标准的完全数据统计分析, (2) 一元统计量的可比性, 因为全部计算都依据一个共同的单元集. 如果不完全单元隐含着的关于目标参数的额外信息很少, 那么把这些不完全单元纳入分析不会起多大帮助. 下面我们将会讨论, 这些额外信息的量取决于不完全案例

的比例、什么值缺失、缺失机制以及分析的具体内容. 这一方法的缺点根植于抛弃不完全单元造成的潜在信息损失. 信息损失有两个方面: (1) 精度损失, (2) 缺失机制不是完全随机缺失时的偏倚, 这时完全单元不是全部单元的一个随机样本. 偏倚和精度损失的程度不仅取决于完全单元的比例和缺失数据模式, 而且还取决于完全单元和不完全单元受感兴趣待估量影响的差异程度.

我们首先关注精度. 假设我们想要估计一个标量参数 θ, 设 $\widehat{\theta}_{\mathrm{CC}}$ 是从完全单元获得的估计, $\widehat{\theta}_{\mathrm{EFF}}$ 是基于所有可用数据的有效估计, 例如特定模型下的极大似然估计. 一个评估 $\widehat{\theta}_{\mathrm{CC}}$ 效率损失的度量是 Δ_{CC}, 其中

$$\mathrm{Var}(\widehat{\theta}_{\mathrm{CC}}) = \mathrm{Var}(\widehat{\theta}_{\mathrm{EFF}})(1 + \Delta_{\mathrm{CC}}). \tag{3.1}$$

例 3.1　二元正态单调数据完全案例分析的有效性.

考虑二元正态单调数据, 总共有 n 个数据, 其中 r 个数据是完全的, $n - r$ 个数据的 Y_1 有观测而 Y_2 缺失. 假设我们用完全案例的均值 $\bar{y}_j^{\mathrm{CC}}$ 估计 Y_j 的均值, 并且缺失数据有完全随机缺失机制, 这时完全案例分析的偏倚不是个问题. 为了估计 Y_1 的均值, 舍弃不完全单元造成了样本量损失:

$$\Delta_{\mathrm{CC}}(\bar{y}_1^{\mathrm{CC}}) = \frac{n-r}{r}.$$

因此, 如果有一半的单元缺失了 Y_2, 抽样方差就加倍了. 对于 Y_2 的均值, 完全案例分析的效率损失不仅依赖于缺失单元的比例, 而且还和 Y_1、Y_2 之间的平方相关系数有关:

$$\Delta_{\mathrm{CC}}(\bar{y}_2^{\mathrm{CC}}) \approx \frac{(n-r)\rho^2}{n(1-\rho^2) + r\rho^2}. \tag{3.2}$$

上式的推导过程见第 7.2 节. 因此, $\Delta_{\mathrm{CC}}(\bar{y}_2^{\mathrm{CC}})$ 的取值范围是 0 到 $(n-r)/r$, 前者对应着 Y_1、Y_2 不相关的情况, 后者对应着 ρ^2 趋于 1 的情况. 至于 Y_2 对 Y_1 的回归系数, 完全案例分析是完全有效的, 即 $\Delta_{\mathrm{CC}} = 0$, 因为 $n - r$ 个不完全观测单元的 Y_1 无法提供关于回归参数的信息.

完全案例分析的潜在偏倚也依赖于分析的本质.

例 3.2　完全案例分析推断均值的偏倚.

对于均值的推断, 其偏倚依赖于不完全单元的比例, 以及完全单元和不完全单元在感兴趣参数上的差异程度. 特别地, 设变量 Y 有缺失值. 把总体划分成 Y 有响应的层和不响应的层, 相应比例分别为 π_{CC} 和 $1 - \pi_{\mathrm{CC}}$. 用 μ_{CC} 和 μ_{IC} 分别表示 Y 在这两层中的总体均值, 也就是完全单元和不完全单元的均

值. 整体均值可以写成 $\mu = \pi_{CC}\mu_{CC} + (1 - \pi_{CC})\mu_{1C}$, 于是完全案例样本均值的偏倚是

$$\mu_{CC} - \mu = (1 - \pi_{CC})(\mu_{CC} - \mu_{1C}),$$

即不完全单元的期望比例乘以完全单元和不完全单元的均值差异. 在完全随机缺失机制下, $\mu_{CC} = \mu_{1C}$, 偏倚是 0.

例 3.3 完全案例分析推断回归系数的偏倚和精度.

考虑从缺失 Y 值和/或 X 值的数据中估计 Y 对 $X_1, \cdots, X_p$ 的回归, 假设回归函数设定正确. 如果成为完全单元的概率只依赖于 $X_1, \cdots, X_p$ 而不依赖于 Y, 则回归系数的完全案例估计不会出现偏倚问题, 因为这个分析是以协变量的值为条件的 (Glynn 和 Laird 1986). 这类机制包括一些非随机缺失机制, 在这一机制下协变量缺失的概率依赖于带缺失的协变量的值. 如果在给定协变量的条件下, 成为完全单元的概率还依赖于 Y, 那么完全案例估计是有偏的.

至于精度, 为简单起见, 假设 Y 和 $X_2, \cdots, X_p$ 都被完全观测, 缺失值仅限于 X_1. 不完全单元可能对 X_1 的回归系数提供了很少信息, 因为这一回归系数涉及给定 $X_2, \cdots, X_p$ 条件下 Y 和 X_1 的偏相关性, 而 (Y, X_1) 配对中只有一个值被观测到. 另一方面, 不完全单元对截距和 $X_2, \cdots, X_p$ 的回归系数提供了大量信息, 因为牵涉这些系数的所有变量都可观测 (Little 1992). 本书第二部分讨论恢复这一信息的方法. 其含义是, 如果感兴趣的系数对应的是不完全单元所缺失的变量, 那么完全案例分析的效率损失可能很小.

例 3.4 完全案例分析推断优势比的偏倚和精度.

缺失和观测变量之间的温和限制能用于一些其他的分析. 例如, 如果 Y_1 和 Y_2 是二值变量, 想要从按 Y_1 和 Y_2 分类的 2×2 计数表中推断优势比 (odds ratio). 如果响应概率的对数是 Y_1 和 Y_2 的可加函数, 那么完全案例分析不会出现偏倚 (Kleinbaum 等 1981). 这一结果为从非随机化观察性研究中的 "病例对照研究" 估计优势比提供了合理性基础. 在精度方面, Y_1 和 Y_2 的补充边缘给优势比提供的信息不多, 但对于估计这些变量的边缘分布来说, 可以减少偏倚并提高精度, 这一点可以引起人们的极大兴趣.

从不完全单元中丢弃的信息可以用来研究完全单元是否是原始样本的可信子样本, 即完全随机缺失是否是一个合理的假设. 一个简单的程序是, 对于 Y_j 有记录的那些单元, 比较完全单元的 Y_j 分布和不完全单元的 Y_j 分布, 若有显著差异则说明完全随机缺失机制不可信, 这时完全案例分析可能会产生有偏的估计. 当不完全单元的样本量较少时, 这类检验虽然有用, 但功效有限. 并且, 这个检验无法提供更弱的随机缺失假设是否合理的直接证据.

在完全案例分析中, 纠正偏倚的一个策略是给每个单元分配权重, 以供后续分析使用. 这是一个在抽样调查中处理个体无应答问题的常见策略, 样本中未参与的个体的所有调查项目都缺失了. 可利用应答者和无应答者的信息, 如他们的地理位置, 为受访者分配权重, 这样至少可以部分地纠正无应答造成的偏倚.

3.3　加权完全案例分析

3.3.1　加权调整

这一节我们考虑完全案例分析的一个修正, 通过给完全单元分配不同的权重来纠正偏倚. 其基本思想与有限总体调查的随机化推断类似. 下一个例子回顾了这一推断方法的基本要素.

例 3.5　完全响应的调查中的随机化推断.

假设要推断某一由 N 个单元组成的总体的特征. 令 $Y = (y_{ij})$, 其中 $y_i = (y_{i1}, \cdots, y_{iK})$ 表示第 i 个单元 $(i = 1, \cdots, N)$ 回答的 K 个项目的向量. 对于单元 i, 定义样本指示函数

$$I_i = \begin{cases} 1, & \text{单元 } i \text{ 在样本中}; \\ 0, & \text{单元 } i \text{ 不在样本中}. \end{cases}$$

再令 $I = (I_1, \cdots, I_N)^{\mathrm{T}}$, 样本选择过程可以用给定 Y 和设计信息 Z 后 I 的分布来刻画. 随机化推断一般需要单元以概率抽样的方式来选取, 有下面两个性质:

1. 在知道 Y 值之前, 抽样者就已经确定了抽样分布. 具体来说, 有 $f(I \mid Y, Z) = f(I \mid Z)$, 因为抽样分布不能依赖于待调查的未知 Y 值. 这一机制叫作无混杂 (Rubin 1987a, 第 2 章).

2. 每个单元都具有一个正的已知抽样概率. 记 $\pi_i = E(I_i \mid Y, Z) = \Pr(I_i = 1 \mid Y, Z)$, 需要对所有的 i 都有 $\pi_i > 0$. 在等概率抽样设计例如简单随机抽样中, 这一抽样概率对所有单元都相等.

例如, 如果 Z 是分层变量, 对总体中的所有单元都有记录, 那么分层随机抽样在 $Z = j\ (j = 1, \cdots, J)$ 层的 N_j 个单元中通过简单随机抽样的方式抽取 n_j 个单元. 于是, 抽样指示函数

$$
f(I \mid Y, Z) = f(I \mid Z) = \begin{cases} \prod_{j=1}^{J} \binom{N_j}{n_j}^{-1}, & \text{若对一切 } j, \ \sum_{i:z_i=j} I_i = n_j; \\ 0, & \text{否则}, \end{cases}
$$

其中 $\binom{N_j}{n_j}$ 表示从第 j 层抽出 n_j 个单元的取法数量.

对抽样调查中随机化处理的详细信息可参看抽样调查理论的教科书, 如 Cochran (1977)、Hansen 等 (1953) 或 Lohr (2010). 概括地说, 用 Y_{inc} 表示样本中 (即 $I_i = 1$) 的 Y 值, 用 T 表示感兴趣的总体量, 推断 T 涉及下述步骤:

(a) 选取一个统计量 $t(Y_{\mathrm{inc}})$, 这是关于样本值 Y_{inc} 的一个函数, 使得在重复采样中它对 T (近似) 无偏. 例如, 如果 $T = \bar{Y}$ 是总体均值, 则分层随机抽样中 T 的一个无偏估计是分层抽样均值

$$
t = \bar{y}_{\mathrm{st}} = \frac{1}{N} \sum_{j=1}^{J} N_j \bar{y}_j,
$$

其中 $\bar{y}_j$ 是第 j 层的样本均值.

(b) 选取一个统计量 $v(Y_{\mathrm{inc}})$, 使得在重复采样中它对 $t(Y_{\mathrm{inc}})$ 的方差 (近似) 无偏, 这里把所有总体值都当作固定的, 只把抽样指示变量 I 当作随机的. 例如, 在分层随机抽样中, $\bar{y}_{\mathrm{st}}$ 的抽样方差是

$$
\mathrm{Var}(\bar{y}_{\mathrm{st}}) = \frac{1}{N^2} \sum_{j=1}^{J} N_j^2 \left(\frac{1}{n_j} - \frac{1}{N_j} \right) S_j^2,
$$

其中 S_j^2 是第 j 层 Y 值的总体方差 (本身带有一个分母 N_j). 则 $\mathrm{Var}(\bar{y}_{\mathrm{st}})$ 的一个无偏统计是

$$
v(Y_{\mathrm{inc}}) = \frac{1}{N^2} \sum_{j=1}^{J} N_j^2 \left(\frac{1}{n_j} - \frac{1}{N_j} \right) s_j^2,
$$

其中 s_j^2 是第 j 层 Y 值的样本方差.

(c) 假设对全部分层随机样本, t 具有近似正态的采样分布, 则可计算 T 的区间估计. 例如, 在分层随机抽样中, $\bar{Y}$ 的大样本 95% 置信区间由

$$
C_{95}(\bar{Y}) = \bar{y}_{\mathrm{st}} \pm 1.96 \sqrt{v(Y_{\mathrm{inc}})}
$$

给出, 其中 1.96 是标准正态分布的 97.5 百分位数. 正态近似可用有限总体的中心极限定理验证 (Hajek 1960; Li 和 Ding 2017).

注意在整个过程中，我们认为 Y 的总体值是固定的. 随机化推断的一个有吸引力的方面是避免了总体 Y 值的模型设定，尽管 (c) 中的置信区间要求总体 Y 值的分布足够好，以使 t 的抽样分布近似正态. 推断有限总体量的另一种方法是，除了要求 I 的抽样分布外，还需要指定 Y 的一个模型，一般由包含未知参数 θ 的密度 $f(Y \mid Z, \theta)$ 来表示. 这一模型可用于预测未抽中的 Y 值以及总体特征——总体特征是已抽中和未抽中的值的函数. 在本书第二和第三部分中，这种基于模型的方法将被应用到不完全数据问题上.

看待概率抽样的一个视角是，被以概率 π_i 选进样本的单元 "代表了" 总体中 π_i^{-1} 个单元，因此在估计总体量时要被赋予 π_i^{-1} 的权重. 例如，在分层随机抽样中，第 j 层中的一个被选单元代表着 N_j/n_j 个总体单元，因而总体量 T 可以用加权和

$$t_{\mathrm{HT}} = \sum_{i=1}^{n} y_i \pi_i^{-1}$$

来估计，这一估计也被称作 Horvitz-Thompson 估计 (Horvitz 和 Thompson 1952). 分层均值可以被写作

$$\bar{y}_{\mathrm{st}} \equiv \bar{y}_w = \frac{1}{n} \sum_{i=1}^{n} w_i y_i, \tag{3.3}$$

其中 $w_i = n\pi_i^{-1}/\sum_{k=1}^{n} \pi_k^{-1}$ 是第 i 个单元的抽样权重，权重之和等于样本量 n. 在分层随机抽样中，$\bar{y}_w$ 是 Y 的均值的无偏估计，在其他设计中，它是近似无偏的.

当然，t_{HT} 和 $\bar{y}_w$ 只能用完全响应单元计算. 加权类的估计方法将这一方法扩展到存在不响应的情形中. 如果每个响应个体 i 的响应概率 ϕ_i 已知，则

$$\Pr(\text{选中且响应}) = \Pr(\text{选中}) \times \Pr(\text{响应} \mid \text{选中}) = \pi_i \phi_i,$$

于是式 (3.3) 可以被替换为

$$\bar{y}_w = \frac{1}{r} \sum_{i=1}^{r} w_i y_i, \tag{3.4}$$

其中求和对响应单元进行，且

$$w_i = \frac{r/(\pi_i \phi_i)}{\sum_{k=1}^{r} (\pi_k \phi_k)^{-1}}.$$

在实际中，响应概率 ϕ_i 通常未知，需要借助响应个体和不响应个体的可用信息来估计. 例 3.6 提供了一个最简单的方法，例 3.7 提供了更一般的方法.

例 3.6 均值的加权类估计.

假设我们把样本根据响应者和不响应者的观测变量划分成 J 个 "加权类", 用 C 表示加权类变量. 如果加权类 $C = j$ 中的样本量为 n_j, 响应数量为 r_j, 且 $r = \sum_{j=1}^{J} r_j$, 则第 j 类单元的响应概率的一个简单估计是 r_j/n_j. 于是第 j 加权类的响应单元被赋予权重

$$w_i = \frac{r/(\pi_i \widehat{\phi}_i)}{\sum_{k=1}^{r} (\pi_k \widehat{\phi}_k)^{-1}}, \tag{3.5}$$

其中对第 j 类的单元 i 有 $\widehat{\phi}_i = r_j/n_j$.

如果在一个加权类中的抽样权重不是常数, 一些作者建议在估计响应概率时加入抽样权重, 但如果抽样权重与 C 和结局都有关, 这一方法一般无法纠正偏倚 (Little 和 Vartivarian 2003). 这篇文章提到, 一个更好的方法是在构造加权类时结合设计信息. 均值的加权类估计由式 (3.4) 给出, 其中的权重由式 (3.5) 给出. 对于等概率设计, π_i 是常数, 估计量可以写成更简单的形式:

$$\bar{y}_{\mathrm{wc}} = n^{-1} \sum_{j=1}^{J} n_j \bar{y}_{j\mathrm{R}}, \tag{3.6}$$

其中 $\bar{y}_{j\mathrm{R}}$ 是第 j 类的响应均值, $n = \sum_{j=1}^{J} n_j$ 是总样本量.

这个估计量在下面形式的随机缺失假设下是无偏的, Oh 和 Scheuren (1983) 把这个机制叫作准随机化 (quasirandomization), 用类似于随机抽样的方式选取单元.

假设 3.1 准随机化: *第 j 加权类的响应者是被选中单元的随机样本, 即经过第 j 加权类调整, 数据是完全随机缺失的.*

可以用调查设计变量或者对全体响应者和不响应者都有记录的项目构成加权类. 加权类调整主要用于处理单元无应答问题, 即不响应者的所有抽样项目都没有记录的情形. 在这种情形中, 仅有设计变量可用于构造调整类. 理想的调整类的选择应做到: (1) 假设 3.1 成立, (2) 在假设 3.1 下估计量 (如 $\bar{y}_{\mathrm{wc}}$) 的均方误差最小化.

加权类调整很简单, 因为无论调查结果 Y 的值如何, 所有个体都被赋予了同样的权重. 因此在大的调查中, 在随机缺失假设下, 有成百上千的 Y, 偏倚仅用一组权重来调整. 另一方面, 这种简单性是有代价的, 即加权往往效率较低, 对于与加权类变量关系不大的结局变量, 抽样方差会较大. 假设在加权类内进行随机抽样, 忽略权重的抽样不确定性, 并假设结局 Y 具有恒定方差 σ^2, 就可以得到如下的简单公式, 说明这种情况下样本均值的抽样方差的增大情况 (假

设调整权重使其平均值为 1):

$$\text{Var}\left(\frac{1}{r}\sum_{i=1}^{r}w_iy_i\right) \doteq \frac{\sigma^2}{r^2}\left(\sum_{i=1}^{r}w_i^2\right) = \frac{\sigma^2}{r^2}\left(1 + \text{cv}^2(w_i)\right), \tag{3.7}$$

其中 $\text{cv}(w_i)$ 是权重的变异系数. 因此, 权重的平方变异系数粗略地衡量了加权所造成的抽样方差增大比例 (Kish 1992).

对于加权类变量对 Y 有预测作用的情形, 式 (3.7) 不再成立, 加权反倒可以降低抽样方差. Oh 和 Scheuren (1983) 推导了在简单随机抽样下估计量 (3.6) 的抽样方差, 并建议采用如下的 $\bar{y}_{\text{wc}}$ 的均方误差估计:

$$\widehat{\text{mse}}(\bar{y}_{\text{wc}}) = \sum_{j=1}^{J}\left(\frac{n_j}{n}\right)^2\left(1 - \frac{r_j n}{n_j N}\right)\frac{s_{j\text{R}}^2}{r_j} + \frac{N-n}{(N-1)n^2}\sum_{j=1}^{J}n_j(\bar{y}_{j\text{R}} - \bar{y}_{\text{wc}})^2,$$

$$\tag{3.8}$$

其中 $s_{j\text{R}}^2$ 是第 j 类抽中且响应单元的方差. 总体均值的 $100(1-\alpha)\%$ 置信区间有形式

$$\bar{y}_{\text{wc}} \pm z_{1-\alpha/2}\{\widehat{\text{mse}}(\bar{y}_{\text{wc}})\}^{1/2},$$

其中 $z_{1-\alpha/2}$ 是标准正态分布的 $100(1-\alpha/2)$ 百分位数.

Little 和 Vartivarian (2005) 也讨论了加权导致的均方误差变化. 表 3.1 总结了简单的定性结果, 表格说明了根据调整小格与结局和缺失指标之间的关联程度高低, 加权对估计均值的偏倚和抽样方差的影响. 当调整小格变量与调查结局的关联不大时 (LL 和 HL), 加权对偏倚的影响很小; 当调整小格变量与不响应情况相关时, 抽样方差增大了 (HL), 体现出了权重的变化. 当调整小格

表 3.1　例 3.6: 加权调整对均值估计的偏倚和抽样方差的影响, 依据调整小格变量与不响应和结局的关联程度

与不响应的关联度	与结局的关联度	
	低 (L)	高 (H)
低 (L)	偏倚: —	偏倚: —
	方差: —	方差: ↓
高 (H)	偏倚: —	偏倚: ↓
	方差: ↑	方差: ↓

变量与结局强相关时 (LH 和 HH), 加权倾向于降低抽样方差, 当调整小格变量与不响应情况也强相关时 (HH), 加权也倾向于降低偏倚. 显然, 加权只对调整小格变量与结局相关的情形有效, 否则会增大抽样方差, 而不会降低偏倚.

总之, 通过选取对响应和结局都有预测作用的调整类, 可以降低偏倚. 通过选取对结局有预测作用的调整类, 可以降低 Y 的类内方差, 进而降低抽样方差. 在划分调整小格时, 应避免响应者样本量过小, 它会导致权重过大.

例 3.7 倾向性加权.

设 X 是响应者和不响应者都有观测的一个变量集合. 当变量集 X 有限时, 可采用加权类估计方法. 然而, 在某些设定例如在面板调查中, 不响应者有很多历史调查信息可以利用, 按照所有有记录变量进行分类是不现实的, 因为这样的话加权类的数量会非常大, 并且某些小格只有不响应者而没有响应者, 于是不响应者的权重就变成无穷大了. Rubin (1985a)、Little (1986) 以及 Czajka 等 (1992) 关于调查无应答的论述讨论了倾向性得分理论 (Rosenbaum 和 Rubin 1983, 1985), 这一理论提供了简化 X 到一个加权类变量 C 的方法, 使得假设 3.1 近似成立. 假设数据有随机缺失机制, 即

$$\Pr(M \mid X, Y, \phi) = \Pr(M \mid X, \phi), \tag{3.9}$$

其中 ϕ 是未知参数. 当选取 X 作为 C 时, 假设 3.1 成立. 定义单元 i 的不响应倾向性

$$\rho(x_i, \phi) = \Pr(m_i = 1 \mid \phi),$$

并假设对所有 x_i 的值它都是严格正的. 于是对一切 x_i,

$$
\begin{aligned}
\Pr(m_i = 0 \mid y_i, \rho(x_i, \phi), \phi) &= E(\Pr(m_i = 0 \mid y_i, x_i) \mid y_i, \rho(x_i, \phi), \phi) \\
&= E(\Pr(m_i = 0 \mid x_i, \phi) \mid y_i, \rho(x_i, \phi), \phi) \\
&= E(\rho(x_i, \phi) \mid y_i, \rho(x_i, \phi), \phi) \\
&= \rho(x_i, \phi),
\end{aligned}
$$

其中第二个等号是根据式 (3.9), 第三个等号是根据 $\rho(x_i, \phi)$ 的定义. 因此

$$\Pr(M \mid \rho(X, \phi), Y, \phi) = \Pr(M \mid \rho(X, \phi), \phi),$$

响应者是按倾向性得分分层后层内的随机子样本.

在实际中, $\rho(X, \phi)$ 中的参数 ϕ 通常是未知的, 需要从样本数据中估计. 一个实际的做法是: (1) 基于全部响应数据和不响应数据, 用缺失数据指标 M 对

X 做逻辑斯谛 (logistic)、概率单位 (probit) 或 robit 回归 (Liu 2005), 估计 $\rho(X, \phi)$, 记作 $\rho(X, \widehat{\phi})$, (2) 把 $\rho(X, \widehat{\phi})$ 粗化成 5 至 10 组, 生成一个分组变量 C, (3) 在每一调整类 $C = j$ 内, 所有的响应者和不响应者都有相同的倾向性得分分组.

这一过程的一个变种是直接用估计的倾向性得分倒数 $\rho(X, \widehat{\phi})^{-1}$ 对单元 i 加权 (Cassel 等 1983). 注意到加权类方法是这一方法的一个特殊情况, 因为可以把 X 当作单一的类别变量, M 对 X 的逻辑斯谛模型是饱和的. 在 $\Pr(M \mid X, \phi)$ 所依据的建模假设下, 这种方法可以消除不响应偏倚, 但它可能会产生具有极高的抽样方差的估计, 因为响应倾向性很低的单元会被赋予很大的权重, 在估计均值和总体量时可能会产生过度影响. 而且, 直接用 $\rho(X, \widehat{\phi})^{-1}$ 加权更加依赖于 M 对 X 回归模型的正确设定, 分层方法只不过是用 $\rho(X, \widehat{\phi})$ 来划分调整类.

例 3.8　逆概率加权广义估计方程.

更一般地, 设 $y_i = (y_{i1}, \cdots, y_{iK})$ 表示单元 i 的一组变量向量, 可能有缺失值. 假设 $i = 1, \cdots, r$ 的 y_i 被完全观测, $i = r + 1, \cdots, n$ 的 y_i 缺失或只有部分观测. 如果 y_i 是不完全的, 定义 $m_i = 1$; 如果 y_i 是完全的, 定义 $m_i = 0$. 设 $x_i = (x_{i1}, \cdots, x_{ip})^{\mathrm{T}}$ 是完全观测的协变量向量. 我们现在感兴趣的是给定 x_i 条件下 y_i 分布的均值, 并且假设它具有 $g(x_i, \beta)$ 的形式. 其中 g 是带有 d 维未知参数 β 的 (可能非线性的) 回归函数. 另外, 设 $z_i = (z_{i1}, \cdots, z_{iq})^{\mathrm{T}}$ 是一组完全观测到的辅助变量, 它也许能预告 y_i 是否是完全的, 但不包含在 y_i 对 x_i 的回归模型中. 如果没有缺失值, 在温和的正则条件下 (Liang 和 Zeger 1986), 广义估计方程 (generalized estimating equation, GEE)

$$\sum_{i=1}^{n} D_i(x_i, \beta)(y_i - g(x_i, \beta)) = 0 \tag{3.10}$$

的解提供了 β 的相合估计, 其中 $D_i(x_i, \beta)$ 是适当选取的关于 x_i 的已知形式 $d \times K$ 矩阵函数. 如果有缺失数据, 完全案例分析把方程 (3.10) 替换为

$$\sum_{i=1}^{r} D_i(x_i, \beta)(y_i - g(x_i, \beta)) = 0, \tag{3.11}$$

如果

$$\Pr(m_i = 1 \mid x_i, y_i, z_i, \phi) = \Pr(m_i = 1 \mid x_i, \phi), \tag{3.12}$$

即在给定 x_i 的条件下缺失不依赖于 y_i 或 z_i, 则方程 (3.11) 的解提供了 β 的相合估计. 逆概率加权广义估计方程 (inverse probability weighted generalized estimating equation, IPWGEE) 把方程 (3.11) 替换为

$$\sum_{i=1}^{r} w_i(\widehat{\alpha}) D_i(x_i, \beta)(y_i - g(x_i, \beta)) = 0, \qquad (3.13)$$

其中 $w_i(\widehat{\alpha}) = 1/p(x_i, z_i \mid \widehat{\alpha})$, 并且 $p(x_i, z_i \mid \widehat{\alpha})$ 是成为完全单元概率的估计, 它通过 m_i 对 x_i 和 z_i 做逻辑斯谛回归得到 (参看 Robins 等 1995). 这里 α 是逻辑斯谛回归的参数向量, 通过极大似然或其他方法估计出来. 如果回归模型设定正确, 并且

$$\Pr(m_i = 1 \mid x_i, y_i, z_i, \phi) = \Pr(m_i = 1 \mid x_i, z_i, \phi),$$

则方程 (3.13) 的解提供了 β 的相合估计. 上面的假设比 (3.12) 更宽, 因为这里允许缺失不仅和 x_i 也和 z_i 有关. 所以, 逆概率加权广义估计方程能够修正未加权的广义估计方程因缺失机制依赖于 z_i 所产生的偏倚. Robins 等 (1995) 讨论了逆概率加权广义估计方程估计的抽样方差估计, 并扩展到了单调和非单调缺失模式. 关于这一方法还有一些其他工作, 可参看 Manski 和 Lerman (1977)、Zhao 和 Lipsitz (1992)、Park (1993)、Robins 和 Rotnitzky (1995) 以及 Lipsitz 等 (1999).

增广逆概率加权估计方程是逆概率加权估计方程的扩展, 这一方法从一个模型中创建预测值, 以恢复不完全单元中的信息, 然后把逆概率加权估计方程应用于模型残差. 还有一个逆概率加权估计方程的扩展适用于非随机缺失模型. 感兴趣的读者可以阅读 Scharfstein 等 (1999) 的论文及其讨论文章. 在第 15 章我们会讨论到, 如果不做额外的假设, 永远不会存在反对随机缺失假设的直接经验证据. 因此, 与其寻找复杂方法, 不如更仔细地考虑这些假设.

3.3.2 事后分层和向已知边缘的校准

在加权类估计量 (3.6) 中, 加权类 j 占总体的比例 N_j/N 是通过样本比例 n_j/n 来估计的. 对于这一节介绍的方法, 我们假设关于加权类比例的信息可以通过外部资源得到, 例如更大规模的调查或普查.

例 3.9 事后分层.

假设总体比例 N_j/N 可从外部资源获知. 这时, 可以用事后分层均值

$$\bar{y}_{\mathrm{ps}} = \frac{1}{N} \sum_{j=1}^{J} N_j \bar{y}_{j\mathrm{R}} \qquad (3.14)$$

来代替加权类估计. 在假设 3.1 下, $\bar{y}_{\mathrm{ps}}$ 是 $\bar{Y}$ 的无偏估计, 且有抽样方差

$$\mathrm{Var}(\bar{y}_{\mathrm{ps}}) = \frac{1}{N^2} \sum_{j=1}^{J} N_j^2 \left(1 - \frac{r_j}{N_j} \right) \frac{S_{j\mathrm{R}}^2}{r_j}. \tag{3.15}$$

用第 j 类中响应者的样本方差 $s_{j\mathrm{R}}^2$ 代替总体方差 $S_{j\mathrm{R}}^2$, 可得到式 (3.15) 的一个估计. 在大多数情形中, $\bar{y}_{\mathrm{ps}}$ 有比 $\bar{y}_{\mathrm{wc}}$ 更小的均方误差, 除非响应样本量 r_j 和 Y 的类内方差很小 (Holt 和 Smith 1979). 有关事后分层的进一步讨论和推广可参看 Little (1993b)、Lazzeroni 和 Little (1998)、Bethlehem (2002) 以及 Gelman 和 Carlin (2002).

例 3.10　校准的比值估计.

假设加权类由两个交叉分类因子 X_1 和 X_2 的联合水平定义, 这两个因子分别有 J 和 L 个水平. 再假设从 N_{jl} 个 $X_1 = j$、$X_2 = l$ 的总体单元中抽取 n_{jl} 个单元 $(j = 1, \cdots, J, l = 1, \cdots, L)$. 在 (j, l) 类的这 n_{jl} 个单元中, 有 r_{jl} 个观测到了变量 Y 的值. 事后分层和加权类估计分别具有

$$\bar{y}_{\mathrm{ps}} = \frac{1}{N} \sum_{j=1}^{J} \sum_{l=1}^{L} N_{jl} \bar{y}_{jl\mathrm{R}}$$

和

$$\bar{y}_{\mathrm{wc}} = \frac{1}{n} \sum_{j=1}^{J} \sum_{l=1}^{L} n_{jl} \bar{y}_{jl\mathrm{R}}$$

的形式, 其中 $\bar{y}_{jl\mathrm{R}}$ 是 (j, l) 类中响应单元的均值. 当 X_1 和 X_2 的边缘已知, 即 $N_{j+} = \sum_{l=1}^{L} N_{jl}$, $N_{+l} = \sum_{j=1}^{J} N_{jl}$ 可借助外部数据获得时, 可基于响应小格均值得到一个中间估计量. 例如, X_1 表示性别, X_2 表示种族, 性别和种族的边缘分布已知, 但性别和种族的联合分布表未知.

$\{N_{jl}\}$ 的校准估计 $\{N_{jl}^*\}$ 满足边缘条件约束

$$N_{j+}^* = \sum_{l=1}^{L} N_{jl}^* = N_{j+}, \quad j = 1, \cdots, J,$$

$$N_{+l}^* = \sum_{j=1}^{J} N_{jl}^* = N_{+l}, \quad l = 1, \cdots, L,$$

并且对某个行常数 $\{a_j : j = 1, \cdots, J\}$ 和列常数 $\{b_l : l = 1, \cdots, L\}$, 有形式

$$N_{jl}^* = a_j b_l n_{jl}, \quad j = 1, \cdots, J, \quad l = 1, \cdots, L.$$

$\{N_{jl}^*\}$ 表的边缘与已知边缘 $\{N_{j+}\}$、$\{N_{+l}\}$ 相等, 双向相关性与 $\{n_{jl}\}$ 表的相等. 可以用一个迭代的比例拟合程序计算校准类计数 $\{N_{jl}^*\}$ (Bishop 等 1975), 在这个迭代程序中, 当前估计数要按行因子和列因子进行缩放, 以分别匹配边缘总数 $\{N_{j+}\}$ 和 $\{N_{+l}\}$. 也就是说, 在第一步, 计算匹配行边缘 $\{N_{j+}\}$ 的估计数

$$N_{jl}^{(1)} = n_{jl}(N_{j+}/n_{j+}),$$

随后构造匹配列边缘 $\{N_{+l}\}$ 的估计数

$$N_{jl}^{(2)} = N_{jl}^{(1)}(N_{+l}/N_{+l}^{(1)}),$$

再然后是

$$N_{jl}^{(3)} = N_{jl}^{(2)}(N_{j+}/N_{j+}^{(2)}),$$

如此往复, 直到收敛. Ireland 和 Kullback (1968) 讨论了这一程序的收敛性和统计性质, 特别地, 他们指出, 在类计数 $\{n_{jl}\}$ 具有多项分布的假设下, 类比例的校准估计量 $\{N_{jl}^*/N\}$ 是有效渐近正态估计量, 并且渐近等价于 (更难计算的) 多项分布模型下的极大似然估计. 这一算法是迭代最大化 Gauss-Seidel 方法的特例.

结合校准样本计数 $\{N_{jl}^*\}$ 和响应均值 $\{\bar{y}_{jl}\}$, 可得到 $\bar{Y}$ 的校准估计

$$\bar{y}_{\text{rake}} = \frac{1}{N} \sum_{j=1}^{J} \sum_{l=1}^{L} N_{jl}^* \bar{y}_{jl\text{R}}, \tag{3.16}$$

可以期待它有介于 $\bar{y}_{\text{wc}}$ 和 $\bar{y}_{\text{ps}}$ 之间的抽样方差性质. 注意如果对于某 j 和 l 有 $r_{jl} = 0$、$n_{jl} \neq 0$, 这一估计量是无定义的. 而在某些场合, 需要那些类的均值的其他估计量. 对替代方法的进一步讨论可参看 Little (1993b).

3.3.3 加权数据的推断

加权的完全案例估计常常计算起来相对简单, 但对恰当的标准误差——即使是渐近的——的计算并不直接. 对于简单的情形, 比如简单随机抽样的加权类调整, 估计标准误差有公式可以利用. 对于更复杂的情形, 可以使用基于 Taylor 级数展开的方法 (Robins 等 1995)、平衡重复复制或刀切法. 有计算复杂抽样调查设计 (包括加权、聚类和分层) 估计量渐近标准误差的统计软件包可以使用. 然而, 这些程序一般都把权重当作固定且已知的, 而事实上不响应的权重要从观测数据中计算, 因此权重伴随着抽样的不确定性. 忽略这些不确定性来源对标准误差的实际影响尚不清楚. Valliant (2004) 发现, 忽略权重的

抽样不确定性会导致欠收敛，特别是在小样本中，而刀切法倾向于产生保守的区间估计。一种计算密集型的方法可以产生有效的渐近推论，就是采用样本重复利用的方法，如平衡重复复制或刀切法，并分别重新计算每个复制或子采样样本的权重。关于这些方法的非渐近表现，目前还没有太多研究。

3.3.4　加权方法的总结

为了降低完全案例分析的偏倚，加权是一种无论从概念上还是从计算上都相对简单的手段。说它简单，是因为对每个个体的全部观测变量，它都产生相同的权重。由于这些方法舍弃了不完全单元，而且无法实现抽样方差的自动控制，所以只有当协变量信息有限并且样本量足够大的时候，偏倚是比抽样方差更严重的问题，这时它们才有较大用处。

3.4　可用案例分析

对于一元变量的分析，如均值或边缘频数分布的估计，完全案例分析有很大浪费，因为所有不完全单元的观测值都被丢弃了。当数据集包含很多变量时，完全案例分析在效率方面的损失尤其大。例如，假设总共有 20 个变量，每个变量独立地有 10% 的可能性缺失，于是完全单元的期望比例为 $0.9^{20} \doteq 0.12$. 也就是说，只有大约 $12/0.9 = 13\%$ 的观测数据值被保留了。

对于一元变量的分析，一个自然的替代途径是，在分析中纳入该变量有观测的全部单元，这一方法被称作可用案例 (available-case, AC) 分析。可用案例分析使用全部可用的值，其缺点是，根据缺失模式，从一个变量到另一个变量，样本是变化的。这种变化使针对为各种概念性样本库 (例如，人口生育率调查中的所有妇女、已婚妇女、已婚有偶妇女) 计算的表格是否得到正确定义的检查变得复杂。如果缺失数据机制是所要研究的变量的函数，也就是在非随机缺失机制下，还会造成变量之间可比性的问题。

在非随机缺失机制下，可以用刚才介绍的可用案例分析来估计均值和方差，但估计协方差或相关系数等协同变异量时需要额外的推广。一个自然的推广是配对可用案例方法，只使用 Y_j 和 Y_k 都有观测的单元 i 来估计 Y_j 和 Y_k 的协同变异量。特别地，可以计算配对协方差

$$s_{jk}^{(jk)} = \sum_{i \in I_{jk}} \left(y_{ij} - \bar{y}_j^{(jk)} \right) \left(y_{ik} - \bar{y}_k^{(jk)} \right) / \left(n^{(jk)} - 1 \right), \qquad (3.17)$$

其中 I_{jk} 是 Y_j 和 Y_k 都被观测到的 $n^{(jk)}$ 个单元的集合，平均值 $\bar{y}_j^{(jk)}$ 和 $\bar{y}_k^{(jk)}$

也是对这个集合上的所有单元计算的. 设 I_j (I_k) 是 Y_j (Y_k) 被观测到的单元的集合, 用 $s_{jj}^{(j)}$ ($s_{kk}^{(k)}$) 表示 Y_j (Y_k) 在集合 I_j (I_k) 上的样本方差. 结合这些方差估计量和从式 (3.17) 估计出来的协方差, 可得到如下相关系数的估计:

$$r_{jk}^* = s_{jk}^{(jk)} / \sqrt{s_{jj}^{(j)} s_{kk}^{(k)}}. \tag{3.18}$$

式 (3.18) 的一个不合理之处在于, 与总体相关系数不同, 估计的 r_{jk}^* 可能位于 $(-1,1)$ 之外. 通过计算配对相关系数, 这一问题可以避免, 此时我们用跟估计协方差相同的样本集合来估计方差, 得到

$$r_{jk}^{(jk)} = s_{jk}^{(jk)} / \sqrt{s_{jj}^{(jk)} s_{kk}^{(jk)}}. \tag{3.19}$$

Matthai (1951) 讨论了这一估计量, 它对应的协方差估计

$$s_{jk}^* = r_{jk}^{(jk)} / \sqrt{s_{jj}^{(j)} s_{kk}^{(k)}}. \tag{3.20}$$

在式 (3.17)–(3.20) 中用从 I_j (I_k) 上计算的 $\bar{y}_j^{(j)}$ ($\bar{y}_k^{(k)}$) 代替 $\bar{y}_j^{(jk)}$ ($\bar{y}_k^{(jk)}$), 可得到更多估计量. 对式 (3.17) 应用这一思想, 得到

$$\tilde{s}_{jk}^{(jk)} = \sum_{i \in I_{jk}} \left(y_{ij} - \bar{y}_j^{(j)} \right) \left(y_{ik} - \bar{y}_k^{(k)} \right) / \left(n^{(jk)} - 1 \right), \tag{3.21}$$

这一估计量最初由 Wilks (1932) 讨论.

诸如 (3.17)–(3.21) 的配对可用案例估计试图从部分记录单元中恢复信息, 这些信息被完全案例分析舍弃了. 在完全随机缺失机制下, 式 (3.17)–(3.21) 能够产生协方差和相关系数的相合估计. 然而, 如果综合考虑, 所有这些估计都有缺陷, 会严重限制其在实际问题中的效力.

例如, 式 (3.18) 可能产生可接受范围之外的相关系数估计, 而式 (3.19) 产生的估计量一定能在 -1 和 1 之间. 对于 $K > 3$ 个变量, (3.18) 和 (3.19) 都有可能产生不正定的相关系数矩阵. 我们举一个极端的人造例子, 考虑下面的数据集, 包含 12 个观测和 3 个变量 ("?" 表示缺失):

Y_1	1	2	3	4	1	2	3	4	?	?	?	?
Y_2	1	2	3	4	?	?	?	?	1	2	3	4
Y_3	?	?	?	?	1	2	3	4	4	3	2	1

由式 (3.19) 得到 $r_{12}^{(12)} = 1$, $r_{13}^{(13)} = 1$, $r_{23}^{(23)} = -1$, 显然这些估计量都不让人满意, 因为 $\mathrm{Corr}(Y_1, Y_2) = \mathrm{Corr}(Y_1, Y_3)$ 应当隐含 $\mathrm{Corr}(Y_2, Y_3) = 1$, 而不是

−1. 类似地, 基于 (3.17) 或 (3.20) 的协方差矩阵也未必是正定的. 由于很多基于协方差矩阵的分析 (如多元回归) 需要正定矩阵, 当协方差矩阵不正定时, 这些方法要做有针对性的调整. 事实上, 任何可能产生超出参数空间范围的参数估计方法都不能令人满意.

因为可用案例方法明显使用了全部数据, 我们可以期待可用案例方法比完全案例方法更有效. Kim 和 Curry (1977) 通过模拟实验支持了这一论断, 它们所用的数据是完全随机缺失的, 并且相关系数强度适中. 然而, 在一些其他的模拟实验中, 当相关系数很大时, 完全案例分析的效果更好 (Haitovsky 1968; Azen 和 Van Guilder 1981). 没有一种方法是普遍令人满意的. 尽管可用案例估计量容易计算, 但其渐近标准误差计算起来要更复杂些 (Van Praag 等 1985).

问题

3.1 列举几个基于样本均值、方差和相关系数的标准多元统计分析.

3.2 说明如果缺失 (Y_1 或 Y_2) 只依赖于 Y_2, 而 Y_1 满足关于 Y_2 的线性回归, 则基于完全单元的 Y_1 对 Y_2 的样本回归能得到回归系数的无偏估计.

3.3 说明对于二分类的 Y_1 和 Y_2, 如果响应概率的对数是关于 Y_1 和 Y_2 的可加函数, 则基于完全单元的优势比估计是总体优势比的相合估计.

问题 3.4 – 3.6 的数据: 某次健康调查中包含某县 100 个个体的简单随机样本:

年龄组	样本量	响应人数	胆固醇	
			均值	标准差
20 – 30	25	22	220	30
30 – 40	35	27	225	35
40 – 50	28	16	250	44
50 – 60	12	5	270	41

3.4 计算相应样本的平均胆固醇和标准误差. 假设正态性, 计算该县响应者平均胆固醇的 95% 置信区间. 这一区间可以用来描述该县的全部人口吗?

3.5 计算总体中平均胆固醇水平的加权类估计 (3.6) 和均方误差 (3.7), 进而构造总体均值的近似 95% 置信区间, 与问题 3.4 的结果进行比较. 在每一步中, 对缺失机制做了什么假设?

3.6 假设普查数据表明该县的年龄分布如下:

年龄组	20 − 30	30 − 40	40 − 50	50 − 60
比例	20%	40%	30%	10%

计算平均胆固醇的事后分层估计及其标准误差, 对总体均值构造 95% 置信区间.

3.7 在下列人造的分层随机样本例子中, 计算 Y 的总体均值的 Horvitz-Thompson 估计和加权类估计, 其中 x_i 和 y_i 有显示值者表示观测到的, 选择概率 π_i 已知, 响应概率 ϕ_i 在 Horvitz-Thompson 估计中已知、在加权类估计中未知. 需要注意, 根据加权类的定义方式, 可以构造多种加权类估计.

x_i	1	2	3	4	5	6	7	8	9	10
y_i	1	4	3	2	6	10	14	?	?	?
π_i	0.1	0.1	0.1	0.1	0.1	0.5	0.5	0.5	0.5	0.5
ϕ_i	1	1	1	0.9	0.9	0.8	0.7	0.6	0.5	0.1

3.8 对问题 3.7 的数据, 应用例 3.7 讨论的 Cassel 等 (1983) 估计. 对其产生的权重与加权类估计中的权重进行评论.

3.9 下表列出了不完全变量 Y (收入, 单位: \$1000) 的响应均值和响应率 (响应样本量/样本量), 它们按 3 个完全观测的协变量分类: 年龄 (<30, >30)、婚姻状况 (未婚, 已婚)、性别 (男性, 女性). 注意加权类估计不能基于年龄、婚姻状况和性别划分, 因为有一类有 4 个单元但其中没有响应者.

年龄	男性		女性	
	未婚	已婚	未婚	已婚
<30	20.0	21.0	16.0	16.0
	24/25	5/16	11/12	2/4
>30	30.0	36.0	18.0	?
	15/20	2/10	8/12	0/4

对整个总体以及男性子总体, 计算均值 Y 的下列估计量:

(a) 基于完全单元的未修正均值.

(b) 按响应倾向性分层的加权均值, 结合表中的小类, 按响应率低于 0.4、介于 0.4 和 0.8 之间、超过 0.8 分层.

(c) 在由 (b) 确定的调整类中通过均值填补产生的均值. 解释为什么修正的估计要比未修正的估计高.

3.10 推广例 3.7 中的响应倾向性方法, 以适应单调缺失模式 (参看 Little 1986; Robins 等 1995).

3.11 Oh 和 Scheuren (1983, 第 4.4.3 节) 提出了式 (3.16) 中校准估计 $\bar{y}_{\text{rake}}$ 的一个替代, 他们在找出估计计数 N_{jl}^* 时, 采用校准响应样本量 $\{r_{jl}\}$ 代替 $\{n_{jl}\}$. 请说明: (1) 与 $\bar{y}_{jl}$ 不同, 当对某 j 和 l 有 $r_{jl} = 0$、$n_{jl} \neq 0$ 时, 这一估计也存在; (2) 除非 r_{jl}/n_{jl} 的期望能写成行效应和列效应的乘积, 否则这一估计是有偏的.

3.12 说明用类样本量校准和类响应样本量校准 (如问题 3.11) 产生相同的估计量, 当且仅当

$$p_{ij}p_{kl}/p_{il}p_{jk} = 1 \quad \text{对一切 } i, j, k, l,$$

其中 p_{ij} 是表中 (i, j) 类的响应率.

3.13 对下列 (a) 和 (b) 中的样本计数以及 (c) 的总体边缘计数, 计算分类计数的校准估计.

(a) 样本 $\{n_{jl}\}$			(b) 响应 $\{r_{jl}\}$			(c) 总体 $\{N_{jl}\}$		
8	10	18	5	9	14	?	?	300
15	17	32	5	8	13	?	?	700
23	27	50	10	17	27	500	500	1000

3.14 对问题 3.13 的数据, 计算在问题 3.12 中讨论的响应率优势比. 在问题 3.13 中互换 (b) 第二行的 5 和 8, 重新计算. 比较这些优势比, 预测哪个校准响应计数的集合更接近校准样本计数. 然后对修改第二行的 (b) 计算校准数, 验证你的预测.

3.15 构造一个数据集, 使得由式 (3.18) 估出的相关系数落在 $(-1, 1)$ 之外.

3.16 (a) 为什么由式 (3.19) 估出的相关系数总是在 $(-1, 1)$ 之内? (b) 假设式 (3.17) 中 $s_{jj}^{(jk)}, s_{jk}^{(jk)}$ 和 $s_{kk}^{(jk)}$ 的定义式中涉及的均值 $\bar{y}_j^{(jk)}$ 和 $\bar{y}_k^{(jk)}$ 用这些变量的全部可用单元均值 $\bar{y}_j^{(j)}$ 和 $\bar{y}_k^{(k)}$ 代替, 由 (3.19) 估出的相关系数还总是在 $(-1, 1)$ 之内吗? 证明或举出反例.

3.17 当数据不是完全随机缺失时, 考虑完全案例分析和可用案例分析在估计 (a) 均值, (b) 相关系数, (c) 回归系数中的相对优缺点.

3.18 回顾 Haitovsky (1968)、Kim 和 Curry (1977) 以及 Azen 和 Van Guilder (1981) 的结果, 描述完全案例分析比可用案例分析更敏感的情景, 以及反之的情景.

第 4 章　单一填补方法

4.1　引言

在估计 Y_j 的边缘分布以及 Y_j 和其他变量的协同变异量时, 完全案例分析和可用案例分析都没有用到 Y_j 缺失的单元. 直观上看, 这是错误的. 假设某个单元的 Y_j (如身高) 缺失了, 但能观测到另一个与之相关性很强的变量 Y_k (如体重). 我们想到, 能否从 Y_k 预测 Y_j 的缺失值, 然后在涉及 Y_j 的分析中使用刚才填充的 (或填补的) 值? 现在我们讨论填补缺失变量值的方法, 在这些方法中, 可以对每个缺失变量值填补单个值 (即单一填补), 也可以为评估填补不确定性而填补多个值 (即多重填补).

填补是用于处理缺失数据问题的一种常见且灵活的方法. 然而, 它也有隐患. 用 Dempster 和 Rubin (1983) 的话说:

"填补的思想是既诱人又危险的. 说它诱人, 是因为它能让使用者高兴地相信数据是完全的; 说它危险, 是因为它把两种情况混为一谈 —— 第一种情况是问题足够小, 可以用这种方式合法地处理, 第二种情况是把标准的估计方法应用于真实数据和填补数据会产生很大偏差."

填补应当概念化为从缺失值的预测分布中抽样, 因此要求提供一种以观测数据为基础, 构造预测分布的方法. 一般来说, 有两个途径构造预测分布:

- **精确建模**: 预测分布基于正式的统计模型 (如多元正态), 因而模型假定是明确的. 这一章将介绍这些方法 (参看例 4.2 – 4.5), 本书第二和第三部分将有更多的系统性论述.

- **非精确建模**: 关注点在算法上, 该算法蕴含了一个基本模型; "假设" 们是模糊的, 但仍需仔细地评估这些假设, 以确保它们是合理的. 这些方法在例 4.8 – 4.12 中讨论.

精确建模方法包括如下:

(a) **均值填补**: 以样本中响应单元的均值代替. 这些均值可以是和第 3 章讨论的加权类类似的小格或分类的均值. 因此, 如果在每个加权类内样本权重是常数, 则均值填补产生一个类似于加权方式获得的估计.

(b) **回归填补**: 用缺失变量对该单元观测到的变量进行回归, 回归通常从同时观测到这些变量的单元集合计算, 然后以回归预测值代替单元的缺失值. 均值填补可以看成回归填补的特例, 自变量是待填补均值的小格的哑指示变量.

(c) **随机回归填补**: 用回归填补值再加上一个随机误差项代替, 使得随机误差项能反映预测值的不确定性. 在正态回归模型下, 误差项可自然选为均值等于 0、方差等于回归残差方差的正态变量. 对于二值结局, 如逻辑斯谛回归, 预测值是结局为 1 或 0 的概率, 填补值可以是从这一概率抽取的 1 或 0. Herzog 和 Rubin (1983) 描述了一个对正态和二值结局使用随机回归的两阶段程序.

非精确建模方法包括如下:

(d) **热卡填补 (就近补齐)**: 从相似的响应单元中抽取值, 用于填补缺失的单元值. 热卡填补是调查实践领域中的常用方法, 为了选择相似单元, 可以有非常精细的计划. 读者可参看 Ernst (1980)、Kalton 和 Kish (1981)、Ford (1983)、Sande (1983)、David 等 (1986)、Marker 等 (2002) 以及 Andridge 和 Little (2010).

(e) **替换**: 在抽样调查领域, 处理单元无应答的一种方法是, 用没被选进样本的单元替换不响应单元. 例如, 如果无法联系上一个家庭, 则用同一住宅区内先前未被选中的家庭代替. 但需要注意, 不该认为最终样本是完全的, 因为替换单元是响应者, 可能和非响应者存在系统性区别. 因此, 在分析阶段, 替换值应当被看作对未知响应者的填补值.

(f) **冷卡填补**: 用来自外部资源 (如历史调查) 的一个常数值代替缺失值. 与替换方法一样, 在实践中常将最终数据看成完全样本, 也就是忽略了填补的后果. 由冷卡填补获得的令人满意的数据分析理论, 要么是显然的, 要么就不存在.

(g) **复合方法**: 用不同方法的思想组合出来的方法. 例如, 当生成填补值时, 可以通过回归计算预测均值, 然后加上按经验残差分布随机抽取的一个残差, 以结合热卡和回归填补. 可参看 Schieber (1978) 和 David 等 (1986).

下面我们更详细地讨论其中的一些方法. 这里描述的单一填补方法的一个重大局限是, 如果在填充后的数据上应用标准的抽样方差公式, 则会系统性地低估估计量的真实抽样方差, 即使用于生成填补值的模型是正确的. 第 5 章会介绍使用标准完全数据分析程序计算估计量有效抽样方差的方法, 第 9 章和第 10 章还会对基于模型的方法做进一步讨论.

4.2 从预测分布中填补均值

4.2.1 非条件均值填补

用 y_{ij} 表示单元 i 的变量 Y_j 的值, 一个简单的填补形式是用 Y_j 有记录的均值 $\bar{y}_j^{(j)}$ 来估计 y_{ij}. 显然, 观测值和填补值的平均值都是 $\bar{y}_j^{(j)}$, 也就是可用案例分析中的估计值. 观测值和填补值的样本方差是 $s_{jj}^{(j)}(n^{(j)} - 1)/(n - 1)$, 其中 $s_{jj}^{(j)}$ 是从 $n^{(j)}$ 个单元估计的方差. 在完全随机缺失机制下, $s_{jj}^{(j)}$ 是真实方差的相合估计, 所以填充后数据集的样本方差系统性地低估了真实方差, 和真实方差差了个 $(n^{(j)} - 1)/(n - 1)$ 的因子. 这一低估是用分布中心填补缺失值导致的自然结果. 填补扭曲了样本 Y 值的经验分布, 对数据非线性的量, 如方差、分位数和形状参数, 不能在填充后数据集上用标准的完全数据方法相合地估计出来. 如果 Y_j 的值被聚合到交叉表的一个子类中, 则会出现偏倚, 因为一个调整小格中的缺失值用共同的均值代替了, 因此这些缺失值都会被分到 Y_j 的同一子类.

在填充后的数据中, Y_j 和 Y_k 的协方差是 $\tilde{s}_{jk}^{(jk)}(n^{(jk)} - 1)/(n - 1)$, 其中 $n^{(jk)}$ 是 Y_j 和 Y_k 都有观测的单元数量, $\tilde{s}_{jk}^{(jk)}$ 由式 (3.21) 给出. 在完全随机缺失机制下, $\tilde{s}_{jk}^{(jk)}$ 是协方差的相合估计, 所以填充后数据集的样本协方差低估了真实协方差的量级, 差了个 $(n^{(jk)} - 1)/(n - 1)$ 的因子. 因此, 尽管填充后数据的协方差矩阵是半正定的, 方差和协方差都系统性地变小了. 显然, 如果引入一个调整因子, 用 $(n - 1)/(n^{(j)} - 1)$ 调整方差, 用 $(n - 1)/(n^{(jk)} - 1)$ 调整协方差, 就能得到方差的可用案例估计 $s_{jj}^{(j)}$ 以及协方差的可用案例估计 $\tilde{s}_{jk}^{(jk)}$. 正如第 3.4 节所说的, 协方差矩阵未必是正定的, 可能无法令人满意, 特别当变量们高度相关时更是如此.

鉴于填补非条件均值所导致的偏倚, 我们并不推荐这一方法.

4.2.2　条件均值填补

对非条件均值填补的一个改进是, 填补给定观测变量值时的条件均值. 我们考虑这一方法的两个例子.

例 4.1　在调整小格内填补均值.

抽样调查中的一个常见方法是, 基于观测变量把响应者和不响应者划分为 J 个调整类, 这类似于加权分类, 然后给不响应者填补上同一调整类内的响应均值. 假设常数样本权重的等概率抽样, 用 $\bar{y}_{jR}$ 表示第 j 类中变量 Y 的响应均值. 由填充数据得到的 Y 的均值估计为

$$\frac{1}{n}\sum_{j=1}^{J}\left(\sum_{i=1}^{r_j}y_{ij}+\sum_{i=r_j+1}^{n_j}\bar{y}_{jR}\right)=\frac{1}{n}\sum_{j=1}^{J}n_j\bar{y}_{jR}=\bar{y}_{wc},$$

这是式 (3.6) 的估计, 也就是用每一类中响应者比例的倒数加权. 如果每一类总体的比例可以从外部数据获得, 那么事后分层估计量 (3.10), 即 $\bar{y}_{ps}$, 也可以基于均值填补得到. 对于有关填补和加权方法关系的更多讨论, 可参看 Oh 和 Scheuren (1983)、David 等 (1983) 以及 Little (1986).

例 4.2　回归填补.

考虑单个变量的不响应, 即 $Y_1,\cdots,Y_{K-1}$ 完全观测到, 而 Y_K 只对前 r 个单元有观测, 对后 $n-r$ 个单元缺失. 回归填补基于 r 个完全单元计算 Y_K 对 $Y_1,\cdots,Y_{K-1}$ 的回归, 然后用回归预测值填充缺失值, 这和第 2 章中谈到的方法类似. 特别地, 设单元 i 的 y_{iK} 缺失, $y_{i1},\cdots,y_{i,K-1}$ 有观测, 则通过基于 r 个完全单元的回归方程

$$\widehat{y}_{iK}=\widetilde{\beta}_{K0\cdot12\cdots K-1}+\sum_{j=1}^{K-1}\widetilde{\beta}_{Kj\cdot12\cdots K-1}y_{ij} \tag{4.1}$$

填补缺失值, 其中 $\widetilde{\beta}_{K0\cdot12\cdots K-1}$ 是截距, $\widetilde{\beta}_{Kj\cdot12\cdots K-1}$ 是 Y_K 对 $Y_1,\cdots,Y_{K-1}$ 的回归中 Y_j 的系数. 如果观测变量是某些分类变量的指示变量, 则预测 (4.1) 是由那些变量确定的类内响应均值, 这一方法退化为例 4.1 的方法. 更一般地, 回归可能同时包含连续变量和分类变量, 改用约束更少的参数形式 (如样条) 可能有助于改进预测.

图 4.1 展示了有 $K=2$ 个变量时的回归填补. 图中用加号标示的点表示 Y_1 和 Y_2 都观测到的单元, 这些点用于计算 Y_2 对 Y_1 的最小二乘回归直线,

$\widehat{y}_{i2} = \widetilde{\beta}_{20\cdot1} + \widetilde{\beta}_{21\cdot1}y_{i1}$. Y_1 有观测而 Y_2 缺失的单元用 Y_1 轴上的圆点标示, 回归填补用回归直线上的点代替这些缺失值. Y_1 缺失而 Y_2 有观测的单元通过 Y_1 对 Y_2 做回归来填补, 图中也画出了这条回归直线.

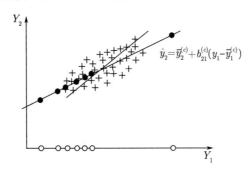

图 4.1 例 4.2: 有 $K = 2$ 个变量时的回归填补

例 4.3 Buck 方法.

Buck 方法 (Buck 1960) 推广回归填补到一个更一般的模式, 缺失变量具有关于观测变量的线性回归形式. 这一方法首先基于完全单元的样本均值和样本协方差矩阵估计均值 μ 和协方差矩阵 $\overline{\Sigma}$, 然后使用这些估计, 对每种缺失数据模式计算缺失变量对观测变量的最小二乘线性回归. 在回归中代入已观测变量的值, 得到缺失值的预测值. 利用第 7.4.3 节讨论的扫描算子, 对每种缺失数据模式的单元集合计算不同的线性回归是容易做到的.

在完全随机缺失机制以及关于分布矩的一些适当假设下, 这一过程观测值和填补值的平均是均值的相合估计 (Buck 1960). 加上一些附加的假设, 当缺失机制依赖于已观测变量时, 估计仍然是相合的. 特别地, 对图 4.1 中的数据, Y_2 的缺失依赖于 Y_1 的值, 因此随机缺失假设成立, 尽管对于完全单元和不完全单元 Y_1 的分布不同. Buck 方法把不完全单元投影到回归直线上, 这一过程假设了 Y_2 对 Y_1 的回归是线性的. 如果填补包含了对超出完全数据范围的外推, 比如图 4.1 中最小的两个 Y_1 值和最大的 Y_1 值, 这个线性假设特别脆弱.

用 Buck 方法填入的数据能产生合理的均值估计, 特别是在联合正态假设成立的时候. 由填充后数据的样本方差和协方差估计的方差和协方差是有偏的, 但偏倚比非条件均值填补的偏倚更小. 特别地, 填补后数据 Y_j 的样本方差低估了 σ_{jj}, 如果 y_{ij} 缺失则偏倚为 $(n-1)^{-1}\sum_{i=1}^{n}\sigma_{jj\cdot\mathrm{obs},i}$, 其中 $\sigma_{jj\cdot\mathrm{obs},i}$ 是 Y_j 对单元 i 观测变量回归的残差方差, 如果 y_{ij} 有观测则偏倚为 0. 如果 y_{ij} 和 y_{ik} 都缺失, 则 Y_j 和 Y_k 的样本协方差偏倚为 $(n-1)^{-1}\sum_{i=1}^{n}\sigma_{jk\cdot\mathrm{obs},i}$, 其中 $\sigma_{jk\cdot\mathrm{obs},i}$ 是 Y_j 和 Y_k 对单元 i 观测变量做多元回归的残差协方差, 否则偏倚为

0. 在完全随机缺失假设下, 通过在偏倚表达式中代入 $\sigma_{jj\cdot\text{obs},i}$ 和 $\sigma_{jk\cdot\text{obs},i}$ 的相合估计 (比如在样本量允许的前提下, 基于完全单元样本协方差矩阵的估计), 然后加在填充数据的样本协方差矩阵上, 可以构造 Σ 的相合估计. 这一方法与第 11.2 节极大似然程序的单一迭代紧密相关, 可以看作该方法历史上的一个先行者.

4.3　从预测分布中抽取填补值

4.3.1　基于精确模型的抽取

我们已经看到, 基于填充数据的样本方差和协方差被均值填补扭曲了. 在研究边缘分布的尾部时, 均值填补引发的边缘分布扭曲也导致了偏倚. 例如, 为缺失的收入填补条件均值的方法倾向于低估贫穷个体的比例. 因为如此的 "最佳预测" 填补系统性地低估了变异性, 从填充数据计算的标准误差太小了, 导致无效的推断.

这些考虑因素提出了一种替代的策略, 即从缺失值的可能值的预测分布中随机抽取填补值, 而不是从这个分布的中心抽取. 如前所述, 在创建预测分布时, 基于已观测数据的条件是重要的, 请看下面的例子.

例 4.4　随机回归填补.

考虑例 4.2 的数据, 但假设这里不用式 (4.1) 的条件均值填补, 而是填补一个条件抽取:

$$\widehat{y}_{iK} = \widetilde{\beta}_{K0\cdot12\cdots K-1} + \sum_{j=1}^{K-1} \widetilde{\beta}_{Kj\cdot12\cdots K-1}y_{ij} + z_{iK}, \tag{4.2}$$

其中 z_{iK} 是一个随机的正态偏差量, 均值为 0, 方差为 $\widetilde{\sigma}_{KK\cdot12\cdots K-1}$, 该方差是基于完全单元用 Y_K 对 $Y_1,\cdots,Y_{K-1}$ 做回归得到的残差方差. 加上一个随机的正态偏差量, 使得填补是从缺失值的预测分布中抽取的, 而不是直接用均值填补. 因此, 如下面的总结性例子所示, 因填补预测分布均值而产生的扭曲得到了改善.

例 4.5　二元单调完全随机缺失数据的方法比较.

填补条件抽取的好处可以借助二元正态单调数据的例子来说明. 假设 Y_1 完全观测到, Y_2 有 $\lambda = (n-r)/n$ 比例的单元缺失, 并假设完全随机缺失机制. 表 4.1 展示了使用填充数据按标准最小二乘估计四个参数 —— Y_2 的均值和方差、Y_2 对 Y_1 的回归系数、Y_1 对 Y_2 的回归系数 —— 的大样本偏倚 (也就是从填充数据得出的估计量期望减去真实值, 忽略阶为 $1/n$ 的项). 对 Y_2 使用了四

种填补方法:

(a) 非条件均值, 用响应均值 $\bar{y}_{2R}$ 填补 Y_2 的缺失值.

(b) 非条件抽取, 给 $\bar{y}_{2R}$ 加上一个均值为 0、方差为 $\tilde{\sigma}_{22}$ 的随机正态偏差量, 这里 $\tilde{\sigma}_{22}$ 是基于完全单元的 Y_2 的样本方差.

(c) 条件均值, 如 $K = 2$ 时例 4.2 的讨论.

(d) 条件抽取, 如 $K = 2$ 时例 4.4 的讨论.

表 4.1 例 4.5: 二元正态单调完全随机缺失数据, 四种填补方法的大样本偏倚

方法	参数			
	μ_2	σ_{22}	$\beta_{21\cdot1}$	$\beta_{12\cdot2}$
非条件均值	0^a	$-\lambda\sigma_{22}$	$-\lambda\beta_{21\cdot1}$	0^a
非条件抽取	0	0	$-\lambda\beta_{21\cdot1}$	$-\lambda\beta_{12\cdot2}$
条件均值	0	$-\lambda(1-\rho^2)\sigma_{22}$	0^a	$\frac{\lambda(1-\rho^2)}{1-\lambda(1-\rho^2)}\beta_{12\cdot2}$
条件抽取	0	0	0	0

$\lambda = $ 缺失数据比例.
a 表明估计量与完全案例估计量相同.

表 4.1 说明在完全随机缺失机制下, 这四种填补方法都产生了 μ_2 的相合估计, 但非条件均值和条件均值低估了方差, 非条件抽取导致回归系数减弱. 只有条件抽取从填充数据产生了全部四个参数的相合估计. 关于条件抽取的结论在限制较少的随机缺失假定下也成立.

在本例中, 条件抽取是普遍良好的填补方法, 但它有两个缺陷. 首先, 在条件均值上加一个随机抽取导致效率损失. 具体来说, μ_2 的条件抽取估计的大样本方差为 $[1 - \lambda\rho^2 + (1-\rho^2)\lambda(1-\lambda)]\sigma_{22}/r$, 比 μ_2 的条件均值估计的抽样方差 $(1-\lambda\rho^2)\sigma_{22}/r$ 大. 其次, 由于没有纳入填补的不确定性, 填充数据的条件抽取参数估计的标准误差太小. 第 5 章和第 10 章讨论多重填补, 将会处理条件抽取方法的这两个缺陷.

例 4.6 回归中缺失协变量.

表 4.1 的最后一列是回归中缺失协变量问题的最简单形式. 当单元包含缺失的协变量和观测到的协变量, 在填补缺失的协变量时, 通常做法是以观测到

的协变量为条件. 在这种设定下, 一个常见的问题是, 缺失协变量的填补是否
也应该以结局 Y 为条件. 当最终目标是把 Y 回归到全部协变量上时, 以 Y
为条件进行填补可能会出现循环. 当以条件均值进行填补时, 以 Y 为条件确
实会导致偏倚. 这时, 我们推荐的方法是, 在给定观测到的协变量和 Y 的情况
下, 从缺失的协变量的条件分布中填补抽取 (而不是均值), 这种方法可以得到
回归系数的相合估计, 因此不是循环. 传统的均值填补以观测到的协变量为条
件, 但不以 Y 为条件, 在一定条件下也能得到回归系数的相合估计, 但该方法
得到的回归系数估计效率可能低于完全案例分析, 而且对于其他参数 (如方差、
协方差) 的估计可能不相合, 进一步讨论请参看 Little (1992).

例 4.7　回归中测量误差的回归校准.

在例 1.15 中, 我们把测量误差描述成缺失数据的问题. 回归填补是内部校
准数据分析中常用的方法 (如图 1.4(a)). 分析涉及 Y 对 X 和 Z 的回归, 主研
究数据是 Y、Z 和 W 的随机样本, 其中 X 是未观测到的, W 是 X 的带有测
量误差的代理. 关于 W 和 X 的信息通过校准样本获得, 对于内部校准, 数据
包含对 W、X 以及 Y 和 Z 的测量. 如果校准样本是主研究的随机子样本, 则
X 的缺失机制是完全随机缺失.

回归校准 (regression calibration, RC) 利用校准数据估计 X 对 W 和
Z 的回归系数, 然后在主研究中用回归的条件预测 $\widehat{X}_{RC} = E(X \mid W, Z)$ 来
代替 X (Carroll 和 Stefanski 1990). 然后, 通过 Y 对 $\widehat{X}_{RC}$ 和 Z 回归, 得
到回归校准估计. 这一回归校准中的回归填补产生了 Y 对 X、W 和 Z 回
归的相合估计. 在测量误差的无差异假设下 —— 即给定 Y 和 Z 的条件下
W 独立于 X, 回归填补产生了 Y 对 X 和 Z 回归的相合估计, 因为这时有
$E(Y \mid X, Z) = E(Y \mid X, Z, W)$. 如果这一假设被破坏, 则回归校准估计一般是
有偏的.

这里可以得到回归系数 γ_X 的两个估计, 一个是回归校准估计 $\widehat{\gamma}_{X,RC}$, 另一
个是最小二乘估计 $\widehat{\gamma}_{X,LSCalib}$, 后者是通过在校准样本数据 (Y, X, Z) 上拟合线
性回归模型获得的. 有效回归校准估计 (ERC, Spiegelman 等 2001) 结合了这
两个估计:

$$\widehat{\gamma}_{X,ERC} = w_{RC}\widehat{\gamma}_{X,RC} + (1 - w_{RC})\widehat{\gamma}_{X,LSCalib},$$

其中

$$w_{RC} = \widehat{\mathrm{Var}}(\widehat{\gamma}_{X,RC})^{-1} \left[\widehat{\mathrm{Var}}(\widehat{\gamma}_{X,RC})^{-1} + \widehat{\mathrm{Var}}(\widehat{\gamma}_{X,LSCalib})^{-1} \right]^{-1},$$

$\widehat{\mathrm{Var}}(\widehat{\gamma}_{X,RC})$ 和 $\widehat{\mathrm{Var}}(\widehat{\gamma}_{X,LSCalib})$ 分别是 $\widehat{\gamma}_{X,RC}$ 和 $\widehat{\gamma}_{X,LSCalib}$ 的抽样方差估计. 有

效回归校准估计 $\hat{\gamma}_{X,\text{ERC}}$ 的抽样方差用

$$\widehat{\text{Var}}(\hat{\gamma}_{X,\text{ERC}}) = \left[\widehat{\text{Var}}(\hat{\gamma}_{X,\text{RC}})^{-1} + \widehat{\text{Var}}(\hat{\gamma}_{X,\text{LSCalib}})^{-1}\right]^{-1}$$

近似计算. 有效回归校准比回归校准更有效, 尤其是校准数据集较大的时候.

回归校准估计和有效回归校准估计的标准误差可通过渐近计算方法得到, 或从主样本和校准样本自采样 (第 5 章讨论).

4.3.2 基于非精确模型的抽取: 热卡方法

热卡 (hot deck) 程序使用样本中类似响应单元的观测值来填补缺失值. 热卡的字面意思指的是为不响应者与可用供体进行穿孔制表机卡片匹配的平台. 和前面一样, 假设从 N 个单元中选出一个包含 n 个单元的样本, 这 n 个单元中有 r 个记录到变量 Y 的值. 在这一节中, 认为 n、N 和 r 是固定的. 为简单起见, 我们认为前 n 个单元是被选中的 $(i=1,\cdots,n)$, 前 $r < n$ 个单元是响应者. 给定一个等概率抽样方案, Y 的均值可以用填充数据中响应单元和填补单元的均值

$$\bar{y}_{\text{HD}} = \{r\bar{y}_{\text{R}} + (n-r)\bar{y}_{\text{NR}}^*\}/n \tag{4.3}$$

来估计, 其中 $\bar{y}_{\text{R}}$ 是响应单元的均值, 并且

$$\bar{y}_{\text{NR}}^* = \sum_{i=1}^{r} \frac{H_i y_i}{n-r},$$

其中 H_i 是 y_i 被用作代替 Y 的缺失值的次数. 显然 $\sum_{i=1}^{r} H_i = n-r$, 即缺失单元的总数. $\bar{y}_{\text{HD}}$ 的性质依赖于产生数 $\{H_1,\cdots,H_r\}$ 所用的方法. 当填补值可以被看作通过概率抽样设计从响应单元的值中选取的, 从而知道 $\{H_1,\cdots,H_r\}$ 在反复应用热卡方法时的分布情况, 就可以得到最简单的理论. $\bar{y}_{\text{HD}}$ 的均值和抽样方差可以被写作

$$E(\bar{y}_{\text{HD}}) = E(E(\bar{y}_{\text{HD}} \mid Y_{(0)})), \tag{4.4}$$

$$\text{Var}(\bar{y}_{\text{HD}}) = \text{Var}(E(\bar{y}_{\text{HD}} \mid Y_{(0)})) + E(\text{Var}(\bar{y}_{\text{HD}} \mid Y_{(0)})), \tag{4.5}$$

其中内层期望和方差是针对给定观测数据 $Y_{(0)}$ 时 $\{H_1,\cdots,H_r\}$ 的分布计算的, 外层期望和方差是针对 Y 的模型分布或基于设计的推断中采样指示变量的分布 (例 3.5) 计算的. 式 (4.5) 中的第二项代表了从随机填补程序产生的附加抽样方差. 在接下来的三个例子中, 我们考虑在没有协变量的情况下各种供体抽样方案. 在例 4.9–4.12 中, 我们考虑带有观测协变量的更实际应用.

例 4.8　有放回简单随机抽样的热卡.

用 $\bar{y}_{\mathrm{HD1}}$ 表示 $\{H_i\}$ 是从 Y 的观测值中通过有放回简单随机抽样获得的热卡估计量 (4.3). 给定采样值和观测值, $\{H_1, \cdots, H_r\}$ 在反复应用热卡方法时的分布是个多项分布, 样本量为 $n-r$, 选择概率为 $(1/r, \cdots, 1/r)$ (参看 Cochran 1977, 第 2.8 节). 因此, 给定观测数据 $Y_{(0)}$ 时, $\{H_1, \cdots, H_r\}$ 的分布的矩为

$$E(H_i \mid Y_{(0)}) = (n-r)/r,$$
$$\mathrm{Var}(H_1 \mid Y_{(0)}) = (n-r)(1-1/r)/r,$$
$$\mathrm{Cov}(H_i, H_j \mid Y_{(0)}) = -(n-r)/r^2.$$

因此, $\bar{y}_{\mathrm{HD}}$ 的分布对 $\{H_1, \cdots, H_r\}$ 的分布取期望, 得到

$$E(\bar{y}_{\mathrm{HD1}} \mid Y_{(0)}) = \bar{y}_{\mathrm{R}}, \tag{4.6}$$

即 Y 的响应样本均值, 以及

$$\mathrm{Var}(\bar{y}_{\mathrm{HD1}} \mid Y_{(0)}) = (1-r^{-1})(1-r/n)s_{\mathrm{R}}^2/n, \tag{4.7}$$

其中 s_{R}^2 是 Y 的响应样本方差. 特别地, 假设从总量为 N 的有限总体中进行简单随机抽样, 缺失机制是完全随机缺失, 则从式 (4.4) 和 (4.5) 得到

$$E(\bar{y}_{\mathrm{HD1}}) = \bar{Y}, \quad \mathrm{Var}(\bar{y}_{\mathrm{HD1}}) = (r^{-1} - N^{-1})S^2 + (1-r^{-1})(1-r/n)S^2/n, \tag{4.8}$$

其中 $\bar{Y}$ 和 S^2 分别是 Y 的总体均值和方差. 上式方差的第一项是 $\bar{y}_{\mathrm{R}}$ 的简单随机样本方差, 第二项代表着热卡程序导致的方差增长. 热卡方法的优点是, 填补值不会扭曲 Y 样本值的分布, 这一点与均值填补不同.

因有放回抽样填补所增加的方差 (4.7) 是一个不可忽略的量. 特别地, $\bar{y}_{\mathrm{HD1}}$ 相对于 $\bar{y}_{\mathrm{R}}$ 的抽样方差增长比例最多可达 0.25, 这一最大增长比例在 $r/n = 0.5$ 时达到. 通过选择更有效的抽样方案, 如无放回抽样 (问题 4.11)、限制每个响应单元作为供体的次数、使用 Y 值自己构成抽样层 (Bailar 和 Bailar 1983; Kalton 和 Kish 1981)、从排序的 Y 值系统抽样或者使用序贯热卡 (问题 4.11), 热卡填补产生的额外方差可以减少. 然而, 我们更愿意使用第 5 章讨论的多重填补, 因为多重填补不仅能把抽样方差的增长降低到可忽略的水平, 而且能提供考虑进填补不确定性的有效标准误差.

只有在通常不现实的完全随机缺失假定下, 例 4.8 中的热卡估计量才是无偏的. 如果响应单元和无响应单元有协变量信息可以利用, 那么这一信息可用于降低不响应偏倚, 如下面两个例子所述.

例 4.9 调整小格内的热卡.

假设已经构造了调整小格, 每个小格内的缺失值用同一格内的观测值代替. 有关小格选择方式的考虑因素, 与第 3.3.2 节讨论的加权估计的加权类选择相似. 在每一小格内分别应用前面的公式, 然后再组合全部小格, 可以得到 $\bar{Y}$ 均值和方差的热卡估计. 因为调整小格是由分类变量的联合水平形成的, 所以对于区间尺度的变量来说, 调整小格并不理想.

例如, 美国人口普查局曾使用这一方法填补当前人口调查 (CPS) 收入补贴中的收入变量 (Hanson 1978). 对每个在一个或多个收入变量上不响应的个体, 当前人口调查热卡根据都有观测的变量找到一个匹配的响应者, 然后用响应者的值替换不响应者的缺失变量. 有观测的协变量集合非常广泛, 包括年龄、种族、性别、家庭关系、子女、婚姻状况、职业、受教育程度、全职或兼职、居住形式、收入领取模式等, 因此它们的联合分类形成了一个大矩阵. 当基于全部变量找不到与响应者匹配的数据时, 当前人口调查热卡会省去一些变量并折叠其他变量的类别, 在较低的详细程度上搜索匹配数据. David 等 (1986) 比较了当前人口调查热卡填补和使用更简单的收入回归模型的填补.

例 4.10 基于匹配度量的热卡.

热卡填补的一个更一般手段是, 基于观测变量 $x_i = (x_{i1}, \cdots, x_{iK})^{\mathrm{T}}$ 的值定义一个表示单元之间距离的度量 $d(i,j)$, 然后对有缺失值的单元从与其邻近的响应单元选择填补值. 也就是说, 对 y_i 缺失的单元, 供体池中的单元 j 满足 (1) $y_j, x_{j1}, \cdots, x_{jK}$ 有观测, (2) $d(i,j)$ 小于某个值 d_0. 通过调整 d_0 的值, 可以控制可用候选单元的数量. 在观察性研究中存在大量关于匹配度量的文献, 其中治疗单元与对照单元相匹配 (Rubin 1973a,b; Cochran 和 Rubin 1973; Rubin 和 Thomas 1992, 2000). 如果用这些变量构成调整小格, 那么度量

$$d(i,j) = \begin{cases} 0, & \text{若 } i \text{、} j \text{ 在同一小格}; \\ 1, & \text{若 } i \text{、} j \text{ 在不同小格} \end{cases}$$

会产生例 4.9 的方法. 对于连续的 x_i, 另一个可行选择是马氏距离 $d(i,j) = x_i^{\mathrm{T}} S_{xx}^{-1} x_j$, 其中 S_{xx} 是 x_i 的协方差矩阵的估计. 一个更好的选择是预测均值匹配, 即基于度量

$$d(i,j) = (\hat{y}(x_i) - \hat{y}(x_j))^2, \tag{4.9}$$

其中 $\hat{y}(x_i)$ 是用完全单元计算的 Y 对 x 回归的 Y 预测值. 这一度量优于其他度量, 因为它能根据预测变量预测缺失变量的能力进行加权. 在一些多重填补软件包中, 它也被作为一种可选方法.

模拟研究表明, 预测均值匹配可以在一定程度上保护填补免遭 Y 对 x 的回归错误设定影响, 但当无法获得与供体单元的良好匹配时, 如样本量较小时, 基于参数模型的填补就显得更为优越.

例 4.11　多元缺失数据的热卡.

设 $X = (X_1, \cdots, X_q)$ 表示完全观测到的变量, 它包括设计变量, 设 $Y = (Y_1, \cdots, Y_p)$ 表示可能有缺失值的变量. 假设 Y 的成分的缺失只发生在同一组单元集上, 所以数据只有两种缺失数据模式, 即完全单元和不完全单元. 一种可行方案是为每个变量制定不同的单变量热卡, 每个变量拥有不同的供体池和供体. 这一方法的优点是, 可以为每个变量量身定做供体池, 例如, 通过为每个变量估计不同的预测均值, 使用预测均值匹配度量为每个不完全变量都创建供体池. 然而, 这种方法的一个后果是, 填补变量之间的关联没有得到保留.

另一种方法, Marker 等 (2002) 称之为 "单一分区、共同供体" 热卡, 是使用诸如预测均值度量 (4.9) 的多元版本为每个不响应者创建单一的供体池:

$$d(i, j) = (\widehat{Y}(x_i) - \widehat{Y}(x_j))^{\mathrm{T}} \widehat{\mathrm{Var}}(y \cdot x_i)^{-1} (\widehat{Y}(x_i) - \widehat{Y}(x_j)), \tag{4.10}$$

其中 $\widehat{\mathrm{Var}}(y \cdot x_i)$ 是给定 x_i 时 Y_i 的残差协方差矩阵估计, 用供体池中的一个供体单元填补一个不响应者的全部缺失变量. 这种方法保留了变量集合内的关联. 因为所有的变量都使用相同的度量, 所以供体并不是针对每个变量量身做的.

另一种能保留 p 个变量之间的关联的方法, 我们把它叫作 p 分区热卡, 当为不响应者匹配供体时, 对 $j = 2, \cdots, p$, 基于先前填补的 $(Y_1, \cdots, Y_{j-1})$, 用条件于 X 和 $(Y_1, \cdots, Y_{j-1})$ 的调整小格 (或者更一般的度量) 为 Y_j 创建供体池 (Marker 等 2002). 这种方法可以为每个变量量身定做度量标准, 在构造度量标准时, 条件在之前填补过的变量上, 可以在一定程度上保留变量间的关联, 不过成功的程度取决于每个变量 Y_j 的度量是否能捕捉到它与 X 和 $(Y_1, \cdots, Y_{j-1})$ 的关联, 以及能在多大程度上找到 "接近" 的匹配. 关于将这些想法扩展到更普遍的缺失数据模式, 参看 Marker 等 (2002) 以及 Andridge 和 Little (2010).

例 4.12　有退出的重复测量中的填补方法.

当个体过早离开研究时, 纵向数据常会出现缺失. 设 $y_i = (y_{i1}, \cdots, y_{iK})$ 是个体 i 结局的 $K \times 1$ 的完整数据向量, 其中可能有缺失. 记 $y_i = (y_{(0),i}, y_{(1),i})$, 其中 $y_{(0),i}$ 表示 y_i 的观测部分, $y_{(1),i}$ 表示 y_i 的缺失部分. 定义缺失指标 M_i, 完全个体 $M_i = 0$, 在第 $k-1$ 次观测和第 k 次观测之间退出的个体 $M_i = k$. 也就是说, $y_{i1}, \cdots, y_{i,k-1}$ 有观测, $y_{ik}, \cdots, y_{iK}$ 缺失.

有时在医学研究中会使用一种被称作末次观测值结转 (last observation carried forward, LOCF) 的方法 (例如 Pocock 1983). 对 $M_i = k$ 的个体 i, 缺失值用其最后一次的记录值填补, 即

$$\widehat{y}_{it} = y_{i,k-1}, \quad t = k, \cdots, K.$$

这种方法虽然简单, 但却做了往往不切实际的假设, 即退出后的结局值不变. 另外一些填补方法保留了简单的优点, 并且提供了个体和时间效应. 例如, Little 和 Su (1989) 考虑了基于行加列模型拟合的收入面板调查的填补. 对 $M_i = k$ 的个体 i, 用 $\bar{y}_{\mathrm{obsi},i} = (k-1)^{-1} \sum_{t=1}^{k-1} y_{it}$ 表示个体 i 的可用测量的均值, 用 $\bar{y}_{\mathrm{obsi},+}^{(\mathrm{cc})} = r^{-1} \sum_{l=1}^{r} \bar{y}_{\mathrm{obsi},l}$ 表示对应的 r 个完全个体上的均值, 再设 $\bar{y}_{+t}^{(\mathrm{cc})} = r^{-1} \sum_{l=1}^{r} y_{lt}$ 是时间 t 处的完全案例均值. 那么基于行加列拟合完全个体的预测值为

$$\widetilde{y}_{it} = \bar{y}_{\mathrm{obsi},i} - \bar{y}_{\mathrm{obsi},+}^{(\mathrm{cc})} + \bar{y}_{+t}^{(\mathrm{cc})},$$

其中列 (时间) 均值 $\bar{y}_{+t}^{(\mathrm{cc})}$ 用行 (个体) 效应 $\bar{y}_{\mathrm{obsi},i} - \bar{y}_{\mathrm{obsi},+}^{(\mathrm{cc})}$ 进行调整. 加上随机抽取 (或匹配) 个体 l 带来的残差 $y_{lt} - \widetilde{y}_{lt}$, 得到一个形如

$$\widehat{y}_{it} = \widetilde{y}_{it} + (y_{lt} - \widetilde{y}_{lt}), \ \widetilde{y}_{lt} = \bar{y}_{\mathrm{obsi},l} - \bar{y}_{\mathrm{obsi},+}^{(\mathrm{cc})} + \bar{y}_{+t}^{(\mathrm{cc})}$$

的填补抽取值, 进一步简化为

$$\widehat{y}_{it} = y_{lt} + (\bar{y}_{\mathrm{obsi},i} - \bar{y}_{\mathrm{obsi},l}), \quad t = k, \cdots, K,$$

这是用个体效应 $\bar{y}_{\mathrm{obsi},i} - \bar{y}_{\mathrm{obsi},l}$ 修正简单的热卡抽取 y_{lt}. 这一方法的一个关键假设是行和列效应的可加性. 如果可加性更适合应用在对数尺度上, 那么乘法 (行 × 列) 拟合就会得到另一种形式的结果:

$$\widehat{y}_{it} = y_{lt} \times (\bar{y}_{\mathrm{obsi},i} / \bar{y}_{\mathrm{obsi},l}), \quad t = k, \cdots, K.$$

4.4　结论

一般情况下, 填补应该是

(a) 条件在观测变量上, 降低不响应造成的偏倚, 提升精度, 保留缺失变量和观测变量之间的关联;

(b) 对多元缺失, 保留缺失变量之间的关联;

(c) 从预测分布抽取, 而不是直接使用均值, 以提供一类广泛待估量的有效估计.

本章中讨论的各种方法的一个核心问题是, 基于填充数据的推断没有考虑到填补不确定性. 因此, 从填充数据计算的标准误差被系统性地低估了, 假设检验的 p 值太显著了, 置信区间太窄了. 在下一章, 我们考虑用两种方法来解决这个问题, 它们具有比较普遍的适用性: 复制方法和多重填补.

问题

4.1 考虑一个 $n = 45$ 的二元样本, 有 $r = 20$ 个完全单元, 15 个单元只有 Y_1 记录, 10 个单元只有 Y_2 记录. 用第 4.2 节的非条件均值填充数据. 假设完全随机缺失机制, 基于填充数据估计下列量, 确定偏倚百分比: (a) Y_1 的方差 σ_{11}, (b) Y_1 和 Y_2 的协方差 σ_{12}, (c) Y_2 对 Y_1 的回归斜率 σ_{12}/σ_{11}. 你可以忽略在大样本下可忽略的项.

4.2 用例 4.3 的 Buck 方法填充缺失值, 重复问题 4.1 并比较结果.

4.3 描述 Buck 方法明显比完全案例分析和可用案例分析都好的情景.

4.4 对例 4.3 中的 σ_{jj} 和 σ_{jk} 推导 Buck 估计量偏倚的表达式.

4.5 假设数据是 Y_1 和 Y_2 的不完全随机样本, 给定 $\theta = (\mu_1, \sigma_{11}, \beta_{20\cdot13}, \beta_{21\cdot13}, \beta_{23\cdot13}, \sigma_{22\cdot13})$, Y_1 服从 $N(\mu_1, \sigma_{11})$; 给定 Y_1 和 θ, Y_2 服从 $N(\beta_{20\cdot13} + \beta_{21\cdot13}Y_1 + \beta_{23\cdot13}Y_1^2, \sigma_{22\cdot13})$. 数据是完全随机缺失, 前 r 个单元是完全的, 接下来 r_1 个单元只有 Y_1 有观测, 后 r_2 个单元只有 Y_2 有观测. 将 Buck 方法应用于 (a) Y_1 和 Y_2, (b) Y_1, Y_2 和 $Y_3 = Y_1^2$ (所以 Y_3 有和 Y_1 相同的模式, 且从 Y_3 对 Y_1 和 Y_2 的回归进行填补), 寻求下列参数的估计: (1) 非条件均值 $E(Y_1 \mid \theta)$ 和 $E(Y_2 \mid \theta)$, (2) 条件均值 $E(Y_1 \mid Y_2, \theta)$、$E(Y_1^2 \mid Y_2, \theta)$ 和 $E(Y_2 \mid Y_1, \theta)$. 考虑 Buck 方法的性质.

4.6 当数据是完全随机缺失, 说明 Buck 方法产生均值的相合估计.

4.7 Buck 方法 (例 4.3) 可以应用于具有连续变量和分类变量的数据, 用比分类数少一个的哑变量集合代替分类变量. 当 (a) 分类变量是完全观测到的, (b) 分类变量有缺失值, 考虑这一方法的性质 (Little 和 Rubin 1987, 第 3.4.3 节).

4.8 推导表 4.1 中大样本偏倚的表达式.

4.9 推导例 4.6 中讨论的 μ_2 的条件均值和条件抽取估计的大样本抽样方差表达式.

4.10 对有放回的简单随机抽样的简单热卡填补推导表达式 (4.6)–(4.8). 假设 r/N 很小, 样本量足够大, 说明 $\bar{y}_{HD1}$ 相对于 $\bar{y}_R$ 的方差增长比例至多是 0.25, 并且这一最大值在 $r/n = 0.5$ 处达到. 当在调整小格内应用热卡方法时, 这些数如何变化?

4.11 考虑像例 4.8 那样的热卡, 但用无放回随机抽样从供体中选取填补值. 为了定义供体比受体少时的程序, 记 $n - r = kr + t$, 其中 k 是非负整数, $0 < t < r$. 无放回热卡选择所有有记录的单元 k 次, 然后无放回地选择 t 个附加的单元, 以产生 $n - r$ 个缺失数据所要求的值. 于是

$$\bar{y}_{NR}^* = (kr\bar{y}_R + t\bar{y}_t)/(n - r),$$

其中 $\bar{y}_t$ 是 Y 的 t 个附加值的平均值. 如果用 $\bar{y}_{\text{HD2}}$ 表示这一程序中 $\bar{Y}$ 的估计, 说明

$$E(\bar{y}_{\text{HD2}} \mid Y_{(0)}) = \bar{y}_{\text{R}}$$

以及

$$\mathrm{Var}(\bar{y}_{\text{HD2}} \mid Y_{(0)}) = (t/n)(1 - t/r)s_{\text{R}}^2/n.$$

说明 $\bar{y}_{\text{HD2}}$ 相对于 $\bar{y}_{\text{R}}$ 的方差增长比例至多是 0.125, 这一最大值在 $k = 0, t = n/4$ 且 $r = 3n/4$ 处达到.

4.12 产生填补值的另一个方法是序贯热卡, 响应单元和不响应单元被安排成一个序列, Y 的缺失值用序列中它前面最近的响应值代替. 例如, 如果 $n = 6, r = 3, y_1$、y_4 和 y_5 被观测, y_2、y_3 和 y_6 缺失, 那么 y_2 和 y_3 用 y_1 代替, y_6 用 y_5 代替. 如果 y_1 缺失, 则使用某个起始值 (比如先前调查中的一个记录值). 这一方法构成了美国人口普查局当前人口调查的早期填补方案.

假设一个简单随机样本和一个伯努利缺失机制. 说明 $\bar{Y}$ 的序贯热卡估计 $\bar{y}_{\text{HD3}}$ 是无偏的, 抽样方差 (对于大的 r 和 n, 且忽略有限总体修正) 由

$$\mathrm{Var}(\bar{y}_{\text{HD3}}) = (1 + (n - r)/n)S^2/r$$

给出. 因此, 它相对于 $\bar{y}_{\text{R}}$ 的抽样方差增长比例是 $(n - r)/n$, 即缺失数据的比例 (细节参看 Bailar 等 1978).

4.13 概述一种情景, 使例 4.12 中的末次观测值结转法给出了比较差的估计 (可参考 Little 和 Yau 1996).

4.14 对于问题 1.6 生成的人造数据集, 计算并比较用下列方法得到的 Y_2 均值和方差的估计量:

(a) 完全案例分析;
(b) Buck 方法, 基于完全单元的线性回归, 填补给定 Y_1 条件下 Y_2 的条件均值;
(c) 基于正态模型的随机回归填补, 在 (b) 的条件均值上加一个正态随机偏差量 $N(0, s_{22 \cdot 1}^2)$;
(d) 热卡填补, 基于 Y_1 的分布按四分位数把完全单元划分成调整小格.

提出一种情景, 使得 (d) 可能比 (c) 更好.

第 5 章　考虑缺失数据的不确定性

5.1　引言

　　第 4 章研究了存在缺失数据时总体量的点估计. 在这一章中, 我们讨论这些点估计的不确定性的估计, 以体现因缺失产生的额外变异性. 这里提出的抽样方差估计都有效地假设了缺失的修正方法已经成功地基本消除了由缺失引起的偏倚. 在许多应用中, 偏倚问题比抽样方差增大的问题更为关键. 事实上, 可以说, 如果一个点估计有很大的偏倚, 它在均方误差中占很大比重, 那么提供有效的抽样方差估计可能比不提供估计更糟糕.

　　我们区分了四种一般的方法, 来计算缺失数据的不确定性.

1. 采用明确的允许有缺失的抽样方差公式. 例如在例 4.1 中, 通过在调整小格内代入均值, 获得加权类估计 (3.6). 因此, 如果选取是通过简单随机抽样获得的, 缺失数据在调整小格内是完全随机缺失, 那么均方误差的精确表达式 (3.7) 可以用来估计精度, 对应的大样本置信区间为 $\bar{y}_{wc} \pm z_{1-\alpha/2} \{\widehat{\mathrm{mse}}(\bar{y}_{wc})\}^{1/2}$. 式 (4.8) 给出了有放回热卡估计量的抽样方差, 当在调整小格内使用这样的热卡时, 可以修正这一公式以产生一个抽样方差估计. 在这一领域可能还有进一步发展的余地, 不过对于复杂的方法, 如例 4.3 中描述的序贯热卡方法, 能否找到明确的估计量是值得怀疑的, 除非做出过度简化的假设. 这里我们不做更多的讨论.

2. 修改填补值, 使有效的标准误差可以从单一的填充数据集中计算出来. 在第 5.2 节以及例 5.1 和例 5.2 中考察这一方法. 这一方法的简单性很有吸引力, 但它缺乏普遍性, 而且填补所需的修改可能会影响点估计本身的质量.

3. 对不完全数据的重抽样版本反复应用填补和分析程序 (Rao 和 Shao 1992; Rao 1996; Fay 1996; Shao 等 1998; Shao 2002; Lee 等 2002). 从原始样本中抽取一组合适的样本集合, 由不同样本得到的点估计的变异性来估计不确定性. 在第 5.3 节中, 我们将对重抽样的两种主要变体 —— 自采样法和刀切法进行研究. 这些方法往往容易实现, 具有广泛的适用性, 但它们依赖于大样本, 而且计算量很大.

4. 构造多重填补数据集, 以便评估填补带来的额外不确定性. 如第 4.3 节所讨论的, 任何涉及从缺失值的预测分布中抽取的单一填补方法, 都可以通过创建具有不同抽取填补值的多个数据集, 从而转化为多重填补方法. 这个想法在计算上比前面第 1 或第 2 类方法更烦琐, 但在广泛的填补类程序中提供了近似有效的标准误差. 在多重填补中, 来自每个填补数据集的完全数据估计和标准误差与各数据集间填补变异性的估计被结合在一起. 多重填补具有广泛的适用性, 而且计算量比重抽样方法更少, 因为多个数据集只用于确定不完全数据所增加的不确定性. 这一方法对数据库构造特别有用, 这时会为多个使用者创造单一的数据库. 第 5.4 节包含一个对多重填补的介绍, 第 10 章将研究该方法的理论基础.

第 5.5 节是本章的总结, 对重抽样和多重填补的相对优点做了一些评论.

5.2 由单一数据集提供有效标准误差估计的填补方法

对于涉及多阶段抽样、加权、分层的抽样调查, 即使是在完全响应的情况下, 计算有效的抽样方差估计也不是一件简单的事情. 因此, 研究者开发出了近似方法, 可应用于各类样本设计中均值和总量的函数的估计. 这些方法的简单性来自, 把计算限制在一组抽样单元集合的一些量上, 这组抽样单元被称作初级组群 (ultimate cluster, UC), 初级组群是从总体中独立随机抽取的最大抽样单元. 例如, 住户抽样设计的第一阶段可能涉及选择人口普查点区. 样本可以包括一些自我代表的点区, 它们以概率 1 纳入样本, 以及一些非自我代表的点区, 它们从点区总体中抽取. 于是, 初级组群包括非自我代表点区和构成自我代表点区子抽样的第一阶段抽样单元.

从初级组群的估计计算抽样方差估计的过程基于下面的引理 5.1.

引理 5.1 设 $\widehat{\theta}_1, \cdots, \widehat{\theta}_k$ 表示 k 个随机变量, 它们不相关且具有共同的均

值 μ. 令

$$\bar{\theta} = \frac{1}{k}\sum_{j=1}^{k}\widehat{\theta}_j, \quad \widehat{v}(\bar{\theta}) = \frac{1}{k(k-1)}\sum_{j=1}^{k}(\widehat{\theta}_j - \bar{\theta})^2.$$

则 (1) $\bar{\theta}$ 是 μ 的无偏估计, (2) $\widehat{v}(\bar{\theta})$ 是 $\bar{\theta}$ 的方差的无偏估计.

证明　$E(\bar{\theta}) = \sum_{j=1}^{k}E(\widehat{\theta}_j)/k = \mu$, 这证明了 (1). 为了证明 (2), 注意到

$$\sum_{j=1}^{k}(\widehat{\theta}_j - \bar{\theta})^2 = \sum_{j=1}^{k}(\widehat{\theta}_j - \mu)^2 - k(\bar{\theta} - \mu)^2,$$

因此

$$E\left(\sum_{j=1}^{k}(\widehat{\theta}_j - \bar{\theta})^2\right) - k(k-1)\operatorname{Var}(\bar{\theta})$$

$$= \sum_{j=1}^{k}\operatorname{Var}(\widehat{\theta}_j) - k\operatorname{Var}(\bar{\theta}) - k(k-1)\operatorname{Var}(\bar{\theta})$$

$$= \sum_{j=1}^{k}\operatorname{Var}(\widehat{\theta}_j) - k^2\operatorname{Var}(\bar{\theta}). \tag{5.1}$$

又因为 $\{\widehat{\theta}_j\}$ 不相关, 所以

$$k^2\operatorname{Var}(\bar{\theta}) = \operatorname{Var}\left(\sum_{j=1}^{k}\widehat{\theta}_j\right) = \sum_{j=1}^{k}\operatorname{Var}(\widehat{\theta}_j),$$

故表达式 (5.1) 等于 0, 这证明了 (2). 这一引理可直接应用到包含初级组群有放回随机抽样的抽样设计的线性估计量上, 如下例所述.　　　　□

例 5.1　**来自有填补数据的组群样本的标准误差**.

假设总体包含了 K 个初级组群, 样本设计包含 k 个有放回随机抽样的初级组群. 用 t_j 表示初级组群 j 中变量 Y 的总和, 假设我们要估计 Y 的总体总数

$$T = \sum_{j=1}^{K}t_j,$$

采用 Horvitz-Thompson 估计

$$\widehat{t}_{\mathrm{HT}} = \sum_{j=1}^{k}\widehat{t}_j/\pi_j,$$

其中求和是对样本中的全部初级组群 (不妨设 $j = 1, \cdots, k$) 进行的, $\widehat{t}_j$ 是 t_j 的一个无偏估计, π_j 是初级组群 j 被选择的概率. 那么, (1) $\widehat{t}_{\mathrm{HT}}$ 和 $\{k\widehat{t}_j/\pi_j, j = 1, \cdots, k\}$ 都是 T 的无偏估计, (2) 估计量 $\{k\widehat{t}_j/\pi_j, j = 1, \cdots, k\}$ 是不相关的 (因为随机抽样方法是有放回的). 因此, 根据引理,

$$\widehat{v}(\widehat{t}_{\mathrm{HT}}) = \sum_{j=1}^{k} \frac{(k\widehat{t}_j/\pi_j - \widehat{t})^2}{k(k-1)} \tag{5.2}$$

是 $\widehat{t}$ 的方差的无偏估计.

现在我们假设有缺失数据, 用第 3 章或第 4 章讨论的加权或填补方法找到初级组群总数的估计 $\widehat{t}_j$. 我们仍然可以用式 (5.2) 估计抽样方差, 只要:

条件 5.1　$\widehat{t}_j$ 是 t_j 的无偏估计, 也就是填补或加权程序得出了初级组群 j 内的无偏估计;

条件 5.2　在每个初级组群内, 填补或加权调整是独立进行的.

为了应用引理, 条件 5.2 是需要的, 以使估计量 $\widehat{t}_j$ 保持不相关. 因此, 如果填补是在调整小格内进行的, 那么小格必须不能包括不同初级组群的部分. 这个原则可能导致小格内出现不可接受的小样本, 特别是初级组群数量较多的时候. 因此我们面临一个困境: 一边是基于此引理对抽样方差的有效估计, 另一边是具有可接受的小偏倚的点估计, 这两者的要求相互冲突.

在实践中, 初级组群很少用有放回的抽样. 如果它们用无放回简单随机抽样抽选, 则这些初级组群的估计是负相关的, 诸如 (5.2) 那样基于引理的估计量高估了抽样方差, 这会导致比 Neyman (1934) 定义的有效置信区间更宽的置信区间. 也许我们希望乘上有限总体的修正 $(1 - k/K)$ 来纠正过高的估计, 但事实上这会引起低估. 一个无偏的估计需要来自第二和更高阶抽样的信息. 因此, 基于初级组群的简单抽样方差估计要求被抽取的初级组群比例足够小, 这样就可以忽略更有效的无放回抽样引起的高估. 在实际的抽样设计中经常是这种情况, 或者至少假设是这样.

例 5.2　**具有填补数据的分层组群样本的标准误差.**

大多数抽样设计在选择初级组群时还包含分层. 仍然假设每一层中抽取的初级组群比例足够小, 可以从初级组群估计推出线性统计量的抽样方差的有效估计. 假设有 H 个层, 用 $\widehat{t}_{hj}$ 表示第 h 层中初级组群 j 的总量 t_{hj} 的无偏估计, 其中 $h = 1, \cdots, H, j = 1, \cdots, K_h$. 我们可以用

$$\widehat{t} = \sum_{h=1}^{H} \sum_{j=1}^{k_h} \frac{\widehat{t}_{hj}}{\pi_{hj}} = \sum_{h=1}^{H} \widehat{t}_h \tag{5.3}$$

估计 t, 其中求和是对 H 个层以及每层内的 k_h 个被选单元进行的, π_{hj} 是第 h 层中初级组群 hj 的选择概率, $\widehat{t}_h$ 是第 h 层总量的估计. $\widehat{t}$ 的抽样方差可用

$$\widehat{v}(\widehat{t}) = \sum_{h=1}^{H} \sum_{j=1}^{k_h} \frac{(k_h \widehat{t}_{hj}/\pi_{hj} - \widehat{t}_h)^2}{k_h(k_h - 1)} \tag{5.4}$$

估计. 特别地, 如果每一层选择两个初级组群 (这是一种很常见的设计), 则方差估计是

$$\widehat{v}(\widehat{t}) = \frac{1}{4} \sum_{h=1}^{H} (\widehat{t}_{h1}/\pi_{h1} - \widehat{t}_{h2}/\pi_{h2})^2.$$

使用这些带有填补数据的估计所需的条件和随机抽样所需的条件一样. 也就是说, 如果每个 $\widehat{t}_{hl}$ 是 t_{hl} 的无偏估计, 填补在每个初级组群内独立地进行, 则 $\widehat{v}$ 也是无偏的. 下面我们考虑另外一些方法, 这些方法能放宽初级组群间填补独立这一严格的限制.

5.3　用重抽样的填补数据的标准误差

5.3.1　自采样标准误差

一些方法基于观测数据的反复重抽样, 从估计量的变异计算标准误差. 这里我们介绍这类方法的两个最常见的形式, 即自采样法 (bootstrap) 和刀切法 (jackknife). 这些方法之间存在理论联系, 其实刀切法可以从一个统计量的自采样分布的 Taylor 级数逼近得到 (Efron 1979).

例 5.3　完全数据的简单自采样.

设 $\widehat{\theta}$ 是基于一组独立单元样本 $S = \{i : i = 1, \cdots, n\}$ 对参数 θ 的一个相合估计. 设 $S^{(b)}$ 是从原始样本 S 通过有放回随机抽样获得的一个样本量为 n 的样本, 设 $\widehat{\theta}^{(b)}$ 是把原始样本上对 θ 的估计方法应用到 $S^{(b)}$ 上得到的估计, 上角标 b 指征了抽取的样本. 重复这一过程 B 次, 得到一组估计量 $(\widehat{\theta}^{(1)}, \cdots, \widehat{\theta}^{(B)})$. 于是, θ 的自采样估计是这些估计的平均:

$$\widehat{\theta}_{\text{boot}} = \frac{1}{B} \sum_{b=1}^{B} \widehat{\theta}^{(b)}. \tag{5.5}$$

在 $\widehat{\theta}$ 有很大的小样本偏倚的情况下, 其偏倚的自采样估计是

$$\frac{1}{B} \sum_{b=1}^{B} (\widehat{\theta}^{(b)} - \widehat{\theta}) = \widehat{\theta}_{\text{boot}} - \widehat{\theta}.$$

从 $\widehat{\theta}$ 减去这一偏倚, 得到修正偏倚的估计 $\widehat{\theta}_{\mathrm{bc}} = 2\widehat{\theta} - \widehat{\theta}_{\mathrm{boot}}$. 在一些条件下, 它具有比 $\widehat{\theta}$ 更低阶的偏倚.

这里我们的关注点是使用自采样如何提高估计精度. 从 $\widehat{\theta}^{(b)}$ 的自采样分布 —— 由自采样估计 $(\widehat{\theta}^{(1)}, \cdots, \widehat{\theta}^{(B)})$ 形成的直方图估计, 可以估计大样本精度. 特别地, $\widehat{\theta}$ 的抽样方差的自采样估计为

$$\widehat{V}_{\mathrm{boot}} = \frac{1}{B-1} \sum_{b=1}^{B} (\widehat{\theta}^{(b)} - \widehat{\theta}_{\mathrm{boot}})^2. \tag{5.6}$$

可以证明, 在一些宽泛的条件下, 当 n 和 B 趋于无穷时, $\widehat{V}_{\mathrm{boot}}$ 是 $\widehat{\theta}$ 或 $\widehat{\theta}_{\mathrm{boot}}$ 的方差的相合估计. 因此, 如果自采样分布是近似正态的, 则标量 θ 的 $100(1-\alpha)\%$ 自采样大样本置信区间可由

$$I_{\mathrm{norm}}(\theta) = \widehat{\theta} \pm z_{1-\alpha/2} \sqrt{\widehat{V}_{\mathrm{boot}}} \tag{5.7}$$

计算, 其中 $z_{1-\alpha/2}$ 是标准正态分布的 $100(1-\alpha/2)$ 百分位数. 如果自采样分布不是正态的, 则 $100(1-\alpha)\%$ 自采样区间可由

$$I_{\mathrm{emp}}(\theta) = (\widehat{\theta}^{(b,l)}, \widehat{\theta}^{(b,u)}) \tag{5.8}$$

计算, 其中 $\widehat{\theta}^{(b,l)}$ 和 $\widehat{\theta}^{(b,u)}$ 分别是 θ 自采样经验分布的 $\alpha/2$ 和 $1-\alpha/2$ 分位数. 基于式 (5.7) 的稳定区间要求 $B = 200$ 这样一个阶的自采样样本. 基于式 (5.8) 的区间要求更大的样本以使区间足够稳定, 例如 $B = 2000$ 或更大 (Efron 1994). Efron (1987, 1994) 讨论了在自采样分布不接近正态时 (5.7) 和 (5.8) 的改进.

自采样样本容易生成, 如下所示: 用 $m_i^{(b)}$ 表示单元 i 被纳入第 b 个样本的次数, 有 $\sum_{i=1}^{n} m_i^{(b)} = n$. 那么对于简单的有放回随机抽样,

$$(m_1^{(b)}, \cdots, m_n^{(b)}) \sim \mathrm{MNOM}(n; (n^{-1}, \cdots, n^{-1})), \tag{5.9}$$

这是一个样本量为 n、具有 n 个小格、等概率 $1/n$ 的多项分布. 因此, 可以通过多项分布生成式 (5.9) 的计数, 然后在第 i 个单元被赋予权重 $m_i^{(b)}$ 的调整数据上应用 $\widehat{\theta}$ 的估计方法, 进而得到 $\theta^{(b)}$. 一些软件包能为常见的统计过程自动执行此操作.

例 5.4 简单自采样用于填补的完全数据.

假设数据是一个简单随机样本 $S = \{i : i = 1, \cdots, n\}$, 其中某些单元可能是不完全的. 假设使用某种填补方法 Imp 填充 $S^{(b)}$ 的缺失值得到填补数据

$\widehat{S} = \mathrm{Imp}(S)$, 从这个填补数据上找到参数 θ 的一个相合估计 $\widehat{\theta}$. 自采样估计 $(\widehat{\theta}^{(1)}, \cdots, \widehat{\theta}^{(B)})$ 可以如下计算.

对于 $b = 1, \cdots, B$:

(a) 从原始的未经填补的样本 S 生成一个自采样样本 $S^{(b)}$, 其中单元的权重如式 (5.9).

(b) 通过某种填补程序 Imp 填充 $S^{(b)}$ 中的缺失数据, 得到 $\widehat{S}^{(b)} = \mathrm{Imp}(S^{(b)})$.

(c) 从填充数据 $\widehat{S}^{(b)}$ 计算 $\widehat{\theta}^{(b)}$.

于是, 式 (5.6) 提供了 $\widehat{\theta}$ 的抽样方差的相合估计, 式 (5.7) 或 (5.8) 可用于生成待估标量的置信区间. 该过程的一个关键特征是, 填补程序对每个自采样样本都应用一次, 总共应用了 B 次. 因此, 这一方法计算强度较大. 一个更简单的方法是, 只应用一次填补程序, 产生一个填补数据集 $\widehat{S}$, 然后对填充数据 $\widehat{S}$ 使用自采样方法来估计 $\widehat{\theta}$ 的方差. 然而, 这种方法显然没有传递填补中的不确定性, 因而不能提供有效的方差估计.

另一个关键特征是, 填补方法必须产生真实参数的一个相合估计 $\widehat{\theta}$. 对产生式 (5.6) 的抽样方差有效估计, 这不是必要的, 但对产生式 (5.7) 和 (5.8) 的合理置信覆盖度或达到检验的名义水平是必要的, 可参看 Rubin (1994) 关于 Efron (1994) 的讨论. 例如, 为了让一系列非线性待估量有效, 需要使用第 4.3 节讨论的条件抽取.

这一方法要假设大样本. 对于一般大小的数据集, 适用于完整样本的填补程序可能需要在一些自采样样本中做出修正. 例如, 如果填补在调整小格内进行, 恰好在某个自采样样本的一个调整小格中只有不响应者而没有响应者, 那么这种调整小格必须和相似的小格放到一起进行计算, 或者采用其他的修正方法.

5.3.2　刀切法标准误差

Quenouille 的刀切法 (例如可参看 Miller 1974) 在历史上早于自采样法, 被广泛用于调查抽样应用. 它涉及一种特殊形式的重抽样, 其中的估计是基于从样本中删除一个或一组单元实现的. 与上一节一样, 我们介绍该方法应用于完全数据的基本形式, 然后讨论对不完全数据的应用.

例 5.5　完全数据的简单刀切法.

设 $\widehat{\theta}$ 是基于简单随机样本 $S = \{i : i = 1, \cdots, n\}$ 对参数 θ 的一个相合估计. 设 $S^{(\backslash j)}$ 是通过舍弃原始样本中第 j 个单元得到的样本量为 $n-1$ 的子样

本, 用 $\widehat{\theta}^{(\backslash j)}$ 表示在这一子样本上对 θ 的估计. 这时, 称

$$\widetilde{\theta}_j = n\widehat{\theta} - (n-1)\widehat{\theta}^{(\backslash j)} \tag{5.10}$$

为一个伪值. θ 的刀切估计是这些伪值的平均:

$$\widehat{\theta}_{\text{jack}} = \frac{1}{n}\sum_{j=1}^{n}\widetilde{\theta}_j = \widehat{\theta} + (n-1)(\widehat{\theta} - \bar{\theta}), \tag{5.11}$$

其中 $\bar{\theta} = \sum_{j=1}^{n}\widehat{\theta}^{(\backslash j)}/n$. $\widehat{\theta}$ 或 $\widehat{\theta}_{\text{jack}}$ 的抽样方差的刀切估计为

$$\widehat{V}_{\text{jack}} = \frac{1}{n(n-1)}\sum_{j=1}^{n}(\widetilde{\theta}_j - \widehat{\theta}_{\text{jack}})^2 = \frac{n-1}{n}\sum_{j=1}^{n}(\widehat{\theta}^{(\backslash j)} - \bar{\theta})^2. \tag{5.12}$$

注意到式 (5.12) 中 $(\widehat{\theta}^{(\backslash j)} - \bar{\theta})^2$ 前面的乘数 $(n-1)/n$ 比自采样公式 (5.6) 中 $(\widehat{\theta}^{(b)} - \widehat{\theta}_{\text{boot}})^2$ 前面的乘数 $1/(B-1)$ 要大, 这一区别反映了 θ 的刀切估计比自采样估计更接近 $\widehat{\theta}$, 因为刀切估计和 $\widehat{\theta}$ 的计算差别仅在于少用了一个单元. 可以证明, 在一些条件下, 式 (5.11) 和 (5.12) 有类似于自采样法中的那些性质. 特别地, 当 n 趋于无穷时, $\widehat{V}_{\text{jack}}$ 是 $\widehat{\theta}$ 或 $\widehat{\theta}_{\text{jack}}$ 的抽样方差的相合估计. 如果 $\widehat{\theta}$ 是相合的并且刀切分布渐近正态, 则标量 θ 的 $100(1-\alpha/2)\%$ 置信区间可以由

$$I_{\text{norm}}(\theta) = \widehat{\theta} \pm z_{1-\alpha/2}\sqrt{\widehat{V}_{\text{jack}}} \tag{5.13}$$

计算, 其中 $z_{1-\alpha/2}$ 是标准正态分布的 $100(1-\alpha)$ 百分位数.

例 5.6　简单刀切法用于填补的完全数据.

假设在例 5.4 中原始数据是一个简单随机样本 $S = \{i : i = 1, \cdots, n\}$, 但其中某些单元可能是不完全的. 假设使用某种填补方法 Imp 填充 S 的缺失值得到填补数据 $\widehat{S} = \text{Imp}(S)$, 从这个填补数据上找到参数 θ 的一个相合估计 $\widehat{\theta}$. 刀切法的步骤如下.

对 $j = 1, \cdots, n$:

(a) 从 S 中删除单元 j, 得到样本 $S^{(\backslash j)}$.

(b) 通过某种填补程序 Imp 填充 $S^{(\backslash j)}$ 中的缺失数据, 得到 $\widehat{S}^{(\backslash j)} = \text{Imp}(S^{(\backslash j)})$.

(c) 从填充数据 $\widehat{S}^{(\backslash j)}$ 计算 $\widehat{\theta}$, 记作 $\widehat{\theta}^{(\backslash j)}$.

式 (5.10) – (5.12) 提供了 $\widehat{\theta}$ 的抽样方差的一个估计, 式 (5.13) 对标量待估量构造了渐近有效的置信区间. 和自采样法一样, 刀切法的一个关键特征是填补要在每个刀切样本上重复计算. 当 n 较大时, 为了降低计算量, 可把数据分为 K 个区组, 每组 J 个单元, 即 $n = JK$, 计算刀切估计时每次舍弃一个区组 (大约 K 个单元), 这里 K 取代了式 (5.10) – (5.12) 中的 n.

例 5.7　带填补数据的分层组群样本的标准误差 (例 5.2 续).

如例 5.2 所示, 刀切法常用于涉及分层多阶段选取单元的抽样调查 (Rao 和 Shao 1992; Rao 1996; Fay 1996). 在刀切法中舍弃了样本单元, 不能直接得到有效的标准误差, 因为初级组群内的单元倾向于有相关性. 相反, 正确的做法是在删除整个初级组群的情况下应用刀切法. 假设我们感兴趣的是总体总量向量 T 的一个函数 $\theta = \theta(T)$. 与例 5.2 一样, 假设有 H 个层, 设 $\widehat{t}_{hj}$ 是第 h 层初级组群 j 的总量 t_{hj} 的一个无偏估计, 其中 $h = 1, \cdots, H, j = 1, \cdots, K_h$. 对完全数据 S, 我们可以用 $\widehat{\theta} = \theta(\widehat{t})$ 来估计 θ, 其中

$$\widehat{t} = \widehat{t}(S) = \sum_{h=1}^{H} \sum_{j=1}^{k_h} \frac{\widehat{t}_{hj}(S)}{\pi_{hj}} = \sum_{h=1}^{H} \widehat{t}_h(S),$$

这里求和是对 H 个层以及每层内的 k_h 个被选单元进行的, π_{hj} 是第 h 层中初级组群 hj 的选择概率, $\widehat{t}_h$ 是第 h 层总量向量的估计. 在没有缺失时, 为了应用刀切法, 用 $\widehat{t}^{(\backslash hj)}$ 表示删去初级组群 hj 得到的 T 的估计量, 即

$$\widehat{t}^{(\backslash hj)} = \sum_{h' \neq h}^{H} \widehat{t}_{h'} + \widehat{t}_h^{(\backslash hj)},$$

其中

$$\widehat{t}_{h'} = \sum_{j'=1}^{k_{h'}} \frac{\widehat{t}_{h'j'}}{\pi_{h'j'}}, \quad \widehat{t}_h^{(\backslash hj)} = \sum_{j' \neq j}^{k_h} \left(\frac{k_h}{k_h - 1} \right) \frac{\widehat{t}_{hj'}}{\pi_{hj'}},$$

上式中第 h 层初级组群 hj 以外的其他初级组群被乘上 $k_h/(k_h - 1)$, 以作为舍弃一个初级群组的补偿. $\widehat{\theta} = \theta(\widehat{t})$ 的抽样方差的刀切估计为

$$\widehat{V}_{\text{jack}} = \sum_{h=1}^{H} \frac{k_h - 1}{k_h} \sum_{j=1}^{k_h} (\widehat{\theta}^{(\backslash hj)} - \widehat{\theta})^2, \tag{5.14}$$

其中

$$\widehat{\theta}^{(\backslash hj)} = \theta(\widehat{t}^{(\backslash hj)}) \tag{5.15}$$

是对应的 θ 的刀切估计. 对于标量 T 和 $\theta(T) = T$ 的线性估计量, 式 (5.14) 退化为之前的估计量 (5.4).

现在假设存在缺失值, 它们用某填补方法 Imp 进行填充. T 的估计量变成

$$\widehat{t}(\widehat{S}) = \sum_{h=1}^{H} \sum_{j=1}^{k_h} \frac{\widehat{t}_{hj}(\widehat{S})}{\pi_{hj}} = \sum_{h=1}^{H} \widehat{t}_h(\widehat{S}),$$

其中 $\widehat{S} = \widehat{S}(\text{Imp})$ 表示填充后的数据集. 和前面一样, 我们假设 Imp 能使 $\widehat{t}(\widehat{S})$ 是 T 的相合估计. 于是刀切法可用于估计抽样方差, 步骤如下.

对 $h = 1, \cdots, H, j = 1, \cdots, k_h$:

(a) 从 S 删除初级组群 hj, 得到删除后的样本 $S^{(\backslash hj)}$.

(b) 通过某种填补程序 Imp 填充 $S^{(\backslash hj)}$ 中的缺失数据, 得到 $\widehat{S}^{(\backslash hj)} = I(S^{(\backslash hj)})$.

(c) 从填充数据 $\widehat{S}^{(\backslash hj)}$ 计算 $\widehat{t}^{\,(\backslash hj)}$, 即

$$\widehat{t}^{\,(\backslash hj)} = \sum_{h' \neq h}^{H} \widehat{t}_{h'}(\widehat{S}^{(\backslash hj)}) + \widehat{t}_h^{\,(\backslash hj)}(\widehat{S}^{(\backslash hj)}), \tag{5.16}$$

其中

$$\widehat{t}_{h'} = \sum_{j'=1}^{k_{h'}} \frac{\widehat{t}_{h'j'}(\widehat{S}^{(\backslash hj)})}{\pi_{h'j'}}, \ \widehat{t}_h^{\,(\backslash hj)} = \sum_{j' \neq j}^{k_h} \left(\frac{k_h}{k_h - 1} \right) \frac{\widehat{t}_{hj'}(\widehat{S}^{(\backslash hj)})}{\pi_{hj'}}.$$

(d) 用式 (5.14) 和 (5.15) 估计 $\widehat{t}(\widehat{S})$ 的抽样方差.

式 (5.16) 中有一些烦琐的记号, 其作用是为了强调对每一刀切样本填补数据集改变了的特征. 事实上, 与完全数据的情形不一样, 当初级组群 hj 被移除后, h 以外的其他层中总量的估计会受到潜在的影响, 因为那些层中的填补可能由于供体池的删减而受到影响. Rao 和 Shao (1992)、Shao (2002) 以及 Fay (1996) 提供了当初级组群被刀切法移除时调整简单填补方法所需的公式.

5.4 多重填补简介

多重填补指用 $D \geqslant 2$ 个填补值向量代替缺失值的程序. D 个值是有顺序的, 可以从填补值向量中创建 D 个完全数据集; 用其填补值向量中的第一个分量替换每个缺失的值, 创建第一个完全数据集, 用其向量中的第二个分量替换每个缺失的值, 创建第二个完全数据集, 以此类推. 用标准的完全数据方法分析每个完全数据集. 如果这 D 组填补是从特定缺失机制模型下缺失值的预测分布中重复随机抽取的, 可以把这 D 个完全数据的推断组合成一个推断, 正确地反映该模型下缺失引起的不确定性. 当填补来自两个或多个缺失机制模型时, 可以对比各模型下的推断集, 以显示推断对缺失机制模型的敏感性, 这在非随机缺失假定下是一项特别关键的工作.

多重填补由 Rubin (1978b) 首先提出, 在 Rubin (1987a) 中给出了一个综合处理, 额外的附录材料收录于 Rubin (2004). 其他参考文献包括 Herzog 和

Rubin (1983)、Rubin (1986, 1996)、Rubin 和 Schenker (1986), 还有一些近期的教科书如 van Buuren (2012)、Carpenter 和 Kenward (2014). 该方法有潜力在多种场景中应用. 在复杂调查中, 这种方法似乎特别有前途, 因为在存在缺失的情况下, 很难对其进行修正, 以应用标准完全数据分析. 这里, 我们对多重填补进行简单的概述, 并说明其用途.

如第 4 章所述, 对缺失值进行填补的做法非常普遍. 单一填补的实际优势在于可以使用标准的完全数据分析方法. 在数据收集者 (如人口普查局) 和数据分析者 (如大学社会科学家) 是不同个体等诸多情况下, 填补也具有优势, 数据收集者可能比数据分析者获得更多、更好的关于不响应者的信息. 例如, 在某些情况下, 受保密限制保护的信息 (如住宅单元的邮政编码) 可能只提供给数据收集者, 并可用于帮助计算缺失值 (如年收入). 单一填补的明显缺点是, 填补一个值就把这个值当作已知值, 因此, 如果不进行特殊调整, 单一填补不能反映特定缺失性模型下的抽样变异性, 也不能反映关于正确缺失性模型的不确定性.

多重填补既拥有单一填补的优点, 又纠正了它的缺点. 具体来说, 若 D 个填补是在某个缺失性模型下重复进行的, 所产生的 D 个完全数据分析可以很容易地结合起来, 以创建一个有效的推断, 能够反映由该模型下的缺失值引起的抽样变异性. 当多重填补来自一个以上的模型时, 通过各模型间的有效推断的变化来显示关于正确模型的不确定性. 与单一填补相比, 多重填补的唯一缺点是需要更多的工作来创建填补和分析结果, 并且需要更多的数据存储. 尽管如此, 在今天的计算环境中, 额外的存储需求往往是微不足道的, 而且分析数据的工作是相当小的, 因为它基本上是执行相同的任务, 只不过是从 1 次变成了 D 次.

理想的情况下, 应按照以下规则进行多次填补. 对于每个被考虑的模型, 缺失值 $Y_{(1)}$ 的 D 次填补是从 $Y_{(1)}$ 的后验预测分布中反复抽取 D 次得到的, 每次重复对应于参数和缺失值的一次独立抽样. 这里的 "后验预测" 表示, 在预测缺失值时以观测数据 $Y_{(0)}$ 为条件. 在实践中, 经常使用非精确模型来替代精确模型. Herzog 和 Rubin (1983) 介绍了这两类模型, 它们创造重复填补的方式分别为: (1) 使用一个精确回归模型, (2) 使用一个非精确模型, 这是前文介绍的人口普查局热卡方法的一个修正.

对多重填补数据集的分析是比较直接的. 首先, 使用同一种完全数据方法分析每个填补数据集, 这里的完全数据分析方法跟不存在不响应时的分析方法一样. 用同一个模型重复对 D 个填补数据集做 D 次分析, 设 $\hat{\theta}_d$ 和 W_d

$(d = 1, \cdots, D)$ 分别是 D 个完全数据对标量 θ 的估计和它们的抽样方差. 结合到一起的估计为

$$\overline{\theta}_D = \frac{1}{D} \sum_{d=1}^{D} \widehat{\theta}_d. \tag{5.17}$$

因为多重填补中的填补是条件抽取而不是条件均值, 所以在一个好的填补模型下, 它们能为一类广泛的待估量提供合理有效的估计, 这在第 4.3 节和第 4.4 节讨论过. 进一步地, 与通过条件抽取填补获得的单一数据集相比, 式 (5.17) 对 D 个填补数据集做了平均, 提升了估计效率.

估计量 (5.17) 的变异性包含两个部分: 一个是平均的填补内方差

$$\overline{W}_D = \frac{1}{D} \sum_{d=1}^{D} W_d, \tag{5.18}$$

另一个是填补间的部分

$$B_D = \frac{1}{D-1} \sum_{d=1}^{D} (\widehat{\theta}_d - \overline{\theta}_D)^2. \tag{5.19}$$

对于行向量 θ, 式 (5.17) 和 (5.18) 保持不变, 式 (5.19) 中的平方运算 $(\cdot)^2$ 变成向量乘法运算 $(\cdot)^{\mathsf{T}}(\cdot)$. $\overline{\theta}_D$ 的总变异性是

$$T_D = \overline{W}_D + \frac{D+1}{D} B_D, \tag{5.20}$$

其中 $(1 + 1/D)$ 是用 $\overline{\theta}_D$ 估计 θ 进行的有限调整. 因此,

$$\widehat{\gamma}_D = (1 + 1/D) B_D / T_D \tag{5.21}$$

是不响应导致的关于 θ 的信息缺失的比例估计. 对于足够大的样本量以及标量 θ, 区间估计和显著性检验的参考分布是一个 t 分布,

$$(\theta - \overline{\theta}_D) T_D^{-1/2} \sim t_\nu, \tag{5.22}$$

其自由度

$$\nu = (D-1) \left(1 + \frac{1}{D+1} \frac{\overline{W}_D}{B_D} \right)^2 \tag{5.23}$$

基于 Satterthwaite 近似 (Rubin 和 Schenker 1986; Rubin 2004). 对于小样本数据集, 自由度的一个改进表达是

$$\nu^* = \left(\nu^{-1} + \widehat{\nu}_{\mathrm{obs}}^{-1} \right)^{-1}, \tag{5.24}$$

其中

$$\widehat{\nu}_{\mathrm{obs}} = (1 - \widehat{\gamma}_D) \left(\frac{\nu_{\mathrm{com}} + 1}{\nu_{\mathrm{com}} + 3} \right) \nu_{\mathrm{com}},$$

ν_{com} 是没有缺失值时 θ 的近似或精确 t 参考分布自由度 (Barnard 和 Rubin 1999). 第 10 章将进一步考察这些表达式的理论基础.

对于有 K 个分量的 θ, 利用 D 个重复生成的完全数据集估计 $\widehat{\theta}_d$ 及方差–协方差矩阵 W_d, 关于 θ 为零的显著性水平可通过使用式 (5.17)–(5.20) 的多元类似版本得到. 稍不精确的 p 值可从 D 个重复生成的完全数据集的显著性水平直接得到, 第 10 章会提供细节.

虽然多重填补最直接的动机是从贝叶斯的角度出发的, 但可以证明其结果的推论也具有良好的抽样特性. 例如, Rubin 和 Schenker (1986) 表明, 在许多情况下, 即使有多达 30% 的信息缺失, 仅使用两个填补值创建的区间估计提供的随机化覆盖率也能接近其名义水平.

例 5.8　分层随机样本的多重填补.

多重填补的主要优势在于处理具有一般缺失数据模式的多元数据等比较复杂的情况, 但为了说明该方法的基本原理, 这里我们考虑一个比较简单的情形, 从分层随机样本中推断出总体平均值 $\bar{Y}$. 假设总体包含 H 个层, 用 N_h 表示第 h 层总体的数量, 有 $N = \sum_{h=1}^{H} N_h$. 假设从每一层选取包含 n_h 个单元的简单随机样本, 令 $n = \sum_{h=1}^{H} n_h$. 对于完全数据, 通常用分层平均值

$$\bar{y}_{\mathrm{Strat}} = \sum_{h=1}^{H} P_h \bar{y}_h$$

来估计 $\bar{Y}$, 其中 $\bar{y}_h$ 是第 h 层内的样本均值, $P_h = N_h/N$ 是第 h 层所占的总体比例. $\bar{y}_{\mathrm{Strat}}$ 的抽样方差为

$$\mathrm{Var}(\bar{y}_{\mathrm{Strat}}) = \sum_{h=1}^{H} P_h^2 \left(1 - \frac{n_h}{N_h} \right) \frac{s_h^2}{n_h}, \tag{5.25}$$

其中 s_h^2 是第 h 层内的样本方差.

现在假设第 h 层的 n_h 个单元中只有 r_h 个有响应, 总共有 $\sum_{h=1}^{H}(n_h - r_h)$ 个不响应单元. 利用多重填补, 每个不响应单元都有 D 次填补, 于是产生了 D 个完全数据集, 有 D 个分层均值和方差, 即 $\bar{y}_{h(d)}$ 和 $s_{h(d)}^2$, $d = 1, \cdots, D$. $\bar{Y}$ 的多重填补估计 (5.17) 是 $\bar{Y}$ 的 D 个完全数据估计的平均:

$$\widehat{\bar{Y}}_{\mathrm{MI}} = \frac{1}{D} \sum_{d=1}^{D} \left(\sum_{h=1}^{H} P_h \bar{y}_{h(d)} \right). \tag{5.26}$$

从式 (5.18) – (5.20), 与 $\widehat{Y}_{\mathrm{MI}}$ 相关的抽样变异性是两部分的和, 即

$$
T_D = \frac{1}{D} \sum_{d=1}^{D} \sum_{h=1}^{H} P_h^2 \left(1 - \frac{n_h}{N_h} \right) \frac{s_{h(d)}^2}{n_h} + \frac{D+1}{D} \frac{1}{D-1} \sum_{d=1}^{D} \left(\sum_{h=1}^{H} P_h \bar{y}_{h(d)} - \widehat{Y}_{\mathrm{MI}} \right)^2.
$$

$$(5.27)$$

从式 (5.21) 和 (5.22), 对 Y 的最终推断基于 $(\bar{Y} - \widehat{Y}_{\mathrm{MI}})$ 服从中心为 0、平方尺度由 (5.27) 给出、大样本自由度由 (5.23) 给出或小样本自由度由 (5.24) 给出的 t 分布.

如果每一层内的缺失机制是完全随机缺失, 填补不是必需的, $\bar{Y}$ 的最佳估计 (在没有额外的协变量信息时) 是分层响应均值

$$
\widehat{Y}_{\mathrm{Strat}} = \sum_{h=1}^{H} P_h \bar{y}_{hR},
$$

$$(5.28)$$

其抽样方差为

$$
\mathrm{Var}(\widehat{Y}_{\mathrm{Strat}}) = \sum_{h=1}^{H} P_h^2 \left(1 - \frac{r_h}{N_h} \right) \frac{s_{hR}^2}{r_h},
$$

$$(5.29)$$

其中 $\bar{y}_{hR}$ 和 s_{hR}^2 分别是第 h 层内的响应均值和方差. 在没有附加信息的情况下, 多重填补方法的一个理想特性是, 当 D 趋于无穷大时, 它能重建这个估计及其方差. 因为多重填补是从一个预测分布中抽取的, 为了创建填补值, 一个直观的方法是热卡, 即从同一层中的响应值中抽出一些作为不响应者的值. Rubin (1979) 以及 Herzog 和 Rubin (1983) 中的讨论可以用来说明, 对于这种填补方法, 当 $D \to \infty$ 时有 $\widehat{Y}_{\mathrm{MI}} \to \widehat{Y}_{\mathrm{Strat}}$, 所以当填补数趋于无穷时多重填补能产生合理的估计. 然而, 即使是对无限的 D, 由式 (5.27) 给出的多重填补方差也比分层响应均值 (5.29) 的抽样方差要小. 这一问题的根源是, 使用热卡的多重填补抽取不能反映层参数的不确定性. 对热卡的简单修正确实能反映这一不确定性, 这时对于大的 D, 多重填补不仅能产生事后分层估计量, 而且能得到正确的抽样方差.

考虑一个基于非精确模型的方法, Rubin 和 Schenker (1986) 称其为近似贝叶斯自采样法. 对 $d = 1, \cdots, D$, 独立地执行下列步骤: 首先, 对每一层 h, 从该层已观测的 r_h 个 Y 值中通过有放回随机抽样抽取 m_h 个值, 作为 Y 的 m_h 个可能值; 然后, 从这 m_h 个值中通过有放回随机抽样抽取 Y 的 m_h 个缺失值. Rubin 和 Schenker (1986) 或 Rubin (2004) 中的结果能用来说明这一

方法对大的 D 是合理的, 它能产生分层响应均值 (5.28) 及其正确的抽样方差 (5.29). 另一种能产生合理估计量 (5.28) 及抽样方差 (5.29) 的多重填补方法是, 假设每一层内的 Y 值服从均值为 μ_h、方差为 σ_h^2 的正态分布, 给 $(\mu_h, \log \sigma_h)$ 设置均匀先验, 用贝叶斯预测分布进行填补. 这一程序的详细论述将推迟到第 10 章.

5.5　重抽样方法和多重填补的比较

第 5.3 节介绍的重抽样方法和第 5.4 节介绍的多重填补方法是传递填补不确定性的通用工具. 这些方法的相对优点一直是某些议论的主题, 例如 Rubin (1996)、Fay (1996)、Rao (1996) 及相关的讨论. 在本章的最后, 我们就这一问题发表一些一般性意见.

1. 这些方法都不是 “无模型” 的, 因为它们都对缺失值的预测分布做了假设, 以便根据填入的数据产生对总体待估量 (参数) 的相合估计.

2. 在适用渐近理论的大样本条件下, 重抽样方法可以在最小的建模假设下得到相合的抽样方差估计, 而多重填补对抽样方差的估计往往与数据的特定模型和缺失机制有更密切的联系. 因此, 在模型很好的情况下, 多重填补标准误差可能更适合于特定的数据集, 而重抽样标准误差更具有通用性 (或较少受观测数据特征的限制), 并潜在地更不容易受到模型错误设定的影响. 第 6 章将进一步讨论模型设定错误时的标准误差问题.

3. 重抽样方法是基于大样本理论的, 其在小样本中的特性是值得怀疑的. 多重填补的基础理论是贝叶斯理论, 在小样本下也能提供有用的推断.

4. 出于基于模型的贝叶斯分析的固有缺陷, 一些调查抽样者往往对多重填补持怀疑态度, 他们倾向于采取重复使用样本的方法, 因为这些方法是在较少的参数模型假设下得出的. 这个问题可能更像是完全数据分析范式的问题, 而不是处理填补不确定性的方法的问题. 相对简单的已知协变量的回归模型和比值估计模型可以构成多重填补方法的基础, 反之, 对于比较复杂的参数模型, 可以计算重抽样标准误差. 从频率学派的角度看, 评估这些方法相对优劣的正确方法是比较它们在现实环境中的重复抽样的操作特征, 而不是理论上的病因.

5. 一些调查抽样者对多重填补在展现填补不确定性时纳入样本设计特征的能力提出了质疑 (比如 Fay 1996). 然而, 填补模型可以通过把分层指标作为协变量来结合分层, 并通过包含随机聚类效应的多层次模型进行聚类. 完全数据推断可以基于设计来纳入这些特征, 也可以基于考虑到这些特征的模型 (Skinner 等 1989).

6. 对于多用户数据库的构建, 多重填补比重抽样方法更有用, 因为具有相对较小的多重填补集 (例如 10 个或更少) 的数据集就可以允许用户使用完全数据方法对一类广泛的待估量进行有效推断, 只要多重填补基于可靠的数据模型 (例如 Ezzati-Rice 等 1995). 相比之下, 重抽样方法需要 200 个或更多不同的填补数据集, 根据每个重抽样数据集进行填补, 把这一大组重抽样和填补数据集传输给用户可能不太实际. 因此, 在实践中, 用户需要软件对每次的复制样本执行重抽样填补方案.

问题

5.1 在问题 1.6 中, 生成 100 个二元变量 (Y_1, Y_2) 的正态单元 $\{(y_{i1}, y_{i2}), i = 1, \cdots, 100\}$ 如下:

$$y_{i1} = 1 + z_{i1},$$
$$y_{i2} = 5 + 2z_{i1} + z_{i2},$$

其中 $\{(z_{i1}, z_{i2}), i = 1, \cdots, 100\}$ 是独立的标准正态 (均值为 0、方差为 1) 随机变量. 于是单元 (y_{i1}, y_{i2}) 构成了均值为 $(1, 5)$、方差为 $(1, 5)$、相关系数为 $2/\sqrt{5} = 0.89$ 的二元正态样本. 计算并比较用自采样法、刀切法以及分析公式计算的下列估计量的标准误差: (a) Y_2 的均值, (b) Y_2 的变异系数. 这里分析公式对 (a) 是精确的, 对 (b) 是大样本近似的.

5.2 对于问题 5.1 中的数据, 生成 Y_2 的缺失值: 生成一个隐变量 U, 它取值为

$$u_i = 2(y_{i1} - 1) + z_{i3},$$

其中 z_{i3} 是一个标准正态随机变量, 如果 $u_i < 0$ 则令 y_{i2} 缺失. 这一机制是随机缺失, 因为 U 只依赖于 Y_1 而不依赖于 Y_2. 由于 U 的均值是 0, 所以有大约一半的 Y_2 值缺失了. 基于完全单元用 Y_2 对 Y_1 进行线性回归, 用回归的条件均值填补 Y_2 的缺失值. 用自采样法和刀切法 (填补前和填补后都使用) 从填充数据计算 Y_2 均值和变异系数估计的标准误差; 也就是说, 对每一次不完全数据的复制, 填补全部的缺失值然后估计参数. 哪种方法产生的 90% 区间实际上有 90% 的次数覆盖了真实参数? 哪种方法在理论上有效, 即在大样本的情况下能产生正确的置信区间覆盖度?

5.3 对同样的观测数据重复问题 5.2, 但这里缺失值用条件抽取而不是条件均值来填补, 也就是在条件均值填补的基础上加上一个均值为 0、方差为估计的残差方差的正态偏移量.

5.4 对于问题 5.3 中的数据, 生成 10 个多重填补数据集, 这些填补数据集具有不同的参数条件抽取. 用问题 5.3 中的方法, 由式 (5.17)–(5.23) 计算 Y_2 的均值和变异系数的

90% 区间, 然后和只基于第一次填补的单一填补区间进行比较. 用式 (5.21) 估计每个参数缺失信息的比例.

5.5 如第 5.4 节讨论的, 问题 5.4 中的填补方法是不适当的, 因为它没有展现回归参数估计的不确定性. 使它变适当的一种途径是, 用完全案例的自采样样本对每个填补值集合计算回归参数. 利用这一修正重复问题 5.4, 比较得到的多重填补区间, 它们和问题 5.4 对应的区间有什么区别?

5.6 对 D 取 2、5、10、20 和 50 的多重填补, 重复问题 5.4 或 5.5, 并比较结果, D 的什么值能使推断稳定?

5.7 采用更精炼的自由度公式 (5.24) 进行多重填补的推断, 重复问题 5.4 或 5.5, 比较所得的 90% 名义水平区间和基于 (5.23) 的更简单区间.

5.8 对按照问题 5.2 那样重复产生的 500 个数据集, 应用问题 5.1–5.5 的方法, 比较估计量的偏倚和区间覆盖度. 根据你对这些方法的性质的了解, 解释这一结果.

5.9 考虑一个大小为 n 的简单随机样本, 其中有 r 个响应者, $m = n - r$ 个不响应者. 用 $\bar{y}_R$ 和 s_R^2 分别表示响应数据的样本均值和方差, 用 $\bar{y}_{NR}$ 和 s_{NR}^2 分别表示填补数据的样本均值和方差. 说明全部数据的均值 $\bar{y}_*$ 和方差 s_*^2 可以写成

$$\bar{y}_* = (r\bar{y}_R + m\bar{y}_{NR})/n$$

和

$$s_*^2 = [(r-1)s_R^2 + (m-1)s_{NR}^2 + rm(\bar{y}_R - \bar{y}_{NR})^2/n]/(n-1).$$

5.10 假设在问题 5.9 中, 填补是从 r 个响应值中有放回随机抽取的:

(a) 说明 $\bar{y}_*$ 是总体均值 $\bar{Y}$ 的无偏估计.

(b) 说明条件在观测数据上, $\bar{y}_*$ 的方差是 $ms_R^2(1 - r^{-1})/n^2$, s_*^2 的期望是 $s_R^2(1 - r^{-1})[1 + rn^{-1}(n-1)^{-1}]$.

(c) 说明条件在样本量 n 和 r (以及总体 Y 值) 上, $\bar{y}_*$ 的方差是 $\bar{y}_R$ 的方差乘上 $1 + (r-1)n^{-1}(1 - r/n)(1 - r/N)^{-1}$, 再说明它比 $U_* = s_*^2(n^{-1} - N^{-1})$ 的期望大.

(d) 假设 r 和 N/r 很大, 说明基于把 U_* 当作 $\bar{y}_*$ 的估计方差得到的 $\bar{Y}$ 的区间估计太短, 短一个因子 $(1 + nr^{-1} - rn^{-1})^{1/2}$. 注意两个原因: $n > r$, $\bar{y}_*$ 不如 $\bar{y}_R$ 有效. 列出真实覆盖率和真实显著性水平作为 r/n 和名义水平的函数.

5.11 假设用问题 5.10 的方法创建多重填补 D 次, 设 $\bar{y}_*^{(d)}$ 和 $U_*^{(d)}$ 分别是第 d 次填补数据集上 $\bar{y}_*$ 和 U_* 的值. 令 $\bar{\bar{y}}_* = \sum_{d=1}^{D} \bar{y}_*^{(d)}/D$, T_* 是 $\bar{\bar{y}}_*$ 的方差的多重填补估计, 即

$$T_* = \bar{U}_* + (1 + D^{-1})B_*,$$

$$\text{其中} \quad \bar{U}_* = \sum_{d=1}^{D} U_*^{(d)}/D, \quad B_* = \sum_{d=1}^{D} (\bar{y}_*^{(d)} - \bar{\bar{y}}_*)^2.$$

(a) 说明条件在数据上, B_* 的期望等于 $\bar{y}_*$ 的方差.

(b) 说明 $\bar{y}_*$ 的方差 (条件在 n、r 和总体 Y 值上) 是 $D^{-1}\operatorname{Var}(\bar{Y}_*)+(1-D^{-1})\operatorname{Var}(\bar{y}_\mathrm{R})$, 因而 $\bar{y}_*$ 比单一填补估计 $\bar{y}_*$ 更有效.

(c) 假设 r 和 N/r 足够大, 对不同的 D 值列出 $\bar{y}_*$ 对 $\bar{y}_\mathrm{R}$ 的相对有效性.

(d) 说明 $\bar{y}_*$ 的方差 (条件在 n、r 和总体 Y 值上) 比 T_* 的期望更大, 大了差不多 $s_\mathrm{R}^2(1-r/n)^2/r$.

(e) 假设 r 和 N/r 足够大, 列出多重填补推断的真实覆盖率和真实显著性水平. 与问题 10.3(d) 的结果比较.

5.12 考虑多重填补的推断:

(a) 修正问题 5.11 的多重填补方法, 使之对大的 r 和 N/r 能给出正确的推断. (提示: 比如在第 d 次多重填补数据集上加上 $s_\mathrm{R}r^{-1/2}z_d$, 其中 z_d 是标准正态误差量.)

(b) 基于 $\bar{y}_\mathrm{R}-\bar{Y}$ 的抽样变异性阐述 (a) 中修正的理由.

5.13 多重填补比直接用缺失值条件分布的均值填补好吗? 下列几条是理由吗?

(1) 多重填补从填充数据产生更有效的估计.

(2) 多重填补产生非线性于数据的量的相合估计.

(3) 如果填补模型正确, 多重填补允许从填充数据进行有效的推断.

(4) 多重填补产生对模型错误设定稳健的推断.

5.14 多重填补比从缺失值预测分布中条件抽取的单一填补好吗? 下列几条是理由吗?

(1) 多重填补从填充数据产生更有效的估计.

(2) 不像单一填补, 多重填补产生非线性于数据的量的相合估计.

(3) 如果填补模型正确, 多重填补允许从填充数据进行有效的推断.

(4) 多重填补产生对模型错误设定稳健的推断.

第二部分　用于缺失数据分析的基于似然的方法

第 6 章　基于似然函数的推断理论

6.1　完全数据基于似然的估计回顾

6.1.1　极大似然估计

在特别的模型假定下, 不完全数据的许多估计方法都可以基于似然函数来实现. 在本节中, 我们回顾基于似然函数的基本推断理论, 并介绍在不完全数据的设定下如何实现. 我们首先考虑完全数据集的极大似然和贝叶斯估计. 这里我们只给出基本结果, 省略数学细节, 更详细的材料可以参看 Cox 和 Hinkley (1974)、Gelman 等 (2013).

假设用 Y 表示数据, 根据上下文语境, Y 可以是标量、向量或矩阵值. 假设数据由一个概率或密度函数为 $p_Y(Y = y \mid \theta) = f_Y(y \mid \theta)$ 的模型生成, 这个函数包含一个标量或向量参数 θ, 我们仅知道 θ 属于一个参数空间 Ω_θ. θ 的自然参数空间是使 $f_Y(y \mid \theta)$ 是一个正常密度的 θ 值集合, 例如, 对均值来说是整个实数轴, 对方差来说是正实数轴, 对概率来说是从 0 到 1 的区间. 若无特殊说明, 我们都假定 θ 有自然参数空间. 给定模型和参数, $f_Y(y \mid \theta)$ 是 Y 的函数, 它给出取各种 Y 值的概率或密度.

定义 6.1　似然函数 $L_Y(\theta \mid y)$ 是正比于 $f_Y(y \mid \theta)$ 的任何关于 $\theta \in \Omega_\theta$ 的函数; 按定义, 对任何固定的观测 y, 对 $\theta \notin \Omega_\theta$ 有 $L_Y(\theta \mid y) = 0$.

需要注意, 似然函数 (或简称似然) 是对固定数据 y 的关于 θ 的函数, 而概率或密度 $f_Y(y \mid \theta)$ 是对固定 θ 的关于 y 的函数. 在这两种情形下, 函数的自变量都写在前面. 说 "这个" 似然函数可能不是太准确, 因为它实际上包含一个函数集合, 这些函数之间相差一个不依赖于 θ 的因子.

定义 6.2 **对数似然函数** $\ell_Y(\theta \mid y)$ 是似然函数 $L_Y(\theta \mid y)$ 的自然对数 (ln).

在许多问题中, 对数似然用起来比似然更方便.

例 6.1 **一元正态样本.**

来自均值为 μ、方差为 σ^2 的正态总体的 n 个独立同分布单元 $y = (y_1, \cdots, y_n)^{\mathrm{T}}$ 的联合分布为

$$f_Y(y \mid \mu, \sigma^2) = (2\pi\sigma^2)^{-n/2} \exp\left\{ -\frac{1}{2} \sum_{i=1}^{n} \frac{(y_i - \mu)^2}{\sigma^2} \right\},$$

对数似然函数是

$$\ell_Y(\mu, \sigma^2 \mid y) = \ln[f_Y(y \mid \mu, \sigma^2)],$$

或忽略可加常数,

$$\ell_Y(\mu, \sigma^2 \mid y) = -\frac{n}{2} \ln \sigma^2 - \frac{1}{2} \sum_{i=1}^{n} \frac{(y_i - \mu)^2}{\sigma^2}, \tag{6.1}$$

对固定的观测数据 y, 它是 $\theta = (\mu, \sigma^2)$ 的函数.

例 6.2 **指数样本.**

来自均值为 $\theta > 0$ 的指数分布总体的 n 个独立同分布单元的联合分布为

$$f_Y(y \mid \theta) = \theta^{-n} \exp\left\{ -\sum_{i=1}^{n} \frac{y_i}{\theta} \right\},$$

因此, 给定数据 y, θ 的对数似然是

$$\ell_Y(\theta \mid y) = \ln\left\{ \theta^{-n} \exp\left(-\sum_{i=1}^{n} \frac{y_i}{\theta} \right) \right\} = -n \ln \theta - \sum_{i=1}^{n} \frac{y_i}{\theta}, \tag{6.2}$$

对固定的观测数据 y, 它是 θ 的函数.

例 6.3 **多项样本.**

假设 $y = (y_1, \cdots, y_n)^{\mathrm{T}}$, 其中 y_i 是分类型的, 取 C 个可能值 $c = 1, \cdots, C$ 中的一个. 设 n_c 是 $y_i = c$ 的单元数, 有 $\sum_{c=1}^{C} n_c = n$. 条件在 n 上, 计数 $(n_1, \cdots, n_C)$ 具有多项分布, 指标量为 n, 概率为 $\theta = (\pi_1, \cdots, \pi_{C-1})$ 且 $\pi_C = 1 - \pi_1 - \cdots - \pi_{C-1}$. 于是

$$f_Y(y \mid \theta) = \frac{n!}{n_1! \cdots n_C!} \left(\prod_{c=1}^{C-1} \pi_c^{n_c} \right) (1 - \pi_1 - \cdots - \pi_{C-1})^{n_C},$$

给定观测计数 $\{n_c\}$, θ 的对数似然是

$$\ell_Y(\theta \mid y) = \sum_{c=1}^{C-1} n_c \ln \pi_c + n_C \ln(1 - \pi_1 - \cdots - \pi_{C-1}). \qquad (6.3)$$

一个重要的特例是二项分布, 即 $C = 2$ 时的情形.

例 6.4 多元正态样本.

设 $y = (y_{ij})$ 是由 n 个独立同分布单元组成的一个矩阵, 其中 $i = 1, \cdots, n$, $j = 1, \cdots, K$, 每个单元来自均值向量为 $\mu = (\mu_1, \cdots, \mu_K)$、协方差矩阵为 $\Sigma = \{\sigma_{jk}, j = 1, \cdots, K; k = 1, \cdots, K\}$ 的多元正态分布. 因此, y_{ij} 代表着样本中第 i 个单元的第 j 个变量值. y 的密度为

$$f_Y(y \mid \mu, \Sigma) = (2\pi)^{-nK/2} |\Sigma|^{-n/2} \exp\left\{ -\frac{1}{2} \sum_{i=1}^{n} (y_i - \mu) \Sigma^{-1} (y_i - \mu)^{\mathrm{T}} \right\}, \quad (6.4)$$

其中 $|\Sigma|$ 表示 Σ 的行列式, 上角标 "T" 表示矩阵或向量的转置, y_i 表示第 i 个单元观测值的行向量. 把式 (6.4) 当作固定观测值 y 时关于 (μ, Σ) 的函数, 就得到了 $\theta = (\mu, \Sigma)$ 的似然函数. 这里以及其他地方为了简便, 我们记 $\theta = (\mu, \Sigma)$, 但要注意 μ 是向量, Σ 是矩阵.

$\theta = (\mu, \Sigma)$ 的对数似然是

$$\ell_Y(\mu, \Sigma \mid y) = -\frac{n}{2} \ln |\Sigma| - \frac{1}{2} \sum_{i=1}^{n} (y_i - \mu) \Sigma^{-1} (y_i - \mu)^{\mathrm{T}}.$$

通过最大化似然函数, 找到最有可能生成观测数据 y 的 θ 值, 是基于模型的对 θ 进行推断的基本工具. 假设对于固定的数据 y, θ 有两个待考虑的可能值: θ' 和 θ''. 进一步假设 $L_Y(\theta' \mid y) = 2L_Y(\theta'' \mid y)$, 于是可以合理地断言, 在 $\theta = \theta'$ 下出现观测结果 y 的可能性是在 $\theta = \theta''$ 下出现观测结果 y 的可能性的两倍. 更一般地, 考虑 θ 的一个值 $\widehat{\theta}$, 使得对任何其他可能的 θ 都有 $L_Y(\widehat{\theta} \mid y) \geqslant L_Y(\theta \mid y)$, 于是在 $\theta = \widehat{\theta}$ 下观测到结果 y 的可能性比在其他的 θ 值下更大. 在某种程度上讲, 这一 θ 的值是最能被数据支持的参数值. 于是, 这一观点把兴趣引到最大化似然函数的 θ 值.

定义 6.3 θ 的**极大似然** (ML) **估计**是 $\theta \in \Omega_\theta$ 的一个值, 它最大化似然 $L_Y(\theta \mid y)$, 或等价地, 最大化对数似然 $\ell_Y(\theta \mid y)$.

这一定义的措辞允许存在多个极大似然估计的可能性. 然而, 对于很多标准的重要模型和数据集, 极大似然估计是唯一的. 如果似然函数可微且有上界,

通常极大似然估计可以通过让似然 (或对数似然) 函数对 θ 的微分等于零来求解方程得到. 方程

$$D_\ell(\theta) = 0, \ \ 其中 \ D_\ell(\theta) = \partial \ell_Y(\theta \mid y)/\partial\theta$$

被称作似然方程, 对数似然的导数 $D_\ell(\theta)$ 被称作得分方程. 设 d 是 θ 的分量个数, 则似然方程是一组同时包含 d 个方程的集合, 由 $\ell_Y(\theta \mid y)$ 对 θ 的所有 d 个分量求微分定义.

例 6.5　指数样本 (例 6.2 续).

指数分布样本的对数似然由式 (6.2) 给出. 对 θ 求微分, 得到似然方程

$$-\frac{n}{\theta} + \sum_{i=1}^{n} \frac{y_i}{\theta^2} = 0.$$

解出 θ, 得到极大似然估计 $\widehat{\theta} = \bar{y} = \sum_{i=1}^{n} y_i/n$, 即样本均值.

例 6.6　多项样本 (例 6.3 续).

多项分布样本的对数似然由式 (6.3) 给出. 对 π_c 求微分, 得到似然方程

$$\frac{\partial \ell_Y(\theta \mid y)}{\partial \pi_c} = \frac{n_c}{\pi_c} - \frac{n_C}{1 - \pi_1 - \cdots - \pi_{C-1}} = 0.$$

显然, 对所有的 c, 极大似然估计 $\widehat{\pi}_c \propto n_c$. 因此, $\widehat{\pi}_c = n_c/n$, 即类别 c 的样本比例.

例 6.7　一元正态样本 (例 6.1 续).

从式 (6.1), 包含 n 个单元的正态样本的对数似然是

$$\ell_Y(\mu, \Sigma \mid y) = -\frac{n}{2} \ln \sigma^2 - \frac{1}{2\sigma^2} \sum_{i=1}^{n} (y_i - \mu)^2$$

$$= -\frac{n}{2} \ln \sigma^2 - \frac{n(\bar{y} - \mu)^2}{2\sigma^2} - \frac{(n-1)s^2}{2\sigma^2},$$

其中 $\bar{y} = \sum_{i=1}^{n} y_i/n$, $s^2 = \sum_{i=1}^{n}(y_i - \bar{y})^2/(n-1)$ 是样本方差. 对 μ 求微分, 令其在 $\mu = \widehat{\mu}$ 和 $\sigma^2 = \widehat{\sigma}^2$ 处等于 0, 得到 $(\bar{y} - \widehat{\mu})^2/\widehat{\sigma}^2 = 0$, 这意味着 $\widehat{\mu} = \bar{y}$. 对 σ^2 求微分, 令其在 $\mu = \widehat{\mu}$ 和 $\sigma^2 = \widehat{\sigma}^2$ 处等于 0, 得到

$$-\frac{n}{2\widehat{\sigma}^2} + \frac{n(\bar{y} - \widehat{\mu})^2}{2\widehat{\sigma}^4} + \frac{(n-1)s^2}{2\widehat{\sigma}^4} = 0,$$

因为 $\widehat{\mu} = \bar{y}$, 所以上式意味着 $\widehat{\sigma}^2 = (n-1)s^2/n$, 即样本方差用 n 而不是 $n-1$ 作为除数, 也就是不修正估计均值导致的 1 个自由度的损失. 于是, 我们得到极大似然估计

$$\widehat{\mu} = \bar{y}, \ \ \widehat{\sigma}^2 = (n-1)s^2/n.$$

例 6.8 多元正态样本 (例 6.4 续).

多元分析中的标准计算 (参看 Wilks 1963; Rao 1972; Anderson 1965; Gelman 等 2013) 表明, 对 μ 和 Σ 最大化式 (6.4) 得到

$$\widehat{\mu} = \bar{y}, \quad \widehat{\Sigma} = (n-1)S/n,$$

其中 $\bar{y} = (\bar{y}_1, \cdots, \bar{y}_K)$ 是样本均值的行向量, $S = (s_{jk})$ 是 $K \times K$ 样本协方差矩阵, 它的 (j, k) 元是 $s_{jk} = \sum_{i=1}^n (y_{ij} - \bar{y}_j)(y_{ik} - \bar{y}_k)/(n-1)$.

极大似然估计的下述性质在很多问题中很有用.

性质 6.1 设 $g(\theta)$ 是参数 θ 的函数. 如果 $\widehat{\theta}$ 是 θ 的极大似然估计, 则 $g(\widehat{\theta})$ 是 $g(\theta)$ 的极大似然估计.

如果 $g(\theta)$ 是 θ 的一一函数, 注意到 $\phi = g(\theta)$ 的似然函数是 $L_Y(g^{-1}(\phi) \mid y)$, 它在 $\phi = g(\widehat{\theta})$ 处达到最大, 因此很容易得到性质 6.1. 如果 $g(\theta)$ 不是 θ 的一一函数 (比如 θ 的第一个分量), 定义 θ 的一个新的一一函数, 如 $g^*(\theta) = (g(\theta), h(\theta))$, 然后对 g^* 应用前面的论断, 就能得到性质 6.1.

例 6.9 从二元正态样本推导条件分布.

数据包含 n 个独立同分布单元 (y_{i1}, y_{i2}), $i = 1, \cdots, n$, 它们来自均值为 (μ_1, μ_2)、协方差矩阵为

$$\Sigma = \begin{bmatrix} \sigma_{11} & \sigma_{12} \\ \sigma_{12} & \sigma_{22} \end{bmatrix}$$

的二元正态分布. 如例 6.8 所述, 极大似然估计是

$$\widehat{\mu}_j = \bar{y}_j, \quad j = 1, 2,$$
$$\widehat{\sigma}_{jk} = (n-1)s_{jk}/n, \quad j, k = 1, 2,$$

其中 $\bar{y}_1$ 和 $\bar{y}_2$ 是样本均值, $S = (s_{jk})$ 是样本协方差矩阵. 根据二元正态分布的性质 (如 Stuart 和 Ord 1994, 第 7.22 节), 给定 y_{i1} 条件下 y_{i2} 的条件分布是均值为 $\mu_2 + \beta_{21 \cdot 1}(y_{i1} - \mu_1)$、方差为 $\sigma_{22 \cdot 1}$ 的正态分布, 其中

$$\beta_{21 \cdot 1} = \sigma_{12}/\sigma_{11}, \quad \sigma_{22 \cdot 1} = \sigma_{22} - \sigma_{12}^2/\sigma_{11}$$

分别是 Y_2 对 Y_1 回归的斜率和残差方差. 根据性质 6.1, 这两个量的极大似然估计分别是

$$\widehat{\beta}_{21 \cdot 1} = \widehat{\sigma}_{12}/\widehat{\sigma}_{11} = s_{12}/s_{11},$$

即斜率的最小二乘估计, 以及

$$\widehat{\sigma}_{22 \cdot 1} = \widehat{\sigma}_{22} - \widehat{\sigma}_{12}^2/\widehat{\sigma}_{11} = \text{RSS}/n,$$

其中 $\mathrm{RSS} = \sum_{i=1}^{n}\{y_{i2} - \bar{y}_2 - \widehat{\beta}_{21\cdot1}(y_{i1} - \bar{y}_1)\}^2$ 是基于 n 个抽样单元的回归残差平方和.

$\beta_{21\cdot1}$ 和 $\sigma_{22\cdot1}$ 的极大似然估计也能从给定 Y_1 条件下 Y_2 的条件分布的似然直接得出. 正态线性回归模型的极大似然估计与最小二乘的关系适用于更一般的场合, 也就是下一个例子所讨论的.

例 6.10 多元线性回归, 不加权的和加权的.

数据包含 n 个单元 $(y_i, x_{i1}, \cdots, x_{ip})$, $i = 1, \cdots, n$, 即一个结果变量 Y 和 p 个自变量 $X = (X_1, \cdots, X_p)$. 假设给定 n 个 $x_i = (x_{i1}, \cdots, x_{ip})$ 的值, y_i 是独立正态随机变量, 均值为 $\beta_0 + \sum_{j=1}^{p} \beta_j x_{ij}$, 共同的方差为 σ^2. 记 $\beta = (\beta_0, \beta_1, \cdots, \beta_p)$, 给定观测数据 $\{(x_i, y_i), i = 1, \cdots, n\}$, $\theta = (\beta, \sigma^2)$ 的对数似然是

$$\ell_Y(\theta \mid y) = -\frac{n}{2}\ln\sigma^2 - \frac{1}{2\sigma^2}\sum_{i=1}^{n}(y_i - \beta_0 - \beta_1 x_{i1} - \cdots - \beta_p x_{ip})^2.$$

对 θ 最大化这一表达式, 可以发现 $(\beta_0, \cdots, \beta_p)$ 的极大似然估计正是截距和回归系数的最小二乘估计. 特别地, 设

$$X = \begin{pmatrix} 1 & x_{11} & \cdots & x_{1p} \\ \vdots & \vdots & & \vdots \\ 1 & x_{n1} & \cdots & x_{np} \end{pmatrix} \text{ 和 } Y = \begin{pmatrix} y_1 \\ \vdots \\ y_n \end{pmatrix}$$

分别是包含常数项的自变量的 $n \times (p+1)$ 矩阵和结果向量. 于是,

$$\widehat{\beta} = (X^{\mathrm{T}}X)^{-1}X^{\mathrm{T}}Y. \tag{6.5}$$

σ^2 的极大似然估计是

$$\widehat{\sigma}^2 = (Y - X\widehat{\beta})^{\mathrm{T}}(Y - X\widehat{\beta})/n \equiv \mathrm{RSS}/n, \tag{6.6}$$

其中 RSS 是最小二乘回归的残差平方和, 它是例 6.9 的推广版本. 因为这里分母是 n 而不是 $n - p - 1$, 所以 σ^2 的极大似然估计没有修正估计 $p+1$ 个位置参数 $(\beta_0, \cdots, \beta_p)$ 所损失的自由度.

一个简单但重要的推广是加权多元线性回归. 假设 y_i 的均值仍然是 $\mu_i = \beta_0 + \sum_{j=1}^{p} \beta_j x_{ij}$, 但它的方差是 σ^2/w_i, 其中 $\{w_i\}$ 是已知的正常数. 这样, $(y_i - \mu_i)\sqrt{w_i}$ 独立同分布, 服从 $N(0, \sigma^2)$, 因此对数似然是

$$\ell_Y(\theta \mid y) = -\frac{n}{2}\ln\sigma^2 - \frac{1}{2\sigma^2}\sum_{i=1}^{n}w_i(y_i - \mu_i)^2.$$

最大化这一函数, 得到由加权最小二乘估计给出的极大似然估计

$$\widehat{\beta} = (X^{\mathrm{T}}WX)^{-1}(X^{\mathrm{T}}WY) \tag{6.7}$$

和

$$\widehat{\sigma}^2 = (Y - X\widehat{\beta})^{\mathrm{T}}W(Y - X\widehat{\beta})/n, \tag{6.8}$$

其中 $W = \mathrm{Diag}(w_1, \cdots, w_n)$.

例 6.11 广义线性模型.

假设数据包含 n 个单元 $(y_i, x_{i1}, \cdots, x_{ip})$, $i = 1, \cdots, n$, 即一个结果变量 Y 和 p 个自变量 $X_1, \cdots, X_p$. 一类更一般的模型假设给定 $x_i = (x_{i1}, \cdots, x_{ip})$, y_i 的 n 个值是来自正则指数分布的独立样本:

$$f_Y(y_i \mid x_i, \beta, \phi) = \exp[(y_i\delta(x_i, \beta) - b(\delta(x_i, \beta)))/\phi + c(y_i, \phi)], \tag{6.9}$$

其中 $\delta(\cdot, \cdot)$ 和 $b(\cdot)$ 是决定 y_i 分布的已知函数, $c(y_i, \phi)$ 是包含一个形状参数 ϕ 的已知函数. 假设 y_i 的均值按下式与协变量 x_i 相关:

$$E(y_i \mid x_i, \beta, \phi) = g^{-1}\left(\beta_0 + \sum_{j=1}^{p} \beta_j x_{ij}\right), \tag{6.10}$$

或

$$g(\mu_i) = \beta_0 + \sum_{j=1}^{p} \beta_j x_{ij}, \tag{6.11}$$

其中 $\mu_i = E(y_i \mid x_i, \beta, \phi)$, $g(\cdot)$ 是一个已知的一一函数. 函数 $g(\cdot)$ 被称作连接函数, 因为它 "连接" 了 y_i 的期望 μ_i 和协变量的一个线性组合. 令 $g(\cdot)$ 等于 $b(\cdot)$ 的导数的逆, 即得到典范连接g_c:

$$g_c(\mu_i) = \delta(x_i, \beta) = \beta_0 + \sum_{j=1}^{p} \beta_j x_{ij}, \tag{6.12}$$

其细节可参看问题 6.6 和 6.7. 选择这个连接函数是对许多数据集建立模型的一个自然的出发点. 具有典范连接的一些模型如下:

- 正态线性回归: $g_c = $ 恒等函数, $b(\delta) = \delta^2/2$, $\phi = \sigma^2$;
- 泊松回归: $g_c = \log$, $b(\delta) = \exp(\delta)$, $\phi = 1$;

- 逻辑斯谛回归: $g_c = \mathrm{logit}$, 其中 $\mathrm{logit}(\mu_i) = \log(\mu_i/(1-\mu_i))$, $b(\delta) = \log(1+\exp(\delta))$, $\phi = 1$.

给定观测数据 (y_i, x_i), $i = 1, \cdots, n$, 按式 (6.9) 得到 $\theta = (\beta, \phi)$ 的对数似然

$$\ell_Y(\theta \mid y) = \sum_{i=1}^{n} [(y_i \delta(x_i, \beta) - b(\delta(x_i, \beta)))/\phi + c(y_i, \phi)],$$

对于非正态情形, 上式一般没有精确的极大值. 使用迭代算法如 Fisher 得分算法 (McCullagh 和 Nelder 1989, 第 2.5 节; Firth 1991, 第 3.4 节), 可实现数值极大化.

例 6.12　正态重复测量模型.

在纵向研究中, 研究者观测个体在不同时间和/或不同试验条件下的结局. Jennrich 和 Schluchter (1986) 给出了下面的一般重复测量模型, 推广了早期由 Hartley 和 Rao (1967)、Harville (1977)、Laird 和 Ware (1982) 以及 Ware (1985) 完成的工作. 假设个体 i 的完全数据包含结局变量 Y 的 K 个测量 $y_i = (y_{i1}, \cdots, y_{iK})$, 并且 y_i 相互独立, 具有分布

$$y_i \sim N_K(X_i \beta, \Sigma(\psi)), \tag{6.13}$$

其中 X_i 是个体 i 的 $K \times m$ 已知设计矩阵, β 是 $m \times 1$ 未知回归系数的向量, 协方差矩阵 Σ 中的元素是关于 q 个未知参数 ψ 的已知函数. 因此, 这个模型纳入了一个由 β 和设计矩阵 $\{X_i\}$ 确定的均值结构, 以及一个由协方差矩阵 Σ 的形式确定的协方差结构. 观测数据包含设计矩阵 $\{X_i\}$ 和结局测量 $\{y_i, i = 1, \cdots, n\}$.

通过结合不同的均值和协方差结构的选择, 可以对大量的情况进行建模. 常见的协方差结构包括:

- 独立: $\Sigma = \mathrm{Diag}_K(\psi_1, \cdots, \psi_K)$, 一个 $K \times K$ 对角矩阵, 对角元素为 $\{\psi_k\}$;
- 复合对称: $\Sigma = \psi_1 U_K + \psi_2 I_K$, ψ_1 和 ψ_2 是标量, U_K 是 $K \times K$ 的全 1 矩阵, I_K 是 $K \times K$ 的单位矩阵;
- 一阶滞后自回归: $\Sigma = (\sigma_{jk})$, $\sigma_{jk} = \psi_1 \psi_2^{|j-k|}$, ψ_1 和 ψ_2 是标量;
- 带状: $\Sigma = (\sigma_{jk})$, $\sigma_{jk} = \psi_r$, 其中 $r = |j-k| + 1$, $r = 1, \cdots, K$;
- 因子分析: $\Sigma = \Gamma\Gamma^{\mathrm{T}} + \psi_0$, Γ 是 $K \times q$ 的因子载荷矩阵, ψ_0 是 $K \times K$ 的特殊因子方差对角矩阵, $\psi = (\Gamma, \psi_0)$;

- 随机效应: $\Sigma = Z\psi^* Z^{\mathrm{T}} + \sigma^2 I_K$, 其中 Z 是 $K \times q$ 已知矩阵, ψ^* 是 $q \times q$ 的离差矩阵, σ^2 是标量, I_K 是 $K \times K$ 单位矩阵, $\psi = (\psi^*, \sigma^2)$;
- 非结构化: $\Sigma = (\sigma_{jk})$, ψ 表示这一矩阵的 $\nu = K(K+1)/2$ 个元素.

均值结构也是灵活的. 如果 $X_i = I_K$, 即 $K \times K$ 单位矩阵, 则对所有的 i 有 $\mu_i = \beta^{\mathrm{T}}$. 个体间和个体内效应可通过 X_i 的选择建模.

模型 (6.13) 的对数似然是

$$\ell_Y(\beta, \psi) = -0.5n \log |\Sigma(\psi)| - 0.5 \sum_{i=1}^{n} (y_i - X_i\beta)^{\mathrm{T}} \Sigma^{-1}(\psi)(y_i - X_i\beta), \quad (6.14)$$

它关于观测量 $\{y_i, y_i^{\mathrm{T}} y_i, i = 1, \cdots, n\}$ 是线性的. 除非是简单的特例, 否则这一似然不能产生精确的极大似然估计. 对于无结构的协方差结构 $\Sigma(\psi) = \Sigma$, (β, Σ) 没有精确的极大似然估计, 但若给定 Σ 就有 β 的精确极大似然估计, 同样, 若给定 β 就有 Σ 的精确极大似然估计, 因此可以通过下面的交替条件模式算法迭代得到极大似然解: 给定第 t 次迭代的估计值 $(\beta^{(t)}, \psi^{(t)})$, 第 $t+1$ 次迭代的估计为

$$\beta^{(t+1)} = \sum_{i=1}^{n} \left(X_i^{\mathrm{T}} (\Sigma^{(t)})^{-1} X_i \right)^{-1} X_i^{\mathrm{T}} (\Sigma^{(t)})^{-1} y_i, \quad (6.15)$$

$$\Sigma^{(t+1)} = \frac{1}{n} \sum_{i=1}^{n} \left(y_i - X_i^{\mathrm{T}} \beta^{(t+1)} \right)^{\mathrm{T}} \left(y_i - X_i^{\mathrm{T}} \beta^{(t+1)} \right). \quad (6.16)$$

对于其他的协方差结构, 式 (6.15) 保持不变, (6.16) 用 ψ 的一个更新替换, 它依赖于结构的特定形式.

极大似然的一个有用变种是约束极大似然, 它产生的估计值可以纠正正态模型中估计位置参数所致的自由度损失, 如例 6.7、6.8 和 6.10 所述, 极大似然估计值没有对自由度进行修正. 约束极大似然最初是为方差分析 (ANOVA) 模型和线性混合模型制定的 (例如, 见 Harville 1977), 它表示数据的最大独立误差对比集所对应的似然, 其中 "对比" 指的是均值为零的数据的一个线性组合. 更一般地, 可以把它看成给位置参数 β 加入贝叶斯先验分布, 然后将这些参数从先验分布和似然函数的乘积中积分出来, 得到一个关于 ψ 的函数, 再最大化它.

极大似然的其他修改版本, 包括条件似然、边缘似然或部分似然, 它们最大化似然的片段而不是整个似然, 一般是为了消除冗余参数, 从而简化问题. 在数据缺失的语境下, 某些时候可以采用这种策略来避免建立缺失机制模型, 但要遭受一些信息的损失.

6.1.2　基于似然的推断

这里说极大似然推断, 我们是指极大似然估计, 以及通过假设检验、置信区间或贝叶斯后验分布评估其不确定性的方法. 这里我们区分 (1) "纯" 或 "直接" 似然推断 (Edwards 1992; Royall 1997; Frumento 等 2016), 即把 y 固定在数据观测值, 对一对参数值 θ、θ^*, 仅通过似然比 $L_Y(y \mid \theta)/L_Y(y \mid \theta^*)$ 牵涉数据; (2) 频率学派似然推断, 指基于极大似然估计的重复抽样分布的检验或置信区间.

直接似然推断的最一般形式是贝叶斯推断, 这里给参数 θ 指定一个先验分布 $p(\theta)$, 观测到数据 y 后, 根据贝叶斯定理

$$p(\theta \mid y) = \frac{p(\theta)L_Y(y \mid \theta)}{p(y)} \tag{6.17}$$

基于 θ 的后验分布 $p(\theta \mid y)$ 对 θ 进行推断, 其中 $p(y) = \int p(\theta)L_Y(y \mid \theta)d\theta$ 是正则常数.

θ 的点估计可从关于后验分布 "中心" 的度量获得, 比如后验均值、中位数或众数 (极大值). 在贝叶斯分析中, 模型设定总是包含 θ 的先验分布, 我们用 $\widehat{\theta}$ 表示后验分布 $p(\theta \mid y)$ 的众数. 当先验分布是均匀的, 即

$$p(\theta) = 常数, \quad 对一切可能的 \theta,$$

则它对应着极大似然估计. 除非参数空间有紧支撑, 否则这一先验分布并不是真正的概率分布, 但它仍可用来近似缺乏关于 θ 的先验知识的情形, 只需确保所得的后验分布是良定义的.

在大样本下, 贝叶斯推断和频率学派推断具有很强的相似性, 下面我们考察这一点.

6.1.3　大样本极大似然和贝叶斯推断

本节我们列举频率学派极大似然和贝叶斯推断的一些基本的大样本性质. 这些结果的参考文献包括 Huber (1967)、DeGroot (1970)、Rao (1972)、Cox 和 Hinkley (1974)、White (1982) 以及 Gelman 等 (2013).

用 $\widehat{\theta}$ 表示基于观测数据 y 得到的 θ 的极大似然估计, 或贝叶斯分析中的后验众数, 并假设模型设定正确. $\widehat{\theta}$ 的最重要的实际性质是, 在某些场合尤其是大样本下, 下面的近似性质可用.

近似 6.1

$$\theta - \widehat{\theta} \sim N(0, C), \tag{6.18}$$

其中 C 是 $\theta - \widehat{\theta}$ 的 $d \times d$ 协方差矩阵估计.[①]

这一近似同时有频率学派和贝叶斯解释. 近似 6.1 的贝叶斯版本把 θ 当作随机变量, $\widehat{\theta}$ 是后验均值的众数, 被观测数据所固定. 于是, 式 (6.18) 的解释是, 给定 $f(\cdot \mid \cdot)$ 并且条件在数据观测值上, θ 的后验分布是正态的, 均值为 $\widehat{\theta}$, 协方差为 C, 其中 $\widehat{\theta}$ 和 C 是固定在它们观测值上的统计量. 理论上的验证基于对数似然函数在极大似然估计处的 Taylor 级数展开, 即

$$\ell_Y(\theta \mid y) = \ell_Y(\widehat{\theta} \mid y) + (\theta - \widehat{\theta})^{\mathrm{T}} D_\ell(\widehat{\theta} \mid y) - \frac{1}{2}(\theta - \widehat{\theta})^{\mathrm{T}} I_Y(\widehat{\theta} \mid y)(\theta - \widehat{\theta}) + r(\theta \mid y),$$

其中 $D_\ell(\theta \mid y)$ 是得分函数, $I_Y(\theta \mid y)$ 是观测到的信息:

$$I_Y(\theta \mid y) = -\frac{\partial^2 \ell_Y(\theta \mid y)}{\partial \theta \partial \theta^{\mathrm{T}}}.$$

按定义, $D_\ell(\widehat{\theta} \mid y) = 0$. 因此, 如果剩余项 $r(\theta \mid y)$ 能够被忽略, 且 θ 的先验分布在数据支撑的范围内相对平坦, 则 θ 有后验分布

$$f_Y(\theta \mid y) \propto \exp\left[-\frac{1}{2}(\theta - \widehat{\theta})^{\mathrm{T}} I_Y(\widehat{\theta} \mid y)(\theta - \widehat{\theta})\right],$$

这就是近似 6.1 中的正态分布, 里面的协方差矩阵为

$$C = I_Y^{-1}(\widehat{\theta} \mid y),$$

即在 $\widehat{\theta}$ 处观测信息的逆.

这些结果技术上的正则条件在参考文献中有讨论. Gelman 等 (2013) 描述了下列几种能使结果不成立的情况.

S1. 欠识别的模型, 似然中一个或多个参数的信息不随样本量的增加而增加.

S2. 参数个数随样本量的增加而增加的模型. 我们假设 θ 的分量个数不随样本量变化, 因此不考虑非参或半参模型, 这两类模型的参数会随样本量的增加而增加. 这两类模型的渐近结果比较复杂, 需要仔细控制参数个数的增长速度.

S3. 无界的似然, 参数空间的内点不存在极大似然估计或后验众数. 这个问题通常可以通过不允许似然函数的孤立极点来避免, 例如, 约束方差参数远离零.

[①] 一个在技术上更加精确的表达式是 $A^{-1}(\theta - \widehat{\theta}) \sim N(0, I_d)$, 其中 A 是 C 的矩阵平方根, 即 $A^{\mathrm{T}} A = AA^{\mathrm{T}} = C$, I_d 是 $d \times d$ 单位矩阵.

S4. 非正常的后验分布, 在某些环境下, 当指定了非正常的先验分布时, 就会出现这种情况. 例如, 见 Gelman 等 (2013).

S5. 收敛点在参数空间的边缘, 或不被先验分布所支撑. 通过检查模型的可信性, 给一切参数值甚至似乎很远的值都赋予正的先验概率, 可以避免这些问题.

S6. 分布尾部收敛速度慢. 近似 6.1 的正态极限分布隐含着指数衰减的尾部, 但对实际的样本量, 这一性质可能无法足够快地达到, 以提供有效的推断. 这时, 一个更好的方法是避免渐近逼近, 针对一个 (或一些) 合理的先验分布选择来关注后验分布的估计. 或者, 对参数做个变换, 也许能改进近似 6.1. 这就引出了下面的性质.

性质 6.2　设 $g(\theta)$ 是 θ 的单调可微函数, 设 C 是近似 6.1 中 $\theta - \widehat{\theta}$ 的大样本协方差矩阵估计. 那么, $g(\theta) - g(\widehat{\theta})$ 的大样本协方差矩阵估计是

$$D_g(\widehat{\theta})CD_g(\widehat{\theta})^{\mathrm{T}},$$

其中 $D_g(\theta) = \partial g(\theta)/\partial\theta$ 是 g 对 θ 的偏导数.

性质 6.2 来自 $g(\theta)$ 在 $\theta = \widehat{\theta}$ 处的一阶 Taylor 级数展开, 并引出下面的近似.

近似 6.2

$$g(\theta) - g(\widehat{\theta}) \sim N[0, D_g(\widehat{\theta})CD_g(\widehat{\theta})^{\mathrm{T}}]. \tag{6.19}$$

当样本量不够大时, 找到一个变换 $g(\cdot)$, 使近似 6.2 的正态性比近似 6.1 更精确, 通常是很有用的. 例如, 在例 6.7 中可以用 $\ln\sigma^2$ 代替 σ^2, 或在例 6.9 中可以用 Fisher 正态化变换 $Z_\rho = \ln((1+\rho)(1-\rho))/2$ 代替相关系数 $\rho = \sigma_{12}/\sqrt{\sigma_{11}\sigma_{22}}$.

近似 6.1 的频率学派解释是, 固定 θ, 在 $f(\cdot \mid \cdot)$ 下反复生成样本, $\widehat{\theta}$ 渐近服从正态分布, 其均值为 θ 的真实值, 协方差矩阵为 C, C 具有比 $\widehat{\theta}$ 阶数更低的变异性. 这一事实的理论验证基于对 $D_\ell(\widehat{\theta} \mid y)$ 在 θ 真实值处的一阶 Taylor 级数展开:

$$0 = D_\ell(\widehat{\theta} \mid y) = D_\ell(\theta \mid y) - I_Y(\theta \mid y)(\widehat{\theta} - \theta) + r(\widehat{\theta} \mid y).$$

如果剩余项 $r(\widehat{\theta} \mid y)$ 可忽略, 则有

$$D_\ell(\theta \mid y) \approx I_Y(\theta \mid y)(\widehat{\theta} - \theta).$$

在一些正则条件下, 可以通过中心极限定理证明, 在重复样本中, $D_\ell(\theta \mid y)$ 渐近正态, 均值为 0, 协方差矩阵为

$$J_Y(\theta) = E(I_Y(\theta \mid y) \mid \theta) = \int I_Y(\theta \mid y) f_Y(y \mid \theta) dy,$$

它被称作期望信息矩阵. 大数定律的一个版本隐含着

$$J_Y(\theta) \cong J_Y(\widehat{\theta}) \cong I_Y(\widehat{\theta} \mid y).$$

结合这些事实, 就得到了近似 6.1, 其协方差矩阵

$$C = J_Y^{-1}(\widehat{\theta}),$$

即在 $\theta = \widehat{\theta}$ 处评估的期望信息的逆, 或

$$C = I_Y^{-1}(\widehat{\theta} \mid y),$$

即在 $\theta = \widehat{\theta}$ 处评估的观测信息的逆. 辅助观点 (Efron 和 Hinkley 1978) 认为, 观测信息逆 $I_Y^{-1}(\widehat{\theta} \mid y)$ 比期望信息逆 $J_Y^{-1}(\widehat{\theta})$ 提供了更准确的精度估计. 如果为了提升正态性使用了 θ 的变换, 可以在式 (6.15) 中代入 C 的这些选择, 以获得频率学派版本的近似 6.2.

近似 6.1 和 6.2 都基于模型设定正确的假设, 也就是 Y 从参数真值为 θ_0 的密度 $f_Y(y \mid \theta_0)$ 中采样. 如果模型设定错误了, 实际上 Y 是从真实密度 $f_Y^*(y)$ 中采样的, 则后验众数或极大似然估计收敛到 θ^*, 它最大化了模型分布 $f_Y(y \mid \theta)$ 关于真实分布 $f_Y^*(y)$ 的 Kullback-Liebler 信息 $E[\log(f_Y(y \mid \theta)/f_Y^*(y))]$. 于是, 近似 6.1 的频率学派版本可以替换为:

近似 6.3

$$(\widehat{\theta} \mid f^*) \sim N(\theta^*, C^*), \tag{6.20}$$

其中 θ^* 在前文定义,

$$C^* = J_Y^{-1}(\theta) K_Y(\theta) J_Y^{-1}(\theta),$$

且 $K_Y(\theta) = E(D_\ell(\theta) D_\ell(\theta)^{\mathrm{T}})$.

当模型设定正确时, θ^* 等于 θ 的真值, 即 θ_0, 此时 C^* 简化为 $J_Y^{-1}(\theta_0)$ (White 1982). 如果模型设定错误, 但 θ^* 是感兴趣的参数, 当 $\widehat{\theta}$ 是相合的, 则 $\widehat{\theta}$ 的协方差矩阵 C^* 可由所谓夹心 (或三明治) 估计量

$$\widehat{C}^* = I_Y^{-1}(\widehat{\theta} \mid y) \widehat{K}_Y(\widehat{\theta}) I_Y^{-1}(\widehat{\theta} \mid y) \tag{6.21}$$

相合地估计出来, 其中 $\widehat{K}_Y(\widehat{\theta}) = D_\ell(\widehat{\theta})D_\ell(\widehat{\theta})^{\mathrm{T}}$.

这一估计不如观测信息或期望信息精确, 但针对模型错误设定提供了某种保护, 更多细节可参看 Gelman 等 (2013). 夹心估计的贝叶斯解释, 可参看 Szpiro 等 (2010).

计算方差的另一种方法是从数据生成自采样样本, 然后对每个样本计算极大似然估计, 这些自采样估计的样本方差渐近等价于用 (6.21) 计算的方差. 也可以使用刀切法计算渐近标准误差. 这些方法的介绍在第 5.3 节给出过, 更多的讨论见 Efron 和 Tibshirani (1993) 以及 Miller (1974).

从贝叶斯或频率学派视角, 把 C 固定在 $I_Y^{-1}(\widehat{\theta})$、$J_Y^{-1}(\widehat{\theta})$、夹心估计 (6.21) 或其他近似估计上, 近似 6.1 或 6.2 可用来提供 θ 的区间估计. 例如, 标量 θ 的 95% 置信区间由

$$\widehat{\theta} \pm 1.96 C^{1/2} \tag{6.22}$$

给出, 在实际中常用 2 代替 1.96. 对于向量 θ, 其 95% 置信椭球由不等式

$$(\theta - \widehat{\theta})^{\mathrm{T}} C^{-1}(\theta - \widehat{\theta}) \leqslant \chi^2_{0.95,d} \tag{6.23}$$

给出, 其中 d 是 θ 的维数, $\chi^2_{0.95,d}$ 是 d 个自由度的卡方分布的 95 百分位数. 更一般地, θ 的 $q < d$ 个分量 (不妨记作 $\theta_{(1)}$) 的 95% 置信椭球可由

$$(\theta_{(1)} - \widehat{\theta}_{(1)})^{\mathrm{T}} C_{(11)}^{-1}(\theta_{(1)} - \widehat{\theta}_{(1)}) \leqslant \chi^2_{0.95,q} \tag{6.24}$$

计算, 其中 $\widehat{\theta}_{(1)}$ 是 $\theta_{(1)}$ 的极大似然估计, $C_{(11)}$ 是 C 对应着 $\theta_{(1)}$ 的子矩阵.

在 $f_Y(\cdot \mid \cdot)$ 下, 假设样本量足够大以使近似 6.1 成立, 基于式 (6.18) 的推断不仅是合适的, 而且是渐近最优的. 因此, θ 的极大似然估计和近似 6.1 构成了一种流行的应用方法, 特别是考虑到在应用数学的许多分支中, 函数最大化是一个高度发达的领域, 这也就不足为奇了.

例 6.13 指数分布样本 (例 6.2 续).

式 (6.2) 对 θ 微分两次, 得到

$$I_Y(\theta \mid y) = -n/\theta^2 + 2\sum_{i=1}^{n} y_i/\theta^3.$$

在指数分布模型下, 对 Y 积分,

$$J_Y(\theta) = -n/\theta^2 + 2E\left(\sum_{i=1}^{n} y_i \mid \theta\right)/\theta^3$$

$$= -n/\theta^2 + 2n\theta/\theta^3 = n/\theta^2.$$

代入 θ 的极大似然估计 $\widehat{\theta} = \bar{y}$, 得到

$$I_Y(\widehat{\theta} \mid y) = J_Y(\widehat{\theta}) = n/\bar{y}^2,$$

因此 $\theta - \widehat{\theta}$ 的大样本方差用 $\bar{y}^2/n$ 估计.

例 6.14 一元正态样本 (例 6.1 续).

对于例 6.1 中的一元正态模型, $(\mu, \log \sigma^2)$ 比 (μ, σ^2) 更加适用于渐近近似 (6.18). 式 (6.1) 对 μ 和 $\log \sigma^2$ 微分两次, 然后代入参数的极大似然估计, 得到

$$I_Y(\widehat{\mu}, \log \widehat{\sigma}^2 \mid y) = J_Y(\widehat{\mu}, \log \widehat{\sigma}^2) = \begin{bmatrix} n/\widehat{\sigma}^2 & 0 \\ 0 & n/2 \end{bmatrix}.$$

求这一矩阵的逆, 得到大样本二阶矩 $\mathrm{Var}(\mu - \widehat{\mu}) = \widehat{\sigma}^2/n$, $\mathrm{Cov}(\mu - \widehat{\mu}, \log \sigma^2 - \log \widehat{\sigma}^2) = 0$ 以及 $\mathrm{Var}(\log \sigma^2 - \log \widehat{\sigma}^2) = 2/n$. 从例 6.7, 我们知道 $\widehat{\mu} = \bar{y}$, $\widehat{\sigma}^2 = (n-1)s^2/n$.

通常用 "显著性水平" 而不是式 (6.19) 那样的用椭圆来总结关于多分量 θ 的可能值的证据, 特别是当 θ 中的分量数 d 大于 2 时. 具体来说, 对于 θ 的一个零假设值 (原假设值) θ_0, $\widehat{\theta}$ 到 θ_0 的距离可以用 Wald 统计量

$$W(\theta_0, \widehat{\theta}) = (\theta_0 - \widehat{\theta})^{\mathrm{T}} C^{-1} (\theta_0 - \widehat{\theta})$$

来计算, 也就是在 θ_0 处评估式 (6.23) 的左边. 它对应的 d 个自由度的卡方分布分位数就是零假设值 θ_0 的显著性水平或 p 值:

$$p_C = \mathrm{Pr}\{\chi_d^2 > W(\theta_0, \widehat{\theta}) \mid \theta = \theta_0\},$$

在近似 6.1 下, 它不依赖于 θ_0. 从频率学派视角, 显著性水平提供了在 $\theta = \theta_0$ 下重复采样中的极大似然估计比观测到的极大似然估计 $\widehat{\theta}$ 离 θ_0 更远的概率. 当 p 值 p_C 小于 α 时, 我们就拒绝显著性水平为 α 的 (双边) 假设检验 $H_0 : \theta = \theta_0$. α 的常见选择是 0.1、0.05 和 0.01.

从贝叶斯视角, p_C 给出了大样本下比 θ_0 后验密度更低的 θ 值集合的后验概率: $\mathrm{Pr}[\theta \in \{\theta | f_Y(\theta \mid y) < f_Y(\theta_0 \mid y)\} \mid y]$. 更多例子和讨论参看 Box 和 Tiao (1973) 以及 Rubin (2004, 第 2.10 节).

在近似 6.1 之下, 计算显著性水平的一个等价程序是, 利用似然比 (likelihood ratio, LR) 统计量来度量 $\widehat{\theta}$ 与 θ_0 之间的距离, 这导出

$$p_L = \mathrm{Pr}\{\chi_d^2 > \mathrm{LR}(\theta_0, \widehat{\theta})\},$$

其中

$$\mathrm{LR}(\theta_0, \widehat{\theta}) = 2\ln[L_Y(\widehat{\theta} \mid y)/L_Y(\theta_0 \mid y)] = 2[\ell_Y(\widehat{\theta} \mid y) - \ell_Y(\theta_0 \mid y)].$$

更一般地, 设 $\theta = (\theta_{(1)}, \theta_{(2)})$, 我们希望评估 $\theta_{(1)}$ 的零假设值 $\theta_{(1)0}$ 的性质, 记 $\theta_{(1)}$ 的分量个数为 q. 这种情景经常出现在比较两个模型 A 和 B 拟合好坏的时候, 特别是这两个模型存在嵌套关系时, 这里我们使用 "嵌套" 一词是指, 模型 B 的参数空间是通过把模型 A 的参数空间中的 $\theta_{(1)}$ 设为 0 得到的. 有两种渐近等价的推导显著性水平的方法, 第一种是

$$p_C(\theta_{(1)0}) = \Pr\left\{\chi_q^2 > (\theta_{(1)0} - \widehat{\theta}_{(1)})^{\mathrm{T}} C_{(11)}^{-1} (\theta_{(1)0} - \widehat{\theta}_{(1)})\right\},$$

其中 $C_{(11)}$ 是式 (6.24) 中 $\theta_{(1)}$ 的方差–协方差矩阵, 第二种是

$$p_L(\theta_{(1)0}) = \Pr\left\{\chi_q^2 > \mathrm{LR}(\widehat{\theta}, \widetilde{\theta})\right\},$$

其中

$$\mathrm{LR}(\widehat{\theta}, \widetilde{\theta}) = 2[\ell_Y(\widehat{\theta} \mid y) - \ell_Y(\widetilde{\theta} \mid y)],$$

$\widetilde{\theta}$ 是约束了 $\theta_{(1)} = \theta_{(1)0}$ 并最大化 $\ell_Y(\theta \mid y)$ 的 θ 值. 如果 $\theta_{(1)0}$ 的 p 值小于 α, 则水平为 α 的假设检验拒绝 $H_0 : \theta_{(1)} = \theta_{(1)0}$.

例 6.15　一元正态样本 (例 6.1 续).

设 $\theta = (\mu, \sigma^2)$, $\theta_{(1)} = \mu$, $\theta_{(2)} = \sigma^2$. 为了检验 $H_0 : \mu = \mu_0$, 似然比检验统计量是

$$\begin{aligned}
\mathrm{LR} &= 2\left(-(n/2)\ln\{(n-1)s^2/n\} - n/2 + (n/2)\ln s_0^2 + n/2\right) \\
&= n\ln\left(ns_0^2/((n-1)s^2)\right),
\end{aligned}$$

其中 $s_0^2 = n^{-1}\sum_{i=1}^n (y_i - \mu_0)^2 = (n-1)s^2/n + (\bar{y} - \mu_0)^2$. 因此, 若记 $t^2 = n^2(\bar{y} - \mu_0)^2/\{(n-1)s^2\}$, 则 $\mathrm{LR} = n\ln(1 + t^2/n)$. 根据例 6.14, t^2 是基于 $\mu - \mu_0$ 的渐近方差的 H_0 的检验统计量. 在渐近意义上, $\mathrm{LR} = t^2$, 在 H_0 下服从 $q = 1$ 个自由度的卡方分布. 本例中, 一个精确的检验是直接比较统计量 t^2 与具有 1 和 $n - 1$ 个自由度的 F 分布. 当我们将似然比方法应用于带有缺失值的数据集时, 这种精确的小样本检验是几乎无法使用的.

尽管这里讨论的基于渐近正态性的近似很受欢迎, 但在许多参数数量庞大或具有隐结构的模型中, 它们可能相当糟糕. 例如, 参见 Rubin 和 Thayer (1983) 以及 Frumento 等 (2016), 这些文献比较了渐近等价的近似, 并指出它

们的结果可能会有很大的不同, 这只有在渐近正态性失效时才会发生. 细致的贝叶斯建模可以在这些设定下得到更好的结果, 因为贝叶斯方法并不依赖这种渐近的方法.

6.1.4 基于完整后验分布的贝叶斯推断

上一节的理论假设了大样本, 当样本量过小时, 会产生难以令人满意的推断. 解决这一局限性的一个办法是采用贝叶斯的观点, 根据特定选择的先验分布所推出的后验分布进行推断. 为了衡量点估计的不确定性, 估计量的后验标准差类似于频率学派的抽样标准差, 后验概率区间 (如后验分布的 2.5 至 97.5 百分位数或包含后验密度最高值的 95% 概率区间) 类似于频率学派的置信区间. 同样, 与后验概率低于零假设值 θ_0 的 θ 值集合相关的概率取代了频率学派检验原假设的 p 值.

这种方法的一个问题是, 与大样本的推论相比, 小样本的贝叶斯推论对先验分布的选择更为敏感; 频率学派统计学家通常认为这是贝叶斯方法的阿喀琉斯之踵. 然而, 在有先验信息的情况下, 从频率学派的角度来看, 利用贝叶斯机制正式纳入这种信息可以得出更好的推断; 在先验知识比较有限的情况下, 或者如果是要寻求不受先验信息强烈影响的 "客观" 推断, 从频率学派的角度来看, 采用分散先验分布的贝叶斯方法往往能得到比第 6.1.3 节的大样本近似更好的推断. 特别是接下来的两个例子表明, 在涉及正态分布的问题中, 带有 "无信息性" 先验的贝叶斯方法可以恢复频率学派推断中小样本所产生的自由度修正和学生氏 t 参考分布.

对于更复杂的问题, 包括那些涉及缺失数据的问题, 贝叶斯方法很有吸引力, 因为它在频率学派没有精确的解决方案的情况下提供了答案. 贝叶斯方法是规范的, 无论问题多么复杂, 任何贝叶斯答案一旦得出, 都可以从频率学派重复抽样的角度进行评价. 特别是第 10 章所讨论的多重填补方法是基于贝叶斯原理的, 一般来说, 现实模型下的多重填补往往具有优良的频率学派性质.

例 6.16 一元正态样本带有共轭先验的贝叶斯推断 (例 6.1 续).

对于一个一元正态样本, 设 $\theta = (\mu, \sigma^2)$, 假设选择了下述共轭先验分布:

$$p(\mu, \sigma^2) = p(\sigma^2)p(\mu \mid \sigma^2),$$

其中

$$\begin{aligned}
\sigma^2/(\nu_0\sigma_0^2) &\sim \text{Inv-}\chi^2(\nu_0), \\
(\mu \mid \sigma^2) &\sim N(\mu_0, \sigma^2/\kappa_0),
\end{aligned} \tag{6.25}$$

里面的 ν_0、σ_0^2、μ_0 和 κ_0 是已知的. 这里 Inv-$\chi^2(\nu_0)$ 表示 ν_0 个自由度的卡方分布的逆 (见 Gelman 等 2013, 附录 A). 对于给定的 σ^2, μ 的先验分布是正态的. (μ, σ^2) 的联合先验密度具有形式

$$p(\mu, \sigma^2) \propto \sigma^{-1}(\sigma^2)^{-(\nu_0/2+1)} \exp\left(-\frac{1}{2\sigma^2}\left[\nu_0\sigma_0^2 + \kappa_0(\mu_0 - \mu)^2\right]\right).$$

可以证明 (Gelman 等 2013, 第 3.3 节), 给定数据 $y = (y_1, \cdots, y_n)$, θ 的后验分布为

$$p(\mu, \sigma^2 \mid y) = p(\sigma^2 \mid y)p(\mu \mid \sigma^2, y),$$

其中 σ^2 的后验分布具有尺度逆卡方分布

$$
\begin{aligned}
&[(\sigma^2/\nu_n\sigma_n^2) \mid y] \sim \text{Inv-}\chi^2(\nu_n), \\
&\nu_n = \nu_0 + n, \\
&\nu_n\sigma_n^2 = \nu_0\sigma_0^2 + (n-1)s^2 + \frac{\kappa_0 n}{\kappa_0 + n}(\bar{y} - \mu_0)^2,
\end{aligned}
\tag{6.26}
$$

给定 σ^2 时 μ 的后验分布具有正态分布

$$
\begin{aligned}
&(\mu \mid \sigma^2, y) \sim N(\mu_n, \sigma^2/\kappa_n), \\
&\kappa_n = \kappa_0 + n, \\
&\mu_n = \frac{\kappa_0}{\kappa_0 + n}\mu_0 + \frac{n}{\kappa_0 + n}\bar{y}.
\end{aligned}
\tag{6.27}
$$

将这个条件后验分布对 σ^2 的后验分布积分, 得到 μ 的边缘后验分布

$$(\mu \mid y) \sim t(\mu_n, \sigma_n^2/\kappa_n, \nu_n), \tag{6.28}$$

即中心为 μ_n、平方尺度为 σ_n^2/κ_n、自由度为 ν_n 的学生氏 t 分布.

如果没有很强的先验信息, 一个惯用的先验分布选择是 Jeffreys 先验分布

$$p(\mu, \sigma^2) \propto 1/\sigma^2, \tag{6.29}$$

这时退化为 (6.25) 的一个特例: $k_0 = 0$, $\nu_0 = -1$ 以及 $\sigma_0^2 = 0$. 在式 (6.26)–(6.28) 中代入这些值, 得到 $\mu_n = \bar{y}$, $\kappa_n = n$, $\nu_n = n - 1$, $\sigma_n^2 = s^2$, 以及

$$[\sigma^2/((n-1)s^2) \mid y] \sim \text{Inv-}\chi^2(n-1), \tag{6.30}$$

$$(\mu \mid \sigma^2, y) \sim N(\bar{y}, \sigma^2/n), \tag{6.31}$$

$$(\mu \mid y) \sim t(\bar{y}, s^2/n, n-1). \tag{6.32}$$

特别地, 给定 y, μ 的 $100(1-\alpha)\%$ 后验概率区间为 $\bar{y} \pm t_{1-\alpha/2} s/\sqrt{n}$, 其中 $t_{1-\alpha/2}$ 是中心为 0、尺度为 1、$n-1$ 个自由度的学生氏 t 分布的 $100(1-\alpha/2)$ 的百分位数. 这一区间等同于 μ 的标准 $100(1-\alpha)\%$ 置信区间. 因此, 带有先验分布 (6.29) 的贝叶斯分析恢复了自由度修正以及经典正态样本频率学派分析的 t 参考分布.

例 6.17 多元线性回归的贝叶斯推断, 不加权的和加权的 (例 6.10 续).

对例 6.10 的正态线性回归模型, Jeffreys 先验分布是

$$p(\beta_0, \beta_1, \cdots, \beta_p, \sigma^2) \propto 1/\sigma^2, \tag{6.33}$$

它给位置参数和 $\ln\sigma$ 上设置了均匀先验. 对应的后验分布具有形式

$$[\sigma^2/((n-p-1)s^2) \mid y] \sim \text{Inv-}\chi^2(n-p-1), \tag{6.34}$$

$$(\beta \mid \sigma^2, y) \sim N_{p+1}(\widehat{\beta}, (X^{\mathrm{T}}X)^{-1}\sigma^2), \tag{6.35}$$

$$(\beta \mid y) \sim t_{p+1}(\widehat{\beta}, (X^{\mathrm{T}}X)^{-1}s^2, n-p-1), \tag{6.36}$$

这是中心为 $\widehat{\beta}$、尺度为 $(X^{\mathrm{T}}X)^{-1}s^2$、自由度为 $n-p-1$ 的多元 t 分布. 这里 $s^2 = n\widehat{\sigma}^2/(n-p-1)$, 即调整了自由度的残差均方. 式 (6.36) 给出了回归系数的 $100(1-\alpha)\%$ 后验概率区间, 它与正态线性回归理论中的置信区间是一致的.

把贝叶斯推断推广到加权多元线性回归是很直接的. 现在 y_i 的残差方差是 σ^2/w_i, w_i 已知. 唯一的变化是 $(y_i - \beta x_i)\sqrt{w_i}$ 独立同分布地服从 $N(0, \sigma^2)$. 因此在 (6.34)–(6.36) 中, 加权估计 (6.7) 和 (6.8) 取代了未加权的估计 (6.5) 和 (6.6), $X^{\mathrm{T}}WX$ 取代了 $X^{\mathrm{T}}X$, 这里 W 是对角元素为 $(w_1, \cdots, w_n)$ 的对角矩阵.

下面两个例子在实践中很重要.

例 6.18 多项样本的贝叶斯推断 (例 6.3 续).

假设数据 y 是计数向量 $(n_1, \cdots, n_C)$, 且具有例 6.3 中的多项分布. 共轭先验分布是狄利克雷分布——贝塔分布的多元推广版本:

$$p(\pi_1, \cdots, \pi_C) \propto \prod_{c=1}^{C} \pi_c^{\alpha_c-1}, \quad \pi_c > 0, \sum_{c=1}^{C} \pi_c = 1. \tag{6.37}$$

结合这一先验分布和似然 (6.3), 得到后验分布是参数为 $\{n_c + \alpha_c\}$ 的狄利克雷分布:

$$p(\pi_1, \cdots, \pi_C \mid y) \propto \prod_{c=1}^{C} \pi_c^{n_c+\alpha_c-1}, \quad \pi_c > 0, \sum_{c=1}^{C} \pi_c = 1. \tag{6.38}$$

根据狄利克雷分布的性质 (Gelman 等 2013, 附录 A), π_c 的后验均值为 $(n_c + \alpha_c)/(n + \alpha_+)$, 其中 $n = \sum_{c=1}^{C} n_c$, $\alpha_+ = \sum_{c=1}^{C} \alpha_c$, 它等于所有 $\alpha_c = 0$ 时的极大似然估计. 另外, 也可以选择相对分散的先验分布, 让所有的 $\alpha_c = 1$, 这产生均匀先验分布, 或者让所有的 $\alpha_c = 0.5$, 这产生 Jeffreys 先验分布.

例 6.19　多元正态样本的贝叶斯推断 (例 6.4 续).

对于多元正态样本, $\theta = (\mu, \Sigma)$ 的无信息 Jeffreys 先验分布是

$$p(\mu, \Sigma) \propto |\Sigma|^{-(K+1)/2}, \tag{6.39}$$

当 $K = 1$ 时简化为 (6.29). 相应的后验分布可以写作:

$$\begin{aligned}
(\Sigma/(n-1) \mid y) &\sim \text{Inv-Wishart}_{n-1}(S^{-1}), \\
(\mu \mid \Sigma, y) &\sim N_K(\bar{y}, \Sigma/n),
\end{aligned} \tag{6.40}$$

这里 $\text{Inv-Wishart}_{n-1}(S^{-1})$ 表示自由度为 $n-1$、尺度矩阵为 S 的逆 Wishart 分布 (见 Gelman 等 2013, 附录 A). 式 (6.40) 表明, μ 的边缘后验分布是中心为 $\bar{y}$、尺度矩阵为 S/n、自由度为 $n-1$ 的多元 t 分布.

6.1.5　模拟后验分布

计算参数的后验分布时可能会遇到数值上的困难, 这制约了贝叶斯方法在更复杂的问题上的应用, 特别是当 θ 是高维的时候. 比如, 设 $\theta = (\theta_1, \theta_2)$, 则 θ_1 的后验分布为

$$p(\theta_1 \mid y) = \int p(\theta) L_Y(\theta \mid y) d\theta_2 \Big/ \int p(\theta) L_Y(\theta \mid y) d\theta,$$

若 θ_2 的分量较多, 则它涉及高维积分. 通过使用从 θ 的后验分布中抽取的模拟方法, 而不是直接尝试解析地求解, 可以简化这些问题. 这些抽取可用来估计感兴趣的分布的特征. 例如, 标量 θ_1 后验分布的均值和方差可以由 D 个抽取 $(\theta_1^{(d)}, d = 1, \cdots, D)$ 的样本均值和方差估计. 如果后验分布远非正态, θ_1 的 95% 中心概率区间可由这些抽取 $\{\theta_1^{(d)}\}$ 的经验分布的 2.5 至 97.5 百分位数来估计.

极大似然估计的变换性质 6.1 有一个直接的类似版本, 用来描述后验分布的抽取, 我们把这一版本记作性质 6.1B, 其中字母 B 指代贝叶斯.

性质 6.1B　设 $g(\theta)$ 是参数 θ 的一个函数, 记 $\theta^{(d)}$ 是 θ 的后验分布的第 d 次抽取, $d = 1, \cdots, D$. 那么, $g(\theta^{(d)})$ 是 $g(\theta)$ 的后验分布的一个抽取.

在涉及不完全数据的贝叶斯模拟问题中, 这个性质非常有用, 这一点在第

7.3 节和第 10 章中有所讨论.

例 6.20 多元线性回归的贝叶斯推断 (例 6.17 续).

对例 6.17 的正态回归模型数据, (β, σ) 的先验分布为 (6.33), 后验分布已从 (6.34) 和 (6.35) 获得, 现从后验分布中抽取 $\{(\beta^{(d)}, \sigma^{(d)}), d = 1, \cdots, D\}$, 步骤如下.

1. 对 $d = 1, \cdots, D$, 从 $n - p - 1$ 个自由度的卡方分布中抽取 χ^2_{n-p-1}, 并令

$$(\sigma^{(d)})^2 = (n - p - 1)s^2/\chi^2_{n-p-1}. \tag{6.41}$$

2. 抽取 $p + 1$ 个标准正态偏差量 $z = (z_0, z_1, \cdots, z_p)^{\mathrm{T}}$, 其中 $z_i \sim N(0,1)$, $i = 0, 1, \cdots, p$, 并令

$$\beta^{(d)} = \widehat{\beta} + A^{\mathrm{T}} z \sigma^{(d)}, \tag{6.42}$$

这里 A 是 $(X^{\mathrm{T}}X)^{-1}$ 的上三角 $p \times p$ 的 Cholesky 因子, 即满足 $A^{\mathrm{T}}A = (X^{\mathrm{T}}X)^{-1}$.

对于回归系数本身的推断, 抽取不是必要的, 但通常需要根据性质 6.1B 用这些抽取来模拟参数的非线性函数的后验分布. 例如, $\lambda = \beta_1/\beta_2$ 的后验分布的一个抽取就是简单的 $\lambda^{(d)} = \beta_1^{(d)}/\beta_2^{(d)}$. 对于后面将要讨论的正态缺失数据问题, 抽取 (6.41) 和 (6.42) 在后验分布的模拟中扮演了重要角色.

例 6.21 多项样本的贝叶斯推断 (例 6.18 续).

在例 6.18 的多项模型之下, 通过对 $c = 1, \cdots, C$ 生成独立的卡方偏差量 $\{\chi^2_{2(n_c + \alpha_c)}\}$, 并令

$$\pi_c^{(d)} = \chi^2_{2(n_c + \alpha_c)} / \sum_{j=1}^{C} \chi^2_{2(n_j + \alpha_j)}, \tag{6.43}$$

可从 $\{\pi_c\}$ 的狄利克雷后验分布 (6.38) 中抽取 $\{\pi_c^{(d)}\}$.

通常卡方随机变量及其相关的 t 分布都用整数自由度确定, 这一限制其实是不必要的, 因为 (6.43) 有个更一般的形式, 即用参数为 $n_c + \alpha_c$ 的标准 (尺度参数为 1) 伽马分布代替 $\chi^2_{2(n_c + \alpha_c)}$, 其密度正比于 $f(x \mid \alpha_c, n_c) = x^{n_c + \alpha_c - 1} \exp(-x)$. 比如, 参见 Gelman 等 (2013, 附录 A). 对于 $C = 2$ 的特例, 多项样本成了二项样本, 狄利克雷先验和后验分布成了贝塔先验和后验分布.

例 6.22 多元正态样本的贝叶斯推断 (例 6.19 续).

对多元正态样本, 设 $\theta = (\mu, \Sigma)$ 的先验分布为 (6.39), 则后验分布由式 (6.40) 给出. 先从 Inv-Wishart$_{n-1}(S^{-1})$ 抽取 $C^{(d)}$, 令 $\Sigma^{(d)} = (n-1)C^{(d)}$, 然后抽取一列独立的 $N(0,1)$ 向量 $z = (z_1, \cdots, z_K)^{\mathrm{T}}$, 记 $A^{(d)}$ 是满足 $A^{(d)\mathrm{T}}A^{(d)} = \Sigma^{(d)}/n$ 的上三角 Cholesky 因子, 令 $\mu^{(d)} = \bar{y} + A^{(d)\mathrm{T}}z$, 就能得到后验分布的抽取值.

逆 Wishart 抽取 $C^{(d)}$ 的获得方式是: 构造一个上三角矩阵 B, 使其元素

$$b_{jj} \sim \sqrt{\chi^2_{n-j}}, \ b_{jk} \sim N(0,1), \ j < k, \tag{6.44}$$

记 A 是 S^{-1} 的 Cholesky 因子, 即 $A^{\mathrm{T}}A = S^{-1}$, 然后抽取

$$C^{(d)} = (B^{\mathrm{T}})^{-1}A. \tag{6.45}$$

这些结果可从 Wishart 分布的 Bartlett 分解得出 (如 Muirhead 1982).

6.2 不完全数据基于似然的推断

从一个更高的意义上讲, 不完全数据的极大似然或贝叶斯推断与完全数据的极大似然或贝叶斯推断在形式上没有区别. 根据不完全数据推导出参数的似然, 通过求解似然方程找到极大似然估计, 或者通过纳入先验分布并进行必要的积分得到后验分布. 但是, 在数据缺失的情况下, 从信息矩阵中得到的渐近标准误差存在一定的问题, 因为观测数据一般不构成独立同分布样本, 意味着关于似然函数大样本正态性的简单结果并不能立即适用. 在处理产生缺失数据的过程时, 还会出现其他复杂情况. 我们在处理这些麻烦时将可能会稍有不精确, 以保持符号的简单性. Rubin (1976a) 给出了一个数学上的精确处理, 其中也包含了不基于似然的频率学派方法; Mealli 和 Rubin (2015) 为基于似然的推断提供了一个更新的版本.

用 $Y = (y_{ij})$ $(i = 1, \cdots, n, j = 1, \cdots, K)$ 表示没有缺失值的数据矩阵, 包含 n 个单元和 K 个变量, 且 $y_{ij} \in \Omega_{ij}$, 其样本空间. 用 $M = (m_{ij})$ 表示完全观测的 $n \times K$ 二值缺失指标矩阵, 若 y_{ij} 缺失则 $m_{ij} = 1$, 若 y_{ij} 被观测到则 $m_{ij} = 0$. 当 $m_{ij} = 1$ 时, 记 $y_{ij} = *$, 表示 y_{ij} 可以取 Ω_{ij} 中的任何值. 我们用选择模型因子分解 (Little 和 Rubin 2002) 给 Y 和 M 的联合分布密度建模:

$$p(Y = y, M = m \mid \theta, \psi) = f_Y(y \mid \theta) f_{M|Y}(m \mid y, \psi), \tag{6.46}$$

其中 θ 是控制数据模型的参数向量, ψ 是控制缺失机制模型的参数向量. M 的

观测值 m 划分了数据 $y = (y_{(0)}, y_{(1)})$, 其中 $y_{(0)} = [y_{ij} : m_{ij} = 0]$ 是 y 的观测部分, $y_{(1)} = [y_{ij} : m_{ij} = 1]$ 是 y 的缺失部分. [①]

假设模型 (6.46) 成立, 基于观测值 $(y_{(0)}, m)$ 的完整似然定义为

$$L_{\text{full}}(\theta, \psi \mid y_{(0)}, m) = \int f_Y(y_{(0)}, y_{(1)} \mid \theta) f_{M|Y}(m \mid y_{(0)}, y_{(1)}, \psi) dy_{(1)}, \quad (6.47)$$

把它看作关于参数 (θ, ψ) 的函数. 忽略缺失机制的 θ 的似然定义为

$$L_{\text{ign}}(\theta \mid y_{(0)}) = \int f_Y(y_{(0)}, y_{(1)}) dy_{(1)}, \quad (6.48)$$

它不涉及 M 的模型. 有时对式 (6.38) 使用 "可忽略似然" 一词, 因此记作 L_{ign}.

正如第 15 章会详细讨论的, 对 M 和 Y 的联合分布建模一般很困难. 很多处理缺失数据的方法不对 M 建模, 而是 (精确地或非精确地) 基于可忽略似然 (6.48) 进行推断. 因此, 需要考虑在什么条件下对 θ 的推断才可以基于这个更简单的似然. 下面的定义概括性地阐述了这一问题.

定义 6.4　用 $\widetilde{m}$ 和 $\widetilde{y}_{(0)}$ 表示 $(m, y_{(0)})$ 的实现值. 称缺失机制是**可忽略** (ignorable) 的, 如果基于可忽略似然方程 (6.48) 在 $m = \widetilde{m}$、$y_{(0)} = \widetilde{y}_{(0)}$ 处对 θ 的推断结果与基于完整似然方程 (6.47) 在 $m = \widetilde{m}$、$y_{(0)} = \widetilde{y}_{(0)}$ 处对 θ 的推断结果相同.

忽略缺失机制的条件依赖于推断是基于直接似然的、贝叶斯的还是频率学派的. 我们轮流考虑这些推断的形式.

第 6.1.2 节提到的直接似然推断是指, 把数据固定在观测值上, 仅基于一对参数值的似然比进行推断. 对于直接似然, 如果基于可忽略似然的似然比与基于完整模型的似然比一致, 则缺失机制是可忽略的. 下面的定义说得更加精确.

定义 6.4A　对于式 (6.46) 确定的模型, 在 $(\widetilde{m}, \widetilde{y}_{(0)})$ 处直接似然推断的缺失机制被称作可忽略的, 如果对于两个值 θ 和 θ^*, 无论基于完整似然还是可忽略似然, 似然比都相同, 也就是

$$\frac{L_{\text{full}}(\theta, \psi \mid \widetilde{y}_{(0)}, \widetilde{m})}{L_{\text{full}}(\theta^*, \psi \mid \widetilde{y}_{(0)}, \widetilde{m})} = \frac{L_{\text{ign}}(\theta \mid \widetilde{y}_{(0)})}{L_{\text{ign}}(\theta^* \mid \widetilde{y}_{(0)})} \quad \text{对一切 } \theta, \theta^*, \psi. \quad (6.49)$$

定理 6.1A　如果下面两个条件成立, 则对 $(\widetilde{m}, \widetilde{y}_{(0)})$ 直接似然推断的缺失机制是可忽略的:

[①] 更正式地说, $y_{(0)}$ 是一个 $n \times K$ 矩阵, 当 $m_{ij} = 0$ 时对应元素为 y_{ij}, 当 $m_{ij} = 1$ 时对应元素为 $*$. 在先前的版本中, 我们用记号 y_{obs} 和 y_{mis} 分别表示 $y_{(0)}$ 和 $y_{(1)}$. 正如 Seaman 等 (2013) 及 Mealli 和 Rubin (2015) 所讨论的那样, 这种记号导致了一些混乱, 在这里, 我们恢复了一个更接近 Rubin (1976a) 中的原始记号.

(a) 参数分离: 参数 θ 和 ψ 是不同的, (θ, ψ) 的联合参数空间 $\Omega_{\theta,\psi}$ 是 θ 的参数空间 Ω_θ 与 ψ 的参数空间 Ω_ψ 的乘积, 即 $\Omega_{\theta,\psi} = \Omega_\theta \times \Omega_\psi$.

(b) 完整似然的因子分解: 在 $(y_0, m) = (\widetilde{y}_0, \widetilde{m})$ 处, 完整似然 (6.47) 可分解为

$$L_{\text{full}}(\theta, \psi \mid \widetilde{y}_{(0)}, \widetilde{m}) = L_{\text{ign}}(\theta \mid \widetilde{y}_{(0)}) \times L_{\text{rest}}(\psi \mid \widetilde{y}_{(0)}, \widetilde{m}) \quad \text{对一切 } \theta, \psi \in \Omega_{\theta,\psi}. \tag{6.50}$$

把式 (6.50) 代入式 (6.49) 的左边, 就能得到定理 6.1A. 分离性条件保证了 $\psi \in \Omega_\psi$ 的每一个值都与 $\theta \in \Omega_\theta$ 的不同值——如式 (6.49) 中的 θ 和 θ^*——是相容的.

似然可按式 (6.50) 分解的一个充分条件是, 缺失数据在 $(\widetilde{m}, \widetilde{y}_{(0)})$ 处是随机缺失的, 这在第 1.3 节有直观的定义. 正式地, 称缺失数据在 $(\widetilde{m}, \widetilde{y}_{(0)})$ 处是随机缺失的, 如果在 $(m, y_{(0)})$ 处评估的 M 的分布函数不依赖于缺失值 $y_{(1)}$, 也就是

$$f_{M|Y}(\widetilde{m} \mid \widetilde{y}_{(0)}, y_{(1)}, \psi) = f_{M|Y}(\widetilde{m} \mid \widetilde{y}_{(0)}, y_{(1)}^*, \psi) \quad \text{对一切 } y_{(1)}, y_{(1)}^*, \psi. \tag{6.51}$$

在式 (6.51) 之下,

$$f(\widetilde{y}_{(0)}, \widetilde{m} \mid \theta, \psi) = f_{M|Y}(\widetilde{m} \mid \widetilde{y}_{(0)}, \psi) \times \int f_Y(\widetilde{y}_{(0)}, y_{(1)} \mid \theta) dy_{(1)}$$
$$= f_{M|Y}(\widetilde{m} \mid \widetilde{y}_{(0)}, \psi) \times f_Y(\widetilde{y}_{(0)} \mid \theta),$$

得到分解的似然 (6.50), 因此我们有下面的推论.

推论 6.1A　如果缺失数据在 $(\widetilde{m}, \widetilde{y}_{(0)})$ 处是随机缺失的, 并且参数 θ 和 ψ 分离, 则似然推断的缺失机制是可忽略的.

对于完整模型 (6.46) 下的贝叶斯推断, 完整似然 (6.49) 被结合了 θ 和 ψ 的一个先验分布 $p(\theta, \psi)$:

$$p(\theta, \psi \mid \widetilde{y}_{(0)}, \widetilde{m}) \propto p(\theta, \psi) \times L_{\text{full}}(\theta, \psi \mid \widetilde{y}_{(0)}, \widetilde{m}). \tag{6.52}$$

忽略缺失机制的贝叶斯推断结合了似然 (6.48) 和一个仅有 θ 的先验分布, 即

$$p(\theta \mid \widetilde{y}_{(0)}) \propto p(\theta) \times L_{\text{ign}}(\theta \mid \widetilde{y}_{(0)}). \tag{6.53}$$

现在我们给出与定义 6.4A、定理 6.1A 以及推论 6.1A 类似的贝叶斯推断表述.

定义 6.4B 对于 $(\widetilde{m}, \widetilde{y}_{(0)})$ 处的贝叶斯推断, 称缺失机制是可忽略的, 如果 θ 基于式 (6.53) 的后验分布与基于式 (6.52) 的后验分布相同.

定理 6.1B θ 基于式 (6.52) 的后验分布与基于式 (6.53) 的后验分布相同, 如果 (a) 参数 θ 和 ψ 的先验独立, 也就是它们的先验分布具有形式

$$p(\theta, \psi) = p(\theta)p(\psi), \tag{6.54}$$

并且 (b) 在 $(\widetilde{m}, \widetilde{y}_{(0)})$ 处评估的完整似然具有式 (6.50) 的分解形式.

定理 6.1B 成立是因为在上述条件 (a) 和 (b) 下,

$$p(\theta, \psi \mid \widetilde{y}_{(0)}, \widetilde{m}) \propto \{p(\theta)L_{\text{ign}}(\theta \mid \widetilde{y}_{(0)})\} \times \{p(\psi)L_{\text{rest}}(\psi \mid \widetilde{y}_{(0)}, \widetilde{m})\},$$

所以 θ 基于 (6.52) 的后验分布简化为由 (6.53) 给出的后验分布. 与直接似然推断一样, 在 $(\widetilde{m}, \widetilde{y}_{(0)})$ 处随机缺失是条件 (b) 的充分条件, 似然有和 (6.50) 一样的分解形式, 因此有下面的推论.

推论 6.1B 如果缺失数据在 $(\widetilde{m}, \widetilde{y}_{(0)})$ 处是随机缺失的, 并且参数 θ 和 ψ 先验独立, 则贝叶斯推断的缺失机制是可忽略的.

注意先验独立条件 (6.54) 比直接似然推断的分离性条件更严格, 因为参数空间分离的参数可能不具有独立的先验分布.[①]

为了在渐近频率学派似然推断中忽略缺失机制, 一般需要分解等式 (6.50) 对重复采样的观测数据值成立. 也就是说, 我们需要

$$L_{\text{full}}(\theta, \psi \mid y_{(0)}, m) = L_{\text{ign}}(\theta \mid y_{(0)}) \times L_{\text{rest}}(\psi \mid y_{(0)}, m) \tag{6.55}$$

对一切 $y_{(0)}$、m 和 $\theta, \psi \in \Omega_{\theta, \psi}$ 成立.

对于这种形式的推断, 忽略缺失机制的一个充分条件是定义 6.4 所定义的参数分离性, 并且缺失数据总是随机缺失, 即

$$f_{M \mid Y}(m \mid y_{(0)}, y_{(1)}, \psi) = f_{M \mid Y}(m \mid y_{(0)}, y_{(1)}^*, \psi) \tag{6.56}$$

对一切 m、$y_{(0)}$、$y_{(1)}$、$y_{(1)}^*$、ψ 成立.

[①] 在早期的工作中 (Rubin 1976a; Little 和 Rubin 1987), "分离性" 一词是在贝叶斯情景下使用的, 用来指代先验独立. 但在这里, 我们简单地把条件标记成 "先验独立".

为了方便表述, 在下面的内容中, 我们将讨论直接似然和贝叶斯推断中忽略缺失机制的条件. 然而, 我们注意到, 可以为频率学派似然推断制定类似条件, 要求相关的等式不仅适用于 $(m, y_{(0)})$, 而且要适用于那些在重复抽样中可能出现的观测值.

例 6.23　不完全指数样本.

假设我们有一个不完全一元指数分布样本, 观测到 $y_{(0)} = (y_1, \cdots, y_r)^{\mathrm{T}}$, 缺失了 $y_{(1)} = (y_{r+1}, \cdots, y_n)^{\mathrm{T}}$. 因此 $m = (m_1, \cdots, m_n)^{\mathrm{T}}$, 其中 $i = 1, \cdots, r$ 的 $m_i = 0$, $i = r+1, \cdots, n$ 的 $m_i = 1$. 与例 6.2 一样,

$$f_Y(y \mid \theta) = \theta^{-n} \exp\left(-\sum_{i=1}^n \frac{y_i}{\theta}\right).$$

忽略缺失机制的似然是

$$L_{\mathrm{ign}}(\theta \mid y_{(0)}) = \theta^{-r} \exp\left(-\sum_{i=1}^r \frac{y_i}{\theta}\right). \tag{6.57}$$

假设每个单元均以概率 ψ 被观测到, ψ 不依赖于 Y, 那么式 (6.51) 成立. 于是

$$f_{M|Y}(m \mid y, \psi) = \frac{n!}{r!(n-r)!} \psi^r (1-\psi)^{n-r},$$

且

$$f(y_{(0)}, m \mid \theta, \psi) = \frac{n!}{r!(n-r)!} \psi^r (1-\psi)^{n-r} \theta^{-r} \exp\left(-\sum_{i=1}^r \frac{y_i}{\theta}\right).$$

因为缺失数据是随机缺失, 如果 ψ 和 θ 分离, 则基于似然对 θ 的推断可以使用可忽略似然 (6.57). 特别地, θ 的极大似然估计就是简单的 $\sum_{i=1}^r y_i/r$, 即 Y 的观测值的平均数.

换一个情况, 假设不完全数据是由在某已知删失点 c 删失产生的, 只有小于 c 的值能被观测, 那么

$$f_{M|Y}(m \mid y, \psi) = \prod_{i=1}^n f(m_i \mid y_i, \psi),$$

其中

$$f(m_i \mid y_i, \psi) = \begin{cases} 1, & \text{如果 } m_i = 1 \text{ 且 } y_i \geqslant c, \text{ 或 } m_i = 0 \text{ 且 } y_i < c; \\ 0, & \text{否则.} \end{cases}$$

由于响应者 $\Pr(y_i < c \mid y_i, \theta) = 1$, 不响应者 $\Pr(y_i \geqslant c \mid \theta) = \exp(-c/\theta)$, 利用指数分布的性质, 有

$$L_{\mathrm{full}}(\theta \mid y_{(0)}, m) = \prod_{i=1}^{r} f_Y(y_i \mid \theta) \Pr(y_i < c \mid y_i, \theta) \times \prod_{i=r+1}^{n} \Pr(y_i \geqslant c \mid \theta)$$

$$= \theta^{-r} \exp\left(-\sum_{i=1}^{r} \frac{y_i}{\theta}\right) \times \exp\left(-\frac{(n-r)c}{\theta}\right). \tag{6.58}$$

在这一情形中, 缺失机制对似然推断是不可忽略的, 正确的似然方程 (6.58) 与可忽略似然方程 (6.57) 不一致. 式 (6.58) 对 θ 最大化, 得到极大似然估计 $\widehat{\theta} = (\sum_{i=1}^{r} y_i + (n-r)c)/r$, 与之相比, (不正确的) 可忽略极大似然估计为 $\sum_{i=1}^{r} y_i / r$. 前一表达式中样本均值的膨胀反映了缺失值的删失.

例 6.24 一个变量有缺失的二元正态样本.

考虑一个例 6.9 那样的二元正态样本, 但第二个变量 y_{i2} 的值对 $i = r + 1, \cdots, n$ 缺失. 于是我们得到一个两变量的缺失模式. 忽略缺失机制的对数似然是

$$\ell_{\mathrm{ign}}(\mu, \Sigma \mid y_{(0)}) = \log(L_{\mathrm{ign}}(\mu, \Sigma \mid y_{(0)}))$$

$$= -\frac{1}{2} r \ln |\Sigma| - \frac{1}{2} \sum_{i=1}^{r} (y_i - \mu) \Sigma^{-1} (y_i - \mu)^{\mathrm{T}}$$

$$- \frac{1}{2}(n-r) \ln \sigma_{11} - \frac{1}{2} \sum_{i=r+1}^{n} \frac{(y_{i1} - \mu_1)^2}{\sigma_{11}}. \tag{6.59}$$

如果 M 的条件分布 (也就是 y_{i2} 缺失的概率) 不依赖于 y_{i2} 的值 (但可以依赖于 y_{i1} 的值), 并且 $\theta = (\mu, \Sigma)$ 与缺失机制的参数 ψ 分离, 那么这个对数似然可用于推断. 在这些条件下, μ 和 Σ 的极大似然估计可通过最大化 (6.59) 得到. 对于贝叶斯推断, 如果这些条件成立, 并且 (μ, Σ, ψ) 的先验分布具有形式 $p(\mu, \Sigma)p(\psi)$, 则 (μ, Σ) 的联合后验分布正比于 $p(\mu, \Sigma)$ 和式 (6.59) 中 $L_{\mathrm{ign}}(\mu, \Sigma \mid y_{(0)})$ 的乘积. 下一章将介绍基于因子分解似然函数的一个简单分析途径.

对于随机效应模型, 随机缺失假设和分离性 (或先验独立性) 假设之间存在微妙的相互作用, 这取决于对假想的完全数据的定义. 下面的例子说明了这个微妙的地方.

例 6.25 带缺失值的单因素方差分析, 缺失依赖于未观测的组均值.

考虑一个有 I 个组的单因素随机效应方差分析, 数据是 $X = \{x_{ij} : i = $

$1, \cdots, I; j = 1, \cdots, n_i\}$, 模型为

$$(x_{ij} \mid \mu_i, \theta) \sim_{\mathrm{ind}} N(\mu_i, \sigma^2), \tag{6.60}$$

$$(\mu_i \mid \theta) \sim_{\mathrm{ind}} N(\mu, \tau^2), \tag{6.61}$$

其中 $\theta = (\mu, \sigma^2, \tau^2)$ 是固定的未知参数, 下角标 "ind" 表示独立. 这就是说, 对 $i = 1, \cdots, I$, 假设第 i 组未观测到的均值 μ_i 是从正态分布 (6.61) 抽取的. 假设某些数据值 x_{ij} 缺失了, 用 $x_{(0)}$ 和 $x_{(1)}$ 分别表示 X 的观测值和缺失值. 假设缺失机制依赖于未观测到的随机变量 $\{\mu_i\}$:

$$\Pr(m_{ij} = 1 \mid x, \mu_i, \psi) \equiv \pi(\mu_i, \psi) = \exp(\psi_0 + \psi_1 \mu_i)/(1 + \exp(\psi_0 + \psi_1 \mu_i)). \tag{6.62}$$

对于似然推断, 见第 6.3 节, 没有分布的未知量是参数, 有分布的未知量是缺失数据. 因此, 这里完全数据的定义必须包括未观测到的组均值, 也就是

$$y = (x, \{\mu_i\}), y_{(0)} = x_{(0)}, y_{(1)} = (x_{(1)}, \{\mu_i\}),$$

缺失机制 (6.62) 是不可忽略的, 因为缺失数据不是随机缺失 (MAR). 对于由式 (6.60) – (6.62) 确定的模型, 似然推断必须基于完整的似然 (6.47). 假设第 i 组有 r_i 个 X 值被观测到, $r = \sum_{i=1}^{I} r_i$, 再用 $\bar{x}_{(0)i}$ 表示这些观测值的均值, 用 $s_{(0)i}^2$ 表示它们的样本方差 (分母为 r_i). 于是, 完整似然是

$$L_{\mathrm{full}}(\theta, \psi \mid y_{(0)}, m)$$

$$= \sigma^{-r} \tau^{-I} \prod_{i=1}^{I} \int \pi(\mu_i, \psi)^{r_i} (1 - \pi(\mu_i, \psi))^{n_i - r_i}$$

$$\times \exp\left(-r_i(s_{(0)i}^2 + (\bar{x}_{(0)i} - \mu_i)^2)/(2\sigma^2) - (\mu_i - \mu)^2/(2\tau^2)\right) d\mu_i.$$

除了式 (6.60) 和 (6.61), 另一个常见的选择是固定效应方差分析模型

$$(x_{ij} \mid \mu_i, \sigma^2) \sim_{\mathrm{ind}} N(\mu_i, \sigma^2), \tag{6.63}$$

其中 $\theta^* = (\{\mu_i\}, \sigma^2)$ 的所有成分都被看作固定的未知参数. 这样, 数据不再包含 $\{\mu_i\}$, 因为它们现在是固定的参数. 完全数据被定义为

$$y = (y_{(0)}, y_{(1)}), \text{ 其中 } y_{(0)} = x_{(0)} \text{ 且 } y_{(1)} = x_{(1)}.$$

于是, 缺失机制 (6.62) 下的完整似然是

$$L_{\mathrm{full}}(\theta^*, \psi \mid y_{(0)}, m) = \sigma^{-r} \prod_{i=1}^{I} \exp\left(-r_i(\bar{x}_{(0)i} - \mu_i)^2/(2\sigma^2)\right)$$

$$\times \pi(\mu_i, \psi)^{r_i}(1 - \pi(\mu_i, \psi))^{n_i - r_i}, \tag{6.64}$$

忽略缺失机制的似然是

$$L_{\text{ign}}(\theta^* \mid y_{(0)}) = \sigma^{-r} \prod_{i=1}^{I} \exp\left(-r_i(\bar{x}_{(0)i} - \mu_i)^2/(2\sigma^2)\right). \tag{6.65}$$

缺失机制 (6.62) 现在是随机缺失, 因为它不依赖于缺失数据, 与随机效应模型中的情况不一样了. 然而, 定义 6.4 中的分离性条件被破坏了, 因为模型 (6.62) 和 (6.63) 都牵涉了参数 $\{\mu_i\}$. 因此, 对 θ^* 的似然推断的缺失机制是不可忽略的. 严格说来, 基于式 (6.65) 的忽略缺失机制的似然或贝叶斯推断是不正确的, 因为完整似然方程 (6.64) 中的相关部分被忽略掉了. 从频率学派的角度看, 尽管违反了分离性条件, 基于 (6.65) 的估计仍然是渐近无偏的, 但它们通常不是最有效的.

前面讨论的在似然推断中忽略缺失机制的充分条件是针对整个参数向量 θ 的. Little 等 (2016a) 对模型中参数 θ 的子向量 θ_1 的直接似然推断提出了部分随机缺失以及可忽略性的定义, 如下所示.

定义 6.5 记 $\theta = (\theta_1, \theta_2)$, 其中 θ_1 和 θ_2 是式 (6.46) 中数据的模型成分的子向量. 对关于 θ_1 的直接似然推断, 称数据是部分随机缺失的, 记作 P-MAR(θ_1), 如果似然 (6.47) 对一切 θ_1、θ_2、ψ 可分解为

$$L_{\text{full}}(\theta_1, \theta_2, \psi \mid \widetilde{y}_{(0)}, \widetilde{m}) = L_1(\theta_1 \mid \widetilde{y}_{(0)}) \times L_{\text{rest}}(\theta_2, \psi \mid \widetilde{y}_{(0)}, \widetilde{m}), \tag{6.66}$$

其中 $L_1(\theta_1 \mid \widetilde{y}_{(0)})$ 不涉及缺失机制模型, $L_{\text{rest}}(\theta_2, \psi \mid \widetilde{y}_{(0)}, \widetilde{m})$ 不涉及参数 θ_1.

定义 6.6 对关于 θ_1 的直接似然推断, 称数据是可忽略的, 记作 IGN(θ_1), 如果 (a) 缺失机制是 P-MAR(θ_1), 并且 (b) θ_1 和 (θ_2, ψ) 是定理 6.1A 那样分离的参数集.

当数据是 IGN(θ_1), 基于 $L_1(\theta_1 \mid \widetilde{y}_{(0)})$ 对 θ_1 的似然推断与在完整似然 (6.66) 下的推断相同, 因为

$$\frac{L_{\text{full}}(\theta_1^*, \theta_2, \psi \mid \widetilde{y}_{(0)}, \widetilde{m})}{L_{\text{full}}(\theta_1^{**}, \theta_2, \psi \mid \widetilde{y}_{(0)}, \widetilde{m})} = \frac{L_1(\theta_1^* \mid \widetilde{y}_{(0)})}{L_1(\theta_1^{**} \mid \widetilde{y}_{(0)})} \times \frac{L_{\text{rest}}(\theta_2, \psi \mid \widetilde{y}_{(0)}, \widetilde{m})}{L_{\text{rest}}(\theta_2, \psi \mid \widetilde{y}_{(0)}, \widetilde{m})}$$

$$= \frac{L_1(\theta_1^* \mid \widetilde{y}_{(0)})}{L_1(\theta_1^{**} \mid \widetilde{y}_{(0)})}$$

对一切 θ_1^*、θ_1^{**}、θ_2、ψ 成立. 类似地, 对于贝叶斯推断, 如果 θ_1 与 (θ_2, ψ) 先验独立, 则 θ_1 的后验分布正比于 $\pi_1(\theta_1)L_1(\theta_1 \mid \widetilde{y}_{(0)})$, 其中 $\pi_1(\theta_1)$ 是 θ_1 的先验分布.

如果缺失机制是 P-MAR(θ_1), 但 θ_1 和 (θ_2, ψ) 不是分离的参数, 基于 $L_1(\theta_1 \mid \widetilde{y}_{(0)})$ 的部分似然推断在某种渐近频率学派的意义上也是可用的. 尽

管不是特别有效率, 但为了避免在建立缺失机制模型时涉及额外的假设, 它还是可以接受的. 把部分似然 $L_1(\theta_1 \mid \widetilde{y}_{(0)})$ 和 θ_1 的一个先验分布结合起来, 将产生一种 "伪贝叶斯" 推断形式, 它不完全是贝叶斯的, 但同样避免了缺失机制模型. 这种推断方法已在其他场合提出并讨论过, 如 Sinha 和 Ibrahim (2003)、Ventura 等 (2009) 以及 Pauli 等 (2011).

例 6.26　**缺失依赖于协变量的回归.**

假设完全数据是 Y 和 Z 的一个随机样本 (y_i, z_i), $i = 1, \cdots, n$, Y 和 Z 都可能是向量, 我们感兴趣的是 Y 对 Z 的回归系数. 用 $(y_{i(1)}, y_{i(0)})$ 和 $(z_{i(1)}, z_{i(0)})$ 分别表示 y_i 和 z_i 的缺失分量和观测分量, 其中 $i = 1, \cdots, n$. 再用 $m_i = (m_i^{(Y)}, m_i^{(Z)})$ 表示缺失指标, 其中 $m_i^{(Y)}$ 和 $m_i^{(Z)}$ 分别是表示 y_i 和 z_i 的分量是否缺失的向量. 假设对 $i = 1, \cdots, r$, z_i 被完全观测到, 且 y_i 至少有一个分量被观测到. 对剩下的单元 $i = r + 1, \cdots, n$, y_i 完全缺失, z_i 的缺失模式是任意的, 但 z_i 至少有一个分量缺失. 我们假设 (y_i, z_i, m_i) 是独立同分布单元, 且有

$$f_{Y,Z,M}(y_i, z_i, m_i \mid \theta_1, \theta_2, \psi)$$
$$= f_{Y|Z}(y_i \mid z_i, \theta_1) f_Z(z_i \mid \theta_2) f_{M|Y,Z}(m_i \mid z_i, y_i, \psi), \tag{6.67}$$

再假设缺失机制依赖于协变量 Z 但不依赖于结局 Y, 也就是

$$f_{M|Y,Z}(\widetilde{m}_i \mid \widetilde{z}_{i(1)}, z_{i(0)}, y_i, \psi) = f_{M|Z}(\widetilde{m}_i \mid \widetilde{z}_{i(1)}, z_{i(0)}, y_i^*, \psi)$$

对一切 $z_{i(0)}$、y_i、y_i^* 成立, $i = 1, \cdots, n$.

这一缺失机制是非随机缺失, 因为 $i = r + 1, \cdots, n$ 的缺失可能依赖于 Z 的缺失分量. 完整似然的分解为

$$L(\theta_1, \theta_2, \psi) = L_1(\theta_1 \mid \widetilde{Y}_{(0)}, \widetilde{Z}_{(0)}) \times L_{\text{rest}}(\theta_2, \psi),$$

其中

$$L_1(\theta_1 \mid \widetilde{Y}_{(0)}, \widetilde{Z}_{(0)}) = \prod_{i=1}^{r} \int f_{Y|Z}(\widetilde{y}_{i(0)}, y_{i(1)} \mid \widetilde{z}_i, \theta_1) dy_{i(1)},$$

且

$$L_{\text{rest}}(\theta_2, \psi) = \prod_{i=1}^{r} f_Z(\widetilde{z}_i \mid \theta_2) f_{M|Z}(\widetilde{m}_i \mid \widetilde{z}_i, \psi)$$
$$\times \prod_{i=m+1}^{n} f_Z(\widetilde{z}_{i(1)}, \widetilde{z}_{i(0)} \mid \theta_2) \int f_{M|Z}(\widetilde{m}_i \mid \widetilde{z}_{i(0)}, z_{i(1)}, \psi) dz_{i(1)}.$$

因此, 如果 θ_1 与 (θ_2, ψ) 是分离的参数, 则数据是 P-MAR(θ_1) 和 IGN(θ_1) 的. 这样, 对 θ_1 的有效推断可以基于前 r 个案例, 而不需要对缺失机制建模, 尽管舍弃部分数据可能会损失一些关于 (θ_2, ψ) 的信息. 一个特例是, 如果 Y 的前 r 个单元没有缺失值, 这就是完全案例分析, 正如例 3.3 所讨论的, 这在频率学派意义上是合理的.

6.3 极大似然以外一种通常有缺陷的做法: 对参数和缺失数据最大化

6.3.1 方法

在文献中偶尔遇到处理不完全数据的另一种方法, 把缺失数据当作参数, 并在缺失数据和参数上最大化完全数据的似然. 也就是说, 把

$$L_{\mathrm{mispar}}(\theta, y_{(1)} \mid \widetilde{y}_{(0)}) = f_Y(\widetilde{y}_{(0)}, y_{(1)} \mid \theta) \tag{6.68}$$

当作固定 $\widetilde{y}_{(0)}$ 时关于 $(\theta, y_{(1)})$ 的函数, 然后通过对 θ 和 $y_{(1)}$ 最大化 $L_{\mathrm{mispar}}(\theta, y_{(1)} \mid \widetilde{y}_{(0)})$ 来估计 θ. 当缺失数据不是随机缺失, 或 θ 不能从 ψ 分离, 这种方法通过对 $(\theta, \psi, y_{(1)})$ 最大化

$$\begin{aligned} L_{\mathrm{mispar}}(\theta, \psi, y_{(1)} \mid \widetilde{y}_{(0)}, \widetilde{m}) &= L_{\mathrm{full}}(\theta, \psi \mid \widetilde{y}_{(0)}, y_{(1)}, \widetilde{m}) \\ &= f_Y(\widetilde{y}_{(0)}, y_{(1)} \mid \theta) f_{M|Y}(\widetilde{m} \mid \widetilde{y}_{(0)}, y_{(1)}, \psi) \end{aligned} \tag{6.69}$$

来估计 θ. 虽然这种方法在特定的问题上是有用的, 如第 2 章所描述的, 但它并不是对不完全数据分析普遍有效的方法. 极大似然估计的频率学派最优性要求参数数量相对于样本量的增加速度足够缓慢. 这个条件意味着, 只有在随着样本量的增加缺失数据的比例趋于零的这个渐近情况下, 对 $(\theta, \psi, y_{(1)})$ 最大化 L_{mispar} 才普遍有效, 不幸的是这种渐近情况并不适合此问题, 因为它不能反映缺失数据的信息损失. 换句话说, 对 $(\theta, \psi, y_{(1)})$ 最大化 L_{mispar} 是第 6.1.3 节中介绍的 S2 那种情况的一个例子, 常规的极大似然渐近性并不适用.

6.3.2 背景

第 6.3.1 节所述方法的经典例子是方差分析中对缺失区组的处理, 把缺失的结局 $y_{(1)}$ 当作参数处理, 与模型参数一起估计, 从而可以用计算上高效的方法进行分析 (见第 2 章). DeGroot 和 Goel (1980) 提出了这一方法, 用于分析混合两变量正态样本, 其中缺失数据是使两个变量的值能够配对的指示量, 并

且假设所有配对的可能性先验相同. Press 和 Scott (1976) 提出了对不完全多元正态样本的贝叶斯分析, 相当于在 $(\theta, y_{(1)})$ 上使式 (6.68) 中的 L_{mispar} 最大化. Box 等 (1970) 和 Bard (1974) 把同样的方法应用于更普遍的情形中, 即多元正态均值向量对协变量具有非线性的回归. Lee 和 Nelder (1996) 主张用这种方法来分析广义线性混合模型, 下文例 6.30 中将讨论这种方法.

　　形式上, 式 (6.47) 定义的 $L_{\mathrm{full}}(\theta, \psi \mid y_{(0)}, y_{(1)}, m)$ 或缺失机制可忽略时式 (6.48) 定义的 $L_{\mathrm{ign}}(\theta \mid y_{(0)})$ 都定义了基于观测数据推断 θ 的正确似然. 式 (6.68) 或 (6.69) 中的函数 L_{mispar} 并不是似然, 因为它们的自变量包含了随机变量 $y_{(1)}$, 在特定模型下 $y_{(1)}$ 具有一个分布, 不应被当作固定参数. 因此, 对 $(\theta, \psi, y_{(1)})$ 最大化 L_{mispar} 并不是极大似然程序, 正如前一节指出的, 这一过程不具备极大似然的最优性. 下面的例子说明了把 $y_{(1)}$ 当成参数这一做法的缺陷.

6.3.3　例子

例 6.27　带缺失数据的一元正态样本.

　　设 $y = (y_{(0)}, y_{(1)})$ 包含来自均值为 μ、方差为 σ^2 的正态分布的 n 个实现值, 其中 $y_{(0)}$ 包含 r 个观测值, $y_{(1)}$ 包含 $n - r$ 个缺失值, 假设缺失机制是随机缺失. 感兴趣的参数 θ 是 (μ, σ^2), 我们假设它与缺失机制参数分离. 可忽略似然 $L_{\mathrm{ign}}(\theta \mid y_{(0)})$ 是样本量为 r 的正态分布样本的似然, 对 θ 最大化它, 得到极大似然估计

$$\widehat{\mu} = \sum_{i=1}^{r} \frac{y_i}{r} \quad \text{和} \quad \widehat{\sigma}^2 = \sum_{i=1}^{r} \frac{(y_i - \widehat{\mu})^2}{r}. \tag{6.70}$$

这一模型对应的式 (6.68) 为

$$L_{\mathrm{mispar}}(\mu, \sigma^2, y_{r+1}, \cdots, y_n \mid y_1, \cdots, y_r)$$
$$= (2\pi\sigma^2)^{-n/2} \exp\left\{ -\frac{1}{2} \sum_{i=1}^{r} \frac{(y_i - \mu)^2}{\sigma^2} \right\} \exp\left\{ -\frac{1}{2} \sum_{i=r+1}^{n} \frac{(y_i - \mu)^2}{\sigma^2} \right\}, \tag{6.71}$$

对 $(\mu, \sigma^2, y_{r+1}, \cdots, y_n)$ 最大化式 (6.69), 得到估计 $(\widehat{\mu}^*, \widehat{\sigma}^{*2}, \widehat{y}_{r+1}, \cdots, \widehat{y}_n)$, 其中

$$\widehat{y}_i = \widehat{\mu}, \ i = r+1, \cdots, n, \ \widehat{\mu}^* = \widehat{\mu}, \ \widehat{\sigma}^{*2} = r\widehat{\sigma}^2/n, \tag{6.72}$$

这里的 $\widehat{\mu}$ 和 $\widehat{\sigma}^2$ 是极大似然估计 (6.70). 因此, 最大化 L_{mispar} 得到了均值的极大似然估计, 但它的方差估计是极大似然估计再乘上观测数据比例 r/n. 当缺失数据的比例较大 (如 $(n - r)/n = 0.5$), 估计的方差严重有偏, 除非随着

$n \to \infty$ 有 $r/n \to 1$, 否则偏倚不会消失. 更合理的渐近分析应保持 r/n 固定, 不随样本量变化.

例 6.28 缺失区组的方差分析.

假设我们在前面的例子中加入一组协变量 X, 所有 n 个观测值都有协变量观测. 我们假设协变量值为 x_i 的第 i 个观测值的结局 y_i 是正态的, 均值为 $\beta_0 + x_i\beta$, 方差为 σ^2, 记 $\theta = (\beta_0, \beta, \sigma^2)$. 通过对 r 个观测单元执行最小二乘回归, 得到最大化似然 $L_{\text{ign}}(\theta \mid y_{(0)})$ 的 $(\beta_0, \beta, \sigma^2)$ 估计量. 最大化 L_{mispar} 的 β_0 和 β 与它们的极大似然估计相同. 然而, 和例 6.26 一样, 方差的估计是极大似然估计再乘上观测值的比例.

例 6.29 有删失值的指数样本.

在前面两个例子中, 通过最大化 L_{mispar} 得到的估计产生了位置参数的合理估计, 但尺度参数一般需要调整. 然而, 在其他的例子中, 位置参数的估计也可能是严重有偏的. 比如, 考虑例 6.23 那样的均值为 θ 的指数分布的删失样本. 用 $y_{(0)}$ 表示 r 个观测值, 这些观测值都小于已知的删失点 c; 用 $y_{(1)}$ 表示 $n-r$ 个超过 c 的值, 它们删失了. 根据例 6.23 中的讨论, θ 的极大似然估计是 $\hat{\theta} = \bar{y} + (n-r)c/r$. 对 θ 和 $y_{(1)}$ 最大化式 (6.68) 中的 L_{mispar}, 产生了删失值的估计 $\hat{y}_i = c, i = r+1, \cdots, n$, 并且 θ 的估计是 $(r/n)\hat{\theta}$. 因此在这个例子中, 除非随着样本量增大, 缺失值的比例趋向于 0, 否则均值的估计是不相合的.

例 6.30 广义线性混合模型的极大似然估计.

Breslow 和 Clayton (1993) 考虑了例 6.11 中广义线性模型的推广, 以包含随机效应. 假设条件在协变量 x_i 和一个未观测到的随机效应 u_i 上, 单元 i 的结局 y_i 具有分布 (6.9), 即

$$f(y_i \mid x_i, u_i, \beta, \phi) = \exp[(y_i\delta(x_i, u_i, \beta) - b(\delta(x_i, u_i, \beta)))/\phi + c(y_i, \phi)]. \quad (6.73)$$

给定 x_i 和 u_i, y_i 的均值 $\mu_i = E(y_i \mid x_i, u_i, \beta, \phi)$ 与 u_i 和协变量 x_i 相关, 关系如下:

$$\mu_i = g^{-1}\left(\beta_0 + \sum_{j=1}^{p} \beta_j x_{ij} + u_i\right), \quad (6.74)$$

其中 $g(\cdot)$ 是连接函数. 此外, 假设 u_i 相互独立, 且具有密度 $f(u_i \mid x_i, \alpha)$, 这个密度包含一个未知参数 α. 给定数据 $y_{(0)} = (y_1, y_2, \cdots, y_n)$, 似然是

$$L(\beta, \phi, \alpha \mid y_{(0)}) = \prod_{i=1}^{n} \int f(y_i \mid x_i, u_i, \beta, \phi)f(u_i \mid x_i, \alpha)du_i, \quad (6.75)$$

此式要对未观测到的随机效应 u_i 积分, 所以变得很复杂. 对于似然推断, u_i 必须被看作缺失值. Lee 和 Nelder (1996) 通过对 (β, ϕ, α) 和 $u = (u_1, \cdots, u_n)^{\mathrm{T}}$ 最大化

$$h(\beta, \phi, \alpha, u \mid Y) = \sum_{i=1}^{n} \log(f(y_i \mid x_i, u_i, \beta, \phi)) + \log(f(u_i \mid x_i, \alpha)) \qquad (6.76)$$

避免了积分. 上式其实是式 (6.68) 中 L_{mispar} 的对数, 有 $\theta = (\beta, \phi, \alpha)$, $y_{(0)} = (y_1, \cdots, y_n)$, $y_{(1)} = (u_1, \cdots, u_n)$. 当两个分布都是正态的, 式 (6.76) 就是 Henderson (1975) 最大化的联合对数似然. 与最大化 (6.75) 不同, 最大化 (6.76) 一般不会产生参数的相合估计 (Breslow 和 Lin 1995), 特别是在涉及 u_i 的非共轭分布的问题中. Breslow 和 Clayton (1993)、McCulloch (1997) 以及 Aitkin (1999) 讨论了对数似然 (6.75) 的最大化算法.

为了解决这个问题, Lee 和 Nelder (2001) 以及 Lee 等 (2006) 提出了最大化 (6.76) 的一个修改版本, 即他们称之为 "修正轮廓 h-似然" 的函数:

$$\mathrm{APHL}(\beta, \phi, \alpha) = [h(\beta, \phi, \alpha, u \mid Y) - 0.5 \log \det\{D(h, u)/2\pi\}]\mid_{u = \tilde{u}}, \qquad (6.77)$$

其中 $D(h, u) = -\partial^2 h/\partial u^2$, $\tilde{u}$ 是 $\partial h/\partial u = 0$ 的解, $\det$ 表示行列式. 这一方法可以看成最大化 (6.75) 的数值 (Laplace) 近似, 也就是正确的极大似然方法. 更多的细节可参看 Lee 和 Nelder (2009), 以及一些相关的讨论, 特别是 Meng (2009).

6.4　粗化数据的似然理论

缺失值是 "数据粗化" 的一种形式. Heitjan 和 Rubin (1990) 以及 Heitjan (1994) 发展了粗化数据的一个更一般的理论, 包括堆积、删失、分组数据和缺失数据. 用 $Y = \{y_{ij}\}$ 表示未经粗化的完全数据矩阵, 用 $f_Y(y \mid \theta)$ 表示在完全数据模型及未知参数 θ 下 Y 的密度. 如果 y_{ij} 处于其样本空间 Ψ_{ij} 的某个子集中, 则它能被观测到, 记作 $y_{ij(0)}$. 观测数据由关于 y_{ij} 和一个粗化变量 c_{ij} 的函数确定, 也就是 $y_{ij(0)} = y_{ij(0)}(y_{ij}, c_{ij})$, 粗化子集包含了未观测到的真值, 即 $y_{ij} \in y_{ij(0)}(y_{ij}, c_{ij})$. 对于迄今为止所讨论的缺失数据, $C = \{c_{ij}\}$ 就是简单的二值缺失指标矩阵, 且

$$y_{ij(0)} = \begin{cases} \{y_{ij}\}, \text{ 即包含单一真值的集合}, & \text{若 } c_{ij} = 0; \\ \Psi_{ij}, \text{ 即 } y_{ij} \text{ 的样本空间}, & \text{若 } c_{ij} = 1. \end{cases}$$

例 6.31 随机删失时间的粗化.

假设 Y 是事件发生时间, Y 的部分值有观测, 其余值被删失了. 对于观测 i, 用 y_i 表示 Y 的值, 用 c_i 表示随机删失时间 C 的值. 完全数据是 (y_i, c_i), $i = 1, \cdots, n$. 单元 i 的粗化数据是

$$y_{(0)i} = y_{(0)i}(y_i, c_i) = \begin{cases} \{y_i\}, & \text{若 } y_i \leqslant c_i; \\ (c_i, \infty), & \text{若 } y_i > c_i. \end{cases}$$

也就是说, 如果事件发生在删失点之前, 那么 $y_{(0)i}$ 就是实际事件发生时间 y_i 所组成的点集, 如果事件发生在删失点之后, 那么 $y_{(0)i}$ 就是 c_i 之后的时间集. 需要注意的是, 如果 y_i 被观测到了, 那么相应的删失时间 c_i 就无法被观测. 这和缺失数据的情形不太一样, 因为缺失指标是一定能观测到的.

对粗化程度不确定性的建模方式是给 C 指定一个概率分布, 给定 $Y = y$ 时 C 的条件分布等于 $f_{C|Y}(c \mid y, \phi)$. 记 $y = (y_{(0)}, y_{(1)})$, $c = (c_{(0)}, c_{(1)})$, 其中 $y_{(0)}$ 和 $y_{(1)}$ 分别是 Y 的观测部分和缺失部分, $c_{(0)}$ 和 $c_{(1)}$ 分别是 C 的观测部分和缺失部分. 这样, 完整的粗化数据似然是

$$L_{\text{full}}(\theta, \phi \mid y_{(0)}, c_{(0)}) = \iint f_{C|Y}(c_{(0)}, c_{(1)} \mid y_{(0)}, y_{(1)}, \phi) f_Y(y_{(0)}, y_{(1)} \mid \theta) dy_{(1)} dc_{(1)}, \tag{6.78}$$

忽略粗化机制的似然是

$$L_{\text{ign}}(\theta \mid y_{(0)}) = \int f_Y(y_{(0)}, y_{(1)} \mid \theta) dy_{(1)}. \tag{6.79}$$

下面的定义和引理推广了随机缺失和可忽略缺失机制的思想, 用在了粗化数据上.

定义 6.7 称数据在观测值 $y_{(0)} = \widetilde{y}_{(0)}$、$c_{(0)} = \widetilde{c}_{(0)}$ 处是**随机粗化** (coarsened at random, CAR) 的, 如果

$$f_{C|Y}(\widetilde{c}_{(0)}, c_{(1)} \mid \widetilde{y}_{(0)}, y_{(1)}, \phi) = f_{C|Y}(\widetilde{c}_{(0)}, c^*_{(1)} \mid \widetilde{y}_{(0)}, y^*_{(1)}, \phi)$$

对一切 $c_{(1)}$、$c^*_{(1)}$、$y_{(1)}$、$y^*_{(1)}$、ϕ 成立.

定义 6.8 称粗化机制是可忽略的, 如果基于 L_{ign} 对 θ 推断与基于完整似然 L_{full} 对 θ 推断是等价的.

忽略粗化机制的条件与前文定理 6.1A 和 6.1B 以及推论 6.1A 和 6.1B 中描述的忽略缺失机制的条件类似. 具体而言, 似然推断忽略粗化机制的充分条件是: (1) 数据是随机粗化, (2) 参数 θ 和 ϕ 分离; 贝叶斯推断忽略粗化机制的充分条件是: (1) 数据是随机粗化, (2) 参数 θ 和 ϕ 先验分布独立.

例 6.32　删失机制 (例 6.30 续).

对删失数据的情形, 设当 $i \neq j$ 时 (y_i, c_i) 与 (y_j, c_j) 独立, 则完整似然方程 (6.78) 是

$$L_{\text{full}}(\theta, \phi \mid y_{(0)}, c_{(0)}) = \prod_{i: c_i \geqslant y_i} \int_{c_i > y_i} f_Y(y_i \mid x_i, \theta) f_{C \mid Y}(c_i \mid y_i, x_i, \phi) dc_i$$
$$\times \prod_{i: c_i < y_i} \int_{y_i > c_i} f_{C \mid Y}(c_i \mid y_i, x_i, \phi) f_Y(y_i \mid x_i, \theta) dy_i,$$

$$(6.80)$$

其中 x_i 表示单元 i 的完全观测到的协变量, $f_Y(y_i \mid x_i, \theta)$ 是给定 x_i 时 y_i 的密度, $f_{C \mid Y}(c_i \mid y_i, x_i, \phi)$ 是给定 (x_i, y_i) 时 c_i 的密度. 似然方程 (6.79) 忽略粗化机制, 就成了

$$L_{\text{ign}}(\theta \mid y_{(0)}) = \prod_{i: c_i \geqslant y_i} f_Y(y_i \mid x_i, \theta) \prod_{i: c_i < y_i} \int_{y_i > c_i} f_Y(y_i \mid x_i, \theta) dy_i. \qquad (6.81)$$

在观测数据 $\{(\widetilde{c}_i, \widetilde{y}_i, \widetilde{x}_i), i = 1, \cdots, n\}$ 处, 如果

$$f_C(\widetilde{c}_i \mid \widetilde{y}_i, \widetilde{x}_i, \phi) = f_C(\widetilde{c} \mid \widetilde{x}_i, \phi) \quad \text{对一切 } \phi, i = 1, \cdots, n,$$

则数据是随机粗化的. 否则, 式 (6.80) 中的积分一般无法穿过第一个因子得到式 (6.81). 因此, 删失机制不能依赖于结局 Y 的值, 但可以依赖于协变量的值. 如果分离性条件也满足, 那么似然推断中删失机制就是可忽略的. 注意在这些条件下, 删失机制是随机粗化, 但不是随机缺失. 更多的讨论参看 Heitjan (1994) 以及 Jacobsen 和 Keiding (1995).

问题

6.1 写出来自下列分布的独立同分布样本的似然函数: (a) 贝塔分布, (b) 泊松分布, (c) 位置为 θ、尺度为 1 的柯西分布.

6.2 找出问题 6.1 中各分布的得分函数. 哪些分布有闭式的极大似然估计? 若有, 请找出.

6.3 对于一元正态样本, 找出变异系数 σ / μ 的极大似然估计.

6.4 (a) 比较例 6.10 中模型的极大似然估计和最小二乘估计.

(b) 说明如果数据独立同分布且具有 Laplace (双指数) 分布

$$f(y_i \mid \theta) = 0.5 \exp(-|y_i - \mu(x_i)|),$$

其中 $\mu(x_i) = \beta_0 + \beta_1 x_{i1} + \cdots + \beta_p x_{ip}$, 则 $\beta_0, \cdots, \beta_p$ 的极大似然估计可通过最小化 y 值距其期望值的绝对偏差之和获得.

6.5 假设数据是来自 0 和 θ $(\theta > 0)$ 之间均匀分布的随机样本, 样本量为 n. 说明 θ 的极大似然估计是最大的数据值. (提示: 在本题中微分得分函数并不适用.) 假设 θ 有一个均匀的先验分布, 找出 θ 的后验均值. 对这一问题你更喜欢上述估计中的哪一个, 为什么?

6.6 说明对式 (6.9) 中的广义线性模型, 有 $E(y_i \mid x_i, \beta) = b'(\delta(x_i, \beta))$, 其中函数右上角的撇表示对函数自变量的微分. 令 $g^{-1}(\cdot) = b'(\cdot)$, 说明可获得典范连接 (6.12). (提示: 把式 (6.9) 中 y_i 的密度看作 $\delta_i = \delta(x_i, \beta)$ 的函数, 然后对 δ_i 微分恒等式 $\int f(y_i \mid \delta_i, \phi) dy_i = 1$; 你可以假设导数可以穿过积分符号.)

6.7 用问题 6.6 中那样类似的变元, 说明对于模型 (6.9), 有 $\mathrm{Var}(y_i \mid \delta_i, \phi) = \phi b''(\delta_i)$, 其中 $\delta_i = \delta(x_i, \beta)$, 两个撇表示对函数自变量求两次微分.

6.8 总结近似 6.1 的频率学派解释和贝叶斯解释在理论和实践上的差异. 哪个更接近直接似然解释?

6.9 对于问题 6.1 中的分布, 计算观测信息和期望信息.

6.10 对于来自正则分布 (导数可以穿过积分) 的随机样本, 说明平方得分函数的期望等于期望信息.

6.11 在例 6.15 中, 说明对足够大的 n, 有 $\mathrm{LR} = t^2$.

6.12 求出例 6.16 中式 (6.26) – (6.28) 的后验分布.

6.13 求出例 6.17 中式 (6.34) – (6.36) 的后验分布.

6.14 对于例 6.17 末尾讨论的加权线性回归, 求出式 (6.34) – (6.36) 中后验分布的修正. 考虑加权线性回归的一个特例, 如果不存在截距项 $(\beta_0 = 0)$, 只存在一个协变量 X, 且观测权重 $w_i = x_i$, 则比例估计量 $\bar{y}/\bar{x}$ (a) 是 β_1 的极大似然估计, (b) 若 (β_1, σ^2) 的先验分布 $p(\beta_1, \log \sigma^2)$ 等于常数, 则是 β_1 的后验均值.

6.15 假设下面的数据是来自中值为 θ 的柯西分布的随机样本, 样本量 $n = 7$:

$$Y = (-4.2, -3.2, -2.0, 0.5, 1.5, 1.5, 3.5).$$

用下列途径计算并比较 θ 的 90% 区间: (a) 基于观测信息的渐近分布, (b) 基于期望信息的渐近分布, (c) 基于假设 θ 均匀先验的后验分布.

6.16 找出例 6.23 中两个极大似然估计的大样本抽样方差估计.

6.17 对于二元正态变量 (Y_1, Y_2) 的样本 (y_{i1}, y_{i2}), $i = 1, \cdots, n$, 参数为 $\theta = (\mu_1, \mu_2, \sigma_{11}, \sigma_{12}, \sigma_{22})$. Y_2 的值有缺失, 用 m_{i2} 表示 y_{i2} 的缺失指标. 在下列缺失机制下, (1) 数据是否是随机缺失? (2) 缺失机制对基于似然的推断是否可忽略?

   (a) $\Pr(m_{i2} = 1 \mid y_{i1}, y_{i2}, \theta, \psi) = \exp(\psi_0 + \psi_1 y_{i1}) / \{1 + \exp(\psi_0 + \psi_1 y_{i1})\}$, $\psi = (\psi_0, \psi_1)$ 与 θ 分离.

   (b) $\Pr(m_{i2} = 1 \mid y_{i1}, y_{i2}, \theta, \psi) = \exp(\psi_0 + \psi_1 y_{i2}) / \{1 + \exp(\psi_0 + \psi_1 y_{i2})\}$, $\psi = (\psi_0, \psi_1)$ 与 θ 分离.

　　(c) $\Pr(m_{i2} = 1 \mid y_{i1}, y_{i2}, \theta, \psi) = 0.5 \exp(\mu_1 + \psi y_{i1})/\{1 + \exp(\mu_1 + \psi y_{i1})\}$, 标量 ψ
　　与 θ 分离.

6.18 假设给定协变量集合 X_1 和 X_2 (可能有重叠), y_{i1} 和 y_{i2} 是二元正态的, 均值分别为
$x_{i1}\beta_1$ 和 $x_{i2}\beta_2$, 方差 $\sigma_1^2 = \sigma_2^2 = 1$, 相关系数为 ρ. 数据包含一组随机样本, x_{i1} 和
x_{i2} 总有记录, y_{i2} 总是缺失, 当且仅当 $y_{i2} > 0$ 时 y_{i1} 缺失. 用 m_{i1} 表示 y_{i1} 的缺失
指标. 说明

$$\Pr(m_{i1} = 1 \mid y_{i1}, x_{i1}, x_{i2}, \theta, \psi) = 1 - \Phi\left(\frac{-x_{i2}\beta_2 - (\rho/\sigma_1)(y_{i1} - x_{i1}\beta_1)}{\sqrt{1 - \rho^2}}\right),$$

其中 Φ 是标准正态分布的累积分布函数. 分别给出关于参数的条件, 使下面两种情
况成立: (a) 数据是随机缺失的, (b) 缺失机制对基于似然的推断是可忽略的. 例 15.5
将更细致地考虑这一模型.

6.19 随机缺失的定义可以依赖于完全数据是如何定义的. 假设 $X = (x_1, \cdots, x_n)$, $Z = (z_1, \cdots, z_n)$, (x_i, z_i) 是来自均值为 $(\mu_x, 0)$、方差为 $(\sigma_x^2, 1)$、相关系数为 0 的二元正
态分布的随机样本, 所以 x_i 与 z_i 独立. 假设 x_i 的某些值缺失了, x_i 的缺失指标是
m_i, Z 是完全没有观测的隐变量, 缺失机制由

$$\Pr(m_i = 1 \mid x_i, z_i) = \exp(z_i)/(1 + \exp(z_i))$$

给出. 说明如果完全数据被定义为 X, 则缺失机制是完全随机缺失; 如果完全数据被
定义为 (X, Z), 则缺失数据不是随机缺失. 哪种定义更有道理?

6.20 对例 6.27, 推导在参数和缺失数据上最大化似然 (6.71) 的估计量.

6.21 对例 6.28, 推导在参数和缺失数据上最大化似然的估计量.

6.22 对例 6.29, 推导在参数和缺失数据上最大化似然的估计量.

第 7 章　当缺失机制可忽略时因子化似然的方法

7.1　引言

现在我们假设缺失机制是可忽略的, 并且为了简单起见, 我们把基于观测数据 $y_{(0)}$ 的可忽略对数似然 $\ell_{\text{ign}}(\theta \mid y_{(0)})$ 简记作 $\ell(\theta \mid y_{(0)})$. 这可能是一个复杂的函数, 没有明显的最大值, 而且信息矩阵的形式明显也很复杂. 在没有简单结构的情况下, 从计算得到的后验分布进行模拟, 也会出现类似的问题. 然而, 对于某些模型和不完全数据模式, 基于 $\ell(\theta \mid y_{(0)})$ 的分析可以采用标准的完全数据分析技术. 本节将在这里描述一般的思想, 本章剩余部分将给出正态数据的具体例子, 第 12.2 节将给出多项 (即交叉分类) 数据的具体例子.

对各类模型和缺失模式, 一种可选的参数化方式是 $\phi = \phi(\theta)$, 其中 ϕ 是 θ 的一个一一函数, 使得对数似然能分解成 J 项:

$$\ell(\phi \mid y_{(0)}) = \ell_1(\phi_1 \mid y_{(0)}) + \ell_2(\phi_2 \mid y_{(0)}) + \cdots + \ell_J(\phi_J \mid y_{(0)}), \tag{7.1}$$

其中,

1. $\phi_1, \phi_2, \cdots, \phi_J$ 是分离的参数, $\phi = (\phi_1, \phi_2, \cdots, \phi_J)$ 的联合参数空间是 ϕ_j $(j = 1, \cdots, J)$ 各自参数空间的乘积.
2. 每个分量 $\ell_j(\phi_j \mid y_{(0)})$ 都能对应一个完全数据问题的对数似然, 或者更一般地, 能找到一个比分析 $\ell(\theta \mid y_{(0)})$ 更容易的不完全数据问题.

对于为参数指定了先验分布的贝叶斯分析, 上述条件 (1) 被替换为要求 $\phi_1, \phi_2, \cdots, \phi_J$ 的先验相互独立.

如果能找到具有这些性质的因子化似然, 那么就可以通过分别对每个 j 最大化 $\ell_j(\phi_j \mid y_{(0)})$ 来实现 $\ell(\phi \mid y_{(0)})$ 的最大化. 如果用 $\widehat{\phi}$ 表示这样得到的 ϕ 的极大似然估计, 那么根据性质 6.1 就能得到 ϕ 的任何函数 $\theta(\phi)$ 的极大似然估计, 也就是 $\widehat{\theta} = \theta(\widehat{\phi})$. 类似地, 对于贝叶斯推断, 当条件 (1) 和 (2) 成立时, ϕ 的后验分布是 $\phi_1, \phi_2, \cdots, \phi_J$ 的 J 个独立后验分布的乘积, 因而具有比 θ 的后验分布更简单的形式. 通过从 ϕ 的后验分布生成抽取 $\{\phi^{(d)}, d = 1, \cdots, D\}$, 然后计算 $\{\theta^{(d)} = \theta(\phi^{(d)}), d = 1, \cdots, D\}$, 这样根据性质 6.1B, 就得到了 θ 的后验分布抽取.

分解式 (7.1) 还可以用来计算极大似然估计的大样本协方差矩阵, 正如近似 6.1 和 6.2 给出的那样. 式 (7.1) 对 $\phi_1, \cdots, \phi_J$ 微分两次, 产生 ϕ 的分块对角信息矩阵, 形式为

$$
I(\phi \mid y_{(0)}) = \begin{bmatrix} I(\phi_1 \mid y_{(0)}) & & & \\ & I(\phi_2 \mid y_{(0)}) & & \\ & & \ddots & \\ & & & I(\phi_J \mid y_{(0)}) \end{bmatrix}.
$$

因此, $\phi - \widehat{\phi}$ 的大样本协方差矩阵也是分块对角的, 形式为

$$
C(\phi - \widehat{\phi} \mid y_{(0)}) = \begin{bmatrix} I^{-1}(\phi_1 \mid y_{(0)}) & & & \\ & I^{-1}(\phi_2 \mid y_{(0)}) & & \\ & & \ddots & \\ & & & I^{-1}(\phi_J \mid y_{(0)}) \end{bmatrix}.
$$

(7.2)

因为这一矩阵的每个非零成分都对应着一个完全数据问题, 所以每一成分都相对容易计算. 根据性质 6.2, ϕ 的函数 $\theta = \theta(\phi)$ 的极大似然估计的近似大样本协方差矩阵可由公式

$$
C(\theta - \widehat{\theta} \mid \widetilde{y}_{(0)}) = D(\widehat{\theta}) C(\widehat{\phi} \mid \widetilde{y}_{(0)}) D^{\mathrm{T}}(\widehat{\theta}) \tag{7.3}
$$

得到, 其中 $D(\cdot)$ 是列向量 θ 对 ϕ 的偏导数矩阵:

$$
D(\theta) = \{d_{jk}(\theta)\}, \quad \text{其中 } d_{jk}(\theta) = \frac{\partial \theta_j}{\partial \phi_k}.
$$

7.2　一个变量有缺失的二元正态数据: 极大似然估计

7.2.1　极大似然估计

Anderson (1957) 首先对例 6.24 的正态数据介绍了因子化似然.

例 7.1　一个变量有缺失的二元正态样本 (例 6.24 续).

式 (6.52) 给出了具有 r 个完全两变量的单元 $\{(y_{i1}, y_{i2}), i = 1, \cdots, r\}$ 和 $n - r$ 个仅观测单变量的单元 $\{y_{i1}, i = r + 1, \cdots, n\}$ 的二元正态样本的对数似然. 对 μ 和 Σ 最大化对数似然, 得到 μ 和 Σ 的极大似然估计. 然而, 似然方程没有显示解. Anderson (1957) 把 y_{i1} 和 y_{i2} 的联合分布分解成了 y_{i1} 的边缘分布和给定 y_{i1} 时 y_{i2} 的条件分布:

$$f_Y(y_{i1}, y_{i2} \mid \mu, \Sigma) = f_1(y_{i1} \mid \mu_1, \sigma_{11}) f_2(y_{i2} \mid y_{i1}, \beta_{20 \cdot 1}, \beta_{21 \cdot 1}, \sigma_{22 \cdot 1}),$$

根据例 6.9 讨论的二元正态分布的性质, $f_1(y_{i1} \mid \mu_1, \sigma_{11})$ 是均值为 μ_1、方差为 σ_{11} 的一元正态分布, $f_2(y_{i2} \mid y_{i1}, \beta_{20 \cdot 1}, \beta_{21 \cdot 1}, \sigma_{22 \cdot 1})$ 是均值为 $\beta_{20 \cdot 1} + \beta_{21 \cdot 1} y_{i1}$、方差为 $\sigma_{22 \cdot 1}$ 的一元条件正态分布. 参数

$$\phi = (\mu_1, \sigma_{11}, \beta_{20 \cdot 1}, \beta_{21 \cdot 1}, \sigma_{22 \cdot 1})^{\mathrm{T}}$$

是原始参数

$$\theta = (\mu_1, \mu_2, \sigma_{11}, \sigma_{12}, \sigma_{22})^{\mathrm{T}}$$

的一一函数. 特别地, μ_1 和 σ_{11} 是两种参数化形式的共同参数, ϕ 的其他分量由下面的关于 θ 各分量的函数给出:

$$\begin{aligned} \beta_{21 \cdot 1} &= \sigma_{12}/\sigma_{11}, \\ \beta_{20 \cdot 1} &= \mu_2 - \beta_{21 \cdot 1}\mu_1, \\ \sigma_{22 \cdot 1} &= \sigma_{22} - \sigma_{12}^2/\sigma_{11}. \end{aligned} \tag{7.4}$$

同理, θ 中除 μ_1 和 σ_{11} 的其他分量由下面的关于 ϕ 各分量的函数给出:

$$\begin{aligned} \mu_2 &= \beta_{20 \cdot 1} + \beta_{21 \cdot 1}\mu_1, \\ \sigma_{12} &= \beta_{21 \cdot 1}\sigma_{11}, \\ \sigma_{22} &= \sigma_{22 \cdot 1} + \beta_{21 \cdot 1}^2 \sigma_{11}. \end{aligned} \tag{7.5}$$

数据 $y_{(0)}$ 的密度按下式进行因子分解:

$$f(y_{(0)} \mid \theta) = \prod_{i=1}^{r} f_Y(y_{i1}, y_{i2} \mid \theta) \prod_{i=r+1}^{n} f_1(y_{i1} \mid \theta)$$

$$= \left[\prod_{i=1}^{r} f_1(y_{i1} \mid \theta) f_2(y_{i2} \mid y_{i1}, \theta) \right] \left[\prod_{i=r+1}^{n} f_1(y_{i1} \mid \theta) \right]$$

$$= \left[\prod_{i=1}^{n} f_1(y_{i1} \mid \mu_1, \sigma_{11}) \right] \left[\prod_{i=1}^{r} f_2(y_{i2} \mid y_{i1}, \beta_{20 \cdot 1}, \beta_{21 \cdot 1}, \sigma_{22 \cdot 1}) \right]. \quad (7.6)$$

上式最后一行的第一个因子是均值为 μ_1、方差为 σ_{11} 的 n 个正态分布的独立同分布单元的样本密度, 第二个因子是均值为 $\beta_{20 \cdot 1} + \beta_{21 \cdot 1} y_{i1}$、方差为 $\sigma_{22 \cdot 1}$ 的 r 个条件正态分布的独立单元的密度. 进一步, 如果 θ 的参数空间是标准的自然参数空间, 没有先验约束, 那么 (μ_1, σ_{11}) 和 $(\beta_{20 \cdot 1}, \beta_{21 \cdot 1}, \sigma_{22 \cdot 1})$ 是分离的, 这意味着关于 (μ_1, σ_{11}) 的知识不提供关于 $(\beta_{20 \cdot 1}, \beta_{21 \cdot 1}, \sigma_{22 \cdot 1})$ 的任何知识. 这样, 通过独立地最大化这两组分量对应的似然, 即可得到 ϕ 的极大似然估计.

最大化第一个因子, 得到

$$\widehat{\mu}_1 = n^{-1} \sum_{i=1}^{n} y_{i1}, \ \ \widehat{\sigma}_{11} = n^{-1} \sum_{i=1}^{n} (y_{i1} - \widehat{\mu}_1)^2. \quad (7.7)$$

基于 r 个完全单元, 使用标准的回归结果最大化第二个因子 (见例 6.9), 得到

$$\begin{aligned} \widehat{\beta}_{21 \cdot 1} &= \widetilde{\sigma}_{12} / \widetilde{\sigma}_{11}, \\ \widehat{\beta}_{20 \cdot 1} &= \bar{y}_2 - \widehat{\beta}_{21 \cdot 1} \bar{y}_1, \\ \widehat{\sigma}_{22 \cdot 1} &= \widetilde{\sigma}_{22 \cdot 1}, \end{aligned} \quad (7.8)$$

其中 $\bar{y}_j = r^{-1} \sum_{i=1}^{r} y_{ij}$, $\widetilde{\sigma}_{jk} = r^{-1} \sum_{i=1}^{r} (y_{ij} - \bar{y}_j)(y_{ik} - \bar{y}_k)$, $j, k = 1, 2$, $\widetilde{\sigma}_{22 \cdot 1} = \widetilde{\sigma}_{22} - \widetilde{\sigma}_{12}^2 / \widetilde{\sigma}_{11}$, 即若仅观测到它们前 r 个单元对应的极大似然估计. 借助性质 6.1, 可得到其他参数的极大似然估计. 具体地, 由 (7.5),

$$\widehat{\mu}_2 = \widehat{\beta}_{20 \cdot 1} + \widehat{\beta}_{21 \cdot 1} \widehat{\mu}_1,$$

或者由 (7.7) 和 (7.8),

$$\widehat{\mu}_2 = \bar{y}_2 + \widehat{\beta}_{21 \cdot 1} (\widehat{\mu}_1 - \bar{y}_1); \quad (7.9)$$

由 (7.5),

$$\widehat{\sigma}_{22} = \widetilde{\sigma}_{22 \cdot 1} + \widehat{\beta}_{21 \cdot 1}^2 \widehat{\sigma}_{11},$$

或者由 (7.7) 和 (7.8),

$$\widehat{\sigma}_{22} = \widetilde{\sigma}_{22} + \widehat{\beta}_{21 \cdot 1}^2 (\widehat{\sigma}_{11} - \widetilde{\sigma}_{11}). \quad (7.10)$$

最后, 由 (7.5), 相关系数

$$\rho \equiv \sigma_{12}(\sigma_{11}\sigma_{22})^{-1/2} = \beta_{21\cdot1}\sigma_{11}^{1/2}(\sigma_{22\cdot1} + \beta_{21\cdot1}^2\sigma_{11})^{-1/2},$$

因此由 (7.7) 和 (7.8),

$$\widehat{\rho} = \widetilde{\rho}(\widehat{\sigma}_{11}/\widetilde{\sigma}_{11})^{1/2}(\widetilde{\sigma}_{22}/\widehat{\sigma}_{22})^{1/2}, \tag{7.11}$$

其中 $\widetilde{\rho} = \widetilde{\sigma}_{12}(\widetilde{\sigma}_{11}\widetilde{\sigma}_{22})^{-1/2}$. 式 (7.9) 和 (7.10) 右边的第一项以及式 (7.11) 右边的第一个因子分别是舍弃 $n-r$ 个不完全单元后 μ_2、σ_{22} 和 ρ 的极大似然估计, 这些表达式中的其余项和因子代表了根据 y_{i1} 的额外 $n-r$ 个值的附加信息所做的修正.

y_{i2} 均值的极大似然估计 (7.9) 特别能引起我们的兴趣. 它能写成

$$\widehat{\mu}_2 = n^{-1}\left\{\sum_{i=1}^{r} y_{i2} + \sum_{i=r+1}^{n} \widehat{y}_{i2}\right\} \tag{7.12}$$

的形式, 其中

$$\widehat{y}_{i2} = \bar{y}_2 + \widehat{\beta}_{21\cdot1}(y_{i1} - \bar{y}_1).$$

因此, $\widehat{\mu}_2$ 是抽样调查中常用的一种回归估计量 (如 Cochran 1977), 它从观测到的 y_{i2} 对 y_{i1} 的线性回归有效地给缺失的 y_{i2} 填补了其预测值 $\widehat{y}_{i2}$.

例 7.2 二元正态数值示例.

表 7.1 取自 Snedecor 和 Cochran (1967, 表 6.9.1), 表中前 $r = 12$ 个单元给出了苹果树的收获量测量, y_{i1} 是以百为单位的水果数量, y_{i2} 是被虫咬水果的百分比 (乘 100). 这些单元表明, 收获量和虫果的百分比之间呈负相关. 假设目标是估计 y_{i2} 的均值, 但有些收获量较小的树木, 在表中编号为 13–18, 其 y_{i2} 的值没有确定.

完全单元的样本均值 $\bar{y}_2 = 45$ 低估了虫果的百分比, 因为这 6 棵被忽略的树倾向于更小, 虫果的百分比期望会大于那些有测量的大树. 也就是说, 数据可能是随机缺失的, 但不是完全随机缺失. 假设可忽略性 (即随机缺失, 且数据和缺失机制参数分离) 的极大似然估计是 $\widehat{\mu}_2 = 49.33$, 将其与完全单元的估计 $\bar{y}_2 = 45$ 相比可看出明显差别. 这种分析应仅作为一种数值说明, 对这些数据的认真分析需要考虑更多问题, 比如 y_{i1} 和 y_{i2} 的变换 (如对数、平方根) 是否能更好地满足基本的线性和正态假设.

表 7.1　例 7.2: 苹果收获量 (y_{i1}) 与 100× 虫果百分比 (y_{i2})

树号	收获量 y_{i1} (单位: 100 个)	100× 虫果百分比 y_{i2}	回归预测 y_{i2}
1	8	59	56.1
2	6	58	58.2
3	11	56	53.1
4	22	53	42.0
5	14	50	50.1
6	17	45	47.0
7	18	43	46.0
8	24	42	39.9
9	19	39	45.0
10	23	38	41.0
11	26	30	37.9
12	40	27	23.7
13	4	?	60.2
14	4	?	60.2
15	5	?	59.2
16	6	?	58.2
17	8	?	56.1
18	10	?	54.1

$\bar{y}_1 = 19$; $\bar{y}_2 = 45$; $\hat{\mu}_2 = 49.3333$; $\hat{\mu}_1 = 14.7222$

$\tilde{\sigma}_{11} = 77.0$; $\tilde{\sigma}_{12} = -78.0$; $\tilde{\sigma}_{22} = 101.8333$; $\hat{\sigma}_{11} = 89.5340$

? 表示缺失.

来源: Snedecor 和 Cochran (1967, 表 6.9.1). 使用获 Iowa State University Press 许可.

7.2.2　大样本协方差矩阵

计算信息矩阵并求逆, 即可得到 $\phi - \widehat{\phi}$ 的大样本协方差矩阵, 由式 (7.6), ϕ 的对数似然是

$$\ell(\phi \mid y_{(0)}) = -(2\sigma_{22\cdot1})^{-1} \sum_{i=1}^{r} (y_{i2} - \beta_{20\cdot1} - \beta_{21\cdot1} y_{i1})^2 - \frac{1}{2} r \ln \sigma_{22\cdot1}$$

$$- (2\sigma_{11})^{-1} \sum_{i=1}^{n} (y_{i1} - \mu_1)^2 - \frac{1}{2} n \ln \sigma_{11}.$$

对 ϕ 微分两次, 得到

$$I(\widehat{\phi} \mid y_{(0)}) = \begin{bmatrix} I_{11}(\widehat{\mu}_1, \widehat{\sigma}_{11} \mid y_{(0)}) & 0 \\ 0 & I_{22}(\widehat{\beta}_{20\cdot1}, \widehat{\beta}_{21\cdot1}, \widehat{\sigma}_{22\cdot1} \mid y_{(0)}) \end{bmatrix},$$

其中

$$I_{11}(\widehat{\mu}_1, \widehat{\sigma}_{11} \mid y_{(0)}) = \begin{bmatrix} n/\widehat{\sigma}_{11} & 0 \\ 0 & n/(2\widehat{\sigma}_{11}^2) \end{bmatrix},$$

且

$$I_{22}(\widehat{\beta}_{20\cdot1}, \widehat{\beta}_{21\cdot1}, \widehat{\sigma}_{22\cdot1} \mid y_{(0)}) = \begin{bmatrix} r/\widehat{\sigma}_{22\cdot1} & r\bar{y}_1/\widehat{\sigma}_{22\cdot1} & 0 \\ r\bar{y}_1/\widehat{\sigma}_{22\cdot1} & \sum_{i=1}^{r} y_{i1}^2/\widehat{\sigma}_{22\cdot1} & 0 \\ 0 & 0 & r/(2\widehat{\sigma}_{22\cdot1}^2) \end{bmatrix}.$$

对这些矩阵求逆, 即产生 $\phi - \widehat{\phi}$ 的大样本协方差矩阵:

$$C(\phi - \widehat{\phi}) = \begin{bmatrix} I_{11}^{-1}(\widehat{\mu}_1, \widehat{\sigma}_{11} \mid y_{(0)}) & 0 \\ 0 & I_{22}^{-1}(\widehat{\beta}_{20\cdot1}, \widehat{\beta}_{21\cdot1}, \widehat{\sigma}_{22\cdot1} \mid y_{(0)}) \end{bmatrix},$$

其中

$$I_{11}^{-1}(\widehat{\mu}_1, \widehat{\sigma}_{11} \mid y_{(0)}) = \begin{bmatrix} \widehat{\sigma}_{11}/n & 0 \\ 0 & 2\widehat{\sigma}_{11}^2/n \end{bmatrix},$$

且

$$I_{22}^{-1}(\widehat{\beta}_{20\cdot1}, \widehat{\beta}_{21\cdot1}, \widehat{\sigma}_{22\cdot1} \mid y_{(0)})$$
$$= \begin{bmatrix} \widehat{\sigma}_{22\cdot1}(1 + \bar{y}_1^2/\tilde{\sigma}_{11})/r & -\bar{y}_1\widehat{\sigma}_{22\cdot1}/(r\tilde{\sigma}_{11}) & 0 \\ -\bar{y}_1\widehat{\sigma}_{22\cdot1}/(r\tilde{\sigma}_{11}) & \widehat{\sigma}_{22\cdot1}/(r\tilde{\sigma}_{11}) & 0 \\ 0 & 0 & 2\widehat{\sigma}_{22\cdot1}^2/r \end{bmatrix}.$$

用式 (7.3) 可获得 $\theta - \widehat{\theta}$ 的大样本协方差矩阵. 为了说明计算过程, 我们考虑参数 μ_2, 即未完全观测变量的均值. 因为 $\mu_2 = \beta_{20\cdot1} + \beta_{21\cdot1}\mu_1$, 我们有

$$D(\mu_2) = \left(\frac{\partial \mu_2}{\partial \mu_1}, \frac{\partial \mu_2}{\partial \sigma_{11}}, \frac{\partial \mu_2}{\partial \beta_{20\cdot1}}, \frac{\partial \mu_2}{\partial \beta_{21\cdot1}}, \frac{\partial \mu_2}{\partial \sigma_{22\cdot1}} \right)$$
$$= (\widehat{\beta}_{21\cdot1}, 0, 1, \widehat{\mu}_1, 0),$$

该式代入了 μ_1 和 $\beta_{21\cdot1}$ 的极大似然估计. 因此, 经过一些计算, $\mu_2 - \widehat{\mu}_2$ 的大样本方差是

$$\text{Var}(\mu_2 - \widehat{\mu}_2) = D(\widehat{\mu}_2)C(\phi - \widehat{\phi})D(\widehat{\mu}_2)^{\text{T}} = \widehat{\sigma}_{22\cdot1}\left[\frac{1}{r} + \frac{\widehat{\rho}^2}{n(1-\widehat{\rho}^2)} + \frac{(\bar{y}_1 - \widehat{\mu}_1)^2}{r\widetilde{\sigma}_{11}}\right].$$
(7.13)

如果数据是完全随机缺失, 则括号内的第三项是 $1/r^2$ 阶的, 因为在这一情形下 $(\bar{y}_1 - \widehat{\mu}_1)^2$ 是 $1/r$ 阶的. 忽略这一项, 得到

$$\text{Var}(\mu_2 - \widehat{\mu}_2) \approx \widehat{\sigma}_{22\cdot1}\left[\frac{1}{r} + \frac{\widehat{\rho}^2}{n(1-\widehat{\rho}^2)}\right] = \frac{\widehat{\sigma}_{22}}{r}\left(1 - \widehat{\rho}^2\frac{n-r}{n}\right).$$
(7.14)

可将此式与 $\bar{y}_2$ 的方差 σ_{22}/r 进行比较. 因此, 在大样本下, 假设完全随机缺失, 由于纳入了 $n - r$ 个仅观测到 y_{i1} 的单元, 抽样方差缩减的比例是 ρ^2 乘上不完全单元的比例 $(n - r)/n$.

7.3　二元正态单调数据: 小样本推断

如第 6.1.3 节所讨论的, 用近似 6.1 的式 (6.18) 可在大样本下获得参数的区间估计. 特别地, μ_2 的渐近 95% 区间有形式

$$\widehat{\mu}_2 \pm 1.96\sqrt{\text{Var}(\widehat{\mu}_2 - \mu_2)},$$
(7.15)

其中 $\text{Var}(\widehat{\mu}_2 - \mu_2)$ 由式 (7.13) 近似给出. 对于均值或回归系数以外的参数, 一般通过应用近似正态性的变换, 计算变换后的参数的正态区间, 再把区间变换回原尺度, 这样可以得到较好的区间 (见 6.1.3 节中的性质 6.2 和近似 6.2). 例如, 方差参数的一个适当变换是取对数, 为了计算 σ_{22} 的 95% 区间, 先计算 $\ln\sigma_{22}$ 的 95% 区间如下:

$$\ln\widehat{\sigma}_{22} \pm 1.96\sqrt{\text{Var}(\ln\widehat{\sigma}_{22} - \ln\sigma_{22})},$$
(7.16)

在大样本下, $\text{Var}(\ln\widehat{\sigma}_{22} - \ln\sigma_{22}) = \text{Var}(\widehat{\sigma}_{22} - \sigma_{22})/\widehat{\sigma}_{22}^2$. 这样, 记式 (7.16) 中 $\ln\sigma_{22}$ 的 95% 区间为 (l, u), 则 σ_{22} 的 95% 区间为 $(\exp(l), \exp(u))$.

从频率学派的观点, 小样本推断是有问题的. 特别地, 由式 (7.13) 获得的量 $(\widehat{\mu}_2 - \mu_2)/\sqrt{\text{Var}(\widehat{\mu}_2 - \mu_2)}$ 在大样本下具有标准正态分布, 但在小样本下它的分布很复杂, 并且分布依赖于参数. 有人提出把 $r - 1$ 个自由度的 t 分布作为一个有用的近似推断分布, 这一近似在模拟实验中表现合理 (Little 1976). 同理, 关

于均值差 $\mu_2 - \mu_1$ 的推断, 也建议基于 $(\widehat{\mu}_2 - \widehat{\mu}_1 - \mu_2 + \mu_1)/\operatorname{Var}(\widehat{\mu}_2 - \widehat{\mu}_1 - \mu_2 + \mu_1)$ 使用同样的 t 分布.

对于小样本区间估计, 一个更直接 (也是我们认为更有程式化的) 方法是为参数指定一个先验分布, 然后求出相关的后验分布. 特别地, 假设 μ_1, σ_{11}、$\beta_{20\cdot 1}$、$\beta_{21\cdot 1}$ 和 $\sigma_{22\cdot 1}$ 先验独立, 具有形式简单的先验

$$f(\mu_1, \sigma_{11}, \beta_{20\cdot 1}, \beta_{21\cdot 1}, \sigma_{22\cdot 1}) \propto \sigma_{11}^{-a}\sigma_{22\cdot 1}^{-c}, \tag{7.17}$$

选择 $a = c = 1$ 产生这个因子化密度的 Jeffreys 先验 (Box 和 Tiao 1973).

对随机样本 $\{y_{i1} : i = 1, \cdots, n\}$ 运用标准的贝叶斯理论, 有下列结果:

(1) (μ_1, σ_{11}) 的后验分布满足, $n\widehat{\sigma}_{11}/\sigma_{11}$ 具有 $n + 2a - 3$ 个自由度的卡方分布;

(2) 给定 σ_{11} 时 μ_1 的后验分布是正态的, 均值为 $\widehat{\mu}_1$, 方差为 σ_{11}/n.

对随机样本 $\{(y_{i1}, y_{i2}) : i = 1, \cdots, r\}$ 运用标准的贝叶斯回归理论, 有下列结果:

(3) $(\beta_{20\cdot 1}, \beta_{21\cdot 1}, \sigma_{22\cdot 1})$ 的后验分布满足, $r\widehat{\sigma}_{22\cdot 1}/\sigma_{22\cdot 1}$ 具有 $r + 2c - 4$ 个自由度的卡方分布;

(4) 给定 $\sigma_{22\cdot 1}$ 时 $\beta_{21\cdot 1}$ 的后验分布是正态的, 均值为 $\widehat{\beta}_{21\cdot 1}$, 方差为 $\sigma_{22\cdot 1}/(r\widetilde{\sigma}_{11})$;

(5) 给定 $\beta_{21\cdot 1}$ 和 $\sigma_{22\cdot 1}$ 时 $\beta_{20\cdot 1}$ 的后验分布是正态的, 均值为 $\bar{y}_2 - \beta_{21\cdot 1}\bar{y}_1$, 方差为 $\sigma_{22\cdot 1}/r$;

(6) (μ_1, σ_{11}) 和 $(\beta_{20\cdot 1}, \beta_{21\cdot 1}, \sigma_{22\cdot 1})$ 的后验独立.

这些结果的推导过程, 可参见 Lindley (1965) 或 Gelman 等 (2013).

上述结果 1–6 和性质 6.1B 表明, 参数 ϕ 的任何函数的后验分布可以通过创建 D 个抽取 $(d = 1, \cdots, D)$ 来模拟, 步骤如下:

1. 分别从 $n + 2a - 3$ 和 $r + 2c - 4$ 个自由度的卡方分布独立地抽取 x_{1t}^2 和 x_{2t}^2, 再独立地抽取 3 个标准正态随机变量 z_{1t}、z_{2t} 和 z_{3t}.

2. 计算 $\phi^{(d)} = (\sigma_{11}^{(d)}, \mu_1^{(d)}, \sigma_{22\cdot 1}^{(d)}, \beta_{20\cdot 1}^{(d)}, \beta_{21\cdot 1}^{(d)})^{\mathrm{T}}$, 其中

$$\sigma_{11}^{(d)} = n\widehat{\sigma}_{11}/x_{1t}^2,$$
$$\mu_1^{(d)} = \widehat{\mu}_1 + z_{1t}(\sigma_{11}^{(d)}/n)^{1/2},$$
$$\sigma_{22\cdot 1}^{(d)} = r\widehat{\sigma}_{22\cdot 1}/x_{2t}^2,$$
$$\beta_{21\cdot 1}^{(d)} = \widehat{\beta}_{21\cdot 1} + z_{2t}(\sigma_{22\cdot 1}^{(d)}/(r\widetilde{\sigma}_{11}))^{1/2},$$
$$\beta_{20\cdot 1}^{(d)} = \bar{y}_2 - \beta_{21\cdot 1}^{(d)}\bar{y}_1 + z_{3t}(\sigma_{22\cdot 1}^{(d)}/r)^{1/2}.$$

3. 计算 $\phi^{(d)}$ 的相应变换. 比如, 如果变换是 $\mu_2 = \beta_{20\cdot1} + \beta_{21\cdot1}\mu_1$, 则 $\mu_2^{(d)} = \beta_{20\cdot1}^{(d)} + \beta_{21\cdot1}^{(d)}\mu_1^{(d)}$.

现在对表 7.1 应用前面两节的方法.

例 7.3　二元正态样本的贝叶斯区间估计 (例 7.2 续).

表 7.2 列出了表 7.1 的数据的 μ_2、σ_{22} 和 ρ 的 95% 区间. 这些区间是基于四个方法给出的:

(1) 基于 $(\mu_2, \sigma_{22}, \rho)$ 的观测信息矩阵的逆的渐近区间 (如 μ_2 的式 (7.15));

(2) 基于 $(\mu_2, \ln\sigma_{22}, Z_\rho)$ 的观测信息矩阵的逆的渐近区间, 其中 $Z_\rho = \ln[(1 + \rho)/(1 - \rho)]/2$ 是相关系数的 Fisher 正态变换. 在渐近正态区间中, 用 $r - 1 = 11$ 个自由度的 t 分布的 97.5 百分位数 (2.201) 代替正态百分位数 (1.96);

(3) 先验分布为式 (7.17), 其中 $a = c = 1$, 生成 9999 次模拟值, 取贝叶斯后验分布的 2.5 和 97.5 百分位数;

(4) 对方法 (3) 的 9999 次模拟值, 用后验均值和方差拟合正态分布, 得到区间.

方法 (3) 和 (4) 在两组独立的随机数 (A 和 B) 上重复执行, 以便给出关于模拟方差的一些想法.

表 7.2　例 7.3: 基于表 7.1 的数据, 二元正态分布参数的 95% 区间

方法	参数		
	μ_1	σ_{22}	ρ
(1) 渐近理论	$(44.0, 54.7)$	$(30.7, 198.7)$	$(-1.00, -0.79)$
(2) 渐近理论, 带变换和 t 近似	$(43.4, 55.3)$	$(50.8, 258.9)$	$(-0.97, -0.69)$
(3) 贝叶斯模拟 A	$(43.7, 54.4)$	$(60.1, 289.7)$	$(-0.96, -0.66)$
(3) 贝叶斯模拟 B	$(43.5, 55.7)$	$(59.2, 293.9)$	$(-0.96, -0.66)$
(4) 对 A 正态近似	$(43.5, 55.2)$	$(15.9, 256.7)$	$(-1.03, -0.72)$
(4) 对 B 正态近似	$(43.4, 55.2)$	$(14.6, 257.2)$	$(-1.03, -0.71)$
极大似然估计	49.33	114.70	-0.895

方法 (1) 给出的 μ_2 的渐近区间比其他方法给出的区间更短, 可以推测它的覆盖率低于 95%, 因为它没有考虑到方差参数的估计造成的不确定性. μ_2 的其他区间相当相似. 方法 (1) 和 (4) 中 σ_{22} 和 ρ 的区间依赖于原始尺度上的正态性, 这并不令人满意, 特别地, 相关系数的区间下限落在了参数空间外面. 方法 (2) 和 (3) 给出的区间大致相似. 方法 (2) 围绕 $\ln \sigma_{22}$ 和 Z_ρ 的极大似然估计处强制对称, 方法 (4) 围绕 σ_{22} 和 ρ 的后验抽取样本均值处强制对称: 方法 (4) 的正态近似应当被应用于变换尺度上的抽取, 然后再把区间变换回原始尺度. 方法 (3) 的优点是不用把这些对称性强加在区间上, 但由于后验抽取的数量有限 ($D = 9999$), 所以会产生模拟误差; 这是个小问题, 通过增加 D 很容易纠正. 这些区间在重复抽样中的覆盖性质值得更广泛的模拟; 例如, Little (1988a) 研究了 μ_2 的后验分布各种 t 近似的覆盖性质, 但目前的计算环境使得更广泛的评价变得简单.

7.4 超过两变量的单调缺失

7.4.1 一个正态变量有缺失的多元数据

在下面的例子中, 给出了二元单调缺失数据的一个简单但重要的拓展.

例 7.4 $K+1$ **个变量, 其中一个有缺失.**

假设我们用一组 K 个完全观测的变量替换 y_{i1}, 得到如图 1.1(a) 给出的单调数据模式, $J = 2$, 此时 Y_1 代表着 K 个变量. 首先假设 (y_{i1}, y_{i2}) 是 $(K+1)$ 元独立同分布的正态数据, 数据是随机缺失的, 且参数分离. 于是 μ_2 和 σ_{22} 的极大似然估计分别为

$$\widehat{\mu}_2 = \bar{y}_2 + (\widehat{\mu}_1 - \bar{y}_1)^{\mathrm{T}} \widehat{\beta}_{21\cdot1} \tag{7.18}$$

和

$$\widehat{\sigma}_{22} = s_{22} + \widehat{\beta}_{21\cdot1}^{\mathrm{T}} (\widehat{\sigma}_{11} - \widetilde{\sigma}_{11}) \widehat{\beta}_{21\cdot1},$$

其中 $\widehat{\mu}_1$ 和 $\bar{y}_1$ 是 $K \times 1$ 向量, $\widehat{\mu}_1$ 是全部 n 个单元的 y_{i1} 均值, $\bar{y}_1$ 是 r 个完全单元的 y_{i1} 均值, $\widehat{\beta}_{21\cdot1}$ 是 y_{i2} 对 y_{i1} 多元回归的 $K \times 1$ 回归系数估计向量; $\widehat{\sigma}_{11}$ 和 $\widetilde{\sigma}_{11}$ 是 $K \times K$ 的样本协方差矩阵, 前者基于 y_{i1} 的全部 n 个单元, 后者基于 y_{i1} 的 r 个完全单元. 极大似然估计 $\widehat{\mu}_2$ 对应着使用 y_{i2} 对 y_{i1} 多元回归参数的极大似然估计填补 y_{i2} 的缺失值.

更一般地, 式 (7.18) 也是 μ_2 的极大似然估计, 只要数据是随机缺失, 且

1. 给定 y_{i1} 时 y_{i2} 是正态的, 均值为 $\beta_{20\cdot1} + y_{i1}\beta_{21\cdot1}$, 方差为 $\sigma_{22\cdot1}$.

2. y_{i1} 的分布满足: (1) $\hat{\mu}_1$ 是 y_{i1} 均值的极大似然估计, (2) μ_1 与 $\beta_{20\cdot1}$、$\beta_{21\cdot1}$、$\sigma_{22\cdot1}$ 参数分离.

一个特例是哑变量回归, 其中 y_{i1} 代表 K 个哑变量, 指示 $K+1$ 个组. 如果单元 i 属于第 k 个组, 则令 y_{i1} 的第 k 个分量等于 1, 其他分量等于 0: 第 1 组的单元 $y_{i1} = (1, 0, 0, \cdots, 0)$, 第 2 组的单元 $y_{i1} = (0, 1, 0, \cdots, 0)$, 以此类推, 第 k 组的单元 $y_{i1} = (0, 0, \cdots, 0, 1)$, 第 $K+1$ 组的单元 $y_{i1} = (0, 0, \cdots, 0, 0)$, 第 $K+1$ 组常被称作对照组.

有了这些定义, $\hat{\mu}_1$ 是一个向量, 它的每个分量表示前 K 组的每一组占 n 个采样单元的比例, μ_1 是相应的比例期望, 并且前面的条件 2 成立. 条件 1 等价于假设每一组中的所有 y_{i2} 值都同均值、同方差 $\sigma_{22\cdot1}$, 服从正态分布.

根据哑变量回归的性质, 对第 k 组中单元的 y_{i2} 预测值是第 k 组单元观测值的平均值. 因此, 极大似然估计相当于用组均值给 y_{i2} 缺失值进行填补, 这是我们在第 4 章考虑抽样调查中的不响应时讨论的均值填补形式.

7.4.2　一般单调模式的因子化似然

第 7.2 和 7.3 节描述的方法可以很容易地推广到图 1.1(c) 所示的单调数据模式上, 也就是对第 i 个单元, 若 $y_{i,j+1}$ 有记录 ($j = 1, \cdots, J-1$), 则 y_{ij} 一定也有记录, 所以 Y_1 比 Y_2 观测得更多, 以此类推 (Rubin 1974). 我们只关注极大似然估计. 估计精度和贝叶斯推断可以通过直接扩展第 7.2.2 和 7.3 节的方法来解决.

这种模式的适当的因子化似然为

$$\prod_{i=1}^{n} f_Y(y_{i1}, \cdots, y_{iJ} \mid \phi) = \prod_{i=1}^{n} f_1(y_{i1} \mid \phi_1) \prod_{i=1}^{r_2} f_2(y_{i2} \mid y_{i1}, \phi_2)$$
$$\cdots \prod_{i=1}^{r_J} f_J(y_{iJ} \mid y_{i1}, \cdots, y_{i,J-1}, \phi_J),$$

其中对 $j = 1, \cdots, J$, $f_j(y_{ij} \mid y_{i1}, \cdots, y_{i,j-1}, \phi_j)$ 是给定 $y_{i1}, \cdots, y_{i,j-1}$ 时 y_{ij} 的条件分布, 该条件分布由参数 ϕ_j 所指征. 如果 $(y_{i1}, \cdots, y_{i,J})$ 服从正态分布, 那么 $f_j(y_{ij} \mid y_{i1}, \cdots, y_{i,j-1}, \phi_j)$ 是正态分布, 并且均值线性于 $y_{i1}, \cdots, y_{i,j-1}$, 方差为常数. 按照常用的 ϕ 的无约束自然参数空间, ϕ_j 是分离的, 所以基于 $y_{i1}, \cdots, y_{i,j}$ 都观测到的单元集合, 通过 y_{ij} 对 $y_{i1}, \cdots, y_{i,j-1}$ 回归可得到 ϕ_j 的极大似然估计.

例 7.5 多元正态单调数据.

Marini 等 (1980) 对 $J > 2$ 的单调数据模式给出了极大似然估计的一个数值示例, 数据来自包含 4352 个个体的面板研究. 数据模式由表 1.1 给出, 并不是单调的, 但正如第 1 章所说, 舍弃某些数据就能得到单调模式. 特别地, 舍弃表中用上标 b 标出的那些数据. 这样, 产生的数据模式像图 1.1(c) 那样, $J = 4$. 假设正态性, 变量均值和协方差矩阵的极大似然估计可按下述步骤求出:

1. 从全部单元计算第一组变量的均值向量和协方差矩阵.
2. 从第一组和第二组变量都有记录的单元, 计算第二组变量对第一组变量的回归.
3. 从第一至第三组变量都有记录的单元, 计算第三组变量对第一组和第二组变量的回归.
4. 从全部变量都有记录的单元, 计算第四组变量对第一至第三组变量的回归.

进而可以求出所有变量均值和协方差矩阵的极大似然估计, 它们是上述 1–4 步中参数估计的函数. 下一节将讨论计算细节, 包括强大的扫描运算. 结果如表 7.3 所示.

表 7.3 的第一列给出了变量的解释, 接着的两列给出了各变量均值的极大似然估计 $\hat{\mu}_{\mathrm{ML}}$ 和标准差的极大似然估计 $\hat{\sigma}_{\mathrm{ML}}$, 再随后的两列展示了可用案例方法得出的估计 $(\hat{\mu}_{\mathrm{A}}, \hat{\sigma}_{\mathrm{A}})$ (也就是利用每个变量的可用单元计算的样本均值和标准差, 见第 3.4 节). 这些估计值之后的两列展示了极大似然估计和可用案例估计之间的差异幅度, 以标准差的极大似然估计的百分比衡量. 尽管这些边缘参数的估计值与极大似然估计值相当接近, 但正如第 3 章所讨论的那样, 一般不推荐使用可用案例方法. 最后, 该表的最后四列提出了仅基于 1594 个完全单元的估计值 $(\hat{\mu}_{\mathrm{CC}}, \hat{\sigma}_{\mathrm{CC}})$, 并与极大似然估计值进行了比较, 也就是第 3 章讨论的完全案例方法. 这一程序对均值的估计有时与极大似然估计有明显差异, 例如, 平均分数的估计值比极大似然估计值高 0.35 个标准差, 这表明失访学生的分数似乎比平均分数低.

7.4.3 单调正态数据用扫描算子的极大似然计算

现在我们回顾在完全观测线性回归中扫描算子 (sweep operator) 的使用 (Beaton 1964), 并说明这一算子为不完全正态数据进行极大似然计算提供了简单而方便的途径. 我们所描述的扫描算子的版本并不完全是 Beaton (1964) 最

表 7.3　例 7.5: 整个原始样本的均值和标准差的极大似然估计，以及与两种其他估计的比较

变量	极大似然估计		基于可用案例的估计				基于完全单元的估计			
	均值	标准差	均值	标准差	$100\frac{(\hat{\mu}_A - \hat{\mu}_{ML})}{\hat{\sigma}_{ML}}$	$100\frac{(\hat{\sigma}_A - \hat{\sigma}_{ML})}{\hat{\sigma}_{ML}}$	均值	标准差	$100\frac{(\hat{\mu}_{CC} - \hat{\mu}_{ML})}{\hat{\sigma}_{ML}}$	$100\frac{(\hat{\sigma}_{CC} - \hat{\sigma}_{ML})}{\hat{\sigma}_{ML}}$
第一组变量: 青年时的测量										
父亲的教育程度	11.7	3.5	11.7	3.5	0	0	12.10	3.4	9.9	−1.6
母亲的教育程度	11.5	2.9	11.51	2.9	0	0	11.9	2.9	12.1	−2.4
父亲的职业	6.12	2.90	6.12	2.90	0	0	6.41	2.87	10.1	−1.2
智力	106.6	12.9	106.6	12.9	0	0	109.0	11.2	18.7	−13.4
学院的预备课程	0.41	0.49	0.41	0.49	0	0	0.53	0.50	13.4	1.4
家庭作业花费时间	1.59	0.81	1.59	0.81	0	0	1.63	0.80	5.4	−2.3
成绩平均值	2.32	0.77	2.32	0.77	0	0	2.59	0.70	34.9	−9.3
学院规划	0.49	0.50	0.49	0.50	0	0	0.60	0.49	21.4	−1.8
友好学院的规划	0.51	0.37	0.51	0.37	0	0	0.57	0.35	16.3	−4.1
课外活动参加情况	0.41	0.49	0.41	0.49	0	0	0.49	0.50	15.8	1.4
顶尖领先人群的成员资格	0.09	0.28	0.09	0.28	0	0	0.13	0.34	8.6	19.4
中间领导人群的成员资格	0.17	0.38	0.17	0.38	0	0	0.20	0.40	5.6	4.1
烹调饮食	0.57	1.03	0.57	1.03	0	0	0.48	0.84	−8.4	−9.4
在调查时经常约会	4.03	4.80	4.03	4.80	0	0	3.70	4.52	−6.8	−5.8
自身喜好	2.37	0.53	2.37	0.53	0	0	2.36	0.52	−0.4	−1.9
在中学的成绩等级	2.43	1.05	2.43	1.05	0	0	2.50	1.06	6.1	1.5

续表

变量	极大似然估计		基于可用案例的估计				基于完全单元的估计			
	均值	标准差	均值	标准差	$\dfrac{100(\hat{\mu}_A-\hat{\mu}_{ML})}{\hat{\sigma}_{ML}}$	$\dfrac{100(\hat{\sigma}_A-\hat{\sigma}_{ML})}{\hat{\sigma}_{ML}}$	均值	标准差	$\dfrac{100(\hat{\mu}_{CC}-\hat{\mu}_{ML})}{\hat{\sigma}_{ML}}$	$\dfrac{100(\hat{\sigma}_{CC}-\hat{\sigma}_{ML})}{\hat{\sigma}_{ML}}$
第二组变量：对全部随访应答者的测量										
教育成就	13.6	2.3	13.3	2.3	5.5	−1.4	14.2	2.20	24.9	−4.0
职业声望	44.4	13.0	45.1	12.9	5.2	−0.9	47.1	12.7	20.4	−2.0
婚姻状况	0.94	0.24	0.94	0.24	0.0	0.0	0.94	0.24	0.0	−0.4
孩子数量	1.99	1.31	1.97	1.30	−1.4	−0.2	1.93	1.24	−4.8	−4.9
年龄	30.6	1.2	30.7	1.2	2.1	0.3	30.7	1.2	7.9	−5.4
父亲的职业声望	44.0	14.8	44.3	14.8	1.8	−0.2	44.8	14.3	5.3	−3.2
第三组变量：仅对最初响应者的随访测量										
自尊心	3.13	0.38	3.15	0.38	5.2	0.3	3.15	0.37	5.3	−1.1
在高中的后两年经常约会	4.37	3.41	4.20	3.26	−5.1	−1.4	4.21	3.35	−4.7	−1.6
同胞兄弟姐妹数量	2.22	1.75	2.10	1.74	−6.9	−0.2	2.06	1.66	−9.4	−5.0
第四组变量：对父母的随访测量										
家庭收入	4.09	1.53	4.08	1.54	−1.1	0.5	4.22	1.57	8.0	2.6
父母对上大学的赞助	0.71	0.43	0.71	0.46	−1.6	4.8	0.75	0.43	8.0	−0.7
出生家庭的孩子数	3.04	1.54	3.07	1.67	1.8	8.6	2.98	1.55	−4.2	0.8

初定义的原始形式, 而是 Dempster (1969) 所定义的版本; 另一个可查阅的参考文献是 Goodnight (1979). 在第 9 章中, 当我们考虑对具有一般缺失模式的正态数据进行极大似然估计时, 扫描算子也会很有用.

对称矩阵的扫描算子定义如下. 称一个 $p \times p$ 的对称矩阵 G 在行和列 k 进行扫描, 如果用另一个 $p \times p$ 的对阵矩阵 H 代替它, H 的元素定义如下:

$$
\begin{aligned}
h_{kk} &= -1/g_{kk}, \\
h_{jk} &= h_{kj} = g_{jk}/g_{kk}, \quad j \neq k, \\
h_{jl} &= g_{jl} - g_{jk}g_{kl}/g_{kk}, \quad j \neq k, l \neq k.
\end{aligned} \tag{7.19}
$$

为了说明式 (7.19), 考虑 3×3 的情形:

$$
G = \begin{bmatrix} g_{11} & g_{12} & g_{13} \\ g_{12} & g_{22} & g_{23} \\ g_{13} & g_{23} & g_{33} \end{bmatrix},
$$

$$
H = \text{SWP}[1]G = \begin{bmatrix} -1/g_{11} & g_{12}/g_{11} & g_{13}/g_{11} \\ g_{12}/g_{11} & g_{22} - g_{12}^2/g_{11} & g_{23} - g_{13}g_{12}/g_{11} \\ g_{13}/g_{11} & g_{23} - g_{13}g_{12}/g_{11} & g_{33} - g_{13}^2/g_{11} \end{bmatrix}.
$$

我们用记号 $\text{SWP}[k]G$ 记式 (7.19) 定义的矩阵 H. 如对 G 矩阵连续应用运算 $\text{SWP}[k_1], \text{SWP}[k_2], \cdots, \text{SWP}[k_t]$, 记其结果为 $\text{SWP}[k_1, k_2, \cdots, k_t]G$. 在实际计算中, 扫描运算可按如下方式有效地进行: 首先用 $h_{kk} = -1/g_{kk}$ 代替 g_{kk}; 然后在第 k 行和第 k 列的剩余元素, 用 $h_{jk} = h_{kj} = -g_{jk}h_{kk}$ 代替 g_{jk} 和 g_{kl}; 最后在既不是第 k 行也不是第 k 列的元素, 用 $h_{jl} = g_{jl} - h_{jk}g_{kl}$ 代替 g_{jl}. 通过将 $p \times p$ 对称矩阵的不同元素存储在长度为 $p(p+1)/2$ 的向量中, 可以节省存储空间, 这样, 矩阵的 (j, k) 元被置于向量的第 $j(j-1)/2 + k$ 个元素的位置上.

经过一些代数运算, 可以证明扫描运算是交换的, 即 $\text{SWP}[j, k]G = \text{SWP}[k, j]G$. 更一般地,

$$
\text{SWP}[j_1, \cdots, j_t]G = \text{SWP}[k_1, \cdots, k_t]G,
$$

其中 $j_1, \cdots, j_t$ 是 $k_1, \cdots, k_t$ 的任何排列. 也就是说, 一组扫描的执行顺序并不影响最终的代数答案, 不过有些顺序在计算上可能比其他顺序更精确些.

扫描运算与线性回归的关系很紧密. 例如, 设 G 是两个变量 Y_1 和 Y_2 的协方差矩阵, 设 $H = \text{SWP}[1]G$, 则 h_{12} 是 Y_2 对 Y_1 的回归中 Y_1 的回归系数, h_{22} 是给定 Y_1 时 Y_2 的残差方差. 进一步, 如果 G 是包含 n 个独立单元的样本协方差矩阵, 则 $-h_{11}h_{22}/n$ 是样本回归系数 h_{12} 的抽样方差估计.

更一般地, 设现在我们有 K 个变量 $Y_1, \cdots, Y_K$ 的一个包含 n 个单元的样本, 用 G 表示 $(K+1) \times (K+1)$ 矩阵

$$
G = \begin{bmatrix}
1 & \bar{y}_1 & \cdots & \bar{y}_j & \cdots & \bar{y}_K \\
\bar{y}_1 & n^{-1}\sum y_1^2 & & & \cdots & n^{-1}\sum y_K y_1 \\
\vdots & \vdots & \ddots & & & \vdots \\
\bar{y}_k & & & n^{-1}\sum y_j y_k & & \\
& & & & \ddots & \\
\bar{y}_K & n^{-1}\sum y_1 y_K & & & \cdots & n^{-1}\sum y_K^2
\end{bmatrix},
$$

其中 $\bar{y}_1, \cdots, \bar{y}_K$ 是样本均值, 求和对 n 个单元进行. 为方便起见, 我们给行和列编号为从 0 到 K, 这样行和列 j 对应变量 Y_j. 扫描行和列 0, 产生

$$
\mathrm{SWP}[0]G = \begin{bmatrix}
-1 & \bar{y}_1 & \cdots & \bar{y}_j & \cdots & \bar{y}_K \\
\bar{y}_1 & \hat{\sigma}_{11} & & & \cdots & \hat{\sigma}_{K1} \\
\vdots & \vdots & \ddots & & & \vdots \\
\bar{y}_k & & & \hat{\sigma}_{jk} & & \\
& & & & \ddots & \\
\bar{y}_K & \hat{\sigma}_{1K} & & & \cdots & \hat{\sigma}_{KK}
\end{bmatrix}, \tag{7.20}
$$

其中 $\hat{\sigma}_{jk}$ 是 Y_j 和 Y_k 的样本协方差, 这里分母是 n 而不是 $n-1$. 这一运算相当于按 $Y_1, \cdots, Y_K$ 的均值修正交叉乘积矩阵 G 建立协方差矩阵. 用回归的语言说, $\mathrm{SWP}[0]G$ 的第一行和列是 $Y_1, \cdots, Y_K$ 对常数项 $Y_0 \equiv 1$ 回归的系数, 比例修正后的交叉乘积矩阵 $\{\hat{\sigma}_{jk}\}$ 是回归的残差协方差矩阵 (分母是 n 而不是 $n-1$). 因此, 我们也把这个过程称为对常数项的扫描. 我们称 (7.20) 为变量 $Y_1, \cdots, Y_K$ 的增广协方差矩阵.

扫描 (7.20) 的行和列 1 (对应 Y_1), 得到对称矩阵

$\mathrm{SWP}[0,1]G$

$$
= \begin{bmatrix}
-(1+\bar{y}_1/\hat{\sigma}_{11}) & \bar{y}_{11}/\hat{\sigma}_{11} & \bar{y}_2 - (\hat{\sigma}_{12}/\hat{\sigma}_{11})\bar{y}_1 & \cdots & \bar{y}_K - (\hat{\sigma}_{1K}/\hat{\sigma}_{11})\bar{y}_1 \\
& -1/\hat{\sigma}_{11} & \hat{\sigma}_{12}/\hat{\sigma}_{11} & \cdots & \hat{\sigma}_{1K}/\hat{\sigma}_{11} \\
& & \hat{\sigma}_{22} - \hat{\sigma}_{12}^2/\hat{\sigma}_{11} & \cdots & \hat{\sigma}_{2K} - \hat{\sigma}_{1K}\hat{\sigma}_{12}/\hat{\sigma}_{11} \\
& & & \ddots & \vdots \\
\bar{y}_K - (\hat{\sigma}_{1K}/\hat{\sigma}_{11})\bar{y}_1 & & & & \hat{\sigma}_{KK} - \hat{\sigma}_{1K}^2/\hat{\sigma}_{11}
\end{bmatrix}
$$

$$= \begin{bmatrix} -A & B \\ B^{\mathrm{T}} & C \end{bmatrix},$$

上式中 A 是 2×2 矩阵, B 是 $2 \times (K-1)$ 矩阵, C 是 $(K-1) \times (K-1)$ 矩阵. 这个矩阵产生了 $Y_2, \cdots, Y_K$ 对 Y_1 的 (多元) 回归结果. 具体来说, B 的第 j 列给出了 Y_{j+1} $(j = 1, \cdots, K-1)$ 对 Y_1 回归的截距和斜率, 矩阵 C 给出了给定 Y_1 时 $Y_2, \cdots, Y_K$ 的残差协方差矩阵. 最后, A 的元素乘以 C 中适当的残差方差或协方差, 再除以 n, 就得到了 B 中估计的回归系数的渐近抽样方差和协方差.

　　扫描常数项及前 q 个元素将产生 $Y_{q+1}, \cdots, Y_K$ 对 $Y_1, \cdots, Y_q$ 多元回归的结果. 具体地, 令

$$\mathrm{SWP}[0, 1, \cdots, q]G = \begin{bmatrix} -D & E \\ E^{\mathrm{T}} & F \end{bmatrix},$$

其中 D 是 $(q+1) \times (q+1)$ 矩阵, E 是 $(q+1) \times (K-q)$ 矩阵, F 是 $(K-q) \times (K-q)$ 矩阵, E 的第 j 列 $(j = 1, 2, \cdots, K-q)$ 给出了 Y_{j+q} 对 $Y_1, \cdots, Y_q$ 最小二乘回归的截距和斜率, F 是 $Y_{q+1}, \cdots, Y_q$ 的残差协方差矩阵, 和前面类似, D 的元素可用于给出 E 中回归系数估计的渐近抽样方差和协方差.

　　总而言之, $Y_{q+1}, \cdots, Y_K$ 对 $Y_1, \cdots, Y_q$ 多元线性回归的极大似然估计可通过从比例交叉乘积矩阵 G 中扫描对应着常数项和自变量 $Y_1, \cdots, Y_q$ 的行和列求出.

　　在一个变量上做扫描运算, 实际上是将该变量从结果变量 (或相依变量/因变量) 变成了预测变量 (或独立变量/自变量). 还有一个与扫描运算相反的运算, 把预测变量变成结果变量. 这一运算被称作反扫描 (RSW), 由

$$H = \mathrm{RSW}[k]G$$

定义, 其中

$$
\begin{aligned}
& h_{kk} = -1/g_{kk}, \\
& h_{jk} = h_{kj} = -g_{jk}/g_{kk}, \quad j \neq k, \\
& h_{jl} = g_{jl} - g_{jk}g_{kl}/g_{kk}, \quad j \neq k, l \neq k.
\end{aligned}
\tag{7.21}
$$

　　容易证明, 反扫描也是交换的, 并且是扫描算子的逆运算, 即

$$(\mathrm{RSW}[k])(\mathrm{SWP}[k])G = (\mathrm{SWP}[k])(\mathrm{RSW}[k])G = G.$$

例 7.6 二元正态单调数据 (例 7.1 续).

用扫描运算和反扫描运算容易阐述二元正态分布的各种参数化. 因此, 例 7.1 中的参数 θ 和 ϕ 以及 (7.4) 和 (7.5) 中的关系可以用 SWP[ ] 和 RSW[ ] 符号紧密地表示. 另外, 极大似然估计的标准函数的数值也可以用这些算子简单地计算出来.

假设我们把参数 $\theta = (\mu_1, \mu_2, \sigma_{11}, \sigma_{12}, \sigma_{22})^{\mathrm{T}}$ 排列为下面的 3×3 矩阵, 这是类似于 (7.20) 的总体量:

$$\theta^* = \begin{bmatrix} -1 & \mu_1 & \mu_2 \\ \mu_1 & \sigma_{11} & \sigma_{12} \\ \mu_2 & \sigma_{12} & \sigma_{22} \end{bmatrix}.$$

矩阵 θ^* 代表了带常数扫描项的二元正态分布的参数. 如果 θ^* 在行和列 1 扫描, 则我们从式 (7.19) 得到

$$\mathrm{SWP}[1]\theta^* = \begin{bmatrix} -(1 + \mu_1^2/\sigma_{11}) & \mu_1/\sigma_{11} & \mu_2 - \mu_1\sigma_{12}/\sigma_{11} \\ \mu_1/\sigma_{11} & -\sigma_{11}^{-1} & \sigma_{12}/\sigma_{11} \\ \mu_2 - \mu_1\sigma_{12}/\sigma_{11} & \sigma_{12}/\sigma_{11} & \sigma_{22} - \sigma_{12}^2/\sigma_{11} \end{bmatrix}.$$

对式 (7.4) 的研究表明, $\mathrm{SWP}[1]\theta^*$ 的行或列 2 提供了截距 $\mu_2 - \mu_1\sigma_{12}/\sigma_{11}$、$Y_2$ 对 Y_1 回归的斜率 σ_{12}/σ_{11} 以及残差方差 $\sigma_{22\cdot1} = \sigma_{22} - \sigma_{12}^2\sigma_{11}$. 另外, 尽管这一形式不太熟悉, 但实际上前两行和两列构成的 2×2 子矩阵提供了 Y_1 边缘分布的参数. 为了看清这一点, 记

$$\phi^* = \mathrm{SWP}[1]\theta^* = \begin{bmatrix} \mathrm{SWP}[1] & \begin{bmatrix} -1 & \mu_1 \\ \mu_1 & \sigma_{11} \end{bmatrix} & \beta_{20\cdot1} \\ & & \beta_{21\cdot1} \\ \beta_{20\cdot1} & \beta_{21\cdot1} & \sigma_{22\cdot1} \end{bmatrix}, \tag{7.22}$$

其中 ϕ^* 是 $\phi = (\mu_1, \sigma_{11}, \beta_{20\cdot1}, \beta_{21\cdot1}, \sigma_{22\cdot1})^{\mathrm{T}}$ 的稍加修改版本. 根据性质 6.1, 一个类似的表达把 θ 的极大似然估计和 ϕ 的极大似然估计联系起来:

$$\widehat{\phi}^* = \mathrm{SWP}[1]\widehat{\theta}^* = \begin{bmatrix} \mathrm{SWP}[1] & \begin{bmatrix} -1 & \widehat{\mu}_1 \\ \widehat{\mu}_1 & \widehat{\sigma}_{11} \end{bmatrix} & \widehat{\beta}_{20\cdot1} \\ & & \widehat{\beta}_{21\cdot1} \\ \widehat{\beta}_{20\cdot1} & \widehat{\beta}_{21\cdot1} & \widehat{\sigma}_{22\cdot1} \end{bmatrix}.$$

对两边应用 RSW[1] 算子, 得到

$$\widehat{\theta}^* = \mathrm{RSW}[1]\begin{bmatrix} \mathrm{SWP}[1] & \begin{bmatrix} -1 & \widehat{\mu}_1 \\ \widehat{\mu}_1 & \widehat{\sigma}_{11} \end{bmatrix} & \widehat{\beta}_{20\cdot1} \\ & & \widehat{\beta}_{21\cdot1} \\ \widehat{\beta}_{20\cdot1} & \widehat{\beta}_{21\cdot1} & \widehat{\sigma}_{22\cdot1} \end{bmatrix}. \tag{7.23}$$

表达式 (7.23) 用扫描和反扫描算子的术语定义了从 $\widehat{\phi}$ 到 $\widehat{\theta}$ 的变换, 这说明这些算子可用来从 $\widehat{\phi}$ 计算 $\widehat{\theta}$.

例 7.7　多元正态单调数据 (例 7.5 续).

现在我们扩展例 7.6, 来说明如何应用扫描和反扫描算子从具有单调模式的数据中找到多元正态分布的均值和协方差矩阵的极大似然估计. 假设数据在适当的重新排列后具有如图 1.1(c) 所示的单调模式, 为简单起见, 我们考虑 $J = 3$ 组变量. 推广到三组以上变量的方法是直接的.

1. 第一步, 找出第一组变量的均值 μ_1 和协方差矩阵 Σ_{11} 的极大似然估计 $\widehat{\mu}_1$ 和 $\widehat{\Sigma}_{11}$. 这就是基于所有单元的 Y_1 简单的样本均值和样本协方差矩阵.

2. 第二步, 找出 Y_2 对 Y_1 回归的截距、回归系数和残差协方差矩阵的极大似然估计 $\widehat{\beta}_{20\cdot1}$、$\widehat{\beta}_{21\cdot1}$ 和 $\widehat{\Sigma}_{22\cdot1}$. 基于 Y_1 和 Y_2 都有观测的单元, 在 Y_1 和 Y_2 的增广协方差矩阵中扫描 Y_1 就能找出这些估计量.

3. 第三步, 找出 Y_3 对 Y_1 和 Y_2 回归的截距、回归系数和残差协方差矩阵的极大似然估计 $\widehat{\beta}_{30\cdot12}$、$\widehat{\beta}_{31\cdot12}$、$\widehat{\beta}_{32\cdot12}$ 和 $\widehat{\Sigma}_{33\cdot12}$. 基于 Y_1、Y_2 和 Y_3 都有观测的单元, 在 Y_1、Y_2 和 Y_3 的增广协方差矩阵中扫描 Y_1 和 Y_2 就能找出这些估计.

4. 第四步, 计算矩阵

$$A = \mathrm{SWP}[1] \begin{bmatrix} -1 & \widehat{\mu}_1^{\mathrm{T}} \\ \widehat{\mu}_1 & \widehat{\Sigma}_{11} \end{bmatrix} = \begin{bmatrix} a_{11} & a_{12} \\ a_{12} & A_{22} \end{bmatrix},$$

其中 $\mathrm{SWP}[1]$ 是扫描第一组变量 Y_1 的简记.

5. 第五步, 计算矩阵

$$B = \mathrm{SWP}[2] \begin{bmatrix} a_{11} & a_{12} & \widehat{\beta}_{20\cdot1}^{\mathrm{T}} \\ a_{21} & A_{22} & \widehat{\beta}_{21\cdot1}^{\mathrm{T}} \\ \widehat{\beta}_{20\cdot1} & \widehat{\beta}_{21\cdot1} & \widehat{\Sigma}_{22\cdot1} \end{bmatrix} = \begin{bmatrix} c_{11} & c_{12} & c_{13} \\ c_{21} & c_{22} & c_{23} \\ c_{31} & c_{32} & c_{33} \end{bmatrix},$$

其中 $\mathrm{SWP}[2]$ 是扫描第二组变量 Y_2 的简记.

6. 第六步, Y_1、Y_2 和 Y_3 的增广协方差矩阵的极大似然估计由

$$\begin{bmatrix} -1 & \widehat{\mu}^{\mathrm{T}} \\ \widehat{\mu} & \widehat{\Sigma} \end{bmatrix} = \mathrm{RSW}[1,2] \begin{bmatrix} c_{11} & c_{12} & c_{13} & \widehat{\beta}_{20\cdot1}^{\mathrm{T}} \\ c_{21} & c_{22} & c_{23} & \widehat{\beta}_{31\cdot12}^{\mathrm{T}} \\ c_{31} & c_{32} & c_{33} & \widehat{\beta}_{32\cdot12}^{\mathrm{T}} \\ \widehat{\beta}_{20\cdot1} & \widehat{\beta}_{31\cdot12} & \widehat{\beta}_{32\cdot12} & \widehat{\Sigma}_{33\cdot12} \end{bmatrix}$$

给出. 这个矩阵包含了 Y_1、Y_2 和 Y_3 的均值和协方差矩阵的极大似然估计.

第四至六步可用方程

$$
\begin{bmatrix} -1 & \widehat{\mu}^{\mathrm{T}} \\ \widehat{\mu} & \widehat{\Sigma} \end{bmatrix} = \mathrm{RSW}[1,2] \begin{bmatrix} \mathrm{SWP}[2] \end{bmatrix} \begin{bmatrix} \mathrm{SWP}[1] \end{bmatrix} \begin{bmatrix} \begin{bmatrix} -1 & \widehat{\mu}_1^{\mathrm{T}} \\ \widehat{\mu}_1 & \widehat{\Sigma}_{11} \end{bmatrix} & \begin{matrix} \widehat{\beta}_{20\cdot1}^{\mathrm{T}} \\ \widehat{\beta}_{21\cdot1}^{\mathrm{T}} \end{matrix} & \begin{matrix} \widehat{\beta}_{30\cdot12}^{\mathrm{T}} \\ \widehat{\beta}_{31\cdot12}^{\mathrm{T}} \end{matrix} \\ \begin{matrix} \widehat{\beta}_{20\cdot1} & \widehat{\beta}_{21\cdot1} \end{matrix} & \widehat{\Sigma}_{22\cdot1} & \widehat{\beta}_{32\cdot12}^{\mathrm{T}} \\ \begin{matrix} \widehat{\beta}_{30\cdot12} & \widehat{\beta}_{31\cdot12} \end{matrix} & \widehat{\beta}_{32\cdot12} & \widehat{\Sigma}_{33\cdot12} \end{bmatrix}
$$

简洁地表示, 这样看推广到三组以上的变量就很明显了. 这一方程定义了从 $\widehat{\phi}$ 到 $\widehat{\theta}$ 的变换.

极大似然估计的基于渐近协方差矩阵的抽样精度估计并不那么容易通过这种操作来完成. 然而, 一个简单的替代方法是采用贝叶斯的观点, 并使用后验方差来估计精度, 就像第 7.3 节中介绍的两变量正态单调数据一样. 我们将在 7.4.4 节讨论这种方法.

表 7.4　例 7.8 的数据 [a]

单元	变量				
	X_1	X_2	X_3	X_4	$Y = X_5$
1	7	26	6	60	78.5
2	1	29	15	52	74.3
3	11	56	8	20	104.3
4	11	31	8	47	87.6
5	7	52	6	33	95.9
6	11	55	9	22	109.2
7	3	71	17	(6)	102.7
8	1	31	22	(44)	72.5
9	2	54	18	(22)	93.1
10	(21)	(47)	4	(26)	115.9
11	(1)	(40)	23	(34)	83.8
12	(11)	(66)	9	(12)	113.3
13	(10)	(68)	8	(12)	109.4

[a] 本例中, 括号内的值被当作缺失.

例 7.8　一个数值例子.

Rubin (1976c) 对取自 Draper 和 Smith (1981) 的数据给出了上面描述的计算, 数据展示在表 7.4 中. 变量的原始标号是 $X_1, \cdots, X_5$. 数据具有图 1.1(c) 的模式, 其中的 $J = 3$, $Y_1 = (X_3, X_5)$, $Y_2 = (X_1, X_2)$, $Y_3 = X_4$. 我们首先应用例 7.7 的方法找出参数的极大似然估计.

1. 第一步给出 (X_3, X_5) 的边缘分布的极大似然估计:

$$\widehat{\mu}_3 = 11.769, \quad \widehat{\mu}_5 = 95.423, \quad \widehat{\sigma}_{33} = 37.870,$$

$$\widehat{\sigma}_{35} = -47.566, \quad \widehat{\sigma}_{55} = 208.905.$$

2. 第二步基于单元 $1\text{--}9$ 给出 (X_1, X_2) 对 (X_3, X_5) 回归系数的极大似然估计:

$$\widehat{\beta}_{10\cdot35} = 2.802, \quad \widehat{\beta}_{13\cdot35} = -0.526, \quad \widehat{\beta}_{15\cdot35} = 0.105,$$

$$\widehat{\beta}_{20\cdot35} = -74.938, \quad \widehat{\beta}_{23\cdot35} = 1.062, \quad \widehat{\beta}_{25\cdot35} = 1.178,$$

残差协方差矩阵是

$$\widehat{\Sigma}_{12\cdot35} = \begin{array}{c} X_1 \\ X_2 \end{array} \begin{matrix} X_1 & \quad X_2 \\ \begin{bmatrix} 3.804 & -8.011 \\ -8.011 & 24.382 \end{bmatrix} \end{matrix}.$$

3. 第三步基于单元 $1\text{--}6$ 给出 X_4 对其他变量回归系数的极大似然估计和残差方差:

$$\widehat{\beta}_{40\cdot1235} = 85.753, \quad \widehat{\beta}_{41\cdot1235} = 1.863, \quad \widehat{\beta}_{42\cdot1235} = -1.324,$$

$$\widehat{\beta}_{43\cdot1235} = -1.533, \quad \widehat{\beta}_{45\cdot1235} = 0.397, \quad \widehat{\sigma}_{44\cdot1235} = 0.046.$$

4. 第四至六步产生

$$\begin{bmatrix} -1 & \widehat{\mu}^{\mathrm{T}} \\ \widehat{\mu} & \widehat{\Sigma} \end{bmatrix}$$

$$= \mathrm{RSW}[1235] \left[\mathrm{SWP}[12] \left[\mathrm{SWP}[35] \left[\begin{array}{ccc|cc|c} -1 & 11.769 & 95.423 & 2.802 & -74.938 & 85.753 \\ 11.769 & 37.870 & -47.566 & -0.526 & 1.062 & -1.533 \\ 95.423 & -47.566 & 208.905 & 0.105 & 1.178 & 0.397 \\ 2.802 & -0.526 & 0.105 & 3.804 & -8.011 & -1.863 \\ -74.938 & 1.062 & 1.178 & -8.011 & 24.382 & -1.324 \\ 85.753 & -1.533 & 0.397 & -1.863 & -1.324 & 0.046 \end{array} \right] \right] \right].$$

计算等号右侧并重新排列变量, 得到极大似然估计:

$$\widehat{\mu}^{\mathrm{T}} = \begin{bmatrix} x_1 & x_2 & x_3 & x_4 & x_5 \\ 6.655 & 49.965 & 11.769 & 27.047 & 95.423 \end{bmatrix},$$

$$\widehat{\Sigma} = \begin{bmatrix} 21.826 & 20.864 & -24.900 & -11.473 & 46.953 \\ 20.864 & 238.012 & -15.817 & -252.072 & 195.604 \\ -24.900 & -15.817 & 37.870 & -9.599 & -47.556 \\ -11.473 & -252.072 & -9.599 & 294.183 & -190.599 \\ 46.953 & 195.604 & -47.556 & -190.599 & 208.905 \end{bmatrix}.$$

7.4.4 单调正态数据用扫描算子的贝叶斯计算

在例 7.7 的情形中, 贝叶斯推断是通过替换第一至三步中 ϕ 的极大似然估计来实现的, 也就是把

$$\widehat{\phi} = \left(\widehat{\mu}_1, \widehat{\Sigma}_{11}, \widehat{\beta}_{20\cdot 1}, \widehat{\beta}_{21\cdot 1}, \widehat{\Sigma}_{22\cdot 1}, \widehat{\beta}_{30\cdot 12}, \widehat{\beta}_{31\cdot 12}, \widehat{\beta}_{32\cdot 12}, \widehat{\Sigma}_{33\cdot 12} \right)$$

替换成从 ϕ 的后验分布中的抽取

$$\phi^{(d)} = \left(\mu_1^{(d)}, \Sigma_{11}^{(d)}, \beta_{20\cdot 1}^{(d)}, \beta_{21\cdot 1}^{(d)}, \Sigma_{22\cdot 1}^{(d)}, \beta_{30\cdot 12}^{(d)}, \beta_{31\cdot 12}^{(d)}, \beta_{32\cdot 12}^{(d)}, \Sigma_{33\cdot 12}^{(d)} \right), \quad d = 1, \cdots, D,$$

然后应用第四至六步中的扫描算子, 从 θ 的后验分布获得 D 个抽取 $\theta^{(d)}$ ($d = 1, \cdots, D$). 这样, 这些抽取可用于模拟 θ 的后验分布, 进而产生所有参数的区间估计.

例 7.9 例 7.8 中数据的推断.

为了比较, 我们对例 7.8 中的数据进行了自采样, 得到了 1000 个自采样样本的均值和标准误差:

$$\text{自采样均值} = \begin{bmatrix} x_1 & x_2 & x_3 & x_4 & x_5 \\ 7.22 & 46.75 & 10.78 & 31.28 & 94.15 \end{bmatrix},$$

$$\text{自采样标准误差} = \begin{bmatrix} 1.10 & 3.14 & 1.35 & 3.42 & 2.97 \end{bmatrix}.$$

相比之下, 下面是利用 Jeffreys 先验 (6.35) 从后验分布中抽取得到的后验均值和标准差:

$$\text{后验均值} = \begin{bmatrix} x_1 & x_2 & x_3 & x_4 & x_5 \\ 6.73 & 49.93 & 11.66 & 27.14 & 95.51 \end{bmatrix},$$

$$后验标准差 = \begin{bmatrix} 2.13 & 6.86 & 2.49 & 7.28 & 5.98 \end{bmatrix}.$$

我们可能会期待自采样均值和后验均值能靠近极大似然估计. 对后验均值来说这是对的, 但自采样均值离极大似然估计有相当的距离 (比如 x_1 的均值是 7.22 对 6.66). 更值得注意的是, 自采样标准误差比后验标准差更小. 可以预期后者会更大一些, 因为它包含了估计 Σ 的 t 型修正, 而这些修正并没有反映在自采样标准误差中; 然而, 这一区别并不能解释估计量之间的巨大差异. 一个更可能的解释是, 鉴于样本量较小, 在这种情况下自采样标准误差是不正确的: 请注意, 只有 6 个完全单元和 5 个变量, 这是获得唯一极大似然估计所需的最低限度 (Rubin 1994). 事实上, 只有约 5% 的自采样样本 (23128 个样本中的 1000 个) 被纳入自采样计算, 因为其他样本没有产生唯一的参数估计. 我们的结论是, 在这种小样本的情况下, 不应该使用简单的自采样.

7.5 对特殊的非单调模式的因子化似然

Anderson (1957) 已经注意到了可以把似然因子化的不完全数据非单调模式, 在这种模式下, 每个因子都是一个完全数据似然, 而且数据是正态的; Rubin (1974) 推广了这个思想. 基本情况由图 7.1 给出, 把变量排列成三个组 (Y_1, Y_2, Y_3), 使得

1. Y_3 比 Y_1 观测更多, 对于任何 Y_1 至少有部分观测的单元, Y_3 均有完整的观测.
2. Y_1 和 Y_2 从未完整联合观测过, 对于任何 Y_2 至少有部分观测的单元, Y_1 全部缺失, 反之亦然.
3. 给定 Y_3 后, Y_1 的行条件独立, 且有相同的参数.

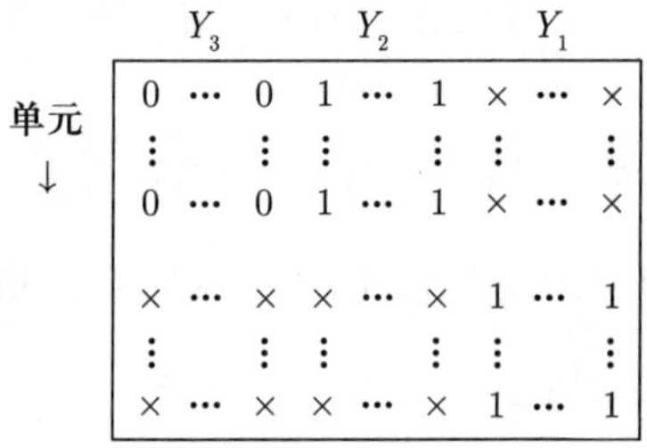

图 7.1 Y_3 比 Y_1 观测更多、Y_1 和 Y_2 从未完整联合观测的数据模式; 0 表示观测到, 1 表示缺失, × 表示可能观测到. 来源: 改编自 Rubin (1974)

当忽略 Y_2, 且 Y_1 和 Y_3 是标量时, 图 7.1 简化成了二元单调数据. 在随机缺失假设下, 数据的对数似然分解成两个因子, 一个是基于全部单元的 Y_2 和 Y_3 的边缘分布, 有参数 ϕ_{23}, 另一个是基于 Y_3 完全观测单元的给定 Y_3 时 Y_1 的条件分布, 有参数 $\phi_{1\cdot3}$. 这个结果的证明, 包含单调数据的因子化证明, 在 Rubin (1974, 第 2 节) 中给出.

参数 ϕ_{23} 和 $\phi_{1\cdot3}$ 往往是分离的, 因为 ϕ_{23} 可重新参数化 (按显然的记号) 成 $\phi_{2\cdot3}$ 和 ϕ_3, 这样参数 $\phi_{1\cdot3}$、$\phi_{2\cdot3}$ 和 ϕ_3 往往是分离的. 这个例子的一个重要背景是, ϕ_{23} 和 $\phi_{1\cdot3}$ 没有提供 Y_1、Y_2 和 Y_3 联合分布的完全重参数化信息, 因为给定 Y_3 时 Y_1 和 Y_2 的条件相关性 (即偏相关) 参数并未被涵盖在前面的描述中. 这些参数没有出现在对数似然中, 因而无法从数据中估计出来.

Rubin (1974) 展示了如何重复地简化图 7.1 的模式, 以便尽可能充分地将似然因子化. 虽然在一般情况下, 并不是所有得到的因子都能用完全数据方法独立处理, 但我们用两个能还原为完全数据问题的例子来说明其主要观点.

例 7.10 正态三变量例子.

Lord (1955) 和 Anderson (1957) 考虑了一个具有图 7.1 模式的三元正态样本, Y_1、Y_2 和 Y_3 都是一元的. 样本中没有完全观测的单元, 有 r_1 个观测到 Y_1 和 Y_3 的单元, r_2 个观测到 Y_2 和 Y_3 的单元, 且 $n = r_1 + r_2$. 假设数据随机缺失, 似然因子化成三部分: (1) Y_3 的边缘正态分布上的 $r_1 + r_2$ 个观测单元, 有参数 μ_3 和 σ_{33}; (2) 给定 Y_3 时 Y_1 的条件分布上的 r_1 个观测单元, 有截距 $\beta_{10\cdot3}$、斜率 $\beta_{13\cdot3}$ 和方差 $\sigma_{11\cdot3}$; (3) 给定 Y_3 时 Y_2 的条件分布上的 r_2 个观测单元, 有截距 $\beta_{20\cdot3}$、斜率 $\beta_{23\cdot3}$ 和方差 $\sigma_{22\cdot3}$. 这三部分总共包含了 8 个分离的参数, 而 Y_1、Y_2 和 Y_3 的原始联合分布包含 9 个参数, 也就是 3 个均值、3 个方差以及 3 个协方差. 重参数化忽略的参数是给定 Y_3 时 Y_1 和 Y_2 的偏 (条件) 相关系数, 观测数据中没有它的信息.

具有这种不完全模式的数据集并不少见. 其中一种情况是文件匹配问题, 每一个 Y_i 都是多变量的, 这在合并大型政府或医疗数据库时常会出现. 例如, 假设我们有一个文件是国内税务局记录的随机样本 (去掉了单元标识符), 另一个文件是社会安全局记录的随机样本 (也去掉了单元标识符, 两个文件中没有共同单元). 国内税务局文件有收入信息 Y_1、背景信息 Y_3 的详细资料, 而社会安全局文件有工作历史信息 Y_2 和同样的背景信息 Y_3 的详细资料. 合并后的文件可以看成一个样本, 在所有单元上都观测到了 Y_3, 但 Y_1 和 Y_2 从未联合观测到过. 之所以用 "文件匹配" 这个词来描述这种情况, 是因为研究人员经常试图在 Y_3 的基础上, 通过跨文件的单元匹配来填补缺失的 Y_1 和 Y_2 值, 用匹配单元作为填补值. 这些问题在 Rubin (1986) 和 Rässler (2002) 中讨论过.

子样本	单元	标准测试 $X_1, \cdots, X_K$		新测试 Y_1 Y_2 Y_3		
1	1	0 $\cdots$ 0		0	1	1
	$\vdots$	$\vdots$ $\vdots$		$\vdots$	$\vdots$	$\vdots$
	r_1	0 $\cdots$ 0		0	1	1
2	r_1+1	0 $\cdots$ 0		1	0	1
	$\vdots$	$\vdots$ $\vdots$		$\vdots$	$\vdots$	$\vdots$
	r_1+r_2	0 $\cdots$ 0		1	0	1
3	r_1+r_2+1	0 $\cdots$ 0		1	1	0
	$\vdots$	$\vdots$ $\vdots$		$\vdots$	$\vdots$	$\vdots$
	$r_1+r_2+r_3$	0 $\cdots$ 0		1	1	0

图 7.2　例 7.11: 有三个新测试的数据结构: 0 表示分数观测到, 1 表示分数缺失

例 7.11　在教育数据上的应用.

在教育测试问题中, 比如 Rubin 和 Thayer (1978) 中给出的问题, 通常会对来自同一总体的不同随机样本进行几个新测试的评估. 具体来说, 用 $X = (X_1, \cdots, X_K)$ 表示给所有抽样个体 (即全部单元) 进行的 K 个标准测试, 假设给包含 r_1 个个体的第一个样本进行新测试 Y_1, 给包含 r_2 个个体的第二个样本进行新测试 Y_2, 以此类推, 直到 Y_q, 这些样本中没有共同个体. 由于随机抽样, 缺失的 Y 值是完全随机缺失的. 图 7.2 展示了 $q = 3$ 的情形, 这是例 7.10 中模式的简单扩展.

给定 X, Y_j 之间的偏相关系数在严格意义上是不可估的, 因为它们没有唯一的极大似然估计. 然而, 在教育测试问题上, Y_j 之间的简单相关性往往更有意义. 虽然这些相关系数没有唯一的极大似然估计, 但数据中却可能有关于它们的可能值的信息.

直接的代数运算表明, Y_j 和 Y_k 之间的简单相关系数依赖于 Y_j 和 Y_k 之间的偏相关系数, 但不依赖于任何其他对变量的偏相关系数. 随着 Y_j 和 Y_k 之间的偏相关系数增大, Y_j 和 Y_k 之间的简单相关系数也增大. 更进一步, 这个关系是线性的. 因此, 给定两个不同的偏相关系数值 (如 0 和 1) 处的简单相关系数估计值, 就可以用线性插值 (或外推, 取决于所选的值) 估计任何其他偏相关系数值对应的简单相关系数. 图 7.3 展示了教育考试院数据的简单相关系数估计作为偏相关系数的函数图, 数据结构如图 7.2, $r_1 = 1325$, $r_2 = 1345$, $r_3 = 2000$,

X 是二元变量 (Rubin 和 Thayer 1978).

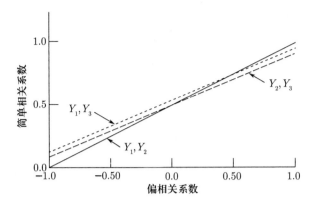

图 7.3 例 7.11: 简单相关系数作为偏相关系数的函数. 来源: Rubin 和 Thayer (1978), 使用获 Psychometrika 许可

与单调正态数据一样, 为了创建这样的图, 扫描算子是一种有用的符号和计算手段. 极大似然计算的步骤可以描述如下.

1. 第一步, 找出 X 的边缘分布的极大似然估计, 即 μ_x 和 Σ_{xx}. 它们就是全部 n 个单元的简单样本均值 $\widehat{\mu}_x$ 和协方差 $\widehat{\Sigma}_{xx}$. 这一步得到 $\widehat{\mu}_x^{\mathrm{T}} = (43.3, 26.8)$ 以及

$$\widehat{\Sigma}_{xx} = \begin{bmatrix} 330.3 & 118.9 \\ 118.9 & 138.1 \end{bmatrix}.$$

2. 第二步, 找出 Y_1 对 X 回归系数和残差方差的极大似然估计, 即 $\widehat{\beta}_{10 \cdot x}$、$\widehat{\beta}_{1x \cdot x}$ 和 $\widehat{\sigma}_{11 \cdot x}$. 基于 X 和 Y_1 都观测到的 r_1 个单元, 它们可通过从 Y_1 和 X 的增广协方差矩阵扫描变量 X 得到. 这一步得到 $(\widehat{\beta}_{10 \cdot x}, \widehat{\beta}_{1x \cdot x}^{\mathrm{T}}) = (0.99, 0.10, 0.17)$ 以及 $\widehat{\sigma}_{11 \cdot x} = 11.09$.

3. 第三步, 找出 Y_2 对 X 回归系数和残差方差的极大似然估计, 即 $\widehat{\beta}_{20 \cdot x}$、$\widehat{\beta}_{2x \cdot x}$ 和 $\widehat{\sigma}_{22 \cdot x}$. 基于 X 和 Y_2 都观测到的 r_2 个单元, 它们可通过从 Y_2 和 X 的增广协方差矩阵扫描变量 X 得到. 这一步得到 $(\widehat{\beta}_{20 \cdot x}, \widehat{\beta}_{2x \cdot x}^{\mathrm{T}}) = (-0.44, 0.18, 0.23)$ 以及 $\widehat{\sigma}_{22 \cdot x} = 27.38$.

4. 第四步, 找出 Y_3 对 X 回归系数和残差方差的极大似然估计, 即 $\widehat{\beta}_{30 \cdot x}$、$\widehat{\beta}_{3x \cdot x}$ 和 $\widehat{\sigma}_{33 \cdot x}$. 基于 X 和 Y_3 都观测到的 r_3 个单元, 它们可通过从 Y_3 和 X 的增广协方差矩阵扫描变量 X 得到. 这一步得到 $(\widehat{\beta}_{30 \cdot x}, \widehat{\beta}_{3x \cdot x}^{\mathrm{T}}) = (0.33, 0.23, 0.57)$ 以及 $\widehat{\sigma}_{33 \cdot x} = 71.49$.

5. 第五步, 固定所有不可估的偏相关系数为 0, 找出全部变量的均值向量 $\mu^{\mathrm{T}} = (\mu_x^{\mathrm{T}}, \mu_y^{\mathrm{T}})$ 和协方差矩阵

$$\Sigma = \begin{bmatrix} \Sigma_{xx} & \Sigma_{xy} \\ \Sigma_{yx} & \Sigma_{yy} \end{bmatrix}$$

的极大似然估计如下:

$$\begin{bmatrix} -1 & \widehat{\mu}_{(0)}^{\mathrm{T}} \\ \widehat{\mu}_{(0)} & \widehat{\Sigma}_{(0)} \end{bmatrix} = \mathrm{RSW}[x] \begin{bmatrix} \mathrm{SWP}[x] \begin{bmatrix} -1 & \widehat{\mu}_{xx}^{\mathrm{T}} \\ \widehat{\mu}_{xx} & \widehat{\Sigma}_{xx} \end{bmatrix} & \begin{matrix} \widehat{\beta}_{10\cdot x} & \widehat{\beta}_{20\cdot x} & \widehat{\beta}_{30\cdot x} \\ \widehat{\beta}_{1x\cdot x} & \widehat{\beta}_{2x\cdot x} & \widehat{\beta}_{3x\cdot x} \end{matrix} \\ \begin{matrix} \widehat{\beta}_{10\cdot x} & \widehat{\beta}_{1x\cdot x}^{\mathrm{T}} \\ \widehat{\beta}_{20\cdot x} & \widehat{\beta}_{2x\cdot x}^{\mathrm{T}} \\ \widehat{\beta}_{30\cdot x} & \widehat{\beta}_{3x\cdot x}^{\mathrm{T}} \end{matrix} & \begin{matrix} \widehat{\sigma}_{11\cdot x} & 0 & 0 \\ 0 & \widehat{\sigma}_{22\cdot x} & 0 \\ 0 & 0 & \widehat{\sigma}_{33\cdot x} \end{matrix} \end{bmatrix},$$

$$\tag{7.24}$$

其中上式左侧的那些角标 0 代表以零偏相关为条件的估计. 第五步得到 $\widehat{\mu}_y^{\mathrm{T}} = (9.96, 13.27, 25.63)$, 以及

$$\widehat{\Sigma}_{yy} = \begin{bmatrix} 22.66 & 17.61 & 32.84 \\ 17.61 & 54.31 & 49.61 \\ 32.84 & 49.61 & 165.64 \end{bmatrix},$$

$$\widehat{\Sigma}_{xy} = \begin{bmatrix} 53.78 & 85.22 & 144.08 \\ 36.74 & 52.39 & 106.50 \end{bmatrix}.$$

6. 第六步, 固定所有不可估的偏相关系数为 1, 找出相应的极大似然估计

$$\begin{bmatrix} -1 & \widehat{\mu}_{(1)}^{\mathrm{T}} \\ \widehat{\mu}_{(1)} & \widehat{\Sigma}_{(1)} \end{bmatrix}.$$

通过把式 (7.24) 中右下 3×3 子矩阵替换为

$$\begin{bmatrix} \widehat{\sigma}_{11\cdot x} & \sqrt{\widehat{\sigma}_{11\cdot x}\widehat{\sigma}_{22\cdot x}} & \sqrt{\widehat{\sigma}_{11\cdot x}\widehat{\sigma}_{33\cdot x}} \\ \sqrt{\widehat{\sigma}_{11\cdot x}\widehat{\sigma}_{22\cdot x}} & \widehat{\sigma}_{22\cdot x} & \sqrt{\widehat{\sigma}_{22\cdot x}\widehat{\sigma}_{33\cdot x}} \\ \sqrt{\widehat{\sigma}_{11\cdot x}\widehat{\sigma}_{33\cdot x}} & \sqrt{\widehat{\sigma}_{22\cdot x}\widehat{\sigma}_{33\cdot x}} & \widehat{\sigma}_{33\cdot x} \end{bmatrix},$$

即得出这些估计. 这一步得到相同的 $\widehat{\mu}_y$ 和 $\widehat{\Sigma}_{yy}$ 对角元素值, 但其他参数不同. 特别地, Y 变量间估计出的相关系数为 0.999、0.996 和 0.990. 而第五步对应的估计是 0.50、0.54 和 0.52.

对第五和六步中报告的相关系数进行线性插值, 画出图 7.3. Rubin 和 Thayer (1978) 也考虑了其他参数, 如复相关系数. 一般来说, 这些都不是偏相关系数的线性量, 没有唯一的极大估计, 但它们计算起来依然简单.

对这两个例子, 像第 7.4.4 节那样, 通过把因子化似然中参数的极大似然估计替换为抽取, 可实现贝叶斯推断. 不可估参数的联合后验分布与它们的先验分布相同, 在这些情况下先验 (后验) 分布必须是正常的.

例 7.12　用外部校准数据修正测量误差 (例 1.15 续).

如例 1.15 所讨论的, 图 1.4(b) 展示了主样本和一个外部校准样本的四个变量 X、W、Y 和 Z 数据. Guo 等 (2011) 讨论了结局向量 Y (维数 $q \geq 1$) 对自变量 X (标量) 和 Z (维数 $r \geq 0$) 回归的推断. 因为 q 可能大于 1, 所以这个公式涵盖多个因变量的多元回归. 在主样本中, X 是完全缺失的, Y 和 Z 是完全观测到的, 还有一个变量 W 是 X 的代理, W 受到测量误差的影响. 在校准样本中, 获得 X 和 W 的配对, 通常是在主研究之外独立收集的, 例如, 如果 W 代表一种化学试验, 则由检测制造商收集.

可以方便地把 Y 和 Z 合并成一个 p 维的变量 $U = (Y, Z)$, 其中 $p = q + r$. 我们假设

(a) 图 1.4(b) 中的缺失数据是随机缺失.

(b) (U, X, W) 具有 $p + 2$ 元正态分布.

(c) 无差别测量误差: $\beta_{uw \cdot wx} = 0$, 其中 $\beta_{uw \cdot wx}$ 是 u 对 W 和 X 回归中 W 对应的 p 个回归系数.

当给定 X 的真实值, W 的测量误差与 U 的值无关时, 无差别测量误差假设是有效的. 正如下面所讨论的那样, 这个假设允许我们估计给定 W 时 U 和 X 的 p 偏协方差 $\sigma_{ux \cdot w}$, 否则就没有来自外部校准模式的唯一极大似然估计.

特别地, 因子分解 (U, X, W) 的联合正态分布如下:

$$W \sim N(\mu_w, \sigma_{ww}), \quad (U, X \mid W) \sim N\left(\begin{pmatrix} \beta_{uw \cdot w} \\ \beta_{xw \cdot w} \end{pmatrix}, \begin{pmatrix} \sigma_{uu \cdot w} & \sigma_{ux \cdot w} \\ \sigma_{ux \cdot w} & \sigma_{xx \cdot w} \end{pmatrix}\right).$$

似然因子化为: (1) 基于全部数据, W 的边缘正态分布参数 (μ_w, σ_{ww}) 的似然; (2) 基于主样本, 给定 W 时 U 的条件正态分布参数 $(\beta_{uw \cdot w}, \sigma_{uu \cdot w})$ 的似然; (3) 基于校准样本, 给定 W 时 X 的条件正态分布参数 $(\beta_{xw \cdot w}, \sigma_{xx \cdot w})$ 的似然. 这样, 假设参数分离, 那么根据因子化似然方法, (1) (μ_w, σ_{ww}) 的极大似然估计 $(\hat{\mu}_w, \hat{\sigma}_{ww})$ 是合并主样本和校准样本后 W 的样本均值和方差, (2) 极大似

然估计 $(\widehat{\beta}_{uw\cdot w}, \widehat{\sigma}_{uu\cdot w})$ 是从主样本 U 对 W 回归的最小二乘估计和残差协方差矩阵, (3) 极大似然估计 $(\widehat{\beta}_{xw\cdot w}, \widehat{\sigma}_{xx\cdot w})$ 是从校准样本 X 对 W 回归的最小二乘估计和残差协方差矩阵.

根据多元正态分布的性质, 无差别测量误差假设隐含着

$$\beta_{uw\cdot wx} = \beta_{uw\cdot w} - \frac{\sigma_{ux\cdot w}\beta_{xw\cdot w}}{\sigma_{xx\cdot w}} = 0, \text{ 或 } \sigma_{ux\cdot w} = \frac{\beta_{uw\cdot w}\sigma_{xx\cdot w}}{\beta_{xw\cdot w}}.$$

因此, 其余参数的极大似然估计是

$$\widehat{\sigma}_{ux\cdot w} = \frac{\widehat{\beta}_{uw\cdot w}\widehat{\sigma}_{xx\cdot w}}{\widehat{\beta}_{xw\cdot w}}.$$

最后, Y 对 X 和 Z 回归参数的极大似然估计可通过扫描运算计算出来, 对 W 进行反扫描, 使 W 成为因变量, 对 X 和 Z 进行扫描, 使这些变量成为自变量.

这就完成了对极大似然算法的描述, 除了一个小小的地方需要注意. 给定 (Y, Z, U) 时 X 的残差方差估计值可能是负数, 因为估计值是由两个独立样本组合而成的. 如果发生这种情况, 残差方差的估计应该设置为零. 这种情况不太可能发生, 除非 X 和 W 是弱相关的, 在这种情况下, 校准数据的作用有限.

这里因子化似然的分离性条件成立, 因为模型是 "恰好识别" 的, 即数据中没有信息的参数数量 p (即偏协方差 $\sigma_{ux\cdot w}$) 与无差别测量误差假设对参数的约束条件数量相同.

这个例子考虑了极大似然估计——一个有用的扩展是在图 1.4(b) 中创建缺失值的多重填补, 正如 Guo 等 (2011) 所讨论的那样.

问题

7.1 假设例 7.1 中的数据为总是随机缺失 (MAAR), 说明给定 $(y_{11}, \cdots, y_{n1})$, $\widehat{\beta}_{20\cdot 1}$ 和 $\widehat{\beta}_{21\cdot 1}$ 是 $\beta_{20\cdot 1}$ 和 $\beta_{21\cdot 1}$ 的无偏估计. 因此, 假设适当的随机采样, 说明 $\widehat{\mu}_2$ 是 μ_2 的无偏估计.

7.2 假设例 7.1 中的数据为总是完全随机缺失 (MACAR), 首先条件在 $(y_{11}, \cdots, y_{n1})$ 上, 找出 $\widehat{\mu}_2$ 的精确小样本方差. (提示: 如果 u 是 d 个自由度的卡方分布, 则 $E(1/u) = 1/(d-2)$, 见 Morrison 1971.) 因此, 说明 $\widehat{\mu}_2$ 具有比 $\overline{y}_2$ 更小的抽样方差, 当且仅当 $\rho^2 > 1/(r-2)$, 其中 r 是完全观测单元的数量.

7.3 比较式 (7.13) 和 (7.14) 给出的 $\widehat{\mu}_2 - \mu_2$ 的渐近方差以及问题 7.2 中计算的小样本方差.

7.4 证明第 7.3 节单调二元正态数据贝叶斯推断的六个结果 (为寻找帮助, 可参看 Box 和 Tiao (1973) 的第 2 章, 或者 Gelman 等 (2013) 的第 18 章; 也可以看第 6.1.4 节的材料).

7.5 对于二元正态分布, 用第 7.2 节的参数 ϕ 表示 Y_1 对 Y_2 回归的系数 $\beta_{12 \cdot 2}$, 进而用例 7.2 的数据推导它的极大似然估计.

7.6 计算问题 7.5 中 $\hat{\beta}_{12 \cdot 2}$ 的大样本方差, 假设总是完全随机缺失机制, 与完全案例估计的方差进行比较.

7.7 对问题 7.6 的设定, 说明通过对参数和缺失数据最大化完全数据对数似然得到的 $\beta_{12 \cdot 2}$ 的估计是 $\tilde{\beta}_{12 \cdot 2} = \hat{\beta}_{12 \cdot 2} \hat{\sigma}_{22} / \hat{\sigma}_{22}^*$, 其中 (用第 7.2 节的记号),

$$\hat{\sigma}_{22}^* = \hat{\beta}_{21 \cdot 1}^2 \hat{\sigma}_{11} + n^{-1} \sum_{i=1}^{r} (y_{i2} - \bar{y}_2 - \hat{\beta}_{21 \cdot 1}(y_{i1} - \bar{y}_1))^2.$$

进而说明 $\tilde{\beta}_{12 \cdot 2}$ 不是 $\beta_{12 \cdot 2}$ 的相合估计, 除非当 $n \to \infty$ 时缺失数据的比例趋于 0 (见第 6.3 节, 寻找帮助可见 Little 和 Rubin 1983b).

7.8 对于均值为 (μ_1, μ_2)、相关系数为 ρ 且共同方差为 σ^2 的二元正态样本, 设 Y_2 有缺失, 说明例 7.1 中的因子化似然不能产生分离的参数 $\{\phi_j\}$.

7.9 使用计算机仿真模拟, 生成一个包含 20 个单元的二元正态样本, 参数为 $\mu_1 = \mu_2 = 0$, $\sigma_{11} = \sigma_{12} = 1$, $\sigma_{22} = 2$, 然后按如下机制删除 Y_2 的值: 若 $y_{i1} < 0$, 则 $\Pr(m_{i2} = 1 \mid y_{i1}, y_{i2}) = 0.2$; 若 $y_{i1} \geqslant 0$, 则 $\Pr(m_{i2} = 1 \mid y_{i1}, y_{i2}) = 0.8$.

  (a) 构造一个关于数据是否为总是完全随机缺失的检验, 并对你的数据执行这个检验.

  (b) 分别用下列方式计算 μ_2 的 95% 置信区间: (1) 用删除部分值之前的数据, (2) 用完全单元, (3) 用表 7.2 的 (2) 中的 t 近似. 总结这一缺失数据机制下这些区间的性质.

7.10 证明 SWP 是交换的, 从而说明一组扫描的次序在代数上是无关紧要的.

7.11 说明 RSW 是 SWP 的逆运算.

7.12 说明如何用 SWP 计算偏相关系数和复相关系数.

7.13 在例 7.8 中, 假装 X_4 从未被观测到, 估计 X_1、X_2、X_3 和 X_5 分布的参数. 如果未被观测到的是 X_3 而不是 X_4, 计算的工作是会更多还是更少?

7.14 为例 7.11 的数据建立一个因子分解表 (见 Rubin 1974). 说明为什么例 7.11 中产生的估计是极大似然估计.

7.15 如果数据是随机缺失, 然后数据分析师舍弃了一些值以产生一个具有全部完全数据因子的数据集, 请问所产生的缺失数据是否一定是随机缺失? 提供一个例子说明问题的关键.

7.16 (1) 对二元数据 (其中 X 是二值的, Y 是连续的) 考虑下述判别分析的简单形式:

(a) X 是伯努利的, $\Pr(X = 1 \mid \pi) = 1 - \Pr(X = 0 \mid \pi) = \pi$, 且

(b) 给定 $X = j$, Y 是正态的, 均值为 μ_j, 方差为 σ^2 ($j = 0, 1$).

对 X 和 Y 的完全随机样本 $\{(x_i, y_i) : i = 1, \cdots, n\}$, 推导 $(\pi, \mu_0, \mu_1, \sigma^2)$ 的极大似然估计以及 Y 的边缘均值和方差.

(2) 现在假设 X 是完全观测到的, 但 Y 的 $n - r$ 个值缺失了, 假设机制是可忽略的. 用第 7 章的方法, 对这一单调模式推导 Y 的边缘均值和方差的极大似然估计.

(3) 当先验分布取 $p(\pi, \mu_0, \mu_1, \log \sigma^2) \propto \pi^{1/2}(1 - \pi)^{1/2}$ 时, 描述如何从参数 $(\pi, \mu_0, \mu_1, \sigma^2)$ 的后验分布中生成抽取.

7.17 对于问题 7.16 的模型, 现在考虑相反的单调缺失数据模式, Y 完全观测, 但 X 的 $n - r$ 个值缺失了, 且机制是可忽略的. 对这一模式, 因子化似然方法能否提供极大似然估计的闭式表达式? (提示: 找出给定 Y 时 X 的条件分布以及 Y 的边缘分布, 这两个分布的参数是否分离呢?)

7.18 对于因子化似然方法有效的多元单调模式, 概述问题 7.16 如何推广.

第 8 章 缺失数据一般模式的极大似然：可忽略不响应的介绍和理论

8.1 另一种可选的计算策略

在实践中, 不完全数据的模式一般没有特别的形式, 以保证能通过似然的因子化来计算精确的极大似然估计. 另外, 对于某些模型, 虽然存在因子化, 但因子化中的参数并不分离, 因此分别最大化各因子并不能使整体似然最大化. 在本章中, 我们对没有明确极大似然估计的情况考虑迭代的计算方法, 在某些情形中, 这些方法能被应用于第 7.5 节讨论的不完全数据因子上.

像前面一样, 假设我们有一个完全数据 Y 的模型, 它有密度 $f(Y \mid \theta)$, 由一个未知参数 θ 所指征, θ 一般是个向量. 我们记 $Y = (Y_{(0)}, Y_{(1)})$, 其中 $Y_{(0)}$ 表示 Y 的观测部分, $Y_{(1)}$ 表示缺失部分. 在本章中, 为简单起见, 我们假设数据是随机缺失的, 目标是对 θ 最大化似然

$$L(\theta \mid Y_{(0)}) = \int f(Y_{(0)}, Y_{(1)} \mid \theta) dY_{(1)}. \tag{8.1}$$

类似的考虑也适用于数据不是随机缺失的更一般的情况, 随之而来的是模型中包含了一个代表缺失机制的因子, 这种情况将在第 15 章中讨论.

当似然函数是可微且单峰的, 通过求解似然方程

$$D_\ell(\theta \mid Y_{(0)}) \equiv \frac{\partial \ln L(\theta \mid Y_{(0)})}{\partial \theta} = 0 \tag{8.2}$$

可以找到极大似然估计. 如果不能求得上式的一个闭式解, 可以采用迭代方法. 设 $\theta^{(0)}$ 是 θ 的参数空间中的一个初始估计, 比如说它可以是基于完全观测单元的估计, 或者是通过某种近似填充了缺失数据 $Y_{(1)}$ 后 θ 的估计. 用 $\theta^{(t)}$ 表示第 t 次迭代的估计值. 下面的方程定义了 Newton-Raphson 算法:

$$\theta^{(t+1)} = \theta^{(t)} + I^{-1}(\theta^{(t)} \mid Y_{(0)}) D_\ell(\theta^{(t)} \mid Y_{(0)}), \tag{8.3}$$

其中 $I(\theta \mid Y_{(0)})$ 是观测信息, 由

$$I(\theta \mid Y_{(0)}) = -\frac{\partial^2 \ell(\theta \mid Y_{(0)})}{\partial\theta\partial\theta^{\mathrm{T}}}$$

定义.

如果对数似然函数是凹并且单峰的, 那么迭代点 $\theta^{(t)}$ 的序列收敛到 θ 的极大似然估计 $\widehat{\theta}$. 如果对数似然是 θ 的一个二次函数, 那么迭代一步就能实现收敛. 这一程序的一个变种是得分方法, 即用期望信息替换式 (8.3) 中的观测信息:

$$\theta^{(t+1)} = \theta^{(t)} + J^{-1}(\theta^{(t)}) D_\ell(\theta^{(t)} \mid Y_{(0)}), \tag{8.4}$$

其中期望信息由

$$J(\theta) = E\{I(\theta \mid Y_{(0)}) \mid \theta\} = -\int \frac{\partial^2 \ell(\theta \mid Y_{(0)})}{\partial\theta\partial\theta^{\mathrm{T}}} f(Y_{(0)} \mid \theta) dY_{(0)}$$

定义.

这两种方法都需要计算对数似然的二阶导数矩阵. 对于复杂的不完全数据模式, 这个矩阵的元素倾向于是 θ 的复杂函数. 另外, 如果 θ 是高维的, 那么这个矩阵会非常大. 因此, 为了实用, 这些方法可能需要仔细的代数操作和高效的编程. Newton-Raphson 算法的其他变体通过使用连续迭代值之间的一阶和二阶差分, 在数值上逼近对数似然的导数. 对于不完全数据问题, 另一种不需要计算或逼近二阶导数的计算策略是期望最大化 (Expectation-Maximization, EM) 算法, 这种方法把 θ 从 $\ell(\theta \mid Y_{(0)})$ 的极大似然估计联系到基于完全数据对数似然 $\ell(\theta \mid Y)$ 的极大似然估计上. 本章的第 8.2 至 8.4 节以及其他章节的部分将专门介绍期望最大化算法及其扩展.

在许多重要的情形中, 期望最大化算法无论在概念上还是计算上都非常简单. 然而, 期望最大化与 Newton-Raphson 算法或得分算法不同, 它不具备在单次迭代后产生与极大似然估计渐近等价的估计量的这一性质, 因此期望最大化一般需要重复迭代. 另外, 期望最大化的收敛速度可能很慢, Dempster 等 (1977) 表明, 期望最大化的每一次迭代都会增加似然, 而收敛速度与某个增加率呈线性关系, 这个增加率与观测到的 $\ell(\theta \mid Y)$ 中 θ 的信息比例成正比, 这在第 8.4.3 节中会有准确的描述. 此外, 在一些例如没有封闭形式的问题中, M 步 (最大化步骤) 很难, 这里期望最大化算法的理论简单性就不能转化为实际简单性. 下面介绍的两种对期望最大化算法的扩展可以避免上述缺点.

第一类扩展依靠完全数据计算, 保留了实现的简单性. 这些算法保留了期望最大化在似然上的单调增加以及稳定收敛到局部极大值的特点. 由于这些算法与期望最大化非常相似, 所以我们把它们统称为 "EM 型" 算法. 这里介绍的 EM 型算法包括期望条件最大化 (ECM, 第 8.5.1 节)、期望/条件最大化之一 (ECME, 第 8.5.2 节)、交替期望条件最大化 (AECM, 第 8.5.2 节) 和参数扩展期望最大化 (PX-EM, 第 8.5.3 节). ECM 用两个或多个 (参数上的) 条件最大化步骤取代 EM 的 M 步. ECME 是 ECM 的一种变体, 其中的 CM 步最大化通常的完全数据对数似然或者最大化实际对数似然. AECM 是 ECME 的扩展, 它允许采用不同的 CM 步来最大化对应着不同缺失数据定义的不同完全数据对数似然. PX-EM 更大的变化在于, 它将最大化发生的参数空间扩大到包括值已知的参数, 从而往往大大加快了 EM 的速度. 一个相关的思路是高效扩增, 即预先优化缺失数据结构, 以加快 EM 的结果.

第二类期望最大化的扩展将期望最大化与其他技术混合在一起, 从而得到高效的算法, 但通常没有保证似然的单调增加. 期望最大化的第二种扩展类型的版本将在第 8.6 节中讨论. 这些方法包括: 经过一些初始 EM 迭代后从 EM 切换到 Newton-Raphson 方法, Lange (1995a) 的梯度 EM 算法, 以及 Jamshidian 和 Jennrich (1993) 基于广义共轭梯度思想的加速 EM 方法. McLachlan 和 Krishnan (1997) 对期望最大化算法和这些扩展进行了很好的回顾, 包括比本书更多的理论结果和细节. 我们重点介绍缺失数据的应用.

8.2 期望最大化算法的介绍

在不完全数据问题中, 期望最大化算法是极大似然估计的一般迭代算法. 事实上, 期望最大化可以解决的问题范围非常之广泛 (Meng 和 Pedlow 1992), 包括可以解决通常不被认为涉及缺失数据的极大似然问题, 如方差分量估计和

因子分析 (另见 Becker 等 1997).

期望最大化算法公式化了一个比较古老的处理缺失数据的个案分析想法, 后者在第 2 章已经介绍过: (1) 用估计值代替缺失值, (2) 估计参数, (3) 假设新的参数估计是正确的, 重新估计缺失值, (4) 重新估计参数, 如此迭代直至明显收敛. 对于完全数据似然 $\ell(\theta \mid Y_{(0)}, Y_{(1)}) = \ln L(\theta \mid Y_{(0)}, Y_{(1)})$ 关于 $Y_{(1)}$ 线性的模型, 上述方法就是期望最大化算法. 更一般地, 需要估计的是缺失的充分统计量而不是个体的缺失值, 甚至更一般地, 在算法的每一次迭代中对数似然 $\ell(\theta \mid Y)$ 本身需要被估计.

由于期望最大化算法与填充缺失值并迭代的直观思想紧密相连, 因此该算法在一些特殊语境中被提出多年也就不足为奇了. 最早的参考文献似乎是 McKendrick (1926), 它在医学应用中考虑了这一问题. Hartley (1958) 考虑了计数数据的一般情况, 并对该理论进行了相当广泛的发展, 许多关键思想都可以在那里找到. Baum 等 (1970) 在马尔可夫模型中使用了该算法, 他们在这种情况下证明了关键的数学结果, 这些结果很容易推广. Orchard 和 Woodbury (1972) 首先指出了基本思想的普遍适用性, 称之为 "缺失信息原则". Sundberg (1974) 明确考虑了一般似然方程的特性, Beale 和 Little (1975) 进一步发展了正态模型的理论. "期望最大化" 这一术语是在 Dempster 等 (1977) 中提出的, 这项工作通过 (1) 证明了关于其行为的一般结果, 特别是每一次迭代都会增加似然 $\ell(\theta \mid Y_{(0)})$, 以及 (2) 提供了广泛的例子, 从而展现了该算法的全部通用性. 自 1977 年以来, 期望最大化算法有了许多新的用途, 同时对其收敛特性也有了进一步的研究 (Wu 1983).

期望最大化的每一次迭代包含一个期望步 (E 步) 和一个最大化步 (M 步). 这些步骤往往在概念上容易构建, 在程序上容易计算, 在计算机存储上容易装入, 每一步也都有直接的统计解释. 算法的一个额外优势是, 可以证明它能够可靠地收敛, 就是说在一般的条件下, 每一次迭代都增加了似然 $\ell(\theta \mid Y_{(0)})$, 这样, 如果 $\ell(\theta \mid Y_{(0)})$ 有界, 则序列 $\{\ell(\theta^{(t)} \mid Y_{(0)}), t = 0, 1, 2, \cdots\}$ 能收敛到 $\ell(\theta \mid Y_{(0)})$ 的稳定点. 很一般地, 如果序列 $\{\theta^{(t)}, t = 0, 1, 2, \cdots\}$ 收敛, 则它收敛到 $\ell(\theta \mid Y_{(0)})$ 的一个局部极大值点或鞍点.

8.3　期望最大化的 E 步和 M 步

M 步描述起来特别简单: 就像没有缺失数据一样, 对 θ 进行极大似然估计, 也就是说, 就像缺失值已经被填充了一样. 因此, 期望最大化的 M 步使用的计算方法与从 Y 完全被观测到的 $\ell(\theta \mid Y)$ 进行极大似然估计相同.

E 步在给定观测数据和当前估计参数的情况下, 找到 "缺失数据" 的条件期望, 然后把这些期望代入 "缺失数据". "缺失数据" 一词用了引号, 因为期望最大化不一定要代替缺失值本身. 期望最大化的关键思想是, "缺失数据" 一般不是 $Y_{(1)}$, 而是完全数据对数似然 $\ell(\theta \mid Y)$ 中出现的 $Y_{(1)}$ 的函数, 这将其与填补缺失值和迭代的个案分析思想划清界限.

具体地, 设 $\theta^{(t)}$ 是参数 θ 的当前估计. 期望最大化的 E 步找出假设 θ 就等于 $\theta^{(t)}$ 时期望的完全数据对数似然:

$$Q(\theta \mid \theta^{(t)}) = \int \ell(\theta \mid Y) f(Y_{(1)} \mid Y_{(0)}, \theta = \theta^{(t)}) dY_{(1)}.$$

期望最大化的 M 步通过最大化这一期望完全数据对数似然, 从而确定 $\theta^{(t+1)}$:

$$Q(\theta^{(t+1)} \mid \theta^{(t)}) \geqslant Q(\theta \mid \theta^{(t)}) \quad \text{对一切 } \theta.$$

例 8.1 一元正态数据.

假设 y_i 独立同分布服从 $N(\mu, \sigma^2)$, 其中 $i = 1, \cdots, r$ 的 y_i 是观测到的, $i = r+1, \cdots, n$ 的 y_i 缺失了, 再假设缺失是可忽略的. 给定观测到的 $Y_{(0)}$ 和 $\theta = (\mu, \sigma^2)$, 每一缺失的 y_i 的期望都是 μ.

然而, 根据例 6.1, 基于全部 y_i $(i = 1, \cdots, n)$ 的对数似然 $\ell(\theta \mid Y)$ 是充分统计量 $\sum_{i=1}^{n} y_i$ 和 $\sum_{i=1}^{n} y_i^2$ 的线性函数. 因此, 算法的 E 步从现有的参数估计 $\theta^{(t)} = (\mu^{(t)}, (\sigma^{(t)})^2)$ 计算

$$E\left(\sum_{i=1}^{n} y_i \mid \theta^{(t)}, Y_{(0)}\right) = \sum_{i=1}^{r} y_i + (n-r)\mu^{(t)} \tag{8.5}$$

和

$$E\left(\sum_{i=1}^{n} y_i^2 \mid \theta^{(t)}, Y_{(0)}\right) = \sum_{i=1}^{r} y_i^2 + (n-r)\left[(\mu^{(t)})^2 + (\sigma^{(t)})^2\right]. \tag{8.6}$$

需要注意, 直接用 $\mu^{(t)}$ 替换缺失值 $y_{r+1}, \cdots, y_n$ 是不正确的, 因为这样会导致式 (8.6) 失去 $(n-r)(\sigma^{(t)})^2$ 这部分.

当不存在缺失数据, μ 的极大似然估计是 $\sum_{i=1}^{n} y_i/n$, σ^2 的极大似然估计是 $\sum_{i=1}^{n} y_i^2/n - (\sum_{i=1}^{n} y_i/n)^2$. 在 E 步中用计算出的充分统计量的当前期望值代替不完全观测 (因而缺失) 的充分统计量, 然后在 M 步中使用这些相同的表达式. 这样, M 步计算

$$\mu^{(t+1)} = E\left(\sum_{i=1}^{n} y_i \mid \theta^{(t)}, Y_{(0)}\right)/n, \tag{8.7}$$

$$(\sigma^{(t+1)})^2 = E\left(\sum_{i=1}^{n} y_i^2 \mid \theta^{(t)}, Y_{(0)}\right)/n - (\mu^{(t+1)})^2. \tag{8.8}$$

在式 (8.5)–(8.8) 中, 令 $\mu^{(t)} = \mu^{(t+1)} = \widehat{\mu}$, $\sigma^{(t)} = \sigma^{(t+1)} = \widehat{\sigma}$, 得到这些迭代的固定点

$$\widehat{\mu} = \sum_{i=1}^{r} y_i/r$$

和

$$\widehat{\sigma}^2 = \sum_{i=1}^{r} y_i^2/r - \widehat{\mu}^2,$$

它们是假设随机缺失时从 $Y_{(0)}$ 得到的 μ 和 σ^2 的极大似然估计. 当然, 对于这个例子, 期望最大化算法不是必要的, 因为可以直接求出精确的极大似然估计 $(\widehat{\mu}, \widehat{\sigma}^2)$.

例 8.2 多项分布的例子 (Dempster 等 1977).

假设观测到的计数数据向量 $Y_{(0)} = (38, 34, 125)$ 来自一个多项分布, 单项概率为 $(1/2 - \theta/2, \theta/4, \theta/4 + 1/2)$. 目标是求出 θ 的极大似然估计. 定义 $Y = (y_1, y_2, y_3, y_4)$ 服从多项分布, 单项概率为 $(1/2 - \theta/2, \theta/4, \theta/4, 1/2)$, 而 $Y_{(0)} = (y_1, y_2, y_3 + y_4)$. 注意如果 Y 被完全观测到了, 那么立即有 θ 的极大似然估计

$$\widehat{\theta}_{\text{complete}} = \frac{y_2 + y_3}{y_1 + y_2 + y_3}. \tag{8.9}$$

还注意到对数似然 $\ell(\theta \mid Y)$ 关于 Y 是线性的, 所以求给定 θ 和 $Y_{(0)}$ 时 $\ell(\theta \mid Y)$ 的期望需要求给定 θ 和 $Y_{(0)}$ 时 Y 的期望, 这实际上是填补了缺失值的估计:

$$E(y_1 \mid \theta, Y_{(0)}) = 38,$$
$$E(y_2 \mid \theta, Y_{(0)}) = 34,$$
$$E(y_3 \mid \theta, Y_{(0)}) = 125(\theta/4)/(1/2 + \theta/4),$$
$$E(y_4 \mid \theta, Y_{(0)}) = 125(1/2)/(1/2 + \theta/4).$$

因此, 在第 t 次迭代, 设参数估计值为 $\theta^{(t)}$, 我们有 E 步

$$y_3^{(t)} = 125(\theta^{(t)}/4)/(1/2 + \theta^{(t)}/4), \tag{8.10}$$

根据式 (8.9), 有 M 步

$$\theta^{(t+1)} = (34 + y_3^{(t)})/(72 + y_3^{(t)}). \tag{8.11}$$

在式 (8.10) 和式 (8.11) 之间迭代确定了这一问题的期望最大化算法. 事实上, 令 $\theta^{(t+1)} = \theta^{(t)} = \widehat{\theta}$, 并组合这两个方程, 能产生一个关于 $\widehat{\theta}$ 的二次方程, 进而得到极大似然估计的闭式解. 表 8.1 展示了从 $\theta^{(0)} = 1/2$ 开始期望最大化线性收敛到这一解的情况, 保留了很多小数点是为了计算表格最后一列展示的收敛速度.

表 8.1 例 8.2 的期望最大化算法

t	$\theta^{(t)}$	$\theta^{(t)} - \widehat{\theta}$	$(\theta^{(t+1)} - \widehat{\theta})/(\theta^{(t)} - \widehat{\theta})$
0	0.500000000	0.126821498	0.1465
1	0.608247423	0.018574075	0.1346
2	0.624321051	0.002500447	0.1330
3	0.626488879	0.000332619	0.1328
4	0.626777323	0.000044176	0.1328
5	0.626815632	0.000005866	0.1328
6	0.626820719	0.000000779	
7	0.626821395	0.000000104	
8	0.626821484	0.000000014	

例 8.3 两变量均有缺失的二元正态样本.

期望最大化的一个简单但不平凡的应用是针对具有一般缺失模式的二元正态样本. 第一组单元的 Y_1 和 Y_2 都有观测, 第二组单元的 Y_1 有观测而 Y_2 缺失, 第三组单元的 Y_2 有观测而 Y_1 缺失, 如图 8.1. 我们希望计算 Y_1 和 Y_2 的期望向量 μ 和协方差矩阵 Σ 的极大似然估计.

和例 8.1 类似, 但和例 8.2 不太一样, 在 E 步填充缺失值不再有效, 因为对数似然 $\ell(\theta \mid y)$ 不线性依赖于数据, 而是线性依赖于下列充分统计量:

$$s_1 = \sum_{i=1}^n y_{i1}, s_2 = \sum_{i=1}^n y_{i2}, s_{11} = \sum_{i=1}^n y_{i1}^2, s_{22} = \sum_{i=1}^n y_{i2}^2, s_{12} = \sum_{i=1}^n y_{i1}y_{i2}, \quad (8.12)$$

它们是样本均值、方差和协方差的简单函数. 于是, E 步的任务是找出式 (8.12) 中给定 $Y_{(0)}$ 和 $\theta = (\mu, \Sigma)$ 时各个求和式的条件期望. 对于 y_{i1} 和 y_{i2} 都有观测的那组单元, 式 (8.12) 中各量的条件期望等于它们的观测值. 对于 y_{i1} 有观测而 y_{i2} 无观测的那组单元, y_{i1} 和 y_{i1}^2 的期望等于它们的观测值, y_{i2}、y_{i2}^2 和 $y_{i1}y_{i2}$ 的期望通过 y_{i2} 对 y_{i1} 回归求出:

$$E(y_{i2} \mid y_{i1}, \mu, \Sigma) = \beta_{20\cdot1} + \beta_{21\cdot1}y_{i1},$$

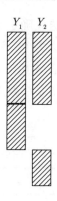

图 **8.1**　例 8.3 的缺失模式

$$E(y_{i2}^2 \mid y_{i1}, \mu, \Sigma) = (\beta_{20 \cdot 1} + \beta_{21 \cdot 1} y_{i1})^2 + \sigma_{22 \cdot 1},$$

$$E(y_{i1} y_{i2} \mid y_{i1}, \mu, \Sigma) = (\beta_{20 \cdot 1} + \beta_{21 \cdot 1} y_{i1}) y_{i1},$$

其中 $\beta_{20 \cdot 1}$、$\beta_{21 \cdot 1}$ 和 $\sigma_{22 \cdot 1}$ 是 Σ 的函数, 对应着 y_{i2} 对 y_{i1} 的回归 (细节见例 7.1). 对于 y_{i2} 有观测而 y_{i1} 缺失的那组单元, 用 y_{i1} 对 y_{i2} 的回归来计算充分统计量的缺失贡献. 对这三组单元中的每个单元都找出了 y_{i1}、y_{i2}、y_{i1}^2、y_{i2}^2 和 $y_{i1} y_{i2}$ 的期望之后, 式 (8.12) 中充分统计量的期望就是这些量在 n 个单元上求和的结果. M 步从这些填充的充分统计量计算 μ 和 Σ 的常规的基于矩的极大似然估计:

$$\widehat{\mu}_1 = s_1/n, \quad \widehat{\mu}_2 = s_2/n,$$

$$\widehat{\sigma}_1^2 = s_{11}/n - \widehat{\mu}_1^2, \quad \widehat{\sigma}_2^2 = s_{22}/n - \widehat{\mu}_2^2, \quad \widehat{\sigma}_{12} = s_{12}/n - \widehat{\mu}_1 \widehat{\mu}_2.$$

然后, 期望最大化算法反复进行这些步骤. 这一算法在第 9 章中被推广到具有任何缺失值模式的多元正态分布.

在上面的例子中, 除了要求 Σ 是半正定的, 均值 μ 和协方差矩阵 Σ 没有特别的约束. 有些时候, 我们对计算参数带约束的模型的极大似然估计感兴趣. 例如, 在重复测量的正态模型中, 我们可能会约束协方差矩阵具有复合对称结构, 或者在列联表的对数线性模型中, 我们可能会约束小格概率, 假设特定的高阶关联为零来拟合模型. 当期望最大化被应用于拟合参数有约束的模型时, 一个有用的特点是参数约束不影响 E 步, 也就是问题的缺失数据部分. 在参数约束的前提下, 给定当前对完全数据充分统计量的估计, M 步在参数上最大化期望完全数据对数似然. 如果这一步产生了带完全数据的精确估计, 那么这是对无约束模型的期望最大化的一个简单修改; 在其他情况下, 标准软件可能是可用的. 例 11.1 至 11.3 给出了期望最大化的这种有吸引力的特性的例子.

8.4 期望最大化算法的理论

8.4.1 期望最大化的收敛性质

完全数据 Y 的分布可以因子化为

$$f(Y \mid \theta) = f(Y_{(0)}, Y_{(1)} \mid \theta) = f(Y_{(0)} \mid \theta) f(Y_{(1)} \mid Y_{(0)}, \theta),$$

其中 $f(Y_{(0)} \mid \theta)$ 是观测数据 $Y_{(0)}$ 的密度, $f(Y_{(1)} \mid Y_{(0)}, \theta)$ 是给定观测数据时缺失数据的密度. 相应的对数似然分解为

$$\ell(\theta \mid Y) = \ell(\theta \mid Y_{(0)}, Y_{(1)}) = \ell(\theta \mid Y_{(0)}) + \ln f(Y_{(1)} \mid Y_{(0)}, \theta).$$

目标是固定观测数据 $Y_{(0)}$ 后对 θ 最大化不完全数据对数似然 $\ell(\theta \mid Y_{(0)})$, 从而估计出 θ, 然而直接实现这一任务可能很困难.

首先, 记

$$\ell(\theta \mid Y_{(0)}) = \ell(\theta \mid Y) - \ln f(Y_{(1)} \mid Y_{(0)}, \theta), \tag{8.13}$$

其中 $\ell(\theta \mid Y_{(0)})$ 是要极大化的观测似然, $\ell(\theta \mid Y)$ 是完全数据似然, 我们假设完全数据似然最大化起来相对容易, 最后 $\ln f(Y_{(1)} \mid Y_{(0)}, \theta)$ 可以被看作完全数据似然的缺失部分.

给定观测数据 $Y_{(0)}$ 和 θ 的当前估计 $\theta^{(t)}$, 式 (8.13) 的两边对缺失数据 $Y_{(1)}$ 的分布取期望, 得到

$$\ell(\theta \mid Y_{(0)}) = Q(\theta \mid \theta^{(t)}) - H(\theta \mid \theta^{(t)}), \tag{8.14}$$

其中

$$Q(\theta \mid \theta^{(t)}) = \int \left[\ell(\theta \mid Y_{(0)}, Y_{(1)})\right] f(Y_{(1)} \mid Y_{(0)}, \theta^{(t)}) dY_{(1)}, \tag{8.15}$$

$$H(\theta \mid \theta^{(t)}) = \int \left[\ln f(Y_{(1)} \mid Y_{(0)}, \theta)\right] f(Y_{(1)} \mid Y_{(0)}, \theta^{(t)}) dY_{(1)}. \tag{8.16}$$

注意根据 Jensen 不等式 (见 Rao 1972, 第 47 页), 有

$$H(\theta \mid \theta^{(t)}) \leqslant H(\theta^{(t)} \mid \theta^{(t)}). \tag{8.17}$$

考虑一个迭代序列 $(\theta^{(0)}, \theta^{(1)}, \theta^{(2)}, \cdots)$. 在连续的迭代中, $\ell(\theta \mid Y_{(0)})$ 值的差由

$$
\begin{aligned}
\ell(\theta^{(t+1)} \mid Y_{(0)}) - \ell(\theta^{(t)} \mid Y_{(0)}) = {} & [Q(\theta^{(t+1)} \mid \theta^{(t)}) - Q(\theta^{(t)} \mid \theta^{(t)})] \\
& - [H(\theta^{(t+1)} \mid \theta^{(t)}) - H(\theta^{(t)} \mid \theta^{(t)})]
\end{aligned}
\tag{8.18}
$$

给出.

期望最大化算法选取 $\theta^{(t+1)}$, 对 θ 最大化 $Q(\theta \mid \theta^{(t)})$. 更一般地, 广义期望最大化 (GEM) 算法选取 $\theta^{(t+1)}$ 使得 $Q(\theta^{(t+1)} \mid \theta^{(t)})$ 比 $Q(\theta^{(t)} \mid \theta^{(t)})$ 大. 因此, 无论对于期望最大化还是广义期望最大化算法, 式 (8.18) 中 Q 函数的差值都是正的. 另外, 根据式 (8.17), 发现式 (8.18) 中 H 函数的差值是负的. 因此, 无论对于期望最大化还是广义期望最大化算法, 从 $\theta^{(t)}$ 到 $\theta^{(t+1)}$ 的改变都增加了对数似然. 这就证明了下面的定理, 这是 Dempster 等 (1977) 的关键数学结果.

定理 8.1　在每次迭代中, 任何广义期望最大化算法都增加了 $\ell(\theta \mid Y_{(0)})$, 也就是

$$
\ell(\theta^{(t+1)} \mid Y_{(0)}) \geqslant \ell(\theta^{(t)} \mid Y_{(0)}),
$$

等号成立当且仅当

$$
Q(\theta^{(t+1)} \mid \theta^{(t)}) = Q(\theta^{(t)} \mid \theta^{(t)}).
$$

推论 8.1　定义 $M(\cdot)$ 使得 $\theta^{(t+1)} = M(\theta^{(t)})$. 假设对于 θ 的参数空间中的某个 θ^*, 对一切 θ 都有 $\ell(\theta^* \mid Y_{(0)}) \geqslant \ell(\theta \mid Y_{(0)})$. 则对任何广义期望最大化算法, 有

$$
\ell(M(\theta^*) \mid Y_{(0)}) = \ell(\theta^* \mid Y_{(0)}),
$$
$$
Q(M(\theta^*) \mid \theta^*) = Q(\theta^* \mid \theta^*),
$$

并且

$$
f(Y_{(1)} \mid Y_{(0)}, M(\theta^*)) = f(Y_{(1)} \mid Y_{(0)}, \theta^*).
$$

推论 8.2　假设对于 θ 的参数空间中的某个 θ^*, 对一切 θ 都有 $\ell(\theta^* \mid Y_{(0)}) > \ell(\theta \mid Y_{(0)})$. 则对任何广义期望最大化算法, 有

$$
M(\theta^*) = \theta^*.
$$

定理 8.1 表明, 广义期望最大化算法每次迭代时 $\ell(\theta \mid Y_{(0)})$ 是非降的, 如果 Q 增大, 即 $Q(\theta^{(t+1)} \mid \theta^{(t)}, Y_{(0)}) > Q(\theta^{(t)} \mid \theta^{(t)}, Y_{(0)})$, 则 $\ell(\theta \mid Y_{(0)})$ 是严格增的. 上面的推论表明, θ 的极大似然估计是广义期望最大化算法的一个固定点.

定理 8.2 给出了关于期望最大化算法的另一个重要结果, 适用于通过令一阶导数等于零的方式最大化 $Q(\theta \mid \theta^{(t)})$.

定理 8.2 *假设有一个期望最大化迭代值的序列, 满足*

(a) $D^{10}Q(\theta^{(t+1)} \mid \theta^{(t)}) = 0$, 其中 D 表示导数, D^{10} 的意思是对第一个分量求导, 也就是说, 定义

$$D^{10}Q(\theta^{(t+1)} \mid \theta^{(t)}) = \frac{\partial}{\partial\theta}Q(\theta \mid \theta^{(t)}) \Big|_{\theta=\theta^{(t+1)}};$$

(b) $\theta^{(t)}$ 收敛到 θ^*;

(c) $f(Y_{(1)} \mid Y_{(0)}, \theta)$ 对 θ 是光滑的, 这里的 "光滑" 在证明中定义.

那么,

$$D\ell(\theta^* \mid Y_{(0)}) \equiv \frac{\partial}{\partial\theta}\ell(\theta \mid Y_{(0)}) \Big|_{\theta=\theta^*} = 0,$$

从而, 如果 $\theta^{(t)}$ 收敛, 则收敛到一个稳定点.

证明

$$
\begin{aligned}
D\ell(\theta^{(t+1)} \mid Y_{(0)}) &= D^{10}Q(\theta^{(t+1)} \mid \theta^{(t)}) - D^{10}H(\theta^{(t+1)} \mid \theta^{(t)}) \\
&= -D^{10}H(\theta^{(t+1)} \mid \theta^{(t)}) \\
&= -\frac{\partial}{\partial\theta}\int [\ln f(Y_{(1)} \mid Y_{(0)}, \theta)] f(Y_{(1)} \mid Y_{(0)}, \theta^{(t)}) dY_{(1)} \Big|_{\theta=\theta^{(t+1)}},
\end{aligned}
$$

假设函数充分光滑, 能够交换微分和积分的顺序, 则上式收敛到

$$-\int \frac{\partial}{\partial\theta}f(Y_{(1)} \mid Y_{(0)}, \theta) dY_{(1)} \Big|_{\theta=\theta^{(t+1)}},$$

再一次交换积分和微分的顺序, 于是上式等于 0. $\qquad\square$

Dempster 等 (1977) 和 Wu (1983) 的其他关于期望最大化收敛性的结果如下:

1. 如果 $f(Y \mid \theta)$ 是一般 (曲线) 指数族, 且 $\ell(\theta \mid Y_{(0)})$ 有界, 则 $\ell(\theta^{(t)} \mid Y_{(0)})$ 收敛到一个稳定点 ℓ^*.

2. 如果 $f(Y \mid \theta)$ 是正则指数族, 且 $\ell(\theta \mid Y_{(0)})$ 有界, 则 $\theta^{(t)}$ 收敛到一个稳定点 θ^*.

3. 如果 $\ell(\theta \mid Y_{(0)})$ 有界, 则 $\ell(\theta^{(t)} \mid Y_{(0)})$ 收敛到某个 ℓ^*.

第 2 和第 3 点涉及指数族的期望最大化, 下一小节会具体介绍.

8.4.2　指数族的期望最大化

当完全数据 Y 具有来自下式定义的正则指数族分布时, 期望最大化算法有一个特别简单且有用的解释:

$$f(Y \mid \theta) = b(Y) \exp(s(Y)\theta - a(\theta)), \tag{8.19}$$

其中 θ 表示一个 $d \times 1$ 的参数向量, $s(Y)$ 表示一个 $1 \times d$ 的完全数据充分统计量向量, a 和 b 分别是 θ 和 Y 的函数. 很多完全数据问题都可以用式 (8.19) 形式的分布建模, 它包括本书第二和第三部分中基本上所有的例子作为特例. 给定式 (8.19), 在第 $t+1$ 次迭代的 E 步需要用

$$s^{(t+1)} = E(s(Y) \mid Y_{(0)}, \theta^{(t)}) \tag{8.20}$$

估计完全数据充分统计量 $s(Y)$.

M 步确定 θ 的新估计量 $\theta^{(t+1)}$, 它是似然方程

$$E(s(Y) \mid \theta) = s^{(t+1)} \tag{8.21}$$

的解, 上式实际上就是在完全数据 Y 的似然方程中用 $s^{(t+1)}$ 替换 $s(Y)$. 式 (8.21) 常常可以对 θ 精确求解, 或者至少可以使用现成的完全数据计算机程序. 在这些情况下, 计算问题实际上仅限于 E 步, 这涉及用式 (8.20) 估计 (或 "填补") 统计量 $s(Y)$.

下面的例子是 Dempster 等 (1977, 1980) 描述的, 在观测到的数据是完整的但不属于指数族 (8.19) 的情形中应用了期望最大化. 通过把观测到的数据嵌入到一个更大的属于正则指数族 (8.19) 的数据集中, 然后将期望最大化应用于这个扩充的数据集来实现极大似然估计.

例 8.4　来自已知自由度一元 t 分布样本的极大似然估计.

假设观测数据 $Y_{(0)}$ 包含一个来自中心为 μ、尺度参数为 σ 且已知自由度为 ν 的学生氏 t 分布的随机样本 $X = (x_1, x_2, \cdots, x_n)$, 密度为

$$f(x_i \mid \theta) = \frac{\Gamma(\nu/2 + 1/2)}{(\pi\nu\sigma^2)^{1/2}\Gamma(\nu/2)(1 + (x_i - \mu)^2/(\nu\sigma^2))^{(\nu+1)/2}}. \tag{8.22}$$

这一分布不属于指数族 (8.19), $\theta = (\mu, \sigma)$ 的极大似然估计需要迭代算法. 我们定义一个扩充的完全数据集 $Y = (Y_{(0)}, Y_{(1)})$, 其中 $Y_{(0)} = X$, $Y_{(1)} = W = (w_1, w_2, \cdots, w_n)^{\mathrm{T}}$ 是一列未观测到的正数向量, 使得 (x_i, w_i) 在单元 i 之间相互独立, 分布由下式给出:

$$(x_i \mid \theta, w_i) \sim_{\mathrm{ind}} N(\mu, \sigma^2/w_i), \quad (w_i \mid \theta) \sim \chi_\nu^2/\nu, \tag{8.23}$$

其中 χ_ν^2 表示 ν 个自由度的卡方分布. 模型 (8.23) 导出由式 (8.22) 给出的 x_i 的边缘分布, 所以对这个 t 分布模型的扩大模型应用期望最大化能提供 θ 的极大似然估计. 扩充数据 Y 属于指数族 (8.19), 并且有完全数据充分统计量

$$s_0 = \sum_{i=1}^n w_i, \ \ s_1 = \sum_{i=1}^n w_i x_i, \ \ s_2 = \sum_{i=1}^n w_i x_i^2.$$

因此, 给定当前的参数估计值 $\theta^{(t)} = (\mu^{(t)}, \sigma^{(t)})$, 期望最大化的第 $t+1$ 次迭代如下.

E 步: 计算 $s_0^{(t)} = \sum_{i=1}^n w_i^{(t)}$, $s_1^{(t)} = \sum_{i=1}^n w_i^{(t)} x_i$, $s_2^{(t)} = \sum_{i=1}^n w_i^{(t)} x_i^2$, 其中 $w_i^{(t)} = E(w_i \mid x_i, \theta^{(t)})$. 简单的计算表明, 给定 (x_i, θ) 时 w_i 的分布为 $\chi_{\nu+1}^2 (\nu + (x_i - \mu)^2/\sigma^2)^{-1}$. 因此,

$$w_i^{(t)} = E(w_i \mid x_i, \theta^{(t)}) = \frac{\nu + 1}{\nu + (d_i^{(t)})^2}, \tag{8.24}$$

其中 $d_i^{(t)} = (x_i - \mu^{(t)})/\sigma^{(t)}$ 是 x_i 离当前估计 $\mu^{(t)}$ 的标准化距离.

M 步: 从估计的充分统计量 $(s_0^{(t)}, s_1^{(t)}, s_2^{(t)})$ 计算 θ 的新估计. 它们就是加权最小二乘估计:

$$\mu^{(t+1)} = \frac{s_1^{(t)}}{s_0^{(t)}}, \ \ (\widehat{\sigma}^{(t+1)})^2 = \frac{1}{n} \sum_{i=1}^n w_i^{(t)} (x_i - \widehat{\mu}^{(t+1)})^2 = \frac{s_2^{(t)} - (s_1^{(t)})^2/s_0^{(t)}}{n}, \tag{8.25}$$

这与例 6.10 展示的一般形式一样.

由式 (8.24) 和 (8.25) 确定的期望最大化算法是迭代再加权最小二乘, 权重 $w_i^{(t)}$ 降低了离均值更远的 x_i 的权重. 因此, 这个 t 模型的极大似然估计可以得到一种稳健估计的形式. 这个例子的扩展在下面的章节和第 12 章中给出.

8.4.3 期望最大化的收敛速度

注意在式 (8.14) 中对 θ 微分两次, 对任意 $Y_{(1)}$, 有

$$I(\theta \mid Y_{(0)}) = I(\theta \mid Y_{(0)}, Y_{(1)}) + \partial^2 \ln f(Y_{(1)} \mid Y_{(0)}, \theta)/\partial\theta\partial\theta^{\mathrm{T}},$$

其中 $I(\theta \mid Y_{(0)}, Y_{(1)})$ 是基于 $Y = (Y_{(0)}, Y_{(1)})$ 的观测信息, 最后一项的相反数是 $Y_{(1)}$ 造成的缺失信息. 给定 $Y_{(0)}$ 和 θ, 对 Y_1 的分布取期望, 得到

$$I(\theta \mid Y_{(0)}) = -D^{20} Q(\theta \mid \theta) + D^{20} H(\theta \mid \theta), \tag{8.26}$$

其中 Q 和 H 由式 (8.15) 和 (8.16) 给出, 这里假设了对 θ 的微分可以穿过积分号. 如果我们在 θ 的收敛点 θ^* 处评估式 (8.26) 中的函数, 记完全信息 $i_{\mathrm{com}} = -D^{20}Q(\theta \mid \theta) \mid_{\theta=\theta^*}$, 观测信息 $i_{\mathrm{obs}} = I(\theta \mid Y_{(0)}) \mid_{\theta=\theta^*}$, 缺失信息 $i_{\mathrm{mis}} = -D^{20}H(\theta \mid \theta) \mid_{\theta=\theta^*}$, 那么式 (8.26) 变成

$$i_{\mathrm{obs}} = i_{\mathrm{com}} - i_{\mathrm{mis}}, \tag{8.27}$$

它有一个吸引人的解释, 即观测信息等于完全信息减去缺失信息.

期望最大化算法的收敛速度与这些量紧密相关. 具体来说, 重新整理式 (8.27), 在两端都乘上 i_{com}^{-1}, 得到

$$U = i_{\mathrm{mis}} i_{\mathrm{com}}^{-1} = I - i_{\mathrm{obs}} i_{\mathrm{com}}^{-1}, \tag{8.28}$$

矩阵 U 衡量了缺失信息的比例, 它支配着期望最大化的收敛速度. 特别地, Dempster 等 (1977) 指出, 对于 θ^* 附近的 $\theta^{(t)}$,

$$|\theta^{(t+1)} - \theta^*| = \lambda |\theta^{(t)} - \theta^*|, \tag{8.29}$$

上式中, 对于标量 θ, $\lambda = U$; 对于向量 θ, λ 通常是 U 的最大特征值. Meng 和 Rubin (1994) 考虑了用矩阵形式替换式 (8.29) 的情形, λ 是一个分块对角矩阵.

Louis (1982) 用完全数据的量重写了缺失信息, 他指出

$$
\begin{aligned}
-D^{20}H(\theta \mid \theta) = {} & E\{D_\ell(\theta \mid Y_{(0)}, Y_{(1)}) D_\ell^{\mathrm{T}}(\theta \mid Y_{(0)}, Y_{(1)}) \mid Y_{(0)}, \theta\} \\
& - D_\ell(\theta \mid Y_{(0)}) D_\ell^{\mathrm{T}}(\theta \mid Y_{(0)}),
\end{aligned}
$$

和前面一样, D_ℓ 表示得分函数. 在极大似然估计处 $D_\ell(\widehat{\theta} \mid Y_{(0)}) = 0$, 所以最后一项消失了. 式 (8.27) 变成

$$I(\widehat{\theta} \mid Y_{(0)}) = -D^{20}Q(\widehat{\theta} \mid \widehat{\theta}) - E\{D_\ell(\theta \mid Y_{(0)}, Y_{(1)}) D_\ell^{\mathrm{T}}(\theta \mid Y_{(0)}, Y_{(1)}) \mid Y_{(0)}, \theta\} \mid_{\theta=\widehat{\theta}}, \tag{8.30}$$

这对计算可能很有帮助.

一个类似于式 (8.27) 的表达是在式 (8.26) 中对 $Y_{(0)}$ 取期望, 得到关于期望信息 $J(\theta)$ 的表达. 具体来说,

$$J(\theta) = J_{\mathrm{c}}(\theta) + E\{D^{20}H(\theta \mid \theta)\}, \tag{8.31}$$

其中 $J_{\mathrm{c}}(\theta)$ 是基于 $Y = (Y_{(0)}, Y_{(1)})$ 的期望完全信息. Orchard 和 Woodbury (1972) 给出了一个与这一表达式稍微不同的形式.

例 8.5 多项分布的例子 (例 8.2 续).

对于例 8.2 中的多项分布样本, 完全数据对数似然 (忽略不包含 θ 的项) 是

$$\ell(\theta \mid Y) = y_1 \ln(1 - \theta) + (y_2 + y_3) \ln \theta.$$

对 θ 微分 $\ell(\theta \mid Y)$ 一次和两次, 得到

$$D_\ell(\theta \mid Y) = -y_1/(1 - \theta) + (y_2 + y_3)/\theta,$$
$$I(\theta \mid Y) = y_1/(1 - \theta)^2 + (y_2 + y_3)/\theta^2.$$

因此

$$E\{I(\theta \mid Y) \mid Y_{(0)}, \theta\} = y_1/(1 - \theta)^2 + (y_2 + \widehat{y_3})/\theta^2,$$
$$E\{D_\ell^2(\theta \mid Y) \mid Y_{(0)}, \theta\} = \text{Var}\{D_\ell(\theta \mid Y) \mid Y_{(0)}, \theta\} = V/\theta^2,$$

其中

$$\widehat{y_3} = E(y_3 \mid Y_{(0)}, \theta) = (y_3 + y_4)(0.25\theta)(0.25\theta + 0.5)^{-1},$$
$$V = \text{Var}(y_3 \mid Y_{(0)}, \theta) = (y_3 + y_4)(0.5)(0.25\theta)(0.25\theta + 0.5)^{-2}.$$

在这些表达式中代入 $y_1 = 38$、$y_2 = 34$、$y_3 + y_4 = 125$ 以及 $\widehat{\theta} = 0.6268$ 得到

$$E\{I(\theta \mid Y) \mid Y_{(0)}, \theta\} \mid_{\theta=\widehat{\theta}} = 435.3,$$
$$E\{D_\ell^2(\theta \mid Y) \mid Y_{(0)}, \theta\} \mid_{\theta=\widehat{\theta}} = 57.8.$$

最后, $I(\widehat{\theta} \mid Y_{(0)}) = 435.8 - 57.8 = 377.5$, 可以通过直接计算来验证. 注意缺失信息相对于完全信息的比例是 $57.8/435.3 = 0.1328$, 这个量支配了期望最大化在 $\widehat{\theta}$ 附近的收敛速度, 亦能在表 8.1 的最后一列得到证实.

当完全数据来自指数族 (8.19) 时, 观测信息的分解式 (8.26) 特别简单. 这时, 完全信息是 $\text{Var}(s(Y) \mid \theta)$, 缺失信息是 $\text{Var}(s(Y) \mid Y_{(0)}, \theta)$, 于是观测信息是

$$I(\theta \mid Y_{(0)}) = \text{Var}(s(Y) \mid \theta) - \text{Var}(s(Y) \mid Y_{(0)}, \theta), \tag{8.32}$$

也就是完全数据充分统计量无条件和条件方差的差值. 在这一情形中, 条件方差相对于无条件方差的比例决定了收敛速度.

8.5   期望最大化的扩展

8.5.1   期望条件最大化算法

在许多重要的应用中, 即使完全数据来自指数族 (8.19), M 步也没有简单的计算形式. 在这种情况下, 避免每次期望最大化迭代的 M 步都需要迭代的一种方法是, 只要求增加 Q 函数, 而不是在每次 M 步时将其最大化, 从而形成广义期望最大化算法. 广义期望最大化算法在每次迭代时增加似然, 但如果不进一步规范 Q 函数的增加过程, 就不能保证适当的收敛性. 期望条件最大化 (ECM) 算法 (Meng 和 Rubin 1993) 是广义期望最大化的一个子类, 比期望最大化的适用范围更广, 但也有其理想的收敛性质.

期望条件最大化算法用一系列条件最大化步骤——CM 步——来替换期望最大化的每个 M 步, 每个 CM 步对 θ 最大化 Q 函数, 但将 θ 的某个向量函数 $g_s(\theta)$ 固定在它的前一个值上, 其中 $s = 1, \cdots, S$. 一般的数学表示涉及详细的符号, 但很容易传达基本思想. 就像在下面的例子中那样, 假设参数 θ 可以被划分成子向量 $\theta = (\theta_1, \cdots, \theta_S)$. 在很多应用中, 进行 CM 步时对第 s 个子参数 θ_s 最大化而保持其他参数固定是有帮助的, 这时 $g_s(\theta)$ 就是包含除 θ_s 以外的其他子向量的向量. 在这种情况下, CM 步的序列等价于完全数据迭代条件模式算法的一个循环 (Besag 1986), 如果模式是通过寻找得分函数的根来获得的, 那么也可以看成适当顺序的 Gauss-Seidel 迭代 (例如, 见 Thisted 1988, 第 4 章). 另外, 在其他应用中, 将 CM 步中的第 s 个子步骤取为除 θ_s 以外的其他所有子向量, 然后同时最大化它们可能也是有用的, 这时 θ_s 是固定的, 意味着 $g_s(\theta) = \theta_s$. 函数 g_s 的其他选择, 也许对应于 θ 在每个 CM 步中的不同划分, 也可能是有用的, 正如我们下面的第二个例子所说明的那样.

因为每一 CM 步都会增加 Q, 所以很容易看出期望条件最大化是一种广义期望最大化算法, 因此和期望最大化一样, 单调地增加 θ 的似然. 此外, 当函数 g 的集合是 "充满空间" 的, 即允许在其参数空间中对 θ 进行无约束的最大化时, 期望条件最大化在与保证期望最大化收敛的相同基本条件下收敛到一个稳定点. Meng 和 Rubin (1993) 精确地建立了这一结论, 但为了直观地看到这一点, 假设期望条件最大化在参数空间的内部已经收敛到 θ^*, 并且 Q 的所需导数都是定义良好的; 期望条件最大化每一步的稳定性意味着 Q 在 θ^* 处相应的方向导数为零, 在充满空间 $\{g_s, s = 1, \cdots, S\}$ 的条件下, 这意味着 Q 相对于 θ 的向量导数在 θ^* 处为零, 就像期望最大化的 M 步一样. 因此, 与期望最大化的理论一样, 如果期望条件最大化收敛到 θ^*, 则 θ^* 一定是观测似然的一个稳定点.

例 8.6 说明了一个简单但相当普遍的模型中的期望条件最大化算法. 在这个模型中, 把参数划分为位置参数 θ_1 和尺度参数 θ_2, 这导致一个迭代的 M 步被两个直接的 CM 步所取代, 每个步骤都涉及对其中一个参数的闭式最大化, 同时保持另一个参数固定.

例 8.6　具有不完全数据的多元正态回归模型.

假设我们有 n 个来自下面的 K 元正态模型的独立观测:

$$y_i \sim_{\text{ind}} N_K(X_i\beta, \Sigma), \quad i = 1, \cdots, n, \tag{8.33}$$

其中 X_i 是第 i 次观测的已知的 $K \times p$ 设计矩阵, β 是 $p \times 1$ 的未知回归系数向量, Σ 是 $K \times K$ 的未知方差–协方差矩阵. 通过指定特定的均值结构和协方差结构, 模型 (8.33) 包括了重要的完全数据模型, 如 "看似不相关的回归" (Zellner 1962) 和 "一般重复测量" (Jennrich 和 Schluchter 1986) 这两种情形作为特例. 然而, 众所周知, $\theta = (\beta, \Sigma)$ 的极大似然估计一般不具有封闭形式, 除非在特殊情况下 (如当 $\Sigma = \sigma^2 I_K$ 时), 比如参见 Szatrowski (1978). 这个结果意味着, 一般来说, 如果期望最大化被用来拟合模型 (8.33) 中结果向量 $\{y_i\}$ 的缺失值, 则其 M 步是需要迭代的.

当 Σ 是非结构化的, 考虑模型 (8.33) 中完全数据的极大似然估计. β 和 Σ 的联合最大化在封闭形式下是不可能的, 但如果 Σ 是已知的, 比如 $\Sigma = \Sigma^{(t)}$, 那么 β 的条件极大似然估计将是加权最小二乘估计:

$$\beta^{(t+1)} = \left\{ \sum_{i=1}^{n} X_i^{\mathrm{T}}(\Sigma^{(t)})^{-1}X_i \right\}^{-1} \left\{ \sum_{i=1}^{n} X_i^{\mathrm{T}}(\Sigma^{(t)})^{-1}Y_i \right\}. \tag{8.34}$$

给定 $\beta = \beta^{(t+1)}$, Σ 的条件极大似然估计可通过残差的交叉乘积直接得到:

$$\Sigma^{(t+1)} = \frac{1}{n} \sum_{i=1}^{n} (Y_i - X_i\beta^{(t+1)})(Y_i - X_i\beta^{(t+1)})^{\mathrm{T}}. \tag{8.35}$$

每次经过条件最大化 (8.34) 和 (8.35), 完全数据对数似然函数都增大:

CM1: $\ell(\beta^{(t+1)}, \Sigma^{(t)} \mid Y) \geqslant \ell(\beta^{(t)}, \Sigma^{(t)} \mid Y)$,

CM2: $\ell(\beta^{(t+1)}, \Sigma^{(t+1)} \mid Y) \geqslant \ell(\beta^{(t+1)}, \Sigma^{(t)} \mid Y)$.

存在缺失数据时, 和前面一样, 记 $Y = (Y_{(0)}, Y_{(1)})$, 其中 $Y_{(0)}$ 是观测数据, $Y_{(1)}$ 是缺失数据. 期望条件最大化算法的一个迭代包含一个 E 步和两个非迭代的 CM 步, 记作 CM1 和 CM2. 更具体地, 在第 $t + 1$ 次迭代:

(a) E: 与期望最大化的 E 步一样, 也就是找出完全数据充分统计量 $E(Y_i \mid Y_{(0)}, \theta^{(t)})$ 和 $E(Y_i Y_i^{\mathrm{T}} \mid Y_{(0)}, \theta^{(t)})$ 的条件期望, 这里 $\theta^{(t)} = (\beta^{(t)}, \Sigma^{(t)})$. 细节推迟到第 11.2.1 节再展开.

(b) CM1: 用式 (8.34) 计算给定 $\Sigma^{(t)}$ 时的 $\beta^{(t+1)}$, 在里面把 Y_i 替换成 $E(Y_i \mid Y_{(0)}, \theta^{(t)})$.

(c) CM2: 用式 (8.35) 计算给定 $\beta^{(t+1)}$ 时的 $\Sigma^{(t+1)}$, 在等式右边分别用 $E(Y_i \mid Y_{(0)}, \theta^{(t)})$ 和 $E(Y_i Y_i^{\mathrm{T}} \mid Y_{(0)}, \theta^{(t)})$ 替换 Y_i 和 $Y_i Y_i^{\mathrm{T}}$.

所得的期望条件最大化算法可以被看作数据带缺失值的迭代再加权最小二乘的推广, 比如见 Rubin (1983a).

下面一个例子涉及带缺失数据的列联表的对数线性模型, 不熟悉这些模型的读者可以跳过这个例子, 或者先回顾一下第 13 章的材料. 这个例子说明了期望条件最大化的另外两个特点: 首先, 超过 $S > 2$ 个 CM 步可能是有用的; 其次, 约束最大化中的 g_s 函数不必对应于参数 θ 的简单分割. 为了允许 θ 的估计值在每一 CM 步中变化, 我们记 θ 在第 t 次迭代中的第 s 个 CM 步的估计值为 $\theta^{(t+s/S)}$, 其中 $s = 1, \cdots, S$.

例 8.7   **不完全数据列联表的对数线性模型.**

众所周知, 某些对数线性模型即使有完全数据也未必有闭式的极大似然估计, 例如, 用于拟合这类模型的知名迭代算法是迭代比例拟合 (IPF), 如 Bishop 等 (1975, 第 3 章). 在不完全数据的情况下, 可以使用期望条件最大化算法获得极大似然估计, CM 步对应于迭代比例拟合的一次迭代, 被应用于 E 步填入的数据.

特别地, 对于一个 $2 \times 2 \times 2$ 的无三因素交互的模型表, 用 y_{ijk} 和 θ_{ijk} 分别表示小格 ijk 的计数和概率 $(i, j, k = 1, 2)$, 参数空间 Ω_θ 是 $\{\theta_{ijk} : i, j, k = 1, 2\}$ 的子空间, 其三因素交互是零. 令 $\theta_{ij(k)} = \theta_{ijk} / \sum_{k=1}^{2} \theta_{ijk}$ 表示给定观测值处于前两个因素的小格 (i, j) 内时第三个因素的小格处于 k 内的条件概率, 再类似地定义 $\theta_{i(j)k}$ 和 $\theta_{(i)jk}$. 参数的初始估计设为常数, 对所有的 i, j, k 都有 $\theta_{ijk}^{(0)} = 1/8$. 在第 t 次迭代时, 用 $\{\theta_{ijk}^{(t)}\}$ 表示当前的小格概率估计值. 完全数据充分统计量 (第 13.4 节有讨论) 是三组两因素边缘 $\{y_{ij+}\}$、$\{y_{i+k}\}$ 和 $\{y_{+jk}\}$. 在第 $t+1$ 次迭代时, 用迭代比例拟合更新两因素边缘的参数, 这涉及下面三组条件最大化:

$$\text{CM1:} \quad \theta_{ijk}^{(t+1/3)} = \theta_{ij(k)}^{(t)} \left(y_{ij+}^{(t)} / n \right), \tag{8.36}$$

$$\text{CM2:} \quad \theta_{ijk}^{(t+2/3)} = \theta_{i(j)k}^{(t+1/3)} \left(y_{i+k}^{(t)} / n \right), \tag{8.37}$$

$$\text{CM3: } \theta_{ijk}^{(t+3/3)} = \theta_{(i)jk}^{(t+2/3)} \left(y_{+jk}^{(t)}/n \right), \tag{8.38}$$

其中 n 是总的计数. 容易看出, 式 (8.36) 对应着在对一切 i, j, k 的约束 $\theta_{ij(k)} = \theta_{ij(k)}^{(t)}$ 下最大化对数似然 $\ell(\theta \mid Y^{(t)})$. 同理, 表达式 (8.37) 和 (8.38) 分别对应着在约束 $\theta_{i(j)k} = \theta_{i(j)k}^{(t+1/3)}$ 和 $\theta_{(i)jk} = \theta_{(i)jk}^{(t+2/3)}$ 下最大化对数似然 $\ell(\theta \mid Y^{(t)})$. 迭代比例拟合之所以容易, 是因为 (1) 无三因素交互的约束条件仅对条件概率 $\theta_{ij(k)}$、$\theta_{i(j)k}$ 和 $\theta_{(i)jk}$ 设置了约束, 因此, 一旦这三个条件概率被给定了, 两因素边缘概率 θ_{ij+}、θ_{i+k} 和 θ_{+jk} 的条件极大似然估计就是简单的样本比例, (2) 如果 $\theta^{(0)} \in \Omega_\theta$, 那么所有的 $\theta^{(t)} \in \Omega_\theta$, 所以从常数概率表出发能得到恰当的极大似然估计. E 步的细节推迟到第 13 章展开.

下一个例子是例 8.4 的期望最大化算法的一个扩展.

例 8.8 未知自由度的一元 t 分布 (例 8.4 续).

在例 8.4 中, 我们对已知自由度 ν 的 t 分布随机样本描述了期望最大化算法. 事实上, 也可以同时估计位置和尺度参数以及 ν, 这是一种自适应稳健估计的形式, 即用数据来估计控制着离群值的降权程度的参数 ν. 在这种情况下, 期望条件最大化算法可以用来提供极大似然估计. 如例 8.4, 完全数据为 $Y = (X, W)$, E 步计算完全数据充分统计量的期望值, 权重估计由 (8.24) 给出. M 步因为要估计 ν, 所以相对复杂. 期望条件最大化利用了当已知 ν 时 M 步的简单性, 用以下两个 CM 步代替 M 步:

CM1: 对当前的参数 $\theta^{(t)} = (\mu^{(t)}, \sigma^{(t)}, \nu^{(t)})$, 保持 $\nu = \nu^{(t)}$, 对 (μ, σ) 最大化 Q 函数. 这一步需要把 ν 设置在其当前估计值 $\nu^{(t)}$ 上, 利用式 (8.25) 给出 $(\mu, \sigma) = (\mu^{(t+1)}, \sigma^{(t+1)})$.

CM2: 保持 $(\mu, \sigma) = (\mu^{(t+1)}, \sigma^{(t+1)})$, 对 ν 最大化 Q 函数 (8.15). 具体地, 给定 $Y = (X, W)$ 时完全数据对数似然是

$$\ell(\mu, \sigma^2, \nu \mid Y) = -0.5 n \ln \sigma^2 - 0.5 \sum_{i=1}^{n} w_i (x_i - \mu)^2/\sigma^2$$

$$+ 0.5 n \nu \ln(\nu/2) - n \ln \Gamma(\nu/2) + (\nu/2 - 1) \sum_{i=1}^{n} \ln w_i - 0.5 \nu \sum_{i=1}^{n} w_i,$$

于是 Q 函数是

$$Q(\mu, \sigma^2, \nu \mid \mu^{(t)}, (\sigma^{(t)})^2, \nu^{(t)}) = -0.5 n \ln \sigma^2 - 0.5 \sum_{i=1}^{n} w_i^{(t)} (x_i - \mu)^2/\sigma^2$$

$$+ 0.5n\nu \ln(\nu/2) - n \ln \Gamma(\nu/2) + (\nu/2 - 1) \sum_{i=1}^{n} z_i^{(t)} - 0.5\nu \sum_{i=1}^{n} w_i^{(t)},$$

$$(8.39)$$

其中 $w_i^{(t)}$ 由式 (8.24) 给出, $z_i^{(t)} = E(\ln w_i \mid x_i, \mu^{(t)}, (\sigma^{(t)})^2, \nu^{(t)})$ 涉及伽马函数.

注意式 (8.39) 是 ν 的复杂函数, 但最大化仅限于单一的标量参数, 所以可通过迭代的一维搜索找出 $\nu^{(t+1)}$. 一个缺点是, 按估计的 ν 收敛速度大大减慢; 接下来介绍的 ECME 算法提供了一种加快收敛速度而不增加算法复杂度的方法.

8.5.2　ECME 和 AECM 算法

期望/条件最大化之一 (ECME) 算法 (Liu 和 Rubin 1994) 将期望条件最大化的一些 CM 步 (即最大化受约束的期望完全数据对数似然函数) 替换为最大化相应的受约束的实际似然函数. 这种算法与期望最大化和期望条件最大化都有稳定的单调收敛性, 并且相对于有竞争力的较快收敛方法而言, 具备实现的基本简单性. 此外, ECME 的收敛速度比期望最大化或期望条件最大化都要快得多, 收敛速度用迭代次数或实际计算机时间来衡量. 这一改进有两个原因. 第一, 在 ECME 的一些最大化步骤中, 实际的似然是有条件地最大化, 而不是像期望最大化和期望条件最大化那样的近似. 第二, ECME 只对那些最有效的约束最大化使用收敛更快的数值方法. 同时, 较快的收敛速度也使收敛性的评估更加容易.

与期望最大化和期望条件最大化一样, ECME 在 θ^* 处的 $\theta^{(t)} \to \theta^{(t+1)}$ 映射的导数支配着 ECME 的收敛速度, 它可以用缺失数据、观测数据和完全数据信息矩阵来表示. 数学表达式很烦琐, 但证实了 ECME 通常会比期望条件最大化或期望最大化收敛得更快. 直觉是直接的, 因为最大化 L 而不是 Q 的 CM 步会最大化正确的函数, 而不是当前对它的近似. 当然, ECME 的一种特殊情况是所有步都最大化 L, 没有 E 步, 此时它具有二次收敛性. 更准确地说, Jamshidian 和 Jennrich (1993) 的方法在技术上可以看成 ECME 的一种特殊情况, 其中每一个 CM 步都使实际似然最大化, 约束函数对应于不同迭代参数的不同共轭线性组合.

例 8.9　未知自由度的一元 t 分布 (例 8.8 续).

在例 8.8 中, 我们对来自未知自由度 ν 的 t 分布随机样本描述了期望条件最大化算法. ECME 算法的获得方式是: 保留例 8.8 中算法的 E 步和 CM1 步, 但将 CM2 步——即对 ν 最大化 (8.39)——替换为对 ν 最大化观测对数似然: 即 (8.22) 的对数对观测的 i 求和, 保持 $(\mu, \sigma) = (\mu^{(t+1)}, \sigma^{(t+1)})$ 固定. 与期望条件最大化一样, 这一步涉及通过一维搜索来寻找 $\nu^{(t+1)}$, 但算法的收敛速度比期望条件最大化快得多.

交替期望条件最大化 (AECM) 算法 (Meng 和 Van Dyk 1997) 建立在 ECME 思想的基础上, 对应于构成缺失数据的不同定义, 在特定的 CM 步中对 Q 或 L 以外的函数进行最大化; 最大化 L 是无缺失数据的特殊情形.

8.5.3 PX-EM 算法

参数扩展期望最大化 (PX-EM) (Liu 等 1998) 通过把感兴趣的模型嵌入到一个更大的模型中, 并附加一个参数 α, 从而加快期望最大化的速度. 这样, 如果把 α 设置为一个特定的值 α_0, 就可以得到原始模型. 如果原始模型中的参数为 θ, 那么扩展模型的参数为 $\phi = (\theta^*, \alpha)$, 其中 θ^* 与 θ 的维数相同, 并且对某个已知的变换 R, $\theta = R(\theta^*, \alpha)$, 约束条件是当 $\alpha = \alpha_0$ 时 $\theta^* = \theta$. 适当地选择扩展模型, 使得 (1) 观测数据 $Y_{(0)}$ 中没有关于 α 的信息, 也就是

$$f_x(Y_{(0)} \mid \theta^*, \alpha) = f_x(Y_{(0)} \mid \theta^*, \alpha') \quad \text{对一切 } \alpha, \alpha', \tag{8.40}$$

其中 f_x 表示扩展模型的密度; (2) 在完全数据 $Y = (Y_{(0)}, Y_{(1)})$ 下, 扩展模型的参数 ϕ 有唯一的极大似然估计. PX-EM 算法是简单地将 EM 应用于扩展的模型中, 也就是说, 对于第 t 次迭代:

PX-E 步: 计算 $Q(\phi \mid \phi^{(t)}) = E(\ln f_x(Y \mid \phi) \mid Y_{(0)}, \phi^{(t)})$;

PX-M 步: 找出 $\phi^{(t+1)} = \arg\max_\phi Q(\phi \mid \phi^{(t)})$, 然后令 $\theta^{(t+1)} = R(\theta^{*(t+1)}, \alpha)$.

把期望最大化的理论应用于扩展模型, 隐含着 PX-EM 的每一步都增加了 $f_x(Y_{(0)} \mid \theta^*, \alpha)$, 当 $\alpha = \alpha_0$ 时它等于 $f(Y_{(0)} \mid \theta)$. 因此, PX-EM 的每一步都增加了相关的似然 $f(Y_{(0)} \mid \theta)$, 并且 PX-EM 的收敛性质类似于标准的期望最大化, 除了一点不同的是 PX-EM 收敛更快. 更多讨论见下面这个例子.

例 8.10 已知自由度一元 t 分布的 PX-EM 算法 (例 8.4 续).

在例 8.4 中, 我们依照 (8.23) 把观测数据 X 嵌入到一个更大的数据集 (X, W), 使用了期望最大化来计算已知自由度 ν 的一元 t 模型 (8.22) 的极大似然估计. 假设我们用扩展的完全数据模型替换这一模型:

$$(x_i \mid \mu_*, \sigma_*, \alpha, w_i) \sim_{\text{ind}} N(\mu_*, \sigma_*^2/w_i), \quad (w_i \mid \mu_*, \sigma_*, \alpha) \sim_{\text{ind}} \alpha\chi_\nu^2/\nu, \tag{8.41}$$

其中 $\theta^* = (\mu_*, \sigma_*)$, α 是一个额外的尺度参数. 当 $\alpha = 1$ 时, 扩展的模型 (8.41) 简化为原始模型. 因为观测数据 X 的边缘密度是不变的, 并且不涉及 α, 所以

在 $Y_{(0)} = X$ 中没有 α 的信息, 但 α 从完全数据 (X, W) 中具有唯一的极大似然估计. 因此, 应用 PX-EM 的两个条件都满足. 从 (θ^*, α) 到 θ 的变换 R 是: $\mu = \mu_*$, $\sigma = \sigma_* / \sqrt{\alpha}$. PX-E 步与期望最大化的 E 步 (8.24) 相似:

PX-E 步: 在第 $t+1$ 次迭代, 计算

$$w_i^{(t)} = E(w_i \mid x_i, \phi^{(t)}) = \alpha^{(t)} \frac{\nu + 1}{\nu + (d_i^{(t)})^2}, \tag{8.42}$$

其中 $d_i^{(t)} = \sqrt{\alpha^{(t)}}(x_i - \mu_*^{(t)})/\sigma_*^{(t)} = (x_i - \mu^{(t)})/\sigma^{(t)}$, 与式 (8.24) 一样.

PX-M 步最大化扩展模型的期望完全数据对数似然:

PX-M 步: 计算 $\mu_*^{(t+1)}$ 和 $\sigma_*^{(t+1)}$, 就像期望最大化的 M 步 (8.25) 那样, 也就是

$$\mu_*^{(t+1)} = \frac{s_1^{(t)}}{s_0^{(t)}}, \quad (\sigma_*^{(t+1)})^2 = \frac{1}{n}\sum_{i=1}^{n} w_i^{(t)}(x_i - \mu_*^{(t+1)})^2 = \frac{s_2^{(t)} - (s_1^{(t)})^2/s_0^{(t)}}{n},$$

且

$$\alpha^{(t+1)} = \frac{1}{n}\sum_{i=1}^{n} w_i^{(t)}.$$

在原始的参数空间中, PX-M 步是

$$\mu^{(t+1)} = \frac{s_1^{(t)}}{s_0^{(t)}}, \quad (\sigma^{(t+1)})^2 = \sum_{i=1}^{n} w_i^{(t)}(x_i - \mu_*^{(t+1)})^2 \Big/ \sum_{i=1}^{n} w_i^{(t)}. \tag{8.43}$$

因此, 在实际操作中, 对期望最大化的修改仅仅是在估计 σ^2 时分母使用权重之和而不是样本量. 这种修改之前曾由 Kent 等 (1994) 提出, 是对期望最大化的修改, 以加快收敛速度, 但没有更普遍的 PX-EM 动机.

为了理解为什么 PX-EM 在 θ 上比原始的期望最大化算法收敛得更快, 重新参数化 $\phi = (\theta^*, \alpha)$ 为 (θ, α) 能够帮助我们看得更清楚, 其中 $\theta = R(\theta^*, \alpha)$ 是适当的变换. 式 (8.40) 意味着在这一参数化下 $f_x(Y \mid \theta, \alpha)$ 的观测数据和完全数据信息矩阵分别是

$$I_{\text{obs}} = \begin{pmatrix} i_{\text{obs}} & 0 \\ 0 & 0 \end{pmatrix} \quad \text{和} \quad I_{\text{com}} = \begin{pmatrix} i_{\text{com}} & i_{\theta\alpha}^{\mathrm{T}} \\ i_{\theta\alpha} & i_{\alpha\alpha} \end{pmatrix}.$$

因此, 缺失信息的比例 (8.28) 是 $I - I_{\text{obs}} I_{\text{com}}^{-1}$ 的 (θ, θ) 子矩阵, 亦即

$$U(\theta) = I - i_{\text{obs}}(i_{\text{com}} - i_{\theta\alpha}^{\mathrm{T}} i_{\alpha\alpha}^{-1} i_{\theta\alpha})^{-1},$$

它比原始模型中缺失信息的比例 $I - i_{\text{obs}}i_{\text{com}}^{-1}$ 更小 (两个矩阵之差是半负定的). 由于缺失信息的比例更小, 所以 PX-EM 的收敛速度比原始模型的期望最大化 更快. 换句话说, 把模型扩大到一个包含 α 的模型的效果是把关于 θ 的完全数 据信息从 i_{com} 减少到 $i_{\text{com}} - i_{\theta\alpha}^{\text{T}}i_{\alpha\alpha}^{-1}i_{\theta\alpha}$, 而不改变关于 θ 的观测数据信息 i_{obs}. 这样做的效果是减少了缺失信息的比例, 从而加快了期望最大化的速度.

在这个说明性的例子中, PX-EM 在加快期望最大化速度方面的实际收益 不大, 但在将模型推广到多变量不完全 X 的情况下, 这些收益会变得更加可 观, 正如第 14 章所考虑的那样.

8.6 混合最大化方法

EM 型算法的收敛性很慢, 这促使人们试图通过将其与 Newton-Raphson 算法或得分型更新或 Aitken 加速 (Louis 1982; Meilijson 1989; McLachlan 和 Krishnan 1997, 第 4.7 节) ——这是 Newton-Raphson 算法的一种变体—— 相结合, 以便加快算法的速度. 这个想法的一个简单版本是把期望最大化步骤 和 Newton 步骤结合起来, 以利用两者的优势. 例如, 可以先尝试 Newton 步 骤, 如果似然没有增加, 就用一个以上的期望最大化步骤代替. 一个合理的混 合方法是从期望最大化步骤开始, 这时参数离极大似然估计较远, Newton 步 骤更容易失败; 最终以 Newton 步骤结束, 因为接近最大值的对数似然可能更 接近二次型, 如果期望最大化步骤带来的对数似然变化较小, 期望最大化的最 终收敛性可能很难确定. 当然, 当使用期望最大化来避免 Newton 型方法的编 程复杂性时, 这些方法是没有用的.

当期望最大化的 M 步需要迭代时, 一种选择是在 Q 函数上应用一个 Newton 步骤, 从而代替 M 步, 这种方法称为梯度期望最大化 (Lange 1995a). 更一般地, Lange (1995a) 考虑了如下形式的算法:

$$\theta^{(t+1)} = \theta^{(t)} + a^{(t)}\delta^{(t)}, \qquad (8.44)$$

其中

$$\delta^{(t)} = (-D^{20}Q(\theta;\theta^{(t)})\mid_{\theta=\theta^{(t)}})^{-1}D^{10}Q(\theta;\theta^{(t)})\mid_{\theta=\theta^{(t)}}, \qquad (8.45)$$

这里 $a^{(t)}$ 是一个选择的处于 0 和 1 之间的常数, 它使得

$$Q(\theta^{(t+1)};\theta^{(t)}) \geqslant Q(\theta^{(t)};\theta^{(t)}), \qquad (8.46)$$

也就是说, 式 (8.44) 确定了一个广义期望最大化算法. 梯度期望最大化是式 (8.44) 和 (8.55) 的一个特殊情形, 其中 $a^{(t)} = 1$. 在很多情形中, $-D^{20}Q(\theta;\theta)$

是正定的, 这样, 通过选择充分小的 $a^{(t)}$, 比如连续二等分步, 不等式 (8.46) 一定能实现.

在 Lange (1995b) 的拟 Newton 加速方法中, 更新式 (8.44) 用

$$\delta^{(t)} = (-D^{20}Q(\theta;\theta^{(t)}) \mid_{\theta=\theta^{(t)}} +B^{(t)})^{-1} D^{10}Q(\theta;\theta^{(t)}) \mid_{\theta=\theta^{(t)}} \tag{8.47}$$

来代替 (8.45), 其中选择调整项 $B^{(t)}$ 使得 $-D^{20}Q(\theta;\theta^{(t)}) \mid_{\theta=\theta^{(t)}} +B^{(t)}$ 更接近于直接对观测数据似然应用 Newton-Raphson 算法时的 Hessian 矩阵 $-D^{20}\ell(\theta \mid Y_{(0)}) \mid_{\theta=\theta^{(t)}}$.

Lange 提出了一种选择 $B^{(t)}$ 的方式, 只涉及 Q 函数的一阶导数: $B^{(0)} = 0$, 并且

$$B^{(t)} = B^{(t-1)} - (v^{(t)}v^{(t)\mathrm{T}})/(v^{(t)\mathrm{T}}(\theta^{(t)} - \theta^{(t-1)})),$$
$$v^{(t)} = h^{(t)} + B^{(t-1)}(\theta^{(t)} - 0^{(t-1)}),$$
$$h^{(t)} = D^{10}Q(\theta;\theta^{(t)}) \mid_{\theta=\theta^{(t-1)}} -D^{10}Q(\theta;\theta^{(t-1)}) \mid_{\theta=\theta^{(t-1)}}.$$

如果式 (8.47) 中的 $-D^{20}Q(\theta;\theta^{(t)}) \mid_{\theta=\theta^{(t)}} +B^{(t)}$ 不是正定的, Lange 建议用

$$-D^{20}Q(\theta;\theta^{(t)}) \mid_{\theta=\theta^{(t)}} +B^{(t)}/2^m$$

替换它, 其中 m 是能够产生正定矩阵的最小正整数. 同理, 如果式 (8.44) 中选择 $a^{(t)} = 1$ 不能使对数似然增加, 那么步长 $a^{(t)}$ 可以被反复二等分, 直到实现对数似然增加为止. Lange (1995b) 指出, 这种算法早期阶段类似于期望最大化, 后期阶段类似于 Newton-Raphson 算法, 而中间阶段则在这两个极端之间进行了巧妙的过渡.

本节迄今所讨论的方法都需要在每次迭代时对一个 $q \times q$ 矩阵进行计算和求逆, 当参数数量较大时, 这可能会很耗时. Jamshidian 和 Jennrich (1993) 在广义共轭梯度思想的基础上, 提出了一种可以避免这种求逆的期望最大化加速算法, 他们称之为加速期望最大化算法. 这一算法在期望最大化中附加了期望最大化迭代变化方向的线搜索 (详见 Jamshidian 和 Jennrich 1993).

问题

8.1 说明对于一个标量参数, 如果对数似然是二次型, 则 Newton-Raphson 算法在一步内实现收敛.

8.2 用语言描述期望最大化算法 E 步和 M 步的目的.

8.3 证明例 8.3 中的对数似然关于式 (8.12) 中的统计量是线性的.

8.4 说明从定理 8.1 如何得出推论 8.1 和 8.2.

8.5 总结关于期望最大化的收敛性的结果.

8.6 说明对于正则指数族 (8.19), 式 (8.20) 和 (8.21) 是 E 步和 M 步.

8.7 假设 $Y = (y_1, \cdots, y_n)^\mathrm{T}$ 是独立的伽马随机变量, 密度为

$$f(y_i \mid k, \theta_i) = x^{k-1} \exp(-y_i/\theta_i)/(\theta_i^k \Gamma(k)),$$

带有未知的形状参数 k 和尺度参数 θ, 以及均值 $k\theta_i = g(\sum_{j=1}^J \beta_j x_{ij})$, 其中 $g(\cdot)$ 是一个已知函数, $\beta = (\beta_1, \cdots, \beta_J)$ 是未知的回归系数, $x_{i1}, \cdots, x_{iJ}$ 是单元 i 的协变量 $X_1, \cdots, X_J$ 的值. 怎样选择 $g(\cdot)$, 能使 Y 属于正则 $J+1$ 参数的指数族? 这时自然参数和完全数据充分统计量是什么?

8.8 假设问题 8.7 中的 y_i 值缺失当且仅当 $y_i > c$, 其中 c 是某个已知的删失点. 对于 (a) 当 k 已知时估计 $\beta_1, \cdots, \beta_J$, (b) 当 k 未知时估计 $\beta_1, \cdots, \beta_J$ 和 k, 说明期望最大化算法的 E 步.

8.9 通过手工计算, 对表 7.1 中的数据集实施多元正态期望最大化算法, 其初始估计值基于完全观测. 进而请验证, 对于这种数据模式和初始值的选择, 算法在一次迭代后就收敛了 (即后续迭代得出的结果与第一次迭代相同). 为什么式 (8.29) 对这一情形不适用? (提示: 考虑当 $\theta^{(t)} = \theta^*$ 时定理 8.1 的推论 8.2.)

8.10 对于例 8.2 中的观测数据, 写出 θ 的对数似然. 通过微分这一函数, 直接说明例 8.5 所得的 $I(\theta \mid Y_{(0)}) = 435.3$.

8.11 验证例 8.4 中的 E 步和 M 步.

8.12 在例 8.2 中, 写出 θ 的极大似然估计的渐近抽样方差. 如果组合第一个和第三个计数 (即 38 和 125), 产生来自参数为 $(1 - \theta/4, \theta/4)$ 的二项分布的一组计数 (163, 34), 比较这时 θ 的抽样方差与前面的抽样方差.

8.13 对于例 6.22 第二部分的有删失指数样本, 假设 $y_1, \cdots, y_r$ 是观测到的, 而 $y_{r+1}, \cdots, y_n$ 在 c 处删失. 说明这一问题的完全数据充分统计量是 $s(Y) = \sum_{i=1}^n y_i$, 自然参数是 $\phi = 1/\theta$, 即均值的倒数. 通过计算 $s(Y)$ 的无条件和条件方差, 然后像 (8.32) 那样相减, 找出 ϕ 的观测信息. 进而找出删失造成的缺失信息的比例, 以及 $\widehat{\phi} - \phi$ 和 $\widehat{\theta} - \theta$ 的渐近抽样方差.

8.14 在例 8.6 中, 写出完全数据对数似然, 然后验证该例中的两个 CM 步 (8.34) 和 (8.35).

8.15 证明例 8.10 中的 PX-E 步和 PX-M 步.

8.16 假设

(a) X 是伯努利的, $\Pr(X = 1) = 1 - \Pr(X = 0) = \pi$, 且
(b) 给定 $X = j$ 时 Y 是正态的, 均值为 μ_j, 方差为 σ^2.

这是判别分析模型的一个简单形式. 现在考虑单调缺失数据模式, Y 完全观测到, 但 $n-r$ 个 X 值缺失了, 缺失机制可忽略. 在问题 7.17 中, 我们发现第 7 章的因子化似然方法无法提供极大似然估计的闭式表达. 对这一问题描述期望最大化算法的 E 步和 M 步, 并提供一个算法的程序流程图.

第 9 章 基于极大似然估计的大样本推断

9.1 基于信息矩阵的标准误差

在第 6 章中, 我们说明了大样本极大似然估计推断可以基于近似 6.1, 也就是

$$(\theta - \widehat{\theta}) \sim N(0, C), \tag{9.1}$$

其中 C 是 $\theta - \widehat{\theta}$ 的 $d \times d$ 的协方差矩阵估计, 比如,

$$C = I^{-1}(\widehat{\theta} \mid Y_{(0)}), \tag{9.2}$$

即观测信息在 $\theta = \widehat{\theta}$ 处的逆, 或者

$$C = J^{-1}(\widehat{\theta}), \tag{9.3}$$

即期望信息在 $\theta = \widehat{\theta}$ 处的逆, 再或者

$$\widehat{C}^* = I^{-1}(\widehat{\theta})\widehat{K}(\widehat{\theta})I^{-1}(\widehat{\theta}), \tag{9.4}$$

其中

$$\widehat{K}(\widehat{\theta}) = \frac{\partial \ell(\theta \mid Y_{(0)})}{\partial \theta} \left[\frac{\partial \ell(\theta \mid Y_{(0)})}{\partial \theta} \right]^{\mathsf{T}} \Bigg|_{\theta = \widehat{\theta}},$$

即夹心 (三明治) 估计. 估计量 (9.2) 的计算是极大似然估计的 Newton-Raphson 算法的一部分, 而估计量 (9.3) 的计算是得分算法的一部分. 当对极大似然估计使用第 8 章介绍的期望最大化算法或其他变种时, 需要额外的步骤来计算估计量的标准误差.

式 (9.2) 中观测信息矩阵的估计 $I(\widehat{\theta} \mid Y_{(0)})$ 可通过直接对 θ 微分对数似然 $\ell(\theta \mid Y_{(0)})$ 两次得到. 另一种方法是, 用

$$I(\theta \mid Y_{(0)}) = -D^{20}Q(\theta \mid \theta) + D^{20}H(\theta \mid \theta) \tag{9.5}$$

计算完全信息和缺失信息的差, 或者第 8 章的类似表达式之一. 下一节将考虑标准误差的计算方法, 不需要计算逆矩阵.

9.2　通过其他方法得到标准误差

9.2.1　补充期望最大化算法

补充期望最大化 (SEM) (Meng 和 Rubin 1991) 是一种计算与 $\theta - \widehat{\theta}$ 相关的大样本协方差矩阵的途径, 仅使用 (1) 期望最大化 E 步和 M 步的程序, (2) 大样本完全数据方差–协方差矩阵 V_c 的程序, 以及 (3) 标准矩阵运算. 特别地, 除了完全数据大样本推断所需的分析 (即 M 步和 V_c), 以及 E 步所需的分析外, 不需要对具体问题做进一步的数学分析. 补充期望最大化在计算上往往比数值微分 $\ell(\theta \mid Y_{(0)})$ 更加稳定, 因为数值近似仅用于缺失信息, 而完全数据信息矩阵用其解析表达式.

回忆第 8 章的内容,

$$\mathrm{DM} = i_{\mathrm{mis}} i_{\mathrm{com}}^{-1} = I - i_{\mathrm{obs}} i_{\mathrm{com}}^{-1}, \tag{9.6}$$

其中 DM 是期望最大化映射的导数, $i_{\mathrm{com}} = -D^{20}Q(\theta \mid \theta) \mid_{\theta=\theta^*}$ 是收敛点处的完全信息, $i_{\mathrm{obs}} = I(\theta \mid Y_{(0)}) \mid_{\theta=\theta^*}$ 是收敛点处的观测信息, $i_{\mathrm{mis}} = -D^{20}H(\theta \mid \theta)_{\theta=\theta^*}$ 是收敛点处的缺失信息. 等式 (9.6) 意味着 $i_{\mathrm{obs}}^{-1} = i_{\mathrm{com}}^{-1}(I - \mathrm{DM})^{-1}$, 也就是

$$V_{\mathrm{obs}} = V_{\mathrm{com}}(I - \mathrm{DM})^{-1}, \tag{9.7}$$

其中 $V_{\mathrm{obs}} = i_{\mathrm{obs}}^{-1}$ 和 $V_{\mathrm{com}} = i_{\mathrm{com}}^{-1}$ 分别是观测数据和完全数据的方差–协方差矩阵. 因此,

$$V_{\mathrm{obs}} = V_{\mathrm{com}}(I - \mathrm{DM} + \mathrm{DM})(I - \mathrm{DM})^{-1} = V_{\mathrm{com}} + \Delta V, \tag{9.8}$$

其中

$$\Delta V = V_{\text{com}} \text{DM}(I - \text{DM})^{-1} \tag{9.9}$$

是缺失数据引起的方差增量. 补充期望最大化的关键思想是, 即使 M 没有一个明确的数学形式, 它的导数 DM 也可以从执行 EM 步的输出中估计出来, 有效地对 M 进行数值微分.

具体来说, 首先获得 θ 的极大似然估计 $\widehat{\theta}$, 然后运行一系列补充期望最大化迭代, 第 $t+1$ 次迭代定义如下:

输入: $\widehat{\theta}$ 和 $\theta^{(t)}$.

第 1 步: 运行常规的 E 步和 M 步, 获得 $\theta^{(t+1)}$.

第 2 步: 固定 $i = 1$. 计算

$$\theta^{(t)}(i) = (\widehat{\theta}_1, \cdots, \widehat{\theta}_{i-1}, \theta_i^{(t)}, \widehat{\theta}_{i+1}, \cdots, \widehat{\theta}_d),$$

它的第 i 个分量等于 $\theta_i^{(t)}$, 其他分量与 $\widehat{\theta}$ 相同.

第 3 步: 把 $\theta^{(t)}(i)$ 看作 θ 的当前估计值, 运行期望最大化的一次迭代, 获得 $\widetilde{\theta}^{(t+1)}(i)$.

第 4 步: 计算比值

$$r_{ij}^{(t)} = \frac{\widetilde{\theta}_j^{(t+1)}(i) - \widehat{\theta}_j}{\theta_i^{(t)} - \widehat{\theta}_i}, \quad j = 1, \cdots, d.$$

第 5 步: 对 $i = 2, \cdots, d$ 重复上述第 2–4 步.

输出: $\theta^{(t+1)}$ 和 $\{r_{ij}^{(t)} : i, j = 1, \cdots, d\}$.

DM 是当 $t \to \infty$ 时 $\{r_{ij}\}$ 的极限矩阵. 当对某个 t^*, 序列 $r_{ij}^{(t^*)}, r_{ij}^{(t^*+1)}, \cdots$ 稳定了, 这样就得到了矩阵元素 r_{ij}. 这一过程对于不同的 r_{ij} 元素, 可以使用不同的 t^* 值. 一旦 DM 第 i 行的所有元素都已得到, 就不需要在后续迭代中再重复上述第 2–4 步了.

例 9.1 多项分布数据的标准误差 (例 8.5 续).

考虑例 8.2 的多项数据, 观测计数 $Y_{(0)} = (38, 34, 125)$ 来自一个多项分布, 其小格概率为 $(1/2 - 1/2\theta, 1/4\theta, 1/2 + 1/4\theta)$. 在例 8.2 中, 我们应用了期望最大化, 完全数据计数为 $Y_{\text{com}} = (Y_1, Y_2, Y_3, Y_4)^{\text{T}}$, 它来自小格概率为 $(1/2 - 1/2\theta, 1/4\theta, 1/4\theta, 1/2)$ 的多项分布, 而 $Y_{(0)} = (y_1, y_2, y_3 + y_4)$. 期望最大化得到 $\widehat{\theta} = 0.6268$ (见表 8.1). 在这一情形中, θ 是一个标量, 补充期望最大化具有一

个特别简单的形式, 因为它的标准误差可以直接通过期望最大化计算得到. θ 的完全数据估计是 $(y_2 + y_3)/(y_1 + y_2 + y_3)$, 它的完全数据方差是

$$V_{\mathrm{com}} = \widehat{\theta}(1 - \widehat{\theta})/(y_1 + y_2 + \widehat{y}_3) = 0.6268(1 - 0.6268)/101.83 = 0.002297,$$

其分母是给定 $\widehat{\theta}$ 时 $y_1 + y_2 + y_3$ 的期望值. 期望最大化的收敛速度是 DM $= 0.1328$, 在表 8.1 的最后一列可以看出. 因此, 由式 (9.7), $\widehat{\theta}$ 的大样本方差是

$$V_{\mathrm{obs}} = V_{\mathrm{com}}/(1 - \mathrm{DM}) = 0.002297/(1 - 0.1328) = 0.00265.$$

通过分析计算, 观测信息是 $I_{\mathrm{obs}} = 377.5$, 如例 8.5 所示. 对这个量求逆 (倒数), 得到 $V_{\mathrm{obs}} = 1/377.5 = 0.00265$, 这和补充期望最大化计算一致. 当期望最大化和补充期望最大化被应用于 $\mathrm{logit}(\theta)$, 应能更好地满足渐近正态性假设, 我们发现 $\mathrm{logit}(\widehat{\theta}) = 0.5186$, 与之相关的大样本方差是 0.4841.

当 θ 的某一组分量没有缺失信息时, 对于这些分量, 从任何初始值开始, 期望最大化将在一步内收敛. 因此, 上述方法需要修改. 假设 θ 的前 d_1 个分量没有缺失信息. Meng 和 Rubin (1991) 指出, DM 矩阵具有形式

$$\mathrm{DM} = \begin{array}{c} \\ d_1 \\ d_2 \end{array} \overset{\begin{array}{cc} d_1 & d_2 \end{array}}{\begin{pmatrix} 0 & A \\ 0 & \mathrm{DM}^* \end{pmatrix}}, \quad d_1 + d_2 = d, \tag{9.10}$$

DM^* 可通过对 $i = d_1 + 1, \cdots, d$ 运行第 2–4 步计算. 记

$$V_{\mathrm{com}} = I_{\mathrm{com}}^{-1} = \begin{array}{c} \\ d_1 \\ d_2 \end{array} \overset{\begin{array}{cc} d_1 & d_2 \end{array}}{\begin{pmatrix} G_1 & G_2 \\ G_2^{\mathrm{T}} & G_3 \end{pmatrix}}, \tag{9.11}$$

$\widehat{\theta}$ 的大样本协方差矩阵可通过

$$V_{\mathrm{obs}} = \begin{pmatrix} G_1 & G_2 \\ G_2^{\mathrm{T}} & G_3 + \Delta V^* \end{pmatrix} \tag{9.12}$$

计算, 这是式 (9.8) 和 (9.9) 的推广, 其中

$$\Delta V^* = (G_3 - G_2^{\mathrm{T}} G_1^{-1} G_2) \mathrm{DM}^* (I - \mathrm{DM}^*)^{-1}. \tag{9.13}$$

例 9.2 **带有单调缺失数据的二元正态样本的标准误差** (例 7.6 续).

我们用表 7.1 给出的数据说明补充期望最大化算法. 正如例 7.2 和 7.3 那样, 我们假设数据服从二元正态分布, 参数为 $(\mu_1, \mu_2, \sigma_{11}, \sigma_{22}, \rho)$, 其中 ρ 是相关系数. 如大家所知, 这一情形的正态化参数化是 $\theta = (\mu_1, \mu_2, \ln\sigma_{11}, \ln\sigma_{22}, Z_\rho)$, 其中 $Z_\rho = 0.5\ln((1+\rho)/(1-\rho))$ 是 ρ 的 Fisher-Z 变换. 因为第一个变量是完全观测的, μ_1 和 $\ln\sigma_{11}$ 的极大似然估计就分别是简单的第一个变量的样本均值和样本方差 (分母为 n) 的对数. 因此, 从任何初始值开始, 对于这两个分量, 期望最大化将会在一步内收敛. 其结果是, $M(\theta)$ 对应的分量是常值函数. 第 11.2 节将介绍使用扫描算子对多元正态分布进行期望最大化的实现.

表 9.1 的第一行给出了 $\theta_2 = (\mu_2, \ln\sigma_{22}, Z_\rho)$ 的极大似然估计, 采用 $\theta_2^* = \theta_2^{(65)}$. 事实上, 在这一情形中, θ_2^* 的闭式解可通过因子化似然得到, 如第 7.2.1 节所述. 表 9.1 的第二行给出了 $\theta_2 - \theta_2^*$ 的渐近标准误差, 通过第 7.2.2 节的直接计算 (经适当的 Jacobi 变换) 获得, 第三行给出了由补充期望最大化获得的相应标准误差.

表 9.1 例 9.2: 表 7.1 中数据的极大似然估计, 以及渐近标准误差

参数	μ_2	$\ln\sigma_{22}$	Z_ρ
极大似然估计 $\theta_2^{(65)}$	49.33	4.74	-1.45
表 7.2 的标准误差	2.73	0.37	0.274
补充期望最大化的标准误差	2.73	0.37	0.274

使用前面介绍的方法, 补充期望最大化结果的获取过程如下. 首先我们求出 DM*, 即式 (9.10) 中 DM 的对应着 $\theta_2 = (\mu_2, \ln\sigma_{22}, Z_\rho)$ 的子矩阵. 因为完全数据分布来自一个正则指数族 (标准二元正态分布), 所以为了获得 I_{com}^{-1} 我们只需计算完全数据信息矩阵 $I^{-1}(\theta^*)$ 的逆. 对于二元正态分布来说, 这一点特别容易做到. 我们有

$$
I_{\text{com}}^{-1} = I^{-1}(\theta^*)
$$

$$
= \begin{array}{c} \\ \mu_1 \\ \mu_2 \\ \ln\sigma_{11} \\ \ln\sigma_{22} \\ Z_\rho \end{array}
\begin{array}{ccccc}
\mu_1 & \mu_2 & \ln\sigma_{11} & \ln\sigma_{22} & Z_\rho \\
\left(\begin{array}{ccccc}
4.9741 & -5.0387 & 0 & 0 & 0 \\
-5.0387 & 6.3719 & 0 & 0 & 0 \\
0 & 0 & 0.1111 & 0.0890 & -0.0497 \\
0 & 0 & 0.0890 & 0.1111 & -0.0497 \\
0 & 0 & -0.0497 & -0.0497 & 0.0556
\end{array}\right)
\end{array} . \quad (9.14)
$$

对此矩阵进行重新排列, 使前两行和列对应第一个分量的参数, 即没有缺失信息的参数, 这样式 (9.14) 的右边变成了

$$
\begin{array}{c}
\begin{array}{ccccc} \mu_1 & \ln\sigma_{11} & \mu_2 & \ln\sigma_{22} & Z_\rho \end{array} \\
\begin{array}{c} \mu_1 \\ \ln\sigma_{11} \\ \mu_2 \\ \ln\sigma_{22} \\ Z_\rho \end{array}
\begin{pmatrix}
4.9741 & 0 & -5.0387 & 0 & 0 \\
0 & 0.1111 & 0 & 0.0890 & -0.0497 \\
-5.0387 & 0 & 6.3719 & 0 & 0 \\
0 & 0.0890 & 0 & 0.1111 & -0.0497 \\
0 & -0.0497 & 0 & -0.0497 & 0.0556
\end{pmatrix}
= \begin{pmatrix} G_1 & G_2 \\ G_2^{\mathrm{T}} & G_3 \end{pmatrix},
\end{array}
\tag{9.15}
$$

其中 G_3 是左边矩阵的右下 3×3 子矩阵. 应用公式 (9.13), 我们得到

$$
\Delta V^* = \begin{array}{c}
\begin{array}{ccc} \mu_2 & \ln\sigma_{22} & Z_\rho \end{array} \\
\begin{array}{c} \mu_2 \\ \ln\sigma_{22} \\ Z_\rho \end{array}
\begin{pmatrix}
1.0858 & 0.1671 & -0.0933 \\
0.1671 & 0.0286 & -0.0098 \\
-0.0933 & -0.0098 & 0.0194
\end{pmatrix},
\end{array}
\tag{9.16}
$$

这是由缺失信息造成的 $\theta_2 - \theta_2^*$ 的方差增长. 为了得到 $\theta_2 - \theta_2^*$ 的渐近方差–协方差矩阵, 我们只需在 (9.15) 中的 G_3 上加上 ΔV^*. 比如, 由 (9.14) 和 (9.15), 我们有 $\mu_2 - \mu_2^*$ 的标准误差 $(6.3719 + 1.0858)^{1/2} \approx 2.73$, 这在表 9.1 的第三行给出了.

补充期望最大化的一个有吸引力的特点是, 最终结果 V_{obs} 在数值上一般是非常稳定的, 原因如下: 当缺失信息的比例较小时, ΔV 相对于 V_{com} 较小, 虽然由于期望最大化的快速收敛, DM 的计算 (用于计算 ΔV) 在数值上不太精确, 但这对计算出的 $V_{\mathrm{obs}} = V_{\mathrm{com}} + \Delta V$ 影响不大. 当缺失信息的比例较大时, ΔV 是 V_{com} 的重要组成部分, 但此时期望最大化的收敛速度相对较慢, 可以保证 M 的数值微分相对准确.

补充期望最大化的另一个有吸引力的特点是, 它能为编程和数值错误提供内部诊断. 特别地, ΔV 在分析上是对称的, 但在计算 $\widehat{\theta}$ 或 DM 时, 由于编程错误或数值精度不够高, 它在数值上可能不是对称的. 因此, 由补充期望最大化估计出来的协方差矩阵不对称是编程错误的一个迹象, 错误可能存在于原始的期望最大化算法中. 进一步, 即使 ΔV 对称, V_{obs} 也可能不是半正定的, 这再一次说明编程或数值错误, 或者收敛到了一个鞍点.

与其他方法相比, 补充期望最大化的优势在于, 它在推断和计算上更接近期望最大化. 然而, 无论用什么方法来计算 V_{obs}, 实际上重要的是使用倾向于正态化似然的 θ 的变换 (比如, 正态模型用对数方差而不是方差), 否则, 大样本标准误差和由此产生的推论可能会产生误导 (见例 7.3); 此外, 如果使用这种变换, 补充期望最大化将更快、更准确地收敛.

9.2.2　自采样观测数据

在例 5.3 和 5.4 中我们介绍的自采样法是从填补数据估计标准误差的一种方法, 这种方法可以用来估计极大似然估计的标准误差 (Little 1988b; Efron 1994). 设 $\widehat{\theta}$ 是 θ 的基于 n 个独立单元 (可能不完全) 样本 $S = \{i : i = 1, \cdots, n\}$ 的极大似然估计. 设 $S^{(b)}$ 是一个从原始样本 S 通过有放回简单随机抽样获得的包含 n 个单元的样本, 通过给单元 i 赋予权重 $m_i^{(b)}$, 自采样样本很容易生成:

$$(m_1^{(b)}, m_2^{(b)}, \cdots, m_n^{(b)}) \sim \text{MNOM}(n; (n^{-1}, n^{-1}, \cdots, n^{-1})),$$

这是一个样本量为 n、小格数量为 n 且小格概率都等于 $1/n$ 的多项分布. 这样, $m_i^{(b)}$ 表示单元 i 被纳入第 b 个自采样样本的次数, 且 $\sum_{i=1}^{n} m_i^{(b)} = n$. 设 $\widehat{\theta}^{(b)}$ 是基于数据 $S^{(b)}$ 的极大似然估计, $(\widehat{\theta}^{(1)}, \cdots, \widehat{\theta}^{(B)})$ 是重复这一过程 B 次得到的估计量集合. 于是, θ 的自采样估计是这些自采样估计的平均:

$$\widehat{\theta}_{\text{boot}} = \frac{1}{B} \sum_{b=1}^{B} \widehat{\theta}^{(b)}, \tag{9.17}$$

$\widehat{\theta}$ 或 $\widehat{\theta}_{\text{boot}}$ 的抽样方差的自采样估计是

$$\widehat{V}_{\text{boot}} = \frac{1}{B-1} \sum_{b=1}^{B} (\widehat{\theta}^{(b)} - \widehat{\theta}_{\text{boot}})^2. \tag{9.18}$$

可以证明, 在相当一般的条件下, 当 B 趋于无穷时, $\widehat{V}_{\text{boot}}$ 是 $\widehat{\theta}$ 或 $\widehat{\theta}_{\text{boot}}$ 的抽样方差的相合估计. 如果自采样分布是近似正态的, 那么如果 θ 是标量, 则其 $100(1-\alpha)\%$ 自采样区间可由

$$I_{\text{norm}}(\theta) = \widehat{\theta} \pm z_{1-\alpha/2} \sqrt{\widehat{V}_{\text{boot}}} \tag{9.19}$$

计算得到, 其中 $z_{1-\alpha/2}$ 是标准正态分布的 $100(1-\alpha/2)$ 百分位数. 或者, 如果自采样分布不是正态的, 则 θ 的 $100(1-\alpha)\%$ 自采样区间可由

$$I_{\text{emp}}(\theta) = (\widehat{\theta}^{(b,l)}, \widehat{\theta}^{(b,u)}) \tag{9.20}$$

计算得到, 其中 $\widehat{\theta}^{(b,l)}$ 和 $\widehat{\theta}^{(b,u)}$ 分别是 θ 的自采样分布的 $\alpha/2$ 和 $1 - \alpha/2$ 分位数. 正如第 5 章所讨论的, 基于式 (9.19) 的稳定区间需要 $B = 200$ 量级的自采样样本, 而基于式 (9.20) 的区间则需要更大的样本, 如 $B = 2000$ 或更多 (Efron 1994).

这种方法假设了大样本. 对于中等规模的数据集和大量的缺失数据, 有可能无法计算特定自采样样本的极大似然估计, 因为某些参数可能没有唯一的极大似然估计. 在计算式 (9.19) 或 (9.20) 时可以忽略这些样本, 而不影响自采样标准误差的渐近相合性, 但它对有限样本下程序有效性的影响尚不明确. 在我们有限的经验中, 忽略这些样本似乎会导致潜在的严重低估抽样方差, 见例 7.9.

自采样的一个优点是, 即使模型被错误地设定, 它也能对极大似然估计的标准误差提供有效的渐近估计; 从渐近角度看, 它的性质与协方差矩阵的夹心估计 (9.4) 的性质是类似的. 更一般地, Efron (1994) 指出, 无论模型假设是否有效, 包括可忽略极大似然方法中缺失机制是随机缺失的这一假设, 自采样法都能提供有效的渐近标准误差. 虽然从技术上讲是正确的, 但如果 θ 的极大似然估计不相合, 基于可忽略的极大似然与自采样标准误差的推断就会产生误导: 它们产生的 p 值在零假设下有错误的拒绝率, 并且置信区间 (9.19) 或 (9.20) 有错误的覆盖率, 因为它们的 "正确" 宽度以 "错误" 值为中心. 模型假设 (包括随机缺失) 是确保极大似然估计的相合性所必需的, 所以当使用自采样计算抽样方差时, 这些假设仍然至关重要.

9.2.3　其他的大样本方法

还有一些其他的方法可用来计算渐近协方差矩阵. 类似于补充期望最大化, 有两种方法基于 EM 型的计算. Louis (1982) 建议对通过式 (8.30) 计算出的观测信息求逆, 这需要计算期望最大化和完全数据协方差矩阵的代码, 再加上计算完全数据平方得分函数的条件期望的新代码. 有时, 这种额外的计算很容易, 但更多的时候不是. Tu 等 (1993) 给出了一个实际应用, 其中缺失数据是通过对艾滋病人存活时间的删失和截断产生的.

一个相关方法是 Meilijson (1989) 提出的, 这一方法避免了 Louis 方法的额外分析计算, 但其直接形式需要限制性假设, 即观测数据是独立同分布的. 同时, 由于它将观测的平方得分的理论期望值替换为样本中相应的平均值, 因此, 它的数值合理性依赖于拟合模型实际产生的数据.

另一种计算大样本协方差矩阵的方法涉及对数似然的两部分二次近似. 首

先, 找到协方差矩阵的某个初始近似 (满秩), 比如可以基于完全案例计算得到. 用这个初始近似的协方差矩阵创建一个以极大似然估计为中心的正态分布, 然后抽取一组 θ 值 $\{\theta^{(d)}\}$, 聚集于感兴趣的区域. 例如, 如果主要兴趣是参数的 95% 区间, 那么就从离极大似然估计 1.5 和 2.5 个初始标准误差之间的值抽取. 然后, 拟合一个二次响应曲面, 其中因变量是 $\ell(\theta^{(d)} \mid Y_{(0)})$, 自变量是抽取值 $\theta^{(d)}$. 虽然这种方法假设了大样本正态性, 但与直接基于信息矩阵的方法相比, 无论是分析计算还是数值估计, 它对接近极大似然估计的小样本异常应该不那么敏感.

最后一种获得大样本协方差矩阵的方法是多重填补法, 在 5.4 节中有过介绍, 下一章将对这一技术进行详细论述.

9.2.4　贝叶斯方法的后验标准误差

另一种在不对信息矩阵求逆的情况下计算标准误差的方法是, 用分散的先验分布进行贝叶斯分析, 然后用后验标准差来估计标准误差. 下一章将讨论不完全数据的贝叶斯方法. 这种方法之所以有效, 是因为如第 6 章所指出的, 对参数设置均匀先验的贝叶斯分析所得到的后验分布的众数 (极大值) 是极大似然估计, 根据近似 6.1, 后验方差是极大似然估计的大样本方差的相合估计. 贝叶斯方法的一个优点是, 它在大样本中模仿了极大似然推断, 但也提供了直接基于后验分布的贝叶斯推断, 根据我们的经验, 贝叶斯方法在小样本中往往优于极大似然. 我们将在下一章更详细地讨论这种选择.

问题

9.1 在例 9.1 中, 说明对 $\mathrm{logit}(\hat{\theta})$ 是如何得出期望最大化和补充期望最大化的结果的. 在原始尺度和 logit 尺度上使用期望最大化/补充期望最大化, 比较 θ 的区间估计.

9.2 对例 9.2 应用补充期望最大化, 但不对 σ_{22} 和 ρ 使用正态化变换, 计算 σ_{22} 和 ρ 的区间估计, 比较例 9.2 的结果和本问题的结果. 在理论上哪一个更可取?

9.3 假设在例 8.6 中使用 ECM 来寻找 θ 的极大似然估计. 进一步假设对 ECM 迭代序列应用补充期望最大化, 并假设它们是期望最大化迭代. 迭代收敛的速度可能比期望最大化更快还是更慢? 所得到的渐近协方差矩阵更可能是高估还是低估? 解释你的理由. 对计算矩阵可能存在的不对称性进行评述. 详见 Van Dyk 等 (1995).

9.4 用自采样法计算表 7.1 中数据的标准误差, 并将其结果与表 9.1 中的标准误差进行比较.

9.5 当使用 ECM 而不是 EM 时, SEM 算法可以扩展到 SECM 算法. 详细内容见 Van Dyk 等 (1995), 但它比 SEM 更复杂. 描述如何用自采样估计 $\theta - \hat{\theta}$ 的方差, 其中 $\hat{\theta}$

是由 ECM 得出的 θ 的极大似然估计.

9.6 假设在例 8.10 中, 用 PX-EM 来寻找 θ 的极大似然估计. 进一步假设补充期望最大化被应用于 PX-EM 迭代序列, 并假设算法是期望最大化. 由此产生的标准误差估计更有可能高估还是低估相应的渐近标准误差? 解释你的理由.

9.7 假设模型是错误设定的, 但由期望最大化得到的极大似然估计是对参数 θ 的相合估计, 那么对 $\theta - \widehat{\theta}$ 的大样本协方差矩阵进行估计, 哪种方法更可取? 解释你的理由.

9.8 利用第 9.2.1 节末尾给出的理由, 解释为什么补充期望最大化在计算上比简单地将 $\ell(\theta \mid Y_{(0)})$ 数值微分两次更稳定.

第 10 章 贝叶斯和多重填补

10.1 贝叶斯迭代模拟方法

10.1.1 数据增广

极大似然的一个有用的替代方法, 特别是当样本量较小时, 是为参数加入一个合理的先验分布, 并计算感兴趣参数的后验分布. 在第 6.1.4 节我们已经介绍了完全数据下的这一方法, 在第 7.3 和 7.4 节介绍了不完全数据下的特殊情形, 其数据是多元正态的, 并且有单调缺失模式.

对一个具有可忽略缺失机制的模型, 后验分布为

$$p(\theta \mid Y_{(0)}, M) \equiv p(\theta \mid Y_{(0)}) = \text{常数} \times p(\theta) \times f(Y_{(0)} \mid \theta), \qquad (10.1)$$

其中 $p(\theta)$ 是先验分布, $f(Y_{(0)} \mid \theta)$ 是观测数据 $Y_{(0)}$ 的密度. 在第 7 章的例子中, 从后验分布的模拟无须迭代就能完成. 具体来说, 似然被因子分解为完全数据的成分

$$L(\phi \mid Y_{(0)}) = \prod_{q=1}^{Q} L_q(\phi_q \mid Y_{(0)}),$$

并且假设参数 $\phi_1, \cdots, \phi_Q$ 是先验独立的, 那么后验分布也能用相似的方式因子分解, $\phi_1, \cdots, \phi_Q$ 后验独立. 于是, 可以直接从因子化的完全数据后验分布中抽取 $\phi^{(d)} = (\phi_1^{(d)}, \cdots, \phi_Q^{(d)})$, 接着可获得 θ 的抽取 $\theta^{(d)} = \theta(\phi^{(d)})$, 其中 $\theta(\phi)$ 是从 ϕ 到 θ 的变换. 对于更一般的缺失数据模式或参数 ϕ_j, 若参数不是先验独立的, 那么这种方法是行不通的, 贝叶斯模拟就需要迭代了.

　　数据增广 (data augmentation, DA)[①]是一种模拟 θ 的后验分布的迭代方法, 它结合了期望最大化算法和多重填补的特点 (Tanner 和 Wong 1987). 可以认为它是利用模拟技术对期望最大化算法进行小样本细化, 填补 (或 I) 步对应 E 步, 后验 (或 P) 步对应 M 步. 从 θ 的后验分布的一个近似中的初始抽取 $\theta^{(0)}$ 开始, 给定第 t 次迭代中 θ 的抽取值 $\theta^{(t)}$:

I 步: 抽取 $Y_{(1)}^{(t+1)}$, 其密度为 $p(Y_{(1)} \mid Y_{(0)}, \theta^{(t)})$.

P 步: 抽取 $\theta^{(t+1)}$, 其密度为 $p(\theta \mid Y_{(0)}, Y_{(1)}^{(t+1)})$.

　　这一过程的动机是, 这两步中的分布往往比后验分布 $p(Y_{(1)} \mid Y_{(0)})$ 和 $p(\theta \mid Y_{(0)})$ 或联合后验分布 $p(\theta, Y_{(1)} \mid Y_{(0)})$ 中的任何一个都更容易抽取. 可以证明, 这一过程最终能产生从 $Y_{(1)}$、θ 和 $Y_{(0)}$ 的联合后验分布中的一个抽取, 即随着 t 趋向无穷大, 这个序列收敛到从给定 $Y_{(0)}$ 时 $(\theta, Y_{(1)})$ 的联合分布中产生的一个抽取.

　　例 10.1　具有可忽略不响应和一般缺失模式的二元正态数据 (例 8.3 续).

　　例 8.3 描述了二元正态样本的期望最大化算法, 其中一组单元的 Y_1 被观测到而 Y_2 缺失, 第二组单元的 Y_1 和 Y_2 都被观测到, 第三组单元的 Y_2 被观测到而 Y_1 缺失 (见图 8.1). 现在我们考虑这个例子的数据增广. 每个迭代由一个 I 步和一个 P 步组成. 数据增广的 I 步与 E 步类似, 只是每个缺失值用给定观测数据和参数当前值的条件分布抽取代替, 而不是用其条件均值代替. 因为给定参数后单元之间是条件相互独立的, 每个缺失的 y_{i2} 是独立抽取的, 即

$$y_{i2}^{(t+1)} \sim_{\text{ind}} N\left(\beta_{20\cdot1}^{(t)} + \beta_{21\cdot1}^{(t)} y_{i1}, \sigma_{22\cdot1}^{(t)}\right),$$

其中 $\beta_{20\cdot1}^{(t)}$、$\beta_{21\cdot1}^{(t)}$ 和 $\sigma_{22\cdot1}^{(t)}$ 是 Y_2 对 Y_1 的回归参数的第 t 次迭代. 类似地, 每个缺失的 y_{i1} 按如下分布独立地抽取:

$$y_{i1}^{(t+1)} \sim_{\text{ind}} N\left(\beta_{10\cdot2}^{(t)} + \beta_{12\cdot2}^{(t)} y_{i2}, \sigma_{11\cdot2}^{(t)}\right),$$

其中 $\beta_{10\cdot2}^{(t)}$、$\beta_{12\cdot2}^{(t)}$ 和 $\sigma_{11\cdot2}^{(t)}$ 是 Y_1 对 Y_2 的回归参数的第 t 次迭代.

　　在数据增广的 P 步中, 把这些抽取的缺失数据值当作数据的实际观测值来处理, 然后从完全数据后验分布中进行一次二元正态参数的抽取, 在例 6.21 中给出过. 在极限情况下, 抽取来自缺失数据和参数的联合后验分布. 因此, 一次数据增广的运行既会产生从 $Y_{(1)}$ 后验预测分布的抽取, 也会产生从 θ 后验

[①] 这里数据增广的定义与原始版本稍有不同, 原始版本在每次迭代都包含着一个多重填补, 接着从后验分布的当前估计中进行参数的多重抽取.

分布的抽取. 数据增广可以独立地运行 D 次, 从 θ 和 $Y_{(1)}$ 的联合后验分布中产生 D 个独立同分布的抽取. $Y_{(1)}$ 的这些值是从缺失值的联合后验预测分布中抽取的多重填补.

需要注意的是, 与期望最大化不同, 从填充数据中得到的抽样协方差矩阵的估计可以在不对估计方差进行任何修改的情况下进行计算. 原因是, 从缺失值的预测分布中抽取的数据在数据增广的 I 步中进行填补, 而不是像期望最大化的 E 步中那样使用条件均值. 当从后验分布中的许多抽取取平均作为数据增广的后验均值时 (因此在许多填补数据集上取平均), 填补抽取的效率损失是有限的.

例 10.2　单参数多项分布模型的贝叶斯计算 (例 9.1 续).

对例 8.2 的单参数多项分布模型, 例 8.2 应用了期望最大化, 例 9.1 应用了补充期望最大化. 在原始尺度和 logit 尺度上, 计算得到的渐近近似略有不同, 但在数据增广中, 虽然不同的先验分布会产生不同的后验分布, 但避免了渐近近似的这种区别. 数据增广的 I 步假设抽取的 θ 的值 $\theta^{(t)}$ 为真, 然后填补 y_3 和 $y_4 = 125 - y_3$. 具体来说, 数据增广的第 $t+1$ 次迭代的 I 步从二项分布抽取

$$y_3^{(t+1)} \sim \text{Bin}(125, \theta^{(t)}/(\theta^{(t)} + 2)),$$

这与由式 (8.10) 给出的期望最大化的 E 步类似. 完全数据似然正比于

$$(1/2 - \theta/2)^{y_1}(\theta/4)^{y_2}(\theta/4)^{y_3}(1/2)^{y_4}.$$

因此, 使用一个正比于 $\theta^{\alpha_1-1}(1-\theta)^{\alpha_2-1}$ 的贝塔 (狄利克雷) 先验分布, 则 θ 的完全数据后验分布是贝塔分布, 密度正比于

$$\theta^{y_2+y_3+\alpha_1-1}(1-\theta)^{y_1+\alpha_2-1}.$$

数据增广的 P 步从这一贝塔分布中抽取, 这里把 y_1、y_2 和 y_3 固定在前一 I 步的值上, 也就是

$$\theta^{(t+1)} \sim \text{Beta}(y_2 + y_3^{(t+1)} + \alpha_1, y_1 + \alpha_2),$$

使用如例 6.21 所述的伽马或卡方随机变量可以获得. 这一 P 步与期望最大化的 M 步 (8.11) 类似.

图 10.1 展示了从 θ 的后验分布中抽取 90000 次画出的直方图, 选择 Jeffreys 先验分布 $\alpha_1 = \alpha_2 = 0.5$. 这个后验分布看起来很接近正态分布, 不过 logit(θ) 的后验分布 (这里没有展示) 更接近正态. 表 10.1 总结了本分析中估计

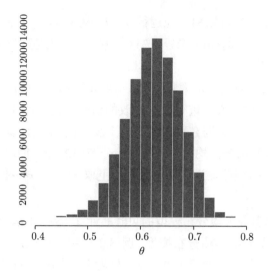

图 10.1　θ 的后验分布 (取 Jeffreys 先验)

的 θ 和 logit(θ) 的后验均值和标准差, 以及基于 θ 的均匀先验分布 $\alpha_1 = \alpha_2 = 1$ 的分析. 这些结果与来自期望最大化/补充期望最大化的极大似然估计和渐近标准误差接近, 展示在表 10.1 的最后一行.

表 10.1　例 10.2: 多项分布例子的贝叶斯和极大似然分析的估计

分析方法	θ 的后验均值/极大似然估计	θ 的后验标准差/渐近标准误差	logit(θ) 的后验均值/极大似然估计	logit(θ) 的后验标准差/渐近标准误差
贝叶斯, Jeffreys 先验	0.624	0.0515	0.513	0.222
贝叶斯, 均匀先验	0.623	0.0508	0.508	0.219
极大似然	0.626	0.0515	0.519	0.220

10.1.2　吉布斯采样

吉布斯采样 (Gibbs' sampler) 是一种迭代模拟方法, 其目的是在一般缺失模式的情况下, 从联合分布中产生抽取, 并为极大似然估计提供一种类似于期望条件最大化算法的贝叶斯方法. 在某些方面, 吉布斯采样比期望条件最大化更容易理解, 因为它的所有步骤都涉及随机变量的抽取.

吉布斯采样最终产生一个抽取, 它来自 J 个随机变量 $X_1, \cdots, X_J$ 的分布 $p(x_1, \cdots, x_J)$. 其应用场景是, 从联合分布的抽取很难计算, 但来自条件分布

$p(x_j \mid x_1, \cdots, x_{j-1}, x_{j+1}, \cdots, x_J)$ 的抽取相对容易计算. 按某种方式选取初始值 $x_1^{(0)}, \cdots, x_J^{(0)}$, 然后给定第 t 次迭代的 $x_1^{(t)}, \cdots, x_J^{(t)}$ 值, 从下面 J 个条件分布的序列抽取新值:

$$x_1^{(t+1)} \sim p(x_1 \mid x_2^{(t)}, x_3^{(t)}, \cdots, x_J^{(t)}),$$
$$x_2^{(t+1)} \sim p(x_2 \mid x_1^{(t+1)}, x_3^{(t)}, \cdots, x_J^{(t)}),$$
$$x_3^{(t+1)} \sim p(x_3 \mid x_1^{(t+1)}, x_2^{(t+1)}, x_4^{(t)}, \cdots, x_J^{(t)}),$$
$$\vdots$$
$$x_J^{(t+1)} \sim p(x_J \mid x_1^{(t+1)}, x_2^{(t+1)}, \cdots, x_{J-1}^{(t+1)}).$$

可以证明, 在相当一般的条件下, 迭代值 $x^{(t)} = (x_1^{(t)}, \cdots, x_J^{(t)})$ 的序列收敛到从 $X_1, \cdots, X_J$ 联合分布的一个抽取. 在这一方法中, X_j 的每个分量可以是一组变量, 而不仅仅是一个标量变量.

当 $J = 2$ 时, 如果 $X_1 = Y_{(1)}$, $X_2 = \theta$, 并且分布条件在 $Y_{(0)}$ 上, 那么吉布斯采样与数据增广本质是相同的. 于是在极限情形下, 通过应用吉布斯采样, 我们可以从 $f(Y_{(1)}, \theta \mid Y_{(0)})$ 的联合分布获得一个抽取, 对第 d 个填补数据集的第 t 次迭代, 有

$$Y_{(1)}^{(d,t+1)} \sim p(Y_{(1)} \mid Y_{(0)}, \theta^{(d,t)}),$$
$$\theta^{(d,t+1)} \sim p(\theta \mid Y_{(1)}^{(d,t+1)}, Y_{(0)}).$$

与数据增广一样, 吉布斯采样的一次运行收敛到从 $Y_{(1)}$ 的后验预测分布和 θ 的后验分布中的抽取, 吉布斯采样可以独立地运行 D 次, 从 θ 和 $Y_{(1)}$ 的近似联合后验分布中产生 D 个独立同分布的抽取. $Y_{(1)}$ 的值是从缺失值的后验预测分布中抽取的多重填补. 吉布斯采样可以用于比较复杂的问题, 在这些问题中, 数据增广难以计算, 但把缺失数据或参数划分成多块也许可以帮助计算. 这些思想将通过下面的重要例子来说明.

例 10.3 具有不完全数据的多元正态回归模型 (例 8.6 续).

假设我们有来自下述 K 元正态模型的 n 个独立观测:

$$y_i \sim_{\text{ind}} N_K(X_i\beta, \Sigma), \quad i = 1, \cdots, n, \tag{10.2}$$

其中 X_i 是第 i 个观测的已知的 $K \times p$ 设计矩阵, β 是 $p \times 1$ 的未知回归系数的向量, Σ 是 $K \times K$ 的未知非结构化的方差-协方差矩阵. 例 8.6 讨论了这一问题的极大似然估计. 我们对参数 $\theta = (\beta, \Sigma)$ 假设下述 Jeffreys 先验:

$$p(\beta, \Sigma) \propto |\Sigma|^{-(K+1)/2}.$$

从 θ 的后验分布的抽取可通过吉布斯采样获得, 包括三个步骤, 一个是对 $Y_{(1)}$ 的填补步骤 (I), 还有两个是抽取 β 和 Σ 值的条件后验步骤 (CP1 和 CP2). 用 $(Y_{(1)}^{(d,t)}, \beta^{(d,t)}, \Sigma^{(d,t)})$ 表示为创建第 d 个多重填补的第 t 次迭代中缺失值和参数的抽取, 于是第 $t+1$ 次迭代包含下面三个步骤:

I 步: 给定 $Y_{(0)}$、$\beta^{(d,t)}$ 和 $\Sigma^{(d,t)}$, $Y_{(1)}$ 的条件分布是多元正态的. 用 $y_{(0)i}$ 和 $y_{(1)i}$ 分别表示第 i 个观测的观测值和缺失值集合. 于是, 给定 $Y_{(0)}$、$\beta^{(d,t)}$ 和 $\Sigma^{(d,t)}$, $y_{(1)i}$ 在 i 之间独立, 并且具有多元正态分布, 均值和协方差矩阵基于 $y_{(1)i}$ 对 $y_{(0)i}$ 和 X_i 的回归给出. 借助第 11.2 节将详细讨论的扫描算子, 从这一分布中抽取 $y_{(1)i}^{(d,t+1)}$ 是容易完成的.

CP1 步: 给定 $Y_{(0)}$、$Y_{(1)}^{(d,t+1)}$ 和 $\Sigma^{(d,t)}$, β 的条件分布是正态的, 均值为

$$\widehat{\beta}^{(d,t+1)} = \left\{ \sum_{i=1}^{n} X_i^{\mathrm{T}} (\Sigma^{(d,t)})^{-1} X_i \right\}^{-1} \left\{ \sum_{i=1}^{n} X_i^{\mathrm{T}} (\Sigma^{(d,t)})^{-1} y_i^{(d,t+1)} \right\}, \quad (10.3)$$

其中 $y_i^{(d,t+1)} = (y_{(0)i}, y_{(1)i}^{(d,t+1)})$, 协方差矩阵为

$$\Sigma_{\beta}^{(d,t+1)} = \left\{ \sum_{i=1}^{n} X_i^{\mathrm{T}} (\Sigma^{(d,t)})^{-1} X_i \right\}^{-1}.$$

因此, $\beta^{(d,t+1)}$ 是从这一多元正态分布中的一个随机抽取.

CP2 步: 给定 $Y_{(0)}$、$Y_{(1)}^{(d,t+1)}$ 和 $\beta^{(d,t+1)}$, Σ 的条件分布是逆 Wishart 分布, 尺度矩阵由残差的平方和交叉乘积矩阵给出:

$$\Sigma^{(t+1)} = n^{-1} \sum_{i=1}^{n} \left(y_i^{(d,t+1)} - X_i \beta^{(d,t+1)} \right) \left(y_i^{(d,t+1)} - X_i \beta^{(d,t+1)} \right)^{\mathrm{T}}, \quad (10.4)$$

自由度为 n.

例 10.4　已知自由度的一元 t 分布样本 (例 8.10 续).

在例 8.10 中, 我们使用 PX-EM 算法计算已知自由度 ν 的一元 t 模型 (8.22) 的极大似然估计, 方法是把观测数据 X 嵌入到一个更大的数据集 (X, W) 中, 从扩展的完整数据模型

$$(x_i \mid \mu_*, \sigma_*, \alpha, w_i) \sim_{\mathrm{ind}} N(\mu_*, \sigma_*^2 / w_i), \ (w_i \mid \mu_*, \sigma_*, \alpha) \sim_{\mathrm{ind}} \alpha \chi_\nu^2 / \nu \quad (10.5)$$

中完成, 其参数 $\phi = (\mu_*, \sigma_*, \alpha)$. 当 $\alpha = 1$ 时, 这一模型简化为原始模型 (8.23). 对这一扩展的模型使用数据增广, 将得到类似于 PX-EM 的贝叶斯版本, 称之为扩展参数的数据增广 (PX-DA). 对这一例子, 扩展参数的数据增广步骤如下.

PX-I 步类似于 PX-EM 的 PX-E 步 (8.42): 在第 $t+1$ 次迭代, 给定 x_i 和参数的当前抽取值 $\phi^{(t)}$, 条件地抽取 "缺失数据" w_i. 根据例 8.10 的 E 步, 这一分布是

$$w_i^{(t)} \sim_{\mathrm{ind}} \chi_{\nu+1}^2/(\nu + (d_i^{(t)})^2), \tag{10.6}$$

其中 $d_i^{(t)} = \sqrt{\alpha^{(t)}}(x_i - \mu_*^{(t)})/\sigma_*^{(t)} = (x_i - \mu^{(t)})/\sigma^{(t)}$, 就像式 (8.42) 那样.

PX-M 步对 ϕ 最大化这一扩展模型的期望完全数据对数似然. PX-DA 的 PX-P 步从 ϕ 的完全数据后验分布中抽取 ϕ, 这一后验分布是例 6.16 提到的正态/逆卡方分布.

在第 12 章中, 我们推广这一 PX-DA 算法, 为带有缺失值的多元数据提供了一种稳健的贝叶斯推断形式.

10.1.3 评估迭代模拟的收敛性

如果数据增广或吉布斯采样的迭代时间不够长, 那么模拟结果可能严重地无法代表目标分布. 评估抽取的序列对目标分布的收敛性比评估 EM 型算法对极大似然估计的收敛性更难, 因为没有像似然最大值那样的单一目标量可以监测. 目前已经有一些评估单一序列收敛性的方法 (例如, 见 Geyer 1992 和讨论). 然而, 只推荐这些方法用于熟悉的模型和简单的数据集. 一个更可靠的方法是模拟 $D > 1$ 个序列, 起始值分散在整个参数空间上. 然后, 可以通过比较模拟序列之间和内部的变异来监测所有相关量的收敛性, 直到 "序列内" 变化大致等于 "序列间" 变化为止. 只有当每个模拟序列的分布都接近于把所有序列混合在一起的分布时, 它们才都能近似于目标分布.

Gelman 和 Rubin (1992) 基于这一想法发展了明确的监视统计量. 对于每个标量待估量 ψ, 给从 D 个平行序列中的抽取值打上标签, 记为 $\psi_{d,t}$ ($d = 1, \cdots, D, t = 1, \cdots, T$), 然后计算序列间方差 B 和序列内方差 $\overline{V}$:

$$B = \frac{T}{D-1} \sum_{d=1}^{D} (\bar{\psi}_{d\cdot} - \bar{\psi}_{\cdot\cdot})^2, \text{ 其中 } \bar{\psi}_{d\cdot} = \frac{1}{T} \sum_{t=1}^{T} \psi_{d,t}, \bar{\psi}_{\cdot\cdot} = \frac{1}{D} \sum_{d=1}^{D} \bar{\psi}_{d\cdot},$$

$$\overline{V} = \frac{1}{D} \sum_{d=1}^{D} s_d^2, \text{ 其中 } s_d^2 = \frac{1}{T-1} \sum_{t=1}^{T} (\psi_{d,t} - \bar{\psi}_{d\cdot})^2.$$

我们可以通过 $\overline{V}$ 和 B 的加权平均来估计待估量 ψ 的边缘后验方差 $\mathrm{Var}(\psi \mid Y_{(0)})$, 即

$$\widehat{\mathrm{Var}}^+(\psi \mid Y_{(0)}) = \frac{T-1}{T}\overline{V} + \frac{1}{T}B,$$

如果起始分布是适当地过度分散的, 则它高估了边缘后验方差, 但在稳定条件下 (即如果起始分布等于目标分布), 它是无偏的, 这类似于聚类抽样的经典方差估计. 对于任何有限的 T, 序列内方差 $\overline{V}$ 应该是低估了 $\mathrm{Var}(\psi \mid Y_{(0)})$, 因为单个序列没有时间走遍所有目标分布, 因此, 它应该比 B 小; 在极限条件下, 当 $T \to \infty$ 时, $\overline{V}$ 的期望接近 $\mathrm{Var}(\psi \mid Y_{(0)})$. 这些事实提供了一个建议, 也就是用一个估计的因子来监测迭代模拟的收敛性, 这个因子衡量了如果继续在极限 $T \to \infty$ 的情况下进行模拟, ψ 的当前分布尺度可能会减少的因子, 这个潜在的尺度减少用

$$\sqrt{\widehat{R}} = \sqrt{\widehat{\mathrm{Var}}^{+}(\psi \mid Y_{(0)})/\overline{V}}$$

来估计, 当 $T \to \infty$ 时它下降到 1. 如果潜在的尺度减少程度很高, 那么有证据表明, 继续进行更多的模拟应该能改善我们对目标分布的推断. 因此, 如果对于所有感兴趣的待估量 $\sqrt{\widehat{R}}$ 都不接近 1, 则应该继续模拟程序, 或者也许应该改变模拟算法本身, 使模拟更有效率. 一旦对于所有感兴趣的标量待估量 $\sqrt{\widehat{R}}$ 都接近 1, 则应收集所有多重序列的后续抽取, 并将其视为从目标分布的抽取. $\sqrt{\widehat{R}}$ "接近" 1 的条件的精确实现取决于手头的问题, 对于大多数例子, 低于 1.2 的数值是可以接受的, 但对于一个重要的分析或数据集, 可能需要更高水平的精度.

通过计算后验密度的对数以及特定感兴趣量的 $\sqrt{\widehat{R}}$ 来监测收敛性是很有用的. 在监测感兴趣的标量时, 最好将它们转化为近似于正态的量 (例如, 对所有正数取对数, 对位于 0 和 1 之间的数取 logit). 需要注意的是, 由于每次运行内的序列相关性, 从单次运行的相关 (不独立) 抽取中进行模拟推断一般不如从相同数量的独立抽取中进行推断那么精确. 如果模拟效率低得让人无法接受 (达到感兴趣量的后验推断的近似收敛所需时间太长), 就应当寻求改变算法的方法以加快收敛速度 (Liu 和 Rubin 1996, 2002; Gelman 等 2013).

10.1.4　一些其他的模拟方法

当不容易计算从构成吉布斯算法的条件分布序列中的抽取时, 就需要其他模拟方法. 从复杂的多元分布中抽取数据是一个发展非常迅速的统计学领域 (Liu 2001), 在可能被认为是 "缺失数据" 问题之外的地方有许多应用. 然而, 各种方法都源于缺失数据的表述, 如计算生物学中的序贯填补 (Kong 等 1994; Liu 和 Chen 1998). 在这里, 我们简要地概述了其中的一些主要观点, 并提供了参考文献.

假设我们想从一个目标分布 $f(\theta)$ 中寻求 θ 的抽取, 但很难计算. 然而, 从

目标分布的一个近似, 比如说 $g(\theta)$, 可以很容易地得到与 $f(\theta)$ 具有相同支撑的抽取, 而且 $f(\theta)$ 和 $g(\theta)$ 相差不超过某个比例常数. 例如, 在贝叶斯推断的语境中, $f(\theta)$ 可能是逻辑斯谛回归系数的后验分布, $g(\theta)$ 是它的大样本正态近似. 一个有用的想法涉及使用重要性权重来改进从 $g(\theta)$ 的抽取, 使得它们可以作为从 $f(\theta)$ 的近似抽取. 假设从 $g(\theta)$ 生成 D^* 个抽取 $\theta_1^*, \cdots, \theta_{D^*}^*$, 其中 D^* 远大于想要从 $f(\theta)$ 抽取的数量 D, 再设 $R_d \propto f(\theta_d)/g(\theta_d)$. 如果从这 D^* 个值 $\theta_1^*, \cdots, \theta_{D^*}^*$ 中抽取 D 个值作为 θ 的抽取, 且抽取概率正比于 "重要性" 比例或权重 R_d, 那么在 $D/D^* \to 0$ 的极限下, 所产生的 D 个抽取将形成 $f(\theta)$.

这种对重要性权重的简单使用被称为采样重要性重抽样 (见 Rubin 1987b; Gelfand 和 Smith 1990; Smith 和 Gelfand 1992). 对这些权重的更复杂的使用包括, 根据 R_d 是否大于或小于某个常数来序贯地接受或拒绝抽取值 (拒绝采样, 归功于 Von Neumann 1951), 或者在吉布斯采样中嵌入拒绝采样 (Metropolis-Hastings 算法, 见 Metropolis 等 1953; Hastings 1970). 吉布斯采样器和更复杂的扩展, 如 Metropolis-Hastings 算法, 通常被统称为 "马尔可夫链蒙特卡罗" (MCMC) 算法, 因为迭代序列 $\theta_{d,1}, \theta_{d,2}, \cdots$ 形成了一个马尔可夫链. Gelman 等 (2013, 第 11 章) 提供了详细介绍.

利用从不正确分布的抽取来建立通向目标分布的 "桥梁", 这是 Meng 和 Wong (1996) 讨论的桥抽样背后的中心思想. 一个扩展是在抽样分布和目标分布之间建立起一个分布的 "路径" (Gelman 和 Meng 1998).

另一种从目标分布中获得近似抽取的方法是从 MCMC 序列中创建一组初始独立的平行抽样, 在它们有机会收敛到目标分布之前很好地分析它们. 假设目标分布的近似正态性, 这种估计是直接的 (Liu 和 Rubin 1996, 2002), 可以用来创建一个显著改进的起始分布. 这种 "马尔可夫正态" 分析也可能揭示出一些子空间, 在这些子空间中, 所提出的 MCMC 方法收敛速度非常缓慢, 必须使用其他方法.

10.2 多重填补

10.2.1 基于少量抽取的后验均值和方差的大样本贝叶斯近似

我们所讨论的迭代模拟方法最终会从 θ 的后验分布中产生抽取. 如果对 θ 的推断是基于抽取值的经验分布 (比如基于某个参数后验分布的 2.5 和 97.5 百分位数的 95% 后验区间), 那么我们需要大量的独立抽取, 比如说上千个. 另一方面, 如果我们可以假设观测数据后验分布的近似正态性, 我们只需 "足够"

数量的抽取就可以可靠地估计后验分布的均值和大样本方差, 比如几百个甚至更少. 通过平滑经验分布来估计后验分布, 比如通过拟合一个参数模型 (如 t 族), 或者通过半参数方法, 那么中等数量的抽取可能就是足够的了.

如果从完全数据后验分布的推断是基于多元正态分布或 t 分布, 在仅有小部分缺失信息的情况下, θ 的后验矩可以从缺失数据 $Y_{(1)}$ 的一个令人惊讶的小数目 D 个抽取中可靠地估计出来 (比如, D 为 5–10). 这种方法创建了 D 个 $(\theta, Y_{(1)})$ 的抽取, 并运用第 5.4 节中介绍的多重填补的组合规则. 这个想法最早是在 Rubin (1978b) 中提出的, 是把观测数据后验分布 (10.1) 与 "完全数据" 后验分布 —— 如果我们观测到了缺失数据 $Y_{(1)}$ 就能得到 —— 联系起来, 即

$$p(\theta \mid Y_{(0)}, Y_{(1)}) \propto p(\theta) L(\theta \mid Y_{(0)}, Y_{(1)}). \tag{10.7}$$

式 (10.1) 和 (10.7) 可以用标准概率理论联系起来:

$$p(\theta \mid Y_{(0)}) = \int p(\theta, Y_{(1)} \mid Y_{(0)}) dY_{(1)} = \int p(\theta \mid Y_{(1)}, Y_{(0)}) p(Y_{(1)} \mid Y_{(0)}) dY_{(1)}. \tag{10.8}$$

式 (10.8) 表明, θ 的后验分布 $p(\theta \mid Y_{(0)})$ 可以用如下方式模拟出来: 首先从联合后验分布 $p(Y_{(1)} \mid Y_{(0)})$ 中抽取缺失值 $Y_{(1)}^{(d)}$, 然后填补这些抽取值以形成完全数据集, 再从这一 "完全化的" 数据后验分布 $p(\theta \mid Y_{(0)}, Y_{(1)}^{(d)})$ 中抽取 θ. 当后验均值和方差是后验分布的充分总结时, 式 (10.8) 可以有效地替换成

$$E(\theta \mid Y_{(0)}) = E[E(\theta \mid Y_{(1)}, Y_{(0)}) \mid Y_{(0)}] \tag{10.9}$$

和

$$\text{Var}(\theta \mid Y_{(0)}) = E[\text{Var}(\theta \mid Y_{(1)}, Y_{(0)}) \mid Y_{(0)}] + \text{Var}[E(\theta \mid Y_{(1)}, Y_{(0)}) \mid Y_{(0)}]. \tag{10.10}$$

多重填补有效地近似对缺失值的积分 (10.8), 用如下平均代替:

$$p(\theta \mid Y_{(0)}) \approx \frac{1}{D} \sum_{d=1}^{D} p(\theta \mid Y_{(1)}^{(d)}, Y_{(0)}), \tag{10.11}$$

其中 $Y_{(1)}^{(d)} \sim p(Y_{(1)} \mid Y_{(0)})$ 是从缺失值的后验预测分布中抽取的 $Y_{(1)}$.

同理, 式 (10.9) 和 (10.10) 的均值和方差可以用模拟的 $Y_{(1)}$ 值来近似:

$$E(\theta \mid Y_{(0)}) \approx \int \theta \frac{1}{D} \sum_{d=1}^{D} p(\theta \mid Y_{(1)}^{(d)}, Y_{(0)}) d\theta = \bar{\theta}, \tag{10.12}$$

其中 $\bar{\theta} = \sum_{d=1}^{D} \widehat{\theta}_d/D$, $\widehat{\theta}_d = E(\theta \mid Y_{(1)}^{(d)}, Y_{(0)})$ 是 θ 从第 d 个完全化数据集的估计. 如果 θ 是标量, 则

$$\mathrm{Var}(\theta \mid Y_{(0)}) \approx \frac{1}{D}\sum_{d=1}^{D} V_d + \frac{1}{D-1}\sum_{d=1}^{D}(\widehat{\theta}_d - \bar{\theta})^2 = \overline{V} + B, \tag{10.13}$$

其中 V_d 是对第 d 个数据集 $(Y_{(1)}^{(d)}, Y_{(0)})$ 计算的 θ 的完全数据后验方差, $\overline{V} = \sum_{d=1}^{D} V_d/D$ 是 V_d 在 D 个多重填补数据集上的平均, $B = \sum_{d=1}^{D}(\widehat{\theta}_d - \bar{\theta})^2/(D-1)$ 是填补间方差. 当 D 较小时, 后验均值仍用式 (10.12) 近似, 但后验方差 (10.13) 的一个改进的近似是在填补间的成分上乘以 $(1 + D^{-1})$, 也就是

$$\mathrm{Var}(\theta \mid Y_{(0)}) \approx \overline{V} + (1 + D^{-1})B. \tag{10.14}$$

估出的填补间方差相对于总方差的比例 $\widehat{\gamma}_D = (1 + D^{-1})B/(\overline{V} + (1 + D^{-1})B)$ 估计了缺失信息的比例. 对于列向量 θ, 方差 V_d 变成一个协方差矩阵, $(\widehat{\theta}_d - \bar{\theta})^2$ 被替换成 $(\widehat{\theta}_d - \bar{\theta})(\widehat{\theta}_d - \bar{\theta})^{\mathrm{T}}$.

对较小的 D 的进一步细化是用 t 分布代替正态参考分布, 自由度由

$$\nu = (D-1)\left(1 + \frac{D}{D+1}\frac{\overline{V}}{B}\right)^2 \tag{10.15}$$

给出.

当完全数据集是基于有限个自由度 (记作 ν_{com}) 时, 另一种细化方式是用

$$\nu^* = \left(\nu^{-1} + \widehat{\nu}_{\mathrm{obs}}^{-1}\right)^{-1} \tag{10.16}$$

代替 ν, 其中

$$\widehat{\nu}_{\mathrm{obs}} = (1 - \widehat{\gamma}_D)\left(\frac{\nu_{\mathrm{com}} + 1}{\nu_{\mathrm{com}} + 3}\right)\nu_{\mathrm{com}}.$$

式 (10.15) 和 (10.16) 的理论基础可参看 Rubin 和 Schenker (1986)、Rubin (1987a) 以及 Barnard 和 Rubin (1999).

例 10.5 **具有可忽略不响应和一般缺失模式的二元正态数据** (例 10.1 续).

假设将例 10.1 的算法独立运行 5 次, 创建 θ 和 $Y_{(1)}$ 的 5 个联合抽取. 这些抽取的个数太少, 无法产生一个可靠的经验分布来估计 θ 的实际后验分布. 然而, 根据本节的方法, 用 $Y_{(1)}$ 的 5 个抽取来产生多重填补推断是足够的, 只要缺失信息的比例不大, 就像缺失 Y_1 或 Y_2 的单元比例有限时那样. 这时 $Y_{(1)}$ 的抽取产生 5 个 "完全化的" 数据集, 记第 d 个数据集的样本均值、方差和协

方差为 $\{(\bar{y}_1^{(d)}, \bar{y}_2^{(d)}, s_{11}^{(d)}, s_{22}^{(d)}, s_{12}^{(d)}), d = 1, \cdots, 5\}$. 从式 (10.12) 得到的 μ_1 的估计为

$$\tilde{\mu}_1 = \sum_{d=1}^{5} \bar{y}_1^{(d)}/5,$$

由式 (10.12), 与之相关的标准误差可由下式得到:

$$\mathrm{Var}(\mu_1) = (1/5)\sum_{d=1}^{5}\left(s_{11}^{(d)}/n\right) + (6/5)(1/4)\sum_{d=1}^{5}\left(\bar{y}_1^{(d)} - \tilde{\mu}_1\right)^2.$$

如果原始的样本量 n 足够大, 则 μ_1 的 95% 区间由

$$\tilde{\mu}_1 \pm t_{\nu,0.975}\sqrt{\mathrm{Var}(\mu_1)}$$

给出, 其中 ν 由式 (10.15) 给出, 里面的 $D = 1$. 对于较小的 n, 应当使用更精细的近似 (10.16).

10.2.2　使用检验统计量或 p 值的近似

除了区间估计以外, 通过计算带有 p 值的检验统计量来总结多分量待估量的后验分布通常也是有意义的. Rubin (2004, 第 3.4 节) 中列出了一些多变量的类似于标量的表达式. 当可用信息包括点估计以及完全数据对数似然比统计量的函数 (作为这些估计和完全化数据的函数) 时, Meng 和 Rubin (1992) 发展了似然比检验的方法. 对于大的数据集和大的模型, 比如多因素列联表的常见状态, 完全数据分析可能只产生检验统计量或 p 值, 而没有参数估计. 在信息如此有限的情况下, Rubin (1987a, 第 3.5 节) 提供了最初的方法, Li 等 (1991a) 开发了改进的方法, 只需使用从 D 个完全化数据集检验零假设所产生的 D 个完全化数据卡方统计量 (或等价地, D 个完全化数据的 p 值). 但是, 这些方法的准确度不如使用完全化数据统计量 $\hat{\theta}_d$ 和 V_d 的方法. 最近更多关于改进方法的文献 (如 Harel 2009; Chaurasia 和 Harel 2015) 具有松散的理论动机. 因此, 我们先对比较准确的方法进行总结.

对于有 $k > 1$ 个分量的 θ, θ 的零假设值显著性水平可通过 D 个完全化数据估计 $\hat{\theta}_d$ $(d = 1, \cdots, D)$ 以及它们的大样本方差–协方差矩阵 V_d $(d = 1, \cdots, D)$ 得到, 采用先前那些表达式的多元类似版本. 首先, 设 θ_0 为 θ 的零假设值, 再设

$$W(\theta_0, \bar{\theta}) = (\theta_0 - \bar{\theta})^{\mathrm{T}}\overline{V}^{-1}(\theta_0 - \bar{\theta})/((1 + r)k), \tag{10.17}$$

其中 $r = (1 + D^{-1}) \operatorname{tr}(B\overline{V}^{-1})/k$, 这里 $\operatorname{tr}(B\overline{V}^{-1})/k$ 是 $B\overline{V}^{-1}$ 的对角元素平均值. 式 (10.17) 是估计的 Wald 统计量, 在第 6.1.3 节中有定义. 于是, p 值为

$$\Pr(F_{k,l} > W(\theta_0, \bar{\theta})), \tag{10.18}$$

其中 $F_{k,l}$ 是一个具有 k 和 l 自由度的 F 随机变量, 这里

$$l = 4 + (k(D-1) - 4)(1 + a/r)^2, \quad a = 1 - 2/(k(D-1)); \tag{10.19}$$

如果 $k(D-1) \leqslant 4$, 令 $l = (k+1)\nu/2$. Rubin (2004) 和 Li 等 (1991b) 提供了这一检验统计量及其参考分布的动机.

对于大的模型, 每次完全数据分析可能不会产生完全数据方差–协方差矩阵 V_d, 但仍可能希望得到检验 $\theta = \theta_0$ 的 p 值. 这时, 有两种一般的方法, 一种在渐近意义上与 $W(\theta_0, \bar{\theta})$ 同样精确, 另一种不太精确, 但使用起来比较简单. 我们先介绍比较精确的方法.

通常, 在多参数问题中, 除了感兴趣的参数 θ 外, 还会有冗余参数 ϕ, 当 $\theta = \theta_0$ 时和 $\theta \neq \theta_0$ 时, 它们的估计值不同. 用 $\widehat{\phi}$ 表示当 $\theta = \widehat{\theta}$ 时 ϕ 的完全数据估计, 用 $\widehat{\phi}_0$ 表示当 $\theta = \theta_0$ 时 ϕ 的完全数据估计. 假设完全数据分析产生了估计 $(\widehat{\theta}, \widehat{\phi})$, 零假设估计 $(\theta_0, \widehat{\phi}_0)$, 以及基于似然比卡方统计量检验 $\theta = \theta_0$ 的 p 值

$$p \text{ 值} = \Pr(\chi_k^2 > \text{LR}), \tag{10.20}$$

其中 $\text{LR} = \text{LR}((\widehat{\theta}, \widehat{\phi}), (\theta_0, \widehat{\phi}_0))$, 这里使用第 6.1.3 节的记号, χ_k^2 是 k 个自由度的卡方随机变量. 记 $\widehat{\theta}$、$\widehat{\phi}$、$\widehat{\phi}_0$ 和 LR 在 D 个多重填补上的平均值为 $\bar{\theta}$、$\bar{\phi}$、$\bar{\phi}_0$ 和 $\overline{\text{LR}}$. 假设函数 LR 可以对这 D 个完全化数据集的每一个都在 $(\bar{\theta}, \bar{\phi})$ 和 $(\theta_0, \bar{\phi}_0)$ 处评估, 得到 D 个 $\text{LR}((\bar{\theta}, \bar{\phi}), (\theta_0, \bar{\phi}_0))$ 的值, 设这些 LR 值在 D 个填补上的平均值为 $\overline{\text{LR}}_0$. 于是,

$$\overline{\text{LR}}_0 / (k + (D+1)(\overline{\text{LR}} - \overline{\text{LR}}_0)/(D-1)) \tag{10.21}$$

在大样本下等于 $W(\theta_0, \bar{\theta})$, 因而可以把它当作 $W(\theta_0, \bar{\theta})$ 使用 (Meng 和 Rubin 1992).

在某些情况下, 完全数据分析方法可能不会产生一般函数 $\text{LR}(\cdot, \cdot)$ 的估计, 而只产生似然比统计量的值, 因此, D 个多重填补的结果是 D 个值 $\text{LR}_1, \cdots, \text{LR}_D$. 如果是这样的话, 可以使用 Li 等 (1991a) 的下述程序. 令重复填补的 p 值为 $\Pr(F_{k,b} > \widetilde{\text{LR}})$, 其中

$$\widetilde{\text{LR}} = \frac{(\overline{\text{LR}}/k) - (1 - D^{-1})v}{1 + (1 + D^{-1})v}, \tag{10.22}$$

这里 v 是 $(\mathrm{LR}_1^{1/2}, \cdots, \mathrm{LR}_D^{1/2})$ 的样本方差,

$$b = k^{-3/D}(D-1)(1 + ((1+D^{-1})v)^{-1})^2. \tag{10.23}$$

由 (10.22) 和 (10.23) 定义的一般方法一般来说是不准确的. 如果对相关的标量待估量进行单侧检验, 下述程序[①]可以非常准确.

首先在完全数据的情况下考虑对零假设 H_0 进行单侧检验. 单侧 p 值的渐近抽样分布是 $(0,1)$ 上的均匀分布. 因此, p 值 (记为 p) 的逆正态累积分布变换 (记为 $z = \Phi^{-1}(p)$) 在 H_0 下具有渐近标准正态分布, 负的 z 值对应着标量检验统计量的值小于 H_0 下的预期, 正的 z 值对应着标量检验统计量的值大于 H_0 下的预期.

现在假设数据集不是完全数据, 而是不完全的, 缺失值已经被多重填补, 创建了 D 个完全化的数据集. 对每个完全化的数据集应用上一段的程序, 可以得到 D 个 p 值 $\{p_d, d = 1, \cdots, D\}$ 以及相应的标准正态偏差 $\{z_d, d = 1, \cdots, D\}$. 如果填补出的数据实际上是观测到的数据, 那么在 H_0 下, 它们将是标准正态的, 因此抽样方差为 1. 这样, 可以利用多重填补组合规则对集合 $\{z_d\}$ 进行组合, 得到的组合检验统计量等于

$$z_{\mathrm{MI}} = \frac{\bar{z}}{\sqrt{1 + (1+1/D)s_z^2}}, \tag{10.24}$$

其中

$$\bar{z} = \sum_{d=1}^{D} z_d/D, \quad s_z^2 = \sum_{d=1}^{D} (z_d - \bar{z})^2/(D-1).$$

然后对 H_0 进行组合的单侧检验, 将 z_{MI} 与标准正态分布进行比较.

10.2.3　创建多重填补的其他方法

现在我们回到创建多重填补的问题. 前一节的理论表明, 我们从缺失值的后验预测分布中抽取了

$$Y_{(1)}^{(d)} \sim p(Y_{(1)} \mid Y_{(0)}). \tag{10.25}$$

遗憾的是, 在复杂的问题中, 往往很难从这个预测分布中抽取, 因为式 (10.25) 隐含了对参数 θ 进行积分的要求. 数据增广通过反复抽取参数和缺失数据的数值序列来实现, 直到收敛. 虽然从理论上讲, 如果基础模型得到了很好的证

[①] 这一程序没有发表在期刊上, 但在 2008 年 Emphasys 医疗公司的 Zephyr (一种支气管内瓣膜装置) 向美国食品药品监督管理局提交时, Rubin 提出并使用了这一方法.

实, 这种方法是可取的, 但在涉及非线性关系的多元数据情况下, 为变量的联合分布建立一个连贯的模型、编程抽取并评估收敛性可能是困难且耗时的. 有一种比较简单的从式 (10.25) 中近似抽取的方法, 虽然形式上不太严谨, 但与第 10.2.1 和 10.2.2 节中的组合规则结合使用时, 可能更容易实现, 并产生近似有效的推论. 如果完整模型不能很好地反映数据的生成过程, 这种方法甚至可能比完整模型下严格的多重填补推断更有效.

近似方法的一个平凡的例子是在固定的迭代次数或固定的时间内运行模拟, 而不正式评估收敛性. 我们现在介绍一些替代方案.

1. **不当的多重填补**: 一种近似方法是抽取

$$Y_{(1)}^{(d)} \sim p(Y_{(1)} \mid Y_{(0)}, \widetilde{\theta}), \qquad (10.26)$$

其中 $\widetilde{\theta}$ 是 θ 的一个估计, 比如极大似然估计或从完全单元容易计算出来的估计. 这是存在小部分缺失信息时的合理近似, 但 Rubin (1987a, 第 4 章) 指出, 它在一般情况下不能提供有效的频率学派推断, 因为这种方法没有传播估计 θ 的不确定性. Rubin (1987a) 称不传播这种不确定性的方法为 "不当的" 方法.

2. **使用来自一数据子集的后验分布**: 通常情况下, 根据接近完整数据的子集, 从其后验分布中抽取 θ 是比较简单的. 这种方法传播了 θ 的不确定性, 但并没有利用所有可用信息来抽取 θ. 例如, 我们在第 7 章中已经看到, 对于单调的缺失数据模式, θ 的后验分布可能具有一个简单的形式. 这一见解提供了一个建议, 即舍弃部分数值以创建一个具有单调模式的数据集 $Y_{(0)\mathrm{mp}}$, 然后从给定 $Y_{(0)\mathrm{mp}}$ 时 θ 的后验分布中抽取 θ. 也就是说, 抽取 $Y_{(1)}^{(d)}$ 如下:

$$Y_{(1)}^{(d)} \sim p(Y_{(1)} \mid Y_{(0)}, \widetilde{\theta}^{(d)}), \ \text{其中} \ \widetilde{\theta}^{(d)} \sim p(\theta \mid Y_{(0)\mathrm{mp}}). \qquad (10.27)$$

这种方法的一个更简单但不太准确的例子是, 从给定完全单元的后验分布中抽取 θ, 也就是

$$Y_{(1)}^{(d)} \sim p(Y_{(1)} \mid Y_{(0)}, \widetilde{\theta}^{(d)}), \ \text{其中} \ \widetilde{\theta}^{(d)} \sim p(\theta \mid Y_{(0)\mathrm{cc}}), \qquad (10.28)$$

这里 $Y_{(0)\mathrm{cc}}$ 表示完全单元的数据. 对于带有缺失值的多元正态问题, 式 (10.28) 可以看作 Buck 方法的随机版本 (见例 4.3), 并且与一类涉及完全单元缺失值限制的模式混合模型有关, Little (1993c) 中有所讨论.

3. **填充数据以创建单调模式**: 在某些情况下, 当单调的缺失数据模式被少量的缺失值所破坏时, 一个有吸引力的选择是使用第 4 章中的一个单一填补方法来填补这些 "非单调" 的缺失值, 最好是从它们的后验预测分布的近似中抽取:

$$Y_{(1)}^{(d)} \sim p(Y_{(1)} \mid Y_{(0)}, \widetilde{\theta}^{(d)}), \text{ 其中 } \widetilde{\theta}^{(d)} \sim p(\theta \mid Y_{\text{aug-mp}}),$$

这里 $Y_{\text{aug-mp}}$ 是观测到的数据经过扩增后形成的单调模式. 这种方法可以与方法 2 相结合, 以各种方式利用数据的子集.

4. **使用极大似然估计的渐近分布**: 假设可以获得 θ 的极大似然估计 $\widehat{\theta}$ 以及它的大样本协方差矩阵 $C(\widehat{\theta})$, 如第 6.1.2 节讨论的那样, 那么 $\theta^{(d)}$ 可以从它的渐近正态后验分布中抽取:

$$Y_{(1)}^{(d)} \sim p(Y_{(1)} \mid Y_{(0)}, \widetilde{\theta}^{(d)}), \text{ 其中 } \widetilde{\theta}^{(d)} \sim N(\widehat{\theta}, C(\widehat{\theta})).$$

抽取 $\theta^{(d)}$ 具有形式 $\theta^{(d)} = \widehat{\theta} + z^{(d)}$, 其中 $z^{(d)}$ 是均值为 0、协方差矩阵为 $C(\widehat{\theta})$ 的多元正态随机变量. 在大样本下, 这种方法显然优于方法 1, 而且通常优于方法 2, 因为它正确地传播了 θ 的极大似然估计中的渐近不确定性.

5. **使用重要性采样来细化近似抽样**: 方法 2–4 从联合分布中抽取一对 $(Y_{(1)}^{(d)}, \widetilde{\theta}^{(d)})$, 其中, 给定 $\widetilde{\theta}^{(d)}$ 时 $Y_{(1)}^{(d)}$ 的抽取是正确的, 但 $\widetilde{\theta}^{(d)}$ 的抽取是来自一个近似密度, 记作 $g(\theta)$. 可以获得一种改进, 即通过抽取一个相当大的 $Y_{(1)}^{(d)}$ 抽取集合 (比如 100–1000), 然后再从这个集合中抽出一个较小的数目 (比如 2–10), 抽取 d 被选中的概率正比于 $w_d \propto p(\widetilde{\theta}^{(d)}) L(\widetilde{\theta}^{(d)} \mid Y_{(0)})/g(\widetilde{\theta}^{(d)})$. 这是采样重要性重抽样的一个版本 (见第 10.1.4 节), 在 Rubin (1983b) 描述的大额销售应用中使用. 随着初始集与最终抽取数的比值越来越大, 在温和的支持条件下, 最终抽取是正确的.

6. **用自采样样本替换极大似然估计**: 如果用期望最大化来估计 θ, 而大样本协方差矩阵不容易得到, 那么可以从后验分布中得到一个近似的抽取, 作为对观测数据的自采样样本 $Y_{(0)}^{(\text{boot}, d)}$ 应用期望最大化的估计, 这个自采样样本是从 $Y_{(0)}$ 中有放回地抽出与 $Y_{(0)}$ 数量相同的随机样本. 也就是

$$Y_{(1)}^{(d)} \sim p(Y_{(1)} \mid Y_{(0)}, \widetilde{\theta}^{(d)}), \text{ 其中 } \widetilde{\theta}^{(d)} = \widehat{\theta}(Y_{(0)}^{(\text{boot}, d)}).$$

这个过程是渐近正确的, 即来自自采样样本的极大似然估计与来自 θ 的后验分布的样本是渐近等价的. 这种方法可能会对模型的错误设定提供

一定的稳健性, 因为自采样法提供的不确定性估计与夹心估计 (6.17) 渐近等价. 然而, 如果有相当一部分的自采样样本没有产生唯一的极大似然估计而被丢弃, 那么基于剩余样本得出的标准误差就会被严重低估.

7. **预测均值匹配多重填补**: 在第 4 章中, 我们介绍了热卡, 这是一种单一填补方法, 它按照某种度量下的邻近程度, 将每个具有缺失值的单元 (称为受体单元) 与具有完全数据的单元 (称为供体单元) 进行匹配, 然后用供体的相应数值填补出受体的缺失值. 这些方法可以扩展到多重填补, 通过为每个不完全单元创建一组供体, 然后从供体集中随机选择一个单元, 为每个完全化的数据集填补缺失值 (Little 1988c). 通过在填补每个缺失值集合前创建供体集的自采样样本, 该方法可以反映供体集创建过程中的不确定性.

例 4.11 中的预测均值匹配度量 (4.10) 用缺失值的预测分布来衡量邻近程度. 这里的一个问题是供体集要包含多少个单元——一个小的数字会增加匹配的邻近程度, 但一个大的数字提供了更多的供体值选择以便进行填补. 即使是小规模的供体集合, 也提供了某种程度的填补不确定性的传播, 这是多重填补方法的一个关键目标. 这种方法已经作为一个选项在许多软件包中实现, 包括 SAS PROC MI. 与基于参数模型的多重填补相比, 该方法的一个潜在优势是, 由于模型只是用来创建一个度量, 而不是直接用来生成填补的预测分布, 因此填补不那么容易受到模型错误设定的影响. 一个缺点是, 该方法依赖于供体与受体的匹配质量, 一些供体与受体按照预测均值度量可能相对较远, 导致潜在的偏倚. 这些性质表明, 对于供体相对较多的大型数据集, 而且匹配度量所依据的模型的错误设定所产生的偏倚比精度更严重时, 预测均值匹配多重填补会更加合适, 而不是供体稀少、精度成了主要关注点的小型数据集. Schenker 和 Taylor (1996) 中的模拟研究结果支持这一说法.

10.2.4 链式方程多重填补

在第 11–14 章中将对变量联合分布的各种模型详细介绍多重填补, 包括连续变量的多元正态模型、分类变量的对数线性模型以及连续变量和分类变量混合的一般位置模型. 这些方法的一个缺点是, 这些标准的联合分布并不总是能对真实的多元数据提供良好的拟合. 另一方面, 通常可以把每个变量分别与其他变量集合联系起来, 从而形成一组条件分布, 在每次取一个变量时, 这些条件分布显得很合理, 但在它们不能从单一的联合分布中导出的意义上说, 这些条件分布是不连贯的. 这样的模型, 即使在不连贯的情况下, 也可能对创建多重填补有用. 链式方程多重填补是基于这一思想, 使用类似于第 10.1.2 节中描述的吉布斯采样的方法, 基于一组条件分布创建填补.

具体来说, 设 $X_1, \cdots, X_K$ 是一组带缺失值的变量集合, Z 是一个被充分观测到的变量向量, 用 $x_{(0)}$ 表示 $X_1, \cdots, X_K$ 上观测数据的集合, $x_{j(1)}$ 表示 X_j 的缺失值集合 $(j = 1, \cdots, K)$. 对 $j = 1, \cdots, K$, 我们为给定 $(X_1, \cdots, X_{j-1}, X_{j+1}, \cdots, X_K, Z)$ 时 X_j 的条件分布指定一个合适的模型, 密度设为 $p_j(x_j \mid x_1, \cdots, x_{j-1}, x_{j+1}, \cdots, x_K, z, \theta_j)$, 其中参数为 θ_j, 参数的先验分布为 $\pi_j(\theta_j)$. 这些模型考虑到结局变量的性质 (例如, 二元变量的逻辑斯谛或概率单位), 并可酌情包括非线性项和自变量的交互作用. 然而, 它们并不一定必须对应于 $X_1, \cdots, X_K$ 的一个连贯联合分布. 缺失值通过以下步骤进行填补:

(a) 通过某种近似程序创建缺失值的初始填补 $x_{1(1)}^{(0)}, \cdots, x_{K(1)}^{(0)}$.

(b) 给定第 t 次迭代的当前填补值 $x_{1(1)}^{(t)}, \cdots, x_{K(1)}^{(t)}$, 从下面的 K 个预测分布序列中抽取数据, 为每个变量生成更新的填补值:

$$x_{1(1)}^{(t+1)} \sim p\left(x_{1(1)} \mid x_{(0)}, z, x_{2(1)}^{(t)}, x_{3(1)}^{(t)}, \cdots, x_{K-1(1)}^{(t)}, x_{K(1)}^{(t)}\right),$$

$$\vdots$$

$$x_{j(1)}^{(t+1)} \sim p\left(x_{j(1)} \mid x_{(0)}, z, x_{1(1)}^{(t+1)}, \cdots, x_{j-1(1)}^{(t+1)}, x_{j+1(1)}^{(t)}, \cdots, x_{K(1)}^{(t)}\right),$$

$$\vdots$$

$$x_{K(1)}^{(t+1)} \sim p\left(x_{K(1)} \mid x_{(0)}, z, x_{1(1)}^{(t+1)}, x_{2(1)}^{(t+1)}, x_{3(1)}^{(t+1)}, \cdots, x_{K-1(1)}^{(t+1)}\right).$$

具体来说, 在这一序列中, 抽取集合 $\{x_{j(1)}^{(t+1)}\}$ 的获得方式是: 首先给定

$$(x_{(0)}, z, x_{1(1)}^{(t+1)}, \cdots, x_{j-1(1)}^{(t+1)}, x_{j+1(1)}^{(t)}, \cdots, x_{K(1)}^{(t)}),$$

从 θ_j 的后验分布中抽取 $\theta_j^{(t+1)}$, 然后给定

$$(x_{(0)}, z, x_{1(1)}^{(t+1)}, \cdots, x_{j-1(1)}^{(t+1)}, x_{j+1(1)}^{(t)}, \cdots, x_{K(1)}^{(t)}) \text{ 和 } \theta_j^{(t+1)},$$

从后验预测分布中抽取 $\{x_{j(1)}^{(t+1)}\}$. 对于独立同分布的模型, 后一步抽取在单元之间独立, 在计算上通常是直接的.

当这组条件分布集合对应于一个连贯的联合分布时, 这个算法是一个吉布斯采样, 序列收敛到从正确的后验分布中的抽取. 具体来说, 例 10.1 中二元正态模型的贝叶斯和多重填补可以用链式方程的方法实现, 每个条件分布都是正

态分布, 对条件变量进行线性可加回归, 残差方差为常数. 在其他情况下, 不能保证收敛到固定分布; 但是, 只要条件分布与观测数据吻合, 该程序似乎可以产生有用的填补. 在对这些条件分布进行建模时增加的灵活性可能会弥补该方法明确理论依据的缺乏.

Kennickell (1991) 是链式方程方法在一项重要调查中的早期应用; 也可参见 Rubin (2017) 的讨论. 实现该方法的软件包括 MICE (Van Buuren 和 Oudshoorn 1999), 以及 IVEWARE (Raghunathan 等 2001). Rubin (2002) 提出把可能不连贯的抽取限制在需要填补的缺失值上, 以创建一个单调模式, 然后通过适合于人工创建的单调缺失模式的一系列条件分布序列, 连贯地填补剩下的缺失值. 同样, 该方法缺乏理论支持, 但至少在一些应用中似乎效果不错 (Li 等 2014).

由于链式方程多重填补是基于回归模型的序列, 所以必须进行诊断性检查, 以确保填补的合理性. 一个可能有用的方法是, 以其他变量的观测值或填补值为条件, 估计每个有缺失值的变量的缺失倾向, 然后在估计的缺失倾向类别内, 将观测值的分布与一组填补值的分布进行比较. 如果填补模型产生了合理的填补值, 这些经验分布应该看起来是相似的. 关于图形和诊断性检查的更多讨论, 参见 Abayomi 等 (2008)、Bondarenko 和 Raghunathan (2016).

10.2.5 使用不同的模型进行填补和分析

如果进行多重填补的全部理由是为了计算大样本下的贝叶斯后验分布, 那它将是一个重要但相对有限的工具. 然而, 正如第 10.2.3 节中的例子所表明的那样, 往往可以选择一种方法进行多重填补, 而无须考虑用于分析多重填补数据的精确方法. 如果选择的用于填补数据的方法所依据的模型与选择的分析模型相同, 则理论如 10.2.1 节所述. 当填补方法与最终用户所进行的完全数据分析不完全吻合时, 就会出现一个理论上有趣并且实践上重要的情形. 也就是说, 多重填补数据的最终使用者可以对多重填补数据进行各种简单或可能复杂的完全数据分析, 然后使用组合规则和组合结果, 而无须参考填补结果是如何产生的. 令人惊讶的是, 这种方法可以成功, 特别是在相对有限的缺失信息的情况下, 正如理论结果和经验实例所表明的那样. 一个简单的例子就可以说明这一现象.

例 10.6 近似贝叶斯自采样下的推断 (**例** 5.8 **续**).

假设使用例 5.8 中的近似贝叶斯自采样方法在调整小格内创建多重填补, 但完全数据分析将基于样本均值的大样本正态性. 假设总是随机缺失

(MAAR), 很简单就能证明组合规则给出了有效的频率学派推断. 事实上, 这个结果对于其他多种多重填补方法都是成立的: 完全正态、贝叶斯自采样、按均值和方差调整的热卡等, 见 Rubin (2004) 中的例 4.1 – 4.4.

当填补方法使用了比完全数据分析更多的信息, 并且这些信息是正确的, 则多重填补数据的完全数据分析倾向于比预期更有效: 比如, 置信区间的覆盖率将大于名义覆盖率. Rubin 和 Schenker (1987) 以及 Fay (1992, 1996) 都注意到了这一现象, Rubin (1996) 将其称为 "超有效性".

一般情况被 Meng (1995) 称作填补者和最终用户的模型 "不相投". 通常情况下, 不相投会导致保守的推断, 尽管在特殊情况下会导致无效 (即反保守) 的推断. 下面的例子传达了一些直觉, 其他例子由 Meng (2002)、Robins 和 Wang (2000)、Xie 和 Meng (2017, 带讨论) 讨论.

例 10.7　错误设定的推断模型的影响.

假设我们有一组单元的样本 (X, Y), 其中 X 是完全观测到的, 但由于随机缺失过程, Y 的一半值缺失了. 实际上, Y 是 X 的单调但非线性函数, $Y = \exp(X)$. 假设用一个把 Y 与 X 关联起来的线性模型对缺失的 Y 值进行多重填补, 显然, 由于拟合不善, Y 对 X 的残差会被高估; 其实真正的残差为零, 如果拟合一个指数模型, 我们就能发现这一点. 对于给缺失的 Y 值进行多重填补, 线性模型中额外的残差变异性有两个后果. 首先, 填补间的变异性 (如 Y 对 X 的线性模型的斜率) 将比拟合真实模型时更大; 其次, 对于每一组填补, 单次填补 (在回归线上或不在回归线上) 的变异性将比使用正确模型时更大. 因此, 相比于采用正确的模型, 填补间和填补内变异都会被高估. 由于线性拟合通常会给全局待估量 (比如整体均值或中位数) 的真值提供一个不错的近似, 因此, 对于多重填补来说, 使用不正确的模型通常会导致高估此类全局待估量的变异性, 从而导致其区间估计的过度覆盖. 这一结果在真实数据的模拟中也可以看到 (例如, Raghunathan 和 Rubin 1998). 对于处在分布尾部的待估量, 如四分位数, 一般无法保证这种近似的有效性.

在我们处理真实数据集和人造数据集的有限经验中 (例如, Ezzati-Rice 等 1995), 实际的结论似乎是, 如果小心翼翼地进行, 即使最终用户可能会应用填补者没有考虑到的模型或分析, 多重填补也可以安全地用于实际问题.

问题

10.1 重现图 10.1 中的后验分布, 并将后验均值和标准差与表 10.1 中给出的数值进行比较. 利用非正常的先验分布重新计算 θ 的后验分布, 其中 $\alpha_1 = \alpha_2 = 0$, 得到的后验分布是否正常?

10.2 考虑从大小为 N 的有限总体中抽取一个样本量为 n 的简单随机样本, 其中包含 r 个响应者和 $m = n - r$ 个不响应者. 用 $\bar{y}_R$ 和 s_R^2 表示响应数据的样本均值和方差, 用 $\bar{y}_{NR}$ 和 s_{NR}^2 表示填补数据的样本均值和方差. 请说明全部数据的均值 $\bar{y}_*$ 和方差 s_*^2 可以写成

$$\bar{y}_* = (r\bar{y}_R + m\bar{y}_{NR})/n,$$
$$s_*^2 = ((r-1)s_R^2 + (m-1)s_{NR}^2 + rm(\bar{y}_R - \bar{y}_{NR})^2/n)/(n-1).$$

10.3 假设在问题 10.2 中, 填补是从 r 个响应值中有放回随机抽取的. 再假设缺失数据总是完全随机缺失 (MACAR).

(a) 说明 $\bar{y}_*$ 是总体均值 $\bar{Y}$ 的无偏估计.

(b) 说明如果条件在观测数据上, 则 $\bar{y}_*$ 的抽样方差是 $ms_R^2(1 - r^{-1})/n^2$, s_*^2 的期望是 $s_R^2(1 - r^{-1})(1 + rn^{-1}(n-1)^{-1})$.

(c) 说明如果条件在样本量 n 和响应数量 r (以及总体 Y 值上), $\bar{y}_*$ 的抽样方差是 $\bar{y}_R$ 的方差乘以 $(1 + (r-1)n^{-1}(1 - r/n)(1 - r/N)^{-1})$, 说明它比 $U_* = s_*^2(n^{-1} - N^{-1})$ 的期望更大.

(d) 假设 r 和 N/r 足够大, 说明基于把 U_* 当作 $\bar{y}_*$ 的抽样方差得到的 $\bar{Y}$ 的区间估计过窄, 差一个因子 $(1 + nr^{-1} - rn^{-1})^{1/2}$. 注意这里有两个原因: $n > r$, $\bar{y}_*$ 不如 $\bar{y}_R$ 有效. 列出真实覆盖率和真实显著性水平作为 r/n 和名义水平的函数.

10.4 假设用问题 10.3 中的方法创建 D 个多重填补, 用 $\bar{y}_*^{(d)}$ 和 $U_*^{(d)}$ 表示第 d 个完全化数据集上 $\bar{y}_*$ 和 U_* 的值. 记 $\bar{\bar{y}}_* = \sum_{d=1}^{D} \bar{y}_*^{(d)}/D$, 设 T_* 是 $\bar{y}_*$ 的抽样方差的多重填补估计, 即

$$T_* = \bar{U}_* + (1 + D^{-1})B_*,$$

其中

$$\bar{U}_* = \sum_{d=1}^{D} U_*^{(d)}/D, \quad B_* = \sum_{d=1}^{D} (\bar{y}_*^{(d)} - \bar{\bar{y}}_*)^2/(B-1).$$

(a) 说明条件在数据上, B_* 的期望值等于 $\bar{y}_*^{(d)}$ 的方差.

(b) 说明条件在 n、r 和总体 Y 值上, $\bar{\bar{y}}_*$ 的方差是 $D^{-1}\mathrm{Var}(\bar{y}_*) + (1 - D^{-1})\mathrm{Var}(\bar{y}_R)$, 然后说明 $\bar{\bar{y}}_*$ 比单一填补估计 $\bar{y}_*$ 更有效.

(c) 假设 r 和 N/r 足够大, 对不同的 D 值列出 $\bar{\bar{y}}_*$ 对 $\bar{y}_R$ 的相对有效性.

(d) 说明条件在 n、r 和总体 Y 值上, $\bar{\bar{y}}_*$ 的方差比 T_* 的期望大了差不多 $s_R^2(1 - r/n)^2/r$.

(e) 假设 r 和 N/r 足够大, 列出多重填补的真实覆盖率和显著性水平, 并与问题 10.3(d) 的结果比较.

10.5 修正问题 10.4 的多重填补方法, 使之对大的 r 和 N/r 给出正确的答案. (提示: 例如, 在单元 i 的填补值上加上一个随机残差 $s_R r^{-1/2} z_d$.)

第三部分　不完全数据分析基于似然的方法：一些例子

第 11 章　多元正态例子，忽略缺失机制

11.1　引言

在本章中, 我们把第二部分介绍的工具应用于各种常见的问题上. 这些问题涉及多元正态分布变量的不完全数据: 估计均值向量和协方差矩阵; 当均值和协方差矩阵受到约束时估计这些量; 多重线性回归, 包括方差分析和多元回归; 重复测量模型, 包括随机系数回归模型, 其系数本身在极大似然计算中被当作缺失数据; 以及有选择的时间序列模型. 第 12 章讨论了带有数据缺失情况下的稳健估计, 第 13 章考虑了部分观测的分类数据的分析, 第 14 章考虑了连续数据和分类数据混合的分析, 第 15 章涉及数据非随机缺失的模型.

11.2　正态下有缺失数据时均值向量和协方差矩阵的推断

许多多元统计分析, 包括多重线性回归、主成分分析、判别分析、典型相关分析等, 都是在数据矩阵的基础上初步汇总成变量的样本均值和协方差矩阵来实现的. 因此, 在任意缺失值模式下对总体均值和协方差矩阵的推断是一个特别重要的问题. 在第 11.2.1 和第 11.2.2 节中, 我们假设缺失机制是可忽略的, 讨论不完的多元正态样本中均值和协方差矩阵的极大似然估计. 第 11.2.3 节介绍这个问题的贝叶斯推断和多重填补. 虽然多元正态性的假设可能看起来有约束性, 但这里讨论的方法可以在对基本分布的更弱假设下提供相合的估

计. 当我们在第 11.4 节考虑线性回归和在第 12 章考虑稳健估计时，多元正态性的假设将有所放宽.

11.2.1 不完全多元正态样本的期望最大化算法

假设 $(Y_1, Y_2, \cdots, Y_K)$ 具有 K 元正态分布，均值为 $\mu = (\mu_1, \cdots, \mu_K)$，协方差矩阵为 $\Sigma = (\sigma_{jk})$. 我们记 $Y = (Y_{(0)}, Y_{(1)})$，其中 Y 表示一个在 $(Y_1, \cdots, Y_K)$ 上样本量为 n 的随机样本，$Y_{(0)}$ 表示观测值集合，$Y_{(1)}$ 表示缺失数据. 此外，用 $y_{(0),i}$ 表示单元 i 的观测变量集合 $(i = 1, \cdots, n)$. 于是，基于观测数据的对数似然是

$$
\ell(\mu, \Sigma \mid Y_{(0)}) = 常数 - \frac{1}{2} \sum_{i=1}^{n} \ln |\Sigma_{(0),i}|
$$

$$
- \frac{1}{2} \sum_{i=1}^{n} (y_{(0),i} - \mu_{(0),i})^{\mathrm{T}} \Sigma_{(0),i}^{-1} (y_{(0),i} - \mu_{(0),i}), \tag{11.1}
$$

其中 $\mu_{(0),i}$ 和 $\Sigma_{(0),i}$ 是单元 i 的 Y 有观测分量的均值和协方差矩阵.

为了针对最大化式 (11.1) 导出期望最大化算法，我们注意到，假设的完全数据 Y 属于正则指数族 (8.19)，且具有充分统计量

$$
S = \left(\sum_{i=1}^{n} y_{ij}, \ j = 1, \cdots, K; \ \sum_{i=1}^{n} y_{ij} y_{ik}, \ j, k = 1, \cdots, K \right).
$$

在期望最大化的第 t 次迭代，用 $\theta^{(t)} = (\mu^{(t)}, \Sigma^{(t)})$ 表示参数的当前估计值. 算法在第 $t+1$ 次迭代的 E 步计算

$$
E \left(\sum_{i=1}^{n} y_{ij} \mid Y_{(0)}, \theta^{(t)} \right) = \sum_{i=1}^{n} y_{ij}^{(t+1)}, \quad j = 1, \cdots, K \tag{11.2}
$$

和

$$
E \left(\sum_{i=1}^{n} y_{ij} y_{ik} \mid Y_{(0)}, \theta^{(t)} \right) = \sum_{i=1}^{n} \left(y_{ij}^{(t+1)} y_{ik}^{(t+1)} + c_{jki}^{(t+1)} \right), \quad j, k = 1, \cdots, K, \tag{11.3}
$$

其中

$$
y_{ij}^{(t+1)} = \begin{cases} y_{ij}, & 若 \ y_{ij} \ 被观测到; \\ E(y_{ij} \mid y_{(0),i}, \theta^{(t)}), & 若 \ y_{ij} \ 缺失, \end{cases} \tag{11.4}
$$

以及

$$c_{jki}^{(t+1)} = \begin{cases} 0, & \text{若 } y_{ij} \text{ 或 } y_{ik} \text{ 被观测到;} \\ \text{Cov}(y_{ij}, y_{ik} \mid y_{(0),i}, \theta^{(t)}), & \text{若 } y_{ij} \text{ 和 } y_{ik} \text{ 缺失.} \end{cases} \tag{11.5}$$

然后, 缺失值 y_{ij} 用给定该单元观测的 $y_{(0),i}$ 值集合和当前参数估计 $\theta^{(t)}$ 时 y_{ij} 的条件均值代替. 这些条件均值和非零条件协方差很容易从当前的参数估计中获得, 方法是扫描增广协方差矩阵, 使变量 $y_{(0),i}$ 为回归方程中的自变量, 剩余的变量 $y_{(1),i}$ 为因变量. 扫描算子在第 7.4.3 节有介绍. 请注意, 式 (11.2) 和 (11.4) 填补了给定参数当前估计值时缺失值的最佳线性预测值, 从而显示了极大似然估计与缺失值的有效估计之间的联系. 式 (11.3) 包含了必要的调整 c_{jki}, 以纠正在估计协方差矩阵时由缺失值的条件均值填补所产生的偏倚.

期望最大化算法的 M 步是直接的. 参数的新估计 $\theta^{(t+1)}$ 从估计的完全数据充分统计量计算而来, 即

$$\mu_j^{(t+1)} = n^{-1} \sum_{i=1}^{n} y_{ij}^{(t+1)}, \quad j = 1, \cdots, K;$$

$$\sigma_{jk}^{(t+1)} = n^{-1} E\left(\sum_{i=1}^{n} y_{ij} y_{ik} \mid Y_{(0)}, \theta^{(t)}\right) - \mu_j^{(t+1)} \mu_k^{(t+1)}$$

$$= n^{-1} \sum_{i=1}^{n} \left[\left(y_{ij}^{(t+1)} - \mu_j^{(t+1)}\right) \left(y_{ik}^{(t+1)} - \mu_k^{(t+1)}\right) + c_{jki}^{(t+1)} \right], \quad j, k = 1, \cdots, K.$$

$$\tag{11.6}$$

Beale 和 Little (1975) 建议把 σ_{jk} 估计表达式中的因子 n^{-1} 替换成 $(n-1)^{-1}$, 这与在完全数据情形下修正自由度类似.

剩下的是如何建议初始的参数值. 有四种直接的选择: (1) 采用第 3.2 节的完全案例解; (2) 采用第 3.4 节的一个可用案例解; (3) 用第 4 章的一种单一填补方法填充数据后形成的样本均值和协方差矩阵; (4) 用每个变量的观测值形成均值和方差, 并设初始相关系数都为零. 如果数据是完全随机缺失的, 并且至少有 $K+1$ 个完全观测, 则第 1 种选择能提供参数的相合估计. 第 2 种选择利用了全部可用数据, 但可能会产生非正定的协方差矩阵估计, 在第 1 次迭代引起潜在问题. 后两种选择一般会产生协方差矩阵的不相合估计, 但估计值是半正定 (第 3 种选择) 或正定 (第 4 种选择) 的, 因此一般可作为初始值. 一般情况使用的计算机程序应该有几种可供选择的参数初始化方式, 这样才能做出合适的选择. 提供多种初始值可供选择的另一个原因是便于研究存在多个极大值的似然.

Orchard 和 Woodbury (1972) 首先描述了这种期望最大化算法. 早些时候, Trawinski 和 Bargmann (1964)、Hartley 和 Hocking (1971) 已经描述了这个问题的得分算法. 得分算法与期望最大化的一个重要区别是, 前一个算法需要在每次迭代时对 μ 和 Σ 的信息矩阵求逆. 收敛之后, 这个矩阵提供了极大似然估计的渐近协方差矩阵的估计, 这不是期望最大化计算所需要的, 也不是期望最大化计算所能得到的. 然而, 在每次迭代时对 θ 的信息矩阵求逆可能很费力, 因为如果变量数目很大, 这会是一个很大的矩阵. 对于 K 元变量的情形, θ 的信息矩阵有 $K + K(K+1)/2$ 个行和列, 当 $K = 30$ 时, 它有超过 100000 个元素. 使用期望最大化, 可以通过补充期望最大化、自采样法或仅在最终极大似然估计处评估信息矩阵的逆来得到 θ 的渐近协方差矩阵, 如第 9 章所述.

可以定义三个版本的期望最大化. 第一个存储原始数据 (Beale 和 Little 1975), 第二个对每种缺失数据模式存储数据的和、平方和以及交叉乘积和 (Dempster 等 1977). 因为要选择存储和计算量较少的版本, 所以较好的方案是第三种, 它混合了前面两个版本, 为那些少于 $(K + 1)/2$ 个单元的模式存储原始数据, 为其他更普遍的模式存储充分统计量.

11.2.2　估计 $\theta - \widehat{\theta}$ 的渐近协方差矩阵

设 $\theta = (\mu, \Sigma)$, 其中 Σ 表示为一个行向量 $(\sigma_{11}, \sigma_{12}, \sigma_{22}, \cdots, \sigma_{KK})$. 如果数据是完全随机缺失, 则 θ 的期望信息矩阵具有形式

$$J(\theta) = \begin{bmatrix} J(\mu) & 0 \\ 0 & J(\Sigma) \end{bmatrix}.$$

这里, $J(\mu)$ 的 (j, k) 元对应着 μ_j 的行、μ_k 的列, 它等于

$$\sum_{i=1}^{n} \psi_{jki},$$

满足

$$\psi_{jki} = \begin{cases} \Sigma_{(0),i}^{-1} \text{ 的 } (j,k) \text{ 元}, & \text{若 } x_{ij} \text{ 和 } x_{ik} \text{ 都被观测到}; \\ 0, & \text{否则}, \end{cases}$$

而 $\Sigma_{(0),i}$ 是单元 i 的观测变量的协方差矩阵. $J(\Sigma)$ 的 (lm, rs) 元对应着 σ_{lm} 的行、σ_{rs} 的列, 它等于

$$\frac{1}{4}(2 - \delta_{lm})(2 - \delta_{rs}) \sum_{i=1}^{n} (\psi_{lri}\psi_{msi} + \psi_{lsi}\psi_{mri}),$$

其中若 $l = m$ 则 $\delta_{lm} = 1$, 若 $l \neq m$ 则 $\delta_{lm} = 0$. 如前所述, $J(\widehat{\theta})$ 的逆为极大似然估计 $\widehat{\theta}$ 提供了一个协方差矩阵的估计. 在得分算法中的每一步, 矩阵 $J(\theta)$ 都会被估计和求逆. 请注意, 期望信息矩阵关于均值和协方差是分块对角的. 因此, 如果只需要均值或均值线性组合的极大似然估计的渐近方差, 那么只需要对于均值对应的信息矩阵 $J(\mu)$ 进行计算和求逆, 其维数相对较小.

在 Newton-Raphson 算法中每次迭代都要计算和求逆的观测信息矩阵, 甚至关于 μ 和 Σ 都不是分块对角的, 所以不会出现这种完全数据简化. 另一方面, 当数据随机缺失而不是完全随机缺失时, 基于观测信息矩阵的标准误差可以被看作是有效的, 因此, 在应用中应该优于基于 $J(\theta)$ 的标准误差. 更多的讨论见 Kenward 和 Molenberghs (1998). 如上所述, 期望最大化不产生信息矩阵, 因此如果要使用任何这样的矩阵作为标准误差的基础, 必须在获得极大似然估计之后进行计算和求逆, 就像第 9.2.1 节所述的补充期望最大化一样. 在有足够数据的情况下, 一个简单的替代方法是在自采样样本上计算极大似然估计, 并应用第 9.2.2 节的方法.

11.2.3　正态模型的贝叶斯推断和多重填补

现在我们阐述对第 11.2.1 节中多元正态模型的贝叶斯分析. 为了简化描述, 我们依照惯例对均值和协方差矩阵假设 Jeffreys 先验分布:

$$p(\mu, \Sigma) \propto |\Sigma|^{-(K+1)/2},$$

并用迭代的数据增广算法从 $\theta = (\mu, \Sigma)$ 的后验分布生成抽取: $p(\mu, \Sigma \mid Y_{(0)}) \propto |\Sigma|^{-(K+1)/2} \exp(\ell(\mu, \Sigma \mid Y_{(0)}))$, 其中 $\ell(\mu, \Sigma \mid Y_{(0)})$ 是式 (11.1) 中的对数似然. 用 $\theta^{(t)} = (\mu^{(t)}, \Sigma^{(t)})$ 和 $Y^{(t)} = (Y_{(0)}, Y_{(1)}^{(t)})$ 表示第 t 次迭代的参数当前抽取值和填充的数据矩阵. 数据增广算法的 I 步模拟

$$Y_{(1)}^{(t+1)} \sim p(Y_{(1)} \mid Y_{(0)}, \theta^{(t)}).$$

因为给定 θ 后数据矩阵 Y 的行是条件独立的, 所以上述抽取等价于独立地对 $i = 1, \cdots, n$ 抽取

$$y_{(1),i}^{(t+1)} \sim p(y_{(1),i} \mid y_{(0),i}, \theta^{(t)}). \tag{11.7}$$

如期望最大化的讨论中说明的那样, 这一分布是多元正态分布, 其均值由 $y_{(1),i}$ 对 $y_{(0),i}$ 的线性回归给出, 它在参数的当前抽取 $\theta^{(t)}$ 处进行评估. 这一正态分

布的回归参数和残差协方差矩阵可以通过扫描增广协方差矩阵

$$\Sigma^{*(t)} = \begin{pmatrix} -1 & \mu^{(t)\mathrm{T}} \\ \mu^{(t)} & \Sigma^{(t)} \end{pmatrix}$$

计算获得，这样已观测到的变量被扫描进来 (作为条件分布的条件部分)，缺失数据被扫描出去 (被预测). 通过在期望最大化 E 步中的条件均值 (11.2) 和 (11.4) 上加上一个正态随机变量，可以获得抽取 $y_{(1),i}^{(t+1)}$，其中这个正态随机变量均值为 0, 方差为给定单元 i 的观测数据下缺失变量的协方差矩阵 $\Sigma_{(1)\cdot(0),i}^{(t)}$.

数据增广的 P 步抽取

$$\theta^{(t+1)} \sim p(\theta \mid Y^{(t+1)}),$$

其中 $Y^{(t+1)} = (Y_{(0)}, Y_{(1)}^{(t+1)})$ 是从 I 步 (11.7) 填补的数据. $\theta^{(t+1)}$ 的抽取可经两步实现:

$$
\begin{aligned}
(\Sigma^{(t+1)}/(n-1) \mid Y^{(t+1)}) &\sim \text{Inv-Wishart}(S^{(t+1)}, n-1), \\
(\mu^{(t+1)} \mid \Sigma^{(t+1)}, Y^{(t+1)}) &\sim N_K(\bar{y}^{(t+1)}, \Sigma^{(t+1)}/n),
\end{aligned}
\tag{11.8}
$$

其中 $(\bar{y}^{(t+1)}, S^{(t+1)})$ 是 Y 的填补数据 $Y^{(t+1)}$ 的样本均值和协方差矩阵. θ 的这一后验分布可通过式 (11.7) 和 (11.8) 直接模拟出来，经过一个合适的定型期后，实现稳定抽样. 关于 P 步的更多计算细节，见例 6.19.

另一种分析方法是多重填补，它根据式 (11.7) 创建缺失数据的抽取集，然后利用第 10.2 节给出的多重填补组合规则进行推断. 第 10.2.4 节中讨论的链式方程算法提供了数据增广算法的替代方案，它对每个变量给定其他变量时的条件分布进行正态线性可加回归. 它还能从缺失值的预测分布中产生抽取，可用来创建多重填补数据集，尽管因为条件分布参数的先验分布选择不同，(通常实现的) 预测分布略有不同.

例 11.1　St. Louis 风险研究数据

我们使用来自 St. Louis 风险研究项目的数据说明这些方法，数据展示在表 11.1 中. 该项目的一个目的是评估父母的心理障碍对其子女在各方面发展的影响. 总共收集了 $n = 69$ 个有两个孩子的家庭. 按照父母的风险 (G) 对家庭分类, G 是一个三分类变量，定义如下:

1. $G = 1$: 正常组，来自当地社区的对照家庭;
2. $G = 2$: 中风险组，父母一方被诊断为患有继发性精神分裂症或其他精神疾病，或父母一方患有慢性身体疾病;

表 11.1　　例 11.1: St. Louis 风险研究数据

| 低风险 (G=1) | | | | | | 中风险 (G=2) | | | | | | 高风险 (G=3) | | | | | |
| 第一个孩子 | | | 第二个孩子 | | | 第一个孩子 | | | 第二个孩子 | | | 第一个孩子 | | | 第二个孩子 | | |
R_1	V_1	D_1	R_2	V_2	D_2	R_1	V_1	D_1	R_2	V_2	D_2	R_1	V_1	D_1	R_2	V_2	D_2
110	?	?	?	150	1	88	85	2	76	78	?	98	110	?	112	103	2
118	165	1	?	130	2	?	98	?	114	133	?	127	138	1	92	118	1
116	145	2	114	125	?	108	103	2	90	100	2	113	?	?	?	?	?
?	?	?	126	?	?	113	?	2	95	115	2	107	93	?	92	75	?
118	140	1	118	123	?	?	65	?	97	68	2	?	?	1	101	?	2
?	120	?	105	128	?	118	?	2	?	?	?	?	?	?	87	98	2
?	?	?	96	113	?	92	?	2	?	?	?	114	?	2	?	?	2
138	163	1	130	140	?	90	?	1	110	?	?	56	58	2	88	105	1
115	153	1	?	?	?	98	123	?	96	88	?	96	95	1	87	100	2
?	145	2	139	185	?	113	110	?	112	115	?	126	135	2	118	133	?
126	138	1	105	133	1	102	130	?	114	120	?	?	?	?	130	195	?
120	160	?	109	150	?	89	113	?	130	135	?	?	?	?	116	?	2
?	133	?	98	108	?	90	80	2	91	75	?	64	45	2	82	53	?
?	?	?	115	140	2	?	?	?	109	88	2	128	?	2	121	?	2
115	158	2	?	135	1	75	63	1	88	13	1	?	120	1	108	118	?
112	115	2	93	140	?	93	?	1	?	?	?	?	?	?	100	140	2
133	168	1	126	158	2	?	?	?	115	?	?	105	138	1	74	75	1
118	180	1	116	148	1	123	170	1	115	138	?	88	118	?	84	103	?
123	?	1	110	155	1	114	130	2	104	123	2						
100	?	1	101	120	1	?	?	2	113	123	2						
118	138	1	?	110	1	113	?	2	?	?	2						
103	108	?	?	?	?	117	?	2	82	103	2						
121	155	1	?	100	2	122	?	1	114	?	2						
?	?	?	?	?	2	105	?	2	?	?	1						
?	?	?	104	118	1												
?	?	?	87	85	1												
?	?	?	?	63	?												

? 表示缺失.

3. $G=3$: 高风险组, 父母一方被诊断为患有精神分裂症或情感性精神障碍.

　　在这个例子中, 我们按照风险组比较 $K=4$ 个连续变量 R_1、V_1、R_2 和 V_2, 其中 R_c 和 V_c 是家庭中第 c ($c=1,2$) 个孩子的标准化阅读和言语理解分数. 变量 G 总是被观测到的, 但结局变量以多种组合形式缺失, 见表 11.1. 等到第 13 章, 我们再讨论二分类结局变量 D_1 = "第一个孩子的症状表现" 和

$D_2 =$ "第二个孩子的症状表现" (1 表示低, 2 表示高) 的分析.

　　表 11.2 展示了四个连续变量在低风险组及合并的中高风险组中的估计. 表格各列展示了均值估计、均值估计的标准误差 (SEM) 以及标准差估计, 使用四种方法: (1) 可用案例分析 (AC); (2) 极大似然估计 (ML), 均值标准误差通过自采样计算; (3) 数据增广, 估计和标准误差基于从后验分布的 1000 次抽取; (4) 多重填补, 基于 10 次填补和第 10.2 节的多重填补公式. 由数据增广和多重填补产生的估计非常接近, 正如我们期望的那样, 而且与极大似然估计一

表 11.2　例 11.1: St. Louis 风险研究数据低/中/高风险组连续结局的均值和标准差

变量	低风险 ($G = 1$)			中/高风险 ($G = 2, 3$)		
	均值	SEM	标准差	均值	SEM	标准差
V_1						
AC	146.1	4.8	19.7	105.5	6.6	30.8
ML	143.4	5.5	19.5	115.7	5.9	31.8
DA	143.7	5.4	22.7	115.6	6.3	34.3
MI	143.8	5.4	22.5	115.6	6.3	34.4
V_2						
AC	128.6	5.4	25.9	106.6	5.4	28.9
ML	128.6	5.1	25.7	110.8	5.1	27.8
DA	128.5	6.0	28.6	110.6	5.2	30.0
MI	128.5	6.0	28.6	110.8	5.2	30.0
R_1						
AC	117.9	2.3	9.4	102.7	3.2	17.7
ML	116.8	2.9	10.0	103.4	3.3	18.1
DA	116.8	2.8	12.2	103.4	3.4	19.5
MI	116.8	2.8	12.2	103.3	3.3	19.5
R_2						
AC	110.7	3.2	13.7	101.6	2.5	15.0
ML	108.1	3.0	13.8	101.9	2.5	14.6
DA	108.5	3.4	15.4	101.8	2.7	15.7
MI	108.4	3.4	15.4	101.8	2.7	15.7

在正态模型下由可用案例分析 (AC)、极大似然 (ML)、数据增广 (DA) 和多重填补 (MI) 得出的估计.
SEM: 均值估计的标准误差.

般比较接近. 由可用案例分析得出的结果与它们大致相似, 但在某些情形下估计的均值有明显的偏倚, 即低风险组的 V_1 和 R_2、中高风险组的 V_1 和 V_2. 在不知道待估量真实值的情况下, 不能推断出关于优良性的一般结论, 但极大似然、数据增广和多重填补估计似乎能更好地利用观测到的数据.

贝叶斯分析很容易提供对其他参数的推断. 例如, 实质性的兴趣涉及风险组之间的均值比较. 图 11.1 展示了基于 9000 次抽取的每个结局的均值差异的后验分布图, 后验分布似乎很正态. 图片下方列出了基于 2.5 至 97.5 百分位数的 95% 后验概率区间. 这四个区间中, 有三个区间完全是正数, 这证明低风险组的阅读和言语均值高于中高风险组.

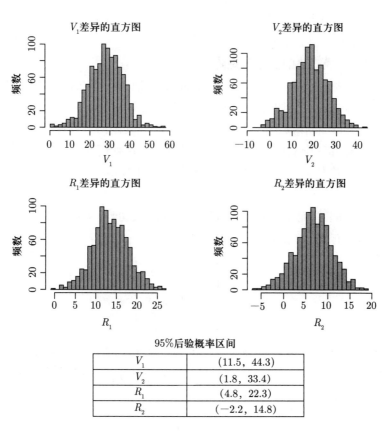

	95%后验概率区间
V_1	(11.5, 44.3)
V_2	(1.8, 33.4)
R_1	(4.8, 22.3)
R_2	(−2.2, 14.8)

图 11.1　例 11.1: St. Louis 风险研究数据基于 9000 次抽取, 均值差异 $\mu_{\text{low}} - \mu_{\text{med/high}}$ 的后验分布

11.3　带约束协方差矩阵的正态模型

在第 11.2 节, 多元正态分布的参数没有约束, θ 在其自然参数空间中是自由的. 然而, 很多重要的统计模型对 θ 设置了约束. 如果在参数约束条件下完全数据分析很简单的话, 那么这种存在不完全数据的带约束模型的极大似然和贝叶斯估计也很容易处理. 其原因是, 无论 θ 是否有约束, 期望最大化的 E 步或数据增广的 I 步都具有相同的形式; 唯一的变化是, 需要修正期望最大化的 M 步或数据增广的 P 步, 使之适应约束模型.

对于 θ 的某些约束条件, 即使是完全数据, 也不存在非迭代的极大似然或贝叶斯估计. 在某些情况下, 通过创建完全缺失的变量, 使 M 步或 P 步是非迭代的, 可用期望最大化或数据增广来计算极大似然或贝叶斯估计. 我们用两个例子的期望最大化算法来说明这个想法. 这两个例子都可以很容易地进行修改, 以处理某些变量有部分观测值时的缺失数据.

例 11.2　模式化的协方差矩阵.

一些模式化的协方差矩阵没有明确极大似然估计, 但可以看作有明确极大似然估计的较大模式化协方差矩阵的子矩阵. 在这种情况下, 较小的协方差矩阵 (如 Σ_{11}) 可以看作观测变量的协方差矩阵, 较大的协方差矩阵 (如 Σ) 可以看作观测变量和完全缺失变量的协方差矩阵. 在这种情况下, 期望最大化算法可以用来计算原始问题所需的极大似然估计, 如 Rubin 和 Szatrowski (1982) 所述.

为了说明问题, 假设我们有一个来自多元正态分布 $N_3(0, \Sigma_{11})$ 的随机样本 $y_1, \cdots, y_n$, 具有 3×3 平稳协方差模式

$$\Sigma_{11} = \begin{bmatrix} \theta_1 & \theta_2 & \theta_3 \\ \theta_2 & \theta_1 & \theta_2 \\ \theta_3 & \theta_2 & \theta_1 \end{bmatrix}.$$

Σ_{11} 的极大似然估计没有精确形式. 然而, 如果我们考虑一个多元正态分布 $N_4(0, \Sigma)$ 的随机样本 $(y_1, z_1), \cdots, (y_n, z_n)$, 则这些实际观测可以被看成来自这个四元分布的前三个分量, 其中

$$\Sigma = \begin{bmatrix} \theta_1 & \theta_2 & \theta_3 & \theta_2 \\ \theta_2 & \theta_1 & \theta_2 & \theta_3 \\ \theta_3 & \theta_2 & \theta_1 & \theta_2 \\ \theta_2 & \theta_3 & \theta_2 & \theta_1 \end{bmatrix} = \begin{bmatrix} \Sigma_{11} & \Sigma_{12} \\ \Sigma_{21} & \Sigma_{22} \end{bmatrix}.$$

如果 (y_1, z_i) 被完全观测到, 那么 Σ 的极大似然估计可以通过简单平均计算得到 (Szatrowski 1978). 因此, 这里我们应用期望最大化算法, 假设 (y_i, z_i) 的前三个分量 y_i 被观测到, 最后一个分量 z_i 缺失. 这样, 观测数据是 $\{y_i\}$, 完全数据是 $\{(y_i, z_i)\}$, 有观测和缺失两部分. 令 $C = \sum_{i=1}^{n}(y_i, z_i)^{\mathrm{T}}(y_i, z_i)/n$, $C_{11} = \sum_{i=1}^{n}(y_i^{\mathrm{T}}y_i)/n$. 矩阵 C 是完全数据充分统计量, C_{11} 是观测的充分统计量.

这里只有一种模式的不完全数据, 即 y_i 有观测而 z_i 缺失. 因此, 期望最大化的 E 步涉及计算给定观测的充分统计量 C_{11} 和 Σ 的当前估计 $\Sigma^{(t)}$ 时 C 的期望值, 也就是 $C^{(t)} = E(C \mid C_{11}, \Sigma^{(t)})$. 首先, 通过从 Σ 的当前估计 $\Sigma^{(t)}$ 扫描 Y, 找出给定 y_i 时 z_i 的条件分布的回归参数, 得到

$$
\begin{bmatrix}
(\Sigma_{11}^{(t)})^{-1} & (\Sigma_{11}^{(t)})^{-1}\Sigma_{12}^{(t)} \\
\Sigma_{21}^{(t)}(\Sigma_{11}^{(t)})^{-1} & \Sigma_{22}^{(t)} - \Sigma_{21}^{(t)}(\Sigma_{11}^{(t)})^{-1}\Sigma_{12}^{(t)}
\end{bmatrix}
= \mathrm{SWP}[1,2,3]
\begin{bmatrix}
\Sigma_{11}^{(t)} & \Sigma_{12}^{(t)} \\
\Sigma_{21}^{(t)} & \Sigma_{22}^{(t)}
\end{bmatrix}.
$$

给定观测数据 z_i 和 $\Sigma = \Sigma^{(t)}$, z_i 的期望值是 $y_i(\Sigma_{11}^{(t)})^{-1}\Sigma_{12}^{(t)}$, 所以, 给定 C_{11} 和 $\Sigma^{(t)}$, $C_{12} = \sum_{i=1}^{n} y_i^{\mathrm{T}}z_i/n$ 的期望值是 $C_{11}(\Sigma_{11}^{(t)})^{-1}\Sigma_{12}^{(t)}$. 给定观测数据 z_i 和 $\Sigma = \Sigma^{(t)}$, $z_i^{\mathrm{T}}z_i$ 的期望值是

$$
\left(\Sigma_{21}^{(t)}(\Sigma_{11}^{(t)})^{-1}y_i^{\mathrm{T}}\right)\left(y_i(\Sigma_{11}^{(t)})^{-1}\Sigma_{12}^{(t)}\right) + \Sigma_{22}^{(t)} - \Sigma_{21}^{(t)}(\Sigma_{11}^{(t)})^{-1}\Sigma_{12}^{(t)},
$$

所以 $C_{22} = \sum_{i=1}^{n} z_i^{\mathrm{T}}z_i/n$ 的期望值是

$$
\Sigma_{22}^{(t)} - \Sigma_{21}^{(t)}(\Sigma_{11}^{(t)})^{-1}\Sigma_{12}^{(t)} + \Sigma_{21}^{(t)}(\Sigma_{11}^{(t)})^{-1}C_{11}(\Sigma_{11}^{(t)})^{-1}\Sigma_{12}^{(t)}.
$$

这些计算可以汇总如下:

$$
C^{(t+1)} = E(C \mid C_{11}, \Sigma^{(t)})
$$
$$
= \begin{bmatrix}
C_{11} & C_{11}(\Sigma_{11}^{(t)})^{-1}\Sigma_{12}^{(t)} \\
\Sigma_{21}^{(t)}(\Sigma_{11}^{(t)})^{-1}C_{11} & \left\{\Sigma_{22}^{(t)} - \Sigma_{21}^{(t)}\left((\Sigma_{11}^{(t)})^{-1} - (\Sigma_{11}^{(t)})^{-1}C_{11}(\Sigma_{11}^{(t)})^{-1}\right)\Sigma_{12}^{(t)}\right\}
\end{bmatrix}.
$$
$$(11.9)$$

给定完全数据, Σ 的极大似然估计是 C, 它是精确的极大似然解, 如前所述, 它可通过简单平均获得. 因此, 在第 $t+1$ 次迭代, 期望最大化的 M 步如下:

$$
\begin{aligned}
\theta_1^{(t+1)} &= \frac{1}{4}\left(c_{11}^{(t+1)} + c_{22}^{(t+1)} + c_{33}^{(t+1)} + c_{44}^{(t+1)}\right), \\
\theta_2^{(t+1)} &= \frac{1}{4}\left(c_{12}^{(t+1)} + c_{23}^{(t+1)} + c_{34}^{(t+1)} + c_{14}^{(t+1)}\right), \\
\theta_3^{(t+1)} &= \frac{1}{2}\left(c_{13}^{(t+1)} + c_{24}^{(t+1)}\right),
\end{aligned}
$$
$$(11.10)$$

其中 $c_{kj}^{(t+1)}$ 是 $C^{(t+1)}$ 的 (k, j) 元, 而 $C^{(t+1)}$ 是式 (11.9) 给出的在第 $t+1$ 次迭代时 C 的期望值. 对于第 $t+1$ 次迭代, θ_1、θ_2 和 θ_3 的估计产生了 Σ 的一个新估计, 式 (11.10) 使用了 C 的这一新值来计算 θ_1、θ_2 和 θ_3 的新估计, 进而又得到 $\Sigma^{(t+1)}$.

期望最大化的一个优点是, 它能够同时处理数据矩阵中的缺失值和模式化的协方差矩阵, 这两种情况在各种应用中经常出现, 如教育测试的例子. 在其中一些例子中, 由于数据缺失, 无约束的协方差矩阵并没有唯一的极大似然估计, 从理论考虑和相关数据的经验证据来看, 模式化的结构很容易被证明是合理的 (Holland 和 Wightman 1982; Rubin 和 Szatrowski 1982). 当有一个以上的不完全数据模式时, E 步计算每个模式的期望充分统计量, 而不是像式 (11.9) 那样只计算一个模式的.

例 11.3　探索性因子分析.

设 Y 是一个 $n \times K$ 的观测数据矩阵, Z 是一个 $n \times q$ 的未观测到的 "因子得分矩阵", 其中 $q < K$, 用 (y_i, z_i) 表示 (Y, Z) 的第 i 行. 假设

$$
\begin{aligned}
(y_i \mid z_i, \theta) &\sim_{\mathrm{ind}} N_K(\mu + \beta z_i, \Sigma), \\
(z_i \mid \theta) &\sim_{\mathrm{ind}} N_q(0, I_q),
\end{aligned}
\tag{11.11}
$$

其中 β (大小为 $K \times q$) 通常被称作因子载荷矩阵, I_q 是 $q \times q$ 的单位矩阵, $\Sigma = \mathrm{Diag}(\sigma_1^2, \cdots, \sigma_K^2)$ 被称作特殊矩阵, 最后记 $\theta = (\mu, \beta, \Sigma)$. 积分掉未观测的因子 z_i, 得到探索性因子分析模型:

$$
(y_i \mid \theta) \sim_{\mathrm{ind}} N_K(\mu, \beta\beta^{\mathrm{T}} + \Sigma).
$$

在因子分析中, 通常假设 $\mu = 0$, 稍微更一般的模型 (11.11) 对每个变量减去其样本均值, 得到中心化的变量. Little 和 Rubin (1987) 提供了 θ 的极大似然估计的期望最大化算法. 这里我们给出 Rubin 和 Thayer (1982) 的更快的期望最大化算法, Liu 等 (1998) 证明了它是参数扩展期望最大化 (PX-EM) 算法的一个例子.

如第 8.5.3 节所讨论的, PX-EM 在一个更大的参数空间中创建一个模型, 在新的参数空间中缺失信息的比例减少了. 扩展的模型是

$$
\begin{aligned}
(y_i \mid z_i, \phi) &\sim_{\mathrm{ind}} N_K(\mu^* + \beta^* z_i, \Sigma^*), \\
(z_i \mid \phi) &\sim_{\mathrm{ind}} N_q(0, \Gamma),
\end{aligned}
\tag{11.12}
$$

其中 $\phi = (\mu^*, \beta^*, \Sigma^*, \Gamma)$, 用无约束的协方差矩阵 Γ 替换式 (11.11) 中的单位矩

阵 I_q. 在模型 (11.12) 下,

$$(y_i \mid \phi) \sim_{\text{ind}} N_K(\mu^*, \beta^* \Gamma \beta^{*\mathrm{T}} + \Sigma^*),$$

所以

$$\theta = (\mu, \beta, \Sigma) = (\mu^*, \beta^* \operatorname{Chol}(\Gamma), \Sigma^*),$$

其中 $\operatorname{Chol}(\Gamma)$ 是 Γ 的 Cholesky 因子 (见例 6.19). 模型 (11.12) 的完全数据充分统计量 (也就是如果 $\{(y_i, z_i), i = 1, \cdots, n\}$ 被完全观测到) 是

$$\bar{y} = \sum_{i=1}^n y_i/n, \qquad C_{yy} = \sum_{i=1}^n (y_i - \bar{y})(y_i - \bar{y})^{\mathrm{T}}/n,$$

$$C_{yz} = \sum_{i=1}^n (y_i - \bar{y})z_i^{\mathrm{T}}/n, \qquad C_{zz} = \sum_{i=1}^n z_i z_i^{\mathrm{T}}/n.$$

给定当前的参数估计 $\phi^{(t)}$, PX-EM 的 E 步涉及计算期望完全数据充分统计量:

$$C_{yz}^{(t+1)} = E(C_{yz} \mid Y, \phi^{(t)}) = C_{yy}\gamma^{(t)},$$

$$C_{zz}^{(t+1)} = E(C_{zz} \mid Y, \phi^{(t)}) = \gamma^{(t)\mathrm{T}}C_{yy}\gamma^{(t)} + C_{zz \cdot y}^{(t)},$$

其中 $\gamma^{(t)}$ 和 $C_{zz \cdot y}^{(t)}$ 是给定 $\phi^{(t)}$ 时 Z 对 Y 回归的系数和残差协方差矩阵. 具体来说, 令

$$B^{(t)} = \begin{pmatrix} \beta^{*(t)\mathrm{T}}\beta^{*(t)} + \Sigma^{*(t)} & \beta^{*(t)\mathrm{T}} \\ \beta^{*(t)} & I_q \end{pmatrix}$$

为当前的 (Y, Z) 的方差–协方差矩阵, 则 $\gamma^{(t)}$ 和 $C_{zz \cdot y}^{(t)}$ 可从 $\operatorname{SWP}[1, \cdots, K]B^{(t)}$ 的后 q 列得出.

PX-EM 的 M 步计算交叉乘积矩阵

$$C^{(t+1)} = \begin{pmatrix} C_{yy} & C_{yz}^{(t+1)} \\ C_{yz}^{(t+1)\mathrm{T}} & C_{zz}^{(t+1)} \end{pmatrix}.$$

然后令 $\mu^{*(t+1)} = \bar{y}$, $\Gamma^{(t+1)} = C_{zz}^{(t+1)}$, 从 $\operatorname{SWP}[1, \cdots, K]C^{(t+1)}$ 的后 q 列找出 $\beta^{*(t+1)}$ 和 $\Sigma^{*(t+1)}$. 化简到原始参数 θ, 有 $\mu^{(t+1)} = \mu^{*(t+1)}$, $\Sigma^{(t+1)} = \Sigma^{*(t+1)}$, 以及 $\beta^{(t+1)} = \beta^{*(t+1)} \operatorname{Chol}(\Gamma^{(t+1)})$.

这种因子分析的期望最大化算法可以扩展到处理 Y 变量中的缺失数据 $Y_{(1)}$, 方法是把 $Y_{(1)}$ 和 Z 都视为缺失数据, 然后 E 步计算每个不完全数据模式对期望充分统计量的贡献, 而不仅仅是 y_i 被完全观测到的这一种模式.

例 11.4 方差分量模型.

一大类模式化协方差矩阵产生于方差分量模型, 后者也被称为随机效应或混合效应方差分析模型. 期望最大化算法可以用来获得方差分量和更一般的协方差分量的极大似然估计 (Dempster 等 1977; Dempster 等 1981). 下面的例子取自 Snedecor 和 Cochran (1967, 第 290 页).

在对奶牛人工受精的研究中, 对 $K = 6$ 头公牛的精液样本进行了受孕能力测试, 其中公牛的精液样本测试数量 n_i 因公牛而异, 数据见表 11.3. 感兴趣的问题是牛内效应的变异性; 也就是说, 如果从每头牛身上采集了无限多的样本, 那么就能计算出表中 6 个结果均值的方差, 并用来估计在总体中牛内效应的方差. 因此, 在实际数据中, 有一部分变异性是由于从公牛总体中抽样, 这是主要的, 另一部分变异性是由于从每头公牛的采样.

表 11.3　例 11.4 的数据

公牛 (i)	对连续样本配种的受孕百分数	n_i	X_i
1	46, 31, 37, 62, 30	5	206
2	70, 59	2	129
3	52, 44, 57, 40, 67, 64, 70	7	394
4	47, 21, 70, 46, 14	5	198
5	42, 64, 50, 69, 77, 81, 87	7	470
6	35, 68, 59, 38, 57, 76, 57, 29, 60	9	479
总计		35	1876

对这样的数据, 一个常用的正态模型是

$$y_{ij} = \alpha_1 + e_{ij}, \tag{11.13}$$

其中 $(\alpha_i \mid \theta) \sim_{\text{ind}} N(\mu, \sigma_\alpha^2)$ 是牛间效应, $(e_{ij} \mid \theta) \sim_{\text{ind}} N(0, \sigma_e^2)$ 是牛内效应, $\theta = (\mu, \sigma_\alpha^2, \sigma_e^2)$ 是固定参数. 对 α_i 积分, 发现 y_{ij} 是联合正态的, 共同的均值为 μ, 共同的方差为 $\sigma_\alpha^2 + \sigma_e^2$, 同一头牛内的协方差为 σ_α^2, 不同牛之间的协方差为 0. 也就是

$$\text{Corr}(y_{ij}, y_{i'j'}) = \begin{cases} \rho = [1 + \sigma_e^2/\sigma_\alpha^2]^{-1}, & \text{若 } i = i', j \neq j'; \\ 0, & \text{若 } i \neq i', \end{cases}$$

其中 ρ 经常被叫作类内相关系数.

把未观测到的随机变量 $\alpha_1, \cdots, \alpha_6$ 当作缺失数据 (全部的 y_{ij} 都被观测到), 这将导出一个求 θ 极大似然估计的期望最大化算法. 具体来说, 完全数据似然有两个因子, 一个对应着给定 α_i 和 θ 时 y_{ij} 的分布, 另一个对应着给定 θ 时 α_i 的分布:

$$\prod_{i,j}(2\pi\sigma_e^2)^{-1/2}\exp\left[-(y_{ij}-\alpha_i)^2/(2\sigma_e^2)\right]\prod_i(2\pi\sigma_\alpha^2)^{-1/2}\exp\left[-(\alpha_i-\mu)^2/(2\sigma_\alpha^2)\right].$$

所得到的对数似然是下列完全数据充分统计量的线性函数:

$$T_1 = \sum_i \alpha_i, \quad T_2 = \sum_i \alpha_i^2,$$
$$T_3 = \sum_{i,j}(y_{ij}-\alpha_i)^2 = \sum_{i,j}(y_{ij}-\bar{y}_i)^2 + \sum_i n_i(\bar{y}_i-\alpha_i)^2.$$

期望最大化的 E 步给定 θ 的当前估计和观测数据 y_{ij} $(i=1,\cdots,K, j=1,\cdots,n_i)$, 求 T_1、T_2 和 T_3 的期望. 接下来, 对 α_i 和 y_{ij} 的联合分布应用贝叶斯定理, 得到给定 y_{ij} 时 α_i 的条件分布:

$$(\alpha_i \mid \{y_{ij}\}, \theta) \sim_{\text{ind}} N(w_i\mu + (1-w_i)\bar{y}_i, v_i),$$

其中 $w_i = \sigma_\alpha^{-2}v_i$, $v_i = (\sigma_\alpha^{-2} + n_i\sigma_e^{-2})^{-1}$. 因此,

$$\begin{aligned}
T_1^{(t+1)} &= \sum_i \left[w_i^{(t)}\mu^{(t)} + (1-w_i^{(t)})\bar{y}_i\right], \\
T_2^{(t+1)} &= \sum_i \left[w_i^{(t)}\mu^{(t)} + (1-w_i^{(t)})\bar{y}_i\right]^2 + \sum_i v_i^{(t)}, \quad\quad (11.14) \\
T_3^{(t+1)} &= \sum_{i,j}(y_{ij}-\bar{y}_i)^2 + \sum_i n_i\left[(w_i^{(t)})^2(\mu^{(t)}-\bar{y}_i)^2 + v_i^{(t)}\right].
\end{aligned}$$

基于完全数据的极大似然估计为

$$\begin{aligned}
\widehat{\mu} &= T_1/K, \\
\widehat{\sigma}_\alpha^2 &= T_2/K - \widehat{\mu}^2, \quad\quad (11.15) \\
\widehat{\sigma}_e^2 &= T_3 \Big/ \sum_i n_i.
\end{aligned}$$

因此, 期望最大化的 M 步在这些表达式中用 $T_k^{(t+1)}$ 替换 T_k $(k=1,2,3)$.

这一算法产生的极大似然估计是

$$\widehat{\mu} = 53.3184, \quad \widehat{\sigma}_\alpha^2 = 54.8223, \quad \widehat{\sigma}_e^2 = 249.2235.$$

可以用这后两个估计与从随机效应方差分析得到的估计 (令观测均方等于期望均方) 进行比较，即 $\tilde{\sigma}_\alpha^2 = 53.8740$，$\tilde{\sigma}_e^2 = 248.1876$ (例如，见 Brownlee 1965，第 11.4 节). 更复杂的方差分量模型可以用期望最大化来拟合，包括那些多元的 y_{ij}、α_i 和 X 变量；例如，见 Dempster 等 (1981) 以及 Laird 和 Ware (1982). Gelfand 等 (1990) 考虑了正态随机效应模型的贝叶斯推断.

11.4　多重线性回归

11.4.1　因变量有缺失的线性回归

假设一个标量结局变量 Y 向 p 个预测变量 $X_1, \cdots, X_p$ 做回归，Y 中有缺失值. 如果缺失机制是可忽略的，则不完全关系不包含关于回归参数 $\theta_{Y \cdot X} = (\beta_{Y \cdot X}, \sigma_{Y \cdot X}^2)$ 的信息. 然而，期望最大化算法可以用于所有的观测值，它的迭代算法将会获得与仅使用完全观测值以非迭代方式获得的估计相同的极大似然估计值. 有些出乎意料的是，用期望最大化算法迭代地找出这些极大似然估计可能比非迭代的方式更容易.

例 11.5　方差分析中的缺失结局.

在设计的试验中，人为选择 $(X_1, \cdots, X_p)$ 的取值集是为了简化最小二乘估计的计算. 如果在给定 $(X_1, \cdots, X_p)$ 的条件下 Y 是正态的，那么最小二乘计算将会产生极大似然估计. 当 Y 的值 (记作 y_i，$i = 1, \cdots, m$) 有缺失时，剩余的完全观测值不再具备原始设计中的平衡性，其结果是极大似然 (最小二乘) 估计会比较复杂. 根据第 2 章所述的各种原因，最好要保留所有的观测值，并把这一问题看成缺失数据问题来处理.

如果对这一问题应用期望最大化，M 步对应着原始设计的最小二乘分析，E 步涉及在给定当前参数估计 $\theta_{Y \cdot X}^{(t)} = (\beta_{Y \cdot X}^{(t)}, (\sigma_{Y \cdot X}^{(t)})^2)$ 的条件下寻找缺失的 y_i 的期望值和期望平方值：

$$y_i^{(t+1)} = E\left(y_i \mid X, Y_{(0)}, \theta_{Y \cdot X}^{(t)}\right)$$

$$= \begin{cases} y_i, & \text{若 } y_i \text{ 被观测到 } (i = m+1, \cdots, n); \\ \beta_{Y \cdot X}^{(t)} x_i^{\mathsf{T}}, & \text{若 } y_i \text{ 缺失 } (i = 1, \cdots, m), \end{cases}$$

$$E\left(y_i^2 \mid X, Y_{(0)}, \theta_{Y \cdot X}^{(t)}\right) = \begin{cases} y_i^2, & \text{若 } y_i \text{ 被观测到}; \\ (\beta_{Y \cdot X}^{(t)} x_i^{\mathsf{T}})^2 + (\sigma_{Y \cdot X}^{(t)})^2, & \text{若 } y_i \text{ 缺失}, \end{cases}$$

其中 X 是 X 值的 $n \times p$ 矩阵. 记 Y 为 Y 值的 $n \times 1$ 向量，在第 $t + 1$ 次迭代

的 E 步把 y_i 替换成它的估计值, 得到的 Y 向量记为 $Y^{(t+1)}$. M 步计算

$$\beta_{Y \cdot X}^{(t+1)} = (X^{\mathrm{T}} X)^{-1} X^{\mathrm{T}} Y^{(t+1)} \tag{11.16}$$

和

$$(\sigma_{Y \cdot X}^{(t+1)})^2 = n^{-1} \left[\sum_{i=m+1}^{n} \left(y_i - \beta_{Y \cdot X}^{(t)} x_i \right)^2 + m(\sigma_{Y \cdot X}^{(t)})^2 \right]. \tag{11.17}$$

注意式 (11.16) 不包含 $(\sigma_{Y \cdot X}^{(t)})^2$, 所以算法可以化简. 在收敛点处我们有

$$(\sigma_{Y \cdot X}^{(t+1)})^2 = (\sigma_{Y \cdot X}^{(t)})^2 = \widehat{\sigma}_{Y \cdot X}^2,$$

所以, 由式 (11.17),

$$\widehat{\sigma}_{Y \cdot X}^2 = \frac{1}{n} \sum_{i=m+1}^{n} (y_i - \widehat{\beta}_{Y \cdot X} x_i)^2 + \frac{m}{n} \widehat{\sigma}_{Y \cdot X}^2,$$

或

$$\widehat{\sigma}_{Y \cdot X}^2 = \frac{1}{n-m} \sum_{i=m+1}^{n} (y_i - \widehat{\beta}_{Y \cdot X} x_i)^2. \tag{11.18}$$

这样, 期望最大化迭代可以忽略 M 步中 $\sigma_{Y \cdot X}^2$ 的估计以及 E 步中 $E(y_i^2 \mid$ 数据, $\theta_{Y \cdot X}^{(t)})$ 的估计, 并通过迭代找出 $\widehat{\beta}_{Y \cdot X}$. 收敛之后, 我们可以由式 (11.18) 直接计算 $\widehat{\sigma}_{Y \cdot X}^2$. 这些迭代填充了缺失数据, 在方差分析中重新估计缺失值, 以此类推, 构成了第 2.4.3 节中讨论的 Healy 和 Westmacott (1956) 的算法. 还可以在估计 $\sigma_{Y \cdot X}^2$ 时对自由度进行额外的修正, 把式 (11.18) 中的 $n - m$ 替换成 $n - m - p$, 以便获得 $\sigma_{Y \cdot X}^2$ 的常规无偏估计.

11.4.2　带有缺失数据的更一般回归问题

一般地, 自变量和因变量都可能存在缺失值. 下面假设 $(Y, X_1, \cdots, X_p)$ 的联合正态性. 然后运用性质 6.1, 如第 11.2 节所讨论的, Y 对 $X_1, \cdots, X_p$ 回归参数的极大似然估计或从后验分布的抽取是多元正态的. 令

$$\theta = \begin{bmatrix} -1 & \mu_1 & \cdots & \mu_{p+1} \\ \mu_1 & \sigma_{11} & \cdots & \sigma_{1,p+1} \\ \vdots & \vdots & & \vdots \\ \mu_{p+1} & \sigma_{1,p+1} & \cdots & \sigma_{p+1,p+1} \end{bmatrix} \tag{11.19}$$

表示对应于变量 $X_1, \cdots, X_p$ 和 $X_{p+1} \equiv Y$ 的增广协方差矩阵. Y 对 $X_1, \cdots, X_p$ 回归的截距、斜率和残差方差在矩阵 $\mathrm{SWP}[1, \cdots, p]\theta$ 的最后一列给出, 也就是在矩阵 θ 中对常数项和自变量做扫描. 因此, 如果 $\hat{\theta}$ 是用第 11.2 节的方法求出的 θ 的极大似然估计, 那么截距、斜率和残差方差的极大似然估计可从 $\mathrm{SWP}[1, \cdots, p]\hat{\theta}$ 的最后一列得到. 同理, 如果 $\theta^{(d)}$ 是从 θ 后验分布的一个抽取, 则 $\mathrm{SWP}[1, \cdots, p]\theta^{(d)}$ 产生了一个从截距、斜率和残差方差的联合后验分布中的抽取.

用 $\hat{\beta}_{YX \cdot X}$ 表示 Y 对 X 回归系数的极大似然估计, 用 $\hat{\sigma}_{YY \cdot X}$ 表示给定 X 后 Y 的残差方差, 设它们是利用前面描述的期望最大化算法获得的. 在一些比 Y 和 $(X_1, \cdots, X_p)$ 的多元正态假设更弱的假设下, 这些估计也是极大似然估计. 具体来说, 假设我们把 $(X_1, \cdots, X_p)$ 划分成 $(X_{(A)}, X_{(B)})$, 其中, $X_{(A)}$ 中变量比 Y 和 $X_{(B)}$ 中的变量观测更多, 这里 "观测更多" 的意义在第 7.5 节提到过, 也就是说任何在 Y 和 $X_{(B)}$ 上有观测的单元一定也有 $X_{(A)}$ 的观测. 一个特别简单的情形是, $X = (X_1, \cdots, X_p)$ 被完全观测到, 这样 $X_{(A)} = X$; 一个更一般的情形是图 7.1, 图中的 Y_1 对应于 $(Y, X_{(B)})$, Y_3 对应于 $X_{(A)}$, Y_2 是空的. 这样, 如果给定 $X_{(A)}$ 时 $(Y, X_{(B)})$ 的条件分布是多元正态的, 则 $\hat{\beta}_{YX \cdot X}$ 和 $\hat{\sigma}_{YY \cdot X}$ 仍然是极大似然估计, 细节请见第 7 章. 这一条件多元正态假设比 $(Y, X_1, \cdots, X_p)$ 的多元正态性宽松很多, 因为它允许 $X_{(A)}$ 中的自变量是分类变量, 比如哑变量回归, 并允许把完全观测的自变量的交互作用和多项式引入回归, 而不影响不完全数据程序的妥当性. 类似地, 对于贝叶斯推断, 如果 $\beta_{YX \cdot X}^{(d)}$ 和 $\sigma_{YY \cdot X}^{(d)}$ 是从多元正态数据增广算法的后验分布中的抽取, 那么在给定 $X_{(A)}$ 时 $(Y, X_{(B)})$ 的条件多元正态模型下, 它们仍然是从后验分布的抽取.

对于完全数据的情形, $\mathrm{SWP}[1, \cdots, p]\hat{\theta}$ 的前 p 个行和列构成的 $p \times p$ 子矩阵无法提供回归系数估计的渐近协方差矩阵. 基于常规的大样本近似的斜率估计的渐近协方差矩阵一般涉及均值、方差和协方差的完整信息矩阵的逆, 这在第 11.2.2 节中有展示. 在计算上, 更简单的选择是采用自采样法, 或者模拟参数的后验分布. 特别地, 设 $\theta^{(d)}$ 是从 θ 的后验分布的抽取, 则 $\mathrm{SWP}[1, \cdots, p]\theta^{(d)}$ 这一组抽取集可以用来模拟 $\mathrm{SWP}[1, \cdots, p]\theta$ 的后验分布, 从而允许构建回归系数和残差的后验可信区间.

更一般地, 多元线性回归的极大似然或贝叶斯估计可以通过应用第 11.2 节的算法来实现, 然后在所得到的增广协方差矩阵中对自变量进行扫描. 特别地, 如果因变量是 $Y_1, \cdots, Y_K$, 自变量是 $X_1, \cdots, X_p$, 则通过期望最大化算法估计合并集 $(X_1, \cdots, X_p, Y_1, \cdots, Y_K)$ 的增广协方差矩阵, 然后再在矩阵中对

变量 $X_1, \cdots, X_p$ 进行扫描. 这样得到的矩阵包含了 Y 对 X 回归的 $p \times K$ 回归系数矩阵的极大似然估计, 以及给定 X 时 Y 的 $K \times K$ 残差方差矩阵. 对于数据增广从后验分布的抽取, 类似运算提供了多元回归参数的抽取. 这些方法和备选方案的综述, 见 Little (1992).

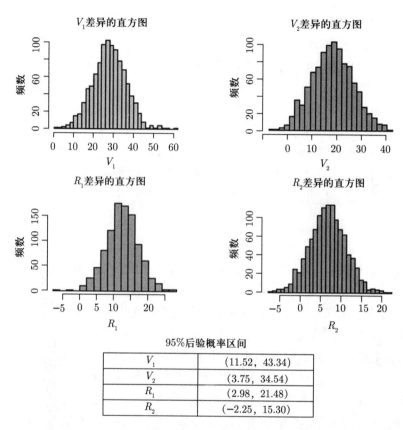

95%后验概率区间	
V_1	(11.52, 43.34)
V_2	(3.75, 34.54)
R_1	(2.98, 21.48)
R_2	(−2.25, 15.30)

图 11.2 例 11.6: St. Louis 风险研究数据基于多元正态回归模型的 9000 次抽取, 均值差异 $\mu_{\text{low}} - \mu_{\text{med/high}}$ 的后验分布

例 11.6 **用 St. Louis 数据说明带有缺失数据的多元方差分析** (**例 11.1 续**).

现在我们对表 11.1 的全部数据应用多元正态模型, 包含一个指征低风险组和中高风险组的指示变量, 然后在最后一步的增广协方差矩阵中扫描组别变量, 以得到连续结局多元回归在组别指示变量上的估计. 组别指示变量的回归系数衡量了低风险组和中高风险组结局均值的差异. 图 11.2 展示了数据增广基于 9000 次抽取得到的回归系数的直方图. 图片下方列出了基于 2.5 至 97.5

百分位数的 95% 后验概率区间. 结论与例 11.1 相似, 即低风险组的阅读和言语能力表现得高于中高度风险组.

11.5　带有缺失数据的一般重复测量模型

纵向研究在不同的时间和/或在不同的试验条件下对受试者进行观测, 经常会出现缺失数据的情况. 这类数据的正态模型往往结合了特殊的协方差结构, 比如第 11.3 节中讨论的那些结构, 以及把重复测量的均值与设计变量联系起来的均值结构. Jennrich 和 Schluchter (1986) 给出了以下的一般重复测量模型, 其建立在 Harville (1977)、Laird 和 Ware (1982) 以及 Ware (1985) 的早期工作基础上. 该模型的极大似然已经在一些软件程序中得到实现, 包括 SAS (1992) 和 S-Plus (Schafer 1998; Pinheiro 和 Bates 2000).

假设单元 i 的 (假想的) 完全数据包含对一个结局变量 Y 的 K 个测量 $y_i = (y_{i1}, \cdots, y_{iK})$, 并且

$$y_i \sim_{\text{ind}} N_K(X_i\beta, \Sigma(\psi)), \tag{11.20}$$

其中 X_i 是单元 i 的一个已知的 $K \times m$ 设计矩阵, β 是未知的回归系数的 $m \times 1$ 向量, 协方差矩阵 Σ 的元素是 v 个未知参数 ψ 的已知形式函数. 因此, 该模型包含了由设计矩阵 ($\{X_i\}$ 集合) 确定的均值结构和由协方差矩阵 Σ 的形式确定的协方差结构. 观测数据包含设计矩阵 $\{X_i\}$ 和 $\{y_{(0),i}, i = 1, \cdots, n\}$, 其中 $y_{(0),i}$ 是向量 y_i 的观测部分, 假设 y_i 的缺失值是可忽略的. 完全数据对数似然是量 $\{y_i, y_i^{\text{T}}y_i, i = 1, \cdots, n\}$ 的线性函数. 因此, E 步需要计算给定 $y_{(0),i}$、X_i 以及 β 和 Σ 的当前估计值时 y_i 和 $y_i^{\text{T}}y_i$ 的期望. 这些计算包括对 Σ 的当前估计值进行扫描运算, 类似于第 11.2.1 节多变量正态模型中的操作. 除特殊情况外, 模型的 M 步本身就是迭代的, 因此期望最大化失去了它的一个主要吸引力, 即 M 步的简单性. Jennrich 和 Schluchter (1986) 给出了一个广义期望最大化算法 (见第 8.4 节), 他们还讨论了得分算法和 Newton-Raphson 算法, 当 Σ 只依赖于中等数量的参数 ψ 时, 这些算法是有吸引力的.

通过组合不同的均值和协方差结构的选择, 可以对大量的情形进行建模. 例如:

- 独立: $\Sigma = \text{Diag}_K(\psi_1, \cdots, \psi_K)$, 一个 $K \times K$ 对角矩阵, 对角元素为 $\{\psi_k\}$;
- 复合对称: $\Sigma = \psi_1 U_K + \psi_2 I_K$, ψ_1 和 ψ_2 是标量, U_K 是 $K \times K$ 的全 1 矩阵, I_K 是 $K \times K$ 的单位矩阵;

- 一阶滞后自回归: $\Sigma = (\sigma_{jk})$, $\sigma_{jk} = \psi_1\psi_2^{|j-k|}$, ψ_1 和 ψ_2 是标量;
- 带状: $\Sigma = (\sigma_{jk})$, $\sigma_{jk} = \psi_r$, 其中 $r = |j-k|+1$, $r = 1, \cdots, K$;
- 因子分析: $\Sigma = \Gamma\Gamma^{\mathrm{T}} + \psi$, Γ 是 $K \times q$ 的因子载荷矩阵, ψ 是 $K \times K$ 的特殊因子方差对角矩阵;
- 随机效应: $\Sigma = Z\psi Z^{\mathrm{T}} + \sigma^2 I_K$, 其中 Z 是 $K \times q$ 已知矩阵, ψ 是 $q \times q$ 的离差矩阵, σ^2 是标量, I_K 是 $K \times K$ 单位矩阵;
- 非结构化: $\Sigma = (\sigma_{jk})$, ψ 表示这一矩阵的 $\nu = K(K+1)/2$ 个元素.

均值结构也非常灵活. 如果 $X_i = I_K$, 那么对于所有的 i 来说, 都有 $\mu_i = \beta^{\mathrm{T}}$. 这种常数的均值结构, 结合非结构化、因子分析和复合对称协方差结构, 将分别得到第 11.2 节、例 11.3 和例 11.4 的模型. 通过对 X_i 的另一些选择, 可以很容易地建立个体间和个体内效应的模型, 如下例.

例 11.7　带有缺失数据的生长曲线模型.

Potthoff 和 Roy (1964) 列出了 11 名女孩和 16 名男孩的生长数据, 见表 11.4. 对于每个个体, 在 8、10、12 和 14 岁时, 记录了从垂体中心到上颌裂的距离. Jennrich 和 Schluchter (1986) 对这些数据拟合了 8 个重复测量模型. 我们删除表 11.4 中括号内的 10 个值, 用剩下的数据拟合同样的模型. 缺失机制被设计为随机缺失, 但不是完全随机缺失. 具体来说, 对于全部女孩和男孩, 如果 8 岁时数值较低, 则删除 10 岁时的数值. 表 11.5 总结了这些模型, 并给出了负二倍对数似然 (-2λ) 和似然比卡方 (χ^2) 的值, 以便进行模型的比较. 对后一统计量, 表格最后一列给出了删除部分值前的完全数据统计量值, 这是 Jennrich 和 Schluchter (1986) 所给出的.

对于第 i 个个体, 用 y_i 表示四个距离度量, 用 x_i 表示设计矩阵, 如果小孩是男孩则 $x_i = 1$, 如果小孩是女孩则 $x_i = 0$. 模型 1 按年龄组给每种性别指定了不同的均值, 并假设 4×4 协方差矩阵是非结构化的. 个体 i 的 X_i 矩阵可以写成

$$X_i = \begin{bmatrix} 1 & x_i & 0 & 0 & 0 & 0 & 0 & 0 \\ 0 & 0 & 1 & x_i & 0 & 0 & 0 & 0 \\ 0 & 0 & 0 & 0 & 1 & x_i & 0 & 0 \\ 0 & 0 & 0 & 0 & 0 & 0 & 1 & x_i \end{bmatrix}.$$

在没有缺失数据的情况下, β 的极大似然估计是 8 个样本的均值, Σ 的极大似然估计是 S/n, 其中 S 是整体的组内平方和及交叉乘积矩阵.

表 11.5 中的模型 1 是一个无约束的模型, 用它拟合表 11.4 中的不完全数据. 其他 7 个模型也用这些数据拟合. 散点图表明平均距离和年龄之间存在线

性关系, 女孩和男孩的截距和斜率不同. 均值结构可以写成

$$\mu_i^{\mathrm{T}} = X_i\beta = \begin{bmatrix} 1 & x_i & -3 & -3x_i \\ 1 & x_i & -1 & -x_i \\ 1 & x_i & 1 & x_i \\ 1 & x_i & 3 & 3x_i \end{bmatrix} \begin{bmatrix} \beta_1 \\ \beta_2 \\ \beta_3 \\ \beta_4 \end{bmatrix}, \tag{11.21}$$

其中 β_1 和 $\beta_1 + \beta_2$ 分别表示女孩和男孩的整体均值, β_3 和 $\beta_3 + \beta_4$ 分别表示

表 11.4　　例 11.7: 11 个女孩和 16 个男孩的生长数据

女孩个体	年龄 (年)				男孩个体	年龄 (年)			
	8	10	12	14		8	10	12	14
1	21	20	21.5	23	1	26	25	29	31
2	21	21.5	24	25.5	2	21.5	(22.5)	23	26.5
3	20.5	(24)	24.5	26	3	23	22.5	24	27.5
4	23.5	24.5	25	26.5	4	25.5	27.5	26.5	27
5	21.5	23	22.5	23.5	5	20	(23.5)	22.5	26
6	20	(21)	21	22.5	6	24.5	25.5	27	28.5
7	21.5	22.5	23	25	7	22	22	24.5	26.5
8	23	23	23.5	24	8	24	21.5	24.5	25.5
9	20	(21)	22	21.5	9	23	20.5	31	26.0
10	16.5	(19)	19	19.5	10	27.5	28	31	31.5
11	24.5	25	28	28	11	23	23	23.5	25
					12	21.5	(23.5)	24	28
					13	17	(24.5)	26	29.5
					14	22.5	25.5	25.5	26
					15	23	24.5	26	30
					16	22	(21.5)	23.5	(25)

在例 11.6 中, 括号内的值被当作缺失.

来源: Potthoff 和 Roy (1964), 根据 Jennrich 和 Schluchter (1986) 的报告. 使用获 Oxford University Press 许可.

表 11.5 例 11.7: 模型拟合的总结

模型	描述	参数数量	-2λ	比较模型	χ^2	自由度	完全数据 χ^2
1	8 个分别均值, 非结构化协方差矩阵	18	386.96	–		–	
2	2 条线, 不等的斜率, 非结构化协方差矩阵	14	393.29	1	6.33	4	[2.97]
3	2 条线, 共同的斜率, 非结构化协方差矩阵	13	397.40	2	4.11	1	[6.68]
4	2 条线, 不等的斜率, 带状结构	8	398.03	2	4.74	6	[5.17]
5	2 条线, 不等的斜率, AR(1) 结构	6	409.52	2	16.24	8	[21.20]
6	2 条线, 不等的斜率, 随机斜率和截距	8	400.45	2	7.16	6	[8.33]
7	2 条线, 不等的斜率, 随机截距 (复合对称)	6	401.31	2	8.02	8	[9.16]
8	2 条线, 不等的斜率, 独立观测	5	441.58	7	40.27	1	[50.83]

来源: 完全数据从 Jennrich 和 Schluchter (1986) 获得. 使用获 John Wiley and Sons 许可.

女孩和男孩的斜率. 模型 2 拟合了这一均值结构和一个非结构化的 Σ.

比较模型 2 与模型 1 的似然比统计量为 $\chi^2 = 6.33$, 自由度为 4, 这说明模型 2 相对于模型 1 的拟合更加令人满意. 在模型 2 中设置 $\beta_4 = 0$, 也就是舍弃 X_i 的最后一列, 得到模型 3. 它约束了距离度量对年龄的回归线在两组中具有相同的斜率. 与模型 2 相比, 模型 3 在 1 个自由度上的似然比为 4.11, 说明拟合度明显不足. 因此, 模型 2 的均值结构更可取.

表 11.5 的其余模型都具有模型 2 的均值结构, 但对 Σ 设置约束. 从卡方统计量来评判, 自回归结构 (模型 5) 和独立协方差结构 (模型 8) 模型未能很好地拟合数据. 带状结构 (模型 4) 及两个随机效应结构 (模型 6 和模型 7) 模型拟合得比较好. 在这些模型中, 基于尽可能选择简单模型的理由, 我们偏好模型 7. 该模型可以解释为一个随机效应模型, 每个性别组有一个固定的斜率和一个随机截距, 该截距对女孩和男孩有一个共同的均值, 但在不同的个体之间变化. 进一步的分析将展示这个首选模型的参数估计.

11.6　时间序列模型

11.6.1　引言

这里, 对带有缺失数据的时间序列建模的讨论仅限于具有正态扰动的参数化时域模型, 因为这些模型最适合于第 6 章和第 8 章中发展的极大似然技术. 这类模型有两类在应用中显得特别重要: Box 和 Jenkins (1976) 开发的自回归滑动平均 (ARMA) 模型, 以及一般状态空间或卡尔曼滤波模型, 该模型始于工程文献 (Kalman 1960), 并在时间序列的计量经济学和统计学文献中得到了相当大的发展 (Harvey 1981). 下一节将会讨论, 在期望最大化算法的帮助下, 自回归模型相对容易拟合不完全时间序列数据. 带有滑动平均成分的 Box-Jenkins 模型不那么容易处理, 但正如 Harvey 和 Phillips (1979) 以及 Jones (1980) 所讨论的那样, 可以通过将模型重塑为一般状态空间模型来实现极大似然估计. 这里省略了这种转换的细节, 不过, 在第 11.6.3 节中, 按照 Shumway 和 Stoffer (1982) 的方法, 我们将概述利用不完全数据对一般状态空间模型的极大似然估计.

11.6.2　有缺失值的一元时间序列的自回归模型

用 $Y = (y_0, y_1, \cdots, y_T)$ 表示一个完全观测的一元时间序列, 共有 $T+1$ 次观测. p 阶滞后自回归模型 (ARp) 假定在时间 i 的值 y_i 与前面 p 个时间点的值有关, 有模型

$$(y_i \mid y_1, y_2, \cdots, y_{i-1}, \theta) \sim N(\alpha + \beta_1 y_{i-1} + \cdots + \beta_p y_{i-p}, \sigma^2), \qquad (11.22)$$

其中参数为 $\theta = (\alpha, \beta_1, \beta_2, \cdots, \beta_p, \sigma^2)$, α 是一个常数项, $\beta_1, \beta_2, \cdots, \beta_p$ 是未知的回归系数, σ^2 是一个未知的误差方差. $\alpha, \beta_1, \beta_2, \cdots, \beta_p$ 和 σ^2 最小二乘估计可通过用 y_i 对 $x_i = (y_{i-1}, y_{i-2}, \cdots, y_{i-p})$ 做回归得到, 使用观测 $i = p, p+1, \cdots, T$. 这些估计只是近似的极大似然估计, 因为 $y_0, y_1, \cdots, y_{p-1}$ 的边缘分布对似然的贡献被忽略了. 当 p 相对于 T 较小时, 这种方法是合理的.

如果序列中有些观测缺失了, 我们也许会考虑应用第 11.4 节中带缺失值回归的方法. 这种方法可能会产生有用的粗略近似值, 但即使 $y_0, y_1, \cdots, y_{p-1}$ 的假设边缘分布可忽略, 这一程序也不是极大似然, 因为 (1) 缺失值 y_i ($i \geqslant p$) 在回归中作为自变量和因变量出现, (2) 模型 (11.22) 包含 Y 的均值向量和协方差矩阵的一个特殊结构, 而在分析中没有使用. 因此, 从不完全时间序列估计 ARp 模型需要特殊的期望最大化算法. 这些算法相对容易实现, 尽管描述

起来并不简单. 在这里我们仅以 $p = 1$ 的情形为例说明.

例 11.8 **有缺失值的一阶滞后自回归 (AR1) 时间序列模型.**

在式 (11.22) 中设 $p = 1$, 得到模型

$$(y_i \mid y_1, y_2, \cdots, y_{i-1}, \theta) \sim_{\text{ind}} N(\alpha + \beta y_{i-1}, \sigma^2). \tag{11.23}$$

只有当 $|\beta| < 1$ 时, AR1 序列是平稳的, 对全部时间产生 y_i 的一个恒定的边缘分布. 于是, y_i 的联合分布具有常数边缘均值 $\mu \equiv \alpha(1 - \beta)^{-1}$ 和方差 $\text{Var}(y_i) = \sigma^2(1 - \beta^2)^{-1}$, 对 $k \geqslant 1$, 有协方差 $\text{Cov}(y_i, y_{i+k}) = \beta^k \sigma^2(1 - \beta^2)^{-1}$. 忽略 y_0 边缘分布的贡献, Y 的完全数据对数似然为

$$\ell(\alpha, \beta, \sigma^2 \mid y) = -\frac{1}{2\sigma^2} \sum_{i=1}^{T} (y_i - \alpha - \beta y_{i-1})^2 - \frac{1}{2} T \ln \sigma^2,$$

它等价于 y_i 对 $x_i = y_{i-1}$ 正态线性回归的对数似然, 其数据为 $\{(y_i, x_i), i = 1, \cdots, T\}$. 完全数据充分统计量是 $s = (s_1, s_2, s_3, s_4, s_5)$, 其中

$$s_1 = \sum_{i=1}^{T} y_i, \ \ s_2 = \sum_{i=1}^{T} y_{i-1}, \ \ s_3 = \sum_{i=1}^{T} y_i^2, \ \ s_4 = \sum_{i=1}^{T} y_{i-1}^2, \ \ s_5 = \sum_{i=1}^{T} y_i y_{i-1}.$$

$\theta = (\alpha, \beta, \sigma^2)$ 的极大似然估计是 $\widehat{\theta} = (\widehat{\alpha}, \widehat{\beta}, \widehat{\sigma}^2)$, 其中

$$\begin{aligned}
\widehat{\alpha} &= (s_1 - \widehat{\beta} s_2) T^{-1}, \\
\widehat{\beta} &= (s_5 - T^{-1} s_1 s_2)(s_4 - T^{-1} s_2^2)^{-1}, \\
\widehat{\sigma}^2 &= \{s_3 - s_1^2 T^{-1} - \widehat{\beta}^2 (s_4 - s_2^2 T^{-1})\} T^{-1}.
\end{aligned} \tag{11.24}$$

现在假设有一些观测缺失了, 缺失机制是可忽略的. 仍然忽略 y_0 的边缘分布对似然的贡献, θ 的极大似然估计可通过期望最大化算法得到. 设 $\theta^{(t)} = (\alpha^{(t)}, \beta^{(t)}, (\sigma^{(t)})^2)$ 为 θ 在第 t 次迭代的估计值. 算法在 E 步中把完全数据充分统计量用它们的估计值 $s^{(t)}$ 代替, 然后 M 步由式 (11.24) 计算 $\theta^{(t+1)}$.

E 步计算 $s^{(t)} = (s_1^{(t)}, s_2^{(t)}, s_3^{(t)}, s_4^{(t)}, s_5^{(t)})$, 其中

$$s_1^{(t)} = \sum_{i=1}^{T} \widehat{y}_i^{(t)}, \ \ s_2^{(t)} = \sum_{i=1}^{T} \widehat{y}_{i-1}^{(t)}, \ \ s_3^{(t)} = \sum_{i=1}^{T} \left\{ (\widehat{y}_i^{(t)})^2 + c_{ii}^{(t)} \right\},$$

$$s_4^{(t)} = \sum_{i=1}^{T} \left\{ (\widehat{y}_{i-1}^{(t)})^2 + c_{i-1,i-1}^{(t)} \right\}, s_5^{(t)} = \sum_{i=1}^{T} \left\{ \widehat{y}_{i-1}^{(t)} \widehat{y}_i^{(t)} + c_{i-1,i}^{(t)} \right\},$$

以及

$$\widehat{y}_i^{(t)} = \begin{cases} y_i, & \text{若 } y_i \text{ 被观测到}; \\ E\{y_i \mid Y_{(0)}, \theta^{(t)}\}, & \text{若 } y_i \text{ 缺失}, \end{cases}$$

$$c_{ij}^{(t)} = \begin{cases} 0, & \text{若 } y_i \text{ 或 } y_j \text{ 被观测到;} \\ \mathrm{Cov}\{y_i, y_j \mid Y_{(0)}, \theta^{(t)}\}, & \text{若 } y_i \text{ 和 } y_j \text{ 缺失.} \end{cases}$$

E 步涉及在观测值的协方差矩阵上进行标准的扫描运算. 然而, 这个 $T \times T$ 矩阵通常很大, 所以希望利用 AR1 模型的性质来简化 E 步的计算. 假设 $Y_{(1)}^* = (y_{j+1}, y_{j+2}, \cdots, y_{k-1})$ 是 y_j 和 y_k 之间的一个缺失值序列, 那么, (1) 给定观测值 $Y_{(0)}$ 和参数 θ, $Y_{(1)}^*$ 独立于其他缺失值, (2) 给定 $Y_{(0)}$ 和 θ, $Y_{(1)}^*$ 的分布仅通过边界值 y_j 和 y_k 依赖于 $Y_{(0)}$. 这一分布是多元正态的, 具有恒定的协方差矩阵, 均值为 $\mu = \alpha(1 - \beta)^{-1}$、$y_j$ 和 y_k 的加权平均. 权重和协方差矩阵只依赖于序列中缺失值的数量, 可以通过对观测变量 y_j 和 y_k 对应的元素进行扫描, 从 $(y_j, y_{j+1}, \cdots, y_k)$ 的当前协方差估计矩阵中计算出来.

　　特别地, 设 y_j 和 y_{j+2} 有观测, y_{j+1} 缺失. 则 y_j、y_{j+1} 和 y_{j+2} 的协方差矩阵为

$$A = \frac{\sigma^2}{1 - \beta^2} \begin{bmatrix} 1 & \beta & \beta^2 \\ \beta & 1 & \beta \\ \beta^2 & \beta & 1 \end{bmatrix}.$$

对 y_j 和 y_{j+2} 扫描, 得到

$$\mathrm{SWP}[j, j+2]A = \frac{1}{1 + \beta^2} \begin{bmatrix} -\sigma^{-2} & \beta & -\beta^2\sigma^{-2} \\ \beta & \sigma^2 & \beta \\ -\beta^2\sigma^{-2} & \beta & -\sigma^{-2} \end{bmatrix}. \tag{11.25}$$

因此, 由平稳性和式 (11.25),

$$E\{y_{j+1} \mid y_j, y_{j+2}, \theta\} = \mu + \beta(1 + \beta^2)^{-1}(y_{j+2} - \mu) + \beta(1 + \beta^2)^{-1}(y_j - \mu)$$
$$= \mu\left\{1 - \frac{2\beta}{1 + \beta^2}\right\} + \frac{\beta}{1 + \beta^2}(y_j + y_{j+2}),$$
$$\mathrm{Var}\{y_{j+1} \mid y_j, y_{j+2}, \theta\} = \sigma^2(1 + \beta^2)^{-1}.$$

在表达式中代入 $\theta = \theta^{(t)}$, E 步产生 $\hat{y}_{j+1}^{(t)}$ 和 $\hat{c}_{j+1,j+1}^{(t)}$.

11.6.3　卡尔曼滤波模型

Shumway 和 Stoffer (1982) 考虑了卡尔曼滤波模型

$$(y_i \mid A_i, z_i, \theta) \sim_{\mathrm{ind}} N(z_i A_i, B),$$
$$(z_0 \mid \theta) \sim N(\mu, \Sigma), \tag{11.26}$$
$$(z_i \mid z_1, \cdots, z_{i-1}, \theta) \sim N(z_{i-1}\phi, Q), \ i \geqslant 1,$$

其中 y_i 是时间 i 处观测变量的 $1 \times q$ 向量, A_i 是一个已知的 $p \times q$ 矩阵, 它把 y_i 的均值与一个未观测的 $1 \times p$ 随机向量 z_i 联系起来, 而 $\theta = (B, \mu, \Sigma, \phi, Q)$ 表示未知参数, 其中 B、Σ 和 Q 是协方差矩阵, μ 是 z_0 的均值, ϕ 是 z_i 对 z_{i-1} 回归系数的 $p \times p$ 矩阵. 主要的兴趣在于未观测的随机序列 z_i, 用一阶多元自回归过程对它建模.

这个模型可以被设想成一种时间序列的随机效应模型, 效应向量 z_i 在时间上具有相关性结构. 主要目的是利用观测到的序列 $y_1, y_2, \cdots, y_n$ 来预测未观测序列 $\{z_i\}$ 的 $i = 1, 2, \cdots, n$ (平滑) 和 $i = n+1, n+2, \cdots$ (预测). 如果参数 θ 已知, 则 z_i 的标准估计是给定参数 θ 和数据 Y 时它们的条件均值. 这些量被称为卡尔曼平滑估计, 用来推导它们的一组递归公式被称为卡尔曼滤波. 在实践中, θ 是未知的, 预测和平滑程序涉及 θ 的极大似然估计, 然后把 θ 替换为它的极大似然估计 $\hat{\theta}$, 再应用卡尔曼滤波.

当数据 Y 不完全时, 同样的过程也适用, 用已观测的分量 $Y_{(0)}$ 代替 Y. Q 的极大似然估计可借助 Newton-Raphson 技术推导出来 (Gupta 和 Mehra 1974; Ledolter 1979; Goodrich 和 Caines 1979). 然而, 期望最大化算法提供了一种方便的替代方法, 即把 Y 的缺失分量 $Y_{(1)}$ 和 $z_1, z_2, \cdots, z_n$ 当作缺失数据来处理. 这种方法的一个吸引人的特点是, 算法的 E 步涉及计算给定 $Y_{(0)}$ 和 θ 的当前估计值时 z_i 的期望值, 这与上面描述的卡尔曼平滑过程相同. E 步的细节在 Shumway 和 Stoffer (1982) 中给出, M 步相对简单. 通过对 E 步的完全数据充分统计量

$$\sum_{i=1}^{n} z_i, \quad \sum_{i=1}^{n} z_i^{\mathrm{T}} z_i, \quad \sum_{i=1}^{n} z_{i-1}, \quad \sum_{i=1}^{n} z_{i-1}^{\mathrm{T}} z_{i-1} \text{ 和 } \sum_{i=1}^{n} z_{i-1}^{\mathrm{T}} z_i$$

的期望值应用自回归, 得到 ϕ 和 Q 的估计, 用残差协方差矩阵 $n^{-1} \sum_{i=1}^{n} (y_i - z_i A_i)^{\mathrm{T}} (y_i - z_i A_i)$ 的期望值得到 B 的估计. 最后, μ 估计为 z_0 的均值, Σ 由外部考虑给定. 下面我们提供这个非常一般的模型的一个具体例子.

例 11.9　测量一个基础序列的有误差二元时间序列.

表 11.6 取自 Meltzer 等 (1980), 展示了医生服务总支出的两个不完全时间序列, Y_1 由社会保障管理局测量, Y_2 由医疗保健基金管理局测量. Shumway 和 Stoffer (1982) 用下述模型分析了数据:

$$(y_{ij} \mid z_i, \theta) \sim_{\mathrm{ind}} N(z_i, B_i), \quad i = 1949, \cdots, 1981,$$

$$(z_i \mid z_1, \cdots, z_{i-1}, \theta) \sim N(z_{i-1}\phi, Q), \quad i = 1950, \cdots, 1981,$$

其中 y_{ij} 是社会保障管理局 (SSA, $j = 1$) 或医疗保健基金管理局 (HCFA,

表 11.6　例 11.9: 数据集和由期望最大化算法的预测 —— 医生服务支出 (单位: 百万)

年份 (i)	SSA	HCFA	期望最大化算法的预测	
	y_{i1}	y_{i2}	$E(z_i \mid Y_{(0)}, \theta)$	$\mathrm{Var}^{1/2}(z_i \mid Y_{(0)}, \theta)$
1949	2633	—	2541	178
1950	2747	—	2711	185
1951	2868	—	2864	186
1952	3042	—	3045	186
1953	3278	—	3269	186
1954	3574	—	3519	186
1955	3689	—	3736	186
1956	4067	—	4063	186
1957	4419	—	4433	186
1958	4910	—	4876	186
1959	5481	—	5331	186
1960	5684	—	5644	186
1961	5895	—	5972	186
1962	6498	—	6477	186
1963	6891	—	7032	185
1964	8065	—	7866	179
1965	8745	8474	8521	110
1966	9156	9175	9198	108
1967	10287	10142	10160	108
1968	11099	11104	11159	108
1969	12629	12648	12645	108
1970	14306	14340	14289	108
1971	15835	15918	15835	108
1972	16916	17162	17171	108
1973	18200	19278	19106	109
1974	—	21568	21675	119
1975	—	25181	25027	120
1976	—	27931	27932	129
1977	—	—	31178	355
1978	—	—	34801	512
1979	—	—	38846	657
1980	—	—	43361	802
1981	—	—	48400	952

来源: Meltzer 等 (1980), 根据 Shumway 和 Stoffer (1982) 表 I 和表 III 的报告. 使用获 John Wiley and Sons 许可.

$j = 2$) 在时间 i 的总支出金额, z_i 是基本的真实支出, 假设 z_i 对时间构成了一个 AR1 序列, 系数为 ϕ, 残差方差为 Q, B_j 是 y_{ij} $(j = 1, 2)$ 的测量方差, $\theta = (B_1, B_2, \phi, Q)$. 与例 11.8 不同, 这里没有假设 z_i 的 AR1 序列平稳性, 参数 ϕ 是一个衡量指数增长的膨胀因子. 不过, 假设 ϕ 是不随时间变化的常数可能过度简化了真实问题. 表 11.6 的最后一列展示了对 1949—1976 年用期望最大化算法的最后一次迭代对 z_i 给出的平滑估计, 还展示了对 1977—1981 年这五年的预测和标准误差. 1977—1981 年的预测标准误差的范围从 1977 年的 355 到 1982 年的 952, 反映出相当大的不确定性.

11.7 测量误差表示为缺失数据

在第 1 章中, 我们介绍了如何将测量误差表述为一个缺失数据问题, 即把有误差的测量变量的真实值当作完全缺失. Guo 和 Little (2011) 将这一思想应用于具有异方差测量误差的内部校准数据. 在本章的最后一个例子中, 我们描述用多重填补来解决主样本和外部校准样本数据的测量误差, 在例 1.15 中有所提及. 详见 Guo 等 (2011).

例 11.10 测量误差作为缺失数据: 外部校准的一个正态模型.

在例 1.15 中, 我们描述了图 11.3 所示的数据, 主样本数据是 U 和 W 的随机样本, 其中 W 是 X 的代理变量, 关于 W 和 X 之间关系的信息是从外部校准样本中获得的, 外部校准记录了 X 和 W 的值. 这里 X 和 W 是一元变量, U 是 p 个变量的向量, 关注点是 X 和 U 的联合分布的参数. 缺失模式类似于例 1.7 中描述的文件匹配问题. 一个重要的特殊情形是 $U = (Y, Z)$, 其中 Y 是 q 个结局的向量, Z 是 r 个协变量的向量, 有 $p = q + r$, 兴趣在于 Y 对 Z 和 X 的回归. 这种模式出现在外部校准的情况下, W 的校准是独立于主研究进行的, 例如由制造商进行的检测. 通常情况下, 分析人员无法获得来自校准样本的数据, 但我们假设可以获得汇总统计量, 即 X 和 W 的均值和协方差矩阵. 我们假设缺失的数据, 即主样本中 X 的值以及校准样本中 Y 和 Z 的缺失值, 是可忽略的.

Guo 等 (2011) 假设在主样本和校准样本中, 如果给定 W, 则 U 和 X 的条件分布为 $p + 1$ 元正态分布, 其均值线性于 W, 且协方差矩阵为常值. 此外, 假设这个条件分布在主研究样本和校准样本中是相同的, 尽管 W 的分布在两个样本中可能有所不同. 这一不可或缺的假设是 Carroll 等 (2006) 中 "跨研究的可迁移性" 假设的一种形式. 从图 11.3 可以看出, 如果不提出更多的假设, 就无法从数据中估计出联合分布, 因为变量 X 和 U 从来没有被联合观测过.

具体来说, 就是给定 Z, 没有关于 X 和 U 的 p 偏相关性的信息.

为了解决这个问题, 我们做出 "无差别测量误差" 假设, 即给定 W 和 X 时, U 的分布不依赖于 W.

如果 W 的测量误差与 $U = (Y, Z)$ 的值无关, 那么这个假设是合理的, 在一些生物测定中, 这个假设是可信的. 我们的方法是, 给定主研究样本中的观测变量即 U 和 W, 估计 X 的条件分布, 然后多重填补主研究中 X 的缺失值. 在正态性假设下, 这在计算上非常直接. 设 $\theta_{x \cdot uw} = (\beta_{x \cdot uw}, \sigma_{x \cdot uw})$, 其中 $\beta_{x \cdot uw}$ 表示回归系数向量, $\sigma_{x \cdot uw}$ 表示这一回归的残差标准差. 从 $\theta_{x \cdot uw}$ 的后验分布抽取 $\theta_{x \cdot uw}^{(d)} = (\beta_{x \cdot uw}^{(d)}, \sigma_{x \cdot uw}^{(d)})$, 得到数据集 d. 这个抽取可以比较简单地从主样本数据和外部校准样本的和汇总统计量 —— 即样本量、样本均值、平方和以及 X 和 W 的交叉乘积矩阵 —— 中计算出来.

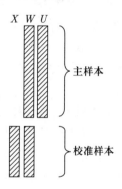

图 11.3　例 11.10 的缺失模式, 阴影部分是观测值. X 是真实协变量, 在主样本中缺失; W 是测量的协变量, 在主样本和校准样本中都有观测; U 是其他变量, 在校准样本中缺失

具体来说, 令 $\theta = (\beta_{xw \cdot w}, \sigma_{xx \cdot w}, \beta_{uw \cdot w}, \sigma_{uu \cdot w}, \sigma_{ux \cdot w})$, 其中 $(\beta_{xw \cdot w}, \sigma_{xx \cdot w})$ 是 X 对 W 正态回归的系数和残差方差, $(\beta_{uw \cdot w}, \sigma_{uu \cdot w})$ 是 U 对 W 正态回归的系数和残差方差, $\sigma_{ux \cdot w}$ 表示给定 W 时 U 和 X 的 p 偏协方差集. 现在,

(a) 给定主研究样本 U 和 W 上的数据, 从 $(\beta_{uw \cdot w}, \sigma_{uu \cdot w})$ 的分布抽取 $(\beta_{uw \cdot w}^{(d)}, \sigma_{uu \cdot w}^{(d)})$;

(b) 给定校准样本 X 和 W 上的数据, 从 $(\beta_{xw \cdot w}, \sigma_{xx \cdot w})$ 的分布抽取 $(\beta_{xw \cdot w}^{(d)}, \sigma_{xx \cdot w}^{(d)})$. 注意这些抽取 $(\beta_{xw \cdot w}^{(d)}, \sigma_{xx \cdot w}^{(d)})$ 可以从校准样本的汇总统计量计算, 即样本量、样本均值、平方和以及 X 和 W 的交叉乘积矩阵.

(a) 和 (b) 都很直接, 因为这两个分布都是完全数据问题的后验分布, 如例 6.17 所讨论的. 为了得到 θ 的剩余分量即 $\sigma_{ux \cdot w}$ 的抽取, 注意根据正态分布的

特性, 在 U 对 X 和 W 的多元回归中, W 的回归系数可以表示为

$$\beta_{uw \cdot xw} = \beta_{uw \cdot w} - \sigma_{ux \cdot w} \beta_{xw \cdot w} / \sigma_{xx \cdot w}.$$

无差别测量误差假设隐含着 $\beta_{uw \cdot xw} = 0$, 因此

$$\beta_{uw \cdot w} - \sigma_{ux \cdot w} \beta_{xw \cdot w} / \sigma_{xx \cdot w} = 0, \ \text{或} \ \sigma_{ux \cdot w} = \beta_{uw \cdot w} \sigma_{xx \cdot w} / \beta_{xw \cdot w}.$$

这样, 我们把 $\sigma_{ux \cdot w}$ 表达成其他参数的函数, $\sigma_{ux \cdot w}$ 的抽取是

$$\sigma_{ux \cdot w}^{(d)} = \beta_{uw \cdot w}^{(d)} \sigma_{xx \cdot w}^{(d)} / \beta_{xw \cdot w}^{(d)}. \tag{11.27}$$

结合这些结果, 我们得到从给定 W 时 X 和 U 的条件分布中的一个抽取 $\theta^{(d)} = (\beta_{xw \cdot w}^{(d)}, \sigma_{xx \cdot w}^{(d)}, \beta_{uw \cdot w}^{(d)}, \sigma_{uu \cdot w}^{(d)}, \sigma_{ux \cdot w}^{(d)})$. 然后, 主样本中第 i 个观测 X 的缺失值 x_i 用给定 U 和 W 时 X 的条件正态分布抽取填补, 条件分布参数为 $\beta_{x \cdot uw}^{(d)}$ 和 $\sigma_{xx \cdot uw}^{(d)}$, 它们是 $\theta^{(d)}$ 的函数, 通过扫描 U 把 U 从因变量变成自变量得到, 也就是

$$x_i^{(d)} = E(x_i \mid y_i, z_i, w_i, \beta_{x \cdot uw}^{(d)}) + e_i^{(d)} \sqrt{\sigma_{xx \cdot uw}^{(d)}},$$

其中 $E(x_i \mid y_i, z_i, w_i, \beta_{x \cdot uw}^{(d)})$ 是给定 (y_i, z_i, w_i) 即第 i 个观测中变量 (Y, Z, W) 的值时 x_i 的条件均值, $\sigma_{xx \cdot uw}^{(d)}$ 是给定 U 和 W 时 X 分布的残差方差, $e_i^{(d)}$ 是从标准正态分布的一个抽取. 这种方法在第 10 章讨论的意义上是恰当的, 因为它考虑到了估计参数的不确定性.

外部校准数据在填补后分析中一般无法获得. Reiter (2008) 表明, 在这种情况下, 第 10 章中的标准多重填补组合规则产生了有正向偏倚的抽样方差估计, 由此产生的置信区间覆盖率超过了名义覆盖率. Reiter (2008) 描述了一个可供选择的两阶段填补程序, 用以产生填补, 从而实现对抽样方差的相合估计. 具体来说, 我们首先抽取模型参数的 d 个值 $\phi^{(d)}$; 然后对于每一个 $\phi^{(d)}$ $(d = 1, \cdots, m)$, 我们生成 n 组 X 的抽取, 构建 n 个填补数据集. 然后将得到的 $m \times n$ 填补数据集通过以下组合规则进行分析.

对 $d = 1, \cdots, m$ 和 $i = 1, \cdots, n$, 用 $\widehat{\gamma}^{(d,i)}$ 和 $\mathrm{Var}(\widehat{\gamma}^{(d,i)})$ 分别表示感兴趣的参数估计及其用数据集 $D^{(d,i)}$ 计算的抽样方差估计. γ 的多重填补估计 $\widehat{\gamma}_{\mathrm{MI}}$ 计算为

$$\widehat{\gamma}_{\mathrm{MI}} = \sum_{d=1}^{m} \bar{\gamma}_n^{(d)},$$

其中

$$\bar{\gamma}_n^{(d)} = \sum_{i=1}^{n} \widehat{\gamma}^{(d,i)} / (mn),$$

它的抽样方差估计 T_{MI} 计算为

$$T_{\mathrm{MI}} = U - W + (1 + 1/m)B - W/n,$$

其中

$$W = \sum_{d=1}^{m} \sum_{i=1}^{n} \left(\widehat{\gamma}^{(d,i)} - \bar{\gamma}_n^{(d)}\right)^2 / (m(n-1)),$$

$$B = \sum_{d=1}^{m} \left(\bar{\gamma}_n^{(d)} - \widehat{\gamma}_{\mathrm{MI}}\right)^2 / (m-1),$$

$$U = \sum_{d=1}^{m} \sum_{i=1}^{n} \mathrm{Var}(\widehat{\gamma}^{(d,i)})/(mn).$$

γ 的 95% 区间是 $\widehat{\gamma}_{\mathrm{MI}} \pm t_{0.975,\nu}\sqrt{T_{\mathrm{MI}}}$, 自由度为

$$\nu = \left[\frac{((1+1/m)B)^2}{(m-1)T_{\mathrm{MI}}} + \frac{((1+1/n)W)^2}{(m(n-1))T_{\mathrm{MI}}}\right]^{-1}.$$

当 $T_{\mathrm{MI}} < 0$ 时, 抽样方差估计用 $(1+1/m)B$ 重新计算, 后续推断基于 $m-1$ 个自由度的 t 分布.

问题

11.1 说明第 3.4 节讨论的不完全多元样本均值和方差的可用案例估计, 在数据被设定为均值和方差无约束、零相关系数的多元正态且不响应可忽略的情况下, 是极大似然估计. 这一结果意味着, 当相关系数很低时, 可用案例方法的效果相当好.

11.2 对具有任意缺失数据模式的二元正态数据, 写出一个期望最大化算法的计算机程序.

11.3 对具有任意缺失数据模式的二元正态数据, 采用无信息性的先验, 写出一个从参数后验分布中生成抽取的计算机程序.

11.4 对均值为 (μ_1, μ_2)、相关系数为 ρ、共同方差为 σ^2 以及任意缺失数据模式的二元正态数据, 描述期望最大化算法. 如果你做了问题 11.2, 修改你写的程序以处理这一模型. (提示: 对于 M 步, 做变换 $U_1 = Y_1 + Y_2$, $U_2 = Y_1 - Y_2$.)

11.5 对二元数据的特殊情形, 推导第 11.2.2 节中期望信息矩阵的表达式.

11.6 对二元数据, 在下列情形中分别找出相关系数 ρ 的极大似然估计:

　　(a) 一个大小为 r 的二元样本, 已知均值 (μ_1, μ_2) 和方差 (σ_1^2, σ_2^2);

　　(b) 一个大小为 r 的二元样本, 以及从这两个变量的边缘分布中可有效地无限补充的抽样.

不必惊奇 (a) 和 (b) 产生不同的答案.

11.7 证明式 (11.9) 前面的论述, 即 Σ 的完全数据极大似然估计可通过简单平均从 C 求出. (提示: 考虑这四个变量的协方差矩阵: $U_1 = Y_1 + Y_2 + Y_3 + Y_4$, $U_2 = Y_1 - Y_2 + Y_3 - Y_4$, $U_3 = Y_1 - Y_3$, $U_4 = Y_2 - Y_4$.)

11.8 回顾 Rubin 和 Thayer (1978, 1982)、Bentler 和 Tanaka (1983) 关于因子分析的期望最大化讨论.

11.9 在例 11.4 的模型中指定 $\mu \sim N(0, \tau^2)$, 其中 μ 被当作缺失数据, 推导期望最大化算法. 然后考虑 $\tau^2 \to \infty$ 的情形, 它产生 μ 的一个平坦的先验.

11.10 对下列两种情形考察第 11.4.2 节中 Beale 和 Little (1975) 为估计斜率估计量的协方差矩阵的近似方法: 单一自变量 X, 以及

(a) Y 完全观测到, X 有缺失值;
(b) X 完全观测到, Y 有缺失值.

在这两种情形下, 这个方法产生正确的渐近协方差矩阵了吗?

11.11 在例 11.8 中, 对给定的 y_j、y_{j+2} 和 θ, 补充得到 y_{j+1} 的均值和方差表达式的细节. 当 $\beta \uparrow 1$ 和 $\beta \downarrow 0$ 时, 评述 y_{j+1} 期望值的形式.

11.12 对例 11.8, 推广问题 11.11 的结果, 对一个 y_j 和 y_{j+3} 有观测而 y_{j+1} 和 y_{j+2} 缺失的序列, 计算给定 y_j、y_{j+3} 和 θ 时 y_{j+1} 和 y_{j+2} 的均值、方差和协方差.

11.13 对例 11.9, 为了模拟参数的后验分布和 $\{z_i\}$ 的预测值, 开发一个吉布斯采样. 将 1949 年和 1981 年预测值的后验分布与表 11.6 最后两列的期望最大化预测进行比较.

第 12 章　稳健估计模型

12.1　引言

　　一般来说, 基于模型的统计方法的一个特点是, 它对数据的分布做出了明确的假设. 有些人觉得这是一个缺点, 认为所有的模型都是错误的,[1] 所以基于模型的推断总是有缺陷的. 另一方面, 其他推断方法, 如基于广义估计方程的方法, 往往有隐含的假设, 这些假设很少受到审查. 明确的假设会使其受到批评, 事实上, 批评可以帮助修正可能有问题的假设, 并产生更好的推断.

　　稳健估计, 以及更一般的稳健推断, 泛指那些不必对模型结构或误差分布形式做较强假设的方法. 早期的文献 (例如见 Andrews 等 1972; Hampel 等 1986) 主要集中在估计对称分布的中心的方法上, 使之能够抵抗离群值. 这些文献主要不是基于模型的, 但也可以制定模型, 从而得出抵抗离群值的推断. 这些模型一般用 t 分布等长尾分布或这些分布的偏斜扩展来代替正态分布, 从而实现对连续数据建模的目的. 特别地, 例 8.4、8.8 – 8.10 和 10.4 涉及单一样本基于 t 分布的稳健推断, 自由度是先验固定的或从数据中估计的. 在第 12.2 节中, 我们通过考虑正态分布的替代分布 (包括 t 分布) 进行稳健推断, 以及有缺失值的多元数据集的稳健推断, 更广泛地发展了这一思想. 与第 11 章一样, 我们假设缺失机制是可忽略的, 分类变量只以固定的、完全观测到的协变量的形式存在. 第 14 章考虑了涉及连续变量和分类变量混合问题的稳健推断.

　　第 12.3 节考虑的是另一种形式的稳健性, 即结局变量的均值与回归变量

---

　　[1] George Box 著名的一句话: "所有的模型都是错的, 但有些有用."

的关系形式. 特别是, 对于一个连续结局 Y 和单一预测因子 X, 简单的线性回归假设 Y 和 X 之间是线性关系, 人们可以通过假设 Y 和 X 的均值之间的关系有一个更灵活的形状, 以使这个模型更加稳健. 多项式回归是一种方法, 但更灵活的方法是拟合一个样条函数, 假定该函数在 X 的区域上有不同的分段多项式, 这些区域边界由 X 的值划定, 称为节点, 并且约束这些多项式在节点处提供一定程度的平滑性, 其中平滑性由后面定义的惩罚函数指定. 在存在缺失数据的情况下, 一种稳健的建模形式通过应用样条模型, 把一个不完全变量 Y 与构造的 X 联系起来, 即 Y 的缺失倾向性, 作为协变量的函数进行估计. 我们把基于这个模型对缺失的 Y 值进行预测的方法称为倾向性预测的惩罚样条 (PSPP), 它是第 3 章讨论的加权方法的一个有用的替代方法. 这种方法的一个关键特征是, 把响应倾向 (即不缺失) 作为预测因子, 而不是作为加权的基础.

12.2 通过用长尾分布替换正态分布减少离群值的影响

12.2.1 一元样本的估计

Dempster 等 (1977, 1980) 考虑了下面模型的极大似然估计, 这个模型一般会导致观测数据的非正态边缘分布. 设 $X = (x_1, \cdots, x_n)^{\mathrm{T}}$ 是一个来自总体的独立随机样本, 满足

$$(x_i \mid w_i, \theta) \sim_{\mathrm{ind}} N(\mu, \sigma^2/w_i),$$

其中 $\{w_i\}$ 是未观测的独立同分布正标量随机变量, 具有已知的密度 $h(w_i)$. 对 $\theta = (\mu, \sigma^2)^{\mathrm{T}}$ 的推断可基于不完全数据方法, 把 $W = (w_1, \cdots, w_n)^{\mathrm{T}}$ 当成缺失数据.

如果 X 和 W 都被观测到, 则 (μ, σ^2) 的极大似然估计可通过加权最小二乘得到, 即

$$\widehat{\mu} = \sum_{i=1}^{n} w_i x_i \Big/ \sum_{i=1}^{n} w_i = s_1/s_0, \tag{12.1}$$

$$\widehat{\sigma}^2 = \sum_{i=1}^{n} w_i (x_i - \widehat{\mu})^2/n = (s_2 - s_1^2/s_0)/n, \tag{12.2}$$

其中 $s_0 = \sum_{i=1}^{n} w_i$、$s_1 = \sum_{i=1}^{n} w_i x_i$ 和 $s_2 = \sum_{i=1}^{n} w_i x_i^2$ 是 θ 的完全数据充分统计量, 在第 8.4.2 节中有定义. 如果 W 没有被观测到, 可通过期望最大化算法找出极大似然估计, 把权重当成缺失数据. 期望最大化的第 $t+1$ 次迭代如下:

E 步: 给定 X 和参数的当前估计值 $\theta^{(t)} = (\mu^{(t)}, (\sigma^{(t)})^2)$, 用条件期望估计 s_0、s_1 和 s_2. 因为 s_0、s_1 和 s_2 是 w_i 的线性函数, 所以 E 步简化为找出权重估计

$$w_i^{(t)} = E(w_i \mid x_i, \mu^{(t)}, (\sigma^{(t)})^2). \tag{12.3}$$

M 步: 由式 (12.1) 和 (12.2) 计算新的估计 $(\mu^{(t+1)}, (\sigma^{(t+1)})^2)$, (s_0, s_1, s_2) 用它们在 E 步的估计值代替, 也就是说, w_i 用式 (12.3) 的 $w_i^{(t)}$ 代替. 像例 8.10 的参数扩展期望最大化算法那样, 通过把式 (12.2) 中的分母 n 换成 $\sum_{i=1}^{n} w_i^{(t)}$, 可以加速收敛.

这一期望最大化算法是迭代再加权最小二乘, 权重 (12.3) 依赖于 w_i 的假设分布. 例 8.4、8.8–8.10 和 10.3 描述了 w_i 是尺度卡方分布的情形. 下面的例子给出了另一种选择, 当数据包含极端离群值时很有用.

例 12.1　污染的一元正态模型.

假设 $h(w_i)$ 在 w_i 的两个值处——1 和 $\lambda < 1$——是正的, 满足

$$h(w_i) = \begin{cases} 1 - \pi, & \text{若 } w_i = 1; \\ \pi, & \text{若 } w_i = \lambda \ (\lambda \text{ 已知}); \\ 0, & \text{否则}, \end{cases} \tag{12.4}$$

其中 $0 < \pi < 1$. 于是, x_i 的边缘分布是 $N(\mu, \sigma^2)$ 和 $N(\mu, \sigma^2/\lambda)$ 的混合, 即被污染的正态模型, 污染概率为 π. 例如, $\lambda = 0.1$ 表示假设污染使 x_i 的方差变成了原来的 10 倍.

贝叶斯定理的一个简单应用得到

$$E(w_i \mid x_i, \mu, \sigma^2) = \frac{1 - \pi + \pi\lambda^{3/2} \exp\{(1 - \lambda)d_i^2/2\}}{1 - \pi + \pi\lambda^{1/2} \exp\{(1 - \lambda)d_i^2/2\}} \tag{12.5}$$

和

$$\Pr(w_i = \lambda) = 1 - \Pr(w_i = 1) = \frac{\pi\lambda^{1/2} \exp\{(1 - \lambda)d_i^2/2\}}{1 - \pi + \lambda^{1/2} \exp\{(1 - \lambda)d_i^2/2\}}, \tag{12.6}$$

其中

$$d_i^2 = (x_i - \mu)^2/\sigma^2. \tag{12.7}$$

在式 (12.5)–(12.7) 中代入当前估计值 $\mu^{(t)}$ 和 $(\sigma^{(t)})^2$, 即得到期望最大化第 t 次迭代的权重 $w_i^{(t)}$. 请注意, 远离均值的 x_i 值具有较大的 d_i^2 值, 所以 (对

于 $\lambda < 1$) 在 M 步中降低了权重. 因此, 该算法产生了对 μ 的稳健估计, 即离群值被降低了权重.

在该模型下模拟参数后验分布的数据增广同样很直接: 期望最大化的 E 步由 I 步代替, 在当前参数抽取值处计算式 (12.6) 给出的概率, 然后以这个概率抽取 $w_i = 1$ 或 $w_i = \lambda$. M 步被 P 步取代, P 步从正态样本的完全数据后验分布中抽取新的参数, 根据之前的 I 步对观测值进行加权. 抽取的结果是作为例 6.16 的特殊情况得到的, 其中的回归因子限于常数项.

例 8.4 和 12.1 中模型的一个直接而重要的实际扩展是, 把均值建模为预测因子 X 的线性组合, 从而产生一个加权最小二乘算法, 用于污染的正态误差或 t 误差的线性回归 (Rubin 1983a). Pettitt (1985) 描述了当 X 的值被分组和归并时, 污染的正态和 t 模型的极大似然估计.

12.2.2 完全数据下均值和协方差矩阵的稳健估计

Rubin (1983a) 把第 12.2 节的模型推广到多元数据上, 并将其应用于推导污染的多元正态和多元 t 样本的极大似然估计. 设 x_i 是变量 $X_1, \cdots, X_K$ 取值的一个 $1 \times K$ 向量, 假设 x_i 服从 K 元正态分布

$$(x_i \mid \theta, w_i) \sim_{\text{ind}} N_K(\mu, \Psi/w_i), \tag{12.8}$$

其中 $\{w_i\}$ 是未观测的独立同分布正标量随机变量, 具有已知的密度 $h(w_i)$. 把 $W = (w_1, \cdots, w_n)^{\text{T}}$ 当成缺失数据, 应用期望最大化算法可以找出 μ 和 Ψ 的极大似然估计.

如果 W 是观测到的, μ 和 Ψ 的极大似然估计具式 (12.1) 和 (12.2) 的多元类似形式. μ 和 Ψ 的完全数据充分统计量是 $s_0 = \sum_{i=1}^n w_i$、$s_1 = \sum_{i=1}^n w_i x_i$ 和 $s_2 = \sum_{i=1}^n w_i x_i^{\text{T}} x_i$, 并且

$$\widehat{\mu} = s_1/s_0 = \sum_{i=1}^n w_i x_i \Big/ \sum_{i=1}^n w_i, \tag{12.9}$$

$$\widehat{\Psi} = \frac{s_2 - s_1^{\text{T}} s_1/s_0}{n} = \sum_{i=1}^n \frac{w_i(x_i - \widehat{\mu})^{\text{T}}(x_i - \widehat{\mu})}{n}. \tag{12.10}$$

因此, 如果 W 是未观测到的, 期望最大化的第 $t+1$ 次迭代如下.

E 步: 给定 X 和参数的当前估计值 $\theta^{(t)} = (\mu^{(t)}, \Psi^{(t)})$, 用条件期望估计 s_0、s_1 和 s_2. 因为 s_0、s_1 和 s_2 是 w_i 的线性函数, 所以 E 步简化为找出权

重估计

$$w_i^{(t)} = E(w_i \mid x_i, \mu^{(t)}, \Psi^{(t)}).$$

M 步: 由式 (12.9) 和 (12.10) 计算新的估计 $(\mu^{(t+1)}, \Psi^{(t+1)})$, s_0、s_1 和 s_2 用它们在 E 步的估计值代替. 通过把式 (12.9) 中的分母 n 换成 $\sum_{i=1}^{n} w_i^{(t)}$, 可以加速收敛, 这对应于第 8.5.3 节的参数扩展期望最大化算法.

当 $\{w_i\}$ 具有式 (12.4) 的分布时, x_i 的边缘分布是 $N(\mu, \Psi)$ 和 $N(\mu, \Psi/\lambda)$ 的混合, 也就是我们得到了一个污染的 K 元正态模型. 权重由式 (12.5)–(12.7) 的下述推广给出:

$$E(w_i \mid x_i, \mu, \Psi) = \frac{1 - \pi + \pi \lambda^{K/2+1} \exp\{(1-\lambda)d_i^2/2\}}{1 - \pi + \pi \lambda^{K/2} \exp\{(1-\lambda)d_i^2/2\}}, \tag{12.11}$$

现在 d_i^2 是单元 i 的平方马氏距离:

$$d_i^2 = (x_i - \mu)\Psi^{-1}(x_i - \mu)^{\mathrm{T}}. \tag{12.12}$$

这一模型降低了 d_i^2 值大的单元的权重, 与一元情形一样. 另一方面, 如果 w_i 独立同分布服从 χ_ν^2/ν, 则权重由式 (8.24) 的下述推广给出:

$$E(w_i \mid x_i, \mu, \Psi) = (\nu + K)/(\nu + d_i^2), \tag{12.13}$$

其中 d_i^2 仍由式 (12.12) 给出.

Rubin (1983a) 还考虑了把这些模型拓展到稳健多元回归上.

12.2.3　数据有缺失值时均值和协方差矩阵的稳健估计

Little (1988b) 把这些稳健算法扩展到多元 X 的某些值有缺失的情形. 用 $x_{(0),i}$ 表示单元 i 的观测变量集, $x_{(1),i}$ 表示单元 i 的缺失变量集, 记 $X_{(0)} = \{x_{(0),i} : i = 1, \cdots, n\}$, $X_{(1)} = \{x_{(1),i} : i = 1, \cdots, n\}$. 首先我们假设给定 w_i 的条件下 x_i 具有由式 (12.8) 给出的分布, 其次, 假设缺失数据是随机缺失的. 通过应用期望最大化算法, 把 $X_{(1)}$ 和 W 都当成缺失数据, 可以找出 μ 和 Ψ 的极大似然估计.

这里 M 步与 X 完全观测时的 M 步一样, 在前一节中有描述. E 步给定 $X_{(0)}$ 和参数 θ 的当前估计 $\theta^{(t)} = (\mu^{(t)}, \Psi^{(t)})$, 用条件期望估计完全数据充分统计量 s_0、s_1 和 s_2. 我们有

$$E(s_0 \mid X_{(0)}) = E\left(\sum_{i=1}^{n} w_i \;\middle|\; \theta^{(t)}, x_{(0),i}\right) = \sum_{i=1}^{n} w_i^{(t)},$$

其中 $w_i^{(t)} = E(w_i \mid \theta^{(t)}, x_{(0),i})$. $E(s_1 \mid \theta^{(t)}, X_{(0)})$ 的第 j 个分量是

$$
E\left(\sum_{i=1}^{n} w_i x_{ij} \,\Big|\, \theta^{(t)}, X_{(0)}\right) = \sum_{i=1}^{n} E\left\{w_i E(x_{ij} \mid \theta^{(t)}, x_{(0),i}, w_i) \mid \theta^{(t)}, x_{(0),i}\right\}
$$
$$
= \sum_{i=1}^{n} w_i^{(t)} \widehat{x}_{ij}^{(t)},
$$

其中 $\widehat{x}_{ij}^{(t)} = E(x_{ij} \mid \theta^{(t)}, x_{(0),i})$, 因为给定 $(\theta^{(t)}, x_{(0),i}, w_i)$ 时 x_{ij} 的条件均值不依赖于 w_i. 最后, $E(s_2 \mid \theta^{(t)}, X_{(0)})$ 的 (j, k) 元是

$$
E\left(\sum_{i=1}^{n} w_i x_{ij} x_{ik} \,\Big|\, \theta^{(t)}, X_{(0)}\right) = \sum_{i=1}^{n} E\left\{w_i E(x_{ij} x_{ik} \mid \theta^{(t)}, x_{(0),i}, w_i) \mid \theta^{(t)}, x_{(0),i}\right\}
$$
$$
= \sum_{i=1}^{n} \left(w_i^{(t)} \widehat{x}_{ij}^{(t)} \widehat{x}_{ik}^{(t)} + \psi_{jk(0),i}^{(t)}\right),
$$

上式中, 如果 x_{ij} 或 x_{ik} 被观测到, 则调整量 $\psi_{jk(0),i}^{(t)}$ 等于 0; 如果 x_{ij} 和 x_{ik} 都缺失了, 则它等于 w_i 乘以给定 $x_{(0),i}$ 时 x_{ij} 和 x_{ik} 的残差协方差. 通过扫描 Ψ 的当前估计 $\Psi^{(t)}$, 把 $x_{(0),i}$ 作为自变量, 可求出量 $\widehat{x}_{ij}^{(t)}$ 和 $\psi_{jk(0),i}^{(t)}$, 其计算过程与正态期望最大化算法 (第 11.2.1 节) 一致. 在后一算法基础上唯一需要的修改是, 用 $w_i^{(t)}$ 对下一 M 步要用到的和、平方和以及交叉乘积进行加权.

污染的正态模型和 t 模型的权重 $w_i^{(t)}$ 是数据完全时权重的简单修改: 它们分别由公式 (12.11) 和 (12.13) 给出, 且 (1) K 被单元 i 的观测变量数 K_i 代替, (2) 马氏距离的平方 (12.12) 只用单元 i 的观测变量计算.

多元 t 模型和污染的正态模型都对平方距离 d_i^2 较大的单元进行了降权. 但两种模型的权重分布却大不相同, 下面的例子说明了这一点.

例 12.2 多元 t 和污染多元正态模型的权重分布.

设对于多元 t_4 数据, 有 $K = 4$ 个变量, $n = 80$ 个单元, 随机删除 320 个值中的 72 个. 图 12.1 显示了 (a) $\nu = 6.0$ 的多元 t 的权重分布, (b) $\nu = 4.0$ 的多元 t 的权重分布, 以及 (c) 污染的正态模型的权重分布, 其中 $\pi = 0.1$、$\lambda = 0.077$. 注意到 $\nu = 4$ 的权重比 $\nu = 6$ 的权重更分散, 污染的正态模型的降权倾向于集中在几个离群单元上.

Little (1988b) 通过模拟研究表明, 例 12.2 中模型的极大似然可以产生均值、斜率和相关系数的估计, 当数据非正态时, 这些估计可以防止离群值的影响, 而当数据实际上是正态时, 效率的牺牲较小.

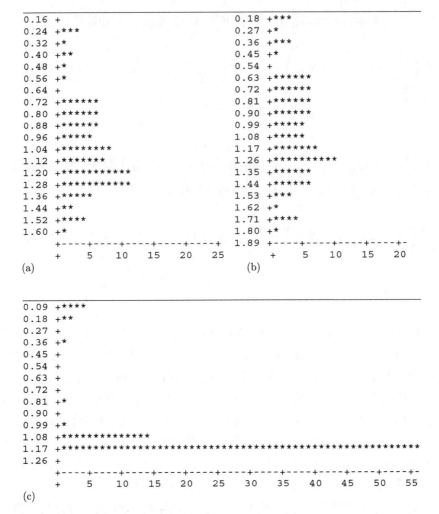

注: 缩放权重, 使权重均值为1.

图 12.1　例 12.2: 稳健极大似然方法的权重分布, 应用于多元 t_4 数据. (a) 多元 t_6 模型, (b) 多元 t_4 模型, (c) 污染的正态模型

12.2.4　适应性稳健多元估计

　　到目前为止所讨论的方法假设了 t 模型的参数 ν 或污染的正态模型的参数 (π, λ) 是已知的. 估计均值和尺度参数之外的这些参数, 可以产生一种适应性稳健估计的形式. 例 8.8 和 8.9 描述了一元 t 模型 ν 的极大似然估计. 可以很容易地扩展这些方法, 为第 12.2.2 和 12.2.3 节中的多元问题提供适应性稳

健极大似然估计. 针对第 12.2.3 节的多元不完全数据, ECME 算法的第 t 次迭代 (如第 8.5.2 节所述) 如下:

E 步: 像第 12.2.3 节那样取完全数据充分统计量的期望, 把 ν 替换成当前的估计 $\nu^{(t)}$.

CM 步: 像第 12.2.2 和 12.2.3 节那样计算新的估计 $(\mu^{(t+1)}, \Psi^{(t+1)})$. 计算 $\nu^{(t+1)}$ 使之对 ν 最大化观测数据对数似然 $\ell(\mu^{(t+1)}, \Psi^{(t+1)}, \nu \mid X_{(0)})$. 这是一个一维最大化问题, 可通过格点搜索或 Newton 步实现.

12.2.5 t 模型的贝叶斯推断

第 12.2.1 至 12.2.3 节中极大似然估计的方法可以很容易地修改为从参数的后验分布中抽取. 特别地, 考虑 x_i 的多元 t 模型, 假设 ν 有相对分散的先验分布:

$$p(\mu, \Psi, \ln(1/\nu)) \propto |\Psi|^{-(K+1)/2}, \quad -10 < \ln(1/\nu) < 10, \tag{12.14}$$

这一先验分布在 Liu 和 Rubin (1998) 中使用. 设 $(\mu^{(t)}, \Psi^{(t)}, \nu^{(t)})$ 和 $(x_{(1),i}^{(t)}, w_i^{(t)}, i = 1, \cdots, n)$ 是第 t 次迭代的参数和缺失值抽取, 第 $t+1$ 次迭代包含下面的计算:

(a) 对 $i = 1, \cdots, n$, 抽取新的权重 $w_i^{(t+1)} \sim u_i/(\nu^{(t)} + (d_{(0),i}^{(t)})^2)$, 其中 $u_i \sim \chi_{\nu^{(t)}+K_i}^2$.

(b) 对 $i = 1, \cdots, n$, 抽取缺失数据 $x_{(1),i}^{(t+1)} = \hat{x}_{(1),i}^{(t)} + z_i$, 其中 $\hat{x}_{(1),i}^{(t)}$ 是从 $x_{(1),i}$ 对 $x_{(0),i}$ 的 (正态) 线性回归得到的预测均值, z_i 是均值为 0、协方差矩阵为 $(w_i^{(t)})^{-1}\Psi_{(1)\cdot(0),i}^{(t)}$ 的正态随机向量, 这里的 $\Psi_{(1)\cdot(0),i}^{(t)}$ 是通过在单元 i 的观测变量 $x_{(0),i}$ 上扫描 $\Psi^{(t)}$ 得到的.

(c) 给定填充的数据 $(X_{(0)}, X_{(1)}^{(t+1)})$ 和权重 $W^{(t+1)}$, 从这些参数的后验分布中抽取 $(\mu^{(t+1)}, \Psi^{(t+1)})$. 这是一个标准的完全数据问题, $\Psi^{(t+1)}$ 是从一个尺度逆 Wishart 分布中的抽取, 给定 $\Psi^{(t+1)}$ 时 $\mu^{(t+1)}$ 是从 K 元正态分布中的抽取.

(d) 给定当前的参数值、填充数据和权重, 从 ν 的后验分布中抽取 $\nu^{(t+1)}$. 这一后验分布没有简单的形式, 但因为 ν 是标量, 所以获得一个抽取并不困难, 有许多途径可以完成这一任务. 在这里展示的计算中, 采用了网格吉布斯采样 (见 Tanner 1996, 第 6.4 节), 在区间 $(-10, 10)$ 上设置了 400 个等距的切分点.

通过定义缺失值以产生单调模式, 然后利用第 7 章的思想, 开发出单调缺失数据模式的 P 步, 可以加快算法的收敛速度. 这种方法在 Liu (1995) 中有所描述. 一个直接的扩展是对完全观测到的协变量进行稳健多元回归, 其中固定的协变量被扫描进扩增了一列均值的加权尺度矩阵 (Liu 1996). 这些方法将在下一个例子中得到应用.

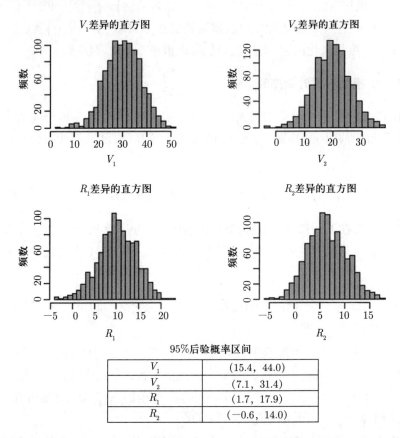

95%后验概率区间	
V_1	(15.4, 44.0)
V_2	(7.1, 31.4)
R_1	(1.7, 17.9)
R_2	(−0.6, 14.0)

图 12.2　例 12.3: St. Louis 风险研究数据基于多元 t 回归模型的 9000 次抽取, 均值差异 $\mu_{\text{low}} - \mu_{\text{med/high}}$ 的后验分布

例 12.3　**用 St. Louis 数据说明有缺失数据的稳健多元方差分析** (例 11.6 续).

像例 11.6 那样, 对表 11.1 中的数据 (包括低风险组和中高风险组的指示变量) 进行多元方差分析模型的贝叶斯分析拟合, 假设多元 t 误差和先验 (12.14). 组别指标的回归系数衡量了中高风险组和低风险组之间的平均结局差异. 图 12.2 展示了这四种结局的均值差异估计的抽取, 直方图的下方列出了 95% 后验概率区间. 这些区间倾向于比例 11.6 的正态模型下的区间 (图 11.2) 稍窄, 尽管结论是相似的. ν 的后验分布相当分散, 对 ν 的先验分布的选择很敏感, 但均值差异的推断对这一模型选择不太敏感.

12.2.6 t 模型的进一步扩展

下一个例子通过允许对均值和协方差矩阵设置约束来推广多元 t 模型, 就像第 11.5 节的正态模型一样.

例 12.4 具有缺失值的重复肺功能测量的稳健极大似然估计.

Lange 等 (1989) 分析了 LaVange (1983) 报告的数据, 数据是在儿童发展中心对 72 名 3–12 岁儿童进行的肺功能纵向研究. 变量包含每个儿童的种族 (race, 黑人或白人)、性别 (sex) 以及 $\log(v_{\max 75})$ 的多达 8 次测量, 其中 $v_{\max 75}$ 是用力呼出 75% 肺活量后的最大呼气流速. 在针对 3–12 岁儿童的 10 次 $v_{\max 75}$ 年度测量中, 实际记录的数量从 1 到 8 个不等, 平均每个孩子 4.3 个; 因此, 缺失的数据量很大. 由于研究时间只有 8 年, 所以从未同时观测到早期和晚期年龄 (例如 3 岁和 12 岁) 的 $v_{\max 75}$ 的一些测量结果. 因此, 如果不对参数进行约束, 3–12 岁的 $v_{\max 75}$ 测量值的完整协方差矩阵是无法唯一估计的.

表 12.1 中的结果展示了 $\log(v_{\max 75})$ 的生长曲线随时间的推移在男性和女性之间是否存在差异. 用 y_{ij} 表示个体 i 在 $j+2$ 岁时 $\log(v_{\max 75})$ 的值 $(1 \leqslant j \leqslant 10)$. 表 12.1(a) 展示了形如 (11.20) 的正态重复测量模型的最大对数似然, 也就是

$$y_i \sim_{\text{ind}} N_{10}(\mu_i(\beta), \Sigma(\psi)). \tag{12.15}$$

协方差矩阵 Σ 用 $\sigma_{jk} = \psi_1(\psi_2 + (1-\psi_2)\psi_3^{|k-j|})$ 建模, 其中 ψ_1 确定了总的分散度, ψ_2 是遗传性参数, ψ_3 是环境衰减参数. 均值 $\mu_i(\beta)$ 的第 j 个分量具有形式

$$\mu_{ij} = \begin{cases} \beta_0 + \beta_1 \text{age}_j + \beta_2 \text{age}_j^2, & \text{若 sex}_i = \text{男}; \\ \beta_3 + \beta_4 \text{age}_j + \beta_5 \text{age}_j^2, & \text{若 sex}_i = \text{女}, \end{cases} \tag{12.16}$$

因此, 在男性和女性之间建立了肺功能与年龄相关的明显的二次曲线, 上式中 age 表示年龄. 在没有任何具有理论基础的曲线函数形式的情况下, 二次项对非线性性进行建模. 总的来说, 完整的模型 (表中标为 1N) 有 9 个参数, 其中 6 个为均值函数, 3 个为协方差矩阵参数. 表 12.1(a) 展示了对参数设置了约束的模型 2N 至 6N 的最大对数似然和似然比卡方统计量. 模型 5N 似乎是拟合得最好的简约正态模型.

　　表 12.1(b) 展示了同一组模型的拟合, 用 t 分布代替了 (12.15) 中的正态分布, 自由度为 ν, 用极大似然从数据估计. 请注意, 这些模型的拟合效果比正态模型好得多, 最大化的对数似然比相应正态模型的最大化对数似然大了 $15-23$. 根据 t 模型, 4T 似乎是对数据的合理总结. 也就是说, 肺功能曲线呈

表 12.1　例 12.4: 肺功能数据的正态模型

(a) 正态模型

模型	均值约束	协方差约束	参数个数	最大化的对数似然	与模型 1N 相比的似然比统计量 (自由度)
1N	无	无	9	164.4	—
2N	$\beta_2 = \beta_5 = 0$	无	7	164.1	0.7 (2)
3N	$\beta_2 = \beta_5 = 0,$ $\beta_1 = \beta_4$	无	6	161.9	5.2 (3)
4N	$\beta_2 = \beta_5 = 0,$ $\beta_0 = \beta_3, \beta_1 = \beta_4$	无	5	161.4	6.2 (4)
5N	无	$\psi_3 = 0$	8	163.5	2.0 (1)
6N	无	$\psi_2 = 0$	8	156.4	16.5^a (1)

(b) t 模型

模型	均值约束	协方差约束	参数个数	最大化的对数似然	与模型 1N 相比的似然比统计量 (自由度)
1T	无	无	10	187.1	—
2T	$\beta_2 = \beta_5 = 0$	无	8	186.2	2.0 (2)
3T	$\beta_2 = \beta_5 = 0,$ $\beta_1 = \beta_4$	无	7	184.8	4.7 (3)
4T	$\beta_2 = \beta_5 = 0,$ $\beta_0 = \beta_3, \beta_1 = \beta_4$	无	6	184.2	5.9 (4)
5T	无	$\psi_3 = 0$	9	183.1	8.1^a (1)
6T	无	$\psi_2 = 0$	9	181.5	9.2^a (1)

12 个模型拟合的总结.

^{a} 在 1% 水平上 (似然比卡方检验), 拟合显著差于 (a) 模型 1N 或 (b) 模型 1T.

线性, 男性和女性之间没有差异. 有趣的是, 与相应的正常模型 5N 不同, 把遗传性参数设为 0 的模型 5T 的拟合度并不高. 看来, 对于正态模型来说, 随着测量时间间隔的增加, 离群值掩盖了协方差的 (预期) 下降. 表 12.2 列出了最佳拟合的 t 模型 4T 和相应的正态模型 4N 的参数估计值, 并根据观测信息矩阵的数值近似给出了渐近标准误差. 请注意, 最佳拟合的 t 有 4 至 5 个自由度, 并且增加了参数 ψ_3 的大小和统计显著性, 这是表 12.1 中的模型比较所预期的. 正态拟合和 t 拟合的回归线斜率相似, 但 t 拟合的截距明显较小.

表 12.2 例 12.4: 肺功能数据的正态模型

模型	β_0	β_1	ψ_1	ψ_2	ψ_3	ν
4N	-0.365	0.0637	0.167	0.362	0.175	∞
	(0.075)	(0.0102)	(0.017)	(0.076)	(0.092)	$(-)$
4T	-0.286	0.0608	0.109	0.406	0.304	4.4
	(0.069)	(0.0090)	(0.017)	(0.092)	(0.102)	(1.2)

模型 4N 和 4T 的参数估计和标准误差.

这里所描述的模型的一个限制约束性特征是, 应用于比正态更长尾的模型的缩放量 q_i 对于数据集中的所有变量都是相同的. 对于不同的变量允许不同的缩放因子可能是合理的, 比如反映不同程度的污染. 特别地, 对于有缺失自变量的稳健回归, 把缩放量限制在结局变量上可能更合适.

遗憾的是, 如果对模型进行扩展, 允许不同的变量有不同的缩放因子, 那么对于一般的数据缺失模式, 期望最大化算法 E 步的简单性就会丧失. 不过也有些例外情况值得一提, 它们基于这样一个事实, 即模型可以很容易地扩展到处理一组完全观测到的协变量 Z 的情形, 这样, 条件在如前定义的未知缩放量 q_i 上, y_i 对 z_i 进行多元正态线性回归, 其均值为 $\sum_{j=1}^{p} \beta_j z_{ij}$, 协方差矩阵为 Ψ/q_i. 因此, 假设数据可以按单调缺失模式排列, 也就是把变量按组 $X_1, \cdots, X_K$ 排列, 使得对于 $j = 1, \cdots, K-1$, 如果一个单元的 X_{j+1} 被观测到, 则它的 X_j 一定也能观测到. 于是, $X_1, \cdots, X_K$ 的联合分布可以表达成一些分布的乘积:

$$f(X_1, \cdots, X_K \mid \phi) = f(X_1 \mid \phi) f(X_2 \mid X_1, \phi) \cdots f(X_K \mid X_1, \cdots, X_{K-1}, \phi),$$

如第 7 章所讨论的那样. 这样, 这一因子分解中的条件分布 $f(X_j \mid X_1, \cdots, X_{j-1}, \phi)$ 可以用多元正态分布建模, 均值为 $\sum_{u=1}^{j-1} \beta_u X_u$, 协方差矩阵为 $\Psi_{j \cdot 1 \cdots j-1}/$

q_{ij}, 其中缩放因子 q_{ij} 对不同的 j 值有变化.

把刚才考虑的模型推广到多元回归, 从而估计各分量似然中的参数, 然后通过变换找到 $X_1, \cdots, X_K$ 联合分布的其他参数的极大似然估计, 如第 7 章所述.

12.3　倾向性预测的惩罚样条

我们考虑以下数据缺失问题. 设 $(Y, X_1, \cdots, X_p)$ 是一个由变量构成的向量, 单元 $i = 1, \cdots, r$ 的 Y 有观测, 单元 $i = r + 1, \cdots, n$ 的 Y 缺失, 协变量 $X_1, \cdots, X_p$ 都被完全观测到. 我们考虑对 Y 的均值进行估计和推断, 假设 Y 的缺失只取决于 $X_1, \cdots, X_p$, 所以缺失机制是随机缺失.

如第 3 章所讨论的, 倾向性加权是解决这一问题的一种可行方法. 然而, 当倾向得分非常小的响应者被赋予过大的权重时, 这种方法可能会产生具有较大抽样方差的估计值. 另外, 加权完全案例分析不能充分利用不完全单元中的协变量信息. 为了解决这个问题, 我们可以在给定 $X_1, \cdots, X_p$ 的 Y 的分布模型下, 从其预测分布中抽取缺失值进行多重填补. 参数的推断可以使用第 10 章中描述的组合规则来实现. 如果填补模型设定得较好, 这种多重填补方法是有效的, 但实际情况却有可能出现填补模型的错误设定. 这促使 PSPP (Little 和 An 2004; Zhang 和 Little 2009) 把填补建立在样条模型上, 避免了关于 Y 和 $X_1, \cdots, X_p$ 均值之间关系的约束性模型假设.

定义 Y 被观测到的倾向性满足

$$P^*(\phi) = \mathrm{logit}(\Pr(M = 0 \mid X_1, \cdots, X_p), \phi). \tag{12.17}$$

PSPP 填补是来自下面模型的预测:

$$(Y \mid P^*(\phi), X_1, \cdots, X_p \mid \theta, \beta, \phi) \sim N\left(s(P^*(\phi) \mid \theta) + g(P^*(\phi), X_2, \cdots, X_p \mid \beta), \sigma^2\right), \tag{12.18}$$

其中 $N(\mu, \sigma^2)$ 表示均值为 μ、方差为常数 σ^2 的正态分布. 均值函数的第一个成分 $s(P^*(\phi) \mid \theta)$ 是倾向得分 P^* 的样条函数, 包含参数 θ; 第二个成分 $g(P^*(\phi), X_2, \cdots, X_p \mid \beta)$ 是一个参数函数, 包含除预测 Y 的 P^* 以外的其他协变量. 这里, g 函数中略去了一个自变量 X_1, 是为了避免潜在的多重共线性.

$s(P^*(\phi) \mid \theta)$ 的一种选择是惩罚样条 (Eilers 和 Marx 1996; Ruppert 等

2003), 其形式为

$$s(P^*(\phi) \mid \theta) = \theta_0 + \theta_1 P^* + \sum_{k=1}^{K} \gamma_k (P^* - \kappa_k)_+, \qquad (12.19)$$

上式中, $1, P^*, (P^* - \kappa_1)_+, \cdots, (P^* - \kappa_k)_+$ 是截断的线性基底, $\kappa_1 < \cdots < \kappa_K$ 是事先选择的固定节点, K 是节点的总数, $(\gamma_1, \cdots, \gamma_K)$ 是假设服从均值为 0、方差为 τ^2 的正态随机效应. 可采用许多现有的软件包来找出这一模型的极大似然估计, 比如 SAS 里的 PROC MIXED (SAS 1992; Ngo 和 Wand 2004) 或者 S-plus 里的 lme (Pinheiro 和 Bates 2000), 而贝叶斯方法可以使用 Winbugs (Crainiceanu 等 2005). 拟合 PSPP 模型的第一步是估计倾向得分, 例如 M 对 $X_1, \cdots, X_p$ 的逻辑斯谛回归模型或概率单位回归模型; 第二步是用 Y 对估计的 P^* 以样条模型的形式拟合一条回归曲线, 模型中的其他协变量以参数化的方式包含在 g 函数中. 当 Y 是连续变量时, 我们选择方差恒定的正态分布. 对于其他类型的数据, PSPP 的扩展可以使用带有不同连接函数的广义线性模型来制定.

拟合 PSPP 模型的方法有三种: (1) 极大似然, 即通过极大似然来估计参数, 利用信息矩阵或自采样法计算标准误差; (2) 贝叶斯, 即参数从其后验分布中抽取, 根据 μ 的后验分布的抽取来推断 μ; (3) 多重填补 (PSPP-MI), 即对缺失值的抽取进行多重填补, 根据 Rubin 的多重填补组合规则进行推断. 这里, 通过从每个完全化数据集的参数后验分布中抽取参数, 或者在原始数据的自采样样本上估计参数, 假设渐近正态性成立, 从而传播参数的不确定性 (Heitjan 和 Little 1991). Zhang 和 Little (2011) 使用 PSPP-MI 与自采样来表示参数的不确定性; 在小样本中, 给参数赋予分散的先验分布, PSPP 的这种贝叶斯版本可能更合适.

除了 PSPP, 其他方法使用倾向性的倒数作为权重. 特别地, 增广逆概率加权 (AIPW) 估计 (Robins 和 Rotnitzky 1995; Robins 等 1995) 的形式是

$$\widehat{\mu} = n^{-1} \left(\sum_{i=1}^{n} \widehat{y}_i \right) + n^{-1} \left(\sum_{i=1}^{r} \widehat{w}_i (y_i - \widehat{y}_i) \right),$$

其中 $\widehat{w}_i = 1/\widehat{\Pr}(m_i = 0 \mid X_1, \cdots, X_p)$ 是第 i 个单元的权重估计, $\widehat{y}_i$ 是从一个参数模型对第 i 个单元的预测. 这一方法具有所谓的 "双稳健" 性质, 也就是说, 如果正确地设定了 Y 的预测模型或倾向模型, 那么就能得到均值的相合估计. Bang 和 Robins (2005) 还提出了一种基于回归的方法, 也具有双稳健性质.

　　PSPP 方法也有一种双稳健的形式, 来源于倾向得分的平衡性质. 平衡性指出, 在随机缺失以及倾向模型 (12.17) 的正确设定下, 如果条件在倾向性上, 则 Y 的响应者和不响应者的协变量分布是相同的 (Rosenbaum 和 Rubin 1983). 这样, 如果 (a) 给定 $(P^*, X_1, \cdots, X_p)$ 时 Y 的均值模型设定正确, 或 (b) 倾向性 P^* 设定正确且 $E(Y \mid P^*) = s(P^*)$, 则 Y 观测值和填补值均值就是相合的. 事实上, $E(Y \mid P^*) = s(P^*)$ 隐含着回归函数 g 不需要被正确设定 (Little 和 An 2004; Zhang 和 Little 2009), 这个条件可以说是一个弱假设, 因为 Y 的均值与倾向性的关系是由样条函数灵活建模的.

　　我们注意到, 双稳健的定义与最初的稳健性概念有些不同, 稳健性是指程序对模型假设遭到破坏的抵抗力; Kang 和 Schafer (2007) 中的模拟表明, 当预测模型和倾向性模型都有轻度的错误设定时, 双稳健性质的作用不大. Zhang 和 Little (2011) 以及 Yang 和 Little (2015) 中的模拟包含了与 Kang 和 Schafer 考虑的情况类似的情况, 他们表明, 与增广逆概率加权或其他双稳健方法相比, PSPP 方法是更有利的.

问题

12.1 对例 12.1 中的模型, 推导权重函数 (12.5).

12.2 描述例 12.1 的数据增广算法.

12.3 简述计算例 12.4 中污染的正态模型的极大似然估计过程. 模拟来自污染的正态模型的数据, 并对 π 和 λ 的真值和假设值选取不同选择, 探索推断的敏感性.

12.4 对下列情况探索例 12.1 中污染的正态模型的极大似然估计:

　　(a) π 已知, λ 未知, 用极大似然估计 λ;
　　(b) π 未知, λ 已知, 用极大似然估计 π.

　　同时 π 未知和 λ 未知的情况是否涉及太多的缺失信息而不切实际?

12.5 把已知自由度的 t 模型和污染的正态模型扩展到 X 对固定的观测到的协变量 Z 进行简单线性回归的情形, 推导出该模型的期望最大化算法. 观测到 Z 但缺失 X 的单元是否会贡献信息? (提示: 回顾第 11.4.1 节.)

12.6 对第 12.2.2 节的模型, 推导权重函数 (12.11) 和 (12.13).

12.7 推导第 12.2.3 节中 E 步的等式.

第 13 章 未完全分类的列联表模型, 忽略缺失机制

13.1 引言

本章涉及当变量是分类变量时的不完全数据分析. 虽然区间尺度的变量可以通过根据尺度分段形成分类变量来处理, 但以这种方式处理的变量没有利用类别变量或其他有序变量之间的顺序. 然而, 考虑到类别之间排序的分类数据方法 (例如, Goodman 1979; McCullagh 1980) 可以通过应用第二部分介绍的似然理论, 使之扩展到处理不完全的数据的情形中.

一个矩形 $n \times V$ 数据矩阵包含对 V 个分类变量 $Y_1, \cdots, Y_V$ 的 n 个单元观测, 可以把数据排列成 V 维列联表, 由变量之间的联合水平定义出 C 个小格. 表中的元素是计数 $\{n_{jk\cdots u}\}$, 其中 $n_{jk\cdots u}$ 是小格 $Y_1 = j, Y_2 = k, \cdots, Y_V = u$ 中采样单元的数量. 如果数据矩阵有缺失项, 则前述列联表中的部分单元未被完全分类 (部分分类). 完全分类的单元会创建一个 V 维计数表 $\{r_{jk\cdots u}\}$, 而未完全分类的单元会创建附加的低维子表, 每个子表都由变量 $(Y_1, \cdots, Y_V)$ 的观测子集定义. 例如, 表 1.2 的前 8 行提供了五向列联表中来自完全单元的数据, 该表具有三个时间点的变量——性别、年龄和肥胖. 剩下的 18 行提供了 6 个未完全分类表中的数据, 其中有一个或两个肥胖变量缺失. 我们将讨论这种形式数据的极大似然和贝叶斯估计.

在下一节中, 类似于第 7 章中讨论的正态数据的似然分解将被应用于未完

全分类数据的特殊模式. 第 13.3 节讨论使用期望最大化算法和后验模拟对一般缺失模式的估计. 第 13.4 节考虑当分类概率受到对数线性模型约束时, 未完全分类数据的极大似然和贝叶斯估计. 分类数据的不可忽略不响应模型将推迟到第 15.4.2 节.

当不知道某单元特定变量 (比如说 Y_1) 的水平 j、但已知该单元落入 Y_1 值域子集 S 之一时, 会出现一种更一般的不完全数据类型. 如果 Y_1 完全缺失, 则 S 由 Y_1 的所有可能值组成. 如果缺失了 Y_1, 但记录了 Y_1 的较不详细的重新编码 Y_1^* 的值, 则 S 将是 Y_1 可能值的适当子集. 例 13.4 给出了经过粗略分类和精细分类的此类数据的示例.

此处考虑的缺失数据情形应与 "结构化零" 情形仔细区分开, 在 "结构化零" 情况下, 某些单元格包含零计数, 因为模型为它们指定了包含任意条目的概率为零. 例如, 如果 Y_1 表示出生年份, Y_2 表示首次结婚年份, 因为不可能在出生前结婚, 所以 Y_1 和 Y_2 的联合分布中 $Y_2 \leqslant Y_1$ 的单元格为 "结构化零". 有关结构化零问题的讨论, 请参见 Bishop 等 (1975, 第 5 章).

13.2　单调多项数据的因子化似然

13.2.1　引言

在本节中, 我们假设完全数据计数 $\{n_{jk\cdots u}\}$ 具有多项分布, 其总数为 n, 小格概率为 $\theta = \{\pi_{jk\cdots u}\}$. 在第 6 章中讨论的意义上, 我们还假设缺失机制是随机缺失, 并且缺失数据模式是单调的. 于是, 通过对缺失数据积分完全数据似然, 可得到概率 θ 的似然

$$L(\theta \mid \{n_{jk\cdots u}\}) = \prod_{j,k,\cdots,u} \pi_{jk\cdots u}^{n_{jk\cdots u}}, \quad \sum_{j,k,\cdots,u} \pi_{jk\cdots u} = 1. \qquad (13.1)$$

在小格概率相加等于 1 的约束条件下, 通过最大化这一似然, 即得到 θ 的极大似然估计.

多项模型以外的替代方法假设小格计数 $\{n_{jk\cdots u}\}$ 是独立的泊松随机变量, 其均值为 $\{\mu_{jk\cdots u}\}$, 小格概率为 $\pi_{jk\cdots u}^* = \mu_{jk\cdots u} / \sum_{j,k,\cdots,u} \mu_{jk\cdots u}$. 如果缺失机制是随机缺失, 则对 $\{\pi_{jk\cdots u}^*\}$ 的似然推断与在多项模型下对 $\{\pi_{jk\cdots u}\}$ 的似然推断相同. 这个事实来自与完全数据情形类似的论断 (Bishop 等 1975). 我们把注意力集中在多项模型上, 因为在实际情况下它似乎比泊松模型更常见.

在完全数据下, 似然 (13.1) 产生了极大似然估计

$$\widehat{\pi}_{jk\cdots u} = n_{jk\cdots u}/n,$$

其渐近抽样方差为

$$\mathrm{Var}(\widehat{\pi}_{jk\cdots u} \mid \theta) \mid_{\theta=\widehat{\theta}} = \widehat{\pi}_{jk\cdots u}(1 - \widehat{\pi}_{jk\cdots u})/n.$$

对于贝叶斯推断, 我们在完全数据似然的基础上乘以小格概率的狄利克雷共轭先验:

$$p(\{\pi_{jk\cdots u}\}) \propto \prod_{j,k,\cdots,u} \pi_{jk\cdots u}^{\alpha_{jk\cdots u}-1}, \ \pi_{jk\cdots u} > 0, \sum_{j,k,\cdots,u} \pi_{jk\cdots u} = 1. \qquad (13.2)$$

将该先验分布与似然相结合, 得出狄利克雷后验分布 (见例 6.18)

$$p(\{\pi_{jk\cdots u}\} \mid \{n_{jk\cdots u}\}) \propto \prod_{j,k,\cdots,u} \pi_{jk\cdots u}^{\alpha_{jk\cdots u}+n_{jk\cdots u}-1}, \ \sum_{j,k,\cdots,u} \pi_{jk\cdots u} = 1. \qquad (13.3)$$

我们的目标是从不完全数据中获得类似的结果. 在本节中, 我们将讨论不完全数据的特殊模式的参数化, 这些特殊模式会产生明确的极大似然估计以及后验分布的直接模拟.

13.2.2 单调模式的极大似然和贝叶斯

我们首先考虑具有一个附加边缘的双向列联表的极大似然估计.

例 13.1　具有一个附加边缘的双向列联表.

考虑两个分类变量: Y_1 有水平 $j = 1, \cdots, J$, Y_2 有水平 $k = 1, \cdots, K$. 数据包含 r 个 y_{i1} 和 y_{i2} 都观测到的单元 $(y_{i1}, y_{i2}, i = 1, \cdots, r)$, 以及 $m = n - r$ 个 y_{i1} 被观测到而 y_{i2} 缺失的单元 $(y_{i1}, i = r+1, \cdots, n)$. 这种数据模式与例 7.1 一样, 但变量现在是分类型的了.

这 r 个完全分类单元可以展示在一个 $J \times K$ 列联表中, 其中 $y_{i1} = j, y_{i2} = k$ 的小格中有 r_{jk} 个单元. 剩下的 $n - r$ 个单元形成了一个附加的 $J \times 1$ 边缘, 其中 $y_{i1} = j$ 的小格中有 m_j 个单元, 如图 13.1.

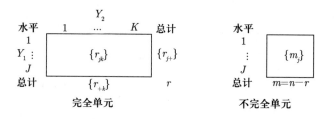

图 13.1　例 13.1 的数据

我们使用标准的 "+" 号表示对相应下角标 j 或 k 的求和. 对于这一问题,

$$\theta = (\pi_{11}, \pi_{12}, \cdots, \pi_{JK}), \quad \sum_{j=1}^{J} \sum_{k=1}^{K} \pi_{jk} \equiv \pi_{++} = 1.$$

类似于例 7.1, 我们采用另一种参数集 ϕ, 它对应着 Y_1 的边缘分布和给定 Y_1 时 Y_2 的条件分布. 数据的似然可以写成

$$L(\phi \mid \{r_{jk}, m_j\}) = \left(\prod_{j=1}^{J} \pi_{j+}^{r_{j+}+m_j} \right) \times \left(\prod_{j=1}^{J} \prod_{k=1}^{K} \pi_{k \cdot j}^{r_{jk}} \right), \tag{13.4}$$

其中第一个因子是边缘计数 $r_{j+} + m_j$ 的多项分布似然, 其总数为 n, 每项概率为 π_{j+}; 第二个因子是 J 个给定 r_{j+} 后 $\{r_{jk}\}$ 的条件多项分布的乘积似然, 总数为 r_{j+}, 每项概率为

$$\pi_{k \cdot j} = \Pr(Y_2 = k \mid Y_1 = j) = \pi_{jk} / \pi_{j+}, \quad k = 1, \cdots, K.$$

像第 7.1 节那样, 式 (13.4) 是似然的因子分解, 具有分离参数

$$\phi_1 = \{\pi_{j+}, j = 1, \cdots, J\} \quad \text{和} \quad \phi_2 = \{\pi_{k \cdot j}, j = 1, \cdots, J; k = 1, \cdots, K\}.$$

分别最大化式 (13.4) 中的每个因子, 我们得到极大似然估计

$$\widehat{\pi}_{j+} = \frac{r_{j+} + m_j}{n}, \ \widehat{\pi}_{k \cdot j} = \frac{r_{jk}}{r_{j+}},$$

所以

$$\widehat{\pi}_{jk} = \widehat{\pi}_{j+} \widehat{\pi}_{k \cdot j} = \frac{r_{jk} + (r_{jk}/r_{j+})m_j}{n}. \tag{13.5}$$

这些极大似然估计有效地把 m_j 个未分类单元 $(j = 1, \cdots, K)$ 按比例 r_{jk}/r_{j+} 分配到第 (j, k) 个小格中.

对于贝叶斯分析, 为简单起见, 我们为 $\{\pi_{j+}\}$ 和 $\{\pi_{k \cdot j}\}$ 指定独立的狄利克雷先验分布, 对应于式 (13.2) 中的因子化似然:

$$p(\phi) \propto \left(\prod_{j=1}^{J} \pi_{j+}^{n_{j0}-1} \right) \times \left(\prod_{j=1}^{J} \prod_{k=1}^{K} \pi_{k \cdot j}^{r_{jk0}-1} \right).$$

于是, 后验分布是 $\{\pi_{j+}\}$ 和 $\{\pi_{k \cdot j}\}$ 的独立后验分布的乘积, 也就是

$$p(\phi \mid \text{数据}) \propto \left(\prod_{j=1}^{J} \pi_{j+}^{n_{j0}+r_{j+}+m_j-1} \right) \times \left(\prod_{j=1}^{J} \prod_{k=1}^{K} \pi_{k \cdot j}^{r_{jk0}+r_{jk}-1} \right). \tag{13.6}$$

这样我们可以很简单地从 π_{jk} 的后验分布中获得抽取 $\pi_{jk}^{(d)}$, 即按式 (13.6) 先从 π_{j+} 和 $\pi_{k\cdot j}$ 的后验分布中独立地抽取 $\pi_{j+}^{(d)}$ 和 $\pi_{k\cdot j}^{(d)}$, 然后再令 $\pi_{jk}^{(d)} = \pi_{j+}^{(d)}\pi_{k\cdot j}^{(d)}$, 像式 (13.5) 左半边那样. 如例 6.18 中所述, 使用卡方或伽马随机变量可以轻松实现从狄利克雷分布的抽取.

例 13.2 单调二元计数数据的极大似然和贝叶斯的数值示例.

表 13.1 中的数据提供了例 13.1 中结果的数值说明, 其中 Y_1 是二分类变量, Y_2 是三分类变量. Y_1 的边缘概率从完全分类和未完全分类单元中估计出来:

$$\widehat{\pi}_{1+} = 190/410, \quad \widehat{\pi}_{2+} = 220/410.$$

表 13.1 图 13.1 数据模式的数值示例

		完全单元						不完全单元
			Y_2					
		1	2	3	总计			
Y_1	1	20	30	40	90	Y_1	1	100
	2	50	60	20	130		2	90
总计		70	90	60	220	总计		190

给定 Y_1 后 Y_2 分类的条件概率从完全分类单元中估计出来:

$$\widehat{\pi}_{1\cdot 1} = 20/90, \quad \widehat{\pi}_{2\cdot 1} = 30/90, \quad \widehat{\pi}_{3\cdot 1} = 40/90,$$
$$\widehat{\pi}_{1\cdot 2} = 50/130, \quad \widehat{\pi}_{2\cdot 2} = 60/130, \quad \widehat{\pi}_{3\cdot 2} = 20/130.$$

因此, 估计的概率 (13.5) 如下:

$$\widehat{\pi}_{11} = (20/90)(190/410) = 0.1030, \quad \widehat{\pi}_{21} = (50/130)(220/410) = 0.2064,$$
$$\widehat{\pi}_{12} = (30/90)(190/410) = 0.1545, \quad \widehat{\pi}_{22} = (60/130)(220/410) = 0.2377,$$
$$\widehat{\pi}_{13} = (40/90)(190/410) = 0.2060, \quad \widehat{\pi}_{23} = (20/130)(220/410) = 0.0826.$$

相比之下, 基于完全分类单元的估计如下:

$$\widetilde{\pi}_{11} = 20/220 = 0.0909, \quad \widetilde{\pi}_{21} = 50/220 = 0.2273,$$
$$\widetilde{\pi}_{12} = 30/220 = 0.1364, \quad \widetilde{\pi}_{22} = 60/220 = 0.2727,$$

$$\widetilde{\pi}_{13} = 40/220 = 0.1818, \ \widetilde{\pi}_{23} = 20/220 = 0.0909.$$

在随机缺失假设下, 估计 $\{\widetilde{\pi}_{jk}\}$ 不如极大似然估计 $\{\widehat{\pi}_{jk}\}$ 有效. 然而, 与例 7.1 中讨论的正态情形一样, 当数据是随机缺失而不是完全随机缺失时, 极大似然的主要价值还是在于减少或消除偏倚的能力. 如果数据是随机缺失的, 特别是 Y_2 缺失的概率依赖于 Y_1 而不依赖于 Y_2, 则 $\{\widehat{\pi}_{jk}\}$ 是极大似然估计. 通常, 只有当数据是完全随机缺失时, 也就是缺失不依赖于 Y_1 和 Y_2 的值, 则 $\{\widetilde{\pi}_{jk}\}$ 才相合于 $\{\pi_{jk}\}$. 因为对于完全分类和未完全分类的样本, Y_1 的边缘分布似乎有所不同 (卡方检验的结果为 $\chi_1^2 = 5.23$, 相关的 p 值小于 0.01), 所以完全随机缺失的假设似乎不可信. 在这个例子中, 没有反对随机缺失假设的证据.

对于这个例子的贝叶斯分析, 我们假设 $\{\pi_{j+}\}$ 和 $\{\pi_{k\cdot j}\}$ 具有下述独立的 Jeffreys 先验分布:

$$p(\phi) \propto \left(\pi_{1+}^{-1/2} \pi_{2+}^{-1/2}\right) \left(\pi_{1\cdot 1}^{-1/2} \pi_{2\cdot 1}^{-1/2} \pi_{3\cdot 1}^{-1/2}\right) \left(\pi_{1\cdot 2}^{-1/2} \pi_{2\cdot 2}^{-1/2} \pi_{3\cdot 2}^{-1/2}\right).$$

于是, 这些参数的后验分布也是狄利克雷分布的乘积:

$$p(\phi \mid \text{数据}) \propto \left(\pi_{1+}^{189.5} \pi_{2+}^{219.5}\right) \left(\pi_{1\cdot 1}^{19.5} \pi_{2\cdot 1}^{29.5} \pi_{3\cdot 1}^{39.5}\right) \left(\pi_{1\cdot 2}^{49.5} \pi_{2\cdot 2}^{59.5} \pi_{3\cdot 2}^{19.5}\right).$$

从这些分布中抽取 $\pi_{j+}^{(d)}$ 和 $\pi_{k\cdot j}^{(d)}$ $(j = 1, 2, \ k = 1, 2, 3)$, 然后令 $\pi_{jk}^{(d)} = \pi_{j+}^{(d)} \pi_{k\cdot j}^{(d)}$, 这就产生了图 13.2 展示的后验分布. 后验均值与极大似然估计接近:

$$E(\pi_{11} \mid \text{数据}) = 0.1044, \ \ E(\pi_{21} \mid \text{数据}) = 0.2058,$$

$$E(\pi_{12} \mid \text{数据}) = 0.1549, \ \ E(\pi_{22} \mid \text{数据}) = 0.2467,$$

$$E(\pi_{13} \mid \text{数据}) = 0.2045, \ \ E(\pi_{23} \mid \text{数据}) = 0.0838.$$

贝叶斯分析的一个有用的性质是, 它可以从模拟的后验分布中得出精度的估计. 这些将在下面的例 13.5 中进行讨论.

可以通过对似然进行类似的因子分解, 把本例扩展到其他单调模式上.

例 13.3　六项表的应用.

Fuchs (1982) 介绍了老年人保护服务项目的数据, 这是一项对 164 人的纵向研究, 旨在评估丰富的社会个案服务对服务对象福祉的影响 (表 13.2). 研究人员收集了 6 个二分类变量的数据, D 为存活状态 (存活、死亡), G 为组别 (实验组、对照组), S 为性别 (男、女), A 为年龄 (75 岁以下、75 岁以上), P 为身体状态 (差、好), M 为精神状态 (差、好). 101 名参与者的全部变量数据均可获得 (表 13.2(a)). 1 名参与者的身体状态缺失 (表 13.2(b)). 33 名参与者的

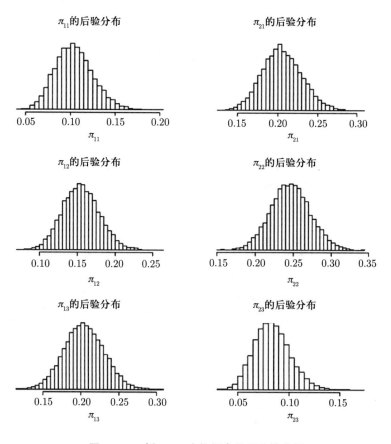

图 13.2　例 13.2: 小格概率的后验分布图

精神状态缺失 (表 13.2(c)). 最后, 29 名参与者的身体状态和精神状态均缺失 (表 13.2(d)).

当忽略表 13.2(b) 中那 1 名个体的精神状态信息时, 数据具有单调的模式, 利用因子分解

$$\Pr(\mathrm{D,G,A,S,P,M} \mid \theta) = \Pr(\mathrm{D,G,A,S} \mid \theta) \Pr(\mathrm{P} \mid \mathrm{D,G,A,S}, \theta)$$
$$\times \Pr(\mathrm{M} \mid \mathrm{D,G,A,S,P}, \theta).$$

可以得出小格概率的极大似然估计值.

表 13.3(a) 展示了用于估计右侧三种分布的观测计数. 表 13.3(b) 展示了由此产生的期望小格计数, 即估计的小格概率乘以总样本量 164. 例如, "D = 存活、G = 实验组、A = 75 岁以上、S = 男、P = 好、M = 好" 这一小格的

期望计数是

$$164\left(\frac{13}{164}\right)\left(\frac{10}{11}\right)\left(\frac{6}{8}\right) = 8.8636.$$

把 "D = 存活" 换成 "D = 死亡"，则产生期望计数

$$164\left(\frac{21}{164}\right)\left(\frac{6}{19}\right)\left(\frac{4}{6}\right) = 4.4211.$$

因此，给定 "G = 实验组、A = 75 岁以上、S = 男、P = 好、M = 好"，存活的条件概率估计是 $8.8636/(8.8636 + 4.4211) = 0.6672$. 这一估计值可以与表 13.2 中完全单元的 $10/(10 + 6) = 0.6$ 相比较.

表 13.2　例 13.3 的未完全分类的列联表

精神	身体	存活	性别 = 男				性别 = 女			
			年龄 < 75		年龄 ⩾ 75		年龄 < 75		年龄 ⩾ 75	
			E[a]	C[a]	E	C	E	C	E	C
(a) 完全分类的										
差	差	死亡	0	2	5	3	0	0	2	1
		存活	1	0	0	0	0	0	0	1
	好	死亡	0	0	2	2	1	1	1	0
		存活	0	2	2	0	0	0	0	0
好	差	死亡	0	0	3	1	0	0	1	2
		存活	3	1	1	2	0	1	1	0
	好	死亡	1	1	4	6	2	0	0	2
		存活	5	10	6	8	3	5	2	4
(b) 缺失身体状态										
差	缺失	死亡	0	0	0	0	0	0	0	0
		存活	0	0	1	0	0	0	0	0
好		死亡	0	0	0	0	0	0	0	0
		存活	0	0	0	0	0	0	0	0
(c) 缺失精神状态										
缺失	差	死亡	2	0	5	3	1	1	2	0
		存活	1	1	0	3	0	0	0	1
	好	死亡	1	0	0	0	0	0	1	2
		存活	1	3	2	1	1	1	0	0
(d) 缺失身体状态和精神状态										
缺失	缺失	死亡	0	1	2	2	1	0	3	1
		存活	2	8	1	2	1	1	2	2

[a] E 表示实验组，C 表示对照组. D 为存活状态，G 为组别，S 为性别，A 为年龄，P 为身体状态，M 为精神状态.

表 13.3   例 13.3: 表 13.2(a),(c),(d) 中单调数据 [a] 的极大似然估计, 使用因子化似然方法

			性别 = 男				性别 = 女			
			年龄 < 75		年龄 $\geqslant 75$		年龄 < 75		年龄 $\geqslant 75$	
精神	身体	存活	E	C	E	C	E	C	E	C
(a) 单调模式的分区表										
(1) 可得到 D, G, A, S 的信息										
		死亡	4	4	21	17	5	2	10	8
		存活	13	25	13	16	5	8	5	8
(2) 可得到 D, G, A, S, P 的信息										
	差	死亡	2	2	13	7	1	1	5	3
		存活	5	2	1	5	0	1	1	2
	好	死亡	2	1	6	8	3	1	2	4
		存活	6	15	10	9	4	6	2	4
(b) 期望小格频数										
(3) 可得到所有变量 (D, G, A, S, P, M) 的信息, 由表 13.2(a) 给出										
差	差	死亡	1.00	2.67	8.98	5.95	0.63	0.50	4.76	1.14
		存活	1.48	0.00	0.00	0.00	0.00	0.00	0.00	2.67
	好	死亡	0.00	0.00	2.21	2.27	1.25	1.00	2.86	0.00
		存活	0.00	3.68	2.95	0.00	0.00	0.00	0.00	0.00
好	差	死亡	1.00	0.00	5.39	1.98	0.63	0.50	2.38	2.28
		存活	4.43	2.94	1.18	5.71	0.00	1.14	1.67	0.00
	好	死亡	2.00	1.33	4.42	6.80	2.50	0.00	0.00	4.57
		存活	7.09	18.38	8.86	10.29	5.00	6.86	3.33	5.33

[a] 忽略表 13.2(b) 中个体精神状态的信息. E 表示实验组, C 表示对照组. D 为存活状态, G 为组别, S 为性别, A 为年龄, P 为身体状态, M 为精神状态.

来源: Fuchs (1982), 略有改动. 使用获 Taylor and Francis 许可.

例 13.4   有细分类和粗分类的表.

Hocking 和 Oxspring (1974) 提出并分析了表 13.4 中的数据, 这一数据集说明了另一种情况, 即通过对似然进行因子分解, 可以找到极大似然和贝叶斯估计. 表 13.4(a) 列出了在麻风病治疗中使用药物的数据. 在固定的治疗时间后, 根据渗透程度和整体临床状况对 196 名患者进行分类. 表 13.4(b) 中关于 400 名患者的附加数据是根据健康改善情况进行粗略分类的. 这种数据在健康

调查中自然而然地产生, 因为在这种调查中, 可以获得一小部分人的详细结果, 同时低成本地收集到一大批人的粗分类数据.

表 13.4   例 13.4: 根据渗透程度和整体临床状况对患者进行分类

(a) 细分类数据

渗透程度	临床状况					总计
	改善			稳定	更差	
	明显	中等	轻微			
少	11	27	42	53	11	144
多	7	15	16	13	1	52
总计	18	42	58	66	12	196

(b) 粗分类数据

渗透程度	临床状况			总计
	改善	稳定	更差	
少	144	120	16	280
多	92	24	4	120
总计	236	144	20	400

(c) 从 (a) 和 (b) 得出的小格概率的极大似然估计

渗透程度	临床状况			稳定	更差
	改善				
	明显	中等	轻微		
少	(224/596)(11/80)	(224/596)(27/80)	(224/596)(42/80)	173/596	27/596
多	(130/596)(7/38)	(130/596)(15/38)	(130/596)(16/38)	37/596	5/596

来源: Hocking 和 Oxspring (1974). 使用获 John Wiley and Sons 许可.

一方面基于全部的 596 名患者, 按表 13.4(b) 粗分类, 根据两表组合的小格计数的联合分布, 另一方面基于 196 名患者的较小群体, 给定改善和渗透程度、改善程度 (明显、中等或轻微) 的条件分布, 可以把似然分解. 这样得到的小格概率的极大似然估计展示在表 13.4(c) 中, 表格说明了计算过程. 通过合

并 (a) 和 (b) 中的数据, 得到渗透和粗分类临床变化的联合概率, 得到最后两列的分数和前三列的第一个因子. 后者乘上了从 (a) 的前三列计算出的改善程度的条件概率. 特别地, 左上角的条目为 $\hat{\pi}_{11} = (224/596)(11/80) = 0.0517$, 而仅从细分类数据来看, $\tilde{\pi}_{11} = 11/196 = 0.0561$.

13.2.3 精度估计

与极大似然估计 (13.5) 相关的渐近协方差矩阵可以通过计算似然的因子化形式的参数信息矩阵来获得, 对该信息矩阵进行求逆, 然后用第 7.1 节中概述的方法转换为原始参数化形式. 另外, 我们也可以直接计算这些方差和协方差. 例如, 为了计算例 13.1 中 $\hat{\pi}_{jk} = \hat{\pi}_{j+}\hat{\pi}_{k\cdot j}$ 的大样本方差, 我们记

$$\text{Var}(\hat{\pi}_{jk}) = E(\text{Var}(\hat{\pi}_{jk} \mid \{n_{1+}\})) + \text{Var}(E(\hat{\pi}_{jk} \mid \{n_{1+}\})),$$

其中 $\{n_{1+}\}$ 是 Y_1 的边缘计数集. 因此,

$$\begin{aligned}\text{Var}(\hat{\pi}_{jk}) &= E\{\hat{\pi}_{j+}^2 \pi_{k\cdot j}(1 - \pi_{k\cdot j})/r_{j+}\} + \text{Var}\{\hat{\pi}_{j+}\pi_{k\cdot j}\} \\ &= \pi_{j+}^2 \pi_{k\cdot j}(1 - \pi_{k\cdot j})/r_{j+} + \pi_{k\cdot j}^2 \pi_{j+}(1 - \pi_{j+})/n,\end{aligned}$$

渐近为 $1/r_{j+}^2$ 阶. 一些代数运算得到

$$\text{Var}(\hat{\pi}_{jk}) \approx \frac{\pi_{jk}(1 - \pi_{jk})}{r}\left\{1 - \frac{\pi_{k\cdot j} - \pi_{jk}}{1 - \pi_{jk}}\frac{n - r}{n} + c_j \frac{1 - \pi_{k\cdot j}}{1 - \pi_{jk}}\right\},$$

其中 $c_j = r\pi_{j+}/r_{j+} - 1$. 用估计代替参数, 得到

$$\text{Var}(\pi_{jk} - \hat{\pi}_{jk}) \approx \frac{\hat{\pi}_{jk}(1 - \hat{\pi}_{jk})}{r}\left\{1 - \frac{\hat{\pi}_{k\cdot j} - \hat{\pi}_{jk}}{1 - \hat{\pi}_{jk}}\frac{n - r}{n} + c_j \frac{1 - \hat{\pi}_{k\cdot j}}{1 - \hat{\pi}_{jk}}\right\}. \quad (13.7)$$

式 (13.7) 的左边写成了稍加改动的形式, 表示对 π_{jk} 的渐近后验方差进行贝叶斯分析能得到类似的结果. 对于协方差, 我们有

$$\begin{aligned}\text{Cov}(\pi_{jk} - \hat{\pi}_{jk}, \pi_{jl} - \hat{\pi}_{jl}) &\approx \frac{-\hat{\pi}_{jk}\hat{\pi}_{jl}}{r}\left\{1 + \frac{1 - \hat{\pi}_{j+}}{\hat{\pi}_{j+}}\frac{n - r}{n} + \frac{c_j}{\hat{\pi}_{j+}}\right\}, \quad k \neq l, \\ \text{Cov}(\pi_{ik} - \hat{\pi}_{ik}, \pi_{jl} - \hat{\pi}_{jl}) &\approx \frac{-\hat{\pi}_{ik}\hat{\pi}_{jl}}{n}, \quad i \neq j.\end{aligned}$$

对于区间估计, 特别是当样本量较小的时候, 通常令人满意的方法是在能更好地满足渐近正态性的 π_{jk} 的变换上计算渐近方差, 如 $\text{logit}(\pi_{jk})$. 一个更好的办法是模拟 $\{\pi_{jk}\}$ 的完整后验分布, 然后从中心附近 $100(1 - \alpha)\%$ 的抽取值形成区间估计.

例 13.5　二元单调多项数据的精度估计 (例 13.2 续).

使用表 13.1 中的数据，现在我们比较从完全案例、极大似然和贝叶斯估计得到的 π_{11} 估计的精度估计. 如果数据是完全随机缺失，完全案例估计 $\tilde{\pi}_{11} = 0.0909$，它忽略了附加边缘，其大样本方差为 $\pi_{11}(1 - \pi_{11})/r$，把参数替换成极大似然估计得到

$$\mathrm{Var}(\tilde{\pi}_{11}) = \frac{(0.1030)(1 - 0.1030)}{220} = 0.000420. \tag{13.8}$$

类似地，根据 (13.7)，极大似然估计 $\hat{\pi}_{11} = 0.1030$ 具有大样本方差估计

$$\mathrm{Var}(\hat{\pi}_{11}) \approx 0.00042(0.9384 + 0.1151) = 0.000442. \tag{13.9}$$

因此，纳入附加边缘没有提升估计精度. 然而，如例 13.2 中所指出的，数据似乎不是完全随机缺失的，所以 $\tilde{\pi}_{11}$ 可能不是 π_{11} 的相合估计，因而式 (13.8) 不是 $\tilde{\pi}_{11}$ 作为 π_{11} 的估计的有效精度估计. 假设缺失数据是随机缺失，$\hat{\pi}_{11}$ 是 π_{11} 的相合估计，所以 $\tilde{\pi}_{11}$ 偏倚的一个粗略估计是 $\tilde{\pi}_{11} - \hat{\pi}_{11} = -0.0121$. 于是，$\tilde{\pi}_{11}$ 的均方误差的一个粗略估计是

$$\widehat{\mathrm{MSE}}(\tilde{\pi}_{11}) \approx (-0.0121)^2 + \mathrm{Var}(\tilde{\pi}_{11}) = 0.000566.$$

与式 (13.9) 相比，当考虑到完全案例估计的偏倚时，极大似然程序表现得更加精确.

π_{11} 的后验分布提供了比这些渐近结果更好的精度估计. 图 13.1 中分布的后验方差是 $\mathrm{Var}(\pi_{11} \mid 数据) = 0.000444$，比极大似然估计的渐近大样本方差稍大. 从图 13.1 的图中可以看出，π_{11} 的中心 95% 后验概率区间反映了这个后验分布的偏态.

13.3　一般缺失模式下多项样本的极大似然和贝叶斯估计

与正态数据一样，不完全的多项数据如果没有形成单调的数据模式，就需要采用迭代方法进行极大似然或贝叶斯估计. 期望最大化算法特别简单，因为对数似然关于缺失值是线性的. 对于例 13.1 和 13.2 中的单调数据，极大似然估计使用从完全分类数据估计的条件概率，有效地把未完全分类数据分配到全表中. 一般模式的期望最大化算法的 E 步具有相同的形式，只不过条件概率是由当前估计的小格概率计算的，而不是由完全分类的数据计算的. EM 算法的 M 步从 E 步完全化的数据中计算出新的小格概率. Hartley (1958) 是出现这

个算法的最早统计文献. 我们提供了一个相当通用的算法公式, 然后将其应用于一种特殊情形.

假设完全数据是一个大小为 n 的多项样本, 共有 C 个小格, 小格 c 中分类了 n_c 个单元, 参数 $\theta = (\pi_1, \cdots, \pi_C)$, 其中 π_c 是小格 c 的分类概率. 观测到的数据包括 r 个完全分类单元, 其中 r_c 个单元处于小格 c 中 $(c = 1, \cdots, C)$ 且 $r = \sum_{c=1}^{C} r_c$, 以及 $n - r$ 个未完全分类单元, 它们属于 C 个小格的子集. 对于有附加边缘的多向表, 其子集由能够汇总形成附加边缘的每个小格的全表小格组成. 我们把未完全分类单元划分为 K 组, 在每个组内所有单元都具有相同的缺失模式, 即相同的可能小格集. 假设有 m_k 个未完全分类单元属于第 k 组, 用 S_k 表示这些单元可能所属的小格集. 此外, 定义指标函数 $\delta(c \in S_k)$, $c = 1, \cdots, C$, $k = 1, \cdots, K$, 其中, 如果单元 c 属于 S_k, 则 $\delta(c \in S_k) = 1$, 否则 $\delta(c \in S_k) = 0$.

为了确定期望最大化算法的 E 步, 和前面一样, 令 $\{\pi_c^{(t)}, c = 1, \cdots, C\}$ 表示参数的当前 (第 t 次迭代) 估计. 完全数据属于正则指数族, 完全数据对数似然线性依赖于充分统计量

$$\{n_c, c = 1, \cdots, C\}.$$

因此, E 步计算

$$n_c^{(t)} = E\left\{n_c \mid \text{数据}, \pi_1^{(t)}, \cdots, \pi_C^{(t)}\right\} = r_c + \sum_{k=1}^{K} m_k \psi_{c \cdot S_k}^{(t)},$$

其中

$$\psi_{c \cdot S_k}^{(t)} = \pi_c^{(t)} \delta(c \in S_k) \bigg/ \left(\sum_{j=1}^{C} \pi_j^{(t)} \delta(j \in S_k)\right)$$

是给定一个单元落入分类子集 S_k 的条件下它落入小格 j 的条件概率的当前估计. E 步根据这些概率, 有效地把未完全分类单元分配进表格中.

M 步计算新的参数估计如下:

$$\pi_c^{(t+1)} = n_c^{(t)}/n.$$

贝叶斯分析是类似的, 只是它使用数据增广算法来抽取缺失数据和参数值. 下面一个简单的数值示例说明了这一程序.

例 13.6　两个变量都有附加边缘的 2×2 表.

Chen 和 Fienberg (1974) 首先考虑了对两个边缘都有附加数据的双向表进行极大似然估计. 表 13.5 给出了 Little (1982) 分析的一个 2×2 表的数

表 13.5　　例 13.6：两个变量都有附加边缘的 2×2 表

		(1) 按 Y_1 和 Y_2 分类			(2) 按 Y_1 分类		(3) 按 Y_2 分类		
		Y_2					Y_2		
		1	2	总计			1	2	总计
Y_1	1	100	50	150	1	30^a	28^c	60^d	88
	2	75	75	150	2	60^b			
	总计	175	125	300	总计	90			

上角标 a、b、c、d 指表 13.6 中使用的未完全分类小格.

据，该表的两个分类变量都有附加边缘. 表 13.6 列出了期望最大化算法的前三次迭代，初始值是从完全分类表格中估计的小格概率. 然后用这些概率来分配未完全分类的单元，例如，观测到 $Y_2 = 1$ 的 28 个未完全分类单元以 $100/(100 + 75)$ 的概率落入 $Y_1 = 1$，以 $75/(100 + 75)$ 的概率落入 $Y_1 = 2$. 因此，对于这 28 个单元，实际上有 $(28)(100)/175 = 16$ 个单元被分配到 $Y_1 = 1$，有 $(28)(75)/175 = 12$ 个单元被分配到 $Y_1 = 2$. 在下一步，从完全化的数据中找出新的概率，程序迭代直至收敛. 收敛后的最终分类概率是

$$\hat{\pi}_{11} = 0.28, \quad \hat{\pi}_{12} = 0.17, \quad \hat{\pi}_{21} = 0.24, \quad \hat{\pi}_{22} = 0.31.$$

对于贝叶斯分析，仍然假设参数的 Jeffreys 先验分布：

$$p(\pi_{11}, \pi_{12}, \pi_{21}, \pi_{22}) \propto \pi_{11}^{-1/2} \pi_{12}^{-1/2} \pi_{21}^{-1/2} \pi_{22}^{-1/2}.$$

数据增广的 I（填补）步基于 $(\pi_{11}, \pi_{12}, \pi_{21}, \pi_{22})$ 的当前抽取 $(\pi_{11}^{(t)}, \pi_{12}^{(t)}, \pi_{21}^{(t)}, \pi_{22}^{(t)})$，从附加边缘中抽取缺失值. 也就是说，在表 13.5(2)，I 步从 30 个 $Y_1 = 1$ 的数据中抽取 Y_2 的缺失值，概率为 $\Pr(Y_2 = 1 \mid Y_1 = 1, \pi^{(t)}) = \pi_{11}^{(t)}/\pi_{1+}^{(t)}$，$\Pr(Y_2 = 2 \mid Y_1 = 1, \pi^{(t)}) = \pi_{12}^{(t)}/\pi_{1+}^{(t)}$，对该表 (2) 和 (3) 的未完全分类计数执行类似的操作.

然后，基于前面 I 步填充的数据，数据增广的 P（后验）步从完全数据后验分布抽取新的参数 $(\pi_{11}^{(t+1)}, \pi_{12}^{(t+1)}, \pi_{21}^{(t+1)}, \pi_{22}^{(t+1)})$. 因为这个完全数据后验分布是狄利克雷的，所以例 6.17 中描述的方法可以应用到这一步.

表 13.6 例 13.6: 表 13.5 中数据的期望最大化算法, 忽略缺失机制

估计的概率			按比例分配的单元		

第 1 步

		Y_2			Y_2		
		1	2		1	2	
Y_1	1	100/300	50/300	Y_1 1	$100+20^a+16^c$	$50+10^a+24^d$	30^a
	2	75/300	75/300	2	$75+30^b+12^c$	$75+30^b+36^d$	60^d
					28^c	60^d	

第 2 步

136/478	84/478		$100+18.6+15.1$	$50+11.4+22.4$
117/478	141/478		$75+27.2+12.9$	$75+32.8+37.6$

第 3 步

0.28	0.18		$100+18.4+15.1$	$50+11.6+21.9$
0.24	0.30		$75+26.5+12.9$	$75+33.5+38.1$

第 4 步

0.28	0.17
0.24	0.31

右上面板中的上角标指表 13.4 中的未完全分类小格. 例如, 对于 28 个 $Y_2=1$ 的单元 (上角标 c), 其中 16 个被分配到 $Y_1=1$, 22 个被分配到 $Y_1=2$.

例 13.7 期望最大化在正电子发射断层扫描中的应用.

Vardi 等 (1985) 把期望最大化算法应用于正电子发射断层扫描 (PET) 的双向计数数据上. 这里的描述来自 Rubin (1985b) 的讨论. 在 PET 中, 通过收集被系统性地放置在器官周围的 D 个探测器中的发射计数, 创建了器官 (比如大脑) 的 "图像". 器官被分割成 B 个像素方盒, 每个像素方盒的特征是由不同的强度参数 $\lambda(b)$ $(b=1,\cdots,B)$ 指代的, 这个参数控制着发射率. 物理上的考虑提供了一个已知条件概率的 $D \times B$ 矩阵, Pr(探测器 $= d$ | 像素 $= b$), 用于记录像素 b 的发射被探测器 d 记录的概率. 目的是利用这些已知的条件概率, 结合 D 个探测器中的观测计数来估计这 B 个像素的强度 (或发射的边缘概率).

用 $\pi = \{\pi(d,b)\}$ 表示从像素 b 发射并被探测器 d 检测到的联合概率的 $D \times B$ 矩阵; π 由 $\Pr(d \mid b)$ 和 $\lambda(b)$ 决定. 完全数据是 n 个独立同分布的单元, $\delta_i = \{\delta_i(d,b)\}$, 其中, 如果第 i 次发射是从像素 b 发射的并被探测器 d 检测到, 则 $\delta_i(d,b) = 1$, 否则 $\delta_i(d,b) = 0$. 观测到的 (即不完全的) 数据由 δ_i 的 n 行边缘组成, 这些边缘是 $D \times 1$ 的向量, 表示 n 次发射的 D 个探测器记录. 期望最大化算法的步骤如下.

1. 从 λ 的某个初始值 (记为 $\lambda^{(0)}$) 开始, 它隐含着 π 的初始值 $\pi^{(0)}$.
2. 在 E 步, 对 $d = 1, \cdots, D$, 根据 $\pi^{(0)}$ 隐含的条件概率, 把探测器 d 的观测计数分配给 B 个像素.
3. 在 M 步, 用像素边缘 (全部探测器的计数总和) 估计 $\lambda^{(1)}$.
4. 用 λ 的新估计值重复 E 步, 并迭代直至收敛.

关于加速期望最大化算法在图像重建方面的近期工作, 请参见 Meng 和 Van Dyk (1997, 第 3.5 节).

13.4　未完全分类列联表的对数线性模型

13.4.1　完全数据的情形

对于完全的 V 向列联表, 设小格概率为 $\{\pi_{jk\cdots u}\}$, 我们有时想要考虑更简约的模型, 其中小格概率有一个特殊的结构. 例如, 各因素之间的独立性对应于一个模型, 其概率可以表示成如下形式:

$$\pi_{jkl\cdots u} = \tau \tau_j^{(1)} \tau_k^{(2)} \cdots \tau_u^{(V)}, \tag{13.10}$$

其中 τ 以及 $\{\tau_j^{(1)}\}, \{\tau_k^{(2)}\}, \cdots, \{\tau_u^{(V)}\}$ 是适当的乘法因子. 把式 (13.10) 表达为对数线性模型通常是有帮助的:

$$\ln(\pi_{jkl\cdots u}) = \alpha + \alpha_j^{(1)} + \alpha_k^{(2)} + \cdots + \alpha_u^{(V)}, \tag{13.11}$$

其中 $\alpha_j^{(1)} = \ln(\tau_j^{(1)})$, 以此类推. 式 (13.11) 右侧不同的 α 值集合可能会产生相同的小格概率 $\{\pi_{jk\cdots u}\}$, 需要 V 个约束来唯一地确定 α. 类似于方差分析, 一个常用的选择是令

$$\sum_{j=1}^{J} \alpha_j^{(1)} = \cdots = \sum_{u=1}^{U} \alpha_u^{(V)} = 0.$$

式 (13.10) 或 (13.11) 定义了小格概率的一个对数线性模型. 把小格概率的对数分解为常数、如 (13.11) 的主效应和高阶相关性的总和, 然后把分解中

的某些项设为零, 就可以得到一类更一般的模型. 例如, 对于 $V = 3$ 向的表, 我们写出

$$\ln(\pi_{jkl}) = \alpha + \alpha_j^{(1)} + \alpha_k^{(2)} + \alpha_l^{(3)} + \alpha_{jk}^{(12)} + \alpha_{jl}^{(13)} + \alpha_{kl}^{(23)} + \alpha_{jkl}^{(123)}, \quad (13.12)$$

其中, 约束这些 α 项对它们的下角标求和等于零. $\{\alpha_j^{(1)}\}$、$\{\alpha_k^{(2)}\}$ 和 $\{\alpha_l^{(3)}\}$ 这三项分别被称作 Y_1、Y_2 和 Y_3 的主效应, $\{\alpha_{jk}^{(12)}\}$、$\{\alpha_{jl}^{(13)}\}$ 和 $\{\alpha_{kl}^{(23)}\}$ 这三项分别被称作 Y_1 与 Y_2、Y_1 与 Y_3 以及 Y_2 与 Y_3 之间的双向关联, $\{\alpha_{jkl}^{(123)}\}$ 被称作 Y_1、Y_2 与 Y_3 之间的三向关联. 把所有的双向和三向关联设为零, 得到 $V = 3$ 个变量的独立性模型 (13.11). 通过把式 (13.12) 中的其他项设为零, 还可以得到其他模型.

以这种方式得到的一类重要模型是分层对数线性模型, 它具有这样的性质: 包含一组因素之间的 V 向关联隐含着包含所有 $V - 1$ 向和更低阶关联以及涉及这些因素子集的主效应. 三向表有 19 个分层模型. 其中 9 个模型列于表 13.7 中, 其余 10 个模型可由表中模型 (3) – (8) 中的因素交换得到.

表 13.7 三向表的分层对数线性模型

模型	标签	式 (13.12) 中设为零的项
(1)	$\{123\}$	无
(2)	$\{12, 23, 31\}$	$\{\alpha_{jkl}^{(123)}\}$
(3)	$\{12, 13\}$	$\{\alpha_{jkl}^{(123)}, \alpha_{kl}^{(23)}\}$
(4)	$\{1, 23\}$	$\{\alpha_{jkl}^{(123)}, \alpha_{jk}^{(12)}, \alpha_{jl}^{(13)}\}$
(5)	$\{23\}$	$\{\alpha_{jkl}^{(123)}, \alpha_{jk}^{(12)}, \alpha_{jl}^{(13)}, \alpha_j^{(1)}\}$
(6)	$\{1, 2, 3\}$	$\{\alpha_{jkl}^{(123)}, \alpha_{jk}^{(12)}, \alpha_{jl}^{(13)}, \alpha_{kl}^{(23)}\}$
(7)	$\{2, 3\}$	$\{\alpha_{jkl}^{(123)}, \alpha_{jk}^{(12)}, \alpha_{jl}^{(13)}, \alpha_{kl}^{(23)}, \alpha_j^{(1)}\}$
(8)	$\{1\}$	$\{\alpha_{jkl}^{(123)}, \alpha_{jk}^{(12)}, \alpha_{jl}^{(13)}, \alpha_{kl}^{(23)}, \alpha_k^{(2)}, \alpha_l^{(3)}\}$
(9)	$\{\varnothing\}$	$\{\alpha_{jkl}^{(123)}, \alpha_{jk}^{(12)}, \alpha_{jl}^{(13)}, \alpha_{kl}^{(23)}, \alpha_j^{(1)}, \alpha_k^{(2)}, \alpha_l^{(3)}\}$

Dunson 和 Xing (2009) 提出了一种用贝叶斯模型替代对数线性模型的有趣方法, 用于对多向列联表中的小格概率施加结构. 我们在这里重点讨论对数线性方法.

分层模型的极大似然估计在复杂程度上因拟合模型的不同而不同. 特别地, 对于表 13.7 中列出的模型, 除了 $\{12, 23, 31\}$, 都可以找到明确的极大似然估计, 前者需要采用迭代方法, 如迭代比例拟合.

有两种渐近等价的拟合优度统计量被广泛用于比较对数线性模型的拟合

度. 似然比 (LR) 统计量是

$$G^2 = 2 \sum_c n_c \ln(n_c/\widehat{n}_c), \tag{13.13}$$

其中求和是对表格中所有小格 c 进行的, n_c 是小格 c 中的观测计数, $\widehat{n}_c = n\widehat{\pi}_c$ 是从模型估计的小格 c 的期望计数. Pearson 卡方统计量定义为

$$X^2 = \sum_c (n_c - \widehat{n}_c)^2/\widehat{n}_c. \tag{13.14}$$

　　如果拟合的模型是正确的, 那么 G^2 和 X^2 都渐近服从卡方分布, 自由度等于小格概率的独立约束数. 关于计算自由度的细节和关于完全数据对数线性模型的更多信息, 在 Goodman (1970)、Haberman (1974)、Bishop 等 (1975) 以及 Fienberg (1980) 中给出. 我们在这里重点关注似然比统计量 (13.13), 在中等规模的样本中, 似然比统计量往往比 (13.14) 表现得更好, 而且更符合我们的似然观点.

例 13.8　完全的三向表

　　表 13.8(a) 是关于婴儿存活率的 2^3 列联表, 之前在 Bishop 等 (1975, 表 1.4-2) 中分析过. 表 13.9 列出了对这些数据所选对数线性模型的小格概率估计和拟合优度统计量.

表 13.8　　例 13.8: 带有未完全分类观测的 2^3 列联表

诊所 (C)	产前护理 (P)	是否存活 (S)		
		死亡	存活	
(a) 完全分类的案例				
A	更少	3	176	
	更多	4	293	
B	更少	17	197	
	更多	2	23	$r = 715$ 个单元
(b) 未完全分类的案例				
	更少	10	150	
	更多	5	90	$m = 255$ 个单元

来源: (a) Bishop 等 (1975), 表 1.4-2, 使用获 Springer Nature 许可. (b) 人造数据.

　　表 13.9(a) 中的模型 {SPC} 不对小格概率设置任何约束, 很好地拟合了观测到的小格比例. 因此, 两个拟合优度统计量都是 0, 且自由度为 0. 表 13.9(b)

和 (c) 中两个不饱和模型的 G^2 值很低, 说明拟合度很好: 一个是模型 {SC, PC}, 这说明存活率与诊所有关, 但如果给定诊所, 则存活率就与产前护理无关了; 另一个是模型 {SP, SC, PC}, 它在前一个模型的基础上增加了 SP 关联. 因为拟合度的差异可以忽略不计, 而且前者的模型更加简约, 所以通常会优先选择前者. 模型 {SP, SC} 对数据的拟合度较差, 列入这一模型是为了说明问题.

表 13.9 例 13.8 和 13.10: 基于饱和模型 {SPC} 和三个对数线性模型拟合表 13.8(a) 中的数据, 小格概率的估计 $\{\hat{\pi}_{jkl}\} \times 100$

诊所 (C)	产前护理 (P)	是否存活 (S)		拟合优度
		死亡	存活	
(a) 模型 {SPC}				
A	更少	0.42	24.62	
	更多	0.56	40.98	df = 0, $G^2 = 0$
B	更少	2.38	27.55	
	更多	0.28	3.22	
(b) 模型 {SP, SC, PC}				
A	更少	0.39	24.64	
	更多	0.59	40.95	df = 1, $G^2 = 0.04$
B	更少	2.41	27.52	
	更多	0.25	3.24	
(c) 模型 {SC, PC}				
A	更少	0.36	24.67	
	更多	0.62	40.92	df = 2, $G^2 = 0.08$
B	更少	2.38	27.55	
	更多	0.28	3.22	
(d) 模型 {SP, SC}				
A	更少	0.76	35.51	
	更多	0.22	30.08	df = 2, $G^2 = 188.1$
B	更少	2.04	16.66	
	更多	0.62	14.11	

13.4.2 未完全分类表的对数线性模型

与第 13.2 和 13.3 节中的饱和模型一样, 随机缺失假设下对数线性模型的极大似然估计涉及按估计的条件概率把未完全分类计数分配到全表中, 然后从填充的表中估计分类概率. 唯一不同的是, 所有概率的估计都要受到对数线性模型所施加的约束限制. 对于单调的缺失模式, 这些约束会增加极大似然或贝叶斯所需的计算工作量, 因为当因子中的参数不分离时, 因子化似然方法不再适用. 对于非单调模式, 期望最大化的 M 步本身可能会涉及迭代, 但这很容易通过使用期望条件最大化算法而不是期望最大化来解决, 下面将讨论这些内容.

具有完全交叉分类数据的标准极大似然拟合算法是迭代比例拟合, 它对数据进行比例调整, 以连续匹配表边缘, 这些边缘是在所假定模型下的最小充分统计量 (例如 Bishop 等 1975, 第 3 章). 对于没有明确极大似然解的最简单的对数线性模型, 即 $2 \times 2 \times 2$ 表中没有三向关联模型的情况, 在例 8.7 中介绍了该方法. 由于迭代比例拟合在每次迭代时都会增加似然, 因此用迭代比例拟合的单次迭代代替 M 步, 可以得到期望条件最大化算法 (Meng 和 Rubin 1991), 因而与期望最大化具有类似的渐近特性.

对于贝叶斯分析, 数据增广的填补 (I) 步骤不受模型约束的影响, 根据从多项分布中的抽取, 把每个未完全分类的计数分配到可能的小格集合中, 条件概率由前一个后验 (P) 步骤计算. P 步从带参数约束的完全数据后验分布中生成抽取, 数据由前面的 I 步填入. 在具有明确的完全数据极大似然估计的模型中, 联合分布分解为若干个具有无约束的多项参数的成分. 在这些因子具有独立的狄利克雷先验分布的情况下, 后验分布也是狄利克雷的, P 步从这些分布中形成抽取. 在表 13.7 所述的三向表的情况下, 除了没有三向关联的模型 {12, 23, 31} 外, 这种方法适用于所有模型.

对于完全数据极大似然需要迭代的模型, 使用吉布斯采样创建贝叶斯推断的抽取, 缺失数据的抽取跟之前一样. 参数的抽取可以使用贝叶斯迭代比例拟合 (Gelman 等 2013) 实现, 这是迭代比例拟合的贝叶斯形式的类似版本. 迭代比例拟合的 CM 步被类似于条件后验 (CP) 的步骤所取代, 它是在给定其他对数线性模型参数的当前值和填补数据的情况下, 对服从狄利克雷条件分布的对数线性模型参数集进行抽取. 具体地, 考虑下面的例子, 在 $t \to \infty$ 的极限情形下它产生了参数 θ 的抽取.

例 13.9　$2 \times 2 \times 2$ **表中没有三向关联模型的贝叶斯迭代比例拟合** (例 8.7 续).

假设我们有 $2 \times 2 \times 2$ 表的完全数据, 其三个双向边缘分别为 $\{y_{ij+}\}$、$\{y_{i+k}\}$ 和 $\{y_{+jk}\}$. 在第 t 次迭代, 用 $\{\theta_{ijk}^{(t)}\}$ 表示小格概率的当前估计, 用 $\{y_{ij+}^{(t)}\}$、$\{y_{i+k}^{(t)}\}$ 和 $\{y_{+jk}^{(t)}\}$ 表示从 I 步填补的双向边缘计数. 在贝叶斯迭代比例拟合中, CM1 步 (8.36) 用下面的 CP1 步代替:

$$\text{CP1:}\ \theta_{ijk}^{(t+1/3)} = \theta_{ij(k)}^{(t)} \left(g_{ij+}^{(t+1/3)} \big/ g_{+++}^{(t+1/3)} \right),$$

其中 $\theta_{ij(k)}^{(t)}$ 是在第 t 次迭代从例 8.7 定义的条件概率中的抽取, 式 (8.36) 中填补的比例用 $g_{ij+}^{(t+1/3)} \big/ g_{+++}^{(t+1/3)}$ 代替, 其中 $g_{ij+}^{(t+1/3)}$ 是从狄利克雷分布

$$p\left(\theta_{ij+} \mid \theta_{i+k}^{(t)}, \theta_{+jk}^{(t)}, Y^{(t)} \right) \propto \prod_{i=1}^{2}\prod_{j=1}^{2} \theta_{ij+}^{(\alpha_{ij+}+y_{ij+}^{(t)}-1)}$$

的抽取, 而 α_{ij+} 是 θ_{ij+} 的狄利克雷先验分布的参数, $g_{+++}^{(t+1/3)} = \sum_{i,j} g_{ij+}^{(t+1/3)}$. 同理, 期望条件最大化的 CM2 和 CM3 步 (8.37) 和 (8.38) 用下面的 CP2 和 CP3 步代替:

$$\text{CP2:}\ \theta_{ijk}^{(t+2/3)} = \theta_{i(j)k}^{(t+1/3)} \left(g_{i+k}^{(t+2/3)} \big/ g_{+++}^{(t+2/3)} \right),$$
$$\text{CP3:}\ \theta_{ijk}^{(t+3/3)} = \theta_{(i)jk}^{(t+2/3)} \left(g_{+jk}^{(t+3/3)} \big/ g_{+++}^{(t+3/3)} \right),$$

其中 $\{g_{i+k}^{(t+2/3)}\}$ 是从狄利克雷分布

$$p\left(\theta_{i+k} \mid \theta_{ij+}^{(t)}, \theta_{+jk}^{(t)}, Y^{(t)} \right) \propto \prod_{i=1}^{2}\prod_{k=1}^{2} \theta_{i+k}^{(\alpha_{i+k}+y_{i+k}^{(t)}-1)}$$

的抽取, $\{g_{+jk}^{(t+3/3)}\}$ 是从狄利克雷分布

$$p\left(\theta_{+jk} \mid \theta_{ij+}^{(t)}, \theta_{i+k}^{(t)}, Y^{(t)} \right) \propto \prod_{j=1}^{2}\prod_{k=1}^{2} \theta_{+jk}^{(\alpha_{+jk}+y_{+jk}^{(t)}-1)}$$

的抽取.

此方法可立即扩展到任何对数线性模型. 该方法最早出现在 Gelman 等 (1995, 第 400–401 页). Schafer (1997, 第 308–320 页) 用实例对该方法进行了出色的描述, 并对收敛性进行了讨论.

例 13.10　不完全三向表的极大似然估计 (例 13.8 续).

假设将表 13.8(b) 中的附加数据添加到表 13.8(a) 中的数据后面, 表 13.8(a) 在例 13.8 中进行过分析. 在附加数据中观测到了存活状态 (S) 和产前护理 (P), 但缺少诊所 (C). 由此产生的不完全数据形成了一个单调的模式, P 和 S 的观测多于 C.

表 13.8(a) 和 (b) 中的合并数据的似然分解为 SP 的分布因子, 它涉及全部的 $r + m = 970$ 个单元, 以及给定 SP 的条件下 C 的分布因子, 它涉及 $m = 715$ 个完全分类单元. 这两个分布涉及模型 {SPC}、{SP, SC, PC} 和

{SP, SC} 的分离参数. 因此, 可以用第 7 章的因子化似然方法求出这些模型的极大似然估计. 表 13.10(a) 列出了用第 13.2 节的方法计算得到的饱和模型 {SPC} 的 $100\pi_{jkl}$ 的极大似然估计. 表 13.10(b) 和 (c) 列出了 {SP, SC, PC} 和 {SP, SC} 的极大似然估计. 因为在这些模型中拟合了 {SP} 边缘, 所以这个边缘的概率估计与 {SPC} 的概率估计相同. 在给定 SP 的条件下, C 为 A 或 B 的条件概率是从基于 715 个完全单元的适当模型中获得的. 对于 {SP, SC}, 这种计算是非迭代的, 但对于 {SP, SC, PC} 则是迭代的. 结合这两组参数的极大似然估计, 与饱和模型的情况一样, 根据极大似然估计的性质 6.1 可得到联合概率 π_{jkl} 的极大似然估计.

表 13.10　例 13.10: 用表 13.8(a) 和 (b) 的数据拟合模型 {SPC}、{SP, SC, PC} 和 {SP, SC} 得到的极大似然估计

诊所 (C)	产前护理 (P)	是否存活 (S)	
		死亡	存活
(a) 模型 {SPC}			
A	更少	$100(3/20)(30/970) = 0.46$	$100(176/373)(523/970) = 25.44$
	更多	$100(4/6)(11/970) = 0.76$	$100(293/316)(406/970) = 38.81$
B	更少	$100(17/20)(30/970) = 2.63$	$100(197/373)(523/970) = 28.49$
	更多	$100(2/6)(11/970) = 0.38$	$100(23/316)(406/970) = 3.05$
			总计 $= 100.0$
(b) 模型 {SP, SC, PC}			
A	更少	$100(2.8/20)(30/970) = 0.43$	$100(176.2/373)(523/970) = 25.47$
	更多	$100(4.2/6)(11/970) = 0.79$	$100(292.8/316)(406/970) = 38.78$
B	更少	$100(17.2/20)(30/970) = 2.66$	$100(196.8/373)(523/970) = 28.45$
	更多	$100(1.8/6)(11/970) = 0.34$	$100(23.2/316)(406/970) = 3.07$
			总计 $= 100.0$
(c) 模型 {SP, SC}			
A	更少	$100(5.4/20)(30/970) = 0.84$	$100(253.9/373)(523/970) = 36.70$
	更多	$100(1.6/6)(11/970) = 0.30$	$100(215.1/316)(406/970) = 28.49$
B	更少	$100(14.6/20)(30/970) = 2.26$	$100(119.1/373)(523/970) = 17.22$
	更多	$100(4.4/6)(11/970) = 0.83$	$100(100.9/316)(406/970) = 13.26$
			总计 $= 100.0$

对于模型 {SC, PC} 来说, SP 和给定 SP 时 C 的分布参数并不分离, 所以不能使用因子化似然方法提供极大似然估计. 表 13.11 列出了该模型期望最大化算法的 4 次迭代. 精确到小数点后两位, $100\pi_{jkl}$ 的估计值在迭代 4 和 5 之

表 **13.11**　例 13.10: 通过期望最大化算法用表 13.8(a) 和 (b) 的数据拟合模型 {SC, PC} 得到的极大似然估计

M 步: 小格概率的估计 ×100　　　　　　　　E 步: 填充小格计数

迭代	诊所 (C)	产前护理 (P)	是否存活 (S) 死亡	是否存活 (S) 存活	是否存活 (S) 死亡	是否存活 (S) 存活
1	A	更少	0.36	24.67	$3 + (10)(0.36)/2.74 = 4.33$	$176 + 150(24.62)/52.22 = 246.86$
		更多	0.62	40.92	$4 + 5(0.62)/0.90 = 7.44$	$293 + 90(40.92)/44.14 = 376.44$
	B	更少	2.38	27.56	$17 + 10(2.38)/2.74 = 25.67$	$197 + 150(27.56)/52.22 = 276.14$
		更多	0.28	3.22	$2 + 5(0.28)/0.90 = 3.56$	$23 + 90(3.22)/44.14 = 29.56$
2	A	更少	0.48	25.42	4.50	246.84
		更多	0.73	38.84	7.56	376.32
	B	更少	2.72	28.40	25.50	276.16
		更多	0.30	3.12	3.44	29.68
3	A	更少	0.49	25.42	4.55	246.83
		更多	0.75	38.82	7.59	376.31
	B	更少	2.69	28.41	25.45	276.17
		更多	0.30	3.12	3.41	29.69
4	A	更少	0.50	25.42	4.56	246.83
		更多	0.76	38.82	7.60	376.31
	B	更少	2.68	28.41	25.44	276.17
		更多	0.29	3.12	3.40	29.69

间没有变化.

在前面的例子中，期望最大化算法的初始值是基于对完全分类表的分析. 如 Fuchs (1982) 所讨论的那样，对于含有零小格的稀疏表格，这一程序可能会产生不令人满意的初始值. 具体来说，考虑一种情形：假设模型中某项对应的边缘表在完全分类表中的小格为空，而同一小格在附加表中的计数为正数. 如果初始值是基于完全分类的表，那么期望最大化算法永远不会让零小格达到非零的概率，从而与附加信息相矛盾. 这个问题倒也可以避免，在完全分类表的小格中加入正值后形成初始值，这样，初始估计值就在参数空间的内部了. 在后续的迭代中，这些添加的值可以被丢弃. 另一种更简单的方法是，基于所有变量都相互独立的假设来创建初始值.

13.4.3 未完全分类数据拟合优度检验

对于未完全分类的表格，可以通过对完全和未完全分类的附加表格中的小格求和来计算类似于式 (13.13) 那样的似然比统计量. 需要注意的是，与完全数据的情况不同，饱和模型 (例 13.10 中的 {SPC}) 可以得到 G^2 的非零值; 饱和模型的 G^2 值可以检验数据是否为完全随机缺失.

通过计算带约束模型和饱和模型的 G^2，然后将它们相减，可以得到带约束模型的卡方统计量 (Fuchs 1982). 由此产生的差值的自由度 (df) 与具有完全数据的同一模型的似然比检验相同.

例 13.11 不完全三向表的拟合优度统计量 (**例 13.10 续**).

在例 13.10 中，饱和模型 {SPC} 的拟合优度统计量是

$$G^2(\text{SPC}) = 7.80, \quad \text{df} = 3.$$

为了计算自由度，注意到总共有 $8 + 4 = 12$ 个小格的数据，这产生了 11 个自由度; 要估计 7 个小格概率和 1 个响应概率，即总共 8 个参数，因此，实际的自由度 df $= 11 - 7 - 1 = 3$. 因为 3 个自由度的卡方分布的 95 百分位数是 7.815，所以 "数据是完全随机缺失" 这一零假设对 G^2 产生了约等于 0.05 的 p 值. 不饱和模型产生

$$G^2(\text{SP, SC, PC}) = 7.84, \quad \text{df} = 11 - 6 - 1 = 4,$$
$$G^2(\text{SP, PC}) = 7.84, \quad \text{df} = 11 - 5 - 1 = 5,$$
$$G^2(\text{SP, SC}) = 195.92, \quad \text{df} = 11 - 5 - 1 = 5.$$

用饱和模型的卡方值减, 得到

$$\Delta G^2(\text{SP, SC, PC}) = 0.04, \quad \Delta df = 8 - 6 - 1 = 1,$$
$$\Delta G^2(\text{SP, PC}) = 0.20, \quad \Delta df = 8 - 5 - 1 = 2,$$
$$\Delta G^2(\text{SP, SC}) = 188.12, \quad \Delta df = 8 - 5 - 1 = 2.$$

这可以与表 13.9 中基于完全分类单元的拟合度统计量进行比较. 我们的结论跟前面一样, {SP, PC} 是最佳模型.

问题

13.1 对于完全数据, 说明多向计数数据的泊松模型和多项模型对小格概率产生的基于似然的推断相同. 说明当数据为随机缺失时, 该结果仍然成立.

13.2 对似然 (13.1), 推导极大似然估计及其渐近抽样方差. (提示: 注意小格概率相加等于 1 这一约束.)

13.3 验证例 13.2 中完全随机缺失假设下似然比检验的结果.

13.4 用第 9.1 节的方法计算例 13.2 中缺失信息的比例.

13.5 对表 13.3(b) 的第一列的数据计算期望小格频数, 把这些结果与从完全单元得到的结果进行比较.

13.6 假设在例 13.3 中没有模式为 d 的单元, 哪些参数是不可估计的, 即它们不出现在似然中? 然后假设不可估参数的一些具体数值, 估计小格概率.

13.7 用文字说明关于缺失机制的假设, 使得在这种假设下, 表 13.4(c) 中的估计是例 13.4 的极大似然估计.

13.8 补充推导式 (13.7) 的细节.

13.9 重复例 13.4 的计算, 估计 π_{12}.

13.10 假设将表 13.4 中的粗分类数据归纳为 "改善" 或 "无改善" (稳定或更差), 重做例 13.4.

13.11 在表 13.5 的附加边缘中, 互换上角标为 a、b 的值和 c、d 的值, 执行期望最大化算法. 比较优势比 $\pi_{11}\pi_{22}\pi_{12}^{-1}\pi_{21}^{-1}$ 的极大似然估计的与来自完全单元的估计. 它们是否相同?

13.12 说明在例 13.10 中, 对于模型 {SP, SC, PC} 和 {SP, SC} 来说, 因子化似然中的参数是分离的, 但对于 {SC, PC} 来说, 参数并不分离.

13.13 列出表 13.7 中除 {12, 23, 31} 以外的所有模型的显式极大似然估计.

13.14 利用问题 13.13 的结果, 推导出表 13.9 中模型 {SPC}、{SC, PC} 和 {SP, SC} 的估计.

13.15 用表 13.8 中的完整数据, 并且把附加表 13.8(b) 中的计数扩大到原来的 10 倍, 计算模型 {SP, SC} 的极大似然估计.

13.16 为什么包括零概率在内的初始值会破坏期望最大化的正确性能? (提示: 考虑对数似然.)

13.17 考虑第 13.2 节那样的二元单调数据, 假设数据是完全随机缺失的.

    (a) 说明式 (13.7) 中的 c_j 比表达式中的其他项阶数更低.

    (b) 说明式 (13.7) 渐近等于

$$\mathrm{Var}(\pi_{jk} - \widehat{\pi}_{jk}) \approx \frac{\widehat{\pi}_{jk}(1 - \widehat{\pi}_{jk})}{r} \left[1 - \frac{\widehat{\pi}_{k\cdot j} - \widehat{\pi}_{jk}}{1 - \widehat{\pi}_{jk}} \frac{n - r}{n} \right].$$

因此, 请说明 $\widehat{\pi}_{jk}$ 的渐近抽样方差比完全案例估计值减少的比例, 并描述它在什么情况下大、什么情况下小. 正态数据的类似情况在第 7.2.1 节中有讨论.

第 14 章　有缺失值的正态和非正态混合数据，忽略缺失机制

14.1　引言

在第 11 章和第 12 章中, 基于多元正态分布和长尾分布, 我们考虑了连续变量的各种完全数据模型, 缺失数据是随机缺失的. 分类变量仅限于回归模型中完全观测到的协变量. 在第 13 章中, 我们讨论了分类变量存在缺失值时的完全数据模型. 在本章中, 在随机缺失机制下, 我们考虑正态变量和非正态变量的混合的缺失数据方法.

Little 和 Schluchter (1985) 讨论了正态变量和分类变量混合的缺失数据模型, 并提供了相对简单且计算可行的针对不完全数据的期望最大化算法. Schafer (1997) 讨论了这个模型的贝叶斯推断, Liu 和 Rubin (1998) 开发了各种扩展. 第 14.2 节介绍本模型的基本版本, 第 14.3 节概述其扩展版本, 第 14.4 节研究该模型与以前考虑的算法的关系.

14.2　一般位置模型

14.2.1　完全数据模型和参数估计

假设完全数据由 K 个连续变量 (X) 和 V 个分类变量 (Y) 上的随机样本组成, 样本量为 n. 分类变量 j 有 I_j 个水平, 于是分类变量定义了一个 V 向列联表, 总共有 $C = \prod_{j=1}^{V} I_j$ 个小格. 对于单元 i, 用 x_i 表示连续变量的 $1 \times K$

向量, 用 y_i 表示分类变量的 $1 \times V$ 向量. 此外, 从 y_i 构造一个 $1 \times C$ 的向量 w_i, 如果单元 i 属于列联表的小格 c, 则 $w_i = U_c$, 其中 U_c 是一个 $1 \times C$ 的单位向量, 它的第 c 个元素为 1, 其余元素为 0.

用 θ 表示全部的未知参数. Olkin 和 Tate (1961) 用 w_i 的边缘分布和给定 w_i 时 x_i 的条件分布定义了 (x_i, w_i) 的 "一般位置模型":

1. w_i 是独立同分布的多项随机变量, 小格概率为

$$\Pr(w_i = U_c \mid \theta) = \pi_c, \quad c = 1, \cdots, C, \quad \sum_{c=1}^{C} \pi_c = 1. \tag{14.1}$$

2. 给定 $w_i = U_c$,

$$(x_i \mid w_i = U_c, \theta) \sim_{\mathrm{ind}} N_K(\mu_c, \Omega), \tag{14.2}$$

即均值为 $\mu_c = (\mu_{c1}, \cdots, \mu_{cK})$、协方差矩阵为 Ω 的 K 元正态分布. 我们以 $\Pi = (\pi_1, \cdots, \pi_C)$ 记 $1 \times C$ 的小格概率向量, 以 $\Gamma = \{\mu_{ck}\}$ 记 x_i 的 $C \times K$ 小格均值矩阵. 模型中总共有 $C - 1 + KC + K(K+1)/2$ 个参数, 最后记 $\theta = (\Pi, \Gamma, \Omega)$.

这一模型的下列性质值得说明:

(1) 在没有分类变量 Y 的情况下, 该模型简化为第 11.2 节中的多元正态模型, 这里所描述的算法也简化为针对多元正态数据的相应算法.

(2) 如果分类变量不完全, 并且没有连续变量, 那么可以把数据排列成多向列联表, 并有未完全分类的附加边缘. 然后, 这里描述的算法就会简化为针对未完全分类列联表的极大似然和贝叶斯估计, 如第 13 章所讨论的那样.

(3) 基本模型的一个重要假设是, 单元内协方差矩阵 Ω 在列联表的所有小格中是相同的. 第 14.5 节将会说明, 这一假设可以被放宽.

(4) 如果把某个取值为 1 和 0 的二值变量 (如 Y_1) 看作因变量, 那么在给定参数 θ 和其他变量的情况下, $Y_1 = 1$ 的条件概率为 $e^L/(1 + e^L)$, 其中 L 线性依赖于其他变量. 如果 Y_1 是唯一的分类变量, 那么式 (14.1) 和 (14.2) 就是二分类的判别分析模型, 它是根据 X 来预测 Y_1 的逻辑斯谛回归的一种替代方法 (例如, 见 Press 和 Wilson 1978).

(5) 如果把某一特定的连续变量 (比如 X_1) 看作因变量, 那么就会产生一个正态线性回归模型. 也就是说, 若给定参数 θ 和其他变量, 则 X_1 的条件分布是正态分布, 其均值是其他变量的线性组合, 且方差恒定.

性质 (4) 和 (5) 意味着, 对于特定的有缺失值的逻辑斯谛回归模型, 以及特定的有连续和分类自变量的有缺失的线性回归模型, 可以通过先找到 θ 的极大似然估计, 然后对其进行变换, 从而得出适当的条件分布参数的极大似然估计. 更多细节见第 14.4 节.

这一模型的完全数据对数似然是

$$\ell(\Gamma,\Omega,\Pi) = \sum_{i=1}^{n}\ln f(x_i\mid w_i,\Gamma,\Omega) + \sum_{i=1}^{n}\ln f(w_i\mid \Pi)$$

$$= h(\Omega) - \frac{1}{2}\operatorname{tr}\left(\Omega^{-1}\sum_{i=1}^{n}x_i^{\mathsf{T}}x_i\right) + \operatorname{tr}\left(\Omega^{-1}\Gamma\sum_{i=1}^{n}w_i^{\mathsf{T}}x_i\right)$$

$$+ \sum_{c=1}^{C}\left[\left(\sum_{i=1}^{n}w_{ic}\right)\left(\ln\pi_c - \frac{1}{2}\mu_c\Omega^{-1}\mu_c^{\mathsf{T}}\right)\right], \tag{14.3}$$

其中 w_{ic} 是 w_i 的第 c 个分量, tr 表示矩阵的迹, $h(\Omega) = -n\{K\ln(2\pi) + \ln|\Omega|\}/2$. 最大化式 (14.3), 即产生完全数据极大似然估计

$$\widehat{\Pi} = n^{-1}\sum_{i=1}^{n}w_i,$$

$$\widehat{\Gamma} = \left(\sum_{i=1}^{n}x_i^{\mathsf{T}}w_i\right)\left(\sum_{i=1}^{n}w_i^{\mathsf{T}}w_i\right)^{-1}, \tag{14.4}$$

$$\widehat{\Omega} = n^{-1}\sum_{i=1}^{n}(x_i - w_i\widehat{\Gamma})^{\mathsf{T}}(x_i - w_i\widehat{\Gamma}),$$

它们分别是观测到的小格比例、观测到的小格平均值以及 X 的整体的小格内协方差矩阵.

14.2.2 带缺失值的极大似然估计

现在我们假设有一部分 X 和 W 缺失了. 对单元 i, 用 $x_{(0),i}$ 表示观测到的连续变量向量, 用 $x_{(1),i}$ 表示缺失的连续变量向量, 再用 S_i 表示单元 i 给定观测到的分类变量后它可能落入的列联表小格集合. 给定数据 $\{x_{(0),i}, S_i : i = 1,\cdots,n\}$, 现在我们考虑 θ 的极大似然估计的期望最大化算法.

密度 (14.3) 属于正则指数族, 其完全数据充分统计量为 $\sum_{i=1}^{n}x_i^{\mathsf{T}}x_i$、$\sum_{i=1}^{n}w_i^{\mathsf{T}}x_i$ 以及 $\sum_{i=1}^{n}w_i$, 它们分别是 X 的原始平方和与交叉乘积、X 的小格总数以及小格数. 因此, 我们可以应用第 8.4.2 节中的期望最大化算法的简化形式. 在第 t 次迭代的 E 步, 给定数据 $\{x_{(0),i}, S_i : i = 1,\cdots,n\}$ 以及参数的当前估计值 $\theta^{(t)}$, 计算完全数据充分统计量的期望值. 单元 i 的贡献为:

E 步:

$$T_{1i}^{(t)} = E\left(x_i^{\mathsf{T}} x_i \mid x_{(0),i}, S_i, \theta^{(t)}\right), \tag{14.5}$$

$$T_{2i}^{(t)} = E\left(w_i^{\mathsf{T}} x_i \mid x_{(0),i}, S_i, \theta^{(t)}\right), \tag{14.6}$$

$$T_{3i}^{(t)} = E\left(w_i \mid x_{(0),i}, S_i, \theta^{(t)}\right). \tag{14.7}$$

E 步的计算细节在第 14.2.3 节给出. M 步把完全数据充分统计量替换为它们从 E 步的估计值, 然后计算完全数据极大似然估计 (14.4).

M 步:

$$\Pi^{(t+1)} = n^{-1} \sum_{i=1}^{n} T_{3i}^{(t)},$$

$$\Gamma^{(t+1)} = H^{-1} \sum_{i=1}^{n} T_{2i}^{(t)}, \tag{14.8}$$

$$\Omega^{(t+1)} = n^{-1} \left[\sum_{i=1}^{n} T_{1i}^{(t)} - \left(\sum_{i=1}^{n} T_{2i}^{(t)}\right)^{\mathsf{T}} H^{-1} \left(\sum_{i=1}^{n} T_{2i}^{(t)}\right)\right],$$

其中 H 是一个对角矩阵, 它把 $\sum_{i=1}^{n} T_{3i}$ 安排在主对角元上, 其余位置的元素为 0.

然后, 算法返回到 E 步, 用新的参数估计值重新计算 (14.5)–(14.7), 并在 E 和 M 步之间循环, 直至收敛.

例 14.1　St. Louis 风险研究数据中的分类和连续结局的极大似然分析 (例 11.1 续).

Little 和 Schluchter (1985) 用一般位置模型分析了表 11.1 中 St. Louis 风险研究项目的数据. 回忆一下, 有 3 个分类变量, 即父母的风险组 (G) 和两个结局: D_1 为第一个孩子的症状数 (1 = 低, 2 = 高), D_2 为第二个孩子的症状数 (1 = 低, 2 = 高). 因此, 这 $V = 3$ 个分类变量组成了一个 $3 \times 2 \times 2$ 的列联表, 它有 $C = 12$ 个小格. 另外, 还有 $K = 4$ 个连续变量 R_1、V_1、R_2 和 V_2, 其中 R_c 和 V_c 是家庭中第 c 个孩子的标准化阅读和言语理解成绩 ($c = 1, 2$). 变量 G 总是能被观测到, 但其他变量有各种不同模式的缺失.

表 14.1 (模型 A) 列出了在无约束模型下使用期望最大化算法计算的极大似然估计. 无约束模型下的最大对数似然为 -872.73. 也许是因为分类变量 D_1 和 D_2 的缺失程度相对较高, 我们发现了对数似然的几个局部极大值, 根据启动期望最大化时使用的初始估计值, 对数似然收敛到小数点后两位可能需要

表 14.1 例 14.1: 表 11.1 中数据的极大似然估计

(a) 期望频数和小格均值

小格			期望频数		小格均值							
					R_1		R_2		V_1		V_2	
G	D_1	D_2	A	B	A	B	A	B	A	B	A	B
1	1	1	10.2	4.8	110.2	113.6	99.8	103.0	133.7	140.9	119.4	129.5
1	1	2	9.0	8.8	123.4	122.8	116.0	115.4	161.1	160.1	132.1	131.0
1	2	1	3.6	3.7	111.2	105.3	110.0	101.7	147.7	136.9	126.9	111.6
1	2	2	4.2	9.7	118.0	114.5	111.9	111.1	123.9	120.8	151.4	148.0
2	1	1	2.2	4.3	87.6	88.4	101.1	101.5	81.1	81.7	103.3	104.2
2	1	2	7.2	7.8	104.3	104.4	109.4	109.6	134.6	134.8	109.6	109.9
2	2	1	2.3	3.3	96.4	96.1	134.5	134.3	122.6	122.0	146.1	145.3
2	2	2	12.3	8.6	106.7	106.6	97.0	96.8	104.3	104.5	102.4	102.3
3	1	1	2.1	3.2	115.8	115.7	82.9	82.8	137.7	137.5	96.3	96.0
3	1	2	7.8	5.9	105.7	100.7	100.8	96.1	127.9	119.4	128.3	117.1
3	2	1	1.0	2.5	56.2	76.2	88.2	108.3	58.3	90.4	105.4	148.6
3	2	2	7.1	6.4	107.3	107.4	107.0	107.3	107.2	107.2	104.8	104.8

(b) 标准差和相关系数

模型	标准差				相关系数					
	R_1	R_2	V_1	V_2	(R_1, R_2)	(R_1, V_1)	(R_1, V_2)	(R_2, V_1)	(R_2, V_2)	(V_1, V_2)
A	13.2	11.9	20.7	24.1	0.701	0.832	0.825	0.663	0.835	0.885
B	13.1	11.9	20.1	23.3	0.685	0.832	0.822	0.654	0.836	0.881

G 为父母的风险组, D_c、R_c 和 V_c 分别为第 c 个孩子的症状数、阅读分数和言语理解分数 ($c = 1, 2$). 模型 A, 对均值和小格概率没有任何约束; 模型 B, 对均值和小格概率没有约束, 但要求 (D_1, D_2) 联合独立于 G.

多达 50 次的迭代. 在对应于对数似然的不同极大值的地方, 我们发现这几个小格均值估计之间存在巨大的差异 (详见 Little 和 Schluchter 1985). 这种情况表明, 做出推断需要谨慎, 因为数据集不够大, 不足以支持基于渐近正态性假设的结论.

14.2.3　E 步的计算细节

现在我们描述更多细节, 说明式 (14.5)–(14.7) 中的量 $\{T_{1i}^{(t)}, T_{2i}^{(t)}, T_{3i}^{(t)}, i = 1, \cdots, n\}$ 是如何计算出来的. 为了简便, 让下面将要出现的表达式中的参数都等于当前的参数 $\theta^{(t)}$ 中的值. 计算 $T_{3i}^{(t)}$ 需要对每个单元 $(i = 1, \cdots, n)$ 求出 $E(w_i \mid x_{(0),i}, S_i, \theta^{(t)})$. 这个向量中的第 c 个分量记作 $w_{ic} = \Pr(w_i = U_c \mid x_{(0),i}, S_i, \theta^{(t)})$. 也就是说, w_{ic} 是给定观测到的连续变量 $x_{(0),i}$、已知单元 i 属于 S_i 中的某个小格且 $\theta = \theta^{(t)}$ 时, 该单元属于小格 c 的条件后验概率. 当 $c \in S_i$ 时它是正的, 它有形式

$$w_{ic} = \exp(\delta_{ic}) \Big/ \sum_{c' \in S_i} \exp(\delta_{ic'}), \tag{14.9}$$

其中

$$\delta_{ic} = x_{(0),i}\Omega_{(0),i}^{-1}\mu_{(0),i,c}^{\mathrm{T}} - \frac{1}{2}\mu_{(0),i,c}\Omega_{(0),i}^{-1}\mu_{(0),i,c}^{\mathrm{T}} + \ln(\pi_c), \tag{14.10}$$

而 $\mu_{(0),i,c}$ 和 $\Omega_{(0),i}$ 分别是对单元 i 出现连续变量 $x_{(0),i}$ 的小格 c 的均值和协方差矩阵.

为了计算 $T_{1i}^{(t)}$ 和 $T_{2i}^{(t)}$, 记单元 i 的连续变量为 $\{x_{ij}, j = 1, \cdots, K\}$. 如果 x_{ij} 缺失, 定义 $\widehat{x}_{ij}^c = E(x_{ij} \mid x_{(0),i}, w_i = U_c, \theta^{(t)})$, 即在小格 c 中用 X_j 对 $x_{(0),i}$ 回归, 在 $\theta = \theta^{(t)}$ 处评估得到的 x_{ij} 的预测值. 对 $c = 1, \cdots, C, j = 1, \cdots, K$, 求 $T_{2i}^{(t)}$ 的第 c 行第 j 列元素的方法是, 把 x_{ij} 或它的估计乘上单元 i 落入小格 c 的条件后验概率:

$$E\left(w_{ic}x_{ij} \mid x_{(0),i}, S_i, \theta^{(t)}\right) = \begin{cases} w_{ic}\widehat{x}_{ij}^{(c)}, & \text{若 } x_{ij} \text{ 缺失}; \\ w_{ic}x_{ij}, & \text{若 } x_{ij} \text{ 被观测到}. \end{cases}$$

当 x_{ij} 和 x_{ik} 都缺失时, 用 $\sigma_{jk\cdot(0),i}$ 表示给定 $x_{(0),i}$ 以及 $w_i = U_c$ 时 x_{ij} 和 x_{ik} 的条件协方差. 于是, 对 $j, k = 1, \cdots, K$, $T_{1i}^{(t)}$ 的第 j 个元素是

$$E\left(x_{ij}x_{ik} \mid x_{(0),i}, S_i, \theta^{(t)}\right) = \sum_{c \in S_i} w_{ic}E\left(x_{ij}x_{ik} \mid x_{(0),i}, w_i = U_c, \theta^{(t)}\right)$$

$$
= \begin{cases}
x_{ij}x_{ik}, & \text{若 } x_{ij} \text{ 和 } x_{ik} \text{ 都被观测到;} \\
x_{ik} \displaystyle\sum_{c \in S_i} w_{ic}\widehat{x}_{ij}^{(c)}, & \text{若 } x_{ij} \text{ 缺失、} x_{ik} \text{ 被观测到;} \\
x_{ij} \displaystyle\sum_{c \in S_i} w_{ic}\widehat{x}_{ik}^{(c)}, & \text{若 } x_{ik} \text{ 缺失、} x_{ij} \text{ 被观测到;} \\
\sigma_{jk\cdot(0),i} + \displaystyle\sum_{c \in S_i} w_{ic}\widehat{x}_{ij}^{(c)}\widehat{x}_{ik}^{(c)}, & \text{若 } x_{ij} \text{ 和 } x_{ik} \text{ 都缺失.}
\end{cases}
$$

其中, $\sigma_{jk\cdot(0),i}$ 是给定第 i 个单元的观测变量集合 $x_{(0),i}$ 的条件下 X_j 和 X_k 的条件协方差. 计算很容易通过第 7.4.3 节中讨论的扫描运算实现. 考虑矩阵

$$
Q = \begin{bmatrix}
\widehat{\Omega}_{(00),i} & \widehat{\Omega}_{(01),i}^{\mathrm{T}} & \widehat{\Gamma}_{(0),i}^{\mathrm{T}} \\
\widehat{\Omega}_{(01),i} & \widehat{\Omega}_{(11),i} & \widehat{\Gamma}_{(1),i}^{\mathrm{T}} \\
\widehat{\Gamma}_{(0),i} & \widehat{\Gamma}_{(1),i} & P
\end{bmatrix},
$$

其中 P 是一个 $C \times C$ 对角矩阵, 其第 c 个对角元等于 $2\ln\pi_c$ $(c = 1, \cdots, C)$, 而

$$
\widehat{\Omega} = \begin{bmatrix}
\widehat{\Omega}_{(00),i} & \widehat{\Omega}_{(01),i}^{\mathrm{T}} \\
\widehat{\Omega}_{(01),i} & \widehat{\Omega}_{(11),i}
\end{bmatrix} \quad \text{和} \quad \widehat{\Gamma} = \begin{bmatrix} \widehat{\Gamma}_{(0),i} & \widehat{\Gamma}_{(1),i} \end{bmatrix}
$$

是 Ω 和 Γ 的当前估计, 按照单元 i 的观测的和缺失的 X 变量进行划分. 在 Q 上扫描观测到的 X 变量对应的元素, 得到

$$
\mathrm{SWP}[x_{(0),i}]Q = \begin{bmatrix}
G_{11} & G_{12}^{\mathrm{T}} & G_{13}^{\mathrm{T}} \\
G_{12} & G_{22} & G_{23}^{\mathrm{T}} \\
G_{13} & G_{23} & G_{33}
\end{bmatrix},
$$

其中 $G_{11} = -\widehat{\Omega}_{(00),i}^{-1}$, $G_{12} = \widehat{\Omega}_{(00),i}^{-1}\widehat{\Omega}_{(01),i}$ 是缺失的 X 对 $x_{(0),i}$ 回归的系数, $G_{22} = \widehat{\Omega}_{(11),i} - \widehat{\Omega}_{(01),i}^{\mathrm{T}}\widehat{\Omega}_{(00),i}^{-1}\widehat{\Omega}_{(01),i}$ 包含了 $x_{ij}, x_{ik} \in x_{(0),i}$ 的这些残差方差 $\sigma_{jj\cdot(0),i}$ 和协方差 $\sigma_{jk\cdot(0),i}$, $G_{13} = \widehat{\Omega}_{(00),i}^{-1}\widehat{\Gamma}_{(0),i}$ 产生了线性判别函数 (14.10) 中 $x_{(0),i}$ 的系数, 而 $G_{33} = P - \widehat{\Gamma}_{(0),i}\widehat{\Omega}_{(00),i}^{-1}\widehat{\Gamma}_{(0),i}^{\mathrm{T}}$ 的第 c 个对角元等于式 (14.10) 右侧第二项和第三项之和的 2 倍. 因此, G_{13}、G_{33} 和 π_c 一起产生了线性判别函数 δ_{ic}, 进而产生了式 (14.9) 中的 w_{ic}. 如果把具有相同缺失模式的单元集中在一起, 以避免不必要的扫描运算, 则可以大大节省计算量.

14.2.4 无约束一般位置模型的贝叶斯计算

从无约束一般位置模型参数的后验分布中抽取的数据可以通过数据增广 (Schafer 1997) 获得, 其 I 步和 P 步与期望最大化的 E 步和 M 步类似. 为简

单起见, 我们对参数 $\theta = (\Pi, \Gamma, \Omega)$ 假设无信息的先验分布:

$$p(\Pi, \Gamma, \Omega) = \prod_{c=1}^{C} \pi_c^{-1/2} |\Omega|^{-(K+1)/2}.$$

对单元 i 来说, I 步包含两个子步骤, 记作 I1 和 I2. I1 填补缺失的分类变量, 相当于把单元分配到由分类变量所形成的列联表的某一小格. 具体来说, 单元 i 以由式 (14.9) 给出的概率 w_{ic} 被分配到单元格 $c \in S_i$, 其中涉及的参数 θ 在当前抽取的值 $\theta^{(t)}$ 处评估. 在给定 $x_{(0),i}$、I1 步确定的小格 c 以及 $\theta^{(t)}$ 的条件下, I2 步从 $x_{(1),i}$ 的条件多元正态分布中抽取缺失的连续变量值. 这些步骤创建了一个完全化的数据集 $Y^{(t)}$.

P 步从给定 $Y^{(t)}$ 后参数的完全数据后验分布中抽取 $\theta^{(t+1)}$ 的值. 新的 $\Pi^{(t+1)}$ 是从给定 $Y^{(t)}$ 的条件下 Π 的后验分布中抽取的, 它具有狄利克雷密度

$$p(\Pi \mid Y^{(t)}) = \prod_{c=1}^{C} \pi_c^{n_c^{(t)}-1/2}, \tag{14.11}$$

其中 $n_c^{(t)}$ 是前一 I1 步中在小格 c 观测或填补的单元数, 这种抽取是用例 6.17 和例 6.20 的方法实现的. 新的 $\Omega^{(t+1)}$ 是从给定填充数据的条件下 Ω 的后验分布中抽取的, 它具有逆 Wishart 密度

$$(\Omega \mid \Pi^{(t+1)}, Y^{(t)}) \sim \text{inv-Wishart}(S^{(t)}, n - C), \tag{14.12}$$

其中 $S^{(t)}$ 是填充数据的整体的连续变量小格内协方差矩阵. 新的 $\mu_c^{(t+1)}$ ($c = 1, \cdots, C$) 是从给定 $\Omega^{(t+1)}$ 和 $Y^{(t)}$ 的条件下 μ_c 的后验分布中的抽取, 它具有多元正态密度

$$(\mu_c \mid \pi^{(t+1)}, \Omega^{(t+1)}, Y^{(t)}) \sim N_K(\bar{y}_c^{(t)}, \Omega^{(t+1)}/n_c^{(t)}), \tag{14.13}$$

其中 $\bar{y}_c^{(t)}$ 是小格 c 内填充的连续变量均值. 式 (14.12) 和 (14.13) 的抽取可借助例 6.18 和例 6.21 的方法实现.

例 14.2 St. Louis **数据的贝叶斯分析** (**例 14.1 续**).

在例 14.1 中, 对 St. Louis 的数据应用了无约束一般位置模型的数据增广算法. 表 14.2 列出了小格概率和小格均值的后验均值和后验标准差, 可将其与表 14.1 中的极大似然估计进行比较. 图 14.1 展示了对小格 (1,1,1) 内四个结局均值进行连续 10000 次抽取的序列, 以及最后 8000 次抽取的直方图. 图 14.2 对四个变换后的协方差参数展示了类似的结果. 需要注意的是, 一些小格

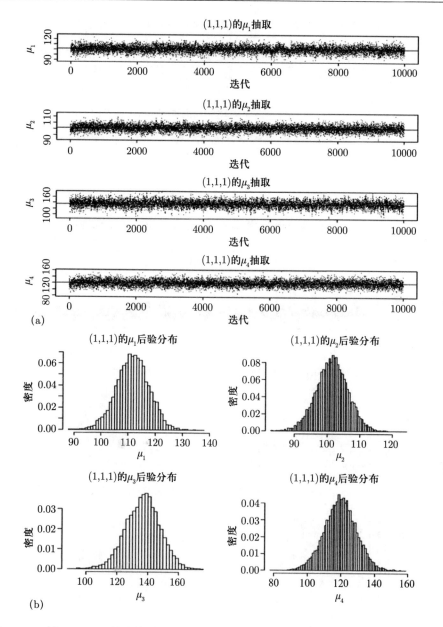

图 14.1 例 14.2: (a) 从小格 $(1,1,1)$ 均值 $(1, R_1; 2, R_2; 3, V_1; 4, V_2)$ 后验分布的抽取序列; (b) 每个均值的后验分布直方图

的后验均值与极大似然估计值有很大差别, 并且这些后验分布有很大的后验标准差. 这些结果反映了稀疏的数据和相对平坦的似然. 对均值来说, 数据增广或吉布斯采样的序列和抽取直方图看起来相当稳定, 但协方差的序列显示出一

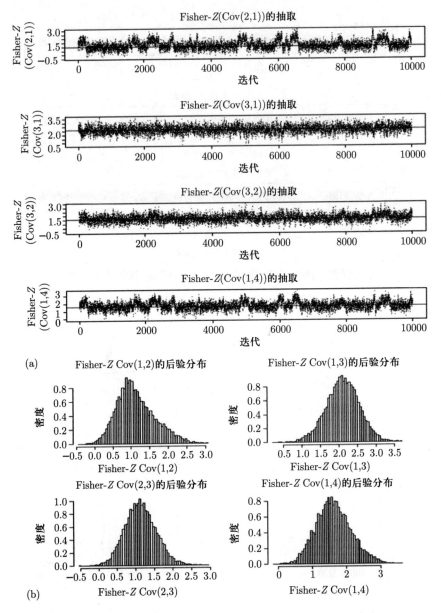

图 14.2 例 14.2: (a) 用吉布斯采样从变换的 Fisher-Z 后验分布的抽取序列; (b) 每个参数的后验分布直方图

定的 "跳跃性", 这反映出缺乏估计其中一些参数的信息. 与极大似然相比, 我们更认可贝叶斯结果, 因为它们倾向于对似然的可信区域进行平均, 更好地反映出数据的变异性. 极大似然估计的自采样标准误差 (这里没有展示) 一般比后验标准差小一些, 而且不太能反映这个稀疏数据集的真实变异性.

表 14.2 例 14.1: 数据增广应用于表 11.1 的数据得到的参数后验均值和标准差, 无约束一般位置模型

小格			期望频数		小格均值							
					R_1		R_2		V_1		V_2	
G	D_1	D_2	均值	标准差	均值	标准差	均值	标准差	均值	标准差	均值	标准差
1	1	1	11.8	3.9	112.0	5.9	101.6	4.8	136.6	10.8	119.8	9.2
1	1	2	7.9	2.9	122.2	7.2	117.7	6.5	155.7	11.6	132.8	11.6
1	2	1	3.0	1.8	109.5	10.5	99.3	12.8	132.4	17.4	143.6	18.3
1	2	2	3.9	2.1	124.9	13.9	118.8	9.4	144.0	17.5	142.2	18.1
2	1	1	1.8	1.2	93.9	13.1	95.3	13.4	90.1	23.7	91.6	24.7
2	1	2	6.0	2.5	101.6	7.9	109.0	6.7	132.9	18.5	113.5	16.4
2	2	1	2.2	1.4	91.9	12.5	86.1	21.1	74.6	33.4	101.3	31.3
2	2	2	14.0	3.5	104.8	5.1	103.2	4.5	109.8	9.2	108.8	8.3
3	1	1	3.0	1.6	103.7	10.3	86.0	9.0	122.0	16.2	101.8	17.8
3	1	2	6.2	2.4	120.4	11.9	100.1	6.8	132.4	18.3	120.6	16.3
3	2	1	1.9	1.2	82.8	14.0	89.9	12.6	101.1	23.1	109.3	24.9
3	2	2	7.2	2.6	104.8	7.1	107.5	6.0	104.1	13.5	113.8	14.5

G 为父母的风险组, D_c、R_c 和 V_c 分别为第 c 个孩子的症状数、阅读分数和言语理解分数 $(c = 1, 2)$.

14.3 带参数约束的一般位置模型

14.3.1 引言

第 14.2 节介绍的模型为表中每个小格 c 都指定了一个不同的均值向量 μ_c, 除了 $\sum_{c=1}^{C} \pi_c = 1$ 这个明显的约束外, 没有对小格概率做其他任何约束. 在本节中, 我们将描述一个模型, 该模型把类似于方差分析的约束设置在 $\{\mu_c\}$ 上, 并通过带约束的对数线性模型对 $\{\pi_c\}$ 进行建模. Krzanowski (1980, 1982) 考虑了把这种比较复杂的模型用于完全数据判别分析.

14.3.2　小格均值的约束模型

对 $n \leqslant C$, 设 z_i 是单元 i 的 $1 \times u$ 设计变量向量, 它可以从小格指标向量 w_i 得到, 即 $z_i = w_i A$, 其中 A 是一个已知的 $C \times u$ 矩阵, 代表着所选的模型. 更一般的模型设定是, 给定 w_i 后 x_i 的条件分布只能通过 z_i 依赖于 w_i, 也就是 $f(x_i \mid w_i, \theta) \sim N_K(z_i B, \Omega)$, 其中 B 是未知参数的 $u \times k$ 矩阵, $\theta = (B, \Omega, \Gamma)$. 注意到 $E(x_i \mid w_i, \theta) = w_i A B$, 所以 $\Gamma = AB$. 在第 14.2 节的模型中, A 是 $C \times C$ 单位矩阵.

14.3.3　小格概率的对数线性模型

减少模型参数数量的另一种方法是用对数线性模型约束小格概率 Π, 如第 13.4 节所述. 例如, 假设小格由 $V = 3$ 个分类变量 Y_1、Y_2 和 Y_3 的联合分类形成, 它们分别有 I_1、I_2 和 I_3 个水平, 于是 $C = I_1 \times I_2 \times I_3$. 我们修改一下记号, 用 π_{jkl} 表示 $Y_1 = j, Y_2 = k, Y_3 = l$ 的概率 ($j = 1, \cdots, I_1$, $k = 1, \cdots, I_2$, $l = 1, \cdots, I_3$). 写出

$$\ln \pi_{jkl} = \alpha + \alpha_j^{(1)} + \alpha_k^{(2)} + \alpha_l^{(3)} + \alpha_{jk}^{(12)} + \alpha_{jl}^{(13)} + \alpha_{kl}^{(23)} + \alpha_{jkl}^{(123)},$$

然后令 α 项的一些子集为零, 即得到对数线性模型, 详见第 13.4 节.

14.3.4　修改前几节的算法以适应参数约束

对于一个一般的 V 向的、具有 $C = \prod_{j=1}^{V} I_j$ 个小格的表, 用 α 表示对数线性模型中非零的 α 项, 记 $\pi_c(\alpha)$ 为单元落入小格 c $(c = 1, \cdots, C)$ 的受约束概率. 当第 14.3.2 和 14.3.3 节中的简化模型被用于拟合不完全数据时, 我们现在简述第 14.2.2 和 14.2.3 节中算法的修改.

对第 14.3.2 或 14.3.3 节中模型的特定选择, 设 $\alpha^{(0)}$、$\Omega^{(0)}$ 和 $B^{(0)}$ 为参数的初始估计值, 它们也许是基于所有变量都独立这一起始假设计算的. 再令 $\Gamma^{(0)} = AB^{(0)}$, 其中 A 是一个已知的矩阵, 记 $\pi_c^{(0)} = \pi_c(\alpha^{(0)})$, 其中 $c = 1, \cdots, C$. 第 14.3.2 和 14.3.3 节中的受约束模型是正则指数族模型, 具有完全数据最小充分统计量 $\sum_{i=1}^{n} x_i^{\mathsf{T}} x_i$、$\sum_{i=1}^{n} w_i^{\mathsf{T}} w_i A$ 以及计数的线性组合 $\sum_{i=1}^{n} w_i$, 由对数线性模型拟合的边缘确定. 由于这些量是第 14.2 节中模型的完全数据充分统计量的线性函数, 所以第 t 次迭代的 E 步通过式 (14.5)–(14.7) 计算出 $\sum_{i=1}^{n} T_{1i}^{(t)}$、$\sum_{i=1}^{n} T_{2i}^{(t)}$ 和 $\sum_{i=1}^{n} T_{3i}^{(t)}$, 然后计算出这些函数的线性组合, 以产生简化模型的完全数据最小充分统计量. 对于贝叶斯计算, 其 I 步与无约束模型相同.

M 步和 P 步的计算与无约束模型的计算不同, 产生的是满足模型约束的 Γ、Ω 和 Π 的估计值. 对于对数模型参数 α 的估计, 首先形成一个多向表, 其小格频数由向量 $\sum_{i=1}^{n} T_{3i}^{(t)}$ 即式 (14.7) 给定, 它涉及在 E 步中被分配到表中的未完全分类计数的条目比例. 通过对 $\sum_{i=1}^{n} T_{3i}^{(t)}$ 中的计数用完全数据方法拟合假设的对数线性模型, 得到 α 的更新估计值. 如果没有明确的估计值, 可以采取迭代比例拟合的一个步骤来更新 α 的估计值, 将这个期望最大化算法变成期望条件最大化算法. 对于贝叶斯计算, 第 13 章所讨论的贝叶斯迭代比例拟合可用来创建更新的参数抽取. 拟合表中的概率是 $\{\pi_c(\alpha)\}$ 的新估计值, 将用于下一个 M 步.

在完全数据下, B 和 Ω 的极大似然估计是 (例如, 见 Anderson 1965, 第 8 章)

$$\widehat{B} = \left(\sum_{i=1}^{n} z_i^{\mathrm{T}} z_i\right)^{-1} \left(\sum_{i=1}^{n} z_i^{\mathrm{T}} x_i\right) \quad \text{和} \quad \widehat{\Omega} = n^{-1} \sum_{i=1}^{n} (x_i - z_i \widehat{B})^{\mathrm{T}} (x_i - z_i \widehat{B}).$$

在前一个关于 $\widehat{B}$ 和 $\widehat{\Omega}$ 的方程中令 $z_i = w_i A$, 并且分别用 $\sum_{i=1}^{n} T_{1i}^{(t)}$、$\sum_{i=1}^{n} T_{2i}^{(t)}$ 和 $D^{(t)}$ 替换 $\sum_{i=1}^{n} x_i^{\mathrm{T}} x_i$、$\sum_{i=1}^{n} w_i^{\mathrm{T}} x_i$ 和 $\sum_{i=1}^{n} w_i^{\mathrm{T}} w_i$, 即得到 B 和 Ω 的 M 步估计, 其中 $D^{(t)}$ 是一个对角矩阵, 其对角元为 $\sum_{i=1}^{n} T_{3i}^{(t)}$. 于是, 在第 t 次迭代的 M 步中, B、Γ 和 Ω 的更新估计是

$$B^{(t+1)} = \left(A^{\mathrm{T}} D^{(t)} A\right)^{-1} A^{\mathrm{T}} \left(\sum_{i=1}^{n} T_{2i}^{(t)}\right), \tag{14.14}$$

$$\Gamma^{(t+1)} = A B^{(t+1)}, \tag{14.15}$$

$$\Omega^{(t+1)} = n^{-1} \left[\sum_{i=1}^{n} T_{1i}^{(t)} - \left(\sum_{i=1}^{n} T_{2i}^{(t)}\right)^{\mathrm{T}} A \left(A^{\mathrm{T}} D^{(t)} A\right)^{-1} A^{\mathrm{T}} \left(\sum_{i=1}^{n} T_{2i}^{(t)}\right)\right]. \tag{14.16}$$

当不对均值设置任何约束时, A 是 $C \times C$ 单位矩阵, 式 (14.14)–(14.16) 中关于 $\Omega^{(t+1)}$ 和 $\Gamma^{(t+1)}$ 的方程在形式上等价于式 (14.8). 然后, 新的估计 $\Pi^{(t+1)}$、$\Gamma^{(t+1)}$ 和 $\Omega^{(t+1)}$ 被输入到下一个 E 步, 由式 (14.5)–(14.7) 给出.

贝叶斯计算的 P 步首先从一个逆 Wishart 分布中抽取 $\Omega^{(t+1)}$, 就像由式 (14.12) 给出的无约束单元那样, 但要把 $S^{(t)}$ 替换成式 (14.16) 的右侧, 并把自由度 $n - C$ 替换为 $n - u$. 接着, 从一个中心为式 (14.14) 右侧、协方差矩阵为 $\Omega^{(t+1)}$ 的多元正态分布中抽取 $B^{(t+1)}$.

例 14.3 St. Louis **数据的带约束模型** (例 14.1 续).

在第 14.2.2 节中, 对表 11.1 中的数据用无约束位置模型进行了拟合. 该模型的参数太多, 69 个不完全单元有 69 个参数, 无法进行合理的分析. 在本节中, 我们用较少的参数来拟合并检验与实质兴趣假设相对应的模型. 特别地, 假设我们希望评估一个假设, 即儿童不良精神症状的发生与父母的风险组无关, 这意味着

$$\pi_{jkl} = \pi_{j++}\pi_{+kl}, \quad j = 1, 2, 3; \quad k, l = 1, 2,$$

其中 π_{jkl} 是与 G 的水平 j 以及 D_1、D_2 的水平 k、l 相关的概率. 对连续变量的小格均值没有做任何约束. Little 和 Schluchter (1985) 采用第 14.3.4 节的方法, 用数据拟合这一带约束模型.

表 14.1 (模型 B) 列出了这一带约束模型的极大似然估计, 最大化的对数似然是 -877.64. 回忆第 14.2.2 节中拟合的完整模型对数似然是 -872.73, 因此, 检验 D_1 和 D_2 是否独立于 G 的似然比统计量是 $2(-872.73 + 877.64) = 9.82$, 带有 6 个自由度, 几乎没有证据表明拟合不佳. 这个模型还有另一个局部对数似然极大值 -877.72.

为了寻找更简单的模型, Little 和 Schluchter (1985) 接下来拟合了设置 $G \times D_1$、$G \times D_2$ 和 $G \times D_1 \times D_2$ 连续变量均值交互作用等于零的模型, 对小格概率使用同样的约束模型. 对连续变量均值的约束可以写作 $E(x_i \mid z_i, \theta) = z_i B$, 其中 B 是一个 6×4 的参数矩阵, $z_i = w_i A$, 且

$$A^{\mathrm{T}} = \begin{bmatrix} 1 & 1 & 1 & 1 & 1 & 1 & 1 & 1 & 1 & 1 & 1 & 1 \\ 1 & 1 & 1 & 1 & 0 & 0 & 0 & 0 & -1 & -1 & -1 & -1 \\ 0 & 0 & 0 & 0 & 1 & 1 & 1 & 1 & -1 & -1 & -1 & -1 \\ 1 & 0 & 0 & -1 & 1 & 0 & 0 & -1 & 1 & 0 & 0 & -1 \\ 0 & 1 & 0 & -1 & 0 & 1 & 0 & -1 & 0 & 1 & 0 & -1 \\ 0 & 0 & 1 & -1 & 0 & 0 & 1 & -1 & 0 & 0 & 1 & -1 \end{bmatrix},$$

向量 w_i 中的 12 个小格按这样一种方式排列, 使得 D_2 的指标变化最快, G 的指标变化最慢. 这个模型把描述均值所需的参数数量从 48 个减少到 24 个.

同样, 我们发现了似然函数的多个局部极大值. 尽管如此, Frumento 等 (2016) 提出, 仍可以比较尺度化的似然比统计量, 其形式为

$$\mathrm{SLR} = 2(\ln L_1 - \ln L_2)/\mathrm{df},$$

其中 L_1 和 L_2 分别是在两个模型下的极大似然, df 是参数数量的差别. 该模型对数似然最大的一个极大值点为 -910.46, 与完整模型相比, 得到尺度化

的似然比 SLR = 2(910.46 − 873.73)/30 = 2.45, 说明简化的模型不符合数据. 作者还拟合了一个模型, 其中只把三向的 $G \times D_1 \times D_2$ 交互作用设为零, 对小格概率做的约束相同. 与完整模型相比, 该模型给出的尺度化似然比为 59.39/14 = 4.24, 再次说明了简化的模型不符合数据. 这些结果表明, 父母的心理健康对儿童阅读和言语理解能力的影响程度依赖于儿童的心理状态, 这是人们所预期的.

14.3.5 当分类变量比连续变量观测更多时的简化

对于图 14.3 的数据模式, 第 14.2 和 14.3 节的算法将有所简化. 在图 14.3 的数据模式中, V 个分类变量比 K 个连续变量的观测值更多. 也就是说, 只要有一个或多个连续变量被观测到, 那么所有分类变量一定都观测到了. 于是, 不完全数据似然可分解成 $(Y_1, \cdots, Y_V)$ 的边缘分布似然以及给定 $(Y_1, \cdots, Y_V)$ 时 $(X_1, \cdots, X_K)$ 的条件分布的似然. 第 14.3 节中模型的极大似然估计可通过如下方式获得.

单元			变量			
	Y_1	$\cdots$	Y_V	X_1	$\cdots$	X_K
1	0	$\cdots$	0	$\times$	$\cdots$	$\times$
$\vdots$	$\vdots$		$\vdots$	$\vdots$		$\vdots$
r	0	$\cdots$	0	$\times$	$\cdots$	$\times$
$r+1$	$\times$	$\cdots$	$\times$	1	$\cdots$	1
$\vdots$	$\vdots$		$\vdots$	$\vdots$		$\vdots$
n	$\times$	$\cdots$	$\times$	1	$\cdots$	1

图 14.3 导致简单极大似然估计的缺失数据模式. 0 表示观测到的, 1 表示缺失, $\times$ 表示观测或缺失. 来源: Little 和 Schluchter (1985), 使用获 Oxford University Press 许可

1. 从图 14.3 的前 V 列估计 Y 的联合分布的参数. 因为这些数据纯粹是分类数据, 所以这里适用未完全分类列联表的极大似然算法.

2. 从图 14.3 的前 r 行估计给定 Y 时 X 的条件分布的参数. 即使存在分类变量, 这里也可以使用多元正态期望最大化算法. 在方差分析设计中, 把代表 z_i 效应的哑变量纳入多元正态期望最大化算法中, 将其作为连续变量来处理. 然后把这些变量对应的元素扫描进最终估计的全部变量的协方差矩阵中, 得到给定 Y 时 X 的条件分布参数的估计 $\hat{B}$ 和 $\hat{\Omega}$, 这些都是第 7 章因子化似然理论的应用.

贝叶斯估计也有类似的简化, 这里省略细节.

14.4　涉及连续变量和分类变量混合的回归问题

14.4.1　缺失连续或分类变量的正态线性回归

第 14.2 和 14.3 节的方法可以很容易地应用于带有缺失数据的线性回归问题上. 很容易看出, 一般位置模型 (14.1) 和 (14.2) 意味着, 给定其他变量, 一个连续变量 (比如说 X_1) 的条件分布为:

$$(X_1 \mid X_2, \cdots, X_K, Y_1, \cdots, Y_V, \theta) \sim N\left(\beta_{c0}(\theta) + \sum_{j=2}^{K} \beta_j(\theta) X_j, \sigma^2(\theta)\right),$$

$$(14.17)$$

其中 c 是由 $(Y_1, \cdots, Y_V)$ 形成的列联表小格, 参数写成了一般位置模型参数 θ 的函数. 如果结局或自变量有缺失, 通过计算回归系数 $\{\beta_{c0}(\theta), \beta_j(\theta), \sigma^2(\theta)\}$, 把 θ 替换成极大似然估计 $\hat{\theta}$ 或从后验分布的抽取 $\theta^{(d)}$, 根据性质 6.1 或 6.1B, 一般位置模型的极大似然或贝叶斯也产生了模型 (14.17) 的极大似然或贝叶斯推断. 第 14.3 节讨论的对给定 Y 时 X 分布的多元方差分析约束, 对 (14.17) 的系数 $\{\beta_{c0}(\theta)\}$ 也引起了相应约束, 产生了其他的回归模型.

对于单一连续结局 X 并且自变量均为分类变量的特殊情形, 期望最大化的 M 步为加权线性回归, 权重基于当前对不完全单元 i 属于可能单元集 S_i 中每个小格的概率估计 (14.9). 这个想法很容易推广到具有不完全的分类协变量的更一般的广义线性模型上 (例 6.11). Ibrahim (1990) 把由此产生的期望最大化算法称为加权方法. 关于最近的发展, 见 Horton 和 Laird (1998) 以及 Ibrahim 等 (1999). 同样, Schluchter 和 Jackson (1989) 也讨论了生存分析中带有不完全的分类协变量的期望最大化.

当连续变量被完全观测到, 而 Y 包含一个完全缺失的 k 分类协变量时, 一般位置模型 (14.1) 和 (14.2) 就还原为 Day (1969) 的 k 个多元正态混合模型, 它提供了一种聚类分析的参数形式. 由于该算法对不完全记录的连续变量也适用, 所以它提供了 Day 的算法对不完全数据的扩展. 与许多混合模型一样, 似然的多重极大值具有一种确定的出现可能性 (Aitkin 和 Rubin 1985), 因此建议对参数的各种起始值选择都尝试应用该算法.

例 14.4　生物数据的一元混合模型.

Aitkin 和 Wilson (1980) 研究了混合模型的期望最大化算法在几个小数据集上的行为. 一个例子是在表 14.3(a) 中展示的达尔文关于成对自花受精和交叉受精植物的高度差异数据. 假设数据是均值为 μ、方差为 σ^2 的单一正态样本, 标准极大似然估计与负 2 倍对数似然值 (省略常数 $n \ln(2\pi)$) 一同被展示在表 14.3(b) 中. 采用均值为 μ_1 和 μ_2、共同方差为 σ^2、混合比例为 p 的两组分正态混合, 从各种初始值开始使用期望最大化, 对这些数据进行拟合. 所有的起始值都来自一些初始猜测, 指定每个单元要么属于第 1 组分要么属于第 2 组分 (即组分成员资格的初始概率均为 0 或 1), 然后应用 M 步获得初始参数估计值. 表 14.3(c) 列出了这些迭代的结果, 并说明了最终估计值对起始值的敏感性. 似然函数看起来是双峰的, 从第 1 个或第 3 个起始值开始能得到具有峰值模式的估计值, 而从第 2 个起始值得到的估计值处则有一个较低较宽的模式.

表 14.3 例 14.4: 应用于达尔文数据的混合分布期望最大化结果

(a) 达尔文关于自花受精和交叉受精植物高度差异的数据

1	2	3	4	5	6	7	8	9	10	11	12	13	14	15
−67	−48	6	8	14	16	23	24	28	29	41	49	56	60	75

(b) 假设一个正态总体的结果

负 2 倍对数似然	$\widehat{\mu}$	$\widehat{\sigma}^2$
122.9	20.93	1329.7

(c) 具有共同方差的两组分正态分布期望最大化迭代结果

起始设定 (第 1 组分的单元)	负 2 倍 对数似然	$\widehat{\mu}_1$	$\widehat{\mu}_2$	$\widehat{\sigma}^2$	$15\widehat{p}$
1	116.0	−57.4	33.0	385.4	2.00
15	122.9	21.62	20.91	1330.0	0.957
$\{1,\cdots,9\}$ 的任何子集	116.0	−57.4	33.0	385.4	2.00
$\{10,\cdots,15\}$ 的任何子集	122.9	估计值变化, 取决于具体起始值			

14.4.2 缺失连续或分类协变量的逻辑斯谛回归

现在假设二值变量 Y_1 是因变量. 一般位置模型隐含着给定 $(Y_2, \cdots, Y_V)$ 和 $(X_1, \cdots, X_K)$ 时 Y_1 的条件分布是伯努利的, 有

$$
\text{logit}(\Pr(Y_1 = 1 \mid Y_2, \cdots, Y_V, X_1, \cdots, X_K), \theta) = \gamma_{d0}(\theta) + \sum_{j=1}^{K} \gamma_{dj}(\theta) X_j,
$$

$$
(14.18)
$$

其中 d 指代了由 $(Y_2, \cdots, Y_V)$ 值确定的小格, θ 代表着位置模型参数. 通过拟合一般位置模型, 计算 (14.18) 中的回归参数 $\{\gamma_{d0}(\theta), \gamma_{dj}(\theta)\}$, 其中把 θ 替换为它的极大似然估计 $\widehat{\theta}$ 或从后验分布中的抽取 $\theta^{(d)}$, 得到不完全数据模型 (14.18) 的极大似然或贝叶斯推断. 对 (14.18) 中的参数 θ 设置约束, 可以得到其他逻辑斯谛模型. 关于在逻辑斯谛回归中分析不完全数据的各种方法的更多讨论, 参见 Vach (1994).

正如第 10 章所讨论的那样, 实现贝叶斯推断的另一种方法是根据模型 (14.1) 和 (14.2) 多次填补缺失值, 然后使用第 10.2 节中的多重填补方法结合完全数据推断. 一个有趣的替代方法是像以前一样使用一般位置模型进行多重填补, 但稍微修改完全数据分析, 具体如下: 不拟合一般位置模型并变换参数, 而是直接对每个填充的数据集应用标准逻辑斯谛回归, 从而估计 (14.8) 的参数, 即使用模型

$$
(Y_1 \mid Y_2, \cdots, Y_V, X_1, \cdots, X_K) \sim \text{Bernoulli}\left(\gamma_{d0} + \sum_{j=1}^{K} \gamma_{dj} X_j\right).
$$

这种方法的一个优点是, 一般位置模型的正态性假设 (14.2) 仅用于填补缺失值, 而不需要基于正态性假设进行完全数据分析, 因为它固定了协变量. 因此, 与基于联合分布的一般位置模型的极大似然或贝叶斯相比, 多重填补推断对正态性假设的敏感度较低, 特别是当缺失信息的比例较小时, 要填补的很少.

14.5 一般位置模型的进一步推广

一般位置模型的分类变量边缘分布为多项分布, 连续变量具有条件正态分布, 由分类变量定义的各小格之间的均值不同, 但各小格之间有一个共同的协方差矩阵. 模型的两个推广是通过以下方式获得的: (1) 用不相同但成比例的协方差矩阵代替各小格的共同协方差矩阵, 其中的比例常数需要估计; (2) 用多元 t 分布代替模型中的多元正态分布, 其中各小格的自由度也可以不同, 需要

估计. t 分布只是更一般的椭球对称分布的一个例子, 可以用来代替正态分布. 这些推广可以为真实数据提供更精确的拟合, 并且可以被视为稳健推断的工具. 此外, 假设一个可忽略的缺失机制, 这些模型可以用于缺失值的多重填补. Liu 和 Rubin (1998) 讨论了使用第 8.5.2 节的交替期望条件最大化 (AECM) 算法对这些推广进行极大似然估计. 他们还提出了一种单调数据的数据增广方案, 用于从联合后验分布中抽取参数和缺失值.

问题

14.1 说明式 (14.4) 提供了完全数据对数似然 (14.3) 的参数的极大似然估计.

14.2 利用第 7 章的因子化似然方法, 推导出一般位置模型在具有一个完全观测的分类变量 Y 和一个带缺失值的连续变量 X 的情况下的极大似然估计.

14.3 假设在问题 14.2 中, X 是完全观测到的, Y 有一些缺失值. 证明一般位置模型的极大似然估计不能通过因子化似然找到, 因为经过适当因子化的参数并不分离. 请提出一个因子化参数能够分离的替代模型, 并写出该模型的极大似然估计值.

14.4 为了根据已知协变量把单元分成不同的组别, 比较判别分析和逻辑斯谛回归的性质 (例如, 见 Press 和 Wilson 1978; Krzanowski 1980, 1982).

14.5 利用贝叶斯定理, 说明从一般位置模型的定义 (14.1) 和 (14.2) 可以推出式 (14.9).

14.6 利用一般位置模型的性质, 推导第 14.2.3 节中给定 $x_{(0),i}$、S_i 和 $\theta^{(t)}$ 时 $w_{im}x_{ij}$ 和 $x_{ij}x_{ik}$ 条件期望的表达式.

14.7 对某大学班级 20 名毕业生在毕业五年后进行调查, 收集到以下结果: 性别 (1 = 男, 2 = 女)、种族 (1 = 白人, 2 = 其他)、用对数尺度衡量的年收入 (? 表示缺失):

单元	1	2	3	4	5	6	7	8	9	10	11	12	13	14	15	16	17	18	19	20
性别	1	1	1	2	2	2	2	2	2	2	1	1	1	2	1	1	1	1	2	2
种族	1	1	1	1	1	1	1	1	1	1	1	2	2	2	2	?	?	?	?	?
收入	25	46	31	5	16	26	8	10	2	?	?	20	29	?	32	?	?	38	15	?

　　(a) 仅基于完全的单元, 计算适用于这些数据的一般位置模型的极大似然估计.

　　(b) 为这些数据制定 E 步和 M 步 (14.5)–(14.8) 的明确公式, 并从 (a) 中发现的估计开始, 执行期望最大化算法 3 步.

14.8 重复问题 14.7 的 (b), 但约束种族变量和性别变量独立.

14.9 对于问题 14.7 和 14.8 的模型, 推导出问题 14.7 中数据的最大化的对数似然, 从而推导出用于检验种族和性别独立的似然比统计量. 请注意, 由于样本量太小, 对于这个说明性数据集来说, 不能认为这个统计量是卡方分布的 (为寻求帮助, 见 Little 和 Schluchter 1985).

14.10 描述第 14.3.5 节中简化的极大似然算法的贝叶斯类似版本.

14.11 从式 (14.1) 和 (14.2) 推导 (14.17), 进而把参数 $\{\beta_{c0}, \beta_j, \sigma^2\}$ 表达成一般位置模型参数 $\theta = (\Pi, \Gamma, \Omega)$ 的函数. 考虑对线性模型 (14.17) 的参数 θ 设置约束的影响.

14.12 从式 (14.1) 和 (14.2) 推导 (14.18), 进而把参数 $\{\gamma_{d0}, \gamma_{dj}\}$ 表达成一般位置模型参数 $\theta = (\Pi, \Gamma, \Omega)$ 的函数. 考虑对逻辑斯谛模型 (14.18) 的参数 θ 设置约束的影响.

第 15 章　非随机缺失模型

15.1　引言

第 7 至 14 章的例子和方法基于可忽略似然:

$$L_{\text{ign}}(\theta \mid Y_{(0)}, X) \propto f(Y_{(0)} \mid X, \theta), \tag{15.1}$$

并把它看作固定观测数据 $Y_{(0)}$ 下参数 θ 的函数. 在上式中, X 代表充分观测到的协变量, $f(Y_{(0)} \mid X, \theta)$ 是通过在密度 $f(Y \mid X, \theta) = f(Y_{(0)}, Y_{(1)} \mid X, \theta)$ 中积分掉缺失数据 $Y_{(1)}$ 得到的. 在第 6 章中, 我们说明了基于式 (15.1) 而不是从一个给定 X 下 Y 和 M 模型的完整似然进行关于 θ 的推断的充分条件, 这些充分条件是: (1) 缺失数据是随机缺失, (2) 参数 θ 和 ψ 分离, 如第 6.2 节定义. 在本章中, 我们考虑了缺失机制是非随机缺失的情况, 这时, 有效的极大似然、贝叶斯和多重填补的推断一般需要基于完整似然:

$$L_{\text{full}}(\theta, \psi \mid Y_{(0)}, X, M) \propto f(Y_{(0)}, M \mid X, \theta, \psi), \tag{15.2}$$

并把它看作固定观测数据 $Y_{(0)}$ 和缺失模式 M 下参数 θ 和 ψ 的函数, 这里 $f(Y_{(0)}, M \mid X, \theta, \psi)$ 是通过在给定 X 下 Y 和 M 模型的联合密度 $f(Y, M \mid X, \theta, \psi)$ 中积分掉 $Y_{(1)}$ 得到的.

　　制定非随机缺失模型的方法主要有两种. 我们考虑在给定 X 时各单元之间的 M 和 Y 值独立的情形, 也就是 $f(M, Y \mid X, \theta, \psi) = \prod_{i=1}^{n} f(m_i, y_i \mid x_i, \theta, \psi)$ —— 这些模型可能不是独立同分布的, 因为被放在条件部分的 x_i 一般

随着单元 i 而变化. 选择模型把 m_i 和 y_i 的联合分布分解为

$$f(m_i, y_i \mid x_i, \theta, \psi) = f(y_i \mid x_i, \theta) f(m_i \mid x_i, y_i, \psi), \qquad (15.3)$$

密度由它们的分量来区分. 第一个因子表征了总体中 y_i 的分布, 第二个因子为缺失机制建模, 且 θ 和 ψ 是分离的. 这种因子化是第 6.2 节理论的基础. 或者, 模式混合模型把联合分布分解为

$$f(m_i, y_i \mid x_i, \xi) = f(y_i \mid x_i, m_i, \xi) f(m_i \mid x_i), \qquad (15.4)$$

其中第一个分布表征了在由不同缺失模式 m_i 定义的层中给定 x_i 后 y_i 的分布, 第二个分布为不同模式的概率建模 (Rubin 1977; Glynn 等 1986, 1993; Little 1993c), 且 ξ 是分离的. 当考虑具体的例子时, (15.3) 和 (15.4) 这两种分解之间的本质区别就变得很清楚了, 我们现在正准备这样做.

例 15.1　一元不响应的模式混合和选择模型.

为简单起见, 假设缺失值仅限于某个单一变量. 令 $y_i = (y_{i1}, y_{i2})$, 其中 y_{i1} 是完全观测的, 而标量 y_{i2} 只对 $i = 1, \cdots, r$ 有观测, 对 $i = r+1, \cdots, n$ 缺失. 记 m_{i2} 为 y_{i2} 的缺失指标, 若 y_{i2} 缺失则 $m_{i2} = 1$, 若 y_{i2} 有观测则 $m_{i2} = 0$. 模式混合模型把给定 X 时 $Y_{(0)}$ 和 M 的密度分解为

$$f(y_{(0)}, M \mid X, \xi) = \prod_{i=1}^{r} f(y_{i1}, y_{i2} \mid x_i, m_{i2} = 0, \xi) \Pr(m_{i2} = 0 \mid x_i, \omega)$$

$$\times \prod_{i=r+1}^{n} f(y_{i1} \mid x_i, m_{i2} = 1, \xi) \Pr(m_{i2} = 1 \mid x_i, \omega).$$

这种表达方式表明, 我们没有数据来直接估计出分布 $f(y_{i2} \mid x_i, y_{i1}, m_{i2} = 1, \xi)$ 的情况, 因为所有 $m_{i2} = 1$ 的单元的 y_{i2} 都缺失了. 在随机缺失机制下, 例 1.13 的讨论表明 $f(y_{i2} \mid x_i, y_{i1}, m_{i2} = 1, \xi) = f(y_{i2} \mid x_i, y_{i1}, m_{i2} = 0, \xi)$. 对于非随机缺失模型, 需要其他的假设来估计这一分布.

对于这种情形, 选择模型公式 (15.3) 为

$$f(y_i, m_{i2} \mid x_i, \theta, \psi) = f(y_{i1} \mid x_i, \theta) f(y_{i2} \mid x_i, y_{i1}, \theta) f(m_{i2} \mid x_i, y_{i1}, y_{i2}, \psi).$$

为 $f(m_{i2} \mid x_i, y_{i1}, y_{i2}, \psi)$ 建模的一种可行办法是利用 m_{i2} 对 x_i、y_{i1} 和 y_{i2} 的可加概率单位或逻辑斯谛回归. 但是, 要注意到, 在这个回归中, y_{i2} 的系数是不能从这些数据中直接估计出来的, 因为 y_{i2} 只有在 $m_{i2} = 0$ 时才能观测到. 因此, 在没有额外假设的情况下, 模式混合和选择模型都不是完全可估的. 第 15.3 和 15.4 节讨论了解决这一问题的方法.

对于仅限于单一变量 Y 的缺失, Holland (1986) 记录了 John Tukey 在讨论 Glynn 等 (1986) 的文章时提出的另一种因子化方法:

$$f(y_i, m_i \mid x_i, \theta, \psi) = \Pr(m_i \mid x_i, \psi) f(y_i \mid m_i = 0, \theta) \frac{\Pr(m_i \mid x_i, y_i, \psi)}{\Pr(m_i = 0 \mid x_i, y_i, \psi)},$$

他称之为 "简化选择" 因子化. 正如 Holland 指出的, 这种因子化的一个优点是它只涉及观测数据的密度 $f(y_i \mid x_i, m_i = 0, \theta)$, 后者可以直接估计出来, 而缺失机制 $\Pr(m_i \mid x_i, y_i, \psi)$ 在具体应用中可能很容易导出. Franks 等 (2016) 发展了这种方法, 使用了 "可能不兼容的吉布斯采样" (PIGS) 一词, 因为它是基于在形式上可能不兼容的分布, 就像第 10.2.4 节多重填补的链式方程方法一样.

也可以采用选择模型和模式混合模型的混合. 具体而言, 记 $m_i = (m_i^{(1)}, m_i^{(2)})$, 其中 $m_i^{(1)}$ 指征缺失模式的集合, $m_i^{(2)}$ 指征每个集合内的单个模式. 模式集混合模型 (Little 1993c) 把 m_i 和 y_i 的联合分布写成下面的形式:

$$\begin{aligned}
&f(m_i^{(1)}, m_i^{(2)}, y_i \mid x_i, \xi, \psi, \omega) \\
&= f(y_i \mid x_i, m_i^{(1)}, \xi) f(m_i^{(2)} \mid x_i, y_i, m_i^{(1)}, \psi) f(m_i^{(1)} \mid x_i, \omega),
\end{aligned} \tag{15.5}$$

其中 ξ、ψ 和 ω 是分离的. 式 (15.5) 包含了 (15.3) 和 (15.4) 作为特例, 后者的 $m_i^{(1)}$ 或 $m_i^{(2)}$ 只包含了一个模式.

例 15.2　调查不响应的模式集混合模型.

抽样调查中的单元和项目不响应可以方便地使用模式集混合模型进行建模. 记 $m_i = (m_i^{(1)}, m_i^{(2)})$, 其中 $m_i^{(1)}$ 是单元不响应的标量指标 (不响应单元的 $m_i^{(1)} = 1$, 响应单元的 $m_i^{(1)} = 0$), $m_i^{(2)}$ 是表示调查变量的项目缺失的向量指标. 这样, 不响应单元的 $m_i^{(2)} = (1, 1, \cdots, 1)$, 响应单元的 $m_i^{(2)}$ 至少有一些分量等于 0. 单元 i 的模式集混合模型是

$$\begin{aligned}
&f(m_i^{(1)}, m_i^{(2)}, y_i \mid x_i, \xi, \psi, \omega) \\
&= f(y_i \mid x_i, m_i^{(1)}, \xi) f(m_i^{(2)} \mid x_i, y_i, m_i^{(1)}, \psi) f(m_i^{(1)} \mid x_i, \omega),
\end{aligned} \tag{15.6}$$

其中 y_i 是调查变量. 式 (15.6) 通过一个模式混合模型对单元不响应进行了建模, 不响应单元的分布为 $f(y_i \mid x_i, m_i^{(1)} = 1, \xi)$, 响应单元的分布为 $f(y_i \mid x_i, m_i^{(1)} = 0, \xi)$, 且混合分布为 $f(m_i^{(1)} \mid x_i, \omega)$; 对响应单元的项目不响应用选择模型建模, 其成分为 $f(y_i \mid x_i, m_i^{(1)} = 0, \xi)$ 和 $f(m_i^{(2)} \mid x_i, y_i, m_i^{(1)} = 0, \psi)$; 剩下的那个分布 $f(m_i^{(2)} \mid x_i, y_i, m_i^{(1)} = 1, \psi)$ 当 $m_i^{(2)} = (1, 1, \cdots, 1)$ 时等于 1, 否则等于 0.

这种表述的一种特殊情形可能具有实质意义, 即当观测到的特征足以描述响应项目和不响应项目之间的差异时, 允许单元不响应是非随机缺失, 但假设

响应单元的项目不响应是随机缺失. 这样, 在关于 ψ 和 ω 的似然推断中可以忽略因子 $f(m_i^{(2)} \mid x_i, y_i, m_i^{(1)} = 0, \psi) = f(m_i^{(2)} \mid x_i, y_{(0),i}, m_i^{(1)} = 0, \psi)$, 因此推断 Y 的分布也可以忽略它.

通过最大化式 (15.2), 可以得到非随机缺失机制的极大似然估计, 然后用信息矩阵的逆或自采样法估计参数估计的大样本抽样协方差矩阵. 在特殊的情形下, 比如下面例 15.13 中的模式混合模型, 可以导出明确的极大似然估计. 然而, 更多的时候, 需要使用迭代技术来最大化似然函数, 如第 8.1 节中对可忽略不响应所讨论的内容.

特别地, 对于非随机缺失的选择模型, 期望最大化算法具有如下形式: (1) 找出 (θ, ψ) 的初始估计 $(\theta^{(0)}, \psi^{(0)})$; (2) 在第 $t \geqslant 0$ 次迭代, 给定 (θ, ψ) 的当前估计值 $(\theta^{(t)}, \psi^{(t)})$, E 步计算

$$
\begin{aligned}
& Q(\theta, \psi \mid \theta^{(t)}, \psi^{(t)}) \\
= & \int \ell(\theta, \psi \mid X, Y_{(0)}, Y_{(1)}, M) f(y_{(1)} \mid X, Y_{(0)}, M, \theta = \theta^{(t)}, \psi = \psi^{(t)}) dY_{(0)},
\end{aligned}
$$

其中 $\ell(\theta, \psi \mid X, Y_{(0)}, Y_{(1)}, M)$ 是完全数据对数似然, $f(y_{(1)} \mid X, Y_{(0)}, M, \theta = \theta^{(t)}, \psi = \psi^{(t)})$ 是给定观测值 (X、$Y_{(0)}$ 和 M) 以及参数 (θ, ψ) 的条件下缺失数据 $Y_{(1)}$ 的条件密度. M 步求出最大化 Q 的 $(\theta^{(t+1)}, \psi^{(t+1)})$:

$$
Q(\theta^{(t+1)}, \psi^{(t+1)} \mid \theta^{(t)}, \psi^{(t)}) \geqslant Q(\theta, \psi \mid \theta^{(t)}, \psi^{(t)}) \quad \text{对一切 } \theta, \psi.
$$

然后, 在期望最大化的下一次迭代中, 用 $\theta^{(t+1)}$ 和 $\psi^{(t+1)}$ 代替 $\theta^{(t)}$ 和 $\psi^{(t)}$. 根据类似于第 8.4 节的理论, 每次迭代都会增加 $L(\theta, \psi \mid X, Y_{(0)}, M)$, 在相当一般的条件下, 算法会收敛到完整似然函数的稳定点. 期望最大化的扩展, 如期望条件最大化或参数扩展期望最大化, 在这里也许会有帮助, 就像可忽略的情况一样. 然而, 对于包含着大部分信息缺失的参数的不可忽略模型, 收敛到极大值的过程可能非常缓慢. 另外, 对于这类模型, 需要特别注意似然函数出现多个极大值甚至是 "脊" 的可能性.

关于参数 (θ, ψ) 的贝叶斯推断基于它们的后验分布, 也就是用 (θ, ψ) 的先验分布乘以完整似然得到的.

本章剩余部分的结构如下: 在第 15.2 节中, 我们给出缺失机制是非随机缺失但模型已知的例子, 即给定 X 和 $Y = (Y_{(0)}, Y_{(1)})$ 时 M 的分布依赖于完全观测的 X 以及 $Y_{(1)}$, 但不涉及未知参数 ψ. 一个简单的例子是删失的指数样本引出的似然 (6.58), 因为当数据大于一个已知的删失点时就会产生缺失值, 所

以给定 X 和 Y 时 M 的分布是完全确定的. 这种缺失机制是非随机缺失, 但数据是随机粗化 (CAR) 的, 如第 6.4 节所定义.

第 15.3 节考虑正态模型, 其中的缺失机制是非随机缺失, 并且依赖于未知参数. 我们建立正态的选择和模式混合模型, 然后讨论推断问题的五种方法: (1) 收集不响应者的一个子样本的数据; (2) 贝叶斯方法, 对缺失机制的参数施加先验分布; (3) 对联合模型施加限制, 使所有参数都有唯一的极大似然估计; (4) 敏感性分析; (5) 有选择地舍弃数据 (就像没有观测到某些观测值那样), 从而避免对缺失机制建模.

第 15.4 节考虑非随机缺失建模的一些其他例子, 即: 重复测量和分类数据的模型、第 10.2.4 节讨论的链式方程模型中随机缺失偏倚的敏感性分析、生存分析的敏感性分析, 以及增强的 "临界点" 显示.

15.2　已知非随机缺失机制的模型：分组和归并的数据

Kulldorff (1961) 讨论了从数据中进行极大似然估计的得分算法, 这些数据的一些单元被分成了几类. 下面的三个例子说明了期望最大化算法在这种情况下的使用. 例 15.6 描述了使用吉布斯采样的贝叶斯推断.

例 15.3　分组的指数样本.

假设完全数据是一个独立随机样本 $(y_1, \cdots, y_n)^{\mathrm{T}}$, 来自均值为 θ 的指数分布, 但 y_i 只对 $i = 1, \cdots, r < n$ 有观测. 其余的 $n - r$ 个单元被分成 J 类, 使得第 j 类包含的 y_i 值已知位于 a_j 和 b_j 之间 $(j = 1, \cdots, J)$, 其中 a_j 和 b_j 均为已知, 这 $n - r$ 个单元的观测数据处于第 j 类的计数为 m_j, 满足 $\sum_{j=1}^{J} m_j = n-r$. 这个公式包括了删失数据, 其 $a_j > 0$、$b_j = \infty$, 也包括 $r = 0$ 即所有数据都是分组形式的情况. 使用第 6.4 节的术语, 粗化机制是随机粗化.

我们把第 15.1 节的二值缺失指标 m_i 扩展为本例中的 $J + 1$ 值变量. 具体来说, 如果 y_i 被观测到, 则 $m_i = 0$, 如果 y_i 属于第 j 个不响应类别 $(j = 1, \cdots, J)$, 即位于 a_j 和 b_j 之间, 则 $m_i = j$.

完全数据属于正则指数族, 且完全数据充分统计量为 $\sum_{i=1}^{n} y_i$. 因此, 期望最大化算法在第 t 次迭代的 E 步计算

$$E\left(\sum_{i=1}^{n} y_i \,\middle|\, Y_{(0)}, M, \theta = \theta^{(t)}\right) = \sum_{i=1}^{r} y_i + \sum_{j=1}^{J} m_j \widehat{y}_j^{(t)},$$

根据指数分布的定义,

$$\widehat{y}_j^{(t)} = E\left(y \mid a_j \leqslant y < b_j, \theta^{(t)}\right)$$

$$= \int_{a_j}^{b_j} y \exp\left(-\frac{y}{\theta^{(t)}}\right) dy \Big/ \int_{a_j}^{b_j} \exp\left(-\frac{y}{\theta^{(t)}}\right) dy,$$

再由分部积分, 得到

$$\widehat{y}_j^{(t)} = \theta^{(t)} + \frac{b_j e^{-b_j/\theta^{(t)}} - a_j e^{-a_j/\theta^{(t)}}}{e^{-b_j/\theta^{(t)}} - e^{-a_j/\theta^{(t)}}}. \tag{15.7}$$

期望最大化的 M 步计算

$$\theta^{(t+1)} = n^{-1}\left(\sum_{i=1}^{r} y_i + \sum_{j=1}^{J} m_j \widehat{y}_j^{(t)}\right). \tag{15.8}$$

对于在 a_j 处删失的单元, 令 $b_j = \infty$, 得到它的预测值:

$$\widehat{y}_j^{(t)} = \theta^{(t)} + a_j.$$

如果所有这些 $n - r$ 个分组单元都删失, 那么可以推导出明确的极大似然估计. 把式 (15.7) 代入式 (15.8), 产生

$$\theta^{(t+1)} = n^{-1}\left(\sum_{i=1}^{r} y_i + \sum_{j=1}^{J} m_j(\theta^{(t)} + a_j)\right).$$

令 $\theta^{(t)} = \theta^{(t+1)} = \widehat{\theta}$, 解 θ, 得到

$$\widehat{\theta} = r^{-1}\left(\sum_{i=1}^{r} y_i + \sum_{j=1}^{J} m_j a_j\right).$$

特别地, 如果对所有的 j 都有 $a_j = c$, 也就是所有单元都有一个共同的删失点, 则

$$\widehat{\theta} = m^{-1}\left(\sum_{i=1}^{m} y_i + (n-m)c\right),$$

这就是例 6.29 直接推出的估计.

例 15.4　具有协变量的分组正态数据.

假设对一个正态分布的结局变量 Y 的数据进行分组, 像例 15.3 那样, 如果已知单元 i 位于 a_j 和 b_j 之间, 则将其归入第 j 组. 假设用完全的 Y 对完全观测到的协变量 $X_1, X_2, \cdots, X_p$ 进行线性回归, 则完全的 Y 值是独立的. 也就是说, y_i 服从均值为 $\beta_0 + \sum_{k=1}^{p} \beta_k x_{ik}$、方差为常数 σ^2 的正态分布. 完全数

据充分统计量是 $\sum_{i=1}^{n} y_i$、$\sum_{i=1}^{n} y_i x_{ik}$ $(k = 1, \cdots, p)$ 和 $\sum_{i=1}^{n} y_i^2$. 因此, 期望最大化算法的 E 步计算

$$E\left(\sum_{i=1}^{n} y_i \ \middle| \ Y_{(0)}, M, \theta = \theta^{(t)}\right) = \sum_{i=1}^{r} y_i + \sum_{i=r+1}^{n} \widehat{y}_i^{(t)},$$

$$E\left(\sum_{i=1}^{n} y_i x_{ik} \ \middle| \ Y_{(0)}, M, \theta = \theta^{(t)}\right) = \sum_{i=1}^{r} y_i x_{ik} + \sum_{i=r+1}^{n} \widehat{y}_i^{(t)} x_{ik}, \quad k = 1, 2, \cdots, p,$$

$$E\left(\sum_{i=1}^{n} y_i^2 \ \middle| \ Y_{(0)}, M, \theta = \theta^{(t)}\right) = \sum_{i=1}^{r} y_i^2 + \sum_{i=r+1}^{n} (\widehat{y}_i^{(t)})^2 + (\widehat{s}_i^{(t)})^2,$$

其中 $\theta = (\beta_0, \beta_1, \cdots, \beta_p, \sigma^2)$, $\theta^{(t)} = (\beta_0^{(t)}, \beta_1^{(t)}, \cdots, \beta_p^{(t)}, (\sigma^{(t)})^2)$ 是 θ 的当前估计, $\widehat{y}_i^{(t)} = \mu_i^{(t)} + \sigma^{(t)}\delta_i^{(t)}$, $(\widehat{s}_i^{(t)})^2 = (\sigma^{(t)})^2(1 - \gamma_i^{(t)})$, $\mu_i^{(t)} = \beta_0^{(t)} + \sum_{k=1}^{p} \beta_k^{(t)} x_{ik}$, 而 $\delta_i^{(t)}$ 和 $\gamma_i^{(t)}$ 是对非随机缺失不响应的修正, 这些修正具有形式

$$\delta_i^{(t)} = -\frac{\phi(d_i^{(t)}) - \phi(c_i^{(t)})}{\Phi(d_i^{(t)}) - \Phi(c_i^{(t)})},$$

$$\gamma_i^{(t)} = (\delta_i^{(t)})^2 + \frac{d_i^{(t)}\phi(d_i^{(t)}) - c_i^{(t)}\phi(c_i^{(t)})}{\Phi(d_i^{(t)}) - \Phi(c_i^{(t)})},$$

其中 ϕ 和 Φ 分别是标准正态分布的密度和累积分布函数, 并且对于第 j 组中的单元 i (即 $M_i = j$, 或者说 $a_j < Y \leqslant b_j$),

$$c_i^{(t)} = (a_j - \mu_i^{(t)})/\sigma^{(t)}, \quad d_i^{(t)} = (b_j - \mu_i^{(t)})/\sigma^{(t)}.$$

利用 E 步算出的完全数据充分统计量期望值, M 步计算 Y 对 $X_1, \cdots, X_p$ 的回归. Hasselblad 等 (1980) 使用了该模型, 用分组数据分析了对数血铅含量的回归.

例 15.5 **具有协变量的删失正态数据** (受限因变量模型).

计量经济学文献中的受限因变量 (tobit) 模型 (Amemiya 1984), 以早期的计量经济学应用 (Tobin 1958) 命名, 是前一例子的一种特殊情形, Y 的正值被完全记录, 但负值 (即位于区间 $(-\infty, 0)$ 的值) 被删失. 沿用例 15.4 的记号, 所有观测到的 y_i 都是正的, $J = 1$, $a_1 = -\infty$, $b_1 = 0$. 对于期望最大化的 E 步, 删失单元的 $c_i^{(t)} = -\infty$, $d_i^{(t)} = -\mu_i^{(t)}/\sigma^{(t)}$, $\delta_i^{(t)} = -\phi(d_i^{(t)})/\Phi(d_i^{(t)})$, $\gamma_i^{(t)} = \delta_i^{(t)}(\delta_i^{(t)} + \mu_i^{(t)}/\sigma_i^{(t)})$. 因此,

$$\widehat{y}_i^{(t)} = E(y_i \mid \theta^{(t)}, x_i, y_i \leqslant 0) = \mu_i^{(t)} - \sigma^{(t)}\lambda(-\mu_i^{(t)}/\sigma^{(t)}),$$

其中 $\lambda(z) = \phi(z)/\Phi(z)$ (Mills 比率的倒数), $-\sigma^{(t)}\lambda(-\mu_i^{(t)}/\sigma^{(t)})$ 是对删失的修正. 代入参数的极大似然估计, 得到预测值

$$\widehat{y}_i^{(t)} = E(y_i \mid \widehat{\theta}, x_i, y_i \leqslant 0) = \widehat{\mu}_i - \widehat{\sigma}\lambda(-\widehat{\mu}/\widehat{\sigma}),$$

对于删失单元, $\widehat{\mu}_i = \widehat{\beta}_0 + \sum_{k=1}^{p} \widehat{\beta}_k x_{ik}$.

例 15.6 健康和退休调查粗化数据的多重填补.

有关家庭财务变量的调查问题可能会有很高的数据缺失率. 一个部分解决方案是, 每当受访者拒绝或无法对问题做出准确回答时, 就使用括号内金额 (例如, 5000–9999 美元) 的问题代替. 这些 "括号内的答复" 格式大大降低了财务变量的完全缺失率, 但产生了由实际报告的答复、括号内 (或区间删失) 的答复和完全缺失的数据混合而成的粗化数据. Heitjan 和 Rubin (1990) 把多重填补应用于涉及年龄堆积的相关问题. Heeringa 等 (2002) 基于第 14.2 节中 Little 和 Su (1987) 提出的一般位置模型的扩展, 对健康和退休调查 (HRS) 中的 12 个资产和负债变量的粗化和缺失数据进行了多重填补.

为简单起见, 我们提出二元数据的模型, 但它可以直接扩展到两个以上的变量情形. 用 $y_i = (y_{i1}, y_{i2})$ 表示单元 i 的两个资产或负债测量, 用 $t_i = (t_{i1}, t_{i2})$ 描述是否存在正值: 若 $y_{ij} > 0$ 则 $t_{ij} = 1$, 若 $y_{ij} = 0$ 则 $t_{ij} = 0$. 另外, 为了允许正的资产拥有量服从对数正态分布, 令 $z_i = (z_{i1}, z_{i2})$ 为部分观测变量, 满足

$$y_i = \begin{cases} (\exp(z_{i1}), \exp(z_{i2})), & \text{若 } t_i = (1,1); \\ (\exp(z_{i1}), 0), & \text{若 } t_i = (1,0); \\ (0, \exp(z_{i2})), & \text{若 } t_i = (0,1); \\ (0, 0), & \text{若 } t_i = (0,0), \end{cases} \tag{15.9}$$

且

$$(z_i \mid t_i = (j,k), \theta) \sim N_2(\mu_{jk}, \Sigma). \tag{15.10}$$

式 (15.9) 中的指数变换意味着非零资产和负债是对数正态的, 反映了它们分布的右偏斜性. 模型 (15.10) 允许零/非零矢量的每个模式 (j, k) 具有不同均值 $\{\mu_{jk}\}$, 但假设协方差矩阵 Σ 恒定, 像第 14.2 节的一般位置模型那样. 需要注意的是, 直接把 (15.10) 应用于 y_i 是不现实的, 因为正值是偏斜的, 而且协方差矩阵恒定的模型假设是站不住脚的——例如, 当 $t_{ij} = 0$ 时, y_{ij} 的一个分量的方差应当是零. 在 $t_{ij} = 0$ 的情况下, 小格 j 中 z_i 的未观测分量的均值不影响 y_i, 并被限制为零; 但是, 一种可能加速收敛到极大似然估计的替代方法是把它们作为算法要估计的参数, 就像第 8.5.3 节的参数扩展期望最大化算法一样.

Heeringa 等 (2002) 应用这一模型时, 假设 t_i 是完全观测到的, 即家庭对每个净值组成部分的所有权 (是/否) 总是已知的. 也可以为 t_i 的某些成分缺失的情况制定方法. 单个分量 y_{ij} 可以被观测到、完全缺失, 或者已知位于一个区间内, 比如 (l_{ij}, u_{ij}). 吉布斯采样的一个吸引人的特点是, 以参数的当前抽取以及所有其他变量的观测值或抽取值为条件, 缺失值的抽取可以一次生成一个变量. 因为给定其他变量时任何一个变量的条件分布都是正态分布, 所以关于该变量的区间删失信息很容易被纳入抽取; 方程与例 15.4 的 E 步类似, 但用抽取代替条件均值.

第 10.2 节中描述的多重填补大样本推断方法产生了模型参数的点估计、区间估计和检验统计量. 最高的开端点金额类别的填补对模型设定非常敏感, 在 Heeringa 等 (2002) 中, 作者对填补进行了截断, 使其不超过数据集中记录的最大值. 可以发展这里描述的对数正态模型的扩展, 以便更紧密地适应分布的尾部.

表 15.1 列出了使用该方法估计健康和退休调查人群总净值的均值和分位数的结果, 该方法是通过汇总 23 个净值分量变量得出的. 为了比较, 包含了以下方法:

(1) 完全案例分析: 总净值的分布是从 7607 个合作的健康和退休调查第一轮家庭中的 4566 个 (60.0%) 估计出来的, 这些家庭提供了 23 个资产和负债组成部分中每个分量的持有量和金额的完全信息.

(2) 均值填补: 对于缺失值在某个括号内的单元, 用观测到的落入这个括号内的数值平均值填补. 如果一个变量的值完全缺失 (没有括号信息), 则用该变量观测值的整体平均值进行填补.

(3) 基于单一热卡的多重填补: 最初采用单变量热卡方法对健康和退休调查第一轮数据集中的项目缺失数据进行单一填补, 对每个资产和负债变量进行独立填补. 所有观测到的和缺失的单元都根据协变量信息被分配到热卡小格, 这些信息包括年龄、种族、性别、户主的婚姻状况以及括号边界 (如果有括号) 的信息. 然后, 利用在同一热卡小格内随机选择的观测单元的观测值来填补每个缺失值. 用在每个调整小格内选择的不同随机供体重复这一热卡程序, 产生了 20 个多重填补的数据集.

表 15.1 中估计分布的摘要纳入了抽样权重, 对于热卡组和贝叶斯方法, 是 20 个多重填补数据集的平均值. 使用刀切法重复复制 (JRR) 方法 (Wolter 1985) 估计完全数据标准误差, 它们反映了复杂的多阶段健康和退休调查样本

设计的加权、分层和聚类的影响. 均值填补方法的标准误差未考虑填补的不确定性. 利用第 10.2 节中的多重填补公式计算单变量热卡方法、贝叶斯方法和序贯回归方法的标准误差, 其中填补内方差是基于设计的刀切法重复复制方差估计. 这些方差包含了对填补不确定性的估计, 以及复杂样本设计的影响.

表 15.1　例 15.6: 健康和退休调查第一轮家庭总净值分布的估计, 以千美元计

待估量	多重填补贝叶斯		完全单元		均值填补		多重填补热卡	
	估计	标准误差	估计	标准误差	估计	标准误差	估计	标准误差
均值	247.9	10.6	186.8	9.1	213.5	7.7	232.5	9.4
标准差	598.6	77.2	417.3	27.5	443.7	29.4	491.1	42.8
Q25	28.9	2.2	15.3	2.8	28.4	2.0	29.5	2.4
Q50	99.7	4.4	78.0	3.2	97.3	4.4	100.8	5.0
Q75	240.1	9.8	195.5	10.0	218.0	7.0	240.4	8.6
Q90	537.1	25.2	408.5	15.3	471.6	23.6	515.0	30.9
Q95	902.5	54.7	663.0	28.0	779.6	33.1	839.8	56.6
Q99	2642.3	264.1	1995.0	107.1	2142.1	62.035	2317.8	216.0
最大值	15663	9458	6202	322.0	9096	469.4	9645	3070

　　从表 15.1 可以看出, (1) 完全案例分析似乎明显低估了健康和退休调查家庭的家庭净值分布; (2) 与随机填补方法相比, 均值替代的方法似乎也低估了净值完整分布的均值和百分位数; 与随机热卡和贝叶斯替代方法所隐含的净值金额标准差相比, 这种确定性填补方法产生的填补家庭净值分布的标准差被削弱了; (3) 热卡方法比贝叶斯方法产生的均值和上分位数的估计值要低, 这一发现可能与这样一个事实有关, 即与贝叶斯方法不同, 热卡填补没有利用净值分量的多元向量中其他变量的信息 (包括括号). 对缺失信息比例的分析表明, 受分量分布的上尾影响最大的统计量, 即均值、标准差、Q99 和最大值, 具有最高程度的填补不确定性.

15.3 非随机缺失数据的正态模型

15.3.1 一元缺失的正态选择和模式混合模型

在本节中, 我们假设完全数据是一个随机样本 (y_i, x_i), 其中 Y 是一个连续变量, X 是一组完全观测到的协变量, $i = 1, \cdots, n$. 我们假设 $\{y_i, i = 1, \cdots, r\}$ 是观测到的, $\{y_i, i = r+1, \cdots, n\}$ 是缺失的; m_i 是 y_i 的缺失指标, 对 $i = 1, \cdots, r$ 取 $m_i = 0$, 对 $i = r+1, \cdots, n$ 取 $m_i = 1$. 我们描述这种数据结构的选择和模式混合模型.

例 15.7 一元缺失的概率单位选择模型.

Heckman (1976) 提出了下面的选择模型 (15.3): 对于单元 i,

$$
\begin{aligned}
(y_i \mid x_i, \theta, \psi) &\sim_{\text{ind}} N(\beta_0 + \beta_1 x_i, \sigma^2), \\
(m_i \mid x_i, y_i, \theta, \psi) &\sim_{\text{ind}} \text{Bernoulli}(\Phi(\psi_0 + \psi_1 x_i + \psi_2 y_i)),
\end{aligned}
\tag{15.11}
$$

其中 $\theta = (\beta_0, \beta_1, \sigma^2)$, Bernoulli 表示伯努利分布, Φ 表示概率单位 (累积正态) 分布函数. Y 是回归模型中的结局变量, 但 (15.11) 也可以用来建立一个带缺失值的预测变量模型. Greenlees 等 (1982) 考虑了一个类似于 (15.11) 的模型, 但对给定 x_i 和 y_i 时 m_i 的条件分布采用的是逻辑斯谛而不是概率单位模型.

注意到如果 $\psi_2 = 0$, 则缺失数据是随机缺失. 如果 $\psi_2 \neq 0$, 则缺失数据是非随机缺失, 因为 Y 的缺失依赖于 Y 的值, 对不响应者来说这个值缺失了. Heckman (1976) 使用了两步最小二乘方法来拟合这个模型. 另外, 也可以得到极大似然估计, 例如应用期望最大化算法, 把 Y 的未观测值视为缺失数据. 算法的细节就省略了.

拟合模型的主要障碍是, 缺乏关于模型 (15.11) 中 m_i 的分布中 y_i 的系数 ψ_2 的信息. 原则上, 无约束总体中残差的正态性假设提供了信息, 但因为在完全单元中观测到的残差分布缺乏正态性, 这就证明了非随机缺失机制的存在. 然而, 依靠正态性来估计 ψ_2 的做法是非常值得怀疑的, 因为我们很少有把握知道给定 x_i 时 y_i 的分布是正态的 (Little 1985a; Little 和 Rubin 2002, 第 15 章). 第 15.3 节将讨论解决 ψ_2 缺乏信息的更好方法.

例 15.8 一元缺失的正态模式混合模型.

模型 (15.11) 的一个替代方案是下面的模式混合模型 (15.4):

$$
\begin{aligned}
(y_i \mid m_i = m, x_i, \xi, \omega) &\sim_{\text{ind}} N(\beta_0^{(m)} + \beta^{(m)} x_i, (\sigma^{(m)})^2), \\
(m_i \mid x_i, \xi, \omega) &\sim_{\text{ind}} \text{Bernoulli}(\Phi(\omega_0 + \omega_1 x_i)),
\end{aligned}
\tag{15.12}
$$

其中 $\xi = (\beta_0^{(m)}, \beta^{(m)}, (\sigma^{(t)})^2, m = 0, 1)$. 这一模型意味着在整个总体中给定 x_i 时 y_i 的分布是两个正态分布的混合, 均值为

$$[1 - \Phi(\omega_0 + \omega_1 x_i)][\beta_0^{(0)} + \beta^{(0)} x_i] + [\Phi(\omega_0 + \omega_1 x_i)][\beta_0^{(1)} + \beta^{(1)} x_i].$$

这一模型中的参数 $(\beta_0^{(0)}, \beta^{(0)}, (\sigma^{(0)})^2, \phi)$ 可以从数据估计出来, 但参数 $(\beta_0^{(1)}, \beta^{(1)}, (\sigma^{(1)})^2)$ 不可估, 因为当 $m_i = 1$ 时 y_i 缺失了. 当数据是随机缺失时, 给定 X, 则 Y 有观测的单元和 Y 缺失的单元的 Y 分布是相同的 (见例 1.13), 于是 $\beta_0^{(1)} = \beta_0^{(0)} = \beta_0$, $\beta^{(1)} = \beta^{(0)} = \beta$, $(\sigma^{(1)})^2 = (\sigma^{(0)})^2 = \sigma^2$. 当数据不是随机缺失时, 则需要其他的假设来估计 $(\beta_0^{(1)}, \beta^{(1)}, (\sigma^{(1)})^2)$.

假设观测到 Y 的单元与缺失 Y 的单元的 Y 分布仅在截距上有差异, 也就是

$$\begin{aligned}
(y_i \mid m_i = m, x_i, \xi, \omega) &\sim_{\mathrm{ind}} N(\beta_0^{(m)} + \beta x_i, (\sigma^{(m)})^2), \\
(m_i \mid x_i, \xi, \omega) &\sim_{\mathrm{ind}} \mathrm{Bernoulli}(\Phi(\omega_0 + \omega_1 x_i)),
\end{aligned} \tag{15.13}$$

则可以减少该模型中不可估参数的数量.

响应者和不响应者的均值差异, 也就是效应 $\delta = \beta_0^{(0)} - \beta_0^{(1)}$, 表征了本模型中响应者和不响应者的 Y 的差异.

我们对例 15.7 和 15.8 中模型的选择和模式混合公式做一些一般性的评论:

1. 为 Y 和 M 的联合分布建模的两种方法都是合法的, 因为从经验上讲, 二者都不能被排除.

2. 在第 6 章中, 选择模型的表述 (例 15.7) 被用来描述随机缺失的特点. 当实质性兴趣涉及整个总体中 Y 和 X 之间的关系, 而由缺失数据模式定义的层并无实质性意义时, 这种方法更为自然. 然而, 通过对各个缺失模式的参数取平均, 可以从模式混合模型中得出整个总体的参数.

3. 可以说, 模式混合模型 (例 15.8) 比选择模型更容易向主题专家解释. 特别地, 在模型 (15.13) 中, 响应者和不响应者之间的差异用 δ 来表示, 这个参数可以简单地解释为均值的差异. 在模型 (15.11) 中, 响应者与不响应者之间的差异用参数 ψ_2 来表征, 该参数有一个比较隐晦的解释, 即在保持协变量 X 不变的情况下, 增加一个单位的 Y 对不响应概率的概率单位的影响. 在 Greenlees 等 (1982) 的模型中, 概率单位被对数几率所取代, 但 ψ_2 的解释仍然是困难的.

4. 模式混合模型通常很容易拟合, 因为有一些假设使参数可估. 另外, 缺失值的填补是基于给定 X 和 $M = 0$ 时 Y 的预测分布进行的, 这在模式混合因子中可以直接建模.

上面的考虑 3 和 4 使我们倾向于模式混合模型, 特别是当我们考虑第 15.3.6 节中的敏感性分析时. Carpenter 和 Kenward (2014) 也赞成模式混合方法.

在下面的小节中, 我们区分了解决这些模型中某些参数缺乏可估性的五种方法.

(a) 对不响应者进行抽样随访, 并把这些信息纳入主分析.

(b) 采用贝叶斯方法, 赋予参数先验分布. 贝叶斯推断一般不要求数据提供所有参数的信息, 尽管推断倾向于对先验分布的选择很敏感.

(c) 对模型参数施加额外的约束, 例如对 (15.11) – (15.13) 中的回归系数施加约束.

(d) 进行分析, 评估有关感兴趣量的推断对从数据中估计得很差的参数值的不同选择的敏感性.

(e) 选择性地舍弃数据, 以避免对缺失机制建模.

现在我们轮流考察这些方法.

15.3.2 对不响应者的子样本随访

降低推断对非随机缺失不响应的敏感性的一个方法是, 至少对一些不响应者进行随访, 以获得所需信息. 即使只对少数不响应者进行随访, 也会对降低推断的敏感性有极大的帮助, 下面的模拟实验就说明了这一点.

例 15.9 随访降低推断的敏感性.

Glynn 等 (1986) 利用正态数据和对数正态数据进行了一系列模拟, 用于研究从不响应者那里获得后续随访数据时推断的敏感性降低. 对于正态数据, 从一个基本无限大的总体中抽取 400 个标准正态偏差的样本, 采用逻辑斯谛不响应机制

$$\Pr(m_i = 1 \mid y_i) = [1 + \exp(1 + y_i)]^{-1}$$

生成 101 个不响应者. 然后, 在这 101 个不响应者中随机抽取不同的比例, 在最初的不响应者中建立随访数据. 所得的数据由响应者和被随访的不响应者的 (y_i, m_i) 组成, 但未被随访的不响应者只观测到 m_i.

用两个模型来分析数据. 首先, 采用无协变量的模式混合模型 (15.12), 先验分布在 $(\mu_{(0)}, \mu_{(1)}, \ln \sigma_{(0)}, \ln \sigma_{(1)}, \pi)$ 上与一个常数成正比. 然后, 在正确的正态/逻辑斯谛响应选择模型下对数据进行分析:

$$(y_i \mid \mu, \sigma^2) \sim N(\mu, \sigma^2),$$

$$\text{logit}(\Pr(m_i = 1 \mid y_i, \alpha_0, \alpha_1)) = \alpha_0 + \alpha_1 y_i,$$

其中, $(\mu, \alpha_0, \alpha_1, \ln \sigma)$ 上的非正常先验分布正比于一个常数. 用不同的数据集重复整个模拟, 用非随机缺失逻辑斯谛缺失机制 $\Pr(m_i = 1 \mid y_i) = 1/(1 + \exp(1 + y_i))$ 创建 400 个对数正态值 (指数化的标准正态随机变量) 和 88 个不响应者. 同样, 对不响应者中的不同比例进行随机抽样, 以在不响应者中创建后续数据. 用于分析正态数据的两个模型同样适用于对数正态数据. 请注意, 对于正态数据, 选择模型是正确的, 模式混合模型是不正确的, 而对于对数正态数据, 两个模型都是不正确的.

　　表 15.2 总结了生成的数据, 包括正态和对数正态的. 表 15.3 给出了正态数据和对数正态数据在两个模型下的总体均值估计. 有几个趋势是显而易见的: 首先, 混合模型似乎比选择模型更稳健一些, 当选择模型正确时, 混合模型的表现和选择模型一样好, 当两者都不正确时, 混合模型的表现比选择模型更好. 其次, 随访比例越大, 两种模型下的估计结果都越好; 在完全随访的情况下, 两种模型的估计结果非常相似, 仅在精度上有差异 (此处不做展示). 第三, 使用混合模型, 即使是少数的随访也能得到合理的估计. Glynn 等 (1986) 使用包含协变量的混合模型的扩展, 用多重填补从有后续随访的退休人群的调查数据中得出推断.

表 15.2　例 15.9: 生成数据的样本矩 [a]

	正态 $N(0,1)$ 数据			对数正态 $\exp[N(0,1)]$ 数据		
	N	均值	标准差	N	均值	标准差
响应者	299	0.150	0.982	312	1.857	2.236
不响应者	101	-0.591	0.835	88	0.724	0.571
总计	400	-0.037	1.000	400	1.608	2.047
总体值		0.0	1.0		1.649	2.161

[a] 正态数据从 $N(0,1)$ 分布中抽样, 对数正态数据是指数化的正态值. 响应由逻辑斯谛响应函数确定: $\Pr(m_i = 1 \mid y_i) = [\alpha_0 + \exp(1 + \alpha_1 y_i)]^{-1}$, 其中, 对于正态数据 $(\alpha_0, \alpha_1) = (1, 1)$, 对于对数正态数据 $(\alpha_0, \alpha_1) = (0, 1)$.

表 15.3 例 15.9: 利用表 15.2 中的响应数据以及随机选择的不响应者的随访数据, 总体均值的估计

正态 $N(0,1)$ 数据 (总体均值 = 0)			对数正态 $\exp[N(0,1)]$ 数据 (总体均值 = 1.649)		
(101 中的) 随访数	混合模型	选择模型	(88 中的) 随访数	混合模型	选择模型
11	-0.010	-0.009	9	1.58	0.934
24	-0.025	-0.029	21	1.60	1.030
28	-0.006	-0.008	25	1.61	1.054
101	-0.037	-0.037	88	1.61	1.605

15.3.3 贝叶斯方法

例 15.10 有协变量时非随机缺失不响应下对样本均值的推断.

对例 15.8 中的模式混合模型稍加修改:

$$(y_i \mid m_i = m, x_i, \xi, \omega) \sim_{\text{ind}} N(\beta_0^{(m)} + \beta_1^{(m)}(x_i - \bar{x}_0), \sigma^2), \tag{15.14}$$

Rubin (1977) 应用了贝叶斯方法, 并采用了参数的如下先验分布:

$$p(\beta_0^{(0)}, \beta_1^{(0)}, \ln \sigma^2) \propto 常数,$$
$$p(\beta_1^{(1)} \mid \beta_0^{(0)}, \beta_1^{(0)}, \sigma^2) \sim N_q(\beta_1^{(0)}, \psi_1^2 \beta_1^{(0)} \beta_1^{(0)\mathrm{T}}),$$
$$p(\beta_0^{(1)} \mid \beta_1^{(1)}, \beta_0^{(0)}, \beta_1^{(0)}, \sigma^2) \sim N(\beta_0^{(0)}, \psi_2^2 (\beta_0^{(0)})^2),$$

其中 $\beta_0^{(0)}$ 和 $\beta_0^{(1)}$ 代表在响应者协变量均值 $\bar{x}_{(0)}$ 处响应总体和不响应总体的调整均值参数. 参数 ψ_1 衡量回归斜率系数的先验不确定性, 参数 ψ_2 衡量按协变量调整后均值的不确定性. 如果 $\psi_1 = \psi_2 = 0$, 则对于基于似然的推断, 缺失机制是可以忽略的.

令 $\bar{y}_{(0)}$ 和 $\bar{x}_{(0)}$ 表示 Y 和 X 的响应均值. 则 $\bar{y}$ 的后验分布是正态的, 均值为 $\bar{y}_{(0)} + \widehat{\beta}_1^{(0)}(\bar{x} - \bar{x}_{(0)})$, 也就是回归估计, 方差为 $\bar{y}_{(0)}^2(\psi_1^2 h_1^2 + \psi_2^2 h_2^2 + h_3^2)$, 其中

$$h_1^2 = (\sigma^2/\bar{y}_{(0)}^2) \left[\left(\widehat{\beta}_1^{(0)}(\bar{x} - \bar{x}_{(0)}) \right)^2 / \sigma^2 + (\bar{x} - \bar{x}_{(0)})^{\mathrm{T}} S_{xx}^{-1} (\bar{x} - \bar{x}_{(0)}) \right],$$
$$h_2^2 = p^2 \{1 + \sigma^2/(r\bar{y}_{(0)})\},$$

这里 r 是响应者的数量, p 是缺失值的比例, 还有

$$h_3^2 = (\sigma^2/\bar{y}_{(0)}^2) \left((p/r) + (\bar{x} - \bar{x}_{(0)})^{\mathrm{T}} S_{xx}^{-1} (\bar{x} - \bar{x}_{(0)}) \right).$$

在上式中, S_{xx} 是响应者 X 的平方和与交叉乘积矩阵. 大样本 95% 后验概率区间的宽度 $3.92\bar{y}_{(0)}(\psi_1^2 h_1^2 + \psi_2^2 h_2^2 + h_3^2)^{1/2}$ 涉及三个部分. 第一项是 $\psi_1^2 h_1^2$, 它是由于响应者和不响应者中 Y 对 X 的斜率是否相等的不确定性造成的相对方差; 第二项是 $\psi_2^2 h_2^2$, 它反映了在 $X = \bar{x}_{(0)}$ 处响应者和不响应者中 Y 的均值是否相等的不确定性; 第三项是 h_3^2, 它表示由不响应所引入的不确定性, 即使在响应者和不响应者分布相同 (即当 $\psi_1 = \psi_2 = 0$, 此时缺失机制是可以忽略的) 的情况下也存在.

Rubin (1977) 用对 660 所学校的调查数据来说明例 15.10 的方法, 其中472 所学校填写了由 80 个条目组成的补偿性阅读问卷. 考虑了用 21 个因变量 (Y) 和 35 个背景变量 (X) 来描述学校和学生的社会经济地位和成绩. 研究中的因变量以出现频率的形式来衡量补偿性阅读的特征, 并将其缩放为介于0 (从不) 和 1 (总是) 之间.

表 15.4 列出了其中 7 个结果变量 $\bar{y}$ 的大样本 95% 区间的宽度, 作为 ψ_1 和 ψ_2 的函数, 以观测均值的百分比表示. 由 ψ_1 建模的关于响应者和不响应者的

表 15.4 例 15.10: 有限总体均值 $\bar{y}$ 的主观 95% 区间的宽度, 作为观测到的样本均值 $\bar{y}_{(0)}$ 的百分比

变量	$\psi_1 = 0$				$\psi_1 = 0.4$			
ψ_2	0	0.1	0.2	0.4	0	0.1	0.2	0.4
17B	5.6	8.0	12.7	23.7	6.0	8.3	12.9	23.6
18A	7.9	9.8	13.9	24.2	8.1	9.9	14.0	24.3
18B	15.4	16.5	19.3	27.8	16.6	17.6	20.2	28.5
23A	2.1	6.1	11.6	22.9	2.3	6.1	11.6	22.9
23C	2.0	6.0	11.6	22.9	2.0	6.1	11.6	22.9
32A	1.2	5.8	11.5	22.8	1.2	5.8	11.5	22.8
32D	1.1	5.8	11.4	22.8	1.1	5.8	11.4	22.8

结果变量的描述:
17B: 从其他课业中解脱出来的课余时间进行的补偿性阅读.
18A: 从社会、科学和/或外语课中解脱出来的课余时间进行的补偿性阅读.
18B: 从数学中解脱出来的课余时间进行的补偿性阅读.
23A: 按阅读等级组织补偿性阅读小组的频率.
23C: 按共同的兴趣爱好组织补偿性阅读小组的频率.
32A: 补偿性阅读教授基础读者以外的其他教科书.
32D: 补偿性阅读教授老师准备的材料.

回归斜率相等的不确定性对区间的影响可以忽略不计, 这反映了 h_1 的较低值. h_2 的值仅略大于缺失值的比例 $p = 0.2848$. 因此, 在响应人群和不响应人群中, 关于调整后均值相等的不确定性对区间宽度的贡献用 $4h_2\psi_2 \approx 4p\psi_2 = 1.14\psi_2$ 表示.

ψ_2 这个量对区间宽度有很大影响. 例如, 把 ψ_2 的值从 0 增加到 0.1 的效果是将变量 23A 和 23C 的区间宽度增加 3 倍, 将变量 32A 和 32D 的区间宽度增加 5 倍. 另一方面, 对于变量 17B、18A, 特别是 18B, 归因于回归中残差方差的成分 h_3 比较明显, 尽管其他成分对于 $\psi_2 \geqslant 0.1$ 的情况仍然不可忽略. 这个例子很好地说明了不响应偏倚的潜在影响, 以及它在多大程度上依赖于通常无法从手头数据中估计出来的量 (如 ψ_2).

15.3.4 对模型参数施加约束

非随机缺失模型的参数, 有些参数不一定可估, 但可以通过施加模型约束, 减少参数数量, 使其可估. 这种方法能否成功, 在很大程度上取决于这些假设是否现实和合理. 我们提供了三个例子: 在例 15.11 中, 假设是有问题的, 从与外部数据的比较来看, 得出的估计似乎有偏; 而在例 15.12 和 15.14 中, 假设的依据可能比较合理.

例 15.11 美国当前人口调查中的收入不响应.

Lillard 等 (1982, 1986) 把例 15.7 的模型 (15.11) 应用于 1970 年、1975 年、1976 年和 1980 年进行的四轮当前人口调查 (CPS) 收入补充中的收入不响应. 1980 年, 他们的样本包括 32879 名年龄在 16–65 岁之间的就业白人男性, 这些人报告说收到 (但不一定有数额) W = 工资和薪金收入, 并且这些人不是自营职业者. 在这些人中, 27909 人报告了 W 的值, 4970 人没有报告. 用例 15.7 的符号, Y_1 被定义为等于 $(W^{\gamma-1})/\gamma$, 其中 γ 代表了 Box 和 Cox (1964) 中提出的那种幂变换. 预测因子 X 选取教育程度 (6 类)、市场经验年限 (4 条线性分割线, Exp 0–5、Exp 5–10、Exp 10–20、Exp 20+)、处于第一年市场经验的概率 (Prob 1)、地区 (南方或其他)、户主子女 (1 = 是, 0 = 否)、户主其他亲属或二级家庭成员 (1 = 是, 0 = 否)、个人访谈 (1 = 是, 0 = 否)、调查年份 (1 或 2).

收入方程中省略了最后四个变量, 即它们在向量 β 中的系数等于零. 响应方程中省略了教育、市场经验年限和地区三个变量, 即它们在向量 ψ 中的系数被设为零.

大多数实证研究都是以收入的对数为模型, 也就是让 $\gamma \to 0$ 得到的变换.

表 15.5 展示了这种收入变换的回归系数 β 的估计值, 首先用普通最小二乘法 (OLS) 对响应者进行计算, 这一程序有效地假设了可忽略的不响应 ($\psi_2 = 0$); 其次, 用极大似然 (ML) 对例 15.7 的模型 (15.11) 进行计算. 在本表中, ρ 是 Heckman (1976) 模型中 Y 与正态隐变量之间的相关性, 与式 (15.11) 中的参数 ψ_2 通过表达式 $\rho = \psi_2\sigma/\sqrt{1 + \psi_2^2\sigma^2}$ 相关联. 对这些数据应用极大似然程序, 得到 $\hat{\rho} = -0.6812$, 这意味着不响应者的收入金额高于随机缺失假设下的预测. 表 15.5 中普通最小二乘和极大似然的回归系数十分相似, 但极大似然和普通最小二乘的截距差异 (对数尺度下为 $9.68 - 9.50 = 0.18$) 意味着非随机缺失不响应的预测收入金额大约增加了 20%, 这是一个非常大的修正.

表 15.5　例 15.11: 用对数收入在协变量上回归得到的估计, 1980 年当前人口调查

变量	27909 个响应者的普通最小二乘	32879 个调查单元的选择模型极大似然系数 β_1
常数	9.5013 (0.0039)	9.6816 (0.0051)
Sch 8	0.2954 (0.0245)	0.2661 (0.0202)
Sch 9 – 11	0.3870 (0.0206)	0.3692 (0.0169)
Sch 12	0.6881 (0.0188)	0.6516 (0.0158)
Sch 13 – 15	0.7986 (0.0201)	0.7694 (0.0176)
Sch 16+	1.0519 (0.0199)	1.0445 (0.0178)
Exp 0 – 5	−0.0225 (0.0119)	−0.0294 (0.0111)
Exp 5 – 10	0.0534 (0.0038)	0.0557 (0.0039)
Exp 10 – 20	0.0024 (0.0016)	0.0240 (0.0016)
Exp 20+	−0.0052 (0.0008)	−0.0036 (0.0008)
Prob 1	−1.8136 (0.1075)	−1.7301 (0.0945)
南方	−0.0654 (0.0087)	−0.0649 (0.0085)
$\rho = \psi_2\sigma/\sqrt{1 + \psi_2^2\sigma^2}$	0	−0.6842

Lillard 等 (1982) 对各种其他的 γ 选择, 用他们的随机删失模型进行了拟合. 表 15.6 展示了三个 γ 值的对数极大似然值, 即 0 (对数模型)、1 (原始收入金额模型) 和 0.45 (一个随机子样本数据得到的 γ 的极大似然估计值). $\hat{\gamma} = 0.45$ 时的极大化对数似然比 $\gamma = 0$ 或 $\gamma = 1$ 时的极大化对数似然大得多, 说明原始收入和对数变换收入的正态选择模型没有得到数据的支持. 表 15.6 还展示了 $\hat{\rho}$ 的数值与 γ 的函数关系. 请注意, 当 $\gamma = 0$ 和 $\gamma = 0.45$ 时, $\hat{\rho}$ 为负

表 15.6 例 15.11: 最大化的对数似然作为 γ 的函数以及相应的 $\hat{\rho}$ 的值

γ	最大化的对数似然	$\hat{\rho}$
0	−300613.4	−0.6812
0.45	−298169.7	−0.6524
1.0	−300563.1	0.8569

来源: Lillard 等 (1982). 使用获 Chicago Press 许可.

值, 响应者收入残差的分布是左偏的, 需要大量的不响应者收入金额来填补右尾. 另一方面, 当 $\gamma = 1$ 时, $\hat{\rho}$ 为正值, 响应者的残差分布是右偏的, 不响应者的小收入金额需要填补左尾. 因此, 该表反映了在变换后的收入响应残差中对偏斜校正的敏感性.

Lillard 等 (1982) 的最佳拟合模型 ($\hat{\gamma} = 0.45$) 预测, 不响应者的收入金额平均比人口普查局提供的填补数额大 73%, 人口普查局使用的是假设可忽略不响应的热卡方法. 然而, 正如 Rubin (1983b) 所指出的那样, 这种大的调整是建立在 $\gamma = 0.45$ 模型的总体残差的正态假设之上的. 不响应是随机缺失、无约束的残差遵循与响应样本相同的 (偏斜) 分布是很有道理的. 事实上, 将人口普查局的填补与 CPS/IRS 档案中相匹配的国内税务局 (IRS) 的收入金额进行比较, 并没有显示出这些热卡填补有很严重的低估 (David 等 1986).

例 15.12 从对随机分配的访谈者进行的人口调查中估计获得性免疫缺陷综合征 (艾滋病) 的发病率.

20 世纪 90 年代, 基于人口总体的调查被认为是估计人体免疫缺陷病毒 (HIV) 流行率的金标准. 然而, 基于代表性调查的流行率可能会因为无应答而出现偏倚, 即使在控制了其他观测变量后也会如此, 因为拒绝参加 HIV 测试也可能与 HIV 状况有关. Heckman 类型的选择模型已被应用于调整 HIV 流行率, 以适应这种非随机缺失机制, 但估计这些模型所需的回归系数的约束往往值得怀疑. 相反, Janssens 等 (2014) 利用在样本中的家庭随机分配采访者的方法来估计参与选择效应, 对纳米比亚城市的 1992 人进行调查, 包括 HIV 测试. 具体来说, 他们的模型具有如下形式:

$$\Pr(y_i = 1 \mid x_i, z_i, \beta, \psi) = \Phi(\beta_0 + \beta_1 x_i),$$
$$\Pr(m_i = 1 \mid y_i, x_i, z_i, \beta, \psi) = \Phi(\psi_0 + \psi_1 x_i + \psi_2 z_i + \psi_3 y_i),$$

其中 Φ 是概率单位函数 (和前面一样, 即 probit), y_i 是 HIV 状态的指标 (取 0 或 1), x_i 包含人口统计学和社会经济学特征 (例如性别、年龄、年龄的平方、婚姻状态、教育水平、就业状态、家庭成员数、孩子数量、人均消费的对数、基于资产的财富)、刻画个人感染 HIV 风险的变量 (生物标志物和 HIV 知识)、鄙视态度、以及邻里关系的哑变量; (β_0, β_1) 和 $(\psi_0, \psi_1, \psi_2, \psi_3)$ 是分离的; 向量 z_i 包含在生物医学调查中进行 HIV 测试的护士的身份代码. 这些变量没有包括在 HIV 的方程中, 因为这些护士可以影响缺失率 (有些人比其他人更有说服能力), 但他们不能直接影响测试的结果, 因为他们是随机分配给家庭的. 也就是说, 采访者的随机分配证明了把 z_i 排除在 y_i 的模型之外是合理的, 并允许模型参数得到相合的估计.

作者发现, 对于整个样本来说, 由拒绝受访导致的偏倚并不明显. 然而, 使用核密度估计进行的详细分析表明, 对于年轻和贫穷的人群来说, 这种偏倚是很大的. 据估计, 这些子样本中的未参与者的 HIV 阳性率是参与者的 3 倍. 这种差异对妇女来说尤其明显. 作者认为, 忽视这种选择效应的流行率估计可能会对特定目标群体产生严重偏倚, 导致预防和治疗资源的错误分配.

例 15.13　**一个带有参数约束的二元正态模式混合模型**.

对于例 15.8 中的模式混合模型, 记 $Y = Y_2$、$X = Y_1$, 这样, 数据包含由 n 个单元 (y_{i1}, y_{i2}) 组成的随机样本, 它们是在 (Y_1, Y_2) 上的观测, 其中 $i = 1, \cdots, n$, $\{y_{i1}\}$ 被完全观测, 而 $\{y_{i2}\}$ 只对 $i = 1, \cdots, r$ 有观测, 对 $i = r + 1, \cdots, n$ 缺失. 针对 (Y_1, Y_2) 的联合分布, 考虑下面的正态模式混合模型:

$$
\begin{aligned}
(y_{i1}, y_{i2} \mid m_i = m, \phi) &\sim_{\text{iid}} N(\mu^{(m)}, \Sigma^{(m)}), \\
m_i &\sim_{\text{iid}} \text{Bernoulli}(1 - \pi), \quad m = 0, 1,
\end{aligned}
\tag{15.15}
$$

其中 π 是响应率, 它隐含着模型 (15.12) 中给定 Y_1 条件下 Y_2 的条件分布. 这个模型具有 11 个参数 $\phi = (\pi, \phi^{(0)}, \phi^{(1)})$, 其中 $\phi^{(m)} = (\mu_1^{(m)}, \mu_2^{(m)}, \sigma_{11}^{(m)}, \sigma_{22}^{(m)}, \sigma_{12}^{(m)})$, $m = 0, 1$. 似然为

$$
\begin{aligned}
L(\phi_{\text{id}} \mid Y_{(0)}) = {}& \pi^r (1 - \pi)^{n-r} \prod_{i=1}^{r} f(y_{i1}, y_{i2} \mid m_i = 0, \phi^{(0)}) \\
& \times \prod_{i=r+1}^{n} f(y_{i1} \mid m_i = 1, \mu_1^{(1)}, \sigma_{11}^{(1)}),
\end{aligned}
\tag{15.16}
$$

其中 ϕ_{id} 是出现在上述似然中的 8 个参数的子集, 也就是

$$
\phi_{\text{id}} = (\pi, \mu_1^{(0)}, \mu_2^{(0)}, \sigma_{11}^{(0)}, \sigma_{12}^{(0)}, \sigma_{22}^{(0)}, \mu_1^{(1)}, \sigma_{11}^{(1)}).
\tag{15.17}
$$

ϕ 中的其余参数 $\phi_{\text{nid}} = (\mu_2^{(1)}, \sigma_{12}^{(1)}, \sigma_{22}^{(1)})$ 不出现在似然中, 但可以从基于缺失机制的假设所导致的约束中估计出来. 首先, 假设 Y_2 是否缺失仅依赖于 Y_1, 也就是说, 缺失机制是随机缺失. 于是, 对于两种缺失模式 (见例 1.13), 给定 Y_1 条件下 Y_2 的分布是相同的, 这意味着这一分布的参数具有如下约束:

$$\beta_{20\cdot1}^{(0)} = \beta_{20\cdot1}^{(1)}, \quad \beta_{21\cdot1}^{(0)} = \beta_{21\cdot1}^{(1)}, \quad \sigma_{22\cdot1}^{(0)} = \sigma_{22\cdot1}^{(1)}. \tag{15.18}$$

上式中的 3 个线性约束恰好等于 ϕ_{nid} 中不可估参数的个数. 因此, ϕ_{id} 的极大似然估计 $\widehat{\phi}_{\text{id}}$ 是不受约束的, 它们分别是

$$\widehat{\pi} = r/n, \quad \widehat{\mu}_j^{(0)} = \bar{y}_j, \quad \widehat{\sigma}_{jk}^{(0)} = s_{jk}, \quad \widehat{\mu}_1^{(1)} = \bar{y}_1^{(1)}, \quad \widehat{\sigma}_{11}^{(1)} = s_{11}^{(1)}, \tag{15.19}$$

对应着不完全单元的样本比例、完全单元的样本均值、完全单元的协方差矩阵、不完全单元的均值以及不完全单元的 Y_1 方差. 在贝叶斯分析中, 如果给 π 指定一个贝塔先验分布, 给 $\phi^{(0)}$ 和 $\phi^{(1)}$ 指定一个逆卡方/正态先验分布, 则从 ϕ_{id} 中抽取 $\phi_{\text{id}}^{(d)}$ 是很直接的, 细节可以参考第 7.3 节.

为了获得其他参数的极大似然估计, 把这些参数表达成 ϕ_{id} 的函数, 然后把 ϕ_{id} 替换为其极大似然估计 $\widehat{\phi}_{\text{id}}$; 在贝叶斯分析中, 把 ϕ_{id} 替换为它的抽取 $\phi_{\text{id}}^{(d)}$, 可以获得从参数后验分布的抽取. 具体地, 式 (15.18) 意味着

$$\mu_2^{(1)} = \beta_{20\cdot1}^{(1)} + \beta_{21\cdot1}^{(1)}\mu_1^{(1)} = \beta_{20\cdot1}^{(0)} + \beta_{21\cdot1}^{(0)}\mu_1^{(1)},$$

而 Y_2 的整体均值为

$$\mu_2 = \pi\mu_2^{(0)} + (1-\pi)\mu_2^{(1)} = \pi\mu_2^{(0)} + (1-\pi)(\beta_{20\cdot1}^{(0)} + \beta_{21\cdot1}^{(0)}\mu_1^{(1)}),$$

因此 $\mu_2^{(1)}$ 的极大似然估计是

$$\widehat{\mu}_2^{(1)} = \widehat{\beta}_{20\cdot1}^{(0)} + \widehat{\beta}_{21\cdot1}^{(0)}\widehat{\mu}_1^{(1)} = \bar{y}_2 + b_{21\cdot1}(\bar{y}_1^{(1)} - \bar{y}_1),$$

其中 $b_{21\cdot1} = s_{12}/s_{11}$ 是用完全单元估计的 Y_2 对 Y_1 回归的斜率. μ_2 的极大似然估计是

$$\widehat{\mu}_2 = \pi\widehat{\mu}_2^{(0)} + (1-\pi)(\widehat{\beta}_{20\cdot1}^{(0)} + \widehat{\beta}_{21\cdot1}^{(0)}\mu_1^{(1)}) = \bar{y}_2 + \frac{n-r}{n}b_{21\cdot1}(\bar{y}_1^{(1)} - \bar{y}_1),$$

它是回归估计 (7.9), 同时也是可忽略选择模型中 μ_2 的极大似然估计. Y_1 和 Y_2 边缘分布的其他参数的极大似然估计也与可忽略选择模型相同. 因此, 带约束 (15.18) 的模式混合模型 (15.15) 与第 7.2.1 节中的可忽略正态选择模型一起推出了相同的极大似然估计, 尽管使用了不同的分布假设.

现在假设 Y_2 是否缺失依赖于 Y_2 而不依赖于 Y_1. 这一假设意味着, 给定 Y_2 和 M 时 Y_1 的分布不依赖于 M, 进而对每种缺失模式, 给定 Y_2 时 Y_1 的回归参数都相同, 也就是

$$\beta_{10\cdot 2}^{(0)} = \beta_{10\cdot 2}^{(1)}, \ \beta_{12\cdot 2}^{(0)} = \beta_{12\cdot 2}^{(1)}, \ \sigma_{11\cdot 2}^{(0)} = \sigma_{11\cdot 2}^{(1)}. \tag{15.20}$$

同样地, 这 3 个约束推出了与随机缺失模型一样的 ϕ_{id} 的极大似然估计 (但有一点需要注意, 下面会提到). 我们可以用 ϕ_{id} 表示出不完全单元的 Y_1 均值如下:

$$\mu_2^{(1)} = (\mu_1^{(1)} - \beta_{10\cdot 2}^{(1)})/\beta_{12\cdot 2}^{(1)} = (\mu_1^{(1)} - \beta_{10\cdot 2}^{(0)})/\beta_{12\cdot 2}^{(0)}. \tag{15.21}$$

把 ϕ_{id} 替换成它的极大似然估计, 得到 $\widehat{\mu}_2^{(1)} = \bar{y}_2 + (\bar{y}_1^{(1)} - \bar{y}_1)/b_{12\cdot 2}$, 其中 $b_{12\cdot 2} = s_{12}/s_{22}$ 是用完全单元估计的 Y_1 对 Y_2 回归的斜率. 因此,

$$\widehat{\mu}_2 = \bar{y}_2 + (1/b_{12\cdot 2})(\widehat{\mu}_1 - \bar{y}_1), \tag{15.22}$$

我们相信这是 Brown (1990) 首先提出的对 Y_2 均值的一个估计. 式 (15.22) 借助 Y_1 对 Y_2 的逆向回归有效地填补了 Y_2 的缺失值, 像校准问题中那样. 类似的论证产生了其他参数的极大似然估计如下:

$$\widehat{\sigma}_{12} = s_{12} + (1/b_{12\cdot 2})(\widehat{\sigma}_{11} - s_{11}) \tag{15.23}$$

以及

$$\widehat{\sigma}_{22} = s_{22} + (1/b_{12\cdot 2})^2(\widehat{\sigma}_{11} - s_{11}). \tag{15.24}$$

需要注意的是, 与随机缺失约束 (15.18) 不同, 约束 (15.20) 涉及的参数与已识别的参数 ϕ_{id} 没有分离. 其结果是, 极大似然估计或从 ϕ_{id} 后验分布的抽取可能需要有所调整, 以确保它们落入它们各自的参数空间. 特别地, 如果 $\widehat{\sigma}_{11\cdot 2}^{(0)} > \widehat{\sigma}_{11}^{(1)}$, 那么 $\widehat{\sigma}_{22}^{(1)}$ 是负的, 它不该被当作 $\sigma_{22}^{(1)}$ 的极大似然估计. 在这种情况下, $\sigma_{12}^{(1)}$ 和 $\sigma_{22}^{(1)}$ 的极大似然估计被设为零, 而 $\sigma_{11\cdot 2}^{(0)}$ 和 $\sigma_{11}^{(1)}$ 这两者通过把完全单元给定 Y_2 时 Y_1 的残差方差和不完全单元的 Y_1 方差整合到一起来估计.

式 (15.22)–(15.24) 的大样本抽样方差由 Taylor 级数计算给出 (Little 1994). 对于小样本, 一个更好的方法是为参数设置一个先验分布, 然后从它们的联合后验分布中模拟抽取. 使用 Jeffreys 先验分布, ϕ_{id} 从后验分布的抽取可以通过下面 8 个步骤实现:

(1) $\pi \sim \beta(n - r + 0.5, r + 0.5)$,

(2) $1/\sigma_{22}^{(0)} \sim \chi_{r-1}^2/(rs_{22})$,

(3) $1/\sigma_{11}^{(1)} \sim \chi_{n-r-1}^2/((n-r)s_{11}^{(1)})$,

(4) $1/\sigma_{11\cdot2}^{(0)} \sim \chi_{r-2}^2/(rs_{11\cdot2})$,

(5) $\beta_{12\cdot2}^{(0)} \sim N(b_{12\cdot2}, \sigma_{11\cdot2}^{(0)}/(rs_{22}))$,

(6) $\beta_{10\cdot2}^{(0)} \sim N(\bar{y}_1 - \beta_{12\cdot2}^{(0)}\bar{y}_2, \sigma_{11\cdot2}^{(0)}/r)$,

(7) $\mu_2^{(0)} \sim N(\bar{y}_2, \sigma_{22}^{(0)}/r)$,

(8) $\mu_1^{(1)} \sim N(\bar{y}_1^{(1)}, \sigma_{11}^{(1)}/(n-r))$.

为了满足参数约束, 从 (3) 的 $\sigma_{11}^{(1)}$ 的抽取值必须比从 (4) 的 $\sigma_{11\cdot2}^{(0)}$ 的抽取值大. 如果不是这样, 则丢掉这些抽取值, 重新从 (3) 和 (4) 抽取. 把其他参数表示为 ϕ_{id} 的函数, 然后代入 ϕ_{id} 的抽取值, 进而可以获得从其他参数后验分布的抽取.

这种模式混合模型的一个特点是, 缺失机制不需要参数化模型, 关于该机制的假设通过参数约束来传达. 对于选择模型来说, 在随机缺失假设下不需要这样的参数模型, 但是在非随机缺失模型中需要这样的参数模型, 因为缺失性取决于 Y_2. 另一方面, 该模型确实需要在每种缺失模式中 Y_1 和 Y_2 都具有联合正态性, 这往往不是一个安全的假设.

例 15.14 **基于受测量误差影响的辅助变量的调查估计的不响应调整.**

West 和 Little (2013) 使用例 15.13 中非随机缺失模型的多元扩展对非随机缺失数据进行了建模. 假设 $Y = (Y_1, Y_2, Y_3)$, 其中 (1) Y_2 和 Y_3 是调查变量, 它们可能受不响应所影响, 对 $i = 1, \cdots, r$ 有观测, 对 $i = r+1, \cdots, n$ 缺失, (2) Y_1 是 Y_2 的代理变量, 对 $i = 1, \cdots, n$ 都有观测. 举个例子, 假设 Y_2 是收入, Y_1 是和收入相关的某个完全观测的变量, 可以从外部资料获得. 再假设 Y_2 和 Y_3 的缺失与 Y_2 有关, 但在给定 Y_2 的条件下与 Y_1 或 Y_3 无关, 这样假设的合理之处是, 缺失性与真值 (Y_2) 直接有关, 而不是与它的代理变量 (Y_1) 直接有关, 后者可以由随机缺失假设推导出来. Y_2 和 Y_3 的分布参数通过例 15.13 中模型的下述扩展来估计:

$$(y_{i1}, y_{i2}, y_{i3} \mid m_i = m, \phi) \sim_{\mathrm{iid}} N(\mu^{(m)}, \Sigma^{(m)}),$$
$$m_i \sim_{\mathrm{iid}} \mathrm{Bernoulli}(1-\pi), \quad m = 0, 1, \tag{15.25}$$

在 Y_2 和 Y_3 的缺失只通过 Y_2 依赖于 $Y = (Y_1, Y_2, Y_3)$ 这一假设下, 参数约束隐含着 Y_1 和 Y_3 在 Y_2 上的回归对于完全单元和不完全单元都相同. 约束条件的个数等于不可估参数的个数, 极大似然和贝叶斯估计是对例 15.13 中相应非随机缺失模型估计的直接扩展.

由此得出的估计量的有效性主要取决于这样的假设——缺失只依赖于 Y_2, 如果 Y_1 距离 Y_2 有一个随机的测量误差, 这可以说是比随机缺失假设更加合理的. West 和 Little (2013) 还讨论了模型 (15.25) 的扩展, 以纳入完全观测的协变量 Z, 使得缺失依赖于 Y_2 和 Z.

15.3.5　敏感性分析

在对不响应者的子样本进行跟踪调查 (随访) 不可行的情况下, 以及在确定具体的非随机缺失模型所需的假设不成立的情况下, 另一种方法是进行敏感性分析, 评估实际情形偏离随机缺失的影响. 下一个例子用例 15.13 的模式混合模型的更一般推广来说明这种方法.

　　例 15.15　二元正态模式混合模型的敏感性分析.

对于式 (15.15) 中的模型, 假设在给定 Y_1 和 Y_2 的条件下, Y_2 的缺失只依赖于 $Y_2^* = Y_1 + \lambda Y_2$, 并且暂时假设 λ 是已知的. 于是, 给定 Y_2^* 时 Y_1 的条件分布独立于缺失模式, 也就是说, 对单元 i,

$$f(y_{i1} \mid y_{i2}^*, \phi, m_i = 1) = f(y_{i1} \mid y_{i2}^*, \phi, m_i = 0). \tag{15.26}$$

Y_2^* 均值和方差、Y_1 和 Y_2^* 协方差的极大似然估计, 具有例 15.13 中讨论的形式. 变换产生 μ 和 Σ 的极大似然估计如下:

$$\widehat{\mu}_2 = \bar{y}_2 + b_{21 \cdot 1}^{(\lambda)}(\widehat{\mu}_1 - \bar{y}_1), \tag{15.27}$$

$$\widehat{\sigma}_{22} = s_{22} + (b_{21 \cdot 1}^{(\lambda)})^2 (\widehat{\sigma}_{11} - s_{11}), \tag{15.28}$$

以及

$$\widehat{\sigma}_{12} = s_{12} + b_{21 \cdot 1}^{(\lambda)}(\widehat{\sigma}_{11} - s_{11}), \tag{15.29}$$

其中

$$b_{21 \cdot 1}^{(\lambda)} = \frac{\lambda s_{22} + s_{12}}{\lambda s_{12} + s_{11}}. \tag{15.30}$$

当 $\lambda = 0$ 时, 这些表达式产生了第 7.2.1 节的可忽略极大似然 (IML) 估计; 当极限 $\lambda \to \infty$ 时, 产生了例 15.13 的极大似然估计. 负的 λ 值也是可以的, 例如, 如果缺失依赖于 $Y_2 - Y_1$, 则 $\lambda = -1$. 可以证明 (问题 15.10 和 15.11), 当 $\lambda = -\beta_{12 \cdot 2}^{(0)}$ 时, 完全案例估计 $\bar{y}_2$ 是 Y_2 均值的极大似然估计, 可用案例估计 $\widehat{\mu}_1 - \bar{y}_2$ 是均值差异的极大似然估计. 对于贝叶斯分析, 使用类似于例 15.13 的那些方法, 用 Y_1 和 Y_2 联合分布参数的抽取替换相应的极大似然估计.

与非随机缺失选择模型一样, 数据没有为 λ 提供证据: 只要估计值位于各自的参数空间内, 模型对观测数据的拟合是相同的. 之所以产生这一局限, 是因为没有数据来估计不完全单元的给定 Y_1 时 Y_2 的分布. 关于 λ 的选择的不确定性, 可以通过指定先验分布以反映在推断过程中; 或者, 关于参数的推断可以在 λ 的合理值范围内展示, 以评估推断对缺失机制的敏感性, 如下一个例子所示.

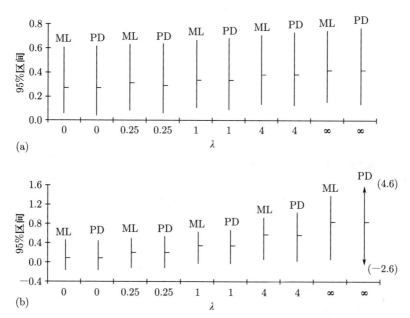

图 15.1 例 15.15: 所生成数据的 95% 区间, (a) $\rho = 0.8$, (b) $\rho = 0.4$

图 15.1 展示了两个人造数据集的 Y_2 均值的 95% 区间. 设模型参数 $\pi = 1/3$, $\mu_1^{(0)} = \mu_2^{(0)} = 0$, $\mu_1^{(1)} = 1$, $\sigma_{11}^{(0)} = \sigma_{11}^{(1)} = \sigma_{22}^{(0)} = 1$, $\sigma_{12}^{(0)} = \rho^{(0)} = 0.4$ 或 0.8, 根据正态模式混合模型生成统计量 $(\bar{y}_1, \bar{y}_2, s_{11}, s_{12}, s_{22}, \bar{y}_1^{(1)}, s_{11}^{(1)})$. 对 $\rho^{(0)}$ 的每种选择生成一个数据集, 样本量 $n = 75$, 并且 $r = 50$, $n - r = 25$.

对于 λ 的每个值, 展示两个 95% 区间:

(1) 极大似然估计 ± 2 渐近标准误差 (记为 ML);

(2) 后验均值 ± 2 后验标准差, 采用 Jeffreys 先验分布, 从 μ_2 后验分布的 5000 个抽取计算 (记为 PD).

假设所选的 λ 值实际上是正确的, 那么每个区间的标记就是 μ_2 的真实值.

这个量是通过 (15.23) 的总体类似式计算出来的:

$$\mu_2 = \mu_2^{(0)} + \pi \left(\frac{\sigma_{12} + \lambda \sigma_{22}}{\sigma_{11} + \lambda \sigma_{12}} \right) \left(\mu_1^{(1)} - \mu_1^{(0)} \right).$$

μ_2 的正值反映了 Y_1 和 Y_2 正相关并且 $\mu_1^{(1)}$ 比 $\mu_1^{(0)}$ 大这一事实. 随着 λ 增大, μ_2 也增大. μ_2 的样本区间也随着 λ 增大而向上移动, 只要选择了 λ 的真实值, 都能覆盖真实均值. 区间随着 λ 的增大而变宽, 这反映了不确定性的增加. $\rho = 0.4$ 的数据集比 $\rho = 0.8$ 的数据集的区间位置和宽度对 λ 更敏感, 说明了高度相关的完全观测预测因子 Y_1 的效用.

贝叶斯区间总是比极大似然区间宽, 并且比极大似然区间更好地反映了不确定性. 最极端的差异是当 $\lambda = \infty$ 和 $\rho = 0.4$ 时, 贝叶斯区间 $(-2.6, 4.6)$ 是极端和偏离图表的, 反映了当 $\beta_{12.2}$ 的抽取值接近零时伴随的问题, 因为这些抽取值出现在 $\mu_2^{(0)}$ 的调整分母中. $\lambda = \infty$ 的模型需要有很强的相关性或很大的样本量才能使 $\beta_{12.2}$ 的估计值远离零, 从而使 μ_2 的估计值变得可靠.

Little 和 Wang (1996) 将带有参数约束的二元正态模式混合模型 (15.15) 扩展到多元 Y_1、Y_2 且具有协变量 X 的情形, 其中 Y_1 和 X 为完全观测, Y_2 有 r 个单元的观测, $n - r$ 个单元缺失. 把该模型扩展到两种以上的缺失数据模式似乎会出现问题 (Tang 等 2003).

Andridge 和 Little (2011) 提出把 (15.15) 扩展到 (Y_2, Z), 其中 Y_2 有缺失值, Z 是一组完全观测的辅助变量. 他们提出了 "代理模式混合分析" (PPMA), 其中应用于 Y_1 的模型 (15.15) 被 Y_1^* 所取代, 其中 Y_1^* 是基于 Y_2 对 Z 回归的 Y_2 最佳预测, 它从 Y_2 和 Z 都被观测到的单元中估计出来. 当 Y_1^* 被缩放为具有与 Y_2 相同的方差时, 它被称为基于辅助数据 Z 的 Y_2 "最佳代理". 这种方法为调查中单元不响应与随机缺失的偏离提供了一种敏感性分析, 其中 Y_2 是一个调查变量, Z 是对响应者和不响应者观测的变量集. 此外, Andridge 和 Little (2009) 把代理模式混合分析扩展到二值 Y_2 的情形.

15.3.6　带有缺失数据的回归的子样本可忽略似然

Little 和 Zhang (2011) 考虑了图 15.2 列出的缺失数据模式的数据, 有四组变量 (Z, W, X, Y), 它们都可以是向量. 我们关心的是 Y 对 (Z, W, X) 的回归, 特别是给定 (Z, W, X) 的条件下 Y 的分布参数 ϕ, 即 $p(y_i \mid z_i, w_i, x_i, \phi)$. 协变量 (Z, W, X) 被划分为三组: Z 包含任何完全观测到的协变量, 而协变量 W 和 X 有缺失值, 通过对其缺失机制的不同假设加以区分. 具体来说, 对 (W, X, Y) 的缺失性做了以下假设.

模式	单元, i	z_i	w_i	x_i	y_i
1	$i=1,\cdots,m$	✓	✓	✓	⊠
2	$i=m+1,\cdots,m+r$	✓	✓	⊠	⊠
3	$i=m+r+1,\cdots,n$	✓	⊠	✓	⊠

注: ✓表示观测到, ⊠表示观测到或缺失一些成分.

图 15.2 子样本可忽略似然方法的缺失数据结构

(a) W 的协变量缺失: W 被完全观测的概率只依赖于协变量, 而不依赖于 Y. 具体地, 令 m_{w_i} 表示 w_i 的缺失指标向量, 其中 0 元素对应观测到的变量, 1 元素对应缺失的变量. 如果 m_{w_i} 的所有元素都为 0, 记 $m_{w_i}=\underline{0}$, 也就是说 w_i 被完全观测. 这样, 假设对一切 y_i, 有

$$\Pr(m_{w_i}=\underline{0} \mid z_i,w_i,x_i,y_i,\psi_w) = \Pr(m_{w_i}=\underline{0} \mid z_i,w_i,x_i,\psi_w). \quad (15.31)$$

(b) 给定 W 被观测, X 和 Y 的子样本随机缺失: 在 w_i 被完全观测 (也就是 $m_{w_i}=\underline{0}$) 的单元 i 组成的子样本中, X 和 Y 的缺失是随机缺失. 具体地, 令 $m_{(x_i,y_i)}$ 表示 (x_i,y_i) 的缺失指标向量, 这样, 假设对一切 $x_{(1)i}$、$y_{(1)i}$, 有

$$\Pr(m_{(x_i,y_i)} \mid z_i,w_i,x_i,y_i,m_{w_i}=\underline{0},\psi_{xy\cdot w})$$
$$= \Pr(m_{(x_i,y_i)} \mid z_i,w_i,x_{(0)i},y_{(0)i},m_{w_i}=\underline{0},\psi_{xy\cdot w}), \quad (15.32)$$

其中 $(x_{(0)i},y_{(0)i})$ 和 $(x_{(1)i},y_{(1)i})$ 分别代表 (x_i,y_i) 的观测部分和缺失部分. 需要注意的是, 公式 (15.31) 和 (15.32) 一般是非随机缺失假设, 因为 w_i 的缺失可能依赖于 w_i 和 x_i 的缺失值, 并且 (x_i,y_i) 的缺失可能依赖于 w_i 的缺失值.

"子样本可忽略似然" (SSIL) 方法应用了一种似然方法 (即极大似然或贝叶斯), 忽略了 W 被完全观测的子样本单元的缺失机制, 也就是抛弃了 W 的任何组成部分有缺失的单元. 在假设 (15.31) 和 (15.32) 下, Little 和 Zhang (2011) 表明, 在定义 6.5 的意义上, 对于 ϕ (即给定 Z、W 和 X 时 Y 的条件分布参数) 的直接似然推断, 数据是部分随机缺失. 因此, 子样本可忽略似然方法在 Cox (1975) 的 "部分似然" 意义上是有效的, 尽管它不是完整似然方法, 因此可能不完全有效. 直观地说, W 的协变量缺失为限制在 W 有观测的单元提供了解释, 而 X 和 Y 的子样本随机缺失允许这些变量的缺失机制在有 W 观测的单元子集中被忽略.

例 15.16　在血压回归的应用.

为了说明子样本可忽略似然, Little 和 Zhang (2011) 将其应用于美国国家健康和营养检查调查 (NHANES, 2003 和 2004) 数据, 研究社会经济变量和血压的关系. 他们将收缩压 (SBP) 和舒张压 (DBP) 这两个血压测量值对家庭收入 (HHINC, 1000 美元/年)、教育年限 (EDU, 年)、年龄 (年)、性别和体重指数 (BMI, kg/m^2) 进行回归. 家庭收入数据是分类的, 在 NHANES 中有 11 个类别, 他们使用每个类别中的家庭收入中位数作为真实家庭收入的代理.

如表 15.7 所示, 家庭收入、教育年限、体重指数以及两个血压测量指标都存在缺失的情况. 我们允许家庭收入的非随机缺失, 因为高收入或低收入的人更有可能因为隐私问题而不报告它, 而我们假设其他变量是随机缺失. 为了说明问题, 我们忽略了 NHANES 研究的设计特点 (加权和聚类等). 完全案例 (CC) 分析、可忽略极大似然 (IML) 分析和子样本可忽略极大似然 (SSIML) 的结果见表 15.8. 完全案例分析和子样本可忽略极大似然产生了相似的结果, 但子样本可忽略极大似然给出了更小的标准误差估计, 反映了效率的可能提升.

表 15.7　例 15.16: NHANES 2003-2004 的缺失百分比

	完整数据 ($n = 9401$)	HHINC 有观测的子集 ($n = 5400$)
家庭收入 (%)	40.27	0.00
教育年限 (%)	17.24	16.74
年龄 (%)	0.00	0.00
性别 (%)	0.00	0.00
体重指数 (%)	9.84	9.48
收缩压/舒张压 (%)	25.02	24.50

来源: Little 和 Zhang (2011). 使用获 John Wiley and Sons 许可.

子样本可忽略似然具有如下的优点: (1) 它简单易行, 因为只需执行可忽略似然分析的软件, 而这种软件现在已广泛用于许多模型; (2) 它避免了丢弃所有不完全的单元; (3) 该方法对 (15.31) 和 (15.32) 定义的缺失机制产生了相合的估计, 在这种设定下, 可忽略似然方法和完全案例分析都不能得到相合的估计.

在实践中, 应用子样本可忽略似然的主要挑战是决定哪些协变量属于 W

表 15.8 例 15.16: 血压对社会不平等测量的线性回归估计 (NHANES 2003－2004)

	完全案例分析			可忽略极大似然分析			子样本可忽略极大似然分析		
	估计	标准误差	p 值	估计	标准误差	p 值	估计	标准误差	p 值
收缩压 (SBP)									
截距	87.80	1.16	<0.0001	89.28	1.06	<0.0001	87.53	1.35	<0.0001
家庭收入	−0.01	0.01	0.3907	−0.01	0.01	0.4574	−0.01	0.01	0.3482
教育年限	−2.30	0.57	<0.0001	−2.06	0.44	<0.0001	−2.38	0.55	<0.0001
年龄	0.49	0.01	<0.0001	0.50	0.01	<0.0001	0.50	0.01	<0.0001
女性	3.31	0.48	<0.0001	2.78	0.44	<0.0001	3.15	0.46	<0.0001
体重指数	0.46	0.04	<0.0001	0.41	0.03	<0.0001	0.47	0.04	<0.0001
舒张压 (DBP)									
截距	45.46	1.06	<0.0001	46.94	1.00	<0.0001	45.46	1.19	<0.0001
家庭收入	0.03	0.01	0.0008	0.03	0.01	0.0026	0.03	0.01	0.005
教育年限	4.86	0.52	<0.0001	4.06	0.43	<0.0001	4.95	0.52	<0.0001
年龄	0.12	0.01	<0.0001	0.11	0.01	<0.0001	0.11	0.01	<0.0001
女性	1.81	0.44	<0.0001	1.83	0.36	<0.0001	1.86	0.42	<0.0001
体重指数	0.43	0.04	<0.0001	0.40	0.03	<0.0001	0.44	0.04	<0.0001

来源: Little 和 Zhang (2011). 使用获 John Wiley and Sons 许可.

集合, 哪些属于 X 集合, 也就是说, 要用哪些协变量来创建随机缺失分析的子样本. 这种选择是由基本假设 (15.31) 和 (15.32) 指导的, 这些基本假设涉及哪些变量被认为是依赖于协变量的非随机缺失, 哪些被认为是子样本随机缺失. 这是一个实质性的选择, 需要了解特定情况下的缺失机制. 通过了解更多关于缺失机制的信息, 如记录特定数值缺失的原因, 可以帮助我们做到这一点. 所有的数据缺失方法都会对缺失机制做出假设, 这些假设需要尽可能地合理和充分考虑.

Von Hippel (2007) 把基于随机缺失的多重填补应用于预测因子和结局 Y 都有缺失的回归设定中, 然后把最终的回归分析应用于观测到 Y 的单元子样本, 即放弃 Y 被填补的单元. 这种策略减少了多重填补的模拟误差, 它可以被视为子样本可忽略似然的一个特例.

15.4 非随机缺失数据的其他模型和方法

15.4.1 重复测量数据的非随机缺失模型

设 y_i 表示一个重复测量向量, x_i 是一组固定协变量的集合. 第 11.5 节讨论了给定 x_i 下 y_i 的混合效应模型, 假设随机缺失, 这一模型用未观测到的个体内随机效应 β_i 为重复测量建模. 在非随机缺失的情况下, 可以根据 y_i、m_i 联合分布的各种因子化, 以及给定 x_i 时的 β_i, 建立多种模型. 三个特别的因子分解可能有实质意义 (Little 2008):

混合效应选择模型, 形式为

$$f(y_i, m_i, \beta_i \mid x_i, \gamma_1, \gamma_2, \phi) = f(\beta_i \mid x_i, \gamma_1) f(y_i \mid x_i, \beta_i, \gamma_2) f(m_i \mid x_i, y_i, \beta_i, \phi); \tag{15.33}$$

混合效应模式混合模型, 形式为

$$f(y_i, m_i, \beta_i \mid x_i, \gamma_1, \gamma_2, \phi) = f(m_i \mid x_i, \phi) f(\beta_i \mid x_i, m_i, \gamma_1) f(y_i \mid x_i, m_i, \beta_i, \gamma_2); \tag{15.34}$$

混合效应混合模型, 形式为

$$f(y_i, m_i, \beta_i \mid x_i, \gamma_1, \gamma_2, \phi) = f(\beta_i \mid x_i, \gamma_1) f(m_i \mid x_i, \beta_i, \phi) f(y_i \mid x_i, m_i, \beta_i, \gamma_2). \tag{15.35}$$

文献中的例子并不总是对特定应用环境下的缺失机制的选择给出令人信服的论证, 但我们认为它是成功的关键. 另外, 缺乏参数的可估性仍然是一个问题, 这表明敏感性分析可能比假设不合理的参数约束更可取.

Little (1995, 2008) 讨论了等式 (15.33) – (15.35) 的多种特殊情形:

1. **非随机缺失依赖于结局的失访**: 其中, 失访依赖于 y_i 的缺失成分, 如受试者失访时的 (未记录的) 结局值, 但不依赖于随机效应 β_i. 在这一假设下, 等式 (15.33) 的右边因子具有形式

$$f(m_i \mid x_i, y_i, \beta_i, \phi) = f(m_i \mid x_i, y_i, \phi). \tag{15.36}$$

Diggle 和 Kenward (1994) 假设了这种失访机制, 分析了一个纵向牛奶蛋白试验的数据. 奶牛被随机分配到三种日粮 (大麦、大麦和羽扇豆混合、羽扇豆) 中的一种, 并对 20 周内每周采集的牛奶样本的蛋白质含量进行检测. "失访" 是指在实验结束前停止产奶的奶牛. 完全数据模型 $f_Y(y_i \mid x_i, \beta_i)$ 指定了一个随时间变化的平均蛋白质含量的二次模型, 其截距取决于日粮 (从而模拟了处理的可加效应). 协方差结构被假定为自回归结构与一个附加的独立测量误差的组合. 失访分布 $f_M(m_i \mid x_i, y_i, \phi)$ 被建模为依赖于蛋白质含量的当前值和先前值, 具体地,

$$\text{logit}\{\Pr(m_{it} = 1 \mid x_i, m_{i,t-1} = 0, y_i, \phi)\} = \phi_{0t} + \phi_1 y_{i,t-1} + \phi_2 y_{it}.$$

系数的极大似然估计 $\widehat{\phi}_1 = 12.0$、$\widehat{\phi}_2 = -20.4$ 表明, 当当前的蛋白质水平较低, 或者上一次与当前的蛋白质含量之间的增量较高时, "失访" 的概率增加.

　　我们认为这种分析有两个问题. 首先, 我们认为这里的 "失访" 不符合我们对缺失数据的一般定义, 因为如果一头奶牛的奶干涸了, 要考虑如果它的奶未曾干涸其蛋白质含量是什么好像没什么意义. 第二, 考虑到对使 (ϕ_1, ϕ_2) 可估的假设的关注, 更好的方法可能是对 (ϕ_1, ϕ_2) 的一系列可信的替代选择进行敏感性分析.

2. **非随机缺失依赖于随机系数的失访**: 另一种形式的非随机缺失失访模型假设在时间 t 的失访依赖于 β_i 的值, 也就是

$$f_M(m_i \mid x_i, y_i, \beta_i, \phi) = f_M(m_i \mid x_i, \beta_i, \phi). \tag{15.37}$$

形式为 (15.37) 的失访模型的例子包括 Wu 和 Carroll (1988)、Shih 等 (1994)、Mori 等 (1994)、Schluchter (1992) 以及 DeGruttola 和 Tu (1994), 他们为参加两种替代剂量齐多夫定的临床试验的患者建立了 CD4 淋巴细胞计数的进展与生存之间的关系. 与前一个例子一样, 他们的方法也有

一个问题, 就是选择模型因子分解实际上是把死亡后的 CD4 计数当作缺失值, 这与我们对缺失数据的定义不一致. 更合适的分析方法是使用主分层方法, 把任何时间的 CD4 计数的分析条件放在生存到该时间的个体上 (Frangakis 和 Rubin 2002).

3. **共享参数模型**: 这些模型假设结局过程和失访过程都依赖于共同的隐变量. 一些例子包括 Ten Have 等 (1998, 2002)、Albert 等 (2002) 以及 Roy (2003). 它们是 (15.33) 和 (15.35) 的特例, 其中假设 y_i 和 m_i 在给定 β_i 后独立:

$$f(y_i, m_i, \beta_i \mid x_i, \gamma_1, \gamma_2, \phi) = f(\beta_i \mid x_i, \gamma_1) f(y_i \mid x_i, \beta_i, \gamma_2) f(m_i \mid x_i, \beta_i, \phi). \tag{15.38}$$

Albert 等 (2002) 分析了一项海洛因成瘾治疗的临床试验数据, 该试验将患者随机分为两个治疗组之一: 丁丙诺啡 ($n = 53$) 和美沙酮 ($n = 55$). 患者被安排在随机化后的 17 周内每周进行三次尿液测试 (计划 51 次响应). 在时间 t 的结局 y_{it} 是一个二值变量, 表示在每次随访时是否检出阿片剂.

　　不相等的访问间隔和大量的缺失数据使分析变得复杂, 这些数据的形式是失访和间断性缺失数据. 一些受试者退出了研究, 原因是依从性差, 或者是他们被提供了治疗计划的名额, 而这些方案提供了不加掩盖的治疗和长期护理. 间断性缺失被认为与结局有更密切的关系, 因为患者在服用阿片剂时可能不太愿意参与检测. 在 17 周的时间结束时, 美沙酮组失访的患者比例为 80%, 丁丙诺啡组为 59%. 此外, 患者有相当数量的间断性缺失数据, 丁丙诺啡组的比例高于美沙酮组. 另外, 丁丙诺啡组的阳性测试比例与失访时间之间的 Spearman 秩相关系数为 -0.44, 美沙酮组为 -0.10. 在丁丙诺啡和美沙酮治疗组中, 阳性测试的比例与失访前间断性缺诊的比例之间的相关系数分别为 0.40 和 0.29. 这些计算结果表明, 与较少使用阿片剂的成瘾者相比, 使用毒品的成瘾者更有可能出现失访, 而且也更有可能在失访前出现间断性缺失数据. 共享参数模型 (15.38) 假设, 缺失与阿片剂存在的基本水平和趋势有关; 另一种方法是建立时间 t 的缺失与时间 t 是否存在阳性测试的关联, 像公式 (15.36) 那样.

　　Little (1995, 2008) 以及 Yuan 和 Little (2009) 讨论了基于模式混合和混合因子化的重复测量数据的非随机缺失模型 (15.34) 和 (15.35). 这里省略了细节.

15.4.2 分类数据的非随机缺失模型

对于不完全分类数据, 至少有两种非随机缺失模型被考虑过. Pregibon (1977)、Little (1982) 以及 Nordheim (1984) 对分类变量列联表引入了修正似然的先验响应几率. Baker 和 Laird (1988)、Fay (1986) 以及 Little (1985b) 考虑了分类变量和不响应指标变量的联合分布的分层对数线性模型. 这里我们考虑后一种方法, 因为它在思路上更接近于第 13 章中讨论的列联表模型. 与那些模型不同的是, 这里讨论的非随机缺失模型涉及微妙的可估性问题, 我们在此不做详细讨论. 我们的关注点仅限于有一个补充边缘的双向列联表, 以表达其基本观点.

例 15.17 **有一个补充边缘的双向列联表**.

假设数据与例 13.1 中的一样, 有 n 个二分类变量的单元, Y_1 具有水平 $j = 1, \cdots, J$, Y_2 具有水平 $k = 1, \cdots, K$. 假设有 r 个完全分类单元, 形成了一个双向列联表 $\{r_{jk}\}$, 还有 $m = n - r$ 个 Y_1 分类了但 Y_2 没有分类的单元, 形成了一个补充边缘 $\{m_j\}$. 为了说明, 我们用表 15.9 中的数据拟合模型, 其中 $J = K = 2$.

表 15.9 例 15.17: 具有一个部分分类边缘的 2×2 列联表

		Y_2					Y_2		
		1	2				1	2	
Y_1	1	$r_{11} = 100$	$r_{12} = 20$	$r_{1+} = 120$	Y_1	1	$m_{11} =?$	$m_{12} =?$	$m_1 = 40$
	2	$r_{21} = 30$	$r_{22} = 50$	$r_{2+} = 80$		2	$m_{21} =?$	$m_{22} =?$	$m_2 = 60$
		$r_{+1} = 130$	$r_{+2} = 70$	$r = 200$					$m = 100$
		完全分类 $(M = 0)$					部分分类 $(M = 1)$		

如果 Y_2 缺失, 定义 M 为 1; 如果 Y_2 被观测到, 定义 M 为 0. 假设对于固定的 n, 完全单元在 Y_1、Y_2 和 M 形成的 $J \times K \times 2$ 表上具有一个多项分布. 令 $\pi_{jk} = \Pr(Y_1 = j, Y_2 = k)$, $\phi_{jk} = \Pr(M = 1 \mid Y_1 = j, Y_2 = k)$, 于是, $\Pr(Y_1 = j, Y_2 = k, M = 1) = \pi_{jk}\phi_{jk}$, $\Pr(Y_1 = j, Y_2 = k, M = 0) = \pi_{jk}(1-\phi_{jk})$. 这个模型具有 $2JK - 1$ 个参数, 数据具有 $JK + J - 1$ 个自由度可用于估计参数: 完全分类数据有 JK 个自由度, 补充边缘有 J 个自由度, 概率和等于 1 这条约束减少了 1 个自由度. 因此, 多出了 $2JK - 1 - (JK + J - 1) = J(K - 1)$ 个参数, 对于无约束性 (饱和) 模型中的唯一极大似然估计来说, 参数数量太多了. 我们试图通过对小格概率施加分层对数线性模型约束来减少参数的数量. 请注意, 第 13.4 节中的对数线性模型涉及的是 Y 的联合分布, 而这里我们是

对 Y 和二值缺失指标 M 的联合分布进行建模.

所有包括 Y_1、Y_2 和 M 的主效应的分层模型都展示在表 15.10 中. 第一栏用第 13.4 节介绍的符号来描述模型. 接下来的三栏给出了模型中的参数个数、检验模型拟合的自由度以及模型中不可估的参数个数 (因为它们没有出现在似然中). 这些量满足下面的关系:

$$\text{df (模型)} + \text{df (拟合不足)} - \text{df (不可估)} = JK + J - 1,$$

等于数据中的自由度. 剩下的六栏列出了表 15.9 中数据的拟合: 拟合不足的似然比卡方统计量 (LRT)、它的自由度 (df)、小格概率的估计值乘 100.

我们注意到表 15.10 中模型的下述性质.

1. **不可估**: 模型 $\{Y_1Y_2M\}$、$\{Y_1Y_2, Y_1M, Y_2M\}$、$\{Y_1M, Y_2M\}$、$\{Y_1, Y_2M\}$, 以及 $K > J$ 情形下的 $\{Y_1Y_2, Y_2M\}$ 具有在它们各自似然中未曾出现的参数. 为了获得这些模型下的小格概率的唯一极大似然估计, 需要额外的信息, 所以它们没有包含在表中.

   注意其中两个模型 $\{Y_1M, Y_2M\}$ 和 $\{Y_1, Y_2M\}$, 尽管它们具有比数据自由度 $JK + J - 1$ 更少的参数, 但它们仍然含有不可估参数. 例如, 考虑给定 M 时 Y_1 和 Y_2 条件独立的模型, 即 $\{Y_1M, Y_2M\}$. 这个模型具有 $2J + 2K - 3$ 个参数: 1 个是缺失性的边缘概率, $J + K - 2$ 个是给定 $M = 1$ 时 Y_1 和 Y_2 的条件分布, $J + K - 2$ 个是给定 $M = 0$ 时 Y_1 和 Y_2 的条件分布, 后两个分布都有 $JK - 1$ 个概率, 受限于 $(J-1)(K-1)$ 个约束, 因为给定 M 时 Y_1 和 Y_2 是独立的. 不完全数据似然因子化为 3 个具有分离参数的部分, 对应着 M 的边缘分布、给定 $M = 0$ 时 Y_1 和 Y_2 的条件分布、给定 $M = 1$ 时 Y_1 的条件分布. 这 3 个部分提供了 $1 + (J + K - 2) + (J - 1) = 2J + K - 2$ 个参数的估计; 模型中剩下的 $K - 1$ 个参数对应着给定 $M = 1$ 时 Y_2 的分布, 是不可估的. 这样的计数为数据留下了 $(JK + J - 1) - (2J + K - 2) = (J - 1)(K - 1)$ 个自由度, 它对应着给定 $M = 1$ 时 Y_1 和 Y_2 条件独立的模型拟合不足.

2. **缺失机制**: 模型 $\{Y_1Y_2, Y_1M\}$ 和 $\{Y_1M, Y_2\}$ 是随机缺失, 因为缺失只依赖于 Y_1, 而 Y_1 是完全观测的. 这些模型可以用第 13 章中的方法进行拟合. 模型 $\{Y_1Y_2, M\}$ 和 $\{Y_1, Y_2, M\}$ 假设数据是完全随机缺失, 分别产生了与随机缺失假设的 $\{Y_1Y_2, Y_1M\}$ 和 $\{Y_1M, Y_2\}$ 相同的 $\{\pi_{jk}\}$ 估计.

3. **拟合不足**: $\{Y_1Y_2, M\}$ 的似然比检验基于 Y_1 和 M 的独立性检验, 使用 $Y_1 \times M$ 的双向边缘. $\{Y_1M, Y_2\}$ 的似然比检验基于 Y_1 和 Y_2 的独立

表 15.10 例 15.17: 有一个补充边缘的双向列联表模型

表 15.7 的例子

模型	模型自由度	自由度 拟合不足	自由度 不可估	拟合不足 LRT	拟合不足 df	π_{11}	π_{12}	π_{21}	π_{22}
(1) $\{Y_1Y_2M\}$	$2JK-1$	0	$J(K-1)$	—	—	—	—	—	—
(2) $\{Y_1Y_2, Y_1M, Y_2M\}$	$JK+J+K-2$	0	$K-1$	—	—	—	—	—	—
(3) $\{Y_1Y_2, Y_1M\}$	$JK+J-1$	0	0	0	0	44.4	8.9	17.5	29.2
(4) $\{Y_1Y_2, Y_2M\}$	$JK+K-1$	$\max(J-K,0)$	$\max(K-J,0)$	0	0	39.4	14.0	11.8	34.9
(5) $\{Y_1Y_2, M\}$	JK	$J-1$	0	10.75	1	44.4	8.9	17.5	29.2
(6) $\{Y_1M, Y_2M\}$	$2(J+K)-3$	$(J-1)(K-1)$	$K-1$	44.99	1	—	—	—	—
(7) $\{Y_1M, Y_2\}$	$2J+K-2$	$(J-1)(K-1)$	0	44.99	1	34.7	18.7	30.3	16.3
(8) $\{Y_1, Y_2M\}$	$2K+J-2$	$(J-1)K$	$K-1$	55.74	2	—	—	—	—
(9) $\{Y_1, Y_2, M\}$	$J+K-1$	$(J-1)K$	0	55.74	2	34.7	18.7	30.3	16.3

性检验, 使用完全分类数据. $\{Y_1, Y_2, M\}$ 的似然比检验由 $\{Y_1 Y_2, M\}$ 和 $\{Y_1 M, Y_2\}$ 的似然比统计量加总给出.

4. **估计**: 对于模型 $\{Y_1 Y_2, Y_1 M\}$ 或 $\{Y_1 Y_2, M\}$, $\{\pi_{jk}\}$ 的极大似然估计是 $\widehat{\pi}_{jk} = (r_{jk} + \widehat{m}_{jk})/(r + m)$, 其中 $\widehat{m}_{jk} = (r_{jk}/r_{j+})m_j$ 是填入的计数 (参考公式 (13.5)). 我们可以把这个估计看作把部分分类的计数 $\{r_j\}$ 分配到表中以匹配完全观测数据的行分布 $\{m_{jk}/m_{j+}\}$ 所产生的, 像例 13.1 和 13.2 那样.

表 15.10 中的 5 个非随机缺失模型中只有 1 个在没有额外约束的情况下产生了唯一的极大似然估计, 即 $\{Y_1 Y_2, Y_2 M\}$, 只要 $K \leqslant J$ 就可以估计. 该模型假设 Y_2 的缺失依赖于 Y_2 的值, 但不依赖于 Y_1 的值. 对于这一模型, $\{\pi_{jk}\}$ 的极大似然估计也具有形式 $\widehat{\pi}_{jk} = (r_{jk} + \widehat{m}_{jk}^*)/(r + m)$, 但现在填入值 $\widehat{m}_{jk}^*$ 满足 $\widehat{m}_{jk}^*/\widehat{m}_{+k}^* = r_{jk}/r_{+k}$, 也就是, 它们匹配了完全分类数据的列分布. 这些约束, 以及对所有的 j, $\sum_{k=1}^{K} \widehat{m}_{jk}^* = m_j$, 对 JK 个未知的 $\widehat{m}_{jk}^*$ 产生了 $JK - K + J$ 个线性方程. 当 $K > J$ 时, 方程的数量少于未知参数的个数, 所以需要先验的约束以确保唯一的极大似然估计 $\{\widehat{m}_{jk}^*\}$ (进而 $\widehat{\pi}_{jk}$). 当 $K < J$ 时, 方程的数量多于参数的个数, 极大似然估计 $\widehat{m}_{jk}^*$ 不能严格满足约束, 在这种情况下可以使用期望最大化算法来计算 $\{\widehat{m}_{jk}^*\}$ (例如, 参见 Baker 和 Laird 1988). 当 $K = J$ 时, 可以直接解这 JK 个线性方程, 不需要诉诸期望最大化迭代就能求出极大似然估计. 特别地, 对于 $J = K = 2$, 我们得到下列关于 $\widehat{m}_{11}^*$、$\widehat{m}_{12}^*$、$\widehat{m}_{21}^*$ 和 $\widehat{m}_{22}^*$ 的方程:

$$\widehat{m}_{21}^* = \widehat{m}_{11}^* r_{21}/r_{11}, \quad \widehat{m}_{22}^* = \widehat{m}_{12}^* r_{22}/r_{12},$$
$$\widehat{m}_{11}^* + \widehat{m}_{12}^* = m_1, \quad \widehat{m}_{21}^* + \widehat{m}_{22}^* = m_2.$$

求解这些方程, 得到 $\widehat{m}_{11}^* = (m_2 - m_1 r_{22}/r_{12})(r_{21}/r_{11} - r_{22}/r_{12})^{-1}$, 以此类推. 从表 15.7 的数据, 我们得到

$$\widehat{m}_{11}^* = 200/11, \quad \widehat{m}_{12}^* = 240/11, \quad \widehat{m}_{21}^* = 60/11, \quad \widehat{m}_{22}^* = 600/11,$$

这产生了表 15.7 第 (4) 行的 $\{\pi_{jk}\}$ 估计.

通过求解这些线性方程得到的估计值可能是负的, 因而不是极大似然估计. Baker 和 Laird (1988) 表明, 为了获得非负的估计 $\{\widehat{m}_{jk}^*\}$, 边缘列几率 $\{m_j/m_l\}$ 必须处在列几率 $\{r_{jk}/r_{lk}\}$ $(k = 1, \cdots, K)$ 的最小值和最大值之间. 在我们的例子中, $m_1/m_2 = 40/60$, 它处于 $r_{11}/r_{21} = 100/30$

和 $r_{12}/r_{22} = 20/50$ 之间, 所以这一条件成立. 反之, 如果这一条件不成立, 则需要修正估计值, 使得对所有的 j, k 都有 $\hat{m}_{jk}^* \geqslant 0$. Baker 和 Laird (1988) 给出了细节.

5. **模型的选择**: 值得注意的是, 在我们的例子中, $\{Y_1, Y_2, Y_1 M\}$ 和 $\{Y_1, Y_2, Y_2 M\}$ 这两个模型都对数据产生了完美的拟合, 没有自由度来检验拟合. 因此, 不可能在它们提供的 $\{\pi_{jk}\}$ 的估计之间进行选择, 除非先验地推断哪种缺失机制对手头的数据集更可信.

这个例子的思路在 Little (1985b) 中被推广到具有两个补充边缘的双向表. 在这种情况下, 指标 M_1 和 M_2 被引入到 Y_1 和 Y_2 的缺失表示中, 并且考虑了 Y_1、Y_2、M_1 和 M_2 的四向表的模型. 类似的高阶表的非随机缺失模型也是以类似的方式建立的.

例 15.18　用投票数据预测斯洛文尼亚全民公决的结果.

在 1991 年的斯洛文尼亚全民公决中, 88.5% 的合格斯洛文尼亚人投票赞成建立一个独立的国家, 在此之前, 斯洛文尼亚民意调查 (SPOS) 收集了关于这次投票的可能结果的信息, 因为分母即合格选民的数量是已知的. 由于 SPOS 遭受了不响应的问题, 而且我们知道公民投票的结果, 它可以作为一个有趣的例子来评估随机缺失和非随机缺失模型的表现.

表 15.11 取自 Rubin 等 (1996), 总结了三个分类变量的调查结果: "出席" 涉及受访者说他们是否会参加公民投票, "独立" 涉及他们是否会投票支持独立, 而 "脱离" 询问受访者对相关问题的看法. 所有三个问题都有 "不知道" 的回答, 根据第 1.2 节的定义, 可以合理地将其视为缺失数据, 因为在这种情况下, 它们确实掩盖了真实的回答. 回顾一下, 在公民投票中, 所有符合条件的选民都是已知的, 他们的人数被用作投票支持独立的百分比的分母; 分子是积极投票支持独立的人数 —— 合格选民的 "不投票" 与投 "否" 票都被记为不赞成独立. 因此, 表 15.11 中的关键问题是关于独立和出席的问题, 因为我们希望估计出席公民投票并对独立问题投 "是" 票的合格选民的百分比. 关于脱离的数据为其他两个问题提供了潜在的有用的协变量信息.

表 15.12 展示了在 SPOS 中处理不响应问题的各种方法的结果. 保守的方法是假设每一个 "不知道" 的回答都是一个否定的回答. 完全案例方法只使用了那些回答了所有三个问题的受访者, 可用案例方法使用了那些回答了独立和出席问题的受访者. 可忽略似然估计基于期望最大化算法, 适用于表 15.11 中 $2 \times 2 \times 2$ 数据的饱和可忽略多项模型, 如第 13.3 节所述. 如例 6.18 所示, 对同一模型和数据采用 Jeffreys 先验分布的数据增广算法, 得到的后验中值与极大

表 15.11　例 15.18: 斯洛文尼亚民意调查

脱离	出席	独立		
		是	否	不知道
是	是	1191	8	21
	否	8	0	4
	不知道	107	3	9
否	是	158	68	29
	否	7	14	3
	不知道	18	43	31
不知道	是	90	2	109
	否	1	2	25
	不知道	19	8	96

使用获 Taylor and Francis 许可.

表 15.12　例 15.18: 斯洛文尼亚民意调查, 处理缺失数据的不同方法对独立问题的估计比较

估计方法	是	否	不出席的否
保守的	0.694	0.306	0.192
完全案例	0.928	0.072	0.020
可用案例	0.929	0.071	0.021
可忽略, 极大似然, 或贝叶斯	0.883	0.117	0.043
非随机缺失	0.782	0.218	0.122
全民公决 = 真实	0.885	0.115	0.065

使用获 Taylor and Francis 许可.

似然估计相同, 误差在 10% 以内.

　　表 15.12 中的非随机缺失模型假设在一个问题上的不响应 (缺失) 是该问题的答案的函数. 更具体地说, 包括表 15.11 数据的缺失数据指标导致了 2^6 个计数表, 对 $2 \times 2 \times 2$ 数据和 $2 \times 2 \times 2$ 缺失数据指标, 我们使这个模型饱和, 但只允许数据和缺失数据指标之间的三个交互参数对应于问题和它的缺失数据指标.

表 15.12 的最后一行列出了早期民意调查试图预测的公决结果. 唯一接近实际结果的估计是基于可忽略模型的估计, 尽管非随机缺失模型可能被认为是合理的.

根据我们有限的经验, 这并非一个不常见的结果. 在精心进行的调查中, 如果有很好的不响应者信息, 可忽略的缺失数据模型通常会比非随机缺失模型更出色. 这并不是说在这些调查中运作的缺失机制真的是随机缺失, 而是说制定优于可忽略模型的非随机缺失模型是特定于具体背景的, 而且似乎并不容易.

15.4.3 链式方程多重填补的敏感性分析

已发表的基于非随机缺失模型的敏感性分析在很大程度上局限于相对简单的问题, 即缺失值只限于单个变量. 如第 10.2.4 节所述, 通过链式方程的多重填补是一种灵活的方法, 假设随机缺失, 可以处理一般的有各种变量类型的多元缺失数据模式. 评估偏离随机缺失程度的一个相对简单的敏感性分析是在链式方程填补中加入固定的偏移量, 如下面的例子所示.

例 15.19 轮流面板调查中对收入不响应的敏感性分析.

Giusti 和 Little (2011) 考虑了对意大利佛罗伦萨市劳动力调查中缺失收入数据的处理. 从佛罗伦萨的市政登记册中随机抽取个人样本, 按性别、年龄组和居住区分层. 该调查有一个轮流面板设计, 每个受试者连续两个季度进入样本, 退出两个季度, 然后再次进入两个季度, 3 个月和 12 个月后有 50% 的重叠, 9 个月和 15 个月后有 25% 的重叠. 为了确定这个时间, 每个受试者被随机分配到 8 个 "面板组" 中的一个.

我们重点关注有关职业状况和就业人员收入问题的缺失值. 对于没有接受采访的人来说, 收入的领取和金额是缺失的, 而对于接受采访但拒绝回答收入金额问题的人来说, 收入金额是缺失的. 结果是一个多元缺失数据问题, 有两种缺失机制: 一种是出于设计的, 一种是出于拒绝回答的, 并且根据调查的波次, 有不同的协变量集合来进行填补. 表 15.13 总结了每个季度和每个面板组的职业状况 (Z) 和月收入 (Y) 的观测或缺失情况, 表 15.14 列出了 Y 的缺失值的数量和百分比.

由于轮流面板设计造成的数据缺失是随机缺失的设计, 但是, 拒绝回答有关收入金额的问题通常被认为是非随机缺失, 因为高收入和低收入的个体比中等收入的个体更有可能不回答问题.

最初, Giusti 和 Little (2011) 使用第 10.2.4 节中讨论的随机缺失链式方程

表 15.13　例 15.19: Z（职业状况）和 Y（月收入）的缺失情况

面板组	2002 年 4 月		2002 年 7 月		2002 年 10 月		2003 年 1 月	
	Z	Y	Z	Y	Z	Y	Z	Y
第 1 组	观测	观测/缺失	缺失	缺失	缺失	缺失	缺失	缺失
第 2 组	缺失	缺失	观测	观测/缺失	缺失	缺失	缺失	缺失
第 3 组	缺失	缺失	缺失	缺失	观测	观测/缺失	缺失	缺失
第 4 组	缺失	缺失	缺失	缺失	缺失	缺失	观测	观测/缺失
第 5 组	观测	观测/缺失	缺失	缺失	缺失	缺失	观测	观测/缺失
第 6 组	观测	观测/缺失	观测	观测/缺失	缺失	缺失	缺失	缺失
第 7 组	缺失	缺失	观测	观测/缺失	观测	观测/缺失	缺失	缺失
第 8 组	缺失	缺失	缺失	缺失	观测	观测/缺失	观测	观测/缺失

来源: Giusti 和 Little (2011). 使用获 Journal of Official Statistics 许可.

表 **15.14** 例 15.19: 就业人数 (N) 和就业者缺失月收入 Y 的百分比

面板组	2002 年 4 月		2002 年 7 月		2002 年 10 月		2003 年 1 月	
	N	缺失百分比	N	缺失百分比	N	缺失百分比	N	缺失百分比
第 1 组	286	31.47	0	0	0	0	0	0
第 2 组	0	0	195	37.95	0	0	0	0
第 3 组	0	0	0	0	174	36.21	0	0
第 4 组	0	0	0	0	0	0	272	39.34
第 5 组	118	31.36	0	0	0	0	119	26.05
第 6 组	244	24.59	245	31.43	0	0	0	0
第 7 组	0	0	239	38.49	239	38.62	0	0
第 8 组	0	0	0	0	263	36.50	264	31.44
总计	648	28.86	679	35.79	676	36.54	655	33.74

注: 表中的零来自调查的轮换设计.

来源: Giusti 和 Little (2011). 使用获 Journal of Official Statistics 许可.

方法对缺失的季度收入值和缺失的职业状况和协变量进行了多重填补, 该方法允许对可用的协变量信息进行控制, 包括其他季度的可用收入数据.

使用 IVEware 软件包 (Raghunathan 等 2001), 共创建了 25 个数据集. 填补模型中的变量包括不同波次的职业状况和对数收入、性别、年龄组、家庭成员数量、佛罗伦萨市的居住区、教育水平和公民身份. 他们还以受访者就业的季度的一些特征为条件, 即工作类型 (雇员或自营职业者)、获得收入的家庭成员数量以及参与第二份工作的情况. 这些也需要在因轮换设计而无法获得时进行填补.

为了描述对这种随机缺失分析的修改, 以考察对非随机缺失机制的敏感性, 用 $z_{hij} = 0, 1$ ($h = 1, \cdots, H$, $i = 1, \cdots, n_h$, $j = 1, \cdots, J$) 表示在第 h 层、第 j 个波次中个体 i 的职业状况, 用 y_{hij} 表示工作的相应月净收入 (以欧元为单位). 如果一个个体没有就业 ($z_{hij} = 0$), 那么收入就是零 ($y_{hij} = 0$). 定义缺失指标 m_{hij}, 如果职业状况和收入被观测到, 则 $m_{hij} = 0$; 如果职业状况和收入都缺失, 即当受试者属于在第 j 波中没有被采访的面板成员时, 则 $m_{hij} = 1$; 如果职业状况被观测到但收入缺失, 即当一个人接受采访但拒绝回答收入问题时, 则 $m_{hij} = 2$. 非随机缺失机制是通过给定观测变量时 y_{hij}、z_{hij} 和 m_{hij} 的联合分布来建模的, 我们将其笼统地写成 $C_{(0),hij}$. 我们首先把这一分布的因子写成如下:

$$f\{y_{hij}, z_{hij}, m_{hij} \mid C_{(0),hij}\} = f\{y_{hij}, z_{hij} \mid m_{hij}, C_{(0),hij}\} \times f\{m_{hij} \mid C_{(0),hij}\},$$

这是联合分布的模式混合分解 (这里的符号抑制了分布对参数的依赖性). 我们假设

$$f\{y_{hij}, z_{hij} \mid m_{hij} = 1, C_{(0),hij}\} = f\{y_{hij}, z_{hij} \mid m_{hij} \neq 1, C_{(0),hij}\},$$

它表示了由于轮换组的设计, y_{hij}, z_{hij} 的分布对于接受或不接受采访的个体是相同的. 进一步地, 对于因拒绝回答产生的缺失收入值, 我们假设

$$f\{y_{hij} \mid z_{hij} = 1, m_{hij} = 2, C_{(0),hij}\} \neq f\{y_{hij} \mid z_{hij} = 1, m_{hij} = 0, C_{(0),hij}\},$$

这是一个非随机缺失模型, 因为它允许给定 z_{hij} 和 $C_{(0),hij}$ 时 y_{hij} 的分布在响应者和不响应者之间不同. 请注意, 这个分布以 z_{hij} 为条件, 因为对于 $m_{hij} = 0$ 或 2 的单元, 可以观测到这一分布. 具体来说, 我们通过假设以下几点来建立差异的模型:

$$E\{\log(y_{hij}) \mid z_{hij} = 1, m_{hij} = 2, C_{(0),hij}\}$$

$$= E\{\log(y_{hij}) \mid z_{hij} = 1, m_{hij} = 0, C_{(0),hij}\} + k\sigma_{hj},$$

其中 σ_{hj} 是给定 $z_{hij} = 1$ 和 $C_{(0),hij}$ 时响应者 $\log(y_{hij})$ 分布的残差的标准误差, k 是一个预先确定的正的倍数. 其效果是使不响应者分布的均值相对于响应者分布的均值增加一个值 $k\sigma_{hj}$, 它依赖于 k 的选择和 $C_{(0),hij}$ 的预测能力, 反映在残差标准差 σ_{hj} 上. 请注意, 不响应者分布的转变是在拟合随机缺失模型后进行的, 并不是填补算法的一部分. 这是因为我们不希望增量被填补方案的迭代所放大, 这一点在 Van Buuren 等 (1999) 中讨论过. 这个模型的实现方式如下:

(A) 与前面一样, 创建随机缺失的多重填补;

(B) 选择一个 k 值 (0.8、1.2 或 1.6) 来反映与随机缺失的小、中、大偏离. 然后将这些偏移量应用于对拒绝者的填补;

(C) 对于 m 组多重填补的每一个, 对拒绝者的填补被视为已知的, 并应用序贯多重填补方法来重新填补不在轮换组的月份的 Y 和 Z 的缺失值. 这种方法允许这些推断以不响应者的偏移值为条件, 反映出不在轮换组中的个体在接受采访时也可能不应答这一事实.

Giusti 和 Little (2011) 把这种填补模型称为 MNAR_1. 他们还提出了另一种假设 (称为 MNAR_2) 下的结果, 即把至少有一个收入值报告的单元的缺失值视为随机缺失, 而偏移仅限于没有观测到收入值的单元. MNAR_2 机制显然比 MNAR_1 模型更接近随机缺失, 而对于任何 k 的选择, MNAR_1 和 MNAR_2 可以被认为是对这些模型的一系列合理组合界定了范围.

为了评估非随机缺失增量对四个季度收入分布的影响, 图 15.3 展示了在 MNAR_1 模型下, 第一季度的一组填补收入值的经验密度, 并与相应的观测值密度进行了比较. 这些图显示了所提出的非随机缺失填补模型对 4 月份收入分布的影响. 正如预期的那样, 较大的 k 值会使相应的密度发生更明显的转变. MNAR_2 模型下的图表显示, 相对于 MNAR_1 下的图表, 分布的偏移有所减少.

对于 $k = 0.8$ 的值, 相对于随机缺失模型, MNAR_1 模型的季度收入估计值增加了约 10%, MNAR_2 模型增加了 7%. 对于 $k = 1.2$ 和 $k = 1.6$, 会产生更大的增长百分比. 将结果与意大利国家统计局 (ISTAT) 进行的全国调查的外部估计值进行比较, 表明 $k = 1.6$ 的值可以被认为是我们提出的非随机缺失模型的一个可信的最大值. 大体上我们可以说, 非随机缺失偏离随机缺失估计值的影响是适度的, 特别是在 MNAR_2 模型下.

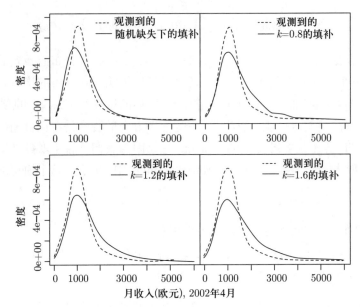

图 15.3　例 15.19: 第一季度观测到的收入值 (虚线) 和 MNAR$_1$ 模型下的填补收入值 (实线) 的经验密度. 来源: Giusti 和 Little (2011). 使用获 Journal of Official Statistics 许可

15.4.4　医药应用中的敏感性分析

在药品开发领域, 在世界许多地方, 对人体进行的随机试验对批准产品进行商业销售起着重要作用. 例如, 在美国, 美国食品药品监督管理局 (FDA) 在批准大多数产品之前都依赖这种试验. 伴随着这种试验的通常是缺失数据, 有时是主要结局缺失, 更一般的是用于建立一个更完整的关于产品整体医疗效益的次要结局缺失. 在这种情景下, 处理缺失数据的一个简单方法是进行 "最坏情况" 的分析, 例如, 假设积极治疗组中所有缺失数据的人都是无效者 (例如, 已经死亡), 而对照组中所有缺失数据的人都是有效者 (例如, 已经存活). 如果根据协议规定的评估结果, 该产品仍然表现出是有效的, 那么认为出现的缺失情况对该产品的批准并不重要. 但在实践中, 这种极端的假设会导致更加模糊的结论, 而且不被认为是科学合理的, 特别是当存在与这种极端分析相矛盾的历史证据时.

美国国家研究委员会 (NRC) 的一项研究 (Little 等 2012; NRC 2010) 为限制临床试验设计和实施中的缺失数据提供了建议, 并提出了分析原则, 包括需要进行敏感性分析, 以评估研究结果对关于缺失数据的其他假设的稳健性. 我们的最后两个例子描述了生存分析中的敏感性分析, 以及展示敏感性的图形方法.

例 15.20 生存分析中用于评估有区别的不可忽略删失的潜在影响的敏感度分析.

本例总结了针对食品药品监督管理局咨询委员会对 ATLAS ACS 2 TIMI 51 研究 (Mega 等 2012) 结果提出的担忧进行的分析, 该研究是一项大型随机化、双盲、安慰剂对照的临床试验, 评估利伐沙班降低急性冠脉综合征患者心血管疾病死亡、心肌梗死或中风风险的能力. 更多细节请见 Little 等 (2016b).

共有 15526 名患者按 1 : 1 : 1 的比例被随机分为三个治疗组: 利伐沙班 2.5 毫克, 每天两次; 利伐沙班 5 毫克, 每天两次; 以及安慰剂. 主要疗效结局是心血管疾病死亡、心肌梗死或中风的综合. 方案中预设了两种形式的分析, 这两种分析的结果我们都会介绍, 因为它们在缺失数据的数量上有很大的不同. 主要疗效分析包括所有随机化参与者的结局, 直到 (1) 全球治疗结束日期的前一天、(2) 最后一次研究治疗后 30 天或 (3) 那些没有接受过任何研究药物的参与者在随机化后 30 天这三个日期中较早的一个为止. 这种分析被称为 "修正的意向性治疗" (mITT), 因为它限制了最后一次治疗或随机化后 30 天内的事件. 该研究还进行了严格的意向性治疗 (ITT) 分析, 其中包括所有发生在全球治疗结束日期之前的事件. 对于主要的 mITT 分析, 该研究显示, 相对于对照组, 合并的利伐沙班组的风险率降低: 风险比 HR = 0.84, 95% 置信区间 (0.74, 0.96). ITT 结果对利伐沙班略为有利: 风险比 HR = 0.82, 95% 置信区间 (0.73, 0.93). 关键的安全终点是非 CABG TIMI 大出血, 利伐沙班治疗后出血量增加: 风险比 HR = 3.96, 95% 置信区间 (2.46, 6.38).

尽管有这些积极的结果, 美国食品药品监督管理局咨询委员会仍投票反对批准该药物, 因为缺失数据是一个重要问题. 在 15526 名参与者中, 799 人 (5.1%) 的主要 mITT 结局缺失主要终点, 1509 人 (9.7%) 的 ITT 结局缺失主要终点. 缺失的原因被归类为 "不良事件" "撤回同意" "失去随访" 或 "其他" (包括被随机化选中但不符合纳入和排除标准的受试者). 数据缺失引起的主要担忧是, 中止治疗的个体往往与完成治疗的个体存在系统性差异; 如果这些差异因治疗组而异, 那么这种担忧就尤为重要. 正如第 6.4 节所讨论的, 如果缺失随访的受试者与完整随访的受试者具有相同的风险率, 那么在调整直到失去随访时的观测数据后, 因治疗中断造成的删失是随机粗化. 否则, 我们说删失是非随机粗化 (CNAR) 的. 如果缺失随访的参与者在失访前有较高的出血率, 而高出血率导致随后发生心血管事件的概率较高, 就会出现一种假想的非随机粗化情形. 如果非随机粗化删失导致利伐沙班组和安慰剂组的比较出现偏倚, 则称非随机粗化删失是有差异性的; 也就是说, 如果治疗组中由于非随机粗化删失而导致的结局差异不能 "消除".

如果用缺失结局的单元比例来衡量 (mITT 为 5.1%, ITT 为 9.7%), 缺失数据的数量似乎比用缺失结局的人年比例来衡量 (0.3%, 6.9%) 要高很多. mITT 和 ITT 之间的差异说明了 NRC 报告中的一个观点, 即缺失的数据量可以根据主要待估量的选择而有很大的不同, 限制缺失数据应该是选择待估量时要考虑的一个因素. Little 等 (2016b) 提出把特定待估量的信息缺失比例作为一个更有原则的衡量标准, 如第 10.2 节中所述, 这个衡量标准比本例中的单元比例更接近于人年比例.

针对这些问题, 我们采取了以下措施来评估缺失数据对试验结果的潜在影响. 首先, 对失访、完成研究或在研究期间死亡的患者进行了关键基线特征和撤回同意或中止研究前的临床事件评估. 其次, 使用模式混合模型分析评估了 ATLAS ACS 2 TIMI 51 研究结果的稳健性. 与生存分析的标准实现一样, 这里的主分析假设删失机制是随机删失. 为了评估随机删失的偏离, 预先指定一个偏离的倍数, 允许利伐沙班组中退出研究的参与者的生存时间根据偏离未退出的参与者的风险率的倍数来计算. 多重填补使填补中固有的不确定性得到了传播. 第三, 赞助商在全球范围内付出大量努力, 从生命状态数据缺失的参与者那里收集信息. 结合现场指导的活动 (联系参与者或检查纸质和电子医疗记录) 和国家数据库查询来确定尽可能多的参与者的生命状态. 将最初报告的死亡率结果与包括后续研究中获得的生命状态信息的结果进行比较. 我们在此重点讨论敏感性分析.

如 Little 等 (2016b) 所述, 赞助商拟合了韦布尔生存模型, 以填补 (1) 撤回同意、(2) 经历不良事件以及 (3) 因其他原因失去随访和提前中止的参与者的结局, 主要疗效终点的预测变量包括治疗组 (合并的利伐沙班组和安慰剂组), 以及一组基线协变量 (包括人口统计学变量和反映先前心脏病的变量). 该模型还包括随时间变化的出血指标.

然后, 对于利伐沙班组中撤回同意并提前中止研究而未提供主要结局的参与者, 退出时的风险率被一个预先指定的系数所放大. 对照组中退出的参与者的相应风险率没有被放大, 也就是说, 对于这些参与者, 失访被视为随机删失. 假设采用韦布尔分布, 所得出的风险率被用来填补研究结束时的事件, 填补 1000 次. 然后对每个完全化的数据集进行 Cox 比例风险模型的拟合, 并使用第 10.2 节中描述的标准多重填补组合规则对参数进行推断. 膨胀系数不断增加, 直到利伐沙班相对于对照组的风险比的 95% 置信区间上限达到 1.0——"临界点". Little 等 (2016b) 的附录 1 提供了关于敏感性分析的技术细节.

图 15.4 展示了 mITT 人群的敏感性分析结果, 临界点为 2300%; 图 15.5 展示了 ITT 人群的敏感性分析结果, 临界点为 160%. ITT 人群的临界点要低得多, 这反映了 ITT 分析中的填补程度要高得多, 因为在研究早期中止治疗的参与者的事件被填补到整个治疗结束日期, 而不是像 mITT 分析那样只填补到中止后的一个月. 赞助商认为, 基于这一分析, ATLAS ACS 2 TIMI 51 研究的结果对缺失数据是稳健的; 这种稳健性因随访研究而得到加强, 因为纳入该研究的数据对结论影响不大.

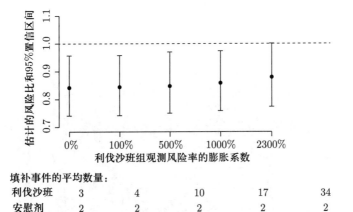

图 15.4 例 15.20: 合并的利伐沙班组相对于安慰剂组的风险比和 95% 置信区间, mITT 分析的主要结局. 敏感性分析, 通过已知系数放大利伐沙班组单独估计的风险. 无影响的临界点为 2300%. 资料来源: Little 等 (2016b). 使用获 SAGE 许可

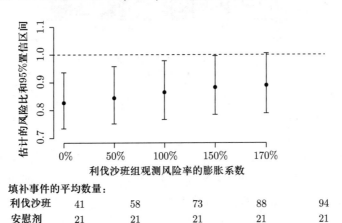

图 15.5 例 15.20: 合并的利伐沙班组相对于安慰剂组的风险比和 95% 置信区间, ITT 分析的主要结局. 敏感性分析, 通过已知系数放大利伐沙班组单独估计的风险. 无影响的临界点为 160%. 资料来源: Little 等 (2016b). 使用获 SAGE 许可

例 15.21　增强的临界点展示图.

Liublinska 和 Rubin (2012) 提出了例 15.20 中临界点方法的推广, 称为 "增强的临界点展示图". 为了创建这些展示图, 我们建立了一些模型, 对缺失的结局进行多重填补. 从随机缺失模型开始, 填补了 100 个值, 从而创造了 100 个完全化的数据集和 100 个基于每组 "有效"/"无效" 的填补的可能答案. 关注每组中 100 个填补中最极端的一个, 在每组中产生上下限, 从而在临界点展示图中的每个坐标轴上产生上下限, 在增强的临界点展示图中产生的小格可以呈现任何汇总统计量, 如 p 值或点估计.

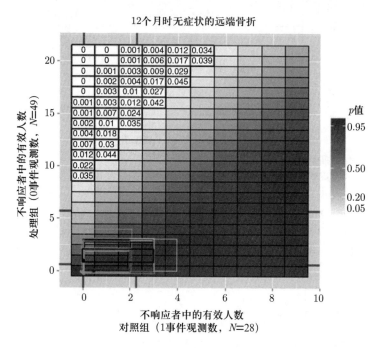

图 15.6　例 15.21: Liublinska 和 Rubin (2012) 的增强的临界点展示. 使用获 American Statistical Association 许可

图 15.6 展示了 Liublinska 和 Rubin (2012) 的一个例子, 每一种不同的深度代表不同的多重填补模型, 坐标轴上的刻度线代表对相关处理的先前研究的历史值. 粗略地说, 展示图的每个方框代表了在相关的缺失数据模型下可能得出的结论的 99% 区间, 方框的集合代表了结论对缺失性假设模型的敏感性.

这种展示图的主要优点是, 每个结局变量都会有自己的展示, 而且每个展示都揭示了不同建模假设下的结果. 利用现代计算环境, 对于每个结局变量, 可以考虑许多模型, 并且可以研究产生不良结果的模型细节, 而忽略产生良性结论的模型. 目前的 "点击操作" 软件和电子报告可以使这种应用于数十种结局的数十种模型的展示图易于报告、展现和评估.

对于一个具体的例子, Liublinska 和 Rubin (2012) 考虑了 1 个随机缺失模型和 16 个非随机缺失模型, 用于研究一个用于手术治疗骨质疏松症的新设备相对于传统设备的 6 个次要结局. 提交给食品药品监督管理局的报告包含 12 个次要结局的这种展示图. 有许多这样的展示图表明, 只需集中关注那些需要批准药物或设备的人注意的模型和结局的展示图. 由于现代技术的发展, 今天实际上可以展示和考虑数以百计的这种展示图, 而使用印刷材料进行展示将是非常地单调乏味.

把这些想法扩展到更复杂的情形, 比如结局变量连续的情形, 是目前发展的一个主题.

问题

15.1 执行例 15.3 中推导 E 步所需的积分.

15.2 推导例 15.4 中 E 步的表达式, 并且明确写出这个例子的 M 步.

15.3 推导例 15.7 中模型的期望最大化算法的 E 步和 M 步.

15.4 回顾例 15.7 模型的 Heckman (1976) 两步拟合方法. 对比该方法与问题 15.3 中极大似然拟合程序所做的假设 (例如, 见 Little 1985a).

15.5 假设对于例 15.7 的模型, 对 Y_1 的不响应者的随机子样本进行随访, 并得到 Y 的值. 写出所得数据的似然函数, 并描述期望最大化算法的 E 步和 M 步.

15.6 推导例 15.10 中有限总体均值估计 $\bar{y}$ 的后验均值和方差的表达式. 当 $\psi_1 = \psi_2 = 0.5$ 时, 变量 32D 的后验均值和方差是多少?

15.7 例 15.13 说明了对于带有随机缺失约束 (15.18) 的模式混合模型 (15.15), μ_2 的极大似然估计与第 7.2.1 节中的可忽略选择模型相同. 请具体说明这一论断也适用于 Y_1 的均值和 (Y_1, Y_2) 的协方差矩阵.

15.8 对于模式混合模型 (15.15), 在约束条件 (15.20) 下, 补充得出极大似然估计 (15.22)–(15.24) 的细节.

15.9 对于模式混合模型 (15.15), 在约束条件 (15.26) 下, 补充得出极大似然估计 (15.27)–(15.29) 的细节.

15.10 说明如果 $\lambda = -\beta_{12 \cdot 2}^{(0)}$, 在式 (15.27)–(15.29) 中代入 $\beta_{12 \cdot 2}^{(0)}$ 的极大似然估计产生了完全案例估计. 也就是说, 如果 $\lambda = -\beta_{12 \cdot 2}^{(0)}$ 被认为比 $\lambda = 0$ 更合理, 那么 μ_2 的完全案例估计比假设可忽略不响应的极大似然估计更好.

15.11 对于模式混合模型 (15.15), 其中 Y_2 的缺失依赖于 $Y_1 + \lambda Y_2$, 说明 $c_1\mu_1 + c_2\mu_2$ 的极大似然估计是

$$c_1\bar{y}_1 + c_2\bar{y}_2 + (c_1 + c_2 b_{21 \cdot 1}^{(\hat{\lambda})})(\hat{\mu}_1 - \bar{y}_1).$$

因此, 说明 $\mu_1 - \mu_2$ 的极大似然估计 (a) 当 $\lambda = (\sigma_{11}^{(0)} - \sigma_{12}^{(0)})/(\sigma_{22}^{(0)} - \sigma_{12}^{(0)})$ 时是完全案例估计 $\bar{y}_1 - \bar{y}_2$; (b) 当 $\lambda = 0$ 时是可忽略极大似然估计; (c) 当 $\lambda = -\beta_{12\cdot 2}^{(0)}$ 时是可用案例估计 $\hat{\mu}_1 - \bar{y}_2$. 判断出在什么情况下可用案例估计是更优的估计 (见 Little 1994).

15.12 对于合适的模型参数化, 写出例 15.17 中 $\{Y_1 Y_2, Y_1 M\}$、$\{Y_1 Y_2, Y_2 M\}$、$\{Y_1 M, Y_2 M\}$、$\{Y_1, Y_2 M\}$ 模型的因子化似然. 说明每个模型的哪些参数 (如果有的话) 是不可估的, 即它们不进入似然函数.

15.13 验证表 15.10 中的五组估计的小格概率.

15.14 用表 15.9 中的数据重做表 15.10, 这里 m_1 和 m_2 乘以系数 10.

15.15 重现表 15.12 中的可忽略模型的期望最大化估计. 使用自采样法来估计投 "是" 票的比例估计的标准误差, 并与大样本标准误差进行比较.

15.16 通过数据增广, 重现表 15.12 中可忽略模型的贝叶斯估计, 并提供抽取的直方图. 使用数据增广下缺失数据的 10 个抽取来创建缺失数据的多个填补, 并采用一般的组合规则来得出对投 "是" 票的百分比的推断. 将此答案与问题 15.15 中的相应答案进行比较.

15.17 对表 15.12 中的非随机缺失模型重复问题 15.16 中的计算.

参考文献

[1] Abayomi, K., Gelman, A., and Levy, M. (2008). Diagnostics for multiple imputations. Appl. Stat. 57 (3): 273-291.

[2] Afifi, A.A. and Elashoff, R.M. (1966). Missing observations in multivariate statistics 1: review of the literature. J. Am. Stat. Assoc. 61: 595-604.

[3] Aitkin,M. (1999). A general maximum likelihood analysis of variance components in generalized linear models. Biometrics 55: 117-128.

[4] Aitkin, M. and Rubin, D.B. (1985). Estimation and hypothesis testing in finite mixture models. J. R. Stat. Soc. B 47: 67-75.

[5] Aitkin, M. and Wilson, G.T. (1980). Mixture models, outliers, and the EM algorithm. Technometrics 22: 325-331.

[6] Albert, P.S., Follman, D.A., Wang, S.A., and Suh, E.B. (2002). A latent autoregressive model for longitudinal binary data subject to informative missingness. Biometrics 58 (3): 631-664.

[7] Allan, F.G. and Wishart, J. (1930). A method of estimating the yield of a missing plot in field experiments. J. Agric. Sci. 20: 399-406.

[8] Amemiya, T. (1984). Tobit models: a survey. J. Econom. 24: 3-61.

[9] Anderson, R.L. (1946). Missing plot techniques. Biometrics 2: 41-47.

[10] Anderson, T.W. (1957). Maximum likelihood estimates for the multivariate normal distribution when some observations are missing. J. Am. Stat. Assoc. 52: 200-203.

[11] Anderson, T.W. (1965). An Introduction to Multivariate Statistical Analysis. New York: Wiley.

[12] Andrews, D.F., Bickel, P.J., Hampel, F.R. et al. (1972). Robust Estimates of Location: Survey and Advances. Princeton, NJ: Princeton University Press.

[13] Andridge, R. and Little, R.J. (2009). Extensions of proxy pattern-mixture analysis for survey nonresponse. In: Proceedings of the Survey Research Methods Section, 2009, 2468-2482. American Statistical Association.

[14] Andridge, R.H. and Little, R.J. (2010). A review of hot deck imputation for survey nonresponse. Int. Stat. Rev. 78 (1): 40-64.

[15] Andridge, R.H. and Little, R.J. (2011). Proxy pattern-mixture analysis for survey nonresponse. J. Off. Stat. 27 (2): 153-180.

[16] Angrist, I.D., Imbens, G.W., and Rubin, D.B. (1996). Identification of causal effects using instrumental variables. J. Am. Stat. Assoc. 91: 444-472 (with discussion).

[17] Azen, S. and Van Guilder, M. (1981). Conclusions regarding algorithms for handling incomplete data. In: Proceedings of the Statistical Computing Section, 1981, 53-56. American Statistical Association.

[18] Bailar, B.A. and Bailar, J.C. (1983). Comparison of the biases of the "hot deck" imputation procedure with an "equal weights" imputation procedure. In: Incomplete Data in Sample Surveys: Symposium on Incomplete Data, Proceedings, vol. 3 (ed. W.G. Madow and I. Olkin). New York: Academic Press.

[19] Bailar, B.A., Bailey, L., and Corby, C. (1978). A comparison of some adjustment and weighting procedures for survey data. In: Proceedings of the Survey Research Methods Section, 1978, 175-200. American Statistical Association.

[20] Baker, S.G. and Laird, N.M. (1988). Regression analysis for categorical variables with outcome subject to nonignorable nonresponse. J. Am. Stat. Assoc. 83: 62-69.

[21] Bang, H. and Robins, J.M. (2005). Doubly robust estimation in missing data and causal inference models. Biometrics 61: 962-972.

[22] Bard, Y. (1974). Nonlinear Parameter Estimation. New York: Academic Press.

[23] Barnard, J. and Rubin, D.B. (1999). Small-sample degrees of freedom with multiple imputation. Biometrika 86: 949-955.

[24] Barnard, J., Du, I., Hill, I., and Rubin, D.B. (1998). A broader template for analyzing broken randomized experiments. Sociol. Methods Res. 27: 285-318.

[25] Bartlett, M.S. (1937). Some examples of statistical methods of research in agriculture and applied botany. J. R. Stat. Soc. B 4: 137-170.

[26] Baum, L.E., Petrie, T., Soules, G., and Weiss, N. (1970). A maximization technique occurring in the statistical analysis of probabilistic functions of Markov chains. Ann. Math. Stat. 41: 164-171.

[27] Beale, E.M.L. and Little, R.J. (1975). Missing values in multivariate analysis. J. R. Stat. Soc. B 37: 129-145.

[28] Beaton, A.E. (1964). The Use of Special Matrix Operations in Statistical Calculus. Educational Testing Service Research Bulletin, RB-64-51.

[29] Becker, M.P., Yang, I., and Lange, K. (1997). EM algorithms without missing data. Stat. Methods Med. Res. 6: 38-54.

[30] Bentler, P.M. and Tanaka, J.S. (1983). Problems with EM for ML factor analysis. Psychometrika 48: 247-253.

[31] Besag, J. (1986). On the statistical analysis of dirty pictures. J. R. Stat. Soc. B 48: 259-279.

[32] Bethlehem, J.G. (2002). Weighting adjustments for ignorable nonresponse. In: Survey Nonresponse, Chapter 18 (ed. R.M. Groves, D.A. Dillman, J.L. Eltinge and R.J. Little). New York: Wiley.

[33] Bishop, Y.M.M., Fienberg, S.E., and Holland, P.W. (1975). Discrete Multivariate Analysis: Theory and Practice. Cambridge, MA: MIT Press.

[34] Bondarenko, I. and Raghunathan, T. (2016). Graphical and numerical diagnostic tools to assess suitability of multiple imputations and imputation models. Stat. Med. 35 (17): 3007-3020.

[35] Box, G.E.P. and Cox, D.R. (1964). An analysis of transformations. J. R. Stat. Soc. B 26: 211-252.

[36] Box, G.E.P. and Jenkins, G.M. (1976). Time Series Analysis: Forecasting and Control. San Francisco, CA: Holden-Day.

[37] Box, G.E.P. and Tiao, G.C. (1973). Bayesian Inference in Statistical Analysis. Reading, MA: Addison-Wesley.

[38] Box, M.J., Draper, N.R., and Hunter, W.G. (1970). Missing values in multi-response nonlinear data fitting. Technometrics 12: 613-620.

[39] Box, G.E., Hunter, J.S., and Hunter, W.G. (1985). Statistics for Experimenters: An Introduction to Design, Data Analysis and Model Building. New York: Wiley.

[40] Breslow, N.E. and Clayton, D.G. (1993). Approximate inference in generalized linear mixed models. J. Am. Stat. Assoc. 88: 9-25.

[41] Breslow, N.E. and Lin, X. (1995). Bias correction in generalised linear mixed models with a single component of dispersion. Biometrika 82: 81-91.

[42] Brown, C.H. (1990). Protecting against nonrandomly missing data in longitudinal studies. Biometrics 46: 143-157.

[43] Brownlee, K.A. (1965). Statistical Theory and Methodology in Science and Engineering. New York: Wiley.

[44] Buck, S.F. (1960). A method of estimation of missing values in multivariate data suitable for use with an electronic computer. J. R. Stat. Soc. B 22: 302-306.

[45] Carpenter, J.R. and Kenward, M.G. (2014). Multiple Imputation and Its Application. New York: Wiley.

[46] Carroll, R.J. and Stefanski, L.A. (1990). Approximate quasi-likelihood estimation in models with surrogate predictors. J. Am. Stat. Assoc. 85: 652-663.

[47] Carroll, R.J., Ruppert, D., Stefanski, L.A., and Crainiceanu, C.M. (2006). Measurement Error in Nonlinear Models: A Modern Perspective, 2e. Boca Raton, FL: Chapman and Hall / CRC.

[48] Cassel, C.M., Särndal, C.E., and Wretman, J.H. (1983). Some uses of statistical models in connection with the nonresponse problem. In: Incomplete Data in Sample Surveys: Symposium on Incomplete Data, Proceedings, vol. 3 (ed. W.G. Madow and I. Olkin). New York: Academic Press.

[49] Chaurasia, A. and Harel, O. (2015). Partial F-tests with multiply imputed data in the linear regression framework via coefficient of determination. Stat. Med. 34 (3): 432–443.

[50] Chen, T. and Fienberg, S.E. (1974). Two-dimensional contingency tables with both completely and partially classified data. Biometrics 30: 629–642.

[51] Cochran, W.G. (1977). Sampling Techniques, 3e. New York: Wiley.

[52] Cochran, W.G. and Cox, G. (1957). Experimental Design. London: Wiley.

[53] Cochran, W.G. and Rubin, D.B. (1973). Controlling bias in observational studies: a review. Sankhya A 35: 417–446.

[54] Cole, S.R., Chu, H., and Greenland, S. (2006). Multiple-imputation for measurement-error correction. Int. J. Epidemiol. 35 (4): 1074–1081.

[55] Cox, D.R. (1975). Partial likelihood. Biometrika 62 (2): 269–276.

[56] Cox, D.R. and Hinkley, D.V. (1974). Theoretical Statistics. New York: Wiley.

[57] Crainiceanu, C.M., Ruppert, D., and Wand, M.P. (2005). Bayesian analysis for penalized spline regression using WinBUGS. J. Stat. Softw. 14 (14): 1–24.

[58] Czajka, J.L., Hirabayashi, S.M., Little, R.J.A., and Rubin, D.B. (1992). Projecting from advance data using propensity modeling; an application to income and tax statistics. J. Bus. Econ. Stat. 10: 117–132.

[59] David, M.H., Little, R.J., Samuhel, M.E., and Triest, R.K. (1983). Imputation methods based on the propensity to respond. In: Proceedings of the Business and Economic Statistics Section, 1983, 168–173. American Statistical Association.

[60] David, M.H., Little, R.J., Samuhel, M.E., and Triest, R.K. (1986). Alternative methods for CPS income imputation. J. Am. Stat. Assoc. 81: 29–41.

[61] Davies, O.L. (1960). The Design and Analysis of Industrial Experiments. New York: Hafner.

[62] Day, N.E. (1969). Estimating the components of a mixture of normal distributions. Biometrika 56: 464–474.

[63] DeGroot, M.H. (1970). Optimal Statistical Decisions. New York: McGraw-Hill.

[64] DeGroot, M.H. and Goel, K. (1980). Estimation of the correlation coefficient from a broken random sample. Ann. Stat. 8: 264–278.

[65] DeGruttola, V. and Tu, X.M. (1994). Modeling progression of CD4-lymphocyte count and its relationship to survival time. Biometrics 50: 1003-1014.

[66] Dempster, A.P. (1969). Elements of Continuous Multivariate Analysis. Reading, MA: Addison-Wesley.

[67] Dempster, A.P. and Rubin, D.B. (1983). Introduction. In: Incomplete Data in Sample Surveys: Theory and Bibliography, vol. 2 (ed. W.G. Madow, I. Olkin and D.B. Rubin), 3-10. New York: Academic Press.

[68] Dempster, A.P., Laird, N.M., and Rubin, D.B. (1977). Maximum likelihood from incomplete data via the EM algorithm. J. R. Stat. Soc. B 39: 1-38 (with discussion).

[69] Dempster, A.P., Laird, N.M., and Rubin, D.B. (1980). Iteratively reweighted least squares for linear regression when errors are normal/independent distributed. Multivariate Anal. 5: 35-37.

[70] Dempster, A.P., Rubin, D.B., and Tsutakawa, R.K. (1981). Estimation in covariance component models. J. Am. Stat. Assoc. 76: 341-353.

[71] Diggle, P. and Kenward, M.G. (1994). Informative drop-out in longitudinal data analysis. J. R. Stat. Soc. C 43: 49-73.

[72] Dodge, Y. (1985). Analysis of Experiments with Missing Data. New York: Wiley.

[73] Draper, N.R. and Smith, H. (1981). Applied Regression Analysis. New York: Wiley.

[74] Drechsler, J. (2011). Synthetic Datasets for Statistical Disclosure Control, Lecture Notes in Statistics. New York: Springer.

[75] Dunson, D.B. and Xing, C. (2009). Nonparametric Bayes modeling of multivariate categorical data. J. Am. Stat. Assoc. 104: 1042-1051.

[76] Edwards, A.W.F. (1992). Likelihood: Expanded Edition. Baltimore, MD: Johns Hopkins University Press.

[77] Efron, B. (1979). Bootstrap methods: another look at the jackknife. Ann. Stat. 7: 1-26.

[78] Efron, B. (1987). Better bootstrap confidence intervals. J. Am. Stat. Assoc. 82: 171-200 (with discussion).

[79] Efron, B. (1994). Missing data, imputation, and the bootstrap. J. Am. Stat. Assoc. 89: 463-478.

[80] Efron, B. and Hinkley, D.V. (1978). Assessing the accuracy of the maximum likelihood estimator: observed versus expected Fisher information. Biometrika 65: 457-487.

[81] Efron, B. and Tibshirani, R. (1993). An Introduction to the Bootstrap. New York: CRC Press.

[82] Eilers, P.H.C. and Marx, B.D. (1996). Flexible smoothing with B-splines and penalties. Stat. Sci. 11: 89-121.

[83] Ekholm, A. and Skinner, C. (1998). The Muscatine children's obesity data reanalysed using pattern mixture models. Appl. Stat. 47: 251–264.

[84] Ernst, L.R. (1980). Variance of the estimated mean for several imputation procedures. In: Proceedings of the Survey Research Methods Section, 1980, 716–721. American Statistical Association.

[85] Ezzati-Rice, T., Johnson, W., Khare, M., Little, R., Rubin, D., and Schafer, J. (1995). A simulation study to evaluate the performance of model-based multiple imputations in NCHS health examination surveys. In: Proceedings of 1995 Annual Research Conference, 257–266. U.S. Bureau of the Census.

[86] Fay, R.E. (1986). Causal models for patterns of nonresponse. J. Am. Stat. Assoc. 81: 354–365.

[87] Fay, R.E. (1992). When are inferences from multiple imputation valid? In: Proceedings of the Survey Research Methods Section, 227–232. American Statistical Association.

[88] Fay, R.E. (1996). Alternative paradigms for the analysis of imputed survey data. J. Am. Stat. Assoc. 91: 490–498.

[89] Fienberg, S.E. (1980). The Analysis of Crossclassified Data, 2e. Cambridge, MA: MIT Press.

[90] Firth, D. (1991). Generalized linear models. In: Statistical Theory and Modelling: In Honour of Sir David Cox (ed. D.V. Hinkley, N. Reid and E.J. Snell), 55–82. New York: Chapman and Hall.

[91] Ford, B.N. (1983). An overview of hot deck procedures. In: Incomplete Data in Sample Surveys: Theory and Annotated Bibliography, vol. 2 (ed. W.G. Madow, I. Olkin and D.B. Rubin). New York: Academic Press.

[92] Frangakis, C. and Rubin, D.B. (1999). Addressing complications of intention-to-treat analysis in the combined presence of all-or-none treatment noncompliance and subsequent missing outcomes. Biometrika 86: 366–379.

[93] Frangakis, C. and Rubin, D.B. (2001). Addressing an idiosyncrasy in estimating survival curves using double sampling in the presence of self-selected right censoring. Biometrics 57: 333–353 (with discussion and rejoinder).

[94] Frangakis, C.E. and Rubin, D.B. (2002). Principal stratification in causal inference. Biometrics 58: 21–29.

[95] Franks, A.M., Airoldi, E.M., and Rubin, D.B. (2016). Non-standard conditionally specified models for nonignorable missing data. arXiv:1603.06045 [stat.ME].

[96] Freedman, L.S., Midthune, D., Carroll, R.J., and Kipnis, V. (2008). A comparison of regression calibration, moment reconstruction and imputation for adjusting for covariate measurement error in regression. Stat. Med. 27 (25): 5195–5216.

[97] Frumento, P., Mealli, F., Pacini, B., and Rubin, D.B. (2016). The fragility of standard inferential approaches in complex mixture models relative to direct likelihood approaches. Stat. Anal. Data Min. 9: 58–70.

[98] Fuchs, C. (1982). Maximum likelihood estimation and model selection in contingency tables with missing data. J. Am. Stat. Assoc. 77: 270–278.

[99] Fuller, W.A. (1987). Measurement Error Models. New York: Wiley.

[100] Gelfand, A.E. and Smith, A.F.M. (1990). Sampling-based approaches to calculating marginal densities. J. Am. Stat. Assoc. 85: 398–409.

[101] Gelfand, A.E., Hills, S.E., Racine-Poon, A., and Smith, A.F.M. (1990). Illustration of Bayesian inference in normal data models using Gibbs sampling. J. Am. Stat. Assoc. 85: 972–985.

[102] Gelman, A.E. and Carlin, J.B. (2002). Poststratification and weighting adjustments. In: Survey Nonresponse, Chapter 19 (ed. R.M. Groves, D.A. Dillman, J.L. Eltinge and R.J. Little). New York: Wiley.

[103] Gelman, A.E. and Meng, X.L. (1998). Computing normalizing constants: from importance sampling to bridge sampling to path sampling. Stat. Sci. 13: 163–185.

[104] Gelman, A.E. and Rubin, D.B. (1992). Inference from iterative simulation using multiple sequences. Stat. Sci. 7: 457–472 (with discussion).

[105] Gelman, A.E., Carlin, J.B., Stern, H.S., and Rubin, D.B. (1995). Bayesian Data Analysis. London: Chapman & Hall.

[106] Gelman, A.E., Carlin, J.B., Stern, H.S., Dunson, D.B., Vehtari, A., and Rubin, D.B. (2013). Bayesian Data Analysis, 3e. London: CRC Press.

[107] Geyer, C.J. (1992). Practical Markov Chain Monte Carlo. Stat. Sci. 7: 473–503 (with discussion).

[108] Giusti, C. and Little, R.J. (2011). An analysis of nonignorable nonresponse to income in a survey with a rotating panel design. J. Off. Stat. 27 (2): 211–229.

[109] Glynn, R.J. and Laird, N.M. (1986). Regression Estimates and Missing Data: Complete-Case Analysis. Technical Report. Harvard School of Public Health, Department of Biostatistics.

[110] Glynn, R.J., Laird, N.M., and Rubin, D.B. (1986). Selection modeling versus mixture modeling with nonignorable nonresponse. In: Drawing Inferences from Self-Selected Samples (ed. H. Wainer), 115–142. New York: Springer.

[111] Glynn, R.J., Laird, N.M., and Rubin, D.B. (1993). Multiple imputation in mixture models for nonignorable nonresponse with follow-ups. J. Am. Stat. Assoc. 88: 984–993.

[112] Goodman, L.A. (1970). The multivariate analysis of qualitative data: interaction among multiple classifications. J. Am. Stat. Assoc. 65: 225–256.

[113] Goodman, L.A. (1979). Simple models for the analysis of association in crossclassifications having ordered categories. J. Am. Stat. Assoc. 74: 537-552.

[114] Goodnight, J.H. (1979). A tutorial on the SWEEP operator. Am. Stat. 33: 149-158.

[115] Goodrich, R.L. and Caines, P.E. (1979). Linear system identification from nonstationary cross-sectional data. IEEE Trans. Autom. Control 24: 403-411.

[116] Greenlees, W.S., Reece, J.S., and Zieschang, K.D. (1982). Imputation of missing values when the probability of response depends on the variable being imputed. J. Am. Stat. Assoc. 77: 251-261.

[117] Groves, R., Dillman, D., Eltinge, J., and Little, R. (eds.) (2002). Survey Nonresponse. New York: Wiley.

[118] Guo, Y. and Little, R.J.A. (2011). Regression analysis with covariates that have heteroscedastic measurement error. Stat. Med. 30 (18): 2278-2294.

[119] Guo, Y., Little, R.J., and McConnell, D.S. (2011). On using summary statistics from an external calibration sample to correct for covariate measurement error. Epidemiology 23 (1): 165-174.

[120] Gupta, N.K. and Mehra, R.K. (1974). Computational aspects of maximum likelihood estimation and reduction in sensitivity function calculations. IEEE Trans. Autom. Control 19: 774-783.

[121] Haberman, S.J. (1974). The Analysis of Frequency Data. Chicago: University of Chicago Press.

[122] Haitovsky, Y. (1968). Missing data in regression analysis. J. R. Stat. Soc. B 30: 67-81.

[123] Hajek, J. (1960). Limiting distributions in simple random sampling from a finite population. Pub. Math. Inst. Hung. Acad. Sci. 4: 49-57.

[124] Hajek, J. (1971). Comment on "An essay on the logical foundations of survey sampling, part one". In: The Foundations of Survey Sampling (ed. V.P. Godambe and D.A. Sprott), 236. Holt, Rinehart, and Winston.

[125] Hampel, F.R., Ronchetti, E.M., Rousseeuw, P.J., and Stahel, W.A. (1986). Robust Statistics: The Approach Based on Influence Functions. New York: Wiley.

[126] Hansen, M.H., Hurwitz, W.N., and Madow, W.G. (1953). Sample Survey Methods and Theory, vol. 1 and 2. New York: Wiley.

[127] Hanson, R.H. (1978). The Current Population Survey: Design and Methodology. Technical Paper No. 40. U.S. Bureau of the Census.

[128] Harel, O. (2009). The estimation of R^2 and adjusted R^2 in incomplete data sets using multiple imputation. J. Appl. Stat. 36 (10): 1109-1118.

[129] Hartley, H.O. (1956). Programming analysis of variance for general-purpose computers. Biometrics 12: 110-122.

[130] Hartley, H.O. (1958). Maximum likelihood estimation from incomplete data. Biometrics 14: 174-194.

[131] Hartley, H.O. and Hocking, R.R. (1971). The analysis of incomplete data. Biometrics 27: 783-808.

[132] Hartley, H.O. and Rao, J.N.K. (1967). Maximum-likelihood estimation for the mixed analysis of variance model. Biometrika 54: 93-108.

[133] Harvey, A.C. (1981). Time Series Models. New York: Wiley.

[134] Harvey, A.C. and Phillips, G.D.A. (1979). Maximum likelihood estimation of regression models with autoregressive-moving average disturbances. Biometrika 66: 49-58.

[135] Harville, D.A. (1977). Maximum likelihood approaches to variance component estimation and to related problems. J. Am. Stat. Assoc. 72: 320-340 (with discussion).

[136] Hasselblad, V., Stead, A.G., and Galke, W. (1980). Analysis of coarsely grouped data from the lognormal distribution. J. Am. Stat. Assoc. 75: 771-778.

[137] Hastings, W.K. (1970). Monte Carlo sampling methods using Markov chains and their applications. Biometrika 57: 97-109.

[138] Healy, M.J.R. and Westmacott, M. (1956). Missing values in experiments analyzed on automatic computers. Appl. Stat. 5: 203-206.

[139] Heckman, J. (1976). The common structure of statistical models of truncation, sample selection and limited dependent variables, and a simple estimator for such models. Ann. Econ. Soc. Meas. 5: 475-492.

[140] Heeringa, S.G., Little, R.J., and Raghunathan, T. (2002). Multivariate imputation of coarsened survey data on household wealth. In: Survey Nonresponse, Chapter 24 (ed. R.M. Groves, D.A. Dillman, J.L. Eltinge and R.J. Little). New York: Wiley.

[141] Heitjan, D.F. (1994). Ignorability in general incomplete-data models. Biometrika 81 (4): 701-708.

[142] Heitjan, D.F. and Little, R.J. (1991). Multiple imputation for the fatal accident reporting system. Appl. Stat. 40: 13-29.

[143] Heitjan, D.F. and Rubin, D.B. (1990). Inference from coarse data via multiple imputation with application to age heaping. J. Am. Stat. Assoc. 85 (410): 304-314.

[144] Henderson, C.R. (1975). Best linear unbiased estimation and prediction under a selection model. Biometrics 31: 423-447.

[145] Herzog, T. and Rubin, D.B. (1983). Using multiple imputations to handle nonresponse in sample surveys. In: Incomplete Data in Sample Surveys: Theory and Bibliography, vol. 2 (ed. W.G. Madow, I. Olkin and D.B. Rubin), 209-245. New York: Academic Press.

[146] Higgins, K.M., Davidian, M., Chew, G., and Burge, H. (1998). The effect of serial dilution error on calibration inference in immunoassay. Biometrics 54: 19-32.

[147] Hirano, K., Imbens, G., Rubin, D.B., and Zhou, X.H. (2000). Estimating the effect of an influenza vaccine in an encouragement design. Biostatistics 1: 69-88.

[148] Hocking, R.R. and Oxspring, H.H. (1974). The analysis of partially categorized contingency data. Biometrics 30: 469-483.

[149] Holland, P.W. (1986). A comment on remarks by Rubin and Hartigan. In: Drawing Inferences from Self-Selected Samples (ed. H. Wainer), 149-151. New York: Springer.

[150] Holland, P.W. and Wightman, L.E. (1982). Section pre-equating: a preliminary investigation. In: Test Equating (ed. P.W. Holland and D.B. Rubin). New York: Academic Press.

[151] Holt, D. and Smith, T.M.F. (1979). Post stratification. J. R. Stat. Soc. A 142: 33-46.

[152] Horton, N.J. and Laird, N.M. (1998). Maximum likelihood analysis of generalized linear models with missing covariates. Stat. Methods Med. Res. 8: 37-50.

[153] Horvitz, D.G. and Thompson, D.J. (1952). A generalization of sampling without replacement from a finite population. J. Am. Stat. Assoc. 47: 663-685.

[154] Huber, P.J. (1967). The behavior of maximum likelihood estimates under nonstandard conditions. In: Proceedings of the 5th Berkeley Symposium on Mathematical Statistics and Probability, vol. 1, 221-233. University of California Press.

[155] Ibrahim, J.G. (1990). Incomplete data in generalized linear models. J. Am. Stat. Assoc. 85: 765-769.

[156] Ibrahim, J.G., Lipsitz, S.R., and Chen, M.-H. (1999). Missing covariates in generalized linear models when the missing data mechanism is non-ignorable. J. R. Stat. Soc. B 61: 173-190.

[157] Ireland, C.T. and Kullback, S. (1968). Contingency tables with given marginals. Biometrika 55: 179-188.

[158] Jacobsen, M. and Keiding, N. (1995). Coarsening at random in general sample spaces and random censoring in continuous time. Ann. Stat. 23 (3): 774-786.

[159] Jamshidian, M. and Jennrich, R.I. (1993). Conjugate gradient acceleration of the EM algorithm. J. Am. Stat. Assoc. 88: 221-228.

[160] Janssens, W., van der Gaag, J., Rinke de Wit, T.F., and Tanović, Z. (2014). Refusal bias in the estimation of HIV prevalence. Demography 51 (3): 1131-1157.

[161] Jarrett, R.G. (1978). The analysis of designed experiments with missing observations. Appl. Stat. 27: 38-46.

[162] Jennrich, R.I. and Schluchter, M.D. (1986). Incomplete repeated-measures models with structured covariance matrices. Biometrics 42: 805-820.

[163] Jones, R.H. (1980). Maximum likelihood fitting of ARMA models to time series with missing observations. Technometrics 22: 389-395.

[164] Jurek, A.M., Maldonado, G., Greenland, S., and Church, T.R. (2006). Exposure-measurement error is frequently ignored when interpreting epidemiologic study results. Eur. J. Epidemiol. 21 (12): 871–876.

[165] Kalman, R.E. (1960). A new approach to linear filtering and prediction problems. Trans. ASME J. Basic Eng. 82: 34–35.

[166] Kalton, G. and Kish, L. (1981). Two efficient random imputation procedures. In: Proceedings of the Survey Research Methods Section 1981, 146–151. American Statistical Association.

[167] Kang, J.D.Y. and Schafer, J.L. (2007). Demystifying double robustness: a comparison of alternative strategies for estimating a population mean from incomplete data. Stat. Sci. 22 (4): 523–539.

[168] Kempthorne, O. (1952). The Design and Analysis of Experiments. New York: Wiley.

[169] Kennickell, A.B. (1991). Imputation of the 1989 Survey of Consumer Finances: stochastic relaxation and multiple imputation. In: Proceedings of the Section on Survey Research Methods, 1–10. American Statistical Association.

[170] Kent, J.T., Tyler, D.E., and Vardi, Y. (1994). A curious likelihood identity for the multivariate t-distribution. Commun. Stat. B –Simul. Comput. 23: 441–453.

[171] Kenward, M.G. and Molenberghs, G. (1998). Likelihood based frequentist inference when data are missing at random. Stat. Sci. 13: 236–247.

[172] Kim, J.O. and Curry, J. (1977). The treatment of missing data in multivariate analysis. Sociol. Methods Res. 6: 215–240.

[173] Kish, L. (1992). Weighting for unequal Pi. J. Off. Stat. 8: 183–200.

[174] Kleinbaum, D.G., Morgenstern, H., and Kupper, L.L. (1981). Selection bias in epidemiological studies. Am. J. Epidemiol. 113: 452–463.

[175] Kong, A., Liu, J.S., and Wong, W.H. (1994). Sequential imputations and Bayesian missing data problems. J. Am. Stat. Assoc. 89: 278–288.

[176] Krzanowski, W.J. (1980). Mixtures of continuous and categorical variables in discriminant analysis. Biometrics 36: 493–499.

[177] Krzanowski, W.J. (1982). Mixtures of continuous and categorical variables in discriminant analysis: a hypothesis-testing approach. Biometrics 38: 991–1002.

[178] Kulldorff, G. (1961). Contributions to the Theory of Estimation from Grouped and Partially Grouped Samples. Stockholm and New York: Almquist and Wiksell and Wiley.

[179] Laird, N.M. and Ware, J.H. (1982). Random-effects models for longitudinal data. Biometrics 38: 963–974.

[180] Lange, K. (1995a). A gradient algorithm locally equivalent to the EM algorithm. J. R. Stat. Soc. B 57: 425–437.

[181] Lange, K. (1995b). A quasi-Newtonian acceleration of the EM algorithm. Stat. Sin. 5: 1–18.

[182] Lange, K., Little, R.J., and Taylor, J.M.G. (1989). Robust statistical inference using the t distribution. J. Am. Stat. Assoc. 84: 881–896.

[183] LaVange, L.M. (1983). The analysis of incomplete longitudinal data with modeled covariance matrices. In: Mimeo 1449. Institute of Statistics, University of North Carolina.

[184] Lazzeroni, L.C. and Little, R.J. (1998). Random-effects models for smoothing post-stratification weights. J. Off. Stat. 14 (1): 61–78.

[185] Ledolter, J. (1979). A recursive approach to parameter estimation in regression and time series problems. Commun. Stat. -Theor. Methods A8: 1227–1245.

[186] Lee, Y. and Nelder, J.A. (1996). Hierarchical generalized linear models. J. R. Stat. Soc. B 58: 619–678 (with discussion).

[187] Lee, Y. and Nelder, J.A. (2001). Hierarchical generalized linear models: a synthesis of generalised linear models, random effects models and structured dispersions. Biometrika 88: 987–1006.

[188] Lee, Y. and Nelder, J.A. (2009). Likelihood inference for models with unobservables: another view. Statist. Sci. 24 (3): 255–302 (with discussion).

[189] Lee, H., Rancourt, E., and Särndal, C.E. (2002). Variance estimation from survey data under single imputation. In: Survey Nonresponse, Chapter 21 (ed. R.M. Groves, D.A. Dillman, J.L. Eltinge and R.J. Little). New York: Wiley.

[190] Lee, Y., Nelder, J.A., and Pawitan, Y. (2006). Generalized Linear Models with Random Effects: Unified Analysis via H-likelihood. London: Chapman and Hall.

[191] Li, X. and Ding, P. (2017). General forms of finite population central limit theorems with applications to causal inference. J. Am. Stat. Assoc. 112: 1759–1769.

[192] Li, K.H., Meng, X.-L., Raghunathan, T.E., and Rubin, D.B. (1991a). Significance levels from repeated p-values with multiply-imputed data. Stat. Sin. 1: 65–92.

[193] Li, K.H., Raghunathan, T.E., and Rubin, D.B. (1991b). Large sample significance levels from multiply-imputed data using moment-based statistics and an F reference distribution. J. Am. Stat. Assoc. 86: 1065–1073.

[194] Li, F., Baccini, M., Mealli, F., Zell, E.R., Frangakis, C., and Rubin, D.B. (2014). Multiple imputation by ordered monotone blocks with application to the anthrax vaccine research program. J. Comput. Graph. Stat. 23 (3): 877–892.

[195] Liang, K.-Y. and Zeger, S.L. (1986). Longitudinal data analysis using generalized linear models. Biometrika 73: 13–22.

[196] Lillard, L., Smith, J.P., and Welch, F. (1982). What Do We Really Know About Wages: The Importance of Nonreporting and Census Imputation. Santa Monica, CA: The Rand Corporation.

[197] Lillard, L., Smith, J.P., and Welch, F. (1986). What do we really know about wages? The importance of nonreporting and census imputation. J. Pol. Econ. 94: 489-506.

[198] Lindley, D.V. (1965). Introduction to Probability and Statistics from a Bayesian Viewpoint. Part 2, Inference. Cambridge: Cambridge University Press.

[199] Lipsitz, S.R., Ibrahim, J.G., and Zhao, L.P. (1999). A weighted estimating equation for missing covariate data with properties similar to maximum likelihood. J. Am. Stat. Assoc. 94: 1147-1160.

[200] Little, R.J. (1976). Inference about means from incomplete multivariate data. Biometrika 63: 593-604.

[201] Little, R.J. (1979). Maximum likelihood inference for multiple regression with missing values: a simulation study. J. R. Stat. Soc. B 41: 76-87.

[202] Little, R.J. (1982). Models for nonresponse in sample surveys. J. Am. Stat. Assoc. 77: 237-250.

[203] Little, R.J. (1985a). A note about models for selectivity bias. Econometrica 53: 1469-1474.

[204] Little, R.J. (1985b). Nonresponse adjustments in longitudinal surveys: models for categorical data. Bull. Int. Stat. Inst. 15, 1: 1-15.

[205] Little, R.J. (1986). Survey nonresponse adjustments. Int. Stat. Rev. 54: 139-157.

[206] Little, R.J. (1988a). Small sample inference about means from bivariate normal data with missing values. Comput. Stat. Data Anal. 7: 161-178.

[207] Little, R.J. (1988b). Robust estimation of the mean and covariance matrix from data with missing values. Appl. Stat. 37: 23-38.

[208] Little, R.J.A. (1988c). Missing data in large surveys. J. Bus. Econ. Stat. 6: 287-301 (with discussion).

[209] Little, R.J. (1992). Regression with missing X's: a review. J. Am. Stat. Assoc. 87: 1227-1237.

[210] Little, R.J. (1993a). Statistical analysis of masked data. J. Off. Stat. 9: 407-426.

[211] Little, R.J. (1993b). Post-stratification: a modeler's perspective. J. Am. Stat. Assoc. 88: 1001-1012.

[212] Little, R.J. (1993c). Pattern-mixture models for multivariate incomplete data. J. Am. Stat. Assoc. 88: 125-134.

[213] Little, R.J. (1994). A class of pattern-mixture models for normal missing data. Biometrika 81 (3): 471-483.

[214] Little, R.J. (1995). Modeling the drop-out mechanism in longitudinal studies. J. Am. Stat. Assoc. 90: 1112-1121.

[215] Little, R.J. (1997). Biostatistical analysis with missing data. In: Encyclopedia of Biostatistics (ed. P. Armitage and T. Colton). London: Wiley.

[216] Little, R.J.A. (2006). Calibrated Bayes: a Bayes/frequentist roadmap. Am. Stat. 60 (3): 213-223.

[217] Little, R.J. (2008). Selection and pattern-mixture models. In: Advances in Longitudinal Data Analysis, Chapter 18 (ed. G. Fitzmaurice, M. Davidian, G. Verbeke and G. Molenberghs), 409-431. London: CRC Press.

[218] Little, R.J.A. and An, H. (2004). Robust likelihood-based analysis of multivariate data with missing values. Stat. Sin. 14: 949-968.

[219] Little, R.J. and Rubin, D.B. (1983a). Incomplete data. In: Encyclopedia of Statistical Sciences, vol. 4 (ed. S. Kotz), 46-53. Wiley.

[220] Little, R.J. and Rubin, D.B. (1983b). On jointly estimating parameters and missing data by maximizing the complete-data likelihood. Am. Stat. 37: 218-220.

[221] Little, R.J. and Rubin, D.B. (1987). Statistical Analysis with Missing Data, 1e. New York: Wiley.

[222] Little, R.J. and Rubin, D.B. (2002). Statistical Analysis with Missing Data, 2e. New York: Wiley.

[223] Little, R.J. and Schenker, N. (1994). Missing data. In: Handbook for Statistical Modeling in the Social and Behavioral Sciences, Chapter 2 (ed. G. Arminger, C.C. Clogg and M.E. Sobel), 39-75. New York: Plenum.

[224] Little, R.J. and Schluchter, M.D. (1985). Maximum likelihood estimation for mixed continuous and categorical data with missing values. Biometrika 72: 497-512.

[225] Little, R.J.A. and Su, H.L. (1987). Missing-data adjustments for partially-scaled variables. In: Proceedings of the Survey Research Methods Section, 1987, 644-649. American Statistical Association.

[226] Little, R.J. and Su, H.L. (1989). Item nonresponse in panel surveys. In: Panel Surveys (ed. D. Kasprzyk, G. Duncan and M.P. Singh), 400-425. New York: Wiley.

[227] Little, R.J. and Vartivarian, S. (2003). On weighting the rates in nonresponse weights. Stat. Med. 22: 1589-1599.

[228] Little, R.J. and Vartivarian, S. (2005). Does weighting for nonresponse increase the variance of survey means? Surv. Methods 31: 161-168.

[229] Little, R.J. and Wang, Y.-X. (1996). Pattern-mixture models for multivariate incomplete data with covariates. Biometrics 52: 98-111.

[230] Little, R.J. and Yau, L. (1996). Intent-to-treat analysis in longitudinal studies with drop-outs. Biometrics 52: 1324-1333.

[231] Little, R.J. and Zhang, N. (2011). Subsample ignorable likelihood for regression analysis with missing data. Appl. Stat. 60 (4): 591-605.

[232] Little, R.J., Liu, F., and Raghunathan, T. (2004). Statistical disclosure techniques based on multiple imputation. In: Applied Bayesian Modeling and Causal Inference

from Incomplete-Data Perspectives (ed. A. Gelman and X.-L. Meng), 141-152. New York: Wiley.

[233] Little, R.J., Long, Q., and Lin, X. (2009). A comparison of methods for estimating the causal effect of a treatment in randomized clinical trials subject to noncompliance. Biometrics 65 (2): 640-649.

[234] Little, R.J., D'Agostino, R., Cohen, M.L. et al. (2012). Special report: The prevention and treatment of missing data in clinical trials.N. Engl. J. Med. 367 (14): 1355-1360.

[235] Little, R.J., Rubin, D.B., and Zanganeh, S.Z. (2016a). Conditions for ignoring the missing-data mechanism in likelihood inferences for parameter subsets. J. Am. Stat. Assoc. 112: 314-320.

[236] Little, R.J., Wang, J., Sun, X. et al. (2016b). The treatment of missing data in a large cardiovascular clinical outcomes study. Clin. Trials 13 (3): 344-351.

[237] Liu, C.H. (1995). Missing-data imputation using the multivariate t distribution. J. Multivariate Anal. 53: 139-158.

[238] Liu, C.H. (1996). Bayesian robust multivariate linear regression with incomplete data. J. Am. Stat. Assoc. 91: 1219-1227.

[239] Liu, J.S. (2001). Monte Carlo Strategies in Scientific Computing. New York: Springer.

[240] Liu, C.H. (2005). Robit regression: a simple robust alternative to logistic and probit regression. In: Applied Bayesian Modeling and Causal Inference from Incomplete-Data Perspectives: An Essential Journey with Donald Rubin's Statistical Family (ed. A. Gelman and X.-L. Meng), 227-238. New York: Wiley.

[241] Liu, J.S. and Chen, R. (1998). Sequential Monte Carlo methods for dynamic systems. J. Am. Stat. Assoc. 93: 1032-1044.

[242] Liu, C.H. and Rubin, D.B. (1994). The ECME algorithm: a simple extension of EM and ECM with fast monotone convergence. Biometrika 81: 633-648.

[243] Liu, C.H. and Rubin, D.B. (1996). Markov-normal analysis of iterative simulations before their convergence. J. Econometrics 75: 69-78.

[244] Liu, C.H. and Rubin, D.B. (1998). Ellipsoidally symmetric extensions of the general location model for mixed categorical and continuous data. Biometrika 85: 673-688.

[245] Liu, C.H. and Rubin, D.B. (2002). Model-based analysis to improve the performance of iterative simulations. Stat. Sin. 12: 751-767.

[246] Liu, C.H., Rubin, D.B., and Wu, Y. (1998). Parameter expansion to accelerate EM: the PX-EM algorithm. Biometrika 85: 755-770.

[247] Liublinska, V. and Rubin, D.B. (2012). Enhanced tipping-point displays. In: Proceedings of the Section on Survey Research Methods, 2012, 3861-3686. American Statistical Association.

[248] Lohr, S. (2010). Sampling: Design and Analysis, 2e. Boston, MA: Cengage Learning.

[249] Lord, F.M. (1955). Estimation of parameters from incomplete data. J. Am. Stat. Assoc. 50: 870-876.

[250] Louis, T.A. (1982). Finding the observed information when using the EM algorithm. J. R. Stat. Soc. B 44: 226-233.

[251] Madow, W.G. and Olkin, I. (1983). Incomplete Data in Sample Surveys: Proceedings of the Symposium, vol. 3. New York: Academic Press.

[252] Madow, W.G., Nisselson, H., and Olkin, I. (eds.) (1983a). Incomplete Data in Sample Surveys: Report and Case Studies, vol. 1. New York: Academic Press.

[253] Madow, W.G., Olkin, I., and Rubin, D.B. (eds.) (1983b). Incomplete Data in Sample Surveys: Theory and Bibliographies, vol. 2. New York: Academic Press.

[254] Manski, C.F. and Lerman, S.R. (1977). The estimation of choice probabilities from choice-based samples. Econometrica 45: 1977-1988.

[255] Marini, M.M., Olsen, A.R., and Rubin, D.B. (1980). Maximum-likelihood estimation in panel studies with missing data. Sociol. Methodol. 11: 314-357.

[256] Marker, D.A., Judkins, D.R., and Winglee, M. (2002). Large-scale imputation for complex surveys. In: Survey Nonresponse, Chapter 22 (ed. R.M. Groves, D.A. Dillman, J.L. Eltinge and R.J. Little). New York: Wiley.

[257] Matthai, A. (1951). Estimation of parameters from incomplete data with application to design of sample surveys. Sankhya 2: 145-152.

[258] McCullagh, P. (1980). Regression models for ordinal data. J. R. Stat. Soc. B 42: 109-142.

[259] McCullagh, P. and Nelder, J. (1989). Generalized Linear Models, 2e. New York: CRC Press.

[260] McCulloch, C.E. (1997). Maximum likelihood algorithms for generalized linear mixed models. J. Am. Stat. Assoc. 92: 162-170.

[261] McKendrick, A.G. (1926). Applications of mathematics to medical problems. Proc. Edinburgh Math. Soc. 44: 98-130.

[262] McLachlan, G.J. and Krishnan, T. (1997). The EM Algorithm and Extensions. New York: Wiley.

[263] Mealli, F. and Rubin, D.B. (2015). Clarifying missing at random and related definitions, and implications when coupled with exchangeability. Biometrika 102 (4): 995-1000. Correction in Biometrika 103 (2): 491.

[264] Mega, J.L., Braunwald, E., Wiviott, S.D. et al. (2012). Rivaroxaban in patients with a recent acute coronary syndrome. N. Engl. J. Med. 366: 9-19.

[265] Meilijson, I. (1989). A fast improvement to the EM algorithm on its own terms. J. R. Stat. Soc. B 51: 127-138.

[266] Meinert, C.L. (1980). Toward more definitive clinical trials, controlled. Clin. Trials 1: 249-261.

[267] Meltzer, A., Goodman, C., Langwell, K. et al. (1980). Develop physician and physician extender data bases. Final Report, G-155. Silver Springs, MD: Applied Management Sciences, Inc.

[268] Meng, X.-L. (1995). Multiple imputation with uncongenial sources of input. Stat. Sci. 10: 538–73 (with discussion).

[269] Meng, X.L. (2002). A congenial overview and investigation of multiple imputation inferences under uncongeniality. In: Survey Nonresponse, Chapter 23 (ed. R. Groves, D. Dillman, J. Eltinge and R. Little). New York: Wiley.

[270] Meng, X.-L. (2009). Decoding the H-likelihood. Discussion of "likelihood inference for models with unobservables: another view" by Lee, Y. and Nelder, J.A. Stat. Sci. 24 (3): 280–293.

[271] Meng, X.-L. and Pedlow, S. (1992). EM: a bibliographic review with missing articles. In: Proceedings of the Statistical Computing Section, 24–27. American Statistical Association.

[272] Meng, X.-L. and Rubin, D.B. (1991). Using EM to obtain asymptotic variance-covariance matrices: the SEM algorithm. J. Am. Stat. Assoc. 86: 899–909.

[273] Meng, X.-L. and Rubin, D.B. (1992). Performing likelihood ratio tests with multiply-imputed data sets. Biometrika 79: 103-111.

[274] Meng, X.-L. and Rubin, D.B. (1993). Maximum likelihood estimation via the ECM algorithm: a general framework. Biometrika 80: 267–278.

[275] Meng, X.-L. and Rubin, D.B. (1994). On the global and component-wise rates of convergence of the EM algorithm. Linear Algebra Appl. 199: 413–425.

[276] Meng, X.L. and Van Dyk, D. (1997). The EM algorithm – an old folk song sung to a fast newtune. J. R. Stat. Soc. B 59: 511–567 (with discussion).

[277] Meng, X.-L. and Wong, W.H. (1996). Simulating ratios of normalizing constants via a simple identity: a theoretical exploration. Stat. Sin. 6: 831–860.

[278] Metropolis, N., Rosenbluth, A.W., Rosenbluth, M.N. et al. (1953). Equations of state calculations by fast computing machines. J. Chem. Phys. 21: 1087-1091.

[279] Miller, R.G. (1974). The Jackknife –a review. Biometrika 61: 1–15.

[280] Mislevy, R.J., Beaton, A.E., Kaplan, B., and Sheehan, K.M. (1992). Estimating population characteristics from sparse matrix samples of item responses. J. Educ. Meas. 29 (2): 133–161.

[281] Mori, M., Woolson, R.F., and Woodsworth, G.G. (1994). Slope estimation in the presence of informative censoring: modeling the number of observations as a geometric random variable. Biometrics 50: 39–50.

[282] Morrison, D.F. (1971). Expectations and variances of maximum likelihood estimates of the multivariate normal distribution parameters with missing data. J. Am. Stat. Assoc. 66: 602–604.

[283] Muirhead, R.J. (1982). Aspects of Multivariate Statistical Theory. New York: Wiley.

[284] Murray, G.D. and Findlay, J.G. (1988). Correcting for the bias caused by drop-outs in hypertension trials. Stat. Med. 7: 941–946.

[285] National Assessment of Educational Progress (2016). Overview of the NAEP Assessment Design. https://nces.ed.gov/nationsreportcard/tdw/overview.

[286] National Research Council (2010). The Prevention and Treatment of Missing Data in Clinical Trials. Panel on Handling Missing Data in Clinical Trials. Washington, DC: National Academy Press.

[287] Neyman, J. (1934). On the two different aspects of the representative method: the method of stratified sampling and the method of purposive selection. J. R. Stat. Soc. A 97: 558–606.

[288] Ngo, L. and Wand, M.P. (2004). Smoothing with mixed model software. J. Stat. Softw. 9: 1–54.

[289] Nie, N.H., Hull, C.H., Jenkins, J.G., Steinbrenner, K., and Bent, D.H. (1975). SPSS Statistical Package for the Social Sciences, 2e. New York: McGraw-Hill.

[290] Nordheim, E.V. (1984). Inference from nonrandomly missing data: an example from a genetic study on Turner's Syndrome. J. Am. Stat. Assoc. 79: 772–780.

[291] Oh, H.L. and Scheuren, F.S. (1983). Weighting adjustments for unit nonresponse. In: Incomplete Data in Sample Surveys: Theory and Annotated Bibliography, vol. 2 (ed. W.G. Madow, I. Olkin and D.B. Rubin). New York: Academic Press.

[292] Olkin, I. and Tate, R.F. (1961). Multivariate correlation models with mixed discrete and continuous variables. Ann. Math. Stat. 32: 448–465.

[293] Orchard, T. and Woodbury, M.A. (1972). A missing information principle: theory and applications. In: Proceedings of the 6th Berkeley Symposium on Mathematical Statistics and Probability, Volume 1, 697–715.

[294] Park, T. (1993). A comparison of the generalized estimating equation approach with the maximum likelihood approach for repeated measurements. Stat. Med. 12: 1723–1732.

[295] Pauli, F., Racugno, W., and Ventura, L. (2011). Bayesian composite marginal likelihoods. Stat. Sin. 21: 149–164.

[296] Pearce, S.C. (1965). Biological Statistics: An Introduction. New York: McGraw-Hill.

[297] Pettitt, A.N. (1985). Re-weighted least squares estimation with censored and grouped data: an application of the EM algorithm. J. R. Stat. Soc. B 47: 253–261.

[298] Pinheiro, J.C. and Bates, D.M. (2000). Mixed-Effects Models in S and S-PLUS. New York: Springer.

[299] Pocock, S.J. (1983). Clinical Trials: A Practical Approach. New York: Wiley.

[300] Potthoff, R.F. and Roy, S.N. (1964). A generalized multivariate analysis of variance model useful especially for growth curve problems. Biometrika 51: 313–326.

[301] Preece, D.A. (1971). Iterative procedures for missing values in experiments. Techno-metrics 13: 743-753.

[302] Pregibon, D. (1977). Typical survey data: estimation and imputation. Surv. Methodol. 2: 70-102.

[303] Press, S.J. and Scott, A.J. (1976).Missing variables in Bayesian regression, II. J. Am. Stat. Assoc. 71: 366-369.

[304] Press, S.J. and Wilson, S. (1978). Choosing between logistic regression and discrim-inant analysis. J. Am. Stat. Assoc. 73: 699-705.

[305] Raghunathan, T.E. (2015).Missing Data Analysis in Practice. New York: Chapman and Hall / CRC.

[306] Raghunathan, T.E. and Grizzle, J.E. (1995). A split questionnaire design. J. Am. Stat. Assoc. 90: 55-63.

[307] Raghunathan, T.E. and Rubin, D.B. (1998). Roles for Bayesian techniques in survey sampling. In: Proceedings of the Silver Jubilee Meeting of the Statistical Society of Canada, 51-55.

[308] Raghunathan, T., Lepkowski, J., Van Hoewyk, M., and Solenberger, P. (2001). A multivariate technique for multiply imputing missing values using a sequence of re-gression models. Surv. Methodol. 27 (1): 85-95. For associated IVEWARE software see http://www.isr.umich.edu/src/smp/ive/.

[309] Raghunathan, T.E., Reiter, J.P., and Rubin, D.B. (2003). Multiple imputation for statistical disclosure limitation. J. Off. Stat. 19: 1-16.

[310] Rao, C.R. (1965). Linear Statistical Inference. New York: Wiley.

[311] Rao, C.R. (1972). Linear Statistical Inference and Its Applications. New York: Wiley.

[312] Rao, J.N.K. (1996). On variance estimation with imputed survey data. J. Am. Stat. Assoc. 91: 499-506.

[313] Rao, J.N.K. and Shao, J. (1992). Jackknife variance estimation with survey data under hot deck imputation. Biometrika 79: 811-822.

[314] Rässler, S. (2002). Statistical Matching, A Frequentist Theory, Practical Applica-tions, and Alternative Bayesian Approaches. New York: Springer.

[315] Reiter, J.P. (2008). Multiple imputation when records used for imputation are not used or disseminated for analysis. Biometrika 95 (4): 933-946.

[316] Robins, J.M. and Rotnitzky, A. (1995). Semiparametric efficiency in multivariate regression models with missing data. J. Am. Stat. Assoc. 90: 122-129.

[317] Robins, J.M. and Wang, N. (2000). Inference for imputation estimators. Biometrika 87 (1): 113-124.

[318] Robins, J.M., Rotnitzky, A., and Zhao, L.P. (1995). Analysis of semiparametric re-gression models for repeated outcomes in the presence of missing data. J. Am. Stat. Assoc. 90: 106-121.

[319] Rosenbaum, P.R. and Rubin, D.B. (1983). The central role of the propensity score in observational studies for causal effects. Biometrika 70: 41-55.

[320] Rosenbaum, P.R. and Rubin, D.B. (1985). Constructing a control group using multivariate matched sampling incorporating the propensity score. Am. Stat. 39: 33-38.

[321] Rotnitzky, A., Robins, J.M., and Scharfstein, D.O. (1998). Semiparametric regression for repeated outcomes with nonignorable nonresponse. J. Am. Stat. Assoc. 93: 1321-1339.

[322] Roy, J. (2003). Modeling longitudinal data with nonignorable dropouts using a latent dropout class model. Biometrics 59 (4): 829-836.

[323] Royall, R. (1997). Statistical Evidence: A Likelihood Paradigm. New York: Chapman and Hall / CRC.

[324] Rubin, D.B. (1972). A non-iterative algorithm for least squares estimation of missing values in any analysis of variance design. Appl. Stat. 21: 136-141.

[325] Rubin, D.B. (1973a). Matching to remove bias in observational studies. Biometrics 29: 159-183.

[326] Rubin, D.B. (1973b). The use of matched sampling and regression adjustment to remove bias in observational studies. Biometrics 29: 185-203.

[327] Rubin, D.B. (1974). Characterizing the estimation of parameters in incomplete data problems. J. Am. Stat. Assoc. 69: 467-474.

[328] Rubin, D.B. (1976a). Inference and missing data. Biometrika 63: 581-592 (with discussion).

[329] Rubin, D.B. (1976b). Non-iterative least squares estimates, standard errors and F-tests for any analysis of variance with missing data. J. R. Stat. Soc. B 38: 270-274.

[330] Rubin, D.B. (1976c). Comparing regressions when some predictor variables are missing. Technometrics 18: 201-206.

[331] Rubin, D.B. (1977). Formalizing subjective notions about the effect of nonrespondents in sample surveys. J. Am. Stat. Assoc. 72: 538-543.

[332] Rubin, D.B. (1978a). Bayesian inference for causal effects: the role of randomization. Ann. Stat. 7: 34-58.

[333] Rubin, D.B. (1978b). Multiple imputations in sample surveys. In: Proceedings of the Survey Research Methods Section, 1978, 20-34. American Statistical Association.

[334] Rubin, D.B. (1979). Illustrating the use of multiple imputation to handle nonresponse in sample surveys. Proceedings of the 1979 International Statistical Institute - IASS, Manila.

[335] Rubin, D.B. (1983a). Iteratively reweighted least squares. In: Encyclopedia of Statistical Sciences, vol. 4 (ed. S. Kotz, N.L. Johnson and C.B. Read), 272-275. New York: Wiley.

[336] Rubin, D.B. (1983b). Imputing income in the CPS. In: The Measurement of Labor Cost (ed. J. Triplett). Chicago: University of Chicago Press.

[337] Rubin, D.B. (1984). Bayesianly justifiable and relevant frequency calculations for the applied statistician. Ann. Stat. 12: 1151-1172.

[338] Rubin, D.B. (1985a). The use of propensity scores in applied Bayesian inference. In: Bayesian Statistics, vol. 2 (ed. J.M. Bernardo, M.H. De Groot, D.V. Lindley and A.F.M. Smith), 463-472. Amsterdam: North-Holland.

[339] Rubin, D.B. (1985b). Comment on "A statistical model for positron emission tomography". J. Am. Stat. Assoc. 80: 31-32.

[340] Rubin, D.B. (1986). Statistical matching using file concatenation with adjusted weights and multiple imputations. J. Bus. Econ. Stat. 4: 87-94.

[341] Rubin, D.B. (1987a). Multiple Imputation for Nonresponse in Surveys. New York: Wiley.

[342] Rubin, D.B. (1987b). A noniterative sampling/importance resampling alternative to the data augmentation algorithm for creating a few imputations when fractions of missing information are modest: the SIR algorithm. Discussion of Tanner and Wong (1987). J. Am. Stat. Assoc. 82: 543-546.

[343] Rubin, D.B. (1993). Satisfying confidentiality constraints through use of synthetic multiple-imputed microdata. J. Off. Stat. 9: 461-468.

[344] Rubin, D.B. (1994). Comment on "Missing data, imputation, and the bootstrap" by Bradley Efron. J. Am. Stat. Assoc. 89: 475-478.

[345] Rubin, D.B. (1996). Multiple imputation after 18+ years. J. Am. Stat. Assoc. 91: 473-489 (with discussion).

[346] Rubin, D.B. (2000). The utility of counterfactuals for causal inference. Comment on A.P. Dawid, "causal inference without counterfactuals". J. Am. Stat. Assoc. 95: 435-438.

[347] Rubin, D.B. (2002). Multiple imputation of NMES. Proceedings of the International Conference on Quality in Official Statistics, Stockholm, Sweden (14-15 May 2001).

[348] Rubin, D.B. (2004). Multiple Imputation for Nonresponse in Surveys, Wiley Classics Library Edition. New York: Wiley.

[349] Rubin, D.B. (2017). Commentary. Stat. J. Int. Assoc.Off. Stat. 33 (1): 239-240.

[350] Rubin, D.B. (2019). Conditional Calibration and the Sage Statistician. Survey Methodology 45 (2): 187-198.

[351] Rubin, D.B. and Schenker, N. (1986). Multiple imputation for interval estimation from simple random samples with ignorable nonresponse. J. Am. Stat. Assoc. 81: 366-374.

[352] Rubin, D.B. and Schenker, N. (1987). Interval estimation from multiply-imputed data: a case study using agriculture industry codes. J. Off. Stat. 3: 375-387.

[353] Rubin, D.B. and Szatrowski, T.H. (1982). Finding maximum likelihood estimates for patterned covariance matrices by the EM algorithm. Biometrika 69: 657-660.

[354] Rubin, D.B. and Thayer, D. (1978). Relating tests given to different samples. Psychometrika 43: 3-10.

[355] Rubin, D.B. and Thayer, D.T. (1982). EM algorithms for factor analysis. Psychometrika 47: 69-76.

[356] Rubin, D.B. and Thayer, D.T. (1983). More on EM for ML factor analysis. Psychometrika 48: 253-257.

[357] Rubin, D.B. and Thomas, N. (1992). Affinely invariant matching methods with ellipsoidal distributions. Ann. Stat. 20: 1079-1093.

[358] Rubin, D.B. and Thomas, N. (2000). Combining propensity score matching with additional adjustments for prognostic covariates. J. Am. Stat. Assoc. 95: 573-585.

[359] Rubin, D.B., Stern, H., and Vehovar, V. (1996). Handling "don't know" survey responses: the case of the Slovenian plebiscite. J. Am. Stat. Assoc. 90: 822-828.

[360] Ruppert, D., Wand, M.P., and Carroll, R.J. (2003). Semiparametric Regression. Cambridge University Press.

[361] Sande, I.G. (1983). Hot deck imputation procedures. In: Incomplete Data in Sample Surveys: Symposium on Incomplete Data, Proceedings, vol. 3 (ed. W.G. Madow and I. Olkin). New York: Academic Press.

[362] SAS (1992). The Mixed Procedure, Chapter 16 in SAS/STAT Software: Changes and Enhancements, Release 6.07. Technical Report P-229. Cary, NC: SAS Institute, Inc.

[363] Schafer, J.L. (1997). Analysis of Incomplete Multivariate Data. New York: CRC Press.

[364] Schafer, J.L. (1998). Multiple imputation: a primer. Stat. Methods Med. Res. 8: 3-15.

[365] Scharfstein, D., Rotnitzky, A., and Robins, J. (1999). Adjusting for nonignorable dropout using semiparametric models. J. Am. Stat. Assoc. 94: 1096-1146 (with discussion).

[366] Schenker, N. and Taylor, J.M.G. (1996). Partially parametric techniques for multiple imputation. Comput. Stat. Data Anal. 22: 425-446.

[367] Schieber, S.J. (1978). A comparison of three alternative techniques for allocating unreported social security income on the survey of the low-income aged and disabled.

In: Proceedings of the Survey Research Methods Section, 1978, 212–218. American Statistical Association.

[368] Schluchter, M.D. (1992). Methods for the analysis of informatively censored longitudinal data. Stat. Med. 11 (14–15): 1861–1870.

[369] Schluchter, M.D. and Jackson, K.L. (1989). Log-linear analysis of censored survival data with partially observed covariates. J. Am. Stat. Assoc. 84: 42–52.

[370] Seaman, S.R. and White, I.R. (2011). Review of inverse probability weighting for dealing with missing data. Stat. Methods Med. Res. 22: 278–295.

[371] Seaman, S., Galati, J., Jackson, D., and Carlin, J. (2013). What is meant by "missing at random"? Stat. Sci. 28 (2): 257–268.

[372] Shao, J. (2002). Replication methods for variance estimation in complex surveys with imputed data. In: Survey Nonresponse, Chapter 20 (ed. R.M. Groves, D.A. Dillman, J.L. Eltinge and R.J. Little), 303–314. New York: Wiley.

[373] Shao, J., Chen, Y., and Chen, Y. (1998). Balanced repeated replications for stratified multistage survey data under imputation. J. Am. Stat. Assoc. 93: 819–831.

[374] Shih, W.J., Quan, H., and Chang, M.N. (1994). Estimation of the mean when data contain non-ignorable missing values from a random effects model. Stat. Probabil. Lett. 19: 249–257.

[375] Shumway, R.H. and Stoffer, D.S. (1982). An approach to time series smoothing and forecasting using the EM algorithm. J. Time Ser. Anal. 3: 253–264.

[376] Sinha, D. and Ibrahim, J.G. (2003). A Bayesian justification of Cox's partial likelihood. Biometrika 90 (3): 629–641.

[377] Skinner, C.J., Smith, T.M.F., and Holt, D. (1989). Analysis of Complex Surveys. New York: Wiley.

[378] Smith, A.F.M. and Gelfand, A.E. (1992). Bayesian statistics without tears: a sampling-resampling perspective. Am. Stat. 46: 84–88.

[379] Snedecor, G.W. and Cochran, W.G. (1967). Statistical Methods. Ames, IA: Iowa State University Press.

[380] Spiegelman, D., Carroll, R.J., and Kipnis, V. (2001). Efficient regression calibration for logistic regression in main study/internal validation study designs with an imperfect reference instrument. Stat. Med. 20: 139–160.

[381] Stuart, A. and Ord, J.K. (1994). Kendall's Advanced Theory of Statistics: Distribution Theory, 6e, vol. 1. New York: Arnold.

[382] Sundberg, R. (1974). Maximum likelihood theory for incomplete data from an exponential family. Scand. J. Stat. 1: 49–58.

[383] Szatrowski, T.H. (1978). Explicit solutions, one iteration convergence and averaging in the multivariate normal estimation problem for patterned means and covariances. Ann. Inst. Stat. Math. 30: 81–88.

[384] Szpiro, A., Rice, K.M., and Lumley, T. (2010). Model-robust regression and a Bayesian "sandwich" estimator. Ann. Appl. Stat. 4 (4): 2099-2113.

[385] Tang, G., Little, R.J., and Raghunathan, T. (2003). Analysis of multivariate missing data with nonignorable nonresponse. Biometrika 90: 747-764.

[386] Tanner, M.A. (1996). Tools for Statistical Inference, 3e. New York: Springer.

[387] Tanner, M.A. and Wong, W.H. (1987). The calculation of posterior distributions by data augmentation. J. Am. Stat. Assoc. 82: 528-550 (with discussion).

[388] Ten Have, T.R., Pulkstenis, E., Kunselman, A., and Landis, J.R. (1998). Mixed effects logistic regression models for longitudinal binary response data with informative dropout. Biometrics 54: 367-383.

[389] Ten Have, T.R., Reboussin, B.A., Miller, M.E., and Kunselman, A. (2002). Mixed effects logistic regression models for multiple longitudinal binary functional limitation responses with informative drop-out and confounding by baseline outcomes. Biometrics 58 (1): 137-144.

[390] Thisted, R.A. (1988). Elements of Statistical Computing. New York: CRC Press.

[391] Tobin, J. (1958). Estimation of relationships for limited dependent variables. Econometrica 26: 24-36.

[392] Tocher, K.D. (1952). The design and analysis of block experiments. J. R. Stat. Soc. B 14: 45-100.

[393] Trawinski, I.M. and Bargmann, R.W. (1964). Maximum likelihood with incomplete multivariate data. Ann. Math. Stat. 35: 647-657.

[394] Tu, X.M., Meng, X.-L., and Pagano, M. (1993). The AIDS epidemic: estimating survival after AIDS diagnosis from surveillance data. J. Am. Stat. Assoc. 88: 26-36.

[395] Vach, W. (1994). Logistic Regression with Missing Values in the Covariates. New York: Springer.

[396] Valliant, R. (2004). The effect of multiple weighting steps on variance estimation. J. Off. Stat. 20 (1): 1-18.

[397] Van Buuren, S. (2012). Flexible Imputation of Missing Data. New York: Chapman Hall / CRC.

[398] Van Buuren, S. and Oudshoorn, C.G.M. (1999). Flexible Multivariate Imputation by MICE. Report TNO/VGZ/PG 99.054. Leiden: TNO Preventie en Gezondheid. For associated software see https://stefvanbuuren.name/mice.

[399] Van Buuren, S., Boshuizen, H.C., and Knook, D.L. (1999). Multiple imputation of missing blood pressure covariates in survival analysis. Stat. Med. 18: 681-694.

[400] Van Dyk, D.A., Meng, X.L., and Rubin, D.B. (1995). Maximum likelihood estimation via the ECM algorithm: computing the asymptotic variance. Stat. Sin. 5: 55-75.

[401] Van Praag, B.M.S., Dijkstra, T.K., and Van Velzen, J. (1985). Least-squares theory based on general distributional assumptions with an application to the incomplete observations problem. Psychometrika 50: 25-36.

[402] Vardi, Y., Shepp, L.A., and Kaufman, L. (1985). A statistical model for positron emission tomography. J. Am. Stat. Assoc. 80: 8-37.

[403] Ventura, L., Cabras, S., and Racugno, W. (2009). Prior distributions from pseudo-likelihoods in the presence of nuisance parameters. J. Am. Stat. Assoc. 104: 768-774.

[404] Von Hippel, P.T. (2007). Regression with missing Ys: an improved strategy for analyzing multiply imputed data. Sociol. Methodol. 37: 83-117.

[405] Von Neumann, J. (1951). Various techniques used in connection with random digits. Nat Bur. Stand. Appl. Math. Ser. 12: 36-38.

[406] Wachter, K.W. and Trussell, J. (1982). Estimating historical heights. J. Am. Stat. Assoc. 77: 279-301.

[407] Ware, J.H. (1985). Linear models for the analysis of longitudinal studies. Am. Stat. 39: 95-101.

[408] Weisberg, S. (1980). Applied Linear Regression. New York: Wiley.

[409] West, B. and Little, R.J. (2013). Nonresponse adjustment of survey estimates based on auxiliary variables subject to error. Appl. Stat. 62 (2): 213-231.

[410] White, H. (1982). Maximum likelihood under misspecified models. Econometrica 50: 1-25.

[411] Wilkinson, G.N. (1958a). Estimation of missing values for the analysis of incomplete data. Biometrics 14: 257-286.

[412] Wilkinson, G.N. (1958b). The analysis of variance and derivation of standard errors for incomplete data. Biometrics 14: 360-384.

[413] Wilks, S.S. (1932). Moments and distribution of estimates of population parameters from fragmentary samples. Ann. Math. Stat. 3: 163-195.

[414] Wilks, S.S. (1963). Mathematical Statistics. New York: Wiley.

[415] Winer, B.J. (1962). Statistical Principles in Experimental Design. New York: McGraw-Hill.

[416] Wolter, K.M. (1985). Introduction to Variance Estimation. New York: Springer-Verlag.

[417] Woolson, R.F. and Clarke, W.R. (1984). Analysis of categorical incomplete longitudinal data. J. R. Stat. Soc. A 147: 87-99.

[418] Wu, C.F.J. (1983). On the convergence properties of the EM algorithm. Ann. Stat. 11: 95-103.

[419] Wu, M.C. and Carroll, R.J. (1988). Estimation and comparison of changes in the presence of informative right censoring by modeling the censoring process. Biometrics 44: 175-188.

[420] Wu, C.F.J. and Hamada, M. (2009). Experiments: Planning, Analysis, and Optimization, 2e. New York: Wiley.

[421] Xie, X. and Meng, X.-L. (2017). Dissecting multiple imputation from a multiphase inference perspective: What happens when God's, imputer's and analyst's models are uncongenial? Stat. Sin. 27: 1485-1594.

[422] Yang, Y. and Little, R. (2015). A comparison of doubly robust estimators of the mean with missing data. J. Stat. Comput. Simul. 85 (16): 3383-3403.

[423] Yates, F. (1933). The analysis of replicated experiments when the field results are incomplete. Emp. J. Exp. Agric. 1: 129-142.

[424] Yuan, Y. and Little, R.J. (2009). Mixed-effect hybrid models for longitudinal data with nonignorable dropout. Biometrics 65 (2): 478-486.

[425] Zellner, A. (1962). An efficient method of estimating seemingly unrelated regressions and tests for aggregation bias. J. Am. Stat. Assoc. 57: 348-368.

[426] Zhang, G. and Little, R.J. (2009). Extensions of the penalized spline of propensity prediction method of imputation. Biometrics 65: 911-918.

[427] Zhang, G. and Little, R.J. (2011). A comparative study of doubly robust estimators of the mean with missing data. J. Stat. Comput. Simul. 81 (12): 2039-2058.

[428] Zhao, L.P. and Lipsitz, S. (1992). Designs and analysis of two-stage studies. Stat. Med. 11: 769-782.

人名索引

A

Abayomi, K., 221
Afifi, A.A., 3, 43
Airoldi, E.M., 323
Aitkin, M., 130, 316
Albert, P.S., 352
Allan, F.G., 31, 41
Amemiya, T., 327
An, H., 20, 272, 274
Anderson, R.L., 28
Anderson, T.W., 101, 137, 158, 159, 313
Andrews, D.F., 260
Andridge, R.H., 62, 72, 346
Angrist, I.D., 7
Azen, S., 58, 60

B

Baccini, M., 221
Bailar, B.A., 70, 75
Bailar, J.C., 70
Bailey, L., 75
Baker, S.G., 353, 356, 357

Bang, H., 273
Bard, Y., 128
Bargmann, R.W., 230
Barnard, J., 7, 88, 213
Bartlett, M.S., 32
Bates, D.M., 246, 273
Baum, L.E., 170
Beale, E.M.L., 170, 229, 230, 259
Beaton, A.E., 18, 147
Becker, M.P., 170
Bentler, P.M., 259
Besag, J., 182
Bethlehem, J.G., 54
Bickel, P.J., 260
Bishop, Y.M.M., 55, 184, 276, 292, 294
Bondarenko, I., 221
Boshuizen, H.C., 363
Box, G.E.P, 27, 111, 143, 165, 250, 337
Box, M.J., 128
Braumwald, E., 365
Breslow, N.E., 129, 130
Brown, C.H., 342
Brownlee, K.A., 242

Buck, S.F., 65, 74
Burge, H., 18

C

Cabras, S., 126
Caines, P.E., 253
Carlin, J.B., 54, 97, 101, 106–108, 110,
　　　114, 116, 117, 119, 143, 165,
　　　210, 211, 294, 295
Carpenter, J.R., 4, 86, 333
Carroll, R.J., 18, 68, 255, 273, 351
Cassel, C.M., 52, 59
Chang, M.N., 351
Chaurasia, A., 214
Chen, M.-H., 316
Chen, R., 210
Chen, T., 287
Chen, Y., 77
Chew, G., 18
Chu, H., 18
Church, T.R., 18
Clarke, W.R., 4, 6
Clayton, D.G., 129
Cochran, W.G., 27, 36, 42, 47, 70, 71,
　　　139, 140, 240
Cohen, M.L., 364
Cole, S.R., 18
Corby, C., 75
Cox, D.R., 97, 106, 337, 347
Cox, G., 27, 36
Crainiceanu, C.M., 18, 255, 273
Curry, J., 58, 60
Czajka, J.L., 51

D

D'Agostino, R., 364
David, M.H., 62–64, 71, 339
Davidian, M., 18

Davies, O.L., 27
Day, N.E., 316
DeGroot, M.H., 106, 127
DeGruttola, V., 351
Dempster, A.P., 3, 24, 27, 61, 150, 169,
　　　170, 172, 176–178, 180, 230,
　　　240, 242, 261
Diggle, P., 351
Dijkstra, T.K., 58
Dillman, D., 10
Ding, P., 47
Dodge, Y., 30, 41
Draper, N.R., 29, 128, 156
Drechsler, J., 20
Du, I., 7
Dunson, D.B., 97, 101, 106–108, 110,
　　　114, 116, 117, 143, 165, 210,
　　　211, 291, 294

E

Edwards, A.W.F., 106
Efron, B., 80–82, 109, 110, 199, 200
Eilers, P.H.C., 272
Ekholm, A., 7
Elashoff, R.M., 3, 43
Eltinge, J., 10
Ernst, L.R., 62
Ezzati-Rice, T., 91, 222

F

Fay, R.E., 77, 84, 85, 90, 222, 353
Fienberg, S.E., 55, 184, 276, 287, 292,
　　　294
Findlay, J.G., 21
Firth, D., 104
Follman, D.A., 352
Ford, B.N., 62
Frangakis, C.E., 7, 352

Franks, A.M., 323
Freedman, L.S., 18
Frumento, P., 106, 112, 314
Fuchs, C., 280, 283, 298
Fuller, W.A., 18

G

Galati, J., 119
Galke, W., 327
Gelfand, A.E., 211, 242
Gelman, A.E., 54, 97, 101, 106–108, 110,
        114, 116, 117, 143, 165,
        209–211, 221, 294, 295
Genkins, G.M., 250
Geyer, C.J., 209
Giusti, C., 359–361, 363, 364
Glynn, R.J., 45, 322, 323, 333, 334
Goel, K., 127
Goodman, C., 253, 254
Goodman, L.A., 275, 292
Goodnight, J.H., 150
Goodrich, R.L., 253
Greenland, S., 18
Greenlees, W.S., 331, 332
Grizzle, J.E., 18
Groves, R., 10
Guo, Y., 18, 19, 163, 164, 255
Gupta, N.K., 253

H

Haberman, S.J., 292
Haitovsky, Y., 58, 60
Hajek, J., 23, 47
Hamada, M., 27
Hampel, F.R., 260
Hansen, M.H., 47
Hanson, R.H., 71
Harel, O., 214

Hartley, H.O., 3, 32, 104, 170, 230, 286
Harvey, A.C., 250
Harville, D.A., 104, 105, 246
Hasselblad, V., 327
Hastings, W.K., 211
Healy, M.J.R., 32, 243
Heckman, J., 331, 338, 369
Heeringa, S.G., 328, 329
Heitjan, D.F., 25, 130, 132, 273, 328
Henderson, C.R., 130
Herzog, T., 62, 86, 89
Higgins, K.M., 18
Hill, I., 7
Hills, S.E., 242
Hinkley, D.V., 97, 106, 109
Hirabayashi, S.M., 51
Hirano, K., 7
Hocking, R.R., 3, 230, 283, 284
Holland, P.W., 55, 184, 238, 276, 292,
        294, 323
Holt, D., 54, 91
Horton, N.J., 316
Horvitz, D.G., 23, 48
Huber, P.J., 106
Hull, C.H., 22
Hunter, J.S., 27
Hunter, W.G., 27, 128
Hurwitz, W.N., 47

I

Ibrahim, J.G., 53, 126, 316
Imbens, G.W., 7
Ireland, C.T., 55

J

Jackson, D., 119
Jackson, K.K., 316
Jacobsen, M., 132

Jamshidian, M., 169, 186, 190

Janssens, W., 339

Jarrett, R.G., 28, 32, 39

Jenkins, J.G., 22

Jennrich, R.I., 104, 169, 183, 186, 190, 246–249

Johnson, W., 91, 222

Jones, R.H., 250

Judkins, D.R., 62, 72

Jurek, A.M., 18

K

Kalman, R.E., 250

Kalton, G., 62, 70

Kang, J.D.Y., 274

Kaplan, B., 18

Kaufman, L., 289

Keiding, N., 132

Kempthorne, O., 27

Kennickell, A.B., 221

Kent, J.T., 188

Kenward, M.G., 4, 86, 231, 333, 351

Khare, M., 91, 222

Kim, J.O., 58, 60

Kipnis, V., 18, 68

Kish, L., 50, 62, 70

Kleinbaum, D.G., 45

Knook, D.L., 363

Kong, A., 210

Krishnan, T., 169, 189

Krzanowski, W.J., 311, 319

Kullback, S., 55

Kulldorff, G., 325

Kunselman, A., 352

Kupper, L.L., 45

L

Laird, N.M., 3, 24, 27, 45, 104, 169, 170, 172, 176–178, 180, 230, 240,
242, 246, 261, 316, 322, 323, 333, 334, 353, 356, 357

Landis, J.R., 352

Lange, K., 169, 170, 189, 190, 269

Langwell, K., 253, 254

LaVange, L.M., 269

Lazzeroni, L.C., 54

Ledolter, J., 253

Lee, H., 77

Lee, Y., 128, 130

Lepkowski, J., 221, 362

Lerman, S.R., 53

Levy, M., 221

Li, F., 221

Li, K.H., 214, 215

Li, X., 47

Liang, K.-Y., 52

Lillard, L., 337–339

Lin, X., 7, 130

Lindley, D.V., 143

Lipsitz, S.R., 53, 316

Little, R.J., 3, 4, 7, 18–20, 45, 49–51, 54, 55, 60, 62–64, 68, 71–75, 91, 118, 121, 125, 142, 145, 163–165, 170, 199, 217, 219, 222, 229, 230, 238, 245, 255, 259, 264, 265, 269, 272–274, 287, 301, 304, 306, 314, 315, 320, 322, 323, 328, 329, 331, 339, 342–344, 346–353, 357, 359–361, 363–367, 369, 370

Liu, C.H., 52, 186, 187, 210, 211, 238, 267, 268, 301, 319

Liu, J.S., 210

Liublinska, V., 368, 369

Lohr, S., 47

Long, Q., 7

Lord, F.M., 159

Louis, T.A., 180, 189, 200

Lumley, T., 110

M

Madow, W.G., 10, 47

Maldonado, G., 18

Manski, C.F., 53

Marini, M.M., 11, 147

Marker, D.A., 62, 72

Marx, B.D., 272

Matthai, A., 57

McConnell, D.S., 18, 19, 163, 164, 255

McCullagh, P., 104, 275

McCulloch, C.E., 130

McKendrick, A.G., 170

McLachlan, G.J., 169, 189

Mealli, F., 22, 106, 112, 118, 119, 221, 314

Mega, J.L., 365

Mehra, R.K., 253

Meilijson, I., 189, 200

Meinert, C.L., 12

Meltzer, A., 253, 254

Meng, X.L., 130, 169, 180, 182, 187, 194, 196, 200, 201, 211, 214, 215, 222, 290, 294

Metropolis, N., 211

Midthune, D., 18

Miller, M.E., 352

Miller, R.G., 82, 110

Mislevy, R.J., 18

Morgenstern, H., 45

Mori, M., 351

Morrison, D.F., 164

Muirhead, R.J., 118

Murray, G.D., 21

N

Nelder, J.A., 104, 128, 130

Neyman, J., 79

Ngo, L., 273

Nie, N.H., 22

Nisselson, H., 10

Nordheim, E.V., 353

O

Oh, H.L., 49, 50, 60, 64

Olkin, I., 10, 302

Olsen, A.R., 11, 147

Orchard, T., 3, 170, 180, 230

Ord, J.K., 101

Oudshoorn, C.G.M., 221

Oxspring, H.H., 283, 284

P

Pacini, B., 106, 112, 314

Pagano, M., 200

Park, T., 53

Pauli, F., 126

Pawitan, Y., 130

Pearce, S.C., 32

Pedlow, S., 169

Petrie, T., 170

Pettitt, A.N., 263

Phillips, G.D.A., 250

Pinheiro, J.C., 246, 273

Pocock, S.J., 73

Potthoff, R.F., 247, 248

Preece, D.A., 32

Pregibon, D., 353

Press, S.J., 128, 302, 319

Pulkstenis, E., 352

Q

Quan, H., 351

R

Racine-Poon, A., 242

Racugno,W., 126

Raghunathan, T.E., 4, 18, 20, 214, 215,
　　　　221, 222, 328, 329, 346, 362

Rancourt, E., 77

Rao, C.R., 40, 101, 106, 175

Rao, J.N.K., 77, 84, 85, 90, 104

Rässler, S., 160

Reboussin, B.A., 352

Reece, J.S., 331, 332

Reiter, J.P., 20, 257

Rice, K.M., 110

Rinke de Wit, T.F., 339

Robins, J.M., 25, 53, 55, 60, 222, 273

Ronchetti, E.M., 260

Rosenbaum, P.R., 51, 274

Rosenbluth, A.W., 211

Rosenbluth, M.N., 211

Rotnitzky, A., 25, 53, 55, 60, 273

Rousseeuw, P.J., 260

Roy, J., 352

Roy, S.N., 247, 248

Royall, R., 106

Rubin, D.B., 3, 4, 7, 8, 10, 11, 13, 20,
　　　　22, 24, 25, 35, 36, 39, 46, 51,
　　　　61, 62, 71, 74, 82, 85–91, 97,
　　　　101, 106–108, 110–112, 114,
　　　　116–119, 121, 125, 130, 143,
　　　　146, 147, 156, 158–161, 163,
　　　　165, 169, 170, 172, 176–178,
　　　　180, 182, 184, 186, 187, 194,
　　　　196, 201, 209–215, 217, 218,
　　　　221, 222, 236, 238, 240, 242,
　　　　259, 261, 263, 264, 267, 274,
　　　　289, 294, 295, 301, 314, 316,
　　　　319, 322, 323, 328, 331,
　　　　333–336, 339, 352, 357, 368,
　　　　369

Ruppert, D., 18, 255, 273

S

Samuhel, M.E., 62–64, 71, 339

Sande, I.G., 62

Särndal, C.E., 52, 59, 77

Schafer, J.L., 3, 91, 222, 246, 274, 295,
　　　　301, 307

Scharfstein, D.O., 25, 53

Schenker, N., 3, 86–89, 213, 219, 222

Scheuren, F.S., 49, 50, 60, 64

Schieber, S.J., 63

Schluchter, M.D., 104, 183, 246–249,
　　　　301, 304, 306, 314–316, 320,
　　　　351

Scott, A.J., 128

Seaman, S.R., 25, 119

Shao, J., 77, 84, 85

Sheehan, K.M., 18

Shepp, L.A., 289

Shih, W.J., 351

Shumway, R.H., 250, 252–254

Sinha, D., 126

Skinner, C.J., 7, 91

Smith, A.F.M., 211, 242

Smith, H., 29, 156

Smith, J.P., 337–339

Smith, T.M.F., 54, 91

Snedecor, G.W., 42

Solenberger, P., 221, 362

Soules, G., 170

Spiegeman, D., 68

Stahel,W.A., 260

Stead, A.G., 327

Stefanski, L.A., 18, 255

Steinbrenner, K., 22

Stern, H.S., 8, 22, 97, 101, 106–108, 110,

114, 116, 117, 143, 165, 210,
211, 294, 295, 357
Stoffer, D.S., 250, 252–254
Stuart, A., 101
Su, H.L., 73, 328
Suh, E.B., 352
Sun, X., 365–367
Sundberg, R., 170
Szatrowski, T.H., 183, 236–238
Szpiro, A., 110

T

Tanaka, J.S., 259
Tang, G., 346
Tanner, M.A., 204, 267
Tanović, Z., 339
Tate, R.F., 302
Taylor, J.M.G., 219, 269
Ten Have, T.R., 352
Thayer, D., 112, 160, 161, 163, 238, 259
Thisted, R.A., 182
Thomas, N., 71
Thompson, D.J., 23, 48
Tiao, G.C., 111, 143, 165
Tibshirani, R., 110
Tobin, J., 327
Tocher, K.D., 39
Trawinski, I.M., 230
Triest, R.K., 62–64, 71, 339
Trussell, J., 16
Tsutakawa, R.K., 240, 242
Tu, X.M., 200, 351
Tyler, D.E., 188

V

Vach, W., 318
Valliant, R., 55
Van Buuren, S., 3, 86, 221, 363

Van der Gaag, J., 339
Van Dyk, D., 187, 201, 290
Van Guilder, M., 58, 60
Van Hoewyk, M., 221, 362
Van Praag, B.M.S., 58
Van Velzen, J., 58
Vardi, Y., 188, 289
Vartivarian, S., 49, 50
Vehovar, V., 8, 22, 357
Vehtari, A., 97, 101, 106–108, 110, 114,
116, 117, 143, 165, 210, 211,
294
Ventura, L., 126
Von Hippel, P.T., 350
Von Neumann, J., 211

W

Wachter, K.W., 16
Wand, M.P., 273
Wang, J., 365–367
Wang, N., 222
Wang, S.A., 352
Wang, Y.X., 346
Ware, J.H., 104, 242, 246
Weisberg, S., 30
Weiss, N., 170
Welch, F., 337–339
West, B., 343, 344
Westmacott, M., 32, 243
White, H., 106
White, I.R., 25
Wightman, L.R., 238
Wilkinson, G.N., 32, 39
Wilks, S.S., 57, 101
Wilson, G.T., 316
Wilson, S., 302, 319
Winer, B.J., 27
Winglee, M., 62, 72

Wishart, J., 31, 41
Wiviott, S.D., 365
Wolter, K.M., 329
Wong, W.H., 204, 210, 211
Woodbury, M.A., 3, 170, 180, 230
Woodsworth, G.G., 351
Woolson, R.F., 4, 6, 351
Wretman, J.H., 52, 59
Wu, C.F.J., 27, 170, 177
Wu, M.C., 351
Wu, Y., 187, 238

X

Xie, X., 222
Xing, C., 291

Y

Yang, I., 170
Yang, Y., 274
Yates, F., 31
Yau, L., 75
Yuan, Y., 352

Z

Zanganeh, S.Z., 125
Zeger, S.L., 52
Zell, E.R., 221
Zellner, A., 183
Zhang, G., 272–274
Zhang, N., 346–349
Zhao, L.P., 25, 53, 55, 60, 273
Zhou, X.H., 7
Zieschang, K.D., 331, 332

名词索引

符号

F 分布, 29
p 阶滞后自回归模型, 250
t 分布, 29

A

AECM 算法, 187
Aitken 加速, 189
ARp 模型, 250
ARMA 模型, 250

B

Bartlett 分解, 118
Bartlett 协方差分析方法, 33
Box-Jenkins 模型, 250
Buck 方法, 65
贝塔分布, 115
贝叶斯迭代比例拟合, 294
贝叶斯推断, 106
边缘似然, 105
伯努利分布, 14
补充期望最大化, 194

不当的多重填补, 217
部分分类, 275
部分似然, 105
部分随机缺失, 125

C

Cholesky 因子, 117, 239
采样重要性重抽样, 211
参数扩展期望最大化, 187
测量误差, 18, 163, 255
长尾分布, 260
超有效性, 222
惩罚样条, 273
充分统计量, 170
重抽样, 80
重复测量模型, 104
抽样调查, 10
初级组群, 77
纯似然推断, 106
粗化, 16, 130

D

代理模式混合分析, 346

带状, 104, 247

单调缺失, 10

单一分区、共同供体, 72

单一填补, 61

单元无应答, 10

当前人口调查, 71, 337

刀切法, 80

刀切法重复复制, 329

得分方程, 100

得分算法, 104

等概率抽样, 46

狄利克雷分布, 115

典范连接, 103

迭代比例拟合, 184, 294

迭代再加权最小二乘, 179

对比, 40, 105

对数似然函数, 98

对数线性模型, 184, 290

多项分布, 98

多元 t 分布, 29

多元线性回归, 102

多元正态分布, 99

多重填补, 61, 85, 211

E

ECME 算法, 186

ECM 算法, 182

EM 算法, 168

EM 型算法, 169

二项分布, 99

F

Fisher 得分算法, 104

Fisher 正态化变换, 108

反扫描, 152

方差分量模型, 240

方差分析, 27

非结构化, 105, 247

非精确建模, 62

非随机缺失, 13

非条件均值填补, 63

分层对数线性模型, 291

分层随机抽样, 46

分离, 120

分区热卡, 72

分析中断, 12

复合对称, 104, 246

复合方法, 63

附加边缘, 277

G

Gauss-Seidel 迭代, 182

GEM 算法, 176

伽马分布, 117

概率抽样, 46

概率单位回归, 52

共轭先验分布, 113

共享参数模型, 352

固定效应方差分析, 124

观测似然, 175

观测信息, 107, 168, 180

广义估计方程, 52

广义期望最大化, 176

广义线性模型, 103

国家健康和营养检查调查, 348

国家教育进步评估, 18

国家研究委员会, 364

国内税务局, 339

H

Hajek 估计, 23

Hessian 矩阵, 190

Horvitz-Thompson 估计, 23, 48

后验概率区间, 115

后验预测分布, 86
忽略缺失机制, 119
回归校准, 68
回归填补, 23, 62, 64
混合效应方差分析, 240
混合效应混合模型, 350
混合效应模式混合模型, 350
混合效应选择模型, 350
混合最大化方法, 189

J

Jacobi 变换, 197
Jeffreys 先验分布, 114
Jensen 不等式, 175
吉布斯采样, 206
极大似然估计, 99
极大似然推断, 106
加权, 22
加权尺度矩阵, 268
加权调整, 46
加权多元线性回归, 102
加权类, 49
加权完全案例分析, 46
加速期望最大化, 190
夹心估计, 109
监视统计量, 209
检验统计量, 112, 214
简化选择因子化, 323
健康和退休调查, 328
交替期望条件最大化, 187
校准贝叶斯, 4
校准估计, 55
校准实验, 18
结构化零, 276
近似贝叶斯自采样法, 89
精确建模, 61
就近补齐, 62
矩阵采样设计, 18

矩阵平方根, 107
矩阵型数据集, 3
拒绝采样, 211
均匀分布, 133
均值填补, 23, 62

K

Kullback-Liebler 信息, 109
卡尔曼滤波模型, 250, 252
卡尔曼平滑估计, 253
卡方分布, 110
看似不相关的回归, 183
柯西分布, 132
可忽略, 119, 131
可能不兼容的吉布斯采样, 323
可信区间, 4
可用案例分析, 56
扩展参数的数据增广, 208

L

Laplace 分布, 132
logistic 回归, 52
拉丁方设计, 31
类内相关系数, 241
冷卡填补, 62
连接函数, 103
链式方程多重填补, 219, 220
逻辑斯谛回归, 52, 104

M

MCMC 算法, 211
Metropolis-Hastings 算法, 211
Mills 比率, 328
马尔可夫链蒙特卡罗, 211
马氏距离, 71
敏感性分析, 344
模式混合模型, 322
模式集混合模型, 323

末次观测值结转, 73

N

Newton-Raphson 算法, 168
内部校准, 19
拟 Newton 加速方法, 190
拟合优度统计量, 291
逆 Wishart 分布, 116
逆概率加权广义估计方程, 52
逆卡方分布, 114

P

Pearson 卡方统计量, 292
probit 回归, 52
PX-EM 算法, 187
判别分析, 23
配对可用案例方法, 56
披露限制, 19
匹配度量, 71
频率学派似然推断, 106
平稳协方差模式, 236
泊松分布, 132
泊松回归, 103

Q

期望/条件最大化之一, 186
期望条件最大化, 182
期望完全数据对数似然, 171
期望完全信息, 180
期望信息, 109, 168
期望最大化, 168
潜在结果, 7
嵌套, 112
欠识别, 107
桥抽样, 211
倾向性得分, 51
倾向性预测的惩罚样条, 261
缺失机制, 8

缺失模式, 8
缺失倾向, 261
缺失数据, 4
缺失信息, 180
缺失信息的比例, 180
缺失信息原则, 170
缺失值协变量, 32
缺失指标, 8

R

robit 回归, 52
热卡, 69
热卡填补, 23, 62
人口普查局, 71

S

Satterthwaite 近似, 87
SECM 算法, 201
SEM 算法, 194
Spearman 秩相关系数, 352
St. Louis 风险研究, 232
三明治估计, 109
扫描算子, 147
删失, 15
社会保障管理局, 253
失访, 351
食品药品监督管理局, 216, 364
事后分层, 53
事件发生时间, 16
似然比, 111
似然比统计量, 292
似然方程, 100
似然函数, 97
适应性稳健估计, 266
收敛速度, 179
受限因变量模型, 327
数据增广, 204
双重抽样, 18

双稳健, 273
双指数分布, 132
斯洛文尼亚民意调查, 357
随机粗化, 131
随机化推断, 46
随机回归填补, 62, 66
随机区组设计, 31
随机缺失, 13, 120
随机删失, 15
随机效应方差分析, 123, 240

T

tobit 模型, 327
探索性因子分析, 238
特殊矩阵, 238
梯度期望最大化, 189
替换, 62
填补, 23
条件抽取, 66
条件均值填补, 64
条件似然, 105
调整小格, 64
退出, 21
脱落, 21

W

Wald 统计量, 111, 215
Woodbury 恒等式, 40
外部校准, 19, 255
完全案例分析, 4, 22, 43
完全化数据, 212
完全随机缺失, 13
完全信息, 180
完整似然, 119
伪贝叶斯, 126
未完全分类数据, 276
文件匹配, 12, 159, 255
稳健估计, 260

污染的一元正态模型, 262
无差别测量误差, 163, 256
无混杂, 46

X

先验独立, 121
显著性水平, 111
响应概率, 48
响应指标, 8
项目无应答, 10
协方差分析, 32
信息矩阵, 109
信息缺失比例, 366
修正的意向性治疗, 365
修正轮廓 h-似然, 130
序贯热卡, 70
序贯填补, 210
选择模型, 118, 322
学生氏 t 分布, 114, 178

Y

Yates 方法, 31
一般重复测量, 183
一般重复测量模型, 246
一般位置模型, 302
一般状态空间模型, 250
一阶滞后自回归, 104, 247
医疗保健基金管理局, 253
意向性治疗, 365
因果作用, 7
因子分解, 118
因子分析, 23, 104, 247
因子化似然, 136
因子载荷矩阵, 238
优势比, 45
有放回简单随机抽样, 70
有效回归校准估计, 68
预测分布, 66

预测均值匹配, 71, 219

约束极大似然, 105

Z

增广逆概率加权估计, 273

增广逆概率加权估计方程, 53

增广逆概率加权广义估计方程, 25

增广协方差矩阵, 151

增强的临界点展示图, 368

诊断性检查, 221

正态分布, 14

正态线性回归, 103

正则指数分布, 103

正则指数族, 178

直接似然推断, 106

指数分布, 98

治疗中断, 12

置信区间, 47

重要性采样, 218

主分层, 352

准随机化, 49

自采样法, 80

自采样分布, 81

自采样估计, 80

自采样区间, 81

自回归滑动平均模型, 250

自回归模型, 250

自然参数, 191

自然参数空间, 97

自由度, 28

子样本可忽略似然, 347

总是随机缺失, 121

总是完全随机缺失, 14

组合规则, 212

最小二乘回归, 23

译后记

统计学是一门与实际应用联系很紧密的学科. 要研究缺失数据, 就不可避免地要与各个学科、各个领域的知识和应用场景相结合. 本书涉及大量的术语, 很多术语没有统一的译法, 因此在翻译本书时, 我们尽可能选取约定俗成的译法, 使得这些术语易于理解, 又保证前后连贯. 例如, 以人名命名的常见名词或算法尽量用中文, 而列举参考文献时则使用英文. 由于中文与英文的表述方式不尽相同, 所以译本的名词索引与英文版名词索引在选择和排序方式上略有区别, 望读者谅解.

本书的翻译参考了 2005 年由孙山泽教授翻译、耿直教授校审、中国统计出版社出版的《缺失数据统计分析》. 我们感谢张远博士、任健博士对部分翻译内容提出的修改建议, 感谢王瑞对翻译内容的校对, 同时也感谢吴豆豆对译者翻译工作提供的帮助. 此外, 还需要感谢高等教育出版社的李华英编辑和李鹏编辑为本书出版所做的努力.

尽管历经多次校审, 译文难免仍有疏漏之处, 望广大读者批评指正.

译者
2021 年 6 月
北京大学

统计学丛书

书号	书名	著译者
9787040588200	缺失数据统计分析（第三版）	Roderick J. A. Little、Donald B. Rubin 著 周晓华、邓宇昊 译
9787040554960	蒙特卡罗方法与随机过程：从线性到非线性	Emmanuel Gobet 著 许明宇 译
9787040538847	高维统计模型的估计理论与模型识别	胡雪梅、刘锋 著
9787040515084	量化交易：算法、分析、数据、模型和优化	黎子良 等 著 冯玉林、刘庆富 译
9787040513806	马尔可夫过程及其应用：算法、网络、基因与金融	Étienne Pardoux 著 许明宇 译
9787040508291	临床试验设计的统计方法	尹国至、石昊伦 著
9787040506679	数理统计（第二版）	邵军
9787040478631	随机场：分析与综合（修订扩展版）	Erik Vanmarcke 著 陈朝晖、范文亮 译
9787040447095	统计思维与艺术：统计学入门	Benjamin Yakir 著 徐西勒 译
9787040442595	诊断医学中的统计学方法（第二版）	侯艳、李康、宇传华、周晓华 译
9787040448955	高等统计学概论	赵林城、王占锋 编著
9787040436884	纵向数据分析方法与应用（英文版）	刘宪
9787040423037	生物数学模型的统计学基础（第二版）	唐守正、李勇、符利勇 著
9787040419504	R 软件教程与统计分析：入门到精通	潘东东、李启寨、唐年胜 译
9787040386721	随机估计及 VDR 检验	杨振海
9787040378177	随机域中的极值统计学：理论及应用（英文版）	Benjamin Yakir 著

书号	书名	著译者
9787040372403	高等计量经济学基础	缪柏其、叶五一
9787040322927	金融工程中的蒙特卡罗方法	Paul Glasserman 著 范韶华、孙武军 译
9787040348309	大维统计分析	白志东、郑术蓉、姜丹丹
9787040348286	结构方程模型：Mplus 与应用（英文版）	王济川、王小倩 著
9787040348262	生存分析：模型与应用（英文版）	刘宪
9787040345407	MINITAB 软件入门：最易学实用的统计分析教程	吴令云 等 编著
9787040321883	结构方程模型：方法与应用	王济川、王小倩、姜宝法 著
9787040319682	结构方程模型：贝叶斯方法	李锡钦 著 蔡敬衡、潘俊豪、周影辉 译
9787040315370	随机环境中的马尔可夫过程	胡迪鹤 著
9787040256390	统计诊断	韦博成、林金官、解锋昌 编著
9787040250626	R 语言与统计分析	汤银才 主编
9787040247510	属性数据分析引论（第二版）	Alan Agresti 著 张淑梅、王睿、曾莉 译
9787040182934	金融市场中的统计模型和方法	黎子良、邢海鹏 著 姚佩佩 译

购书网站：高教书城（www.hepmall.com.cn），高教天猫（gdjycbs.tmall.com），京东，当当，微店

其他订购办法：

各使用单位可向高等教育出版社电子商务部汇款订购。书款通过银行转账，支付成功后请将购买信息发邮件或传真，以便及时发货。购书免邮费，发票随书寄出（大批量订购图书，发票随后寄出）。

单位地址： 北京西城区德外大街4号

电　话：010-58581118

传　真：010-58581113

电子邮箱：gjdzfwb@pub.hep.cn

通过银行转账：

户　　名：高等教育出版社有限公司

开 户 行：交通银行北京马甸支行

银行账号：110060437018010037603

郑重声明

高等教育出版社依法对本书享有专有出版权。任何未经许可的复制、销售行为均违反《中华人民共和国著作权法》，其行为人将承担相应的民事责任和行政责任；构成犯罪的，将被依法追究刑事责任。为了维护市场秩序，保护读者的合法权益，避免读者误用盗版书造成不良后果，我社将配合行政执法部门和司法机关对违法犯罪的单位和个人进行严厉打击。社会各界人士如发现上述侵权行为，希望及时举报，我社将奖励举报有功人员。

反盗版举报电话　（010）58581999　58582371
反盗版举报邮箱　dd@hep.com.cn
通信地址　北京市西城区德外大街 4 号
　　　　　高等教育出版社法律事务部
邮政编码　100120